本书部分实例

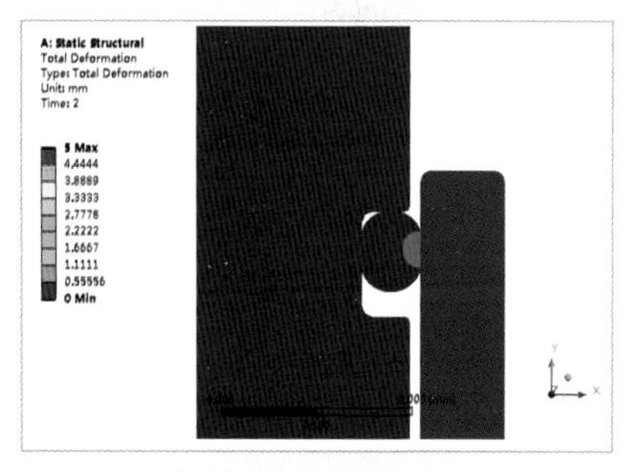

O 形密封圈变形结果

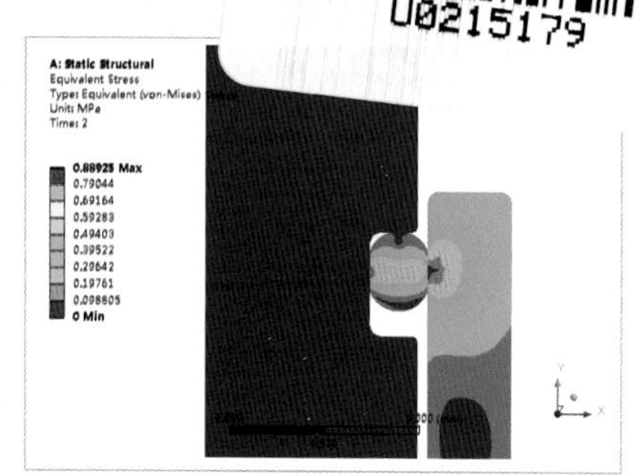

O 形密封圈应力分布

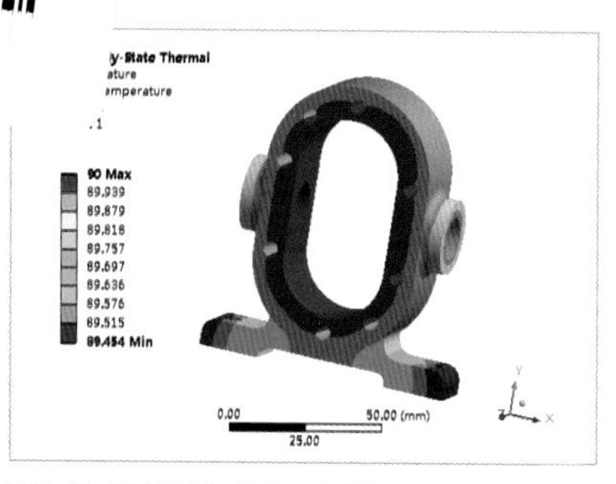

齿轮泵基座温度结果

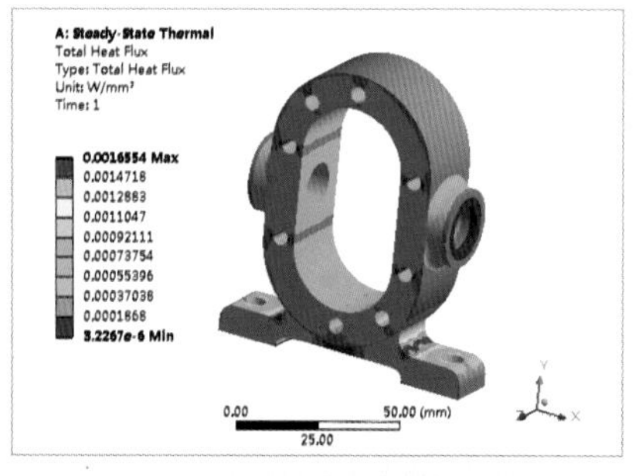

齿轮泵基座总热通量结果

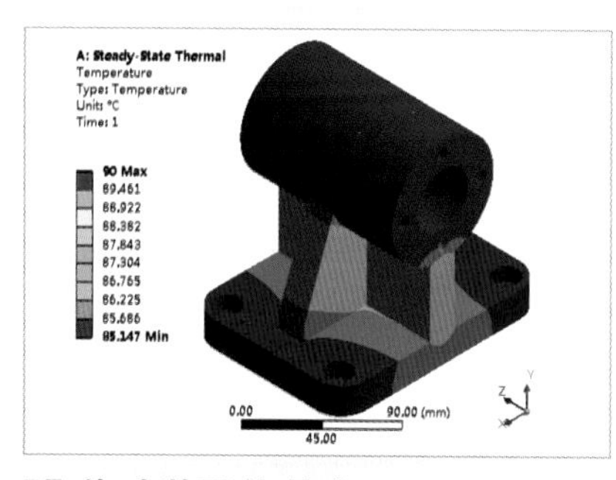

传动装配体基座

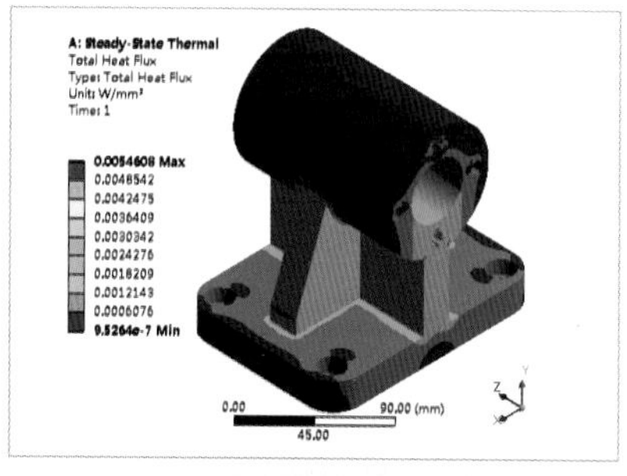

传动装配体基座总热通量结果

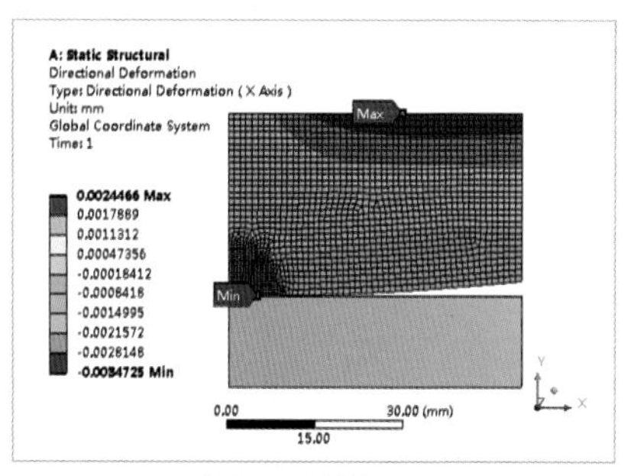

刚性接触定向应变分布

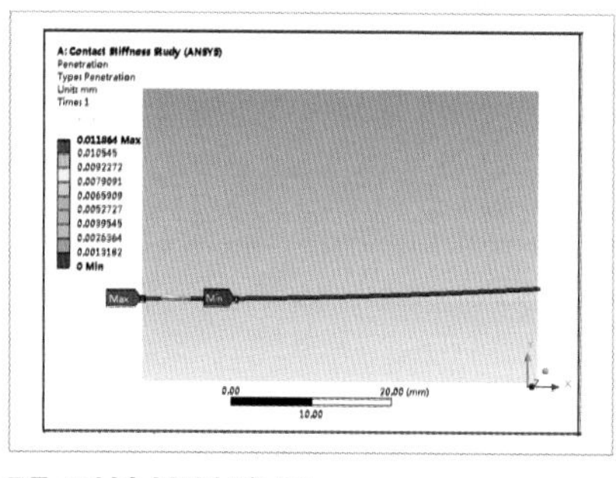

刚性接触渗透

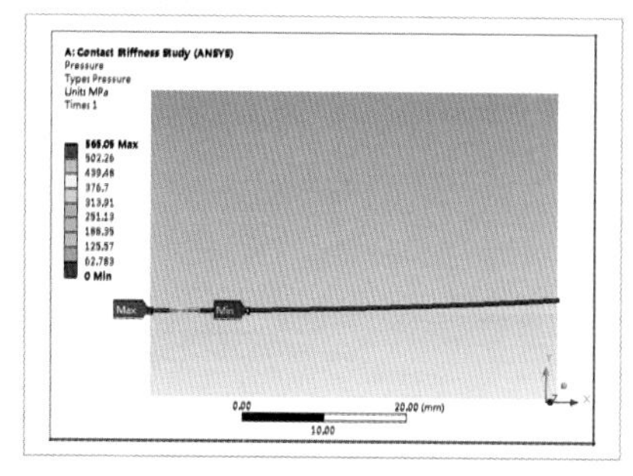

刚性接触应力

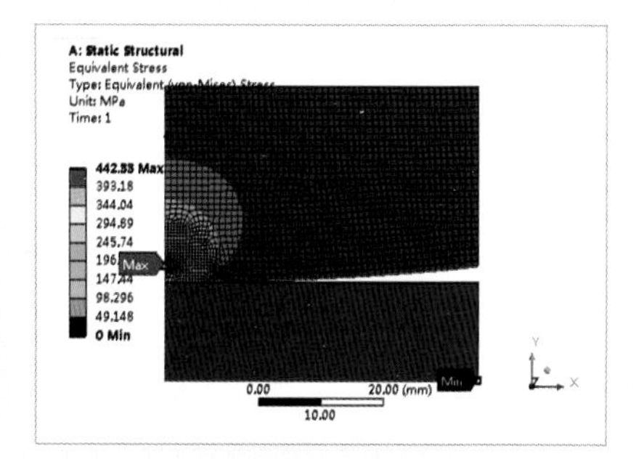

刚性接触应力分布

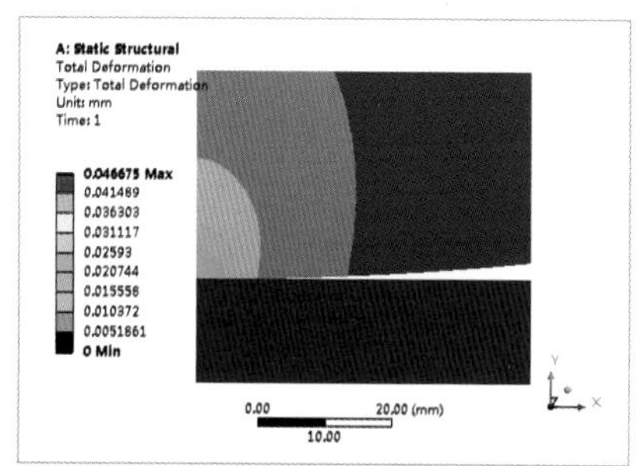

刚性接触总变形结果

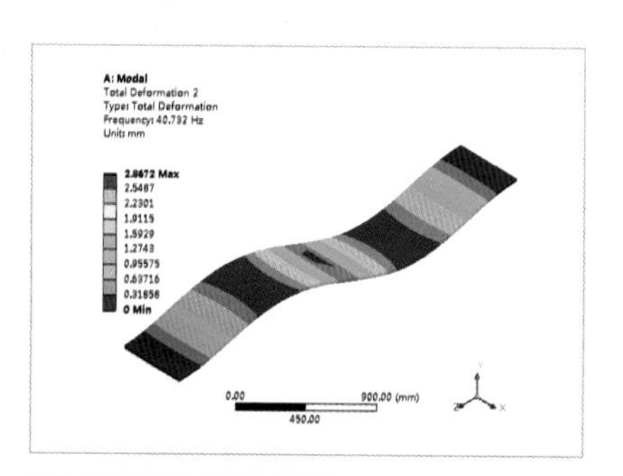

固定梁二阶模态

ANSYS Workbench 2020
有限元分析从入门到精通

本书部分实例

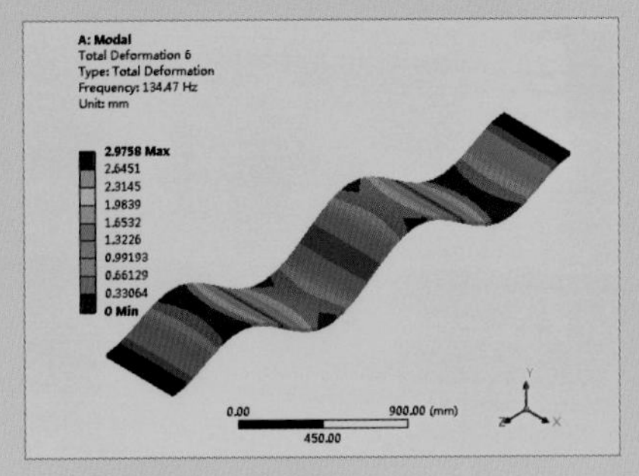

固定梁六阶模态

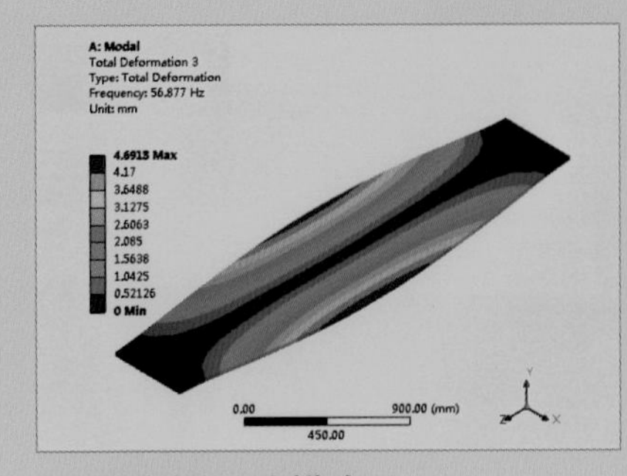

固定梁三阶模态

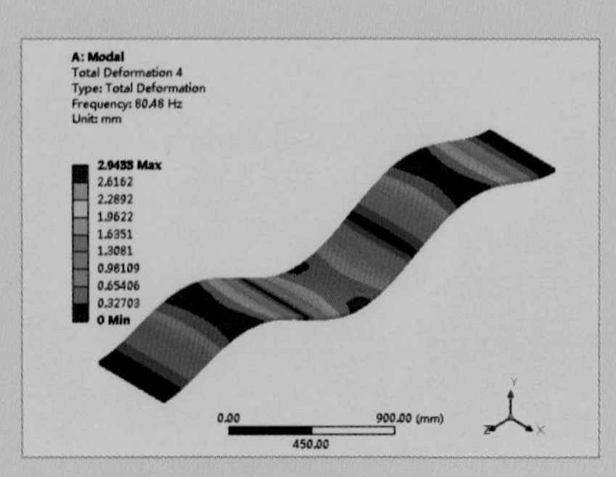

固定梁四阶模态

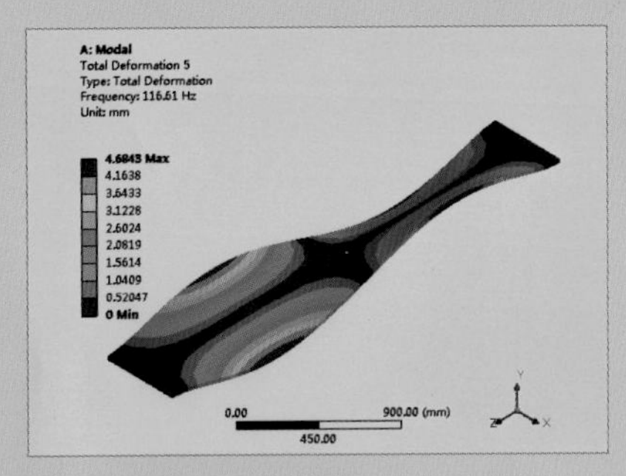

固定梁五阶模态

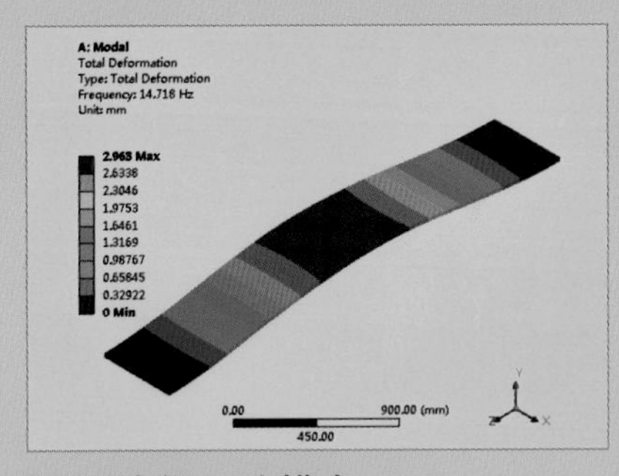

固定梁一阶模态

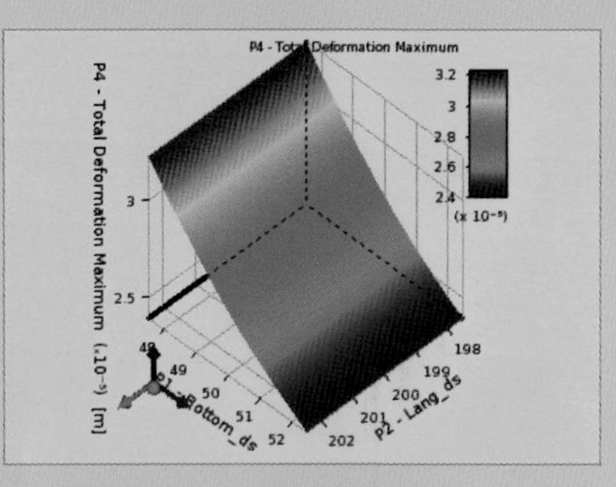

连杆响应三维显示

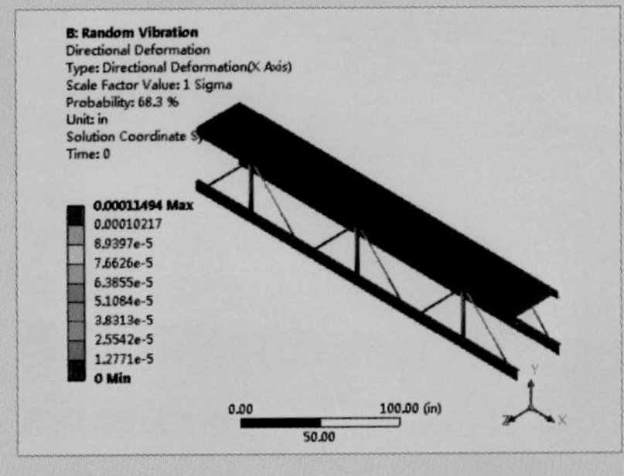

桥梁模型 X 方向位移云图

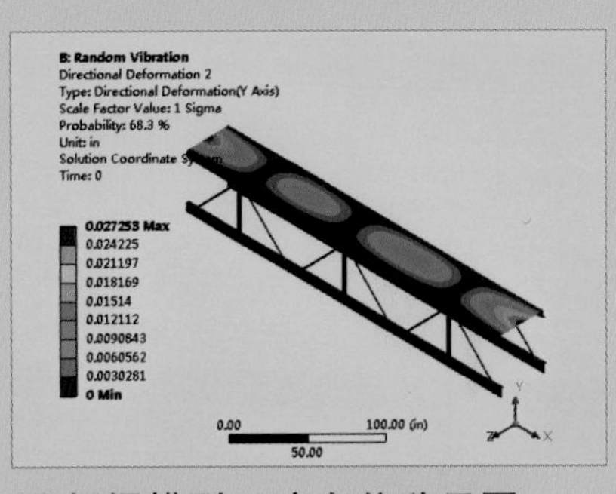

桥梁模型 Y 方向位移云图

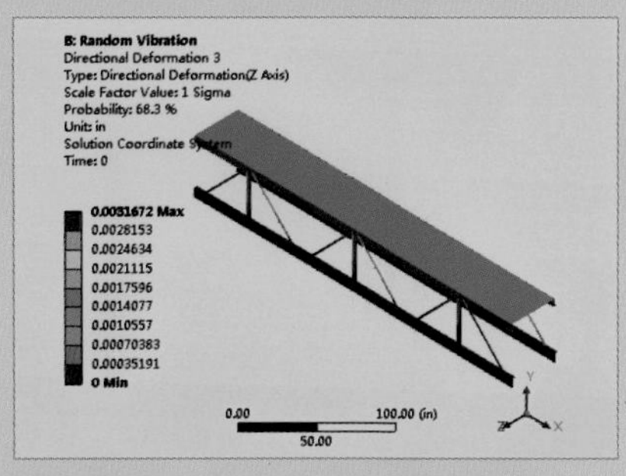

桥梁模型 Z 方向位移云图

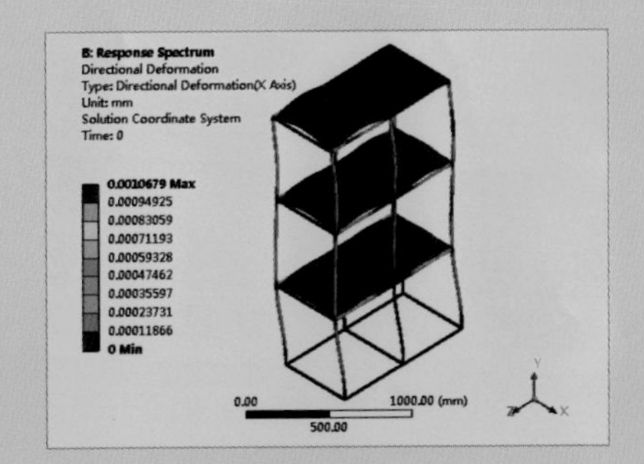

三层框架结构 X 方向位移云图

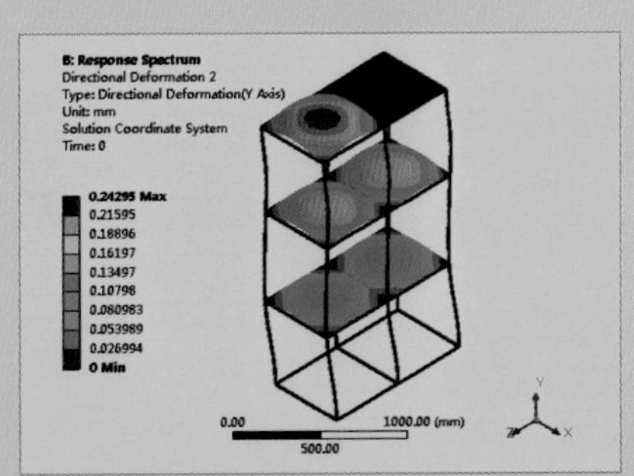

三层框架结构 Y 方向位移云图

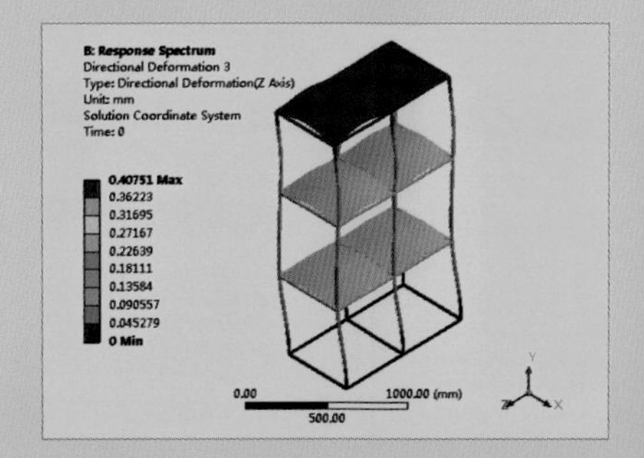

三层框架结构 Z 方向位移云图

本书部分实例

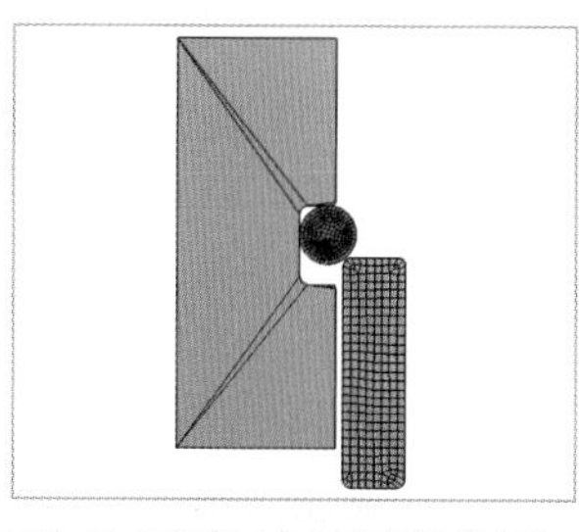
O 形密封圈网格划分

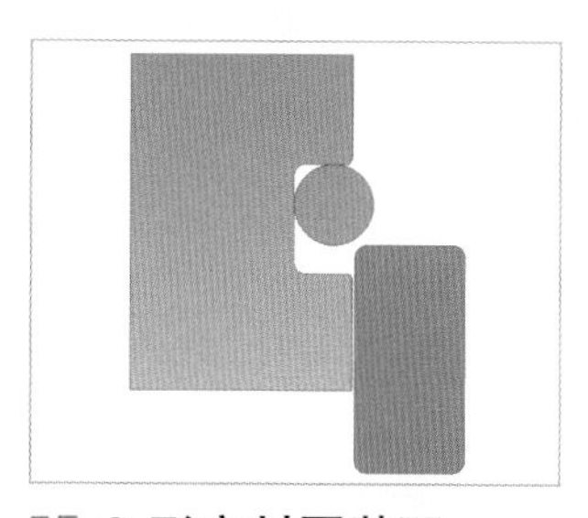
O 形密封圈装配

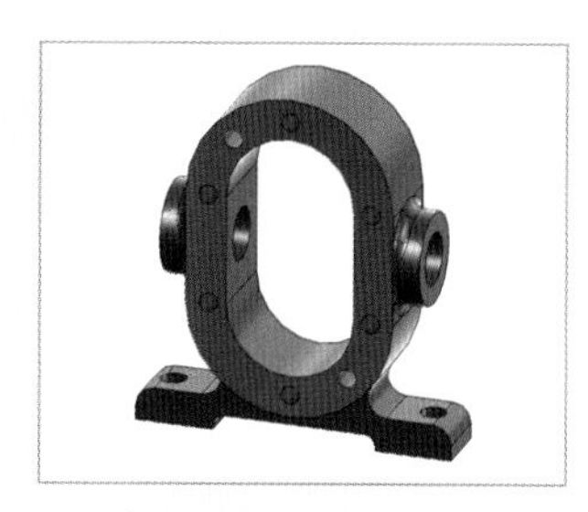
齿轮泵基座

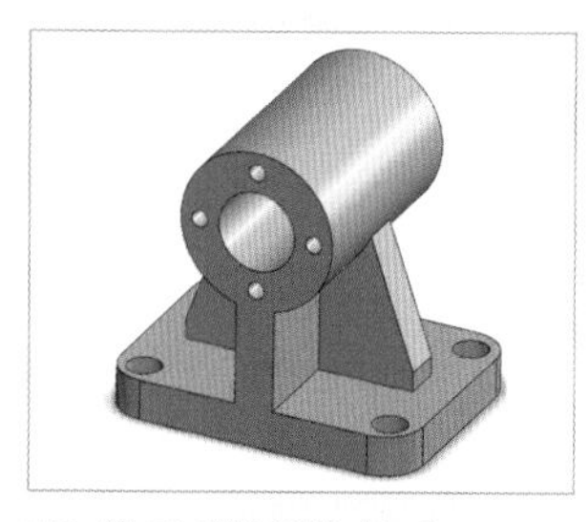
传动装配体基座

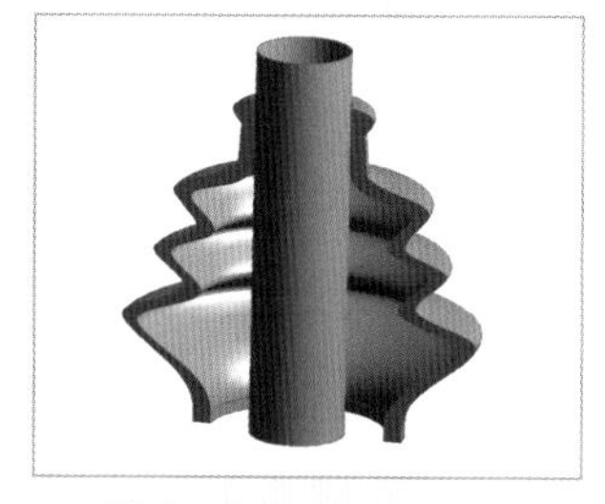
档杆防尘套装配

刚性接触

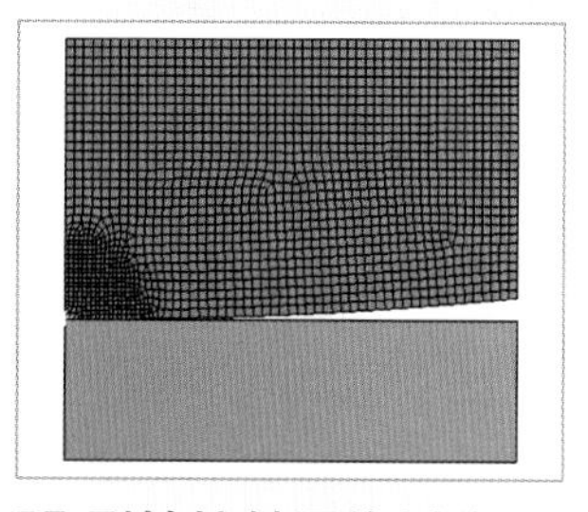
刚性接触网格划分

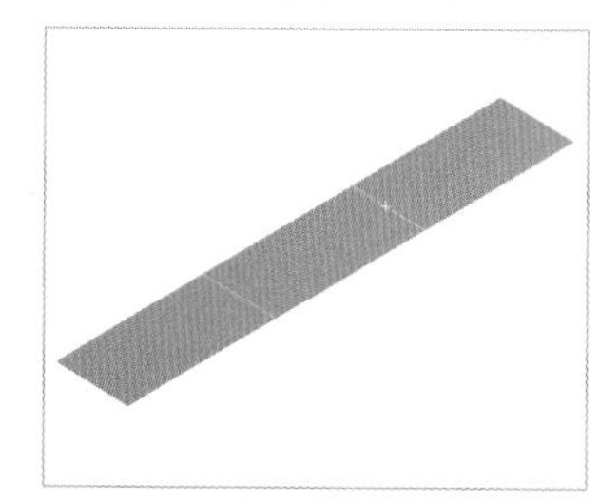
固定梁

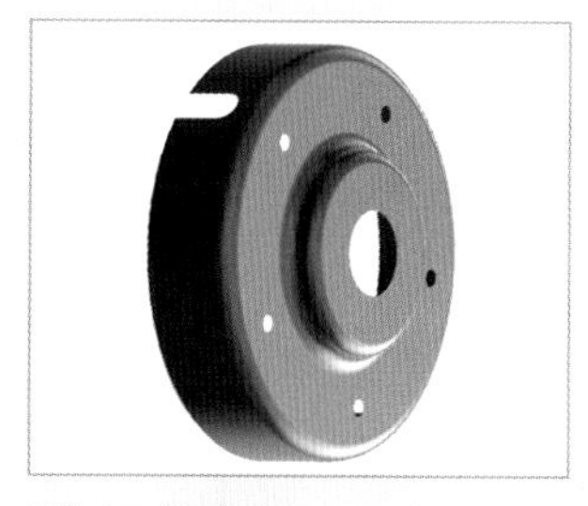
机盖壳体

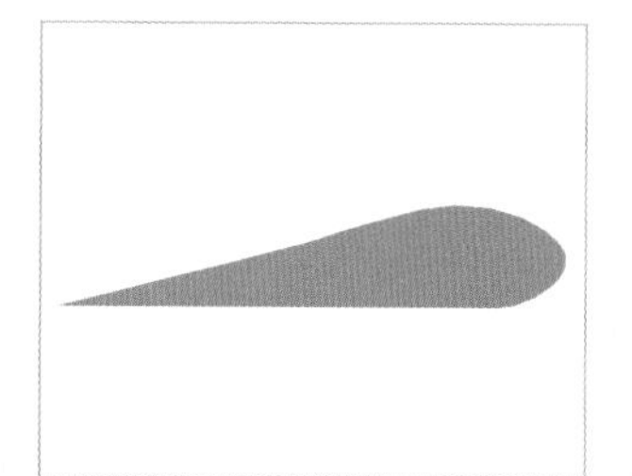
机翼模型 1

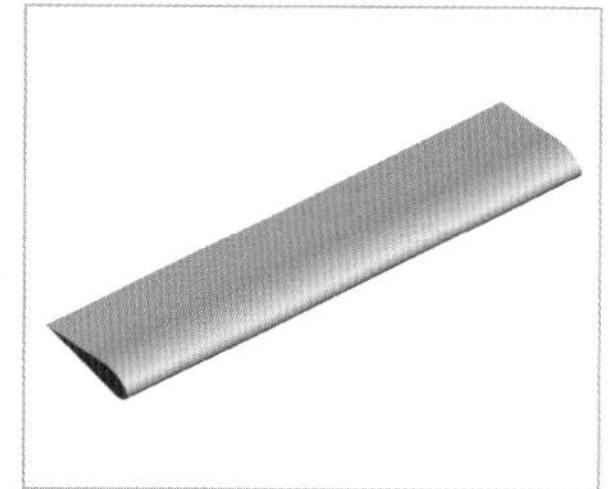
机翼模型 2

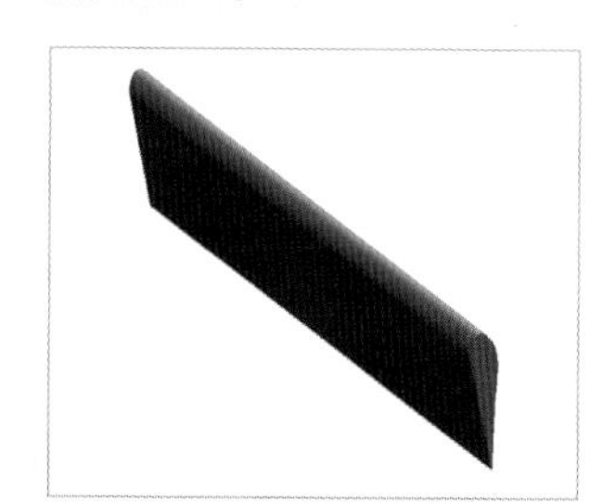
机翼模型 3

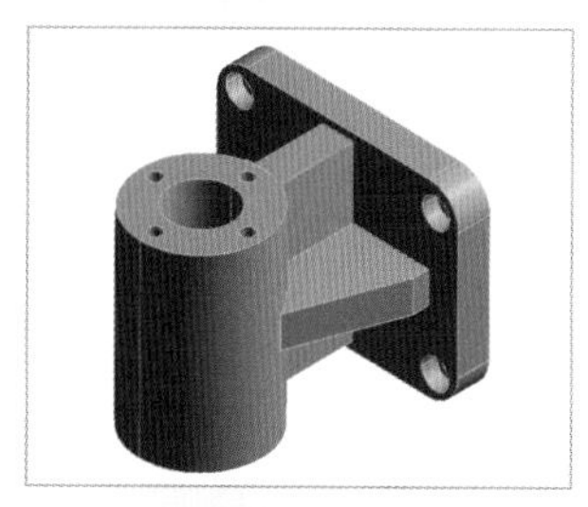
基座基体

基座基体位移

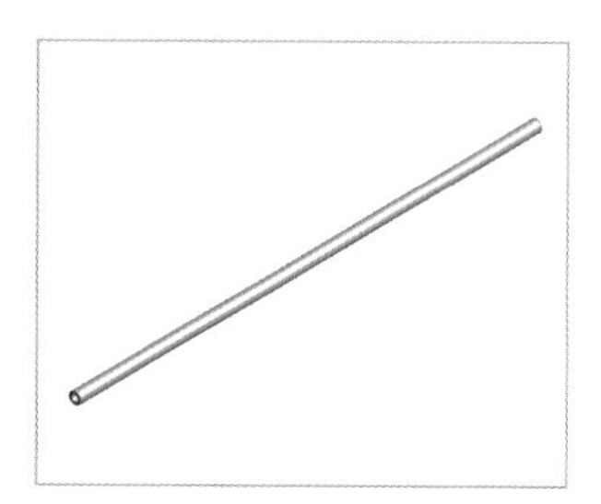
空心管

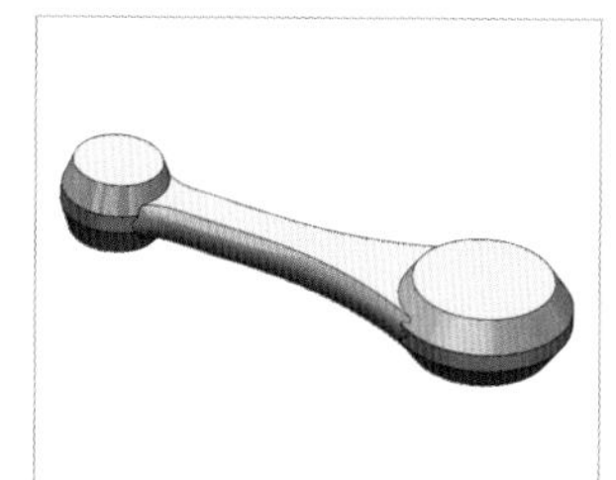
连杆基体

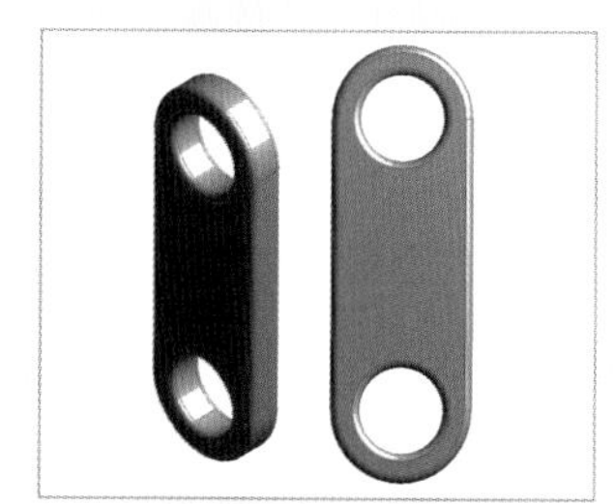
连杆模型

连杆网格划分

联轴器

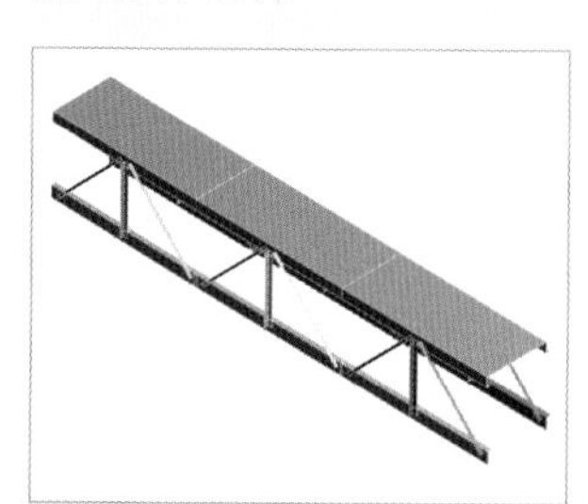
桥梁模型

本书部分实例

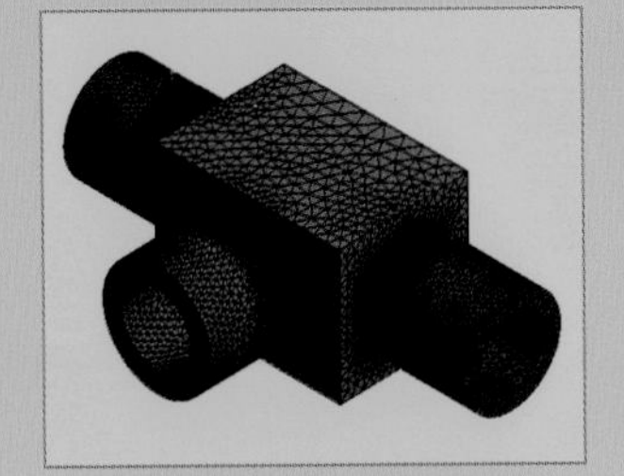

三通管网格划分

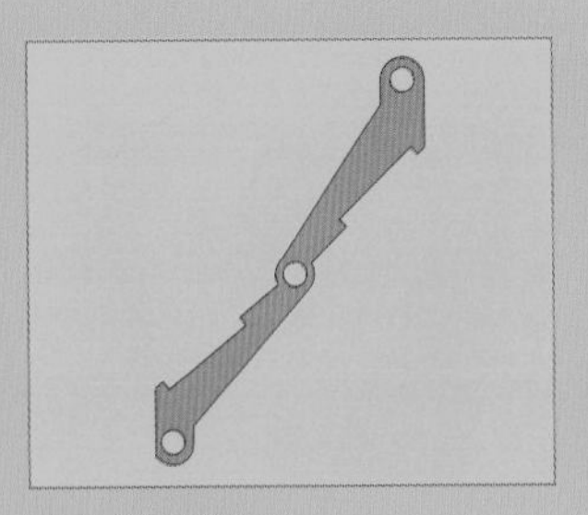

升降架 1

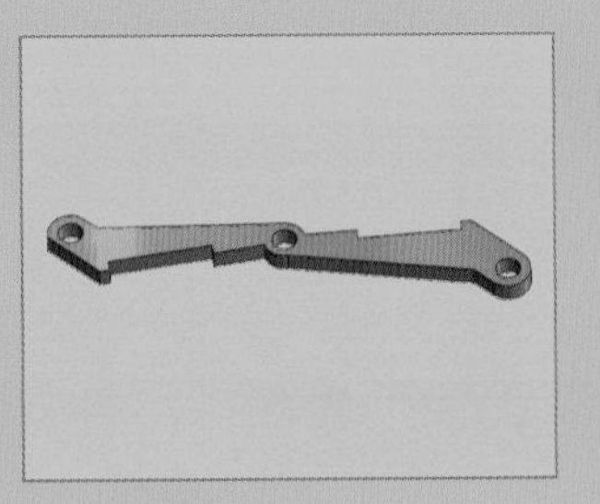

升降架 2

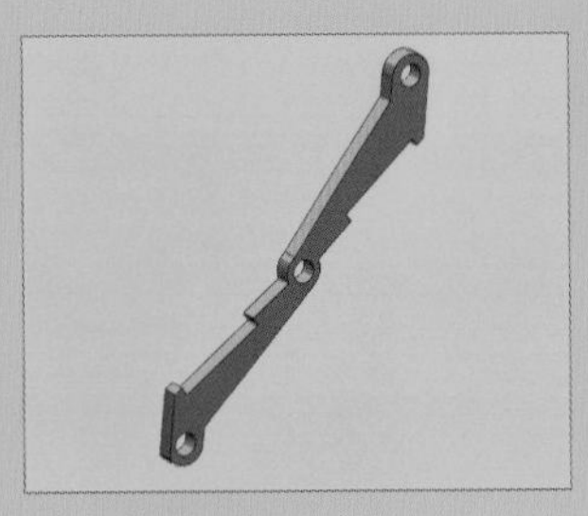

升降架 3

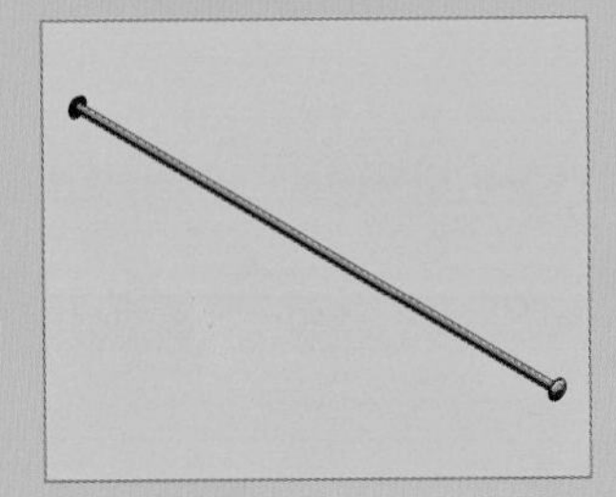

长铆钉 1

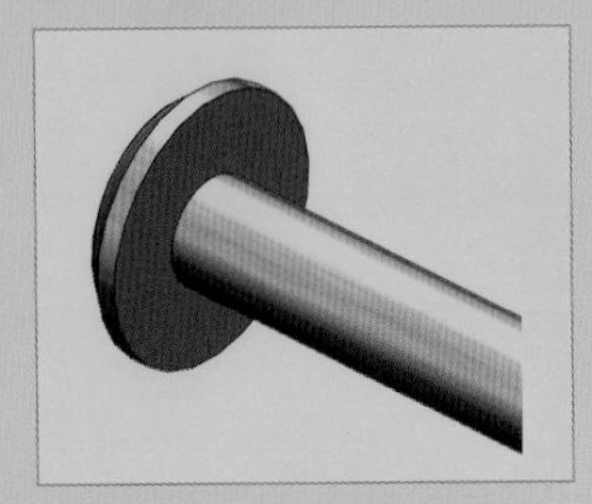

长铆钉 2

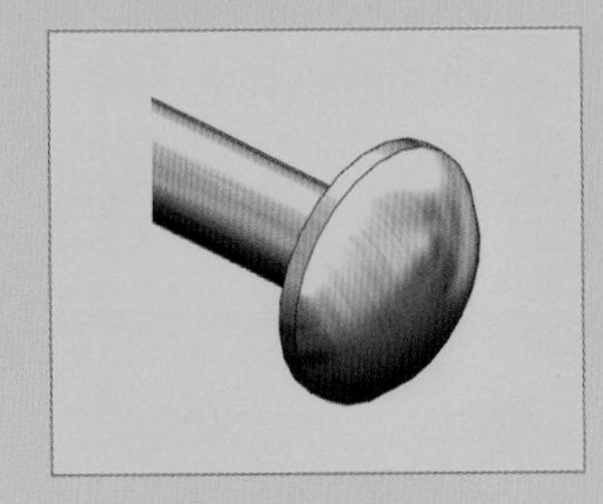

长铆钉 3

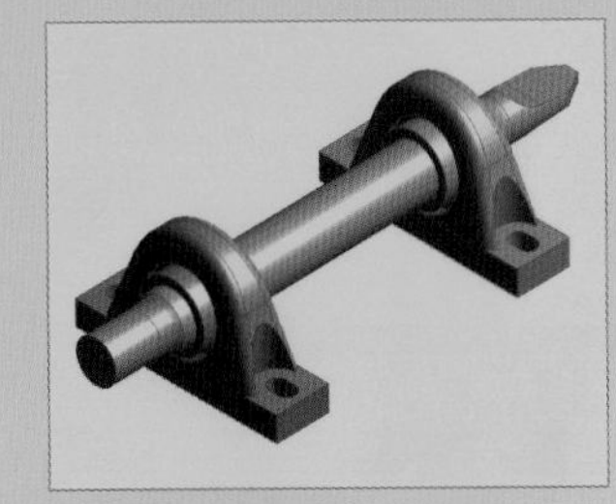

轴装配体

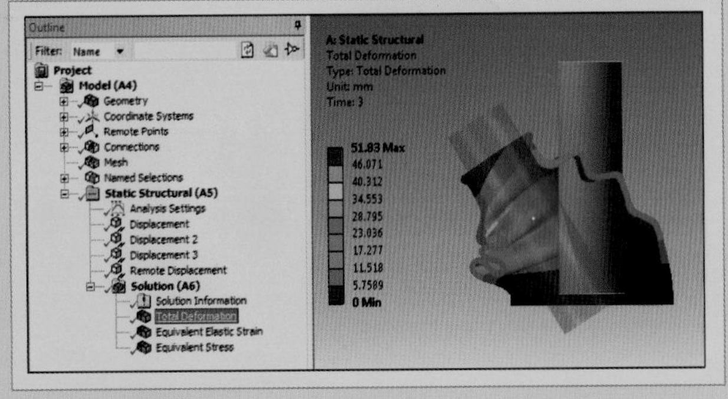

轴装配体

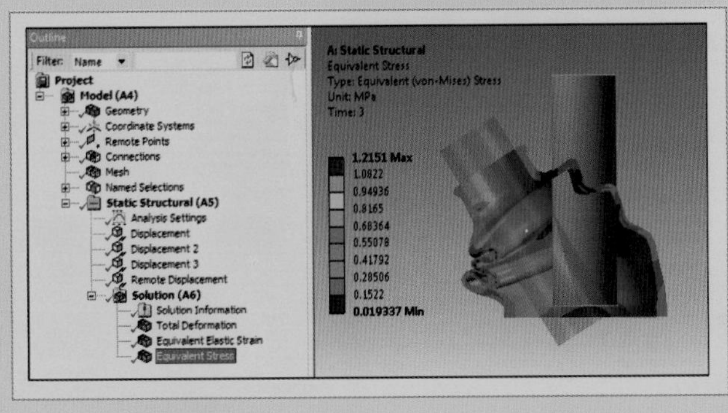

档杆防尘套应力分布

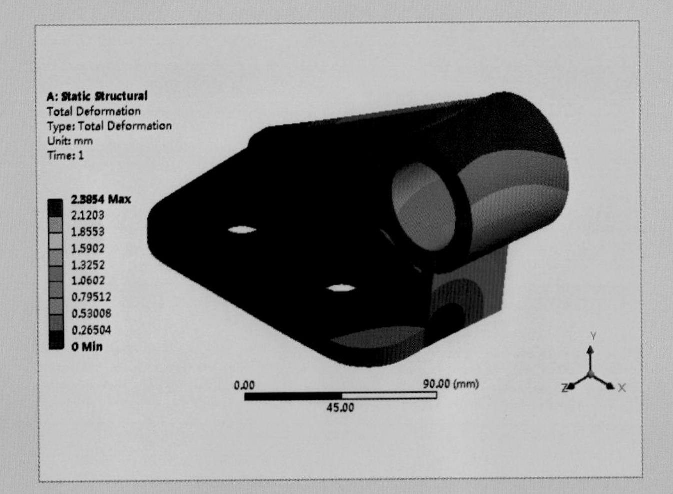

托架总位移云图

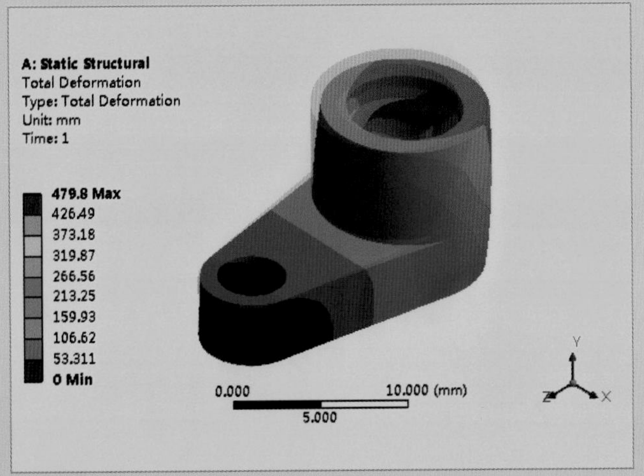

联轴器静力分析

ANSYS Workbench 2020 有限元分析从入门到精通

CAD/CAM/CAE 技术联盟　编著

清华大学出版社

北　京

内容简介

《ANSYS Workbench 2020有限元分析从入门到精通》以ANSYS 2020版本为依托，对ANSYS Workbench分析的基本思路、操作步骤、应用技巧进行详细介绍，并结合典型工程应用实例详细讲述了ANSYS Workbench的具体工程应用方法。本书共13章，第1～4章为操作基础，详细介绍了ANSYS Workbench分析全流程的基本步骤和方法，其中包括ANSYS Workbench 2020入门、DesignModeler应用程序、Mechanical应用程序和一般网格控制；第5～13章为专题实例，按不同的分析专题讲解各种分析专题的参数设置方法与技巧，其中包括结构静力学分析、模态分析、屈曲分析、谐响应分析、响应谱分析、随机振动分析、非线性分析、热分析和优化设计等内容。

另外，本书随书资源包中还配备了极为丰富的学习资源，具体内容如下。

1. 23集高清同步微课视频，可像看电影一样轻松学习，然后对照书中实例进行练习。
2. 11个经典中小型案例，用案例学习上手更快，更专业。
3. 5种不同类型的综合练习实例，学以致用，动手会做才是硬道理。
4. 附赠8种类型常见零部件分析的动画演示和源文件，可以拓宽视野，增强实战能力。
5. 全书实例的源文件和素材，方便按照书中实例操作时直接调用。

本书适用于ANSYS软件的初、中级用户，以及有初步使用经验的技术人员；本书可作为理工科院校相关专业的高年级本科生、研究生及教师学习ANSYS软件的培训教材，也可作为从事结构分析相关行业的工程技术人员使用ANSYS软件的参考书。

图书在版编目（CIP）数据

ANSYS Workbench 2020有限元分析从入门到精通 / CAD/CAM/CAE技术联盟编著. —北京：清华大学出版社，2020.8（2022.11重印）
（清华社“视频大讲堂”大系 CAD/CAM/CAE技术视频大讲堂）
ISBN 978-7-302-56136-1

Ⅰ. ①A… Ⅱ. ①C… Ⅲ. ①有限元分析—应用软件 Ⅳ. ①O241.82-39

中国版本图书馆CIP数据核字（2020）第141107号

责任编辑：贾小红
封面设计：李志伟
版式设计：文森时代
责任校对：马军令
责任印制：沈 露

出版发行：清华大学出版社
网 址：http://www.tup.com.cn，http://www.wqbook.com
地 址：北京清华大学学研大厦A座 **邮 编：**100084
社 总 机：010-83470000 **邮 购：**010-62786544
投稿与读者服务：010-62776969，c-service@tup.tsinghua.edu.cn
质量反馈：010-62772015，zhiliang@tup.tsinghua.edu.cn
印 装 者：三河市君旺印务有限公司
经 销：全国新华书店
开 本：203mm×260mm **印 张：**22.25 **插 页：**2 **字 数：**654千字
版 次：2020年10月第1版 **印 次：**2022年11月第3次印刷
定 价：79.80元

产品编号：081786-01

前 言

有限单元法作为数值计算方法是在工程分析领域应用较为广泛的一种计算方法，自 20 世纪中叶以来，以其独有的计算优势得到了广泛的发展和应用，已出现了不同的有限元算法，并由此产生了一批非常成熟的通用和专业有限元商业软件。随着计算机技术的飞速发展，各种工程软件也得以广泛应用。ANSYS 软件以其多物理场耦合分析功能而成为 CAE 软件的应用主流，在工程分析应用中得到了较为广泛的应用。

ANSYS 软件是美国 ANSYS 公司研制的大型通用有限元分析（FEA）软件，它是世界范围内增长最快的 CAE 软件，能够进行包括结构、热、声、流体以及电磁场等学科的研究，在核工业、铁道、石油化工、航空航天、机械制造、能源、汽车交通、国防军工、电子、土木工程、造船、生物医药、轻工、地矿、水利、日用家电等领域有着广泛的应用。ANSYS 的功能强大，操作简单方便，现在它已成为国际最流行的有限元分析软件，在历年 FEA 评比中都名列第一。目前，中国大多数科研院校采用 ANSYS 软件进行有限元分析或者作为标准教学软件。

Workbench 是 ANSYS 公司开发的新一代协同仿真环境，与传统 ANSYS 相比较，Workbench 有利于协同仿真、项目管理，可以进行双向的参数传输功能，具有复杂装配件接触关系的自动识别、接触建模功能，可对复杂的几何模型进行高质量的网格处理，自带可定制的工程材料数据库，方便操作者进行编辑、应用，并且支持几乎所有 ANSYS 的有限元分析功能。

一、编写目的

鉴于 ANSYS Workbench 强大的功能和深厚的工程应用底蕴，我们力图开发一本全方位介绍 ANSYS Workbench 在工程中实际应用情况的书籍。我们不求将 ANSYS Workbench 知识点全面讲解清楚，而是针对工程设计的需要，利用 ANSYS Workbench 大体知识脉络作为线索，以实例作为“抓手”，帮助读者掌握利用 ANSYS Workbench 进行有限元分析的基本技能和技巧。

本书以 ANSYS 的最新版本 ANSYS 2020 为依据，对 ANSYS Workbench 分析的基本思路、操作步骤、应用技巧进行了详细介绍，并结合典型工程应用实例详细讲述了 ANSYS Workbench 的具体工程应用方法。

二、本书特点

☑　专业性强

本书作者拥有多年计算机辅助设计与分析领域的工作经验和教学经验，他们总结多年的工程应用经验以及教学中的心得体会，历时多年精心编著，力求全面、细致地展现出 ANSYS Workbench 2020 在有限元分析应用领域的各种功能和使用方法。在具体讲解的过程中，严格遵守有限元分析相关规范和国家标准，这种一丝不苟的细致作风融入字里行间中，目的是培养读者严谨细致的工程素养，传播规范的工程分析理论与应用知识。

☑　实例丰富

全书包含数十个常见的、不同类型和大小的实例、实践，可让读者在学习案例的过程中快速了解 ANSYS Workbench 2020 的用途，并加深对知识点的掌握，力求通过实例的演练帮助读者找到一条学习 ANSYS Workbench 2020 的终南捷径。

☑　内容全面

本书内容全面，对 ANSYS Workbench 分析的基本思路、操作步骤、应用技巧进行了详细介绍，并结合典型工程应用实例详细讲述了 ANSYS Workbench 的具体工程应用方法。通过学习本书，读者可以全景式地掌握 ANSYS Workbench 分析的各种基本方法和技巧。

☑　突出技能提升

本书中有很多实例本身就是工程分析项目案例，经过作者精心提炼和改编，不仅保证读者能够学好知识点，更重要的是能帮助读者掌握实际的操作技能。全书结合实例详细讲解了 ANSYS Workbench 知识要点，让读者在学习案例的过程中潜移默化地掌握 ANSYS Workbench 软件的操作技巧，同时也培养工程分析实践能力。

三、本书的配套资源

本书提供了极为丰富的配套学习资源，读者可登录清华大学出版社网站（www.tup.com.cn），在对应图书页面下获取其下载方式。也可扫描图书封底的“文泉云盘”二维码，获取学习资源的下载方式，以便读者朋友在最短的时间内学会并掌握这门技术。

1．配套微课视频

针对本书实例专门制作了 23 集同步教学视频，读者可以扫描书中的二维码观看视频，像看电影一样轻松愉悦地学习本书内容，然后对照课本加以实践和练习，可以大大提高学习效率。

2．附赠 8 种类型常见零部件的分析方法

为了帮助读者拓宽视野，本书赠送了 8 种类型常见零部件的分析方法，及其配套的时长 75 分钟的动画演示，可以增强实战能力。

3．全书实例的源文件

本书配套资源中包含实例和练习实例的源文件和素材，读者可以安装 ANSYS Workbench 2020 软件后，打开并使用它们。

四、关于本书的服务

1．“ANSYS Workbench 2020”安装软件的获取

按照本书上的实例进行操作练习，以及使用 ANSYS Workbench 2020 进行分析，需要事先在电脑上安装 ANSYS Workbench 2020 软件。“ANSYS Workbench 2020”安装软件可以登录官方网站联系购买正版软件，或者使用其试用版。另外，当地电脑城、软件经销商一般有售。

2．关于本书的技术问题或有关本书信息的发布

读者朋友遇到有关本书的技术问题，可以扫描封底“文泉云盘”二维码查看是否已发布相关勘误/解疑文档，如果没有，可在文档下方找到联系方式，我们将及时回复。

3．关于手机在线学习

扫描书后刮刮卡（需刮开涂层）二维码，即可获取书中二维码的读取权限，再扫描书中二维码，可在手机中观看对应教学视频。充分利用碎片化时间，随时随地提升。需要强调的是，书中给出的是实例

的重点步骤，详细操作过程还需读者通过视频来学习并领会。

五、关于作者

本书由 CAD/CAM/CAE 技术联盟组织编写。CAD/CAM/CAE 技术联盟是一个集 CAD/CAM/CAE 技术研讨、工程开发、培训咨询和图书创作于一体的工程技术人员协作联盟，包含众多专职和兼职 CAD/CAM/CAE 工程技术专家。

CAD/CAM/CAE 技术联盟负责人由 Autodesk 中国认证考试中心首席专家担任，全面负责 Autodesk 中国官方认证考试大纲制定、题库建设、技术咨询和师资力量培训工作，成员精通 Autodesk 系列软件。其创作的很多教材成为国内具有引导性的旗帜作品，在国内相关专业方向图书创作领域具有举足轻重的地位。

六、致谢

在本书的写作过程中，策划编辑贾小红女士给予了很大的帮助和支持，提出了很多中肯的建议，在此表示感谢。同时，还要感谢清华大学出版社的所有编审人员为本书的出版所付出的辛勤劳动。本书的成功出版是大家共同努力的结果，谢谢所有给予支持和帮助的人们。

编　者

2020 年 10 月

目　录

Contents

Note

Note

Note

Note

第1章 ANSYS Workbench 2020 入门

本章提纲挈领地介绍了 ANSYS Workbench 的基本知识，首先介绍 CAE 技术及其有关基本知识，并由此引出了 ANSYS Workbench。讲述了功能特点以及 ANSYS Workbench 程序结构和分析基本流程。

通过本章的学习，帮助读者对 ANSYS Workbench 建立初步感性认识。

1.1 ANSYS Workbench 概述

Note

有限元法作为目前工程应用较为广泛的一种数值计算方法，以其独有的计算优势得到了广泛的发展和应用，并由此产生了一批非常成熟的通用和专业有限元商业软件。随着计算机技术的飞速发展，各种工程软件也得以广泛应用。提到有限元法不能不提的是 ANSYS 软件，ANSYS 软件是美国 ANSYS 公司研制的大型通用有限元分析（FEA）软件，它是世界范围内增长最快的 CAE 软件，能够进行包括结构、热、声、流体以及电磁场等学科的研究，在核工业、铁道、石油化工、航空航天、机械制造、能源、汽车交通、国防军工、电子、土木工程、造船、生物医药、轻工、地矿、水利、日用家电等领域有着广泛的应用。ANSYS 的功能强大，操作简单方便，现在它已成为国际最流行的有限元分析软件，在历年 FEA 评比中都名列第一。目前，中国 100 多所理工院校采用 ANSYS 软件进行有限元分析或者作为标准教学软件。

Workbench 是 ANSYS 公司开发的新一代协同仿真集成平台。

1997 年，ANSYS 公司基于广大设计的分析应用需求，开发了专供设计人员应用的分析软件 ANSYS DesignSpace（DS），其前后处理功能与经典的 ANSYS 软件完全不同，该软件的易用性和与 CAD 接口非常棒。

2000 年，ANSYS DesignSpace 的界面风格更加深受广大用户喜爱，ANSYS 公司决定提升 ANSYS DesignSpace 的界面风格，以供经典的 ANSYS 软件的前后处理也能应用，形成了协同仿真环境：ANSYS Workbench Environment(AWE)。它可以重现经典 ANSYS PP 软件的前后处理功能，以及全新的风格界面。其后，在 AWE 上，开发了 ANSYS DesignModeler(DM)、ANSYS DesignXplorer(DX)、ANSYS DesignXplorer VT(DX VT)、ANSYS Fatigue Module(FM)、ANSYS CAE Template 等。当时目的是和 DS 共同提供给用户先进的 CAE 技术。

ANSYS 公司允许以前只能在 ACE 上运行的 MP、ME、ST 等产品，也可在 AWE 上运行。用户在启动这些产品时，可以选择 ACE，也可以选择 AWE。AWE 可作为 ANSYS 软件的新一代前后处理，还未支持 ANSYS 所有的功能，目前主要支持大部分的 ME 和 ANSYS Emag 的功能，而且与 ACE 的 PP 并存。

ANSYS 最新的 ANSYS 2020 版本，其中的 ANSYS Workbench 单元格已经达到很成熟的阶段。它的易用性、通用性及兼容性有逐步淘汰传统 APDL 界面的趋势。

1.1.1 ANSYS Workbench 的特点

1. 协同仿真、项目管理

集设计、仿真、优化、网格变形等功能于一体，对各种数据进行项目协同管理。

2. 双向的参数传输功能

支持 CAD-CAE 间的双向参数传输功能。

3. 高级的装配部件处理工具

具有复杂装配件接触关系的自动识别、接触建模功能。

4. 先进的网格处理功能

可对复杂的几何模型进行高质量的网格处理。

5. 分析功能

支持几乎所有 ANSYS 的有限元分析功能。

6．内嵌可定制的材料库

自带可定制的工程材料数据库，方便操作者进行编辑、应用。

7．易学易用

ANSYS 公司所有软件单元格的共同运行、协同仿真与数据管理环境，工程应用的整体性、流程性都大大增强。

完全的 Windows 友好界面、工程化应用，方便工程设计人员应用。实际上，Workbench 的有限元仿真分析采用的方法（单元类型、求解器、结果处理方式等）与 ANSYS 经典界面是一样的，只不过 Workbench 采用了更加工程化的方式来适应操作者，使即使是没有经历多长时间的有限元软件应用的人也能很快地完成有限元分析工作。

1.1.2　ANSYS Workbench 2020 应用分类

ANSYS Workbench 是由各个应用单元格所组成的，它提供两种类型的应用。

1．本地应用（见图 1-1）

现有的本地应用有 Project Schematic、Engineering Data 和 Design Exploration。本地应用完全在 Workbench 窗口中启动和运行。

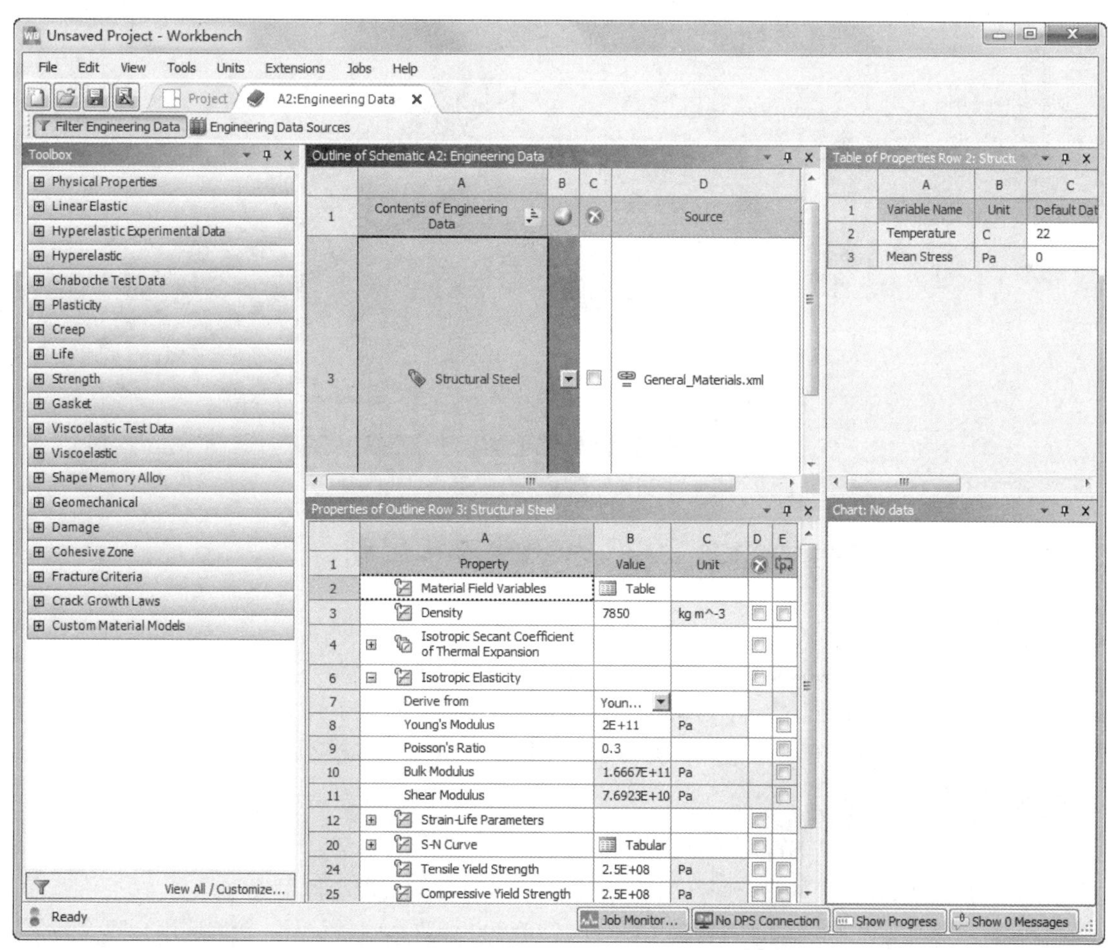

图 1-1　本地应用

2. 数据整合应用（见图 1-2）

现有的数据整合应用包括 Mechanical、Mechanical APDL、FLUENT、CFX 和 AUTODYN 等。

在工业应用领域中，为了提高产品设计质量、缩短周期、节约成本，计算机辅助工程（CAE）技术的应用越来越广泛，设计人员参与 CAE 分析已经成为必然。这对 CAE 分析软件的灵活性、易学易用性提出了更高的要求。

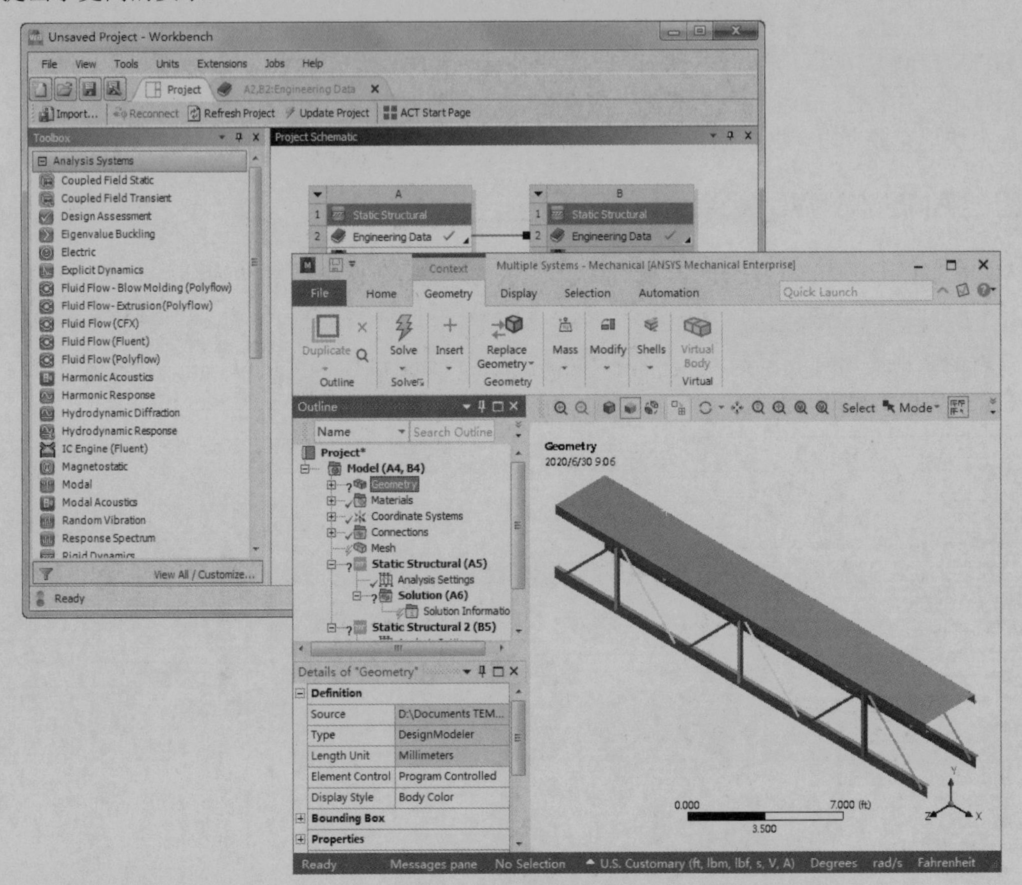

图 1-2　数据整合应用

1.1.3　ANSYS Workbench 2020 系统要求和启动

1. 操作系统要求

（1）ANSYS Workbench 2020 可运行于 Linux x64（linx64）、Windows x64（winx64）等计算机及操作系统中，其数据文件是兼容的，ANSYS Workbench 2020 不再支持 32 位系统。

（2）确定计算机安装有网卡、TCP/IP 协议，并将 TCP/IP 协议绑定到网卡上。

2. 硬件最低要求

（1）内存：8GB（推荐 16GB 或 32GB）以上。

（2）硬盘：40GB 以上硬盘空间，用于安装 ANSYS 软件及其配套使用软件。

（3）显示器：支持 1024×768、1366×768 或 1280×800 分辨率的显示器，一些应用会建议高分辨率，例如 1920×1080 或 1920×1200 分辨率。可显示 24 位以上颜色显卡。

（4）介质：可网络下载或 USB 储存安装。

3. 启动与退出

ANSYS Workbench 提供以下两种方式启动。

（1）从 Windows 开始菜单启动，如图 1-3 所示。

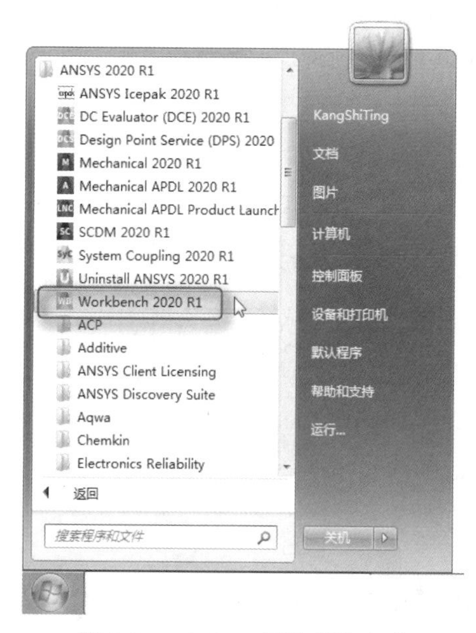

图 1-3 Windows 开始菜单启动

（2）从其支持的 CAD 系统中启动，这些 CAD 系统包括 AutoCAD、Autodesk Inventor、Creo Elements/Direct Modeling、Creo Parametric（之前名称为 Pro/ENGINEER）、UG NX、Parasolid、Solid Edge、SolidWorks、ANSYS SpaceClaim Direct Modeler 和 Teamcenter 等。图 1-4 为从 SolidWorks 中启动 Workbench。

图 1-4 从 SolidWorks 中启动

1.1.4 ANSYS Workbench 2020 的设计流程

Note

在现在应用的新版本中，ANSYS 对 Workbench 构架进行了重新设计，全新的“项目视图（Project Schematic View）”功能改变了用户使用 Workbench 仿真环境（Simulation）的方式。在一个类似“流程图”的图表中，仿真项目（Projects）中的各种任务以相互连接的图形化方式清晰地表达出来，如图 1-5 所示。这种方式使用户可以非常方便地理解项目的工程意图、数据关系、分析过程的状态等。

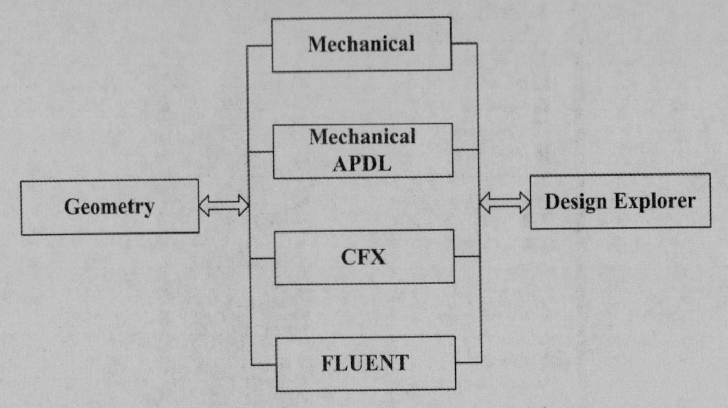

图 1-5 ANSYS Workbench 2020 主要产品设计流程

1.2 ANSYS Workbench 2020 分析的基本过程

ANSYS Workbench 2020 分析过程包含 4 个主要的步骤：初步确定、前处理、求解和后处理，如图 1-6 所示。其中初步确定为分析前的蓝图，后 3 个步骤为操作步骤。

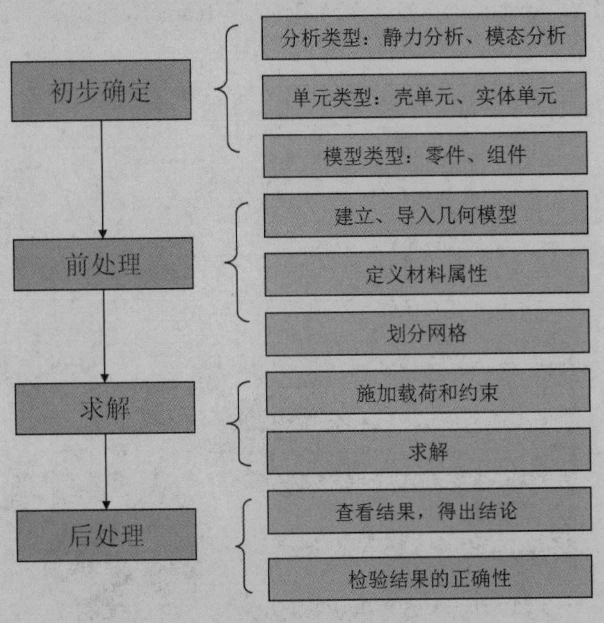

图 1-6 分析的基本过程

1.2.1 前处理

前处理是指创建实体模型以及有限元模型。它包括创建实体模型、定义单元属性、划分有限元网格和修正模型等几项内容。现今大部分的有限元模型都是用实体模型建模，类似于 CAD，ANSYS 以数学的方式表达结构的几何形状，然后在里面划分节点和单元，还可以在几何模型边界上方便地施加载荷，但是实体模型并不参与有限元分析，所以施加在几何实体边界上的载荷或约束必须最终传递到有限元模型上（单元或节点）进行求解，这个过程通常是 ANSYS 程序自动完成的。可以通过以下 4 种途径创建 ANSYS 模型：

（1）在 ANSYS 环境中创建实体模型，然后划分有限元网格。

（2）在其他软件（如 CAD）中创建实体模型，然后读入 ANSYS 环境中，经过修正后划分有限元网格。

（3）在 ANSYS 环境中直接创建节点和单元。

（4）在其他软件中创建有限元模型，然后将节点和单元数据读入 ANSYS 环境中。

单元属性是指划分网格以前必须指定的所分析对象的特征，这些特征包括材料属性、单元类型和实常数等。需要强调的是，除了磁场分析以外不需要告诉 ANSYS 使用的是什么单位制，只需要自己决定使用何种单位制，然后确保所有输入值的单位制统一，单位制影响输入的实体模型尺寸、材料属性、实常数及载荷等。

1.2.2 加载并求解

（1）自由度 DOF——定义节点的自由度（DOF）值（例如结构分析的位移、热分析的温度、电磁分析的磁势等）。

（2）面载荷（包括线载荷）——作用在表面的分布载荷（例如结构分析的压力、热分析的热对流、电磁分析的麦克斯韦尔表面等）。

（3）体积载荷——作用在体积上或场域内（例如热分析的体积膨胀和内生成热、电磁分析的磁流密度等）。

（4）惯性载荷——结构质量或惯性引起的载荷（例如重力、加速度等）。

在进行求解之前应进行分析数据检查，包括以下内容：

（1）单元类型和选项，材料性质参数，实常数以及统一的单位制。

（2）单元实常数和材料类型的设置，实体模型的质量特性。

（3）确保模型中没有不应存在的缝隙（特别是从 CAD 中输入的模型）。

（4）壳单元的法向，节点坐标系。

（5）集中载荷和体积载荷，面载荷的方向。

（6）温度场的分布和范围，热膨胀分析的参考温度。

1.2.3 后处理

（1）通用后处理（POST1）——用来观看整个模型在某一时刻的结果。

（2）时间历程后处理（POST26）——用来观看模型在不同时间段或载荷步上的结果，常用于处理瞬态分析和动力分析的结果。

1.3　ANSYS Workbench 2020 的图形界面

Note

启动 ANSYS Workbench 2020，进入如图 1-7 所示的 ANSYS Workbench 2020 的 GUI 图形界面中。

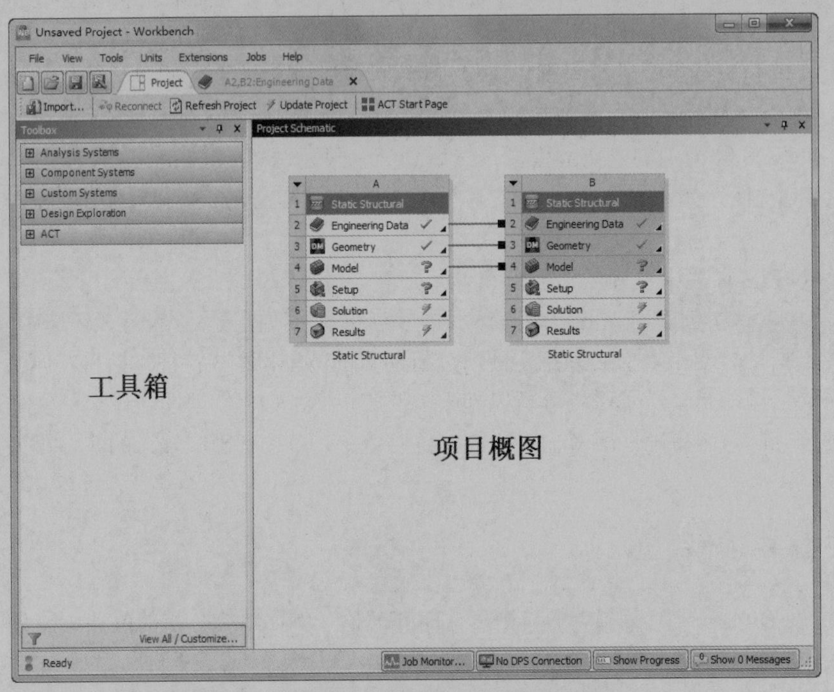

图 1-7　ANSYS Workbench 2020 图形界面

大多数情况下，ANSYS Workbench 的图形用户界面主要分成两部分，其他部分将在后续章节中介绍。

1.3.1　工具箱

ANSYS Workbench 2020 的工具箱列举了可以使用的系统和应用程序，可以通过工具箱将这些应用程序和系统添加到项目概图中。工具箱由 4 个子组所组成，如图 1-8 所示。它可以被展开或折叠起来，也可以通过工具箱下面的 View All/Customize 按钮来调整工具箱中应用程序或系统的显示或隐藏。

工具箱包括如下 4 个子组。

☑　Analysis Systems：可用在示意图中预定义的模板。

☑　Component Systems：可存取多种程序来建立和扩展分析系统。

☑　Custom Systems：为耦合应用预定义分析系统（FSI、thermal-stress 等）。用户也可以建立自己的预定义系统。

☑　Design Exploration：参数管理和优化工具。

注意：工具箱列出的系统和组成决定于安装的 ANSYS 产品。

使用 View All/Customize 窗口中的复选框，可以展开或闭合工具箱中的各项，如图 1-9 所示。不用工具箱中的专用窗口时一般将其关闭。

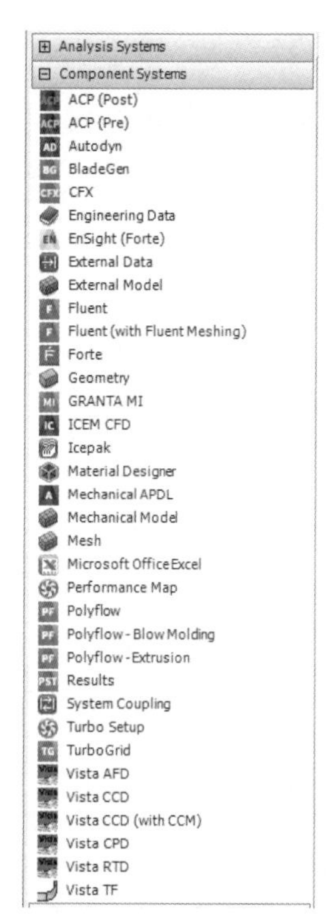

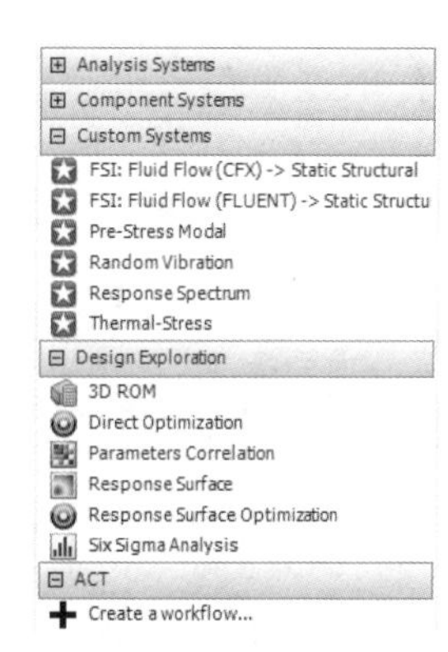

图 1-8　ANSYS Workbench 2020 工具箱

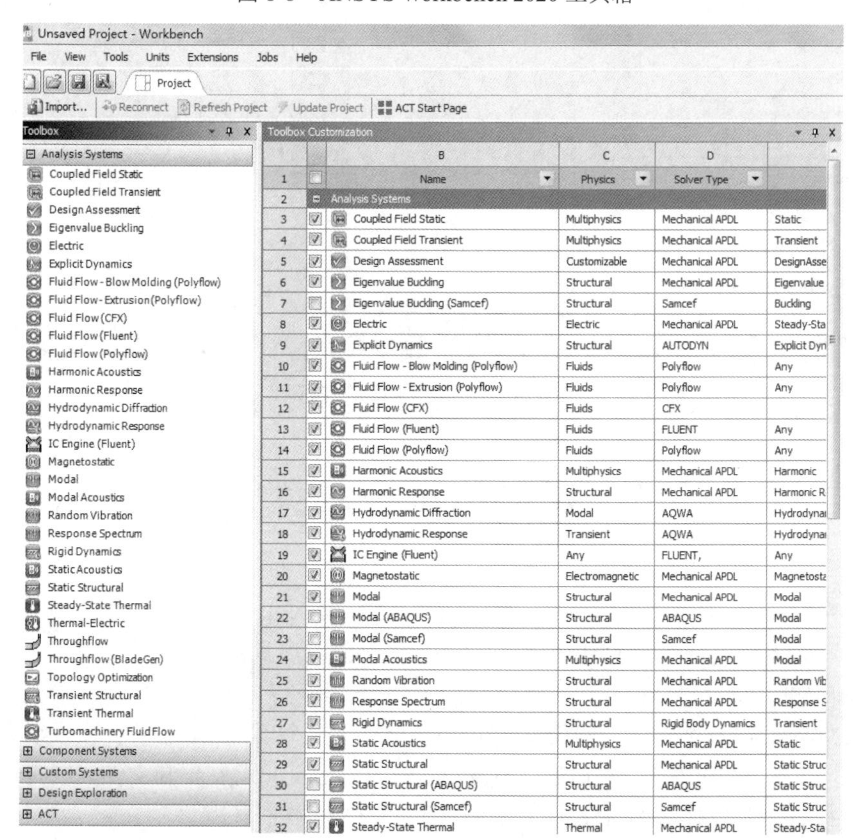

		B	C	D	
1		Name	Physics	Solver Type	
2		Analysis Systems			
3	☑	Coupled Field Static	Multiphysics	Mechanical APDL	Static
4	☑	Coupled Field Transient	Multiphysics	Mechanical APDL	Transient
5	☑	Design Assessment	Customizable	Mechanical APDL	DesignAsse
6	☑	Eigenvalue Buckling	Structural	Mechanical APDL	Eigenvalue
7	☐	Eigenvalue Buckling (Samcef)	Structural	Samcef	Buckling
8	☑	Electric	Electric	Mechanical APDL	Steady-Sta
9	☑	Explicit Dynamics	Structural	AUTODYN	Explicit Dyn
10	☑	Fluid Flow - Blow Molding (Polyflow)	Fluids	Polyflow	Any
11	☑	Fluid Flow - Extrusion (Polyflow)	Fluids	Polyflow	Any
12	☑	Fluid Flow (CFX)	Fluids	CFX	
13	☑	Fluid Flow (Fluent)	Fluids	FLUENT	Any
14	☑	Fluid Flow (Polyflow)	Fluids	Polyflow	Any
15	☑	Harmonic Acoustics	Multiphysics	Mechanical APDL	Harmonic
16	☑	Harmonic Response	Structural	Mechanical APDL	Harmonic R
17	☑	Hydrodynamic Diffraction	Modal	AQWA	Hydrodynai
18	☑	Hydrodynamic Response	Transient	AQWA	Hydrodynai
19	☑	IC Engine (Fluent)	Any	FLUENT,	Any
20	☑	Magnetostatic	Electromagnetic	Mechanical APDL	Magnetosta
21	☑	Modal	Structural	Mechanical APDL	Modal
22	☐	Modal (ABAQUS)	Structural	ABAQUS	Modal
23	☐	Modal (Samcef)	Structural	Samcef	Modal
24	☑	Modal Acoustics	Multiphysics	Mechanical APDL	Modal
25	☑	Random Vibration	Structural	Mechanical APDL	Random Vib
26	☑	Response Spectrum	Structural	Mechanical APDL	Response S
27	☑	Rigid Dynamics	Structural	Rigid Body Dynamics	Transient
28	☑	Static Acoustics	Multiphysics	Mechanical APDL	Static
29	☑	Static Structural	Structural	Mechanical APDL	Static Struc
30	☐	Static Structural (ABAQUS)	Structural	ABAQUS	Static Struc
31	☐	Static Structural (Samcef)	Structural	Samcef	Static Struc
32	☑	Steady-State Thermal	Thermal	Mechanical APDL	Steady-Sta

图 1-9　工具箱显示设置

1.3.2　Workbench 选项窗口

Note

利用 View 菜单（或在项目概图上右击）在 Workbench 环境下可以显示附加的信息。图 1-10 为高亮显示 Geometry 单元，从而其属性便显示出来。可以在属性中查看和调整项目概图中单元的属性。

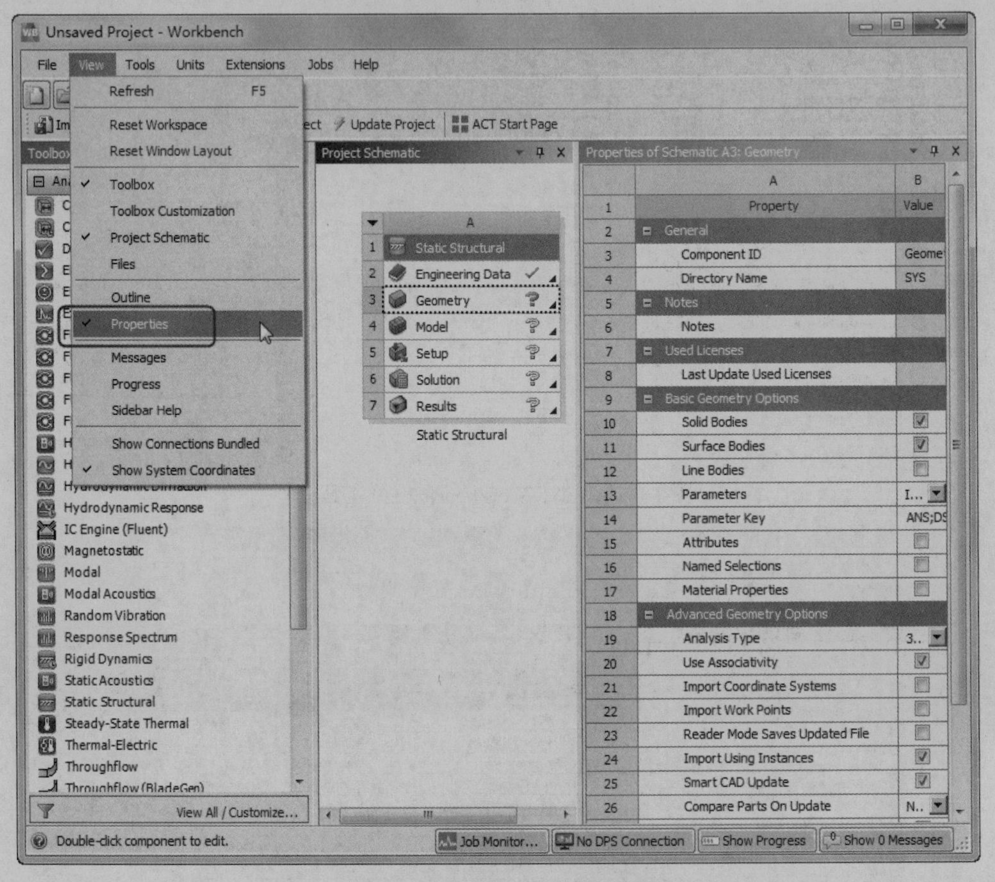

图 1-10　Workbench 选项窗口

1.4　Workbench 文档管理

ANSYS Workbench 2020 可以自动创建所有相关文件，包括一个项目文件和一系列的子目录。用户应允许 Workbench 管理这些目录的内容，最好不要手动修改项目目录的内容或结构，否则会引起程序读取出错的问题。

在 ANSYS Workbench 2020 中，当指定文件夹及保存了一个项目后，系统会在磁盘中保存一个项目文件（*.wbpj）及一个文件夹（*_files）。Workbench 是通过此项目文件和文件夹及其子文件来管理所有相关的文件的。图 1-11 为 Workbench 所生成的一系列文件夹。

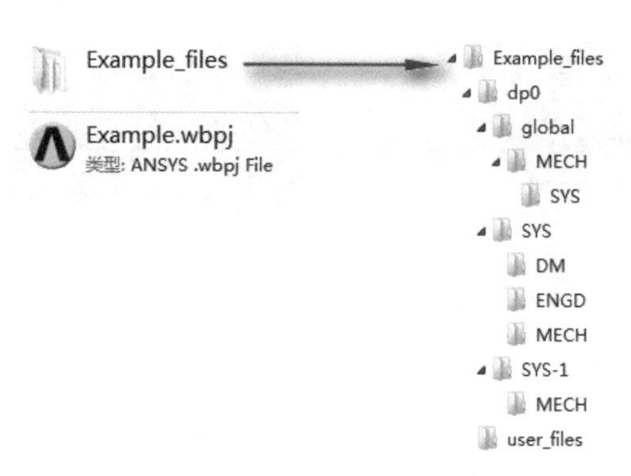

图 1-11　Workbench 文件夹目录结构

1.4.1　目录结构

ANSYS Workbench 2020 文件格式目录内文件的作用如下。

☑　dpn：是设计点文件目录，这实质上是特定分析的所有参数的状态文件，在单分析情况下只有一个 dp0 目录。它是所有参数分析所必需的。

☑　global：包含分析中各个单元格中的子目录。其下的 MECH 目录中包括数据库以及 Mechanical 单元格的其他相关文件。其内的 MECH 目录为仿真分析的一系列数据及数据库等相关文件。

☑　SYS：包括了项目中各种系统的子目录（如 Mechanical、FLUENT、CFX 等）。每个系统的子目录都包含有特定的求解文件。例如 MECH 的子目录有结果文件、ds.dat 文件、solve.out 文件等。

☑　user_files：包含输入文件、用户文件等，这些可能与项目有关。

1.4.2　显示文件明细

如需查看所有文件的具体信息，在 Workbench 的 View 菜单中，选择 Files 命令（见图 1-12），以显示一个包含文件明细与路径的窗格，图 1-13 为一个文件窗格。

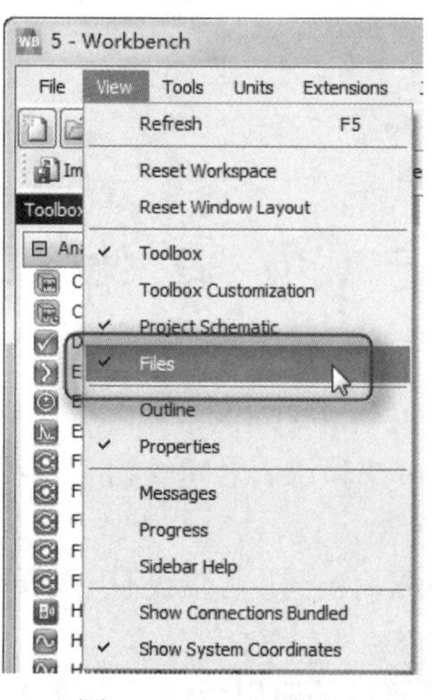

图 1-12　View 菜单

Note

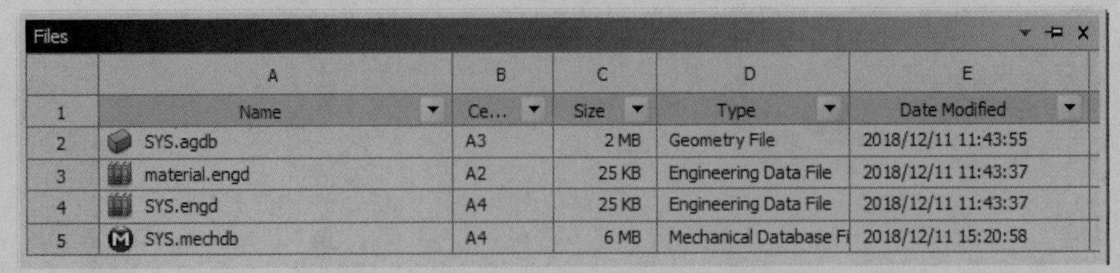

Files

	A	B	C	D	E
1	Name	Ce...	Size	Type	Date Modified
2	SYS.agdb	A3	2 MB	Geometry File	2018/12/11 11:43:55
3	material.engd	A2	25 KB	Engineering Data File	2018/12/11 11:43:37
4	SYS.engd	A4	25 KB	Engineering Data File	2018/12/11 11:43:37
5	SYS.mechdb	A4	6 MB	Mechanical Database Fi	2018/12/11 15:20:58

图 1-13　文件窗格

1.4.3　打包文件

为了便于文件的管理与传输，ANSYS Workbench 还具有打包文件功能，打包后的文件为.wbpz 格式。可用任一解压软件来打开。图 1-14 为 File 菜单中打包的选项。

选择保存打包文件的位置后，会弹出如图 1-15 所示的 Archive Options 对话框，其内有多个选项可供选择。

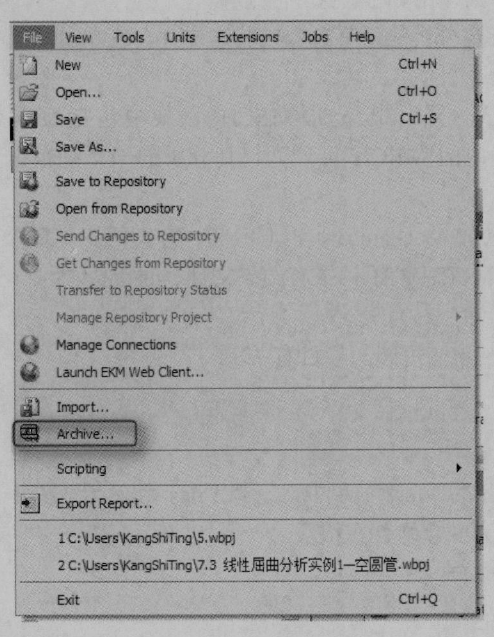

图 1-14　打包选项

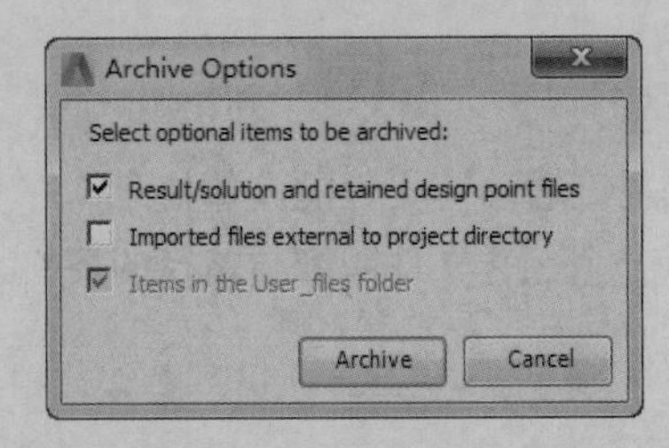

图 1-15　Archive Options 对话框

1.5　项　目　概　图

项目概图是通过放置应用或系统到项目管理区中的各个区域，定义全部分析项目的。它表示了项目的结构和工作的流程。为项目中各对象和它们之间的相互关系提供了一个可视化的表示。项目概图由一个个单元格所组成，如图 1-16 所示。

项目概图可以因要分析的项目不同而不同，可以仅有一个单一的单元格组成，也可以是含有一套复杂链接的系统耦合分析或模型的方法。

项目概图中的单元格是由将工具箱中的应用程序或系统直接拖曳到项目管理界面中或是直接在项目上双击载入。

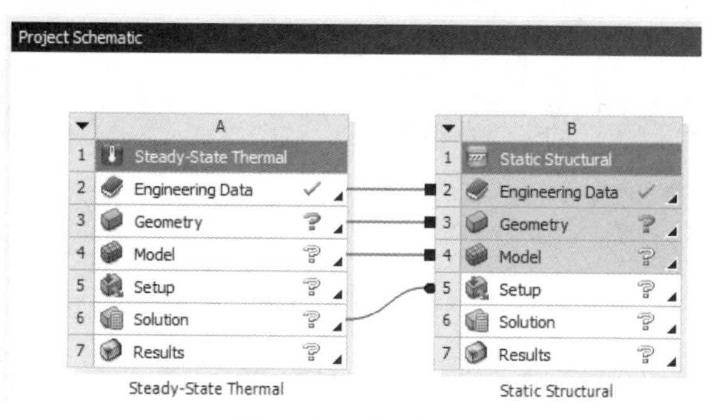

图 1-16 项目概图

1.5.1 系统和单元格

要生成一个项目，需要从工具箱中添加单元格到项目概图中形成一个系统，一个系统由一个个单元格组成。要定义一个项目，还需要在单元格之间进行交互。也可以在单元格中右击，在弹出的快捷菜单中选择可使用的单元格。通过一个单元格，可以实现下面的功能。

☑ 通过单元格进入数据集成的应用程序或工作区。

☑ 添加与其他单元格间的链接系统。

☑ 分配输入或参考的文件。

☑ 分配属性分析的组件。

每个单元格含有一个或多个单元，如图 1-17 所示。每个单元都有一个与它关联的应用程序或工作区，例如 ANSYS Fluent 或 Mechanical 应用程序。可以通过此单元单独地打开这些应用程序。

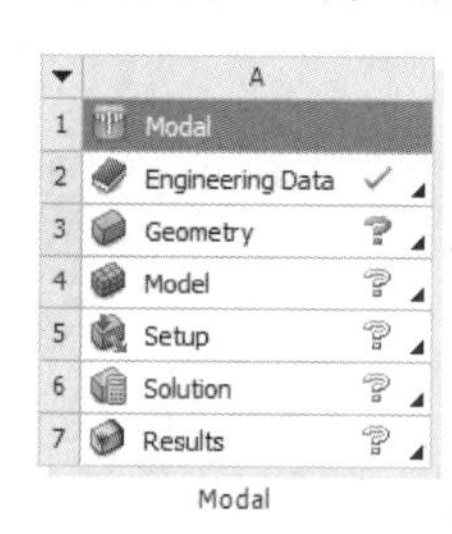

图 1-17 项目概图中的单元格

1.5.2 单元格的类型

单元格包含许多可以使用的分析和组件系统，下面介绍通用的一些分析单元。

1. Engineering Data（工程数据）

使用工程数据组件定义或访问材料模型中的分析所用数据。双击工程数据的单元格，或右击，打开快捷菜单，从中选择“编辑”命令，以显示工程数据的工作区。可从工作区中定义数据材料等。

2. Geometry（几何模型）

使用几何模型单元来导入、创建、编辑或更新用于分析的几何模型。

（1）4 类图元

☑ 体（三维模型）：由面围成，代表三维实体。

☑ 面（表面）：由线围成。代表实体表面、平面形状或壳（可以是三维曲面）。

☑ 线（可以是空间曲线）：以关键点为端点，代表物体的边。

Note

☑ 关键点（位于三维空间）：代表物体的角点。

（2）层次关系

从最低阶到最高阶，模型图元的层次关系如下。

☑ 关键点（Keypoints）。

☑ 线（Lines）。

☑ 面（Areas）。

☑ 体（Volumes）。

如果低阶的图元连在高阶图元上，则低阶图元不能删除。

3. Model（模型）

模型建立之后，需要划分网格，它涉及以下 4 个方面。

（1）选择单元属性（单元类型、实常数、材料属性）。

（2）设定网格尺寸控制（控制网格密度）。

（3）网格划分以前保存数据库。

（4）执行网格划分。

4. Setup（设置）

使用此设置单元可打开相应的应用程序。设置包括定义载荷、边界条件等。也可以在应用程序中配置分析。在应用程序中的数据会被纳入 ANSYS Workbench 的项目中，这其中也包括系统之间的链接。

载荷是指加在有限单元模型（或实体模型，但最终要将载荷转化到有限元模型上）上的位移、力、温度、热、电磁等。载荷包括边界条件和内外环境对物体的作用。

5. Solution（解决方案）

在所有的前处理工作进行完后，要进行求解，求解过程包括选择求解器、对求解进行检查、求解的实施及对求解过程中会出现的问题的解决等。

6. Results（结果）

分析问题的最后一步工作是进行后处理，后处理就是对求解所得到的结果进行查看、分析和操作。结果单元即为显示的分析结果的可用性和状态。结果单元是不能与任何其他系统共享数据的。

1.5.3 了解单元格状态

1. 典型的单元格状态

单元状态包含以下情况。

☑ ？：无法执行。丢失上行数据。

☑ ？：需要注意。可能需要改正本单元或是上行单元。

☑ ⟳：需要刷新。上行数据发生改变。需要刷新单元（更新也会刷新单元）。

☑ ⚡：需要更新。数据一改变，单元的输出也要相应地更新。

☑ ✓：最新的。

☑ ✓：发生输入变动。单元是局部更新的，但上行数据发生变化也可能导致其发生改变。

2. 解决方案特定的状态

解决方案时特定的状态如下。

☑ ✓：中断。表示已经中断的解决方案。此选项执行的求解器正常停止，将完成当前迭代，

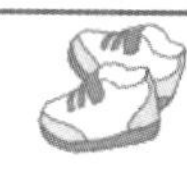

并写一个解决方案文件。

☑ ：挂起。标志着一个批次或异步解决方案正在进行中。当一个单元格进入挂起状态，可以与项目和项目的其他部分退出 ANSYS Workbench 或工作。

3. 故障状态

Note

故障典型状态如下。

☑ ：刷新失败。需要刷新。

☑ ：更新失败。需要更新。

☑ ：更新失败。需要注意。

1.5.4 项目概图中的链接

链接的作用是连接系统之间的数据共享系统或数据传输。链接在项目概图中所示的主要类型如下。

☑ 指示数据链接系统之间的共享。这些链接以方框终止，如图 1-18 所示。

☑ 指示数据的链接是从上游到下游系统。这些链接以圆形终止，如图 1-18 所示。

☑ 链接指示系统是强制地输入参数。这些链接连接系统参数设置栏和绘制箭头进入系统中，如图 1-18 所示。

☑ 链接指示系统提供输出参数。这些链接连接系统参数设置栏，并用箭头指向系统，如图 1-18 所示。

☑ 表明设计探索系统的链接，它连接到项目参数。这些链接连接到“系统参数设置栏”，D 和 E 与系统如图 1-18 所示。

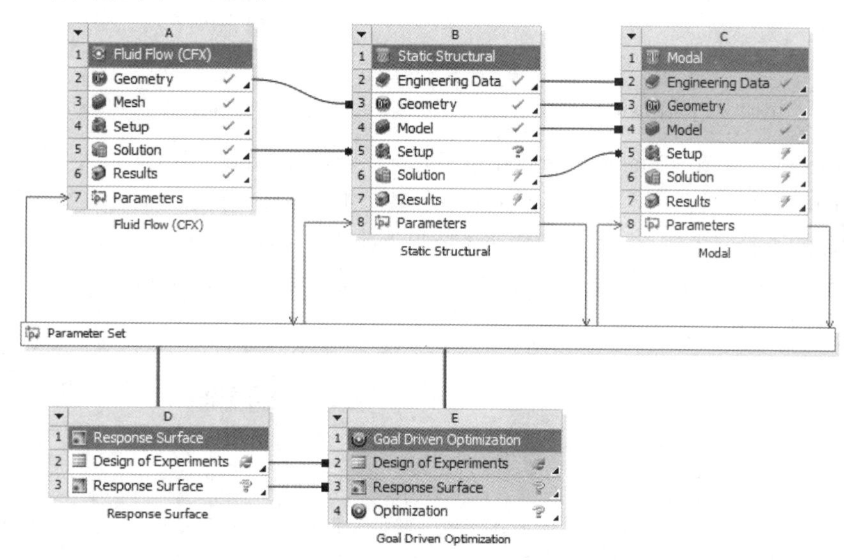

图 1-18 项目概图中的链接

1.5.5 创建项目概图实例

创建工作流程的步骤如下。

01 将工具箱中的 Static Structural 选项直接拖曳到项目管理界面中或是直接在项目上双击载入，结果如图 1-19 所示。

Note

02 此时模块下面的名称为可修改状态，输入“初步静力学分析”，作为此模块的名称。

03 在工具箱中选中 Modal 选项，按住鼠标左键不放，向项目管理器中拖曳，此时项目管理器中可拖曳到的位置将以绿色框显示，如图 1-20 所示。

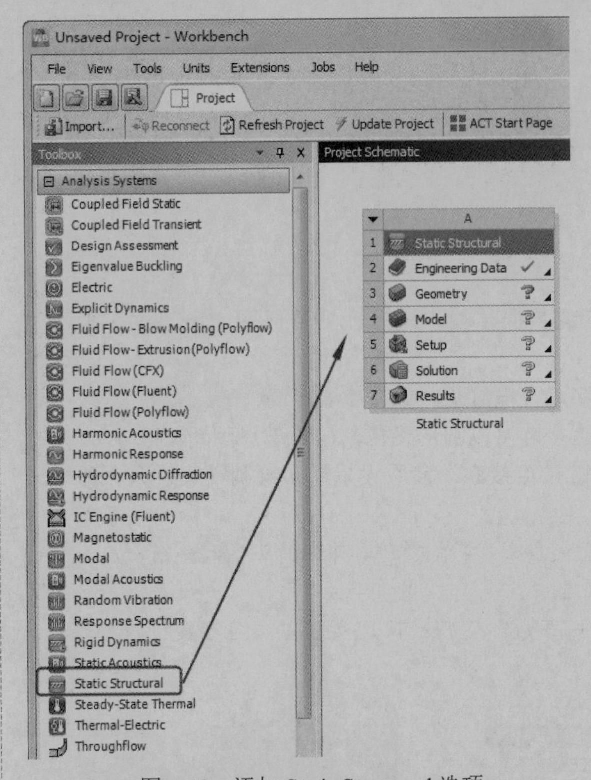

图 1-19　添加 Static Structural 选项

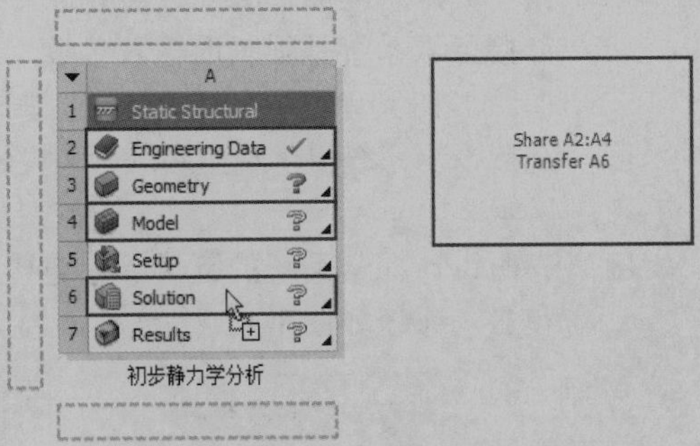

图 1-20　可添加位置

04 将 Modal 选项放到 Static Structural 模块的第 6 行的 Solution 中，此时两个模块分别以字母 A、B 编号显示在项目管理器中，并且两个模块中间出现 4 条链接，其中，以方框结尾的链接为可共享链接，以圆形结尾的链接为下游到上游链接。结果如图 1-21 所示。

05 单击 B 模块左上角的下箭头，此时弹出快捷菜单，选择 Rename 命令，如图 1-22 所示。将此模块更改名称为“模态分析一”。

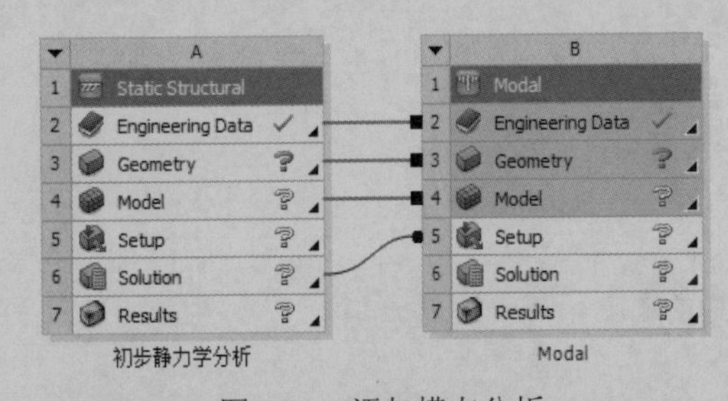

图 1-21　添加模态分析

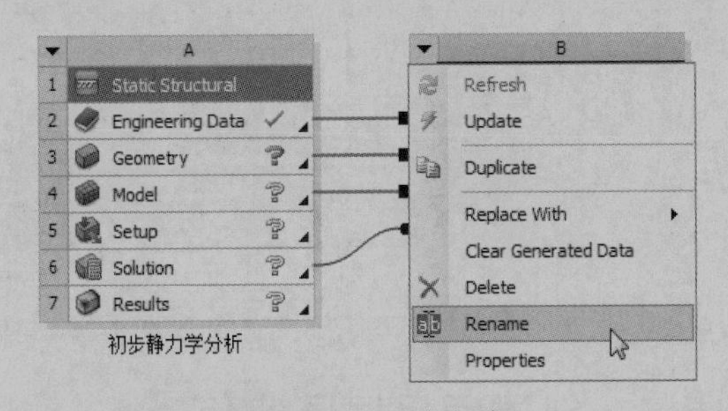

图 1-22　更改名称

06 右击“初步静力学分析”第 6 行中的 Solution 单元，在此时弹出的快捷菜单中选择 Transfer Data To New→Modal 命令，如图 1-23 所示。另一个模态分析模块将添加到项目管理器中，并将名称更改为“模态分析二”，结果如图 1-24 所示。

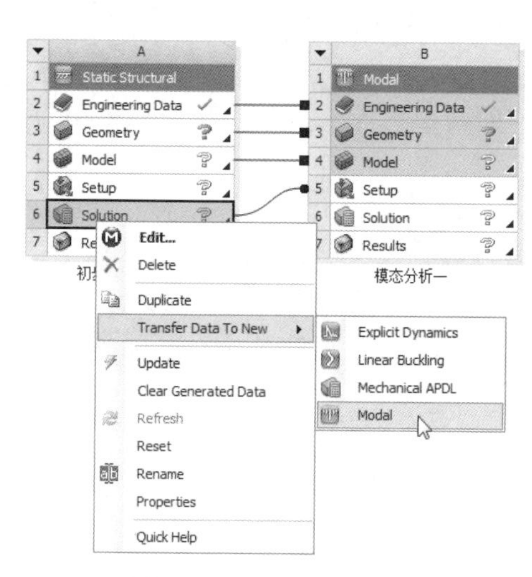

图 1-23　添加模态分析一

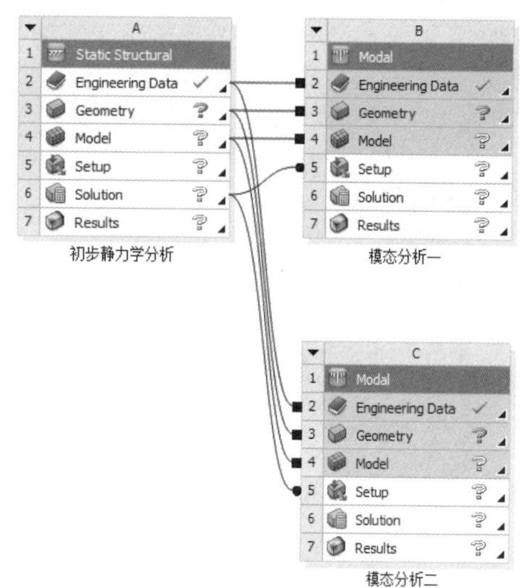

图 1-24　添加模态分析二

下面列举了项目概图中需要注意的地方。

☑　分析流程块可以用鼠标右键选择菜单进行删除。

☑　使用该转换特性时，将显示所有的转换可能（上行转换和下行转换）。

☑　高亮显示系统中的分支不同，程序呈现的快捷菜单也会有所不同，如图 1-25 所示。

图 1-25　不同的快捷菜单

1.6　材料特性应用程序

进行有限元分析时，为分析的对象指定材料的属性是必需的步骤。在 ANSYS Workbench 中，是通过 Engineering Data 应用程序控制材料属性参数的。

Engineering Data 应用程序属于本地应用，进入 Engineering Data 应用程序的方法如下：首先通过添加工具箱中的分析系统；然后双击或右击系统中的 Engineering Data 单元格，进入 Engineering Data

Note

应用程序。进入 Engineering Data 应用程序中后，显示界面如图 1-26 所示，窗口中的数据是交互式层叠显示的。

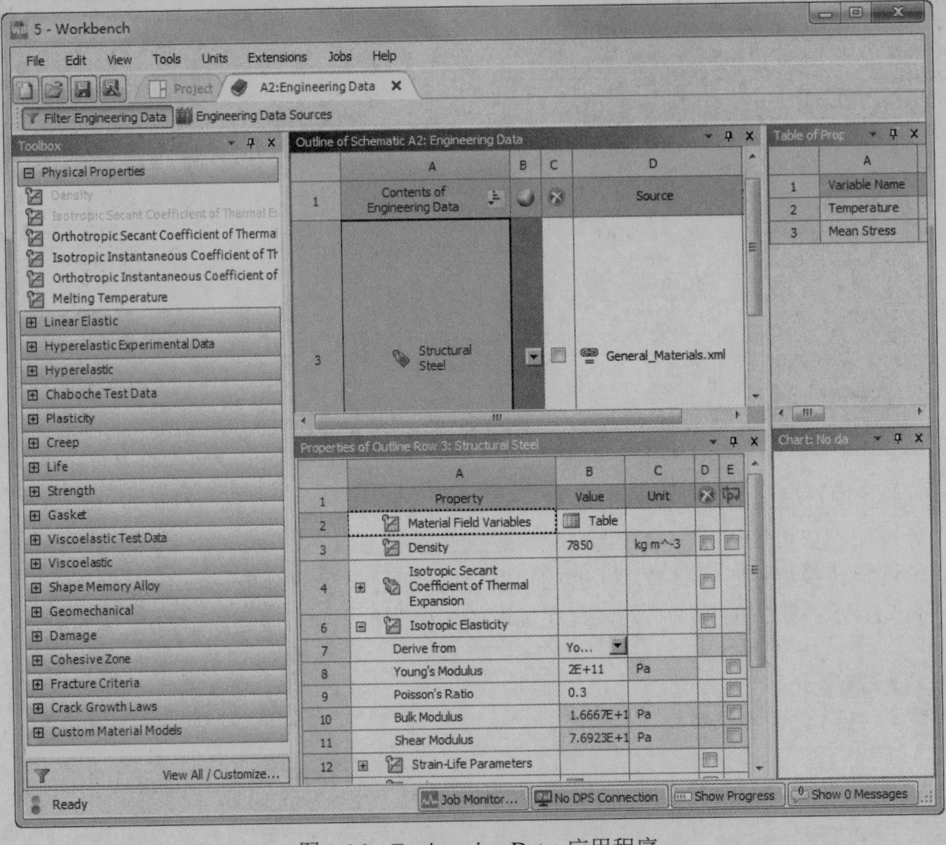

图 1-26　Engineering Data 应用程序

1.6.1　材料库

在打开的 Engineering Data 材料特性应用程序中，单击工具栏中的 Engineering Data Sources 按钮，或在 Engineering Data 材料特性应用程序窗口中右击，在弹出的快捷菜单中选择 Engineering Data Sources 命令，如图 1-27 所示。此时窗口会显示 Engineering Data Sources 数据表，如图 1-28 所示。

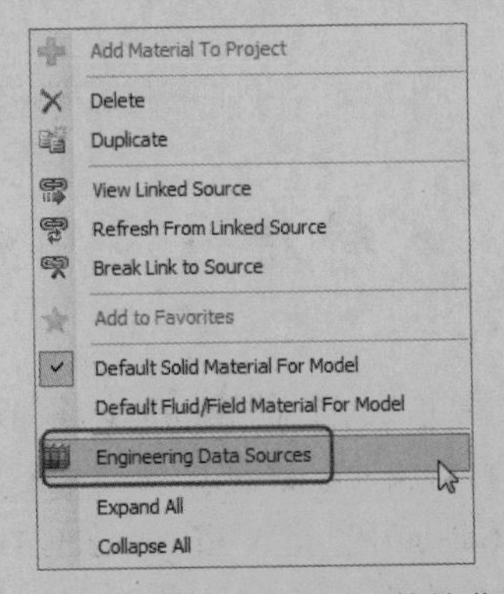

图 1-27　Engineering Data 快捷菜单

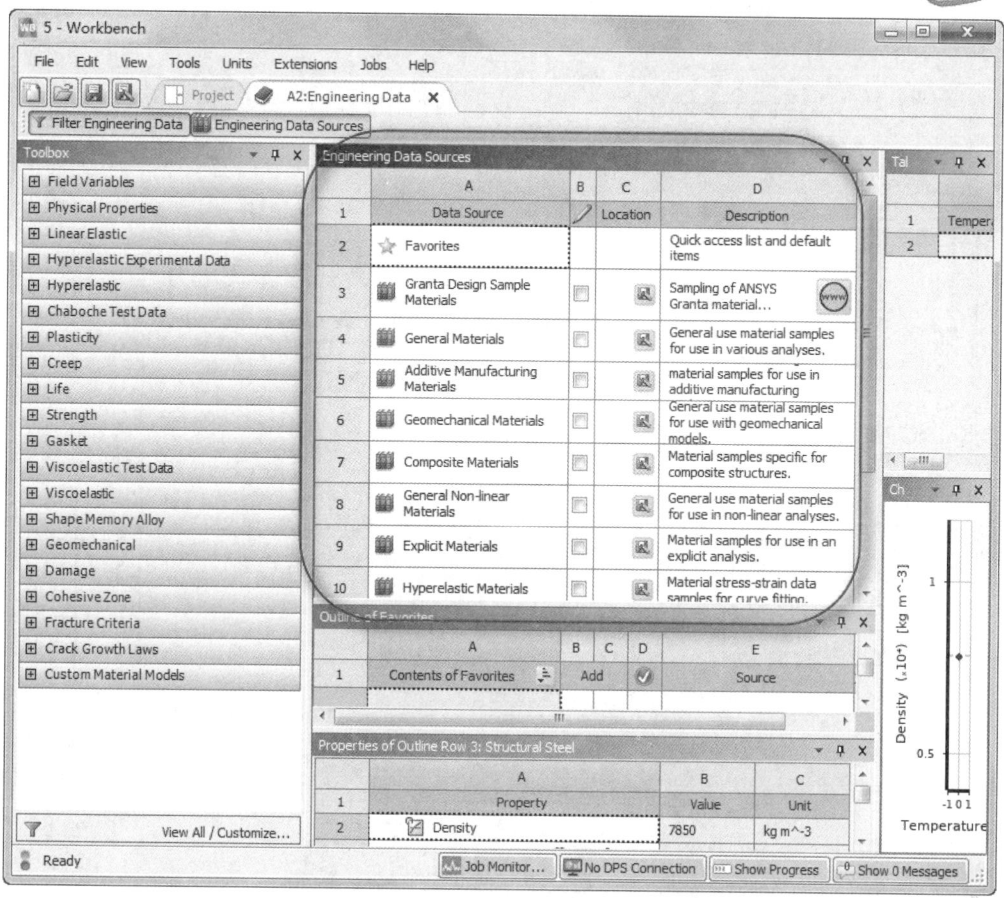

图 1-28　Engineering Data Sources 数据表窗格

材料库中具有大量的常用材料。当在 Engineering Data Sources 窗格中选择一个材料库时，Outline of General Materials 窗格中会显示此库内的所有材料，选择某一种材料后，Properties of Outline Row 窗格中会显示此材料的所有默认属性参数值，该属性值是可以被修改的。

1.6.2　添加库中的材料

材料库中的材料需要添加到当前的分析项目中才能起作用，向当前项目中添加材料的方法如下：首先打开 Engineering Data Sources 数据表，在 Engineering Data Sources 窗格中选择一个材料库；然后在下方的 Outline of General Materials 窗格中单击材料后面 B 列中的“添加”按钮，此时在当前项目中定义的材料会被标记为，表示材料已经添加到分析项目中。添加的过程如图 1-29 所示。

经常用到的材料可以添加到 Favorite 库中，方便以后分析时使用。添加的方法如下：在需要添加到 Favorite 库中的材料上右击，在弹出的快捷菜单中选择 Add to Favorite 命令即可。

1.6.3　添加新材料

材料库中的材料虽然很丰富，但是有些需要用到的特殊材料有可能材料库中是没有的，这时需要将新的材料添加到材料库中。

Note

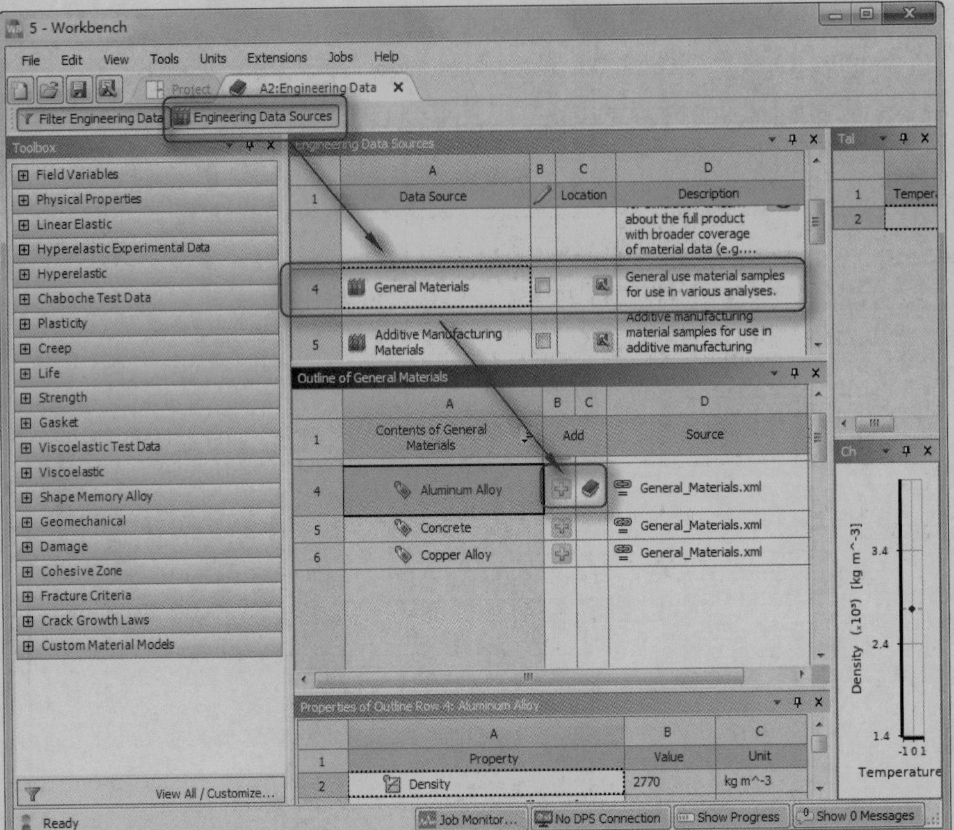

图 1-29　添加材料

在 Engineering Data 中的工具箱中有丰富的材料属性，在定义新材料时，直接将工具箱中的材料属性添加到新定义的材料中即可。工具箱中的材料属性包括 Physical Properties（物理特性）、Linear Elastic（线弹性）、Hyperelastic Experimental Data（超弹性实验数据）、Hyperelastic（超弹性）、Creep（蠕变）、Life（寿命）、Strength（强度）、Gasket（衬垫）等，如图 1-30 所示。

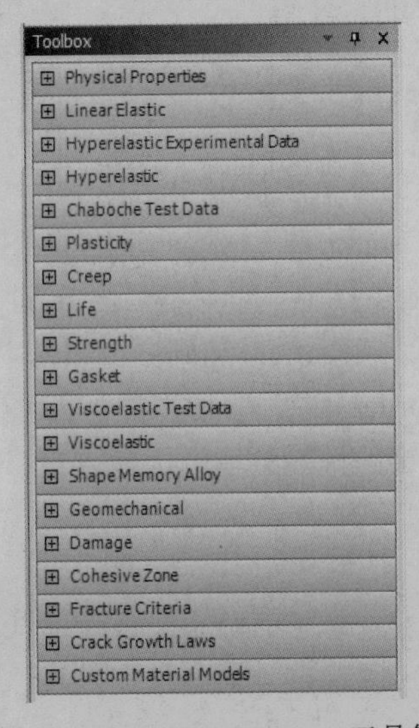

图 1-30　Engineering Data 工具箱

第2章

DesignModeler应用程序

DesignModeler是ANSYS Workbench的一个模块，用来作为一个现有的CAD模型的几何编辑器。它是一个参数化基于特征的实体建模器，可以直观、快速地开始绘制二维草图和三维建模零件，或导入三维CAD模型和工程分析预处理。

本章主要介绍利用DesignModeler建立模型的有关方法和技巧。

2.1 DesignModeler 简介

Note

在进行有限元分析前首先需要几何模型，几何模型是进行有限元分析所必须创建的。需要说明的是，ANSYS Workbench 中所用的几何模型除了可以直接通过主流 CAD 建模的软件来创建以外，还可以使用自带的 DesignModeler 应用程序来创建。因为 DesignModeler 应用程序所创建的模型是为以后有限元分析所用，所以它除了一般的功能之外还具有其他一些 CAD 类软件所不具备的模型修改能力，例如概念建模。

另外，DesignModeler 还可以直接结合到其他 ANSYS Workbench 模块，如 Mechanical、Meshing、Advanced Meshing（ICEM）、DesignXplorer 或 BladeModeler 等。

2.1.1 进入 DesignModeler

下面介绍进入 DesignModeler 的方式。

（1）在系统“开始”菜单中执行“所有程序”→ANSYS 2020→Workbench 2020 命令，如图 2-1 所示。

进入 Workbench 2020 程序后，可看到如图 2-2 所示的 ANSYS Workbench 的图形用户界面。展开左边工具箱中的 Component Systems 栏，双击其中的 Geometry 模块，则在右边的项目概图空白区内会出现一个系统 A，如图 2-3 所示。

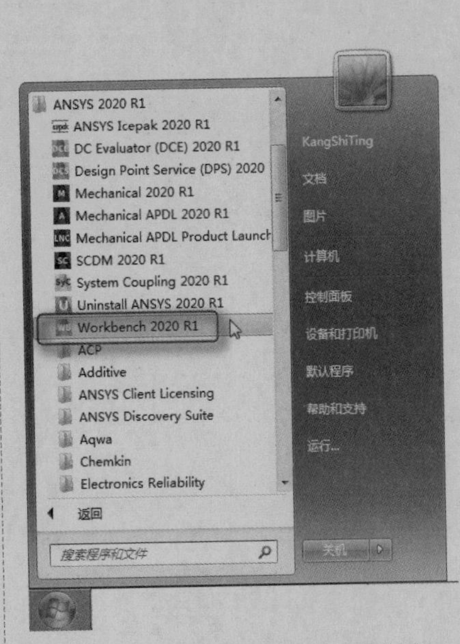

图 2-1　打开 Workbench 2020 程序

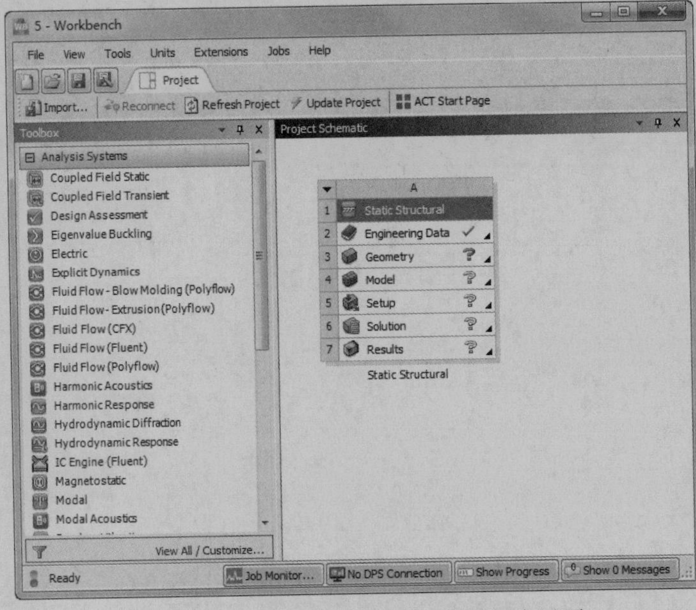

图 2-2　ANSYS Workbench 图形用户界面

（2）右击系统 A 中的 A2 栏 2 Geometry ? ，在弹出的快捷菜单中选择 Import Geometry→Browse 命令，系统弹出如图 2-4 所示的“打开”对话框。

（3）在“打开”对话框中，浏览选择欲导入 DesignModeler 支持的文件，单击“打开”按钮。返回 Workbench 图形界面。

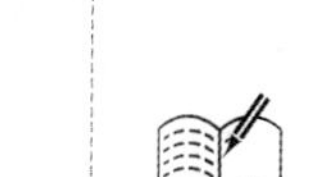

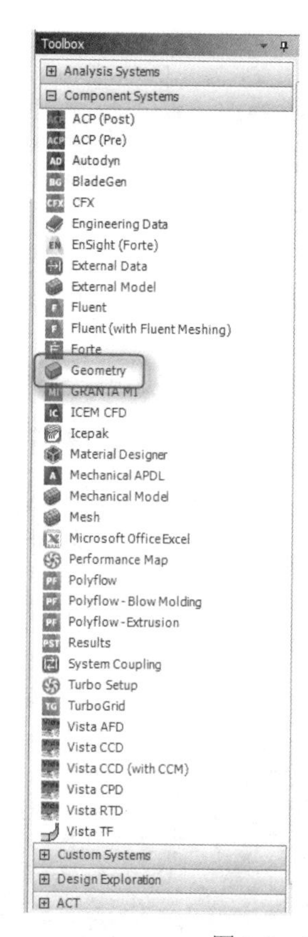

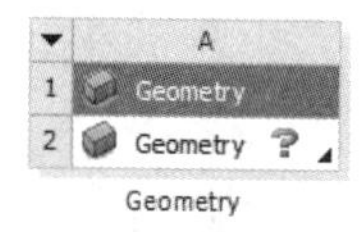

图 2-3　Geometry 项目概图

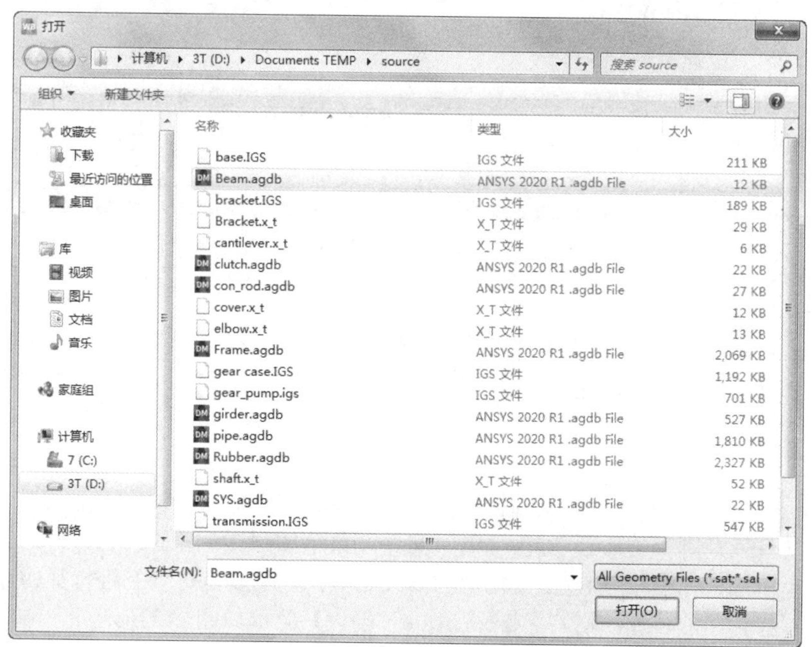

图 2-4　“打开”对话框

（4）右击项目概图内系统 A 中的 A3 单元格 Geometry，在弹出的快捷菜单中选择 Edit Geometry

in DesignModeler…命令，则打开 DesignModeler 应用程序。。

注意：本步骤为导入几何体时的操作步骤，如直接在 DesignModeler 中创建模型，则可不用执行步骤（4）。

Note

2.1.2 操作界面介绍

ANSYS Workbench 提供的图形用户界面还具有直观、分类科学的优点，方便学习和应用。标准的图形用户界面如图 2-5 所示，包括 6 个部分。

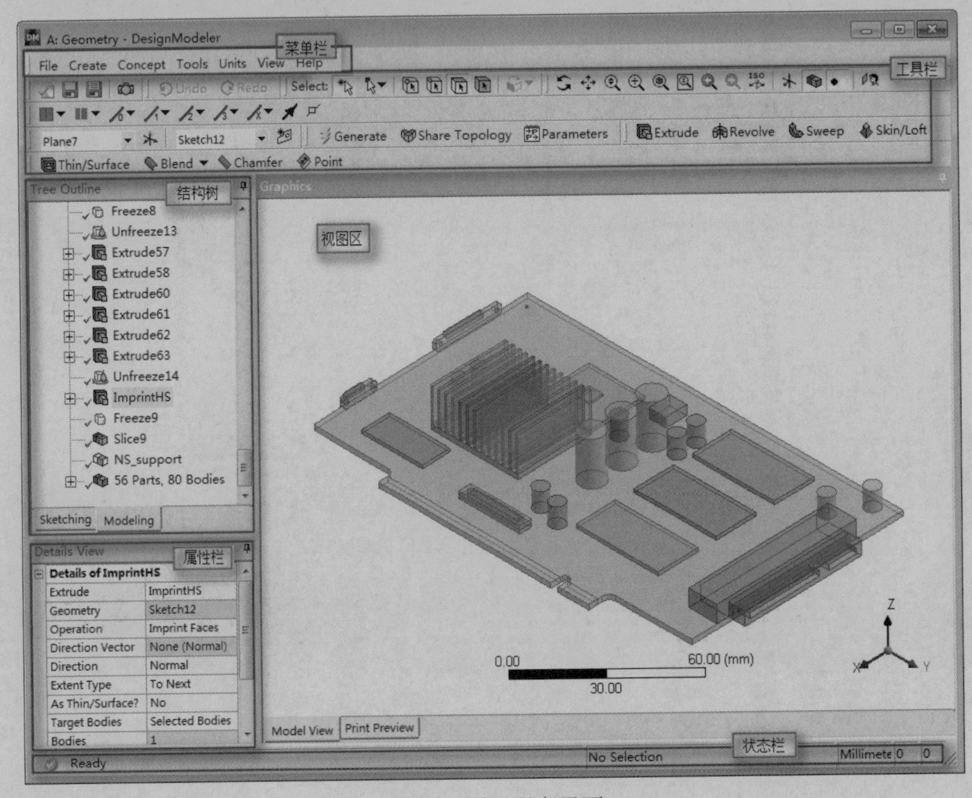

图 2-5　图形用户界面

1. 菜单栏

与其他 Windows 程序一样，菜单按钮用下拉菜单组织图形界面的层次，可以从中选择所需的命令。该菜单的大部分命令允许在任何时刻被访问。菜单栏包含 7 个下拉级联菜单，分别是 File（文件）、Create（建模）、Concept（概念）、Tools（工具）、Units（单位）、View（视图）和 Help（帮助）等。

☑ File（文件）菜单：基本的文件操作，包括常规的文件输入、输出、与 CAD 交互、保存数据库文件以及脚本的运行功能。File（文件）菜单如图 2-6 所示。

☑ Create（创建）菜单：创建三维图形和修改工具。它主要是进行三维特征的操作，包括新建平面、拉伸、旋转和扫描等操作。Create（创建）菜单如图 2-7 所示。

☑ Concept（概念）菜单：修改线和曲面体的工具。主要为自下而上建立模型（例如先设计三维草图然后生成三维模型），菜单中的特征用于创建和修改线和体，它们将作为有限元梁和板壳模型。Concept（概念）菜单如图 2-8 所示。

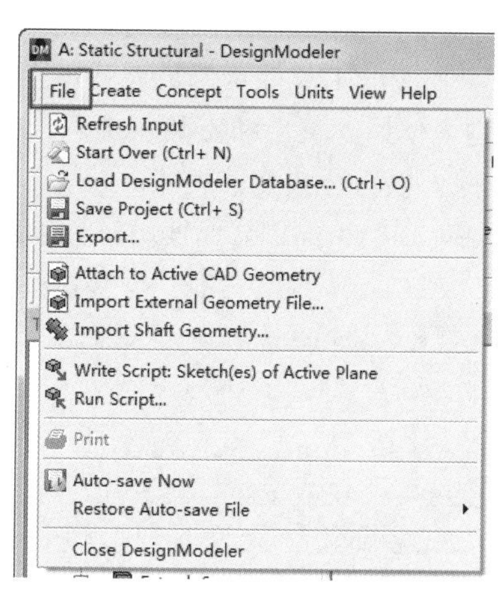

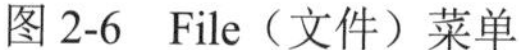

图 2-6　File（文件）菜单

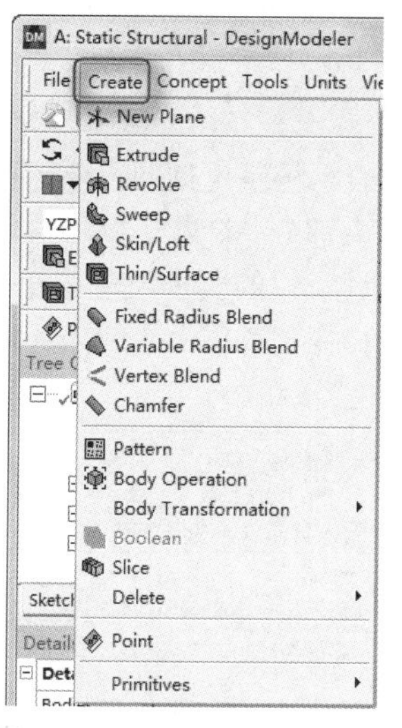

图 2-7　Create（创建）菜单

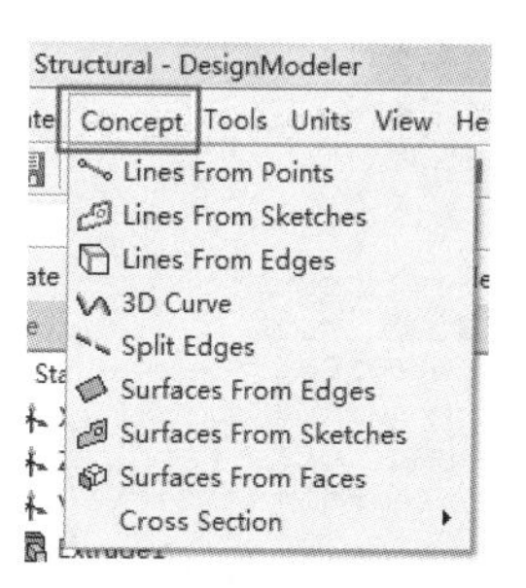

图 2-8　Concept（概念）菜单

☑　Tools（工具）菜单：整体建模，参数管理，程序用户化。工具菜单的子菜单中为工具的集合体。含有冻结、抽中面、分析工具和参数化建模等操作。Tools（工具）菜单如图 2-9 所示。

☑　Units（单位）菜单：用于设置模型的单位。Units（单位）菜单如图 2-10 所示。

☑　View（视图）菜单：修改显示设置。子菜单中上面部分为视图区域模型的显示状态，下面是其他附属部分的显示设置。View（视图）菜单如图 2-11 所示。

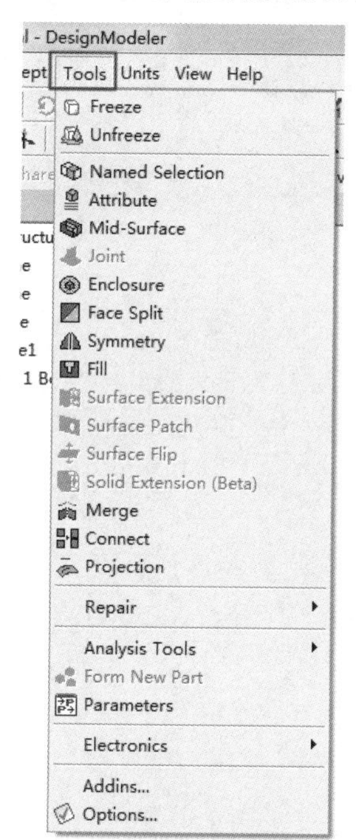

图 2-9　Tools（工具）菜单

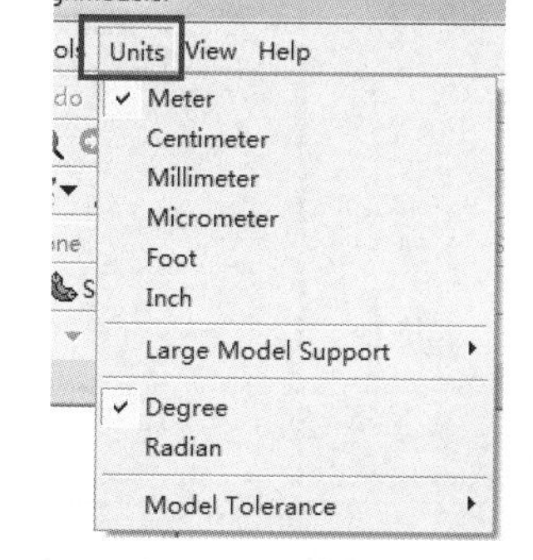

图 2-10　Units（单位）菜单

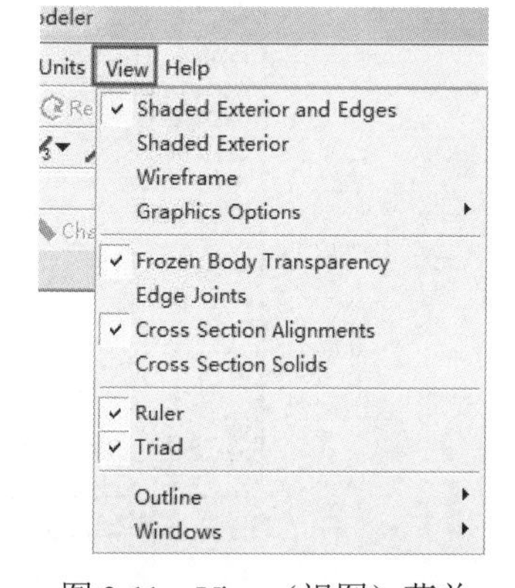

图 2-11　View（视图）菜单

☑　Help（帮助）菜单：取得帮助文件。ANSYS Workbench 提供了功能强大、内容完备的帮助，包括大量关于 GUI、命令和基本概念等的帮助。熟练使用帮助是 ANSYS Workbench 学习进步的必要条件。这些帮助以 Web 页方式存在，可以很容易地访问。Help（帮助）菜单如图 2-12

所示。各个主题的细节将在随后部分介绍。

2. 工具栏

Note

工具栏是一组图标型工具的集合，稍停片刻即在该图标一侧显示相应的工具提示。此时，单击图标可以启动相应命令。工具栏对于大部分 ANSYS Workbench 工具均可使用。菜单和工具栏都可以接受用户输入及命令。工具栏可以根据我们的要求放置在任何地方，并可以自行改变其尺寸。

工具栏上的每个按钮对应一个命令、菜单命令或宏。默认位于菜单栏的下面，只要使用鼠标单击即可执行命令。图 2-13 为所有工具栏按钮。

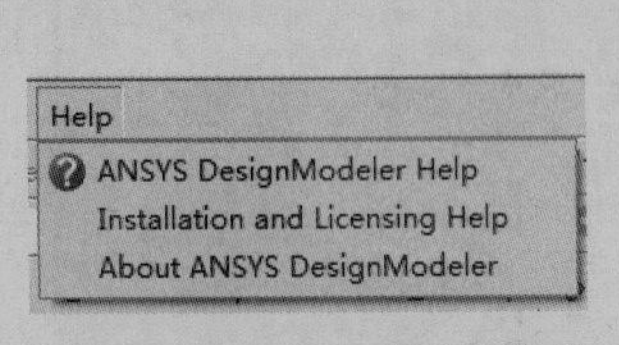

图 2-12 Help（帮助）菜单

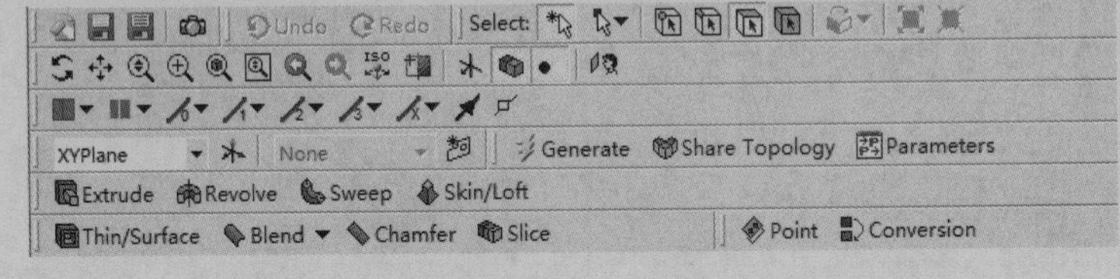

图 2-13 工具栏

各个主题的细节将在随后部分介绍。

3. 结构树

结构树包括平面、特征、操作、几何模型等。它表示了所建模型的结构关系。结构树是一个很好的操作模型选择工具。习惯从结构树中选择特征、模型或平面，将会大大提高建模的效率。在结构树中，可看到有两种基本的操作模式：Sketching 标签（二维）和 Modeling 标签（三维）。图 2-14 为分别切换为不同的标签所显示的不同方式。

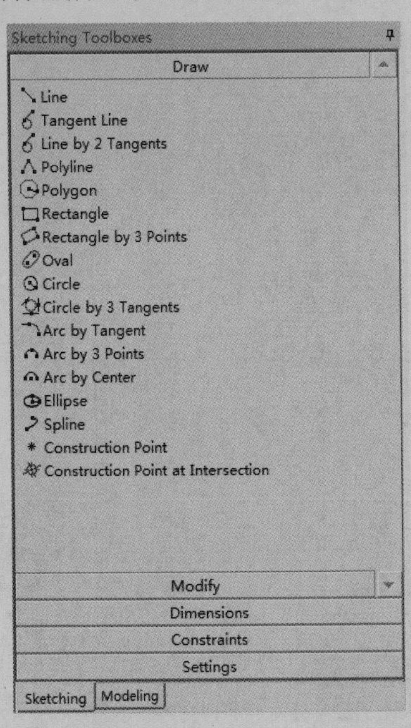

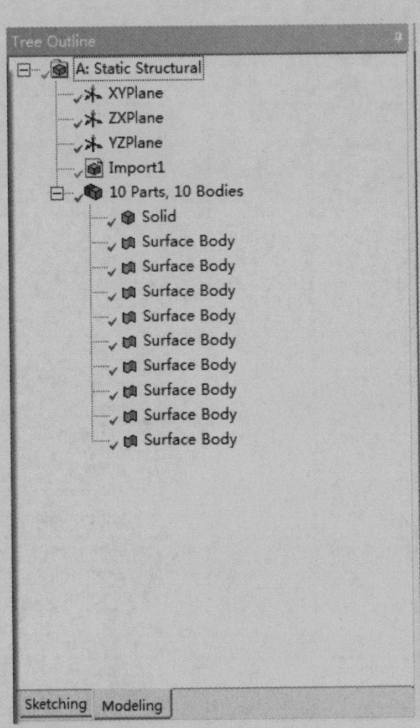

图 2-14 草绘与建模标签

4. 属性栏

属性栏也称为细节信息栏，顾名思义此栏是用来查看或修改模型的细节的。在属性栏中以表格的方式来显示，左栏为细节名称，右栏为具体细节。为了便于操作，属性栏内的细节是进行了分组的，

Note

其中右栏中的方格底色会有不同的颜色，如图 2-15 所示。

☑ 白色区域：显示当前输入的数据。

☑ 灰色区域：显示信息数据，不能被编辑。

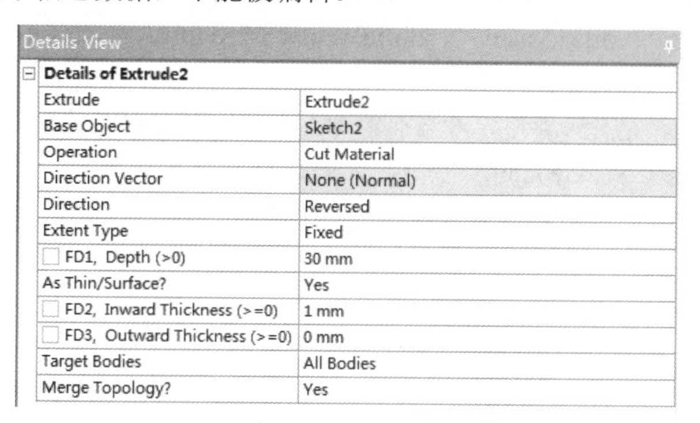

Details View

Details of Extrude2	
Extrude	Extrude2
Base Object	Sketch2
Operation	Cut Material
Direction Vector	None (Normal)
Direction	Reversed
Extent Type	Fixed
FD1, Depth (>0)	30 mm
As Thin/Surface?	Yes
FD2, Inward Thickness (>=0)	1 mm
FD3, Outward Thickness (>=0)	0 mm
Target Bodies	All Bodies
Merge Topology?	Yes

图 2-15　属性栏

5. 视图区

视图区域是指在程序右下方的大片空白区域，视图区域是使用 ANSYS Workbench 绘制图形的区域，一个建模的操作都是在绘图区域中来完成。

6. 状态栏

窗口底部的状态栏提供与正执行的功能有关的信息，给出必要的提示信息。要养成经常查看提示信息的习惯。

2.1.3 DesignModeler 和 CAD 类文件交互

DesignModeler 虽为建模工具，但它不仅具有重新建立模型的能力，而且可以与其他大多数主流的 CAD 类文件相关联。这样对于许多对 DesignModeler 建模不太熟悉而对其他主流 CAD 类软件熟悉的用户来说，他们可以直接读取外部 CAD 模型或直接将 DesignModeler 的导入功能嵌入 CAD 类软件中。

1. 直接读取模式

外部 CAD 类软件建好模型后，可以将模型导入 DesignModeler 中。

目前，可以直接读取的外部 CAD 模型的格式有 ACIS（*.sat，*.sab）、UG NX（*.prt）、CATIA（*.model，*.exp，*.session，*.dlv，*.CATPart，*.CATProduct）、Pro/ENGINEER（*.prt，*.asm）、Solid Edge（*.par，*.asm，*.psm，*.pwd）、SolidWorks（*.sldprt，*.sldasm）、Parasolid（*.x_t，*.xmt_txt，*.x_b，*.xmt_bin）、IGES（*.igs，*.iges）、Inventor（*.ipt，*.iam）、BladeGen（.bgd）、CoCreate Modeling（*.pkg，*.bdl，*.ses，*.sda，*.sdp，*.sdac，*.sdpc）、ANSYS DesignModeler（.agdb）、GAMBIT（*.dbs）、JT Open（*.jt）、Monte Carlo N-Particle（*.mcnp）、SpaceClaim（*.scdoc）、STEP（*.stp，*.step）。

搜索中间格式的几何体文件并打开及读取模式的具体操作位置如下：选择 File→Import External Geometry File...命令，如图 2-16 所示。

2. 双向关联性模式

这也是它自己的特色。这种技术被称为双向关联性，它在并行设计迅速发展的今天大大提高了工作的效率，双向关联性的具体优势为同时打开其他外部 CAD 类建模工具和 DesignModeler 这两个程序。当外部 CAD 中的模型发生变化时，DesignModeler 中的模型只要刷新便可同步更新；同样当

Note

DesignModeler 中的模型发生变化时也只要通过刷新，则 CAD 中的模型也可同步更新。

它支持当今较流行的 CAD 类软件：CATIA V5（*.CATPart，*.CATProduct）、UG NX（*.prt）、Autodesk Inventor（*.ipt，*.iam）、CoCreate Modeling（*.pkg，*.bdl，*.ses，*.sda，*.sdp，*.sdac，*.sdpc）、Pro/ENGINEER（*.prt，*.asm）、SolidWorks（*.sldprt，*.sldasm）和 Solid Edge（*.par，*.asm，*.psm，*.pwd）。

从一个打开的 CAD 系统中探测并导入当前的 CAD 文件进行双向关联性的具体操作位置如下：选择 File→Attach to Active CAD Geometry 命令，如图 2-16 所示。

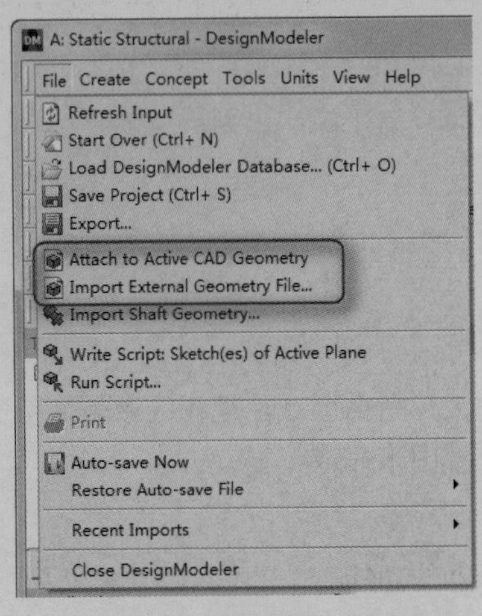

图 2-16　导入模型选项

3. 输入选项

在导入模型时包含导入的主要选项为几何体类型（包含实体、表面和全部等）。

导入的模型可以进行简化处理，具体简化项目如下所示。

☑　几何体：如有可能，将 NURBS 几何体转换为解析的几何体。

☑　拓扑：合并重叠的实体。

另外，对于导入的模型可以进行校验和修复——对非完整的或质量较差的几何体进行修补。

导入选项的具体操作位置为选择 Tools→Options 命令，将打开如图 2-17 所示的 Options 对话框。

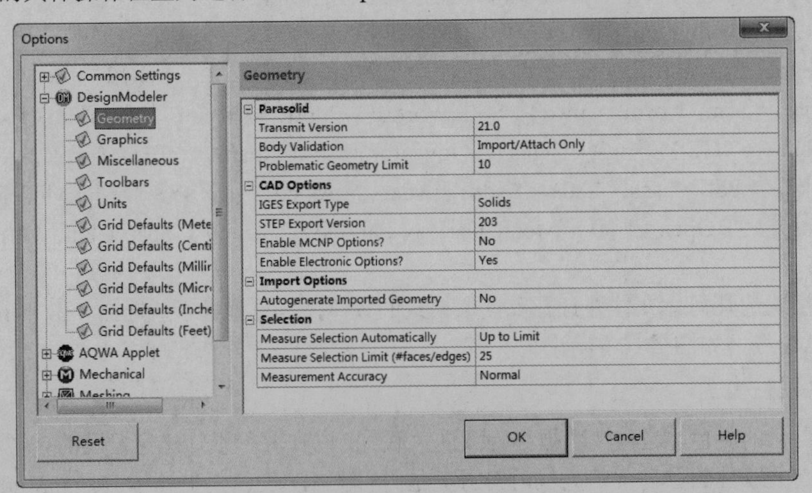

图 2-17　Options 对话框

2.1.4 DesignModeler 中几何体的分类

还可以根据需要定义原点和方位，或通过使用现有几何体作参照平面创建和放置新的工作平面。可以根据需要创建任意多的工作平面，并且多个草图可以同时存在于一个平面之上。

创建草绘图的步骤如下。

（1）定义绘制草图的平面。

（2）在所希望的平面上绘制或识别草图。

在 DesignModeler 中几何体具有以下 4 个基本方面及模式。

☑ 草图模式：包括二维几何体的创建、修改、尺寸标注及约束等，创建的二维几何体为三维几何体的创建和概念建模做准备。

☑ 三维几何体模式：将草图进行拉伸、旋转、扫描等操作得到的三维几何体。

☑ 几何体输入模式：直接导入其他 CAD 模型到 DesignModeler 中，并对其进行修补，使之适应有限元网格划分。

☑ 概念建模模式：用于创建和修改线体或面体，使之能应用于创建梁和壳体的有限元模型。

2.1.5 帮助文档

可以通过 Help 菜单来打开帮助文档，选择菜单栏中的 Help→ANSYS DesignModeler Help 命令，将打开如图 2-18 所示的帮助文档。从该图中可以看出，可以通过以下两种方式来得到项目的帮助。

☑ 目录方式：使用此方式需要对所查项目的属性有所了解。

☑ 搜索方式：这种方式简便快捷，缺点是可能搜索到大量条目。

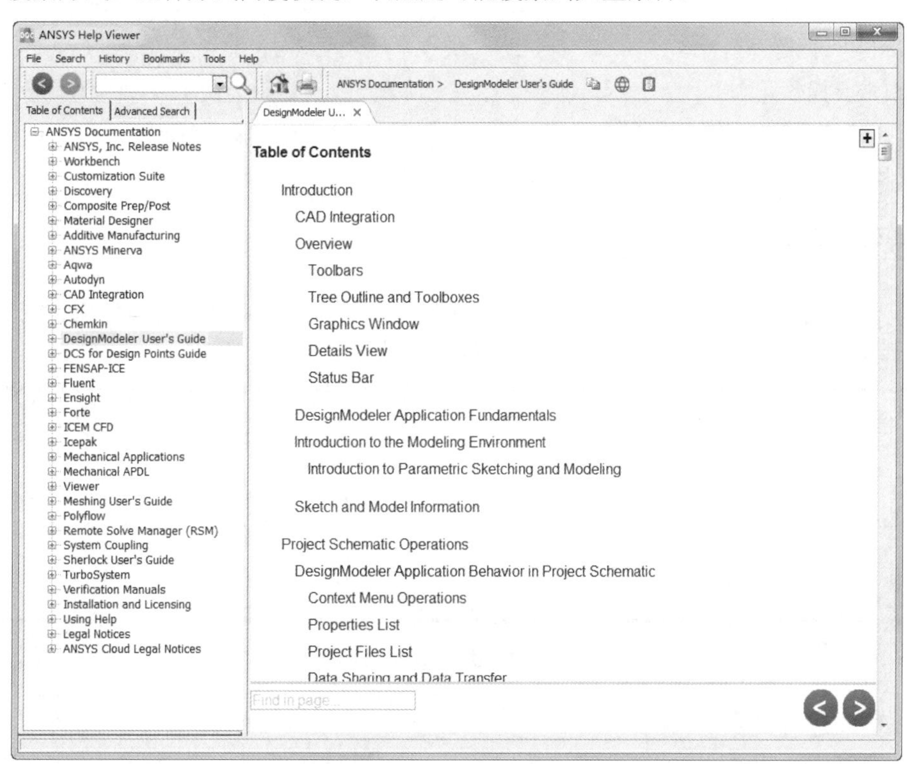

图 2-18 帮助文档

在浏览某页时，可能注意到一些有下画线的不同颜色的词，单击该词，就能得到关于该项目的帮助。出现链接的典型项目是命令名、单元类型、用户手册的章节等。

当单击某个链接之后，它将显示不同的颜色。一般情况下，未单击时为蓝色，单击之后为红褐色。

另外通过 Help 菜单还可以访问到版权及支持信息。

Note

2.2 DesignModeler 的操作

建模时，主要的操作区域就是视图区，在视图区域里面的操作包含旋转视图、平移视图等，并且在操作中，不同的光标形状表示不同的含义。

2.2.1 图形控制

1. 旋转操作（ ）

可以直接在绘图区域按鼠标中键进行旋转操作；也可以通过单击拾取工具栏中的“旋转”按钮，执行旋转操作。

2. 平移操作（ ）

可以直接在绘图区域按 Ctrl+鼠标中键进行平移操作；也可以通过单击拾取工具栏中的“平移”按钮，执行平移操作。

3. 缩放操作（ ）

可以直接在绘图区域按 Shift+鼠标中键进行放大或缩小操作；也可以通过单击拾取工具栏中的“缩放”按钮，执行缩放操作。

4. 窗口放大操作（ ）

可以直接在绘图区域按鼠标右键并拖曳，拖曳光标所得的窗口被放大到视图区域；也可以通过单击拾取工具栏中的“窗口放大”按钮，执行窗口放大操作。

2.2.2 光标模式

鼠标的光标在不同的状态时，显示的形状是不同的，这种状态包括指示选择操作、浏览、旋转、选定、草图自动约束及系统状态“正忙，等待”等，如图 2-19 所示。

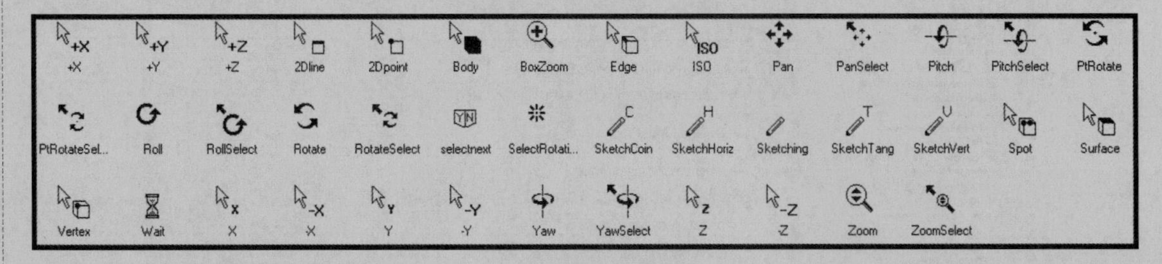

图 2-19 鼠标光标状态

2.2.3 选择过滤器

在建模工程中，都是用鼠标左键选定确定模型特性的，一般在选择时，特性选择通过激活一个选

择过滤器来完成（也可使用鼠标右键来完成）。图 2-20 为选择过滤器，使用过滤器的操作如下：首先在相应的过滤器图标上单击；然后在绘图区域中只能选中相应的特征。例如选择面，单击完过滤器工具栏中的面选择过滤器后，在之后的操作中就只能选中面了。

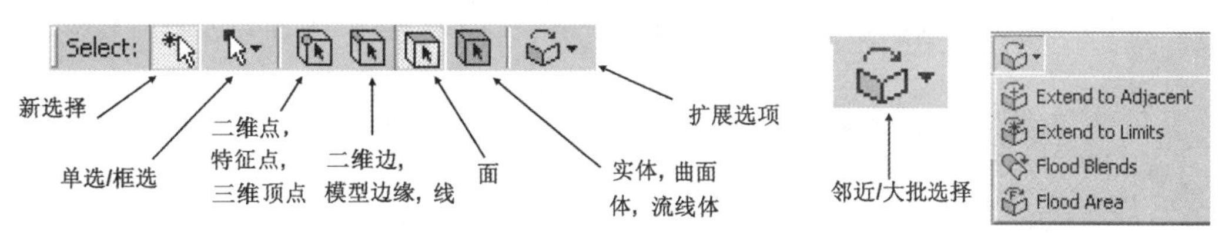

图 2-20　选择过滤器

选择模式下，光标会反映出当前的选择过滤器，不同的光标表示选择不同的选择方式。

除了直接选取过滤之外，过滤器工具栏中还具有邻近选择功能，邻近选择会选择当前选择附近所有的面或边。

其次选择过滤器在建模窗口下也可以通过鼠标右键来设置，右键菜单如图 2-21 所示。

1. 单选

在 Workbench 中，目标是指点、线、面、体，确定目标为点、线、面、体的一种。可以通过如图 2-22 所示的工具条中的“选择模式”按钮进行选取选择的模式，模式包含“单选”Single Select 模式或“框选”Box Select 模式，如图 2-22 所示。单击对应的图标，再单击按钮，选中 Single Select，进入单选选择模式。利用鼠标左键在模型上单击进行目标的选取。

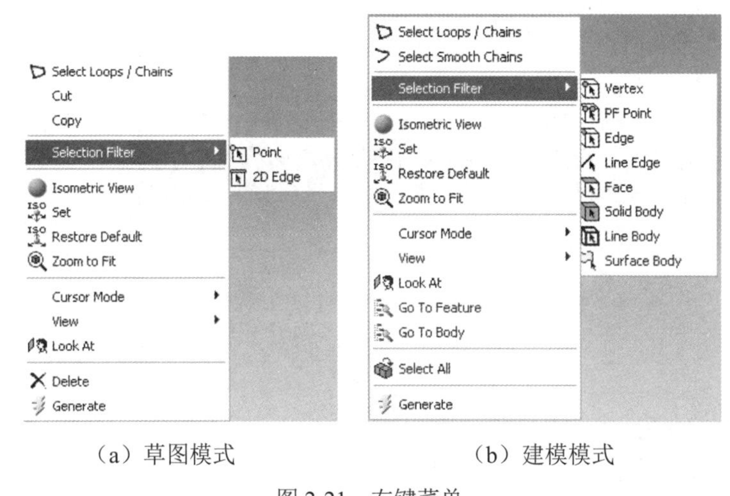

（a）草图模式　　（b）建模模式

图 2-21　右键菜单

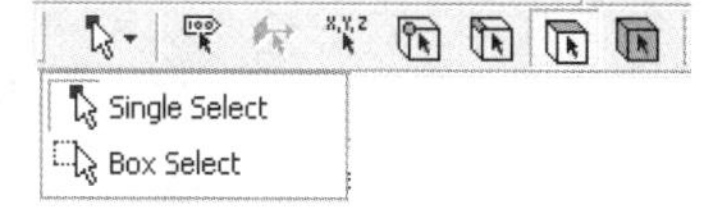

图 2-22　选择过滤器

在选择几何体时，有些是在后面被遮盖上，这时使用选择面板将十分有用。具体操作如下：首先选择被遮盖几何体的最前面部分，这时在视图区域的左下角将显示出选择面板的待选窗格，如图 2-23 所示，它用来选择被遮盖的几何体（线、面、等），待选窗格的颜色和零部件的颜色相匹配（适用于装配体）；然后可以直接单击待选窗格的待选方块，每一个待选方块都代表着一个实体（面、边等），假想有一条直线从鼠标开始单击的位置起沿垂直于视线的方向穿过所有这些实体。多选技术也适用于查询窗格。屏幕下方的状态栏中将显示被选择的目标的信息。

2. 框选

与单选的方法类似，只需选择 Box Select，再在视图区域中按住鼠标左键并拖曳、画矩形框进行选取。下面介绍框选模式。

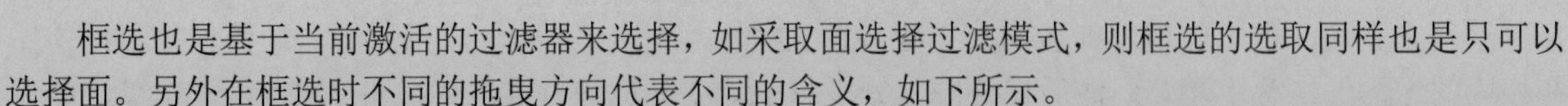

框选也是基于当前激活的过滤器来选择，如采取面选择过滤模式，则框选的选取同样也是只可以选择面。另外在框选时不同的拖曳方向代表不同的含义，如下所示。

☑ 从左到右：选中所有完全包含在选择框中的对象，如图 2-24（a）所示。

☑ 从右到左：选中包含于或经过选择框中的对象，如图 2-24（b）所示。

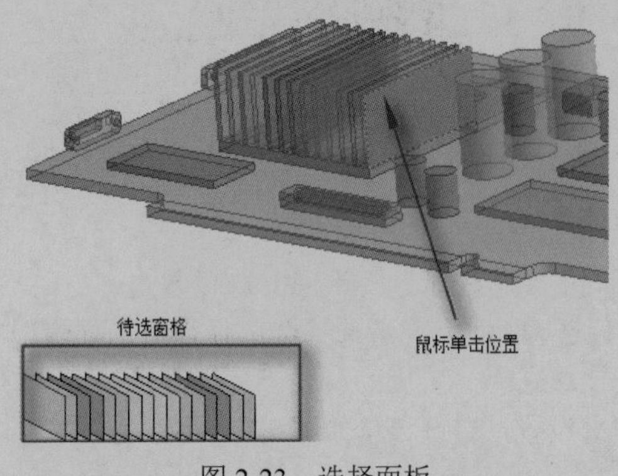

图 2-23 选择面板

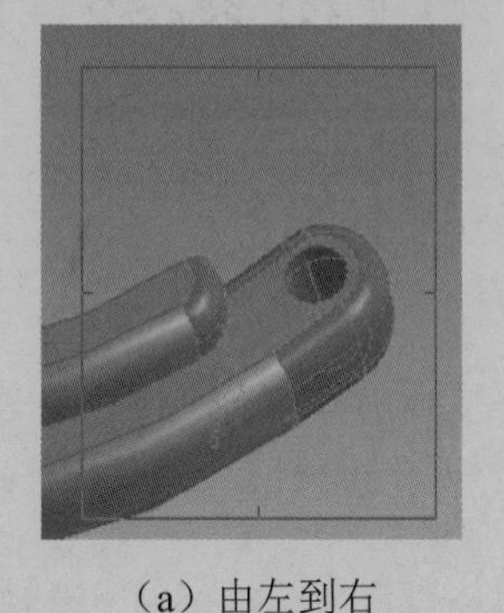

（a）由左到右

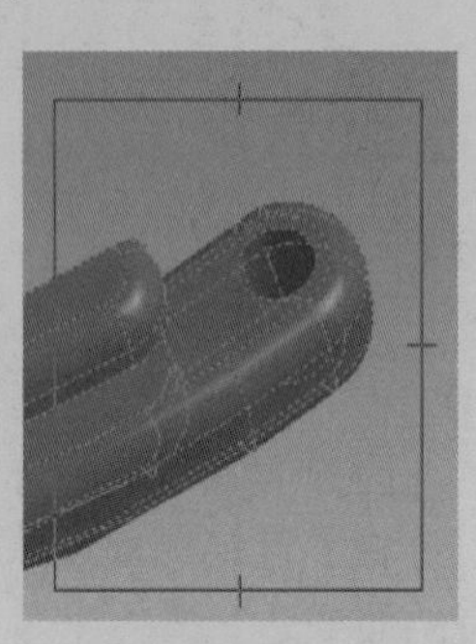

（b）由右到左

图 2-24 选择模式工具条

注意，选择框的边框识别符号有助于帮助用户确定究竟正在使用上述哪种拾取模式。

另外还可以在结构树中的 Geometry 分支中进行选择。

2.2.4 快捷菜单

在不同的位置右击，会弹出不同的快捷菜单。在这里介绍快捷菜单的功能。

1. 插入特征

在建模过程中，可以通过在树形窗格上右击任何特征并在弹出的快捷菜单中选择 Insert 命令来实现操作，这种操作允许在选择的特征之前插入一新的特征，插入的特征将会转到树形结构中被选特征之前去，只有新建模型被再生后，该特征之后的特征才会被激活。图 2-25 为插入特征操作。

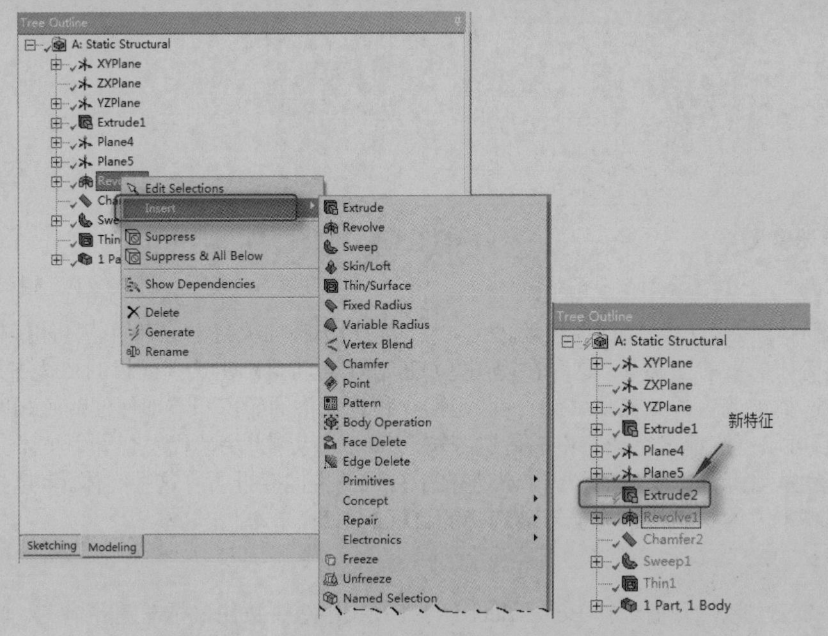

图 2-25 插入特征

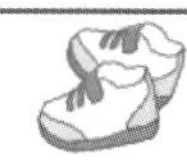

2. 显示/隐藏目标

☑　隐藏目标：在视图区域的模型上选择一个目标，然后右击，在弹出的快捷菜单中选择 Hide Body 命令，该目标即被隐藏；也可以在结构树中选择一个目标，然后右击，在弹出的快捷菜单中选择 Hide Body 命令来隐藏目标，如图 2-26 所示。当一个目标被隐藏时，该目标在结构树的显示亮度会变暗。

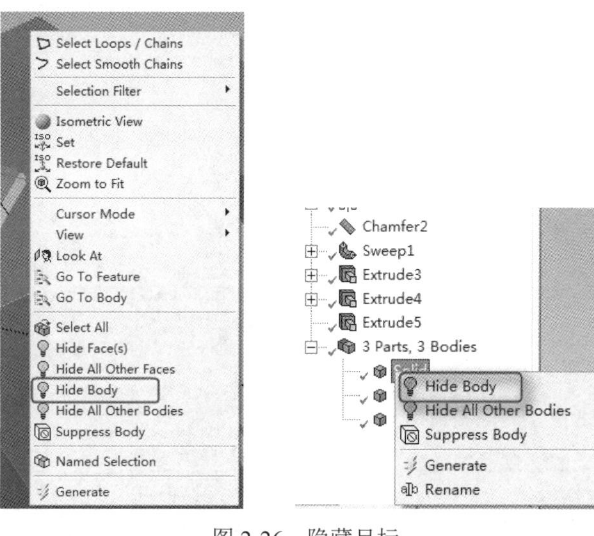

图 2-26　隐藏目标

☑　显示目标：在视图区域中右击，在弹出的快捷菜单中选择 Go To-Hidden Bodies in Tree 命令，系统自动在结构树 Geometry 选项中弹出被隐藏的目标，以蓝色加亮方式显示，在结构树中选中该选项，然后右击，在弹出的快捷菜单中选择 Show Body 命令显示该目标。

3. 特征/部件抑制

部件与体可以在树形窗格或模型视图窗口中被抑制，一个抑制的部件或体保持隐藏，不会被导入后期的分析与求解的过程中。抑制的操作可以在树形窗格中进行操作，特征和体都可以在树形窗格中被抑制，如图 2-27 所示。而在绘图区域中选中模型体可以执行体抑制的操作，如图 2-28 所示。另外当一特征被抑制时，任何与它相关的特征也被抑制。

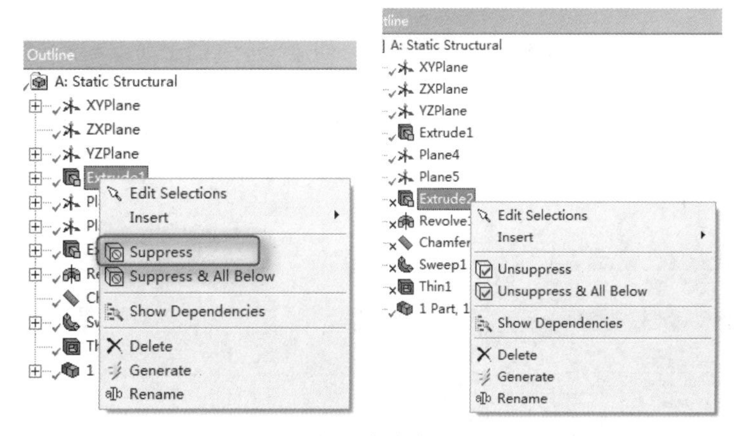

图 2-27　树形窗格中的抑制

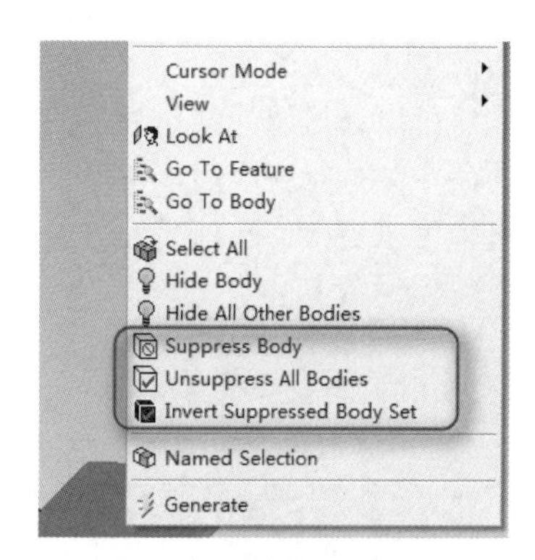

图 2-28　绘图区域中的抑制

Note

4. Go To 特征

右键菜单的快捷操作中的 Go To 特征允许快速把视图区域上选择的体切换到树形窗格中对应的位置。这个功能在模型复杂时经常用到。如要实现 Go To 的特征，只需要在图形区域中选中实体，然后右击，弹出如图 2-29 所示的快捷菜单，选择其中的 Go To Feature 或 Go To Body 特征即可。

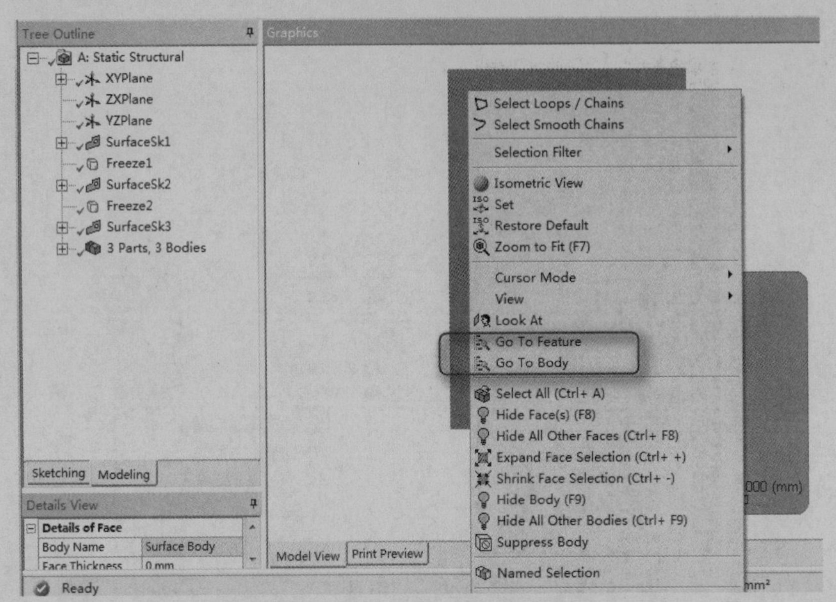

图 2-29 Go To 特征

2.3 绘制草图

在 DesignModeler 中，草图是在平面上创建的，二维草图的绘制首先必须建立或选择一个工作平面。所以在绘制草图前，首先要懂得如何进行绘图之前的设置及如何创建一个工作平面。

2.3.1 创建新平面

所有草图均只能建立在平面之上，所以要绘制草图首先要懂得如何创建一个新的平面。下面介绍如何创建一个平面。

可以通过选择菜单栏中的 Create→New Plane 命令，或直接单击工具栏中的✱图标执行创建新平面命令。执行完成后，树形目录中将显示出新平面的对象。在树形目录下的如图 2-30 所示的属性窗格中可以更改创建新平面方式的类型，创建新平面具有以下 6 种方式。

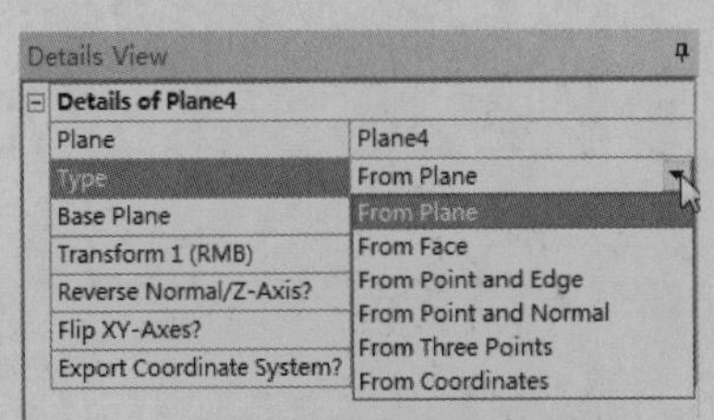

图 2-30 创建新平面

☑　From Plane（自平面）：基于另一个已有平面创建平面。

☑　From Face（自表面）：从表面创建平面。

☑　From Point and Edge（自点和线）：用一点和一条直线的边界定义平面。

☑　From Point and Normal（自点和法线）：用一点和一条边界方向的法线定义平面。

☑　From Three Points（自三点）：用三点定义平面。

☑　From Coordinates（自坐标）：通过输入距离原点的坐标和法线定义平面。

在 6 种方式中选择一种方式创建平面后，在属性窗格中还可以进行多种变换。在图 2-31 中，单击属性窗格中的 Transform 1(RMB)栏，在打开的下拉列表中选择一种变换，可以迅速完成选定平面的变换。

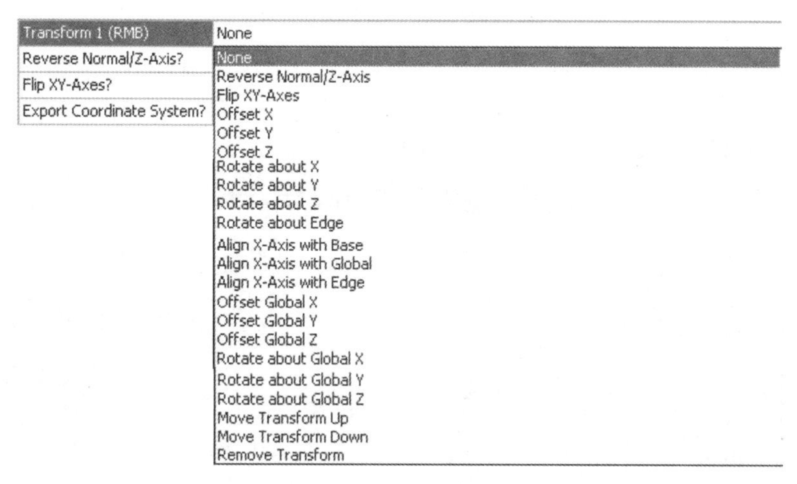

图 2-31　平面变换

一旦选择了变换，将出现附加属性选项，如图 2-32 所示。允许输入偏移距离、旋转角度和旋转轴等。

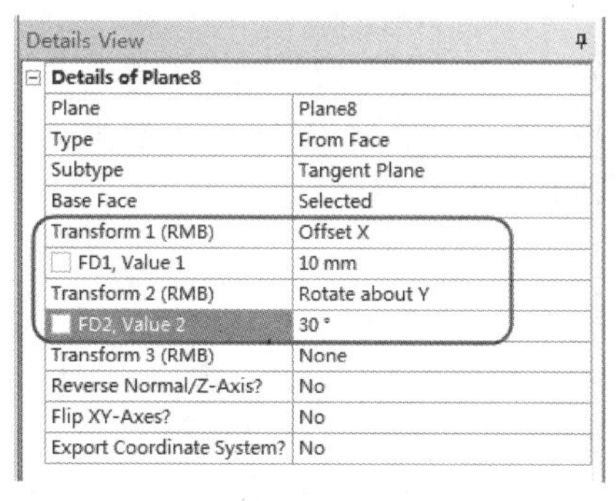

图 2-32　属性选项

2.3.2　创建新草图

在创建完新平面后就可以在之上创建新草图。首先在树形目录中选择要创建草图的平面，然后单击工具栏中的 New Sketch 按钮，则在激活平面上就新建了一个草图。新建的草图会放在树形目录中，且在相关平面的下方。可以通过树形目录或工具栏中的草图下拉列表来操作草图，如图 2-33 所示。

注意： 下拉列表仅显示以当前激活平面为参照的草图。

Note

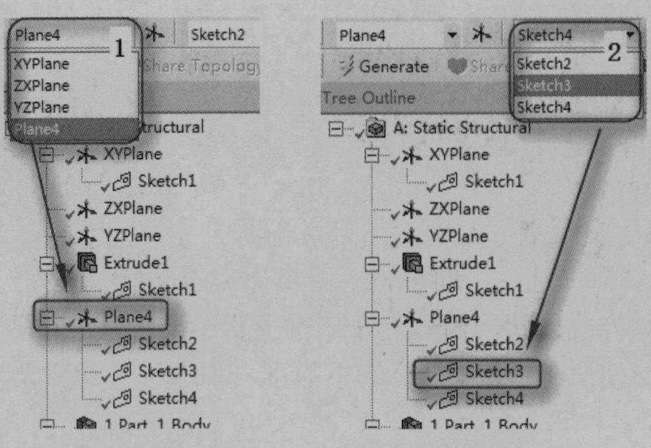

图 2-33　自工具栏选择草图

除上面的方法之外，还可以通过“自表面”命令快速建立平面/草图。“自表面”和用已有几何体创建草图的快捷方式如下：首先选中创建新平面所用的表面；然后切换到草图标签开始绘制草图，则新工作平面和草图将自动创建，如图 2-34 所示。

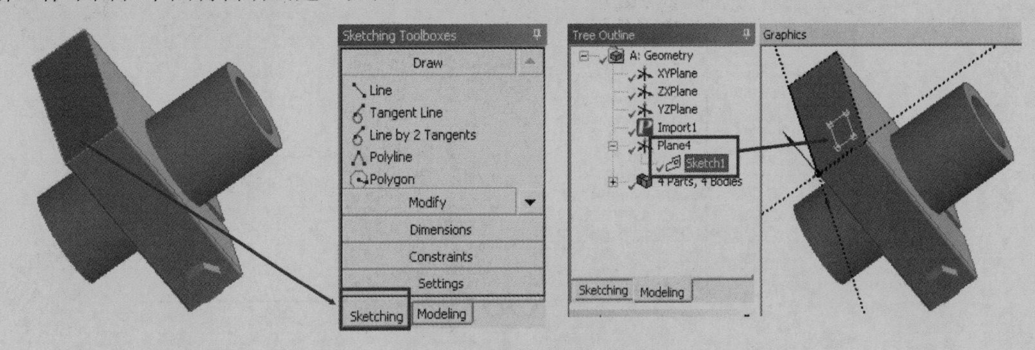

图 2-34　自表面创建草图

2.3.3　工具箱

在创建三维模型时，首先要从二维草图绘制起，绘图工具箱中的命令是必不可少的。工具箱中命令被分为 5 类，分别是草图、修改、标注、约束和设置。另外在操作时要注意状态栏，视图区域底端的状态栏可以实时显示每一个功能的提示。

1. 草绘工具箱

选定好或创建完平面和草图后就可以从草绘工具箱创建新的二维几何体。图 2-35 为草绘工具箱。在草绘工具箱中是一些常用的二维草图创建的命令，一般会 CAD 类软件的人都可以直接上手的。例如直线、正多边形、圆、圆弧、椭圆、切线、相切圆和样条等。

另外其中还有一些其他命令相对来说比较复杂，例如 Spline 命令，在操作时，必须用鼠标右键选择所需的选项才能结束 Spline 操作。此栏中命令比较简单，这里不再赘述。

2. 修改工具箱

修改工具箱有许多编辑草图的工具，如图 2-36 所示。里面修改的基本命令包含倒角、圆角、修剪、延伸、剪切、复制、粘贴、移动和重复等命令。这些命令比较常见，下面主要阐述一些不常使用的命令。

（1）Split（分割）

在选择边界之前，在绘图区域右击，系统弹出如图 2-37 所示的快捷菜单，里面含有 4 个选项可

供选择。

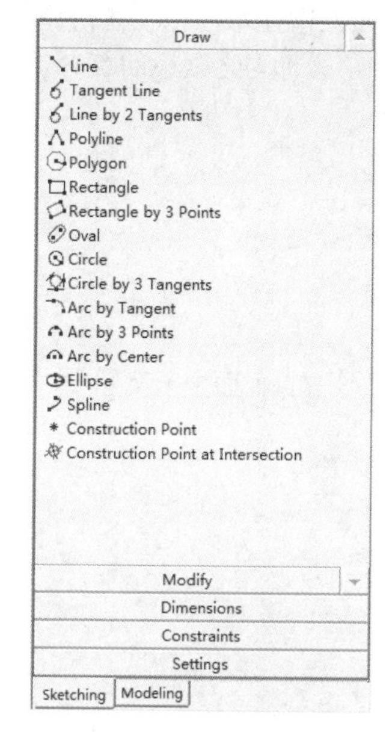

图 2-35　草绘工具箱

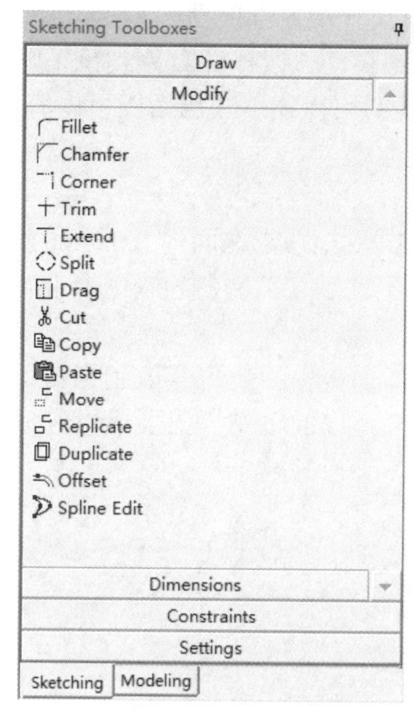

图 2-36　修改工具箱

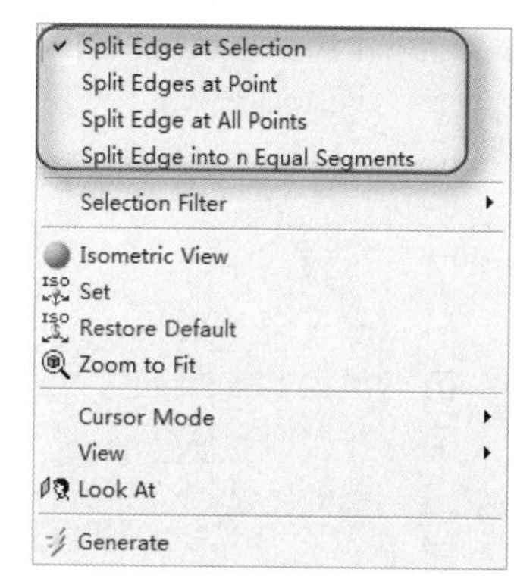

图 2-37　快捷菜单

☑　分割所选边（默认）：在选定位置将一条边线分割成两段（指定边线不能是整个圆或椭圆）。要对整个圆或椭圆做分割操作，必须指定起点和终点的位置。

☑　用点分割边线：选定一个点后，所有过此点的边线都将被分割成两段。

☑　用边上的所有点分割：选择一条边线，它被所有它通过的点分割，这样就同时产生了一个重合约束。

☑　将线 n 等分：先在编辑框中设定 n 值，然后选择待分割的线。

注意：n 最大为 100。

（2）Drag（拖曳）

拖曳命令是一个比较实用的命令，它几乎可以拖曳所有的二维草图。在操作时可以选择一个点或一条边来进行拖曳。所拖曳的变化取决于所选定的内容及所加约束和尺寸。

例如选定一直线可以在直线的垂直方向进行拖曳操作；而选择此直线上的一个点，则可以通过对此点的拖曳，直线可以被改为不同的长度和角度；而选择矩形上的一个点，则与该点连接的两条线只能是水平或垂直的，如图 2-38 所示。另外在使用拖曳功能前可以预先选择多个实体，从而直接拖曳多个实体。

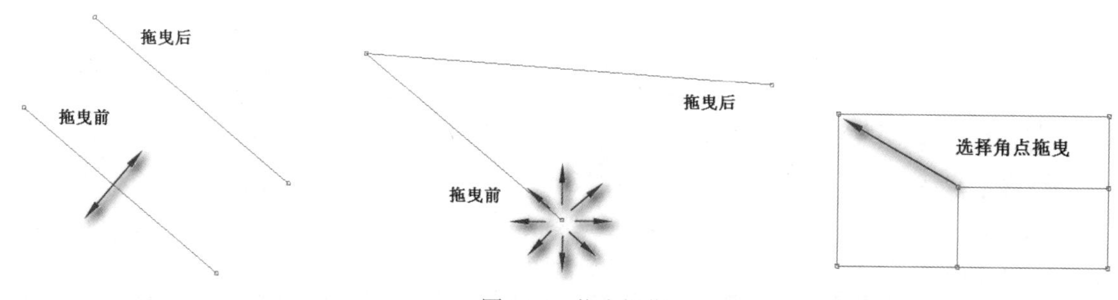

图 2-38　拖曳操作

Note

（3）Cut/Copy（剪切/复制）

剪切/复制命令是将一组对象复制到一个内部的剪贴板上，然后将原图保留在草图上。在快捷菜单中可以选择对象的粘贴点。粘贴点是移动一段作图对象到待粘贴位置时，光标与之联系的点。

图 2-39 为鼠标右键弹出的剪切/复制快捷菜单，包括以下内容。

☑ 清空选项。

☑ 手动设置粘贴点。

☑ 使用平面原点作为粘贴点位置，粘贴点在面的（0.0,0.0）位置处。

☑ 采用默认粘贴点。如果在退出前剪切或复制没有选择粘贴操作点，系统使用此默认值。

（4）Paste（粘贴）

将所需粘贴的对象复制或剪切至剪贴板中后再把其放到当前（或放到不同的平面中）草图中，即可实现 Paste 操作。图 2-40 为鼠标右键弹出的粘贴快捷菜单，包括以下内容。

☑ 旋转+/− r 度。

☑ 水平/垂直翻转。

☑ 放大 f 或 1/f 倍。

☑ 在平面原点粘贴。

☑ 修改粘贴点。

☑ 结束。

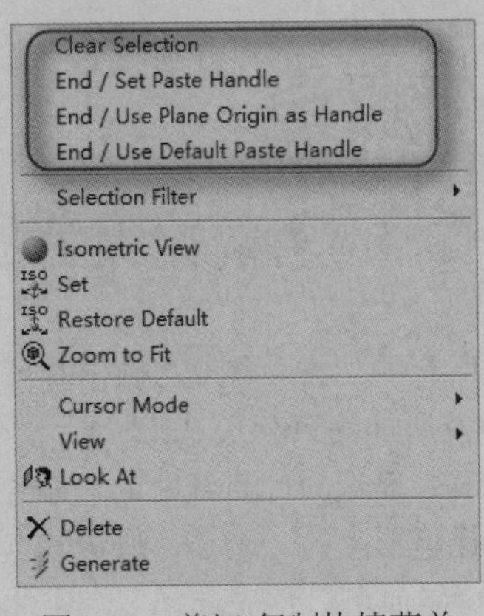

图 2-39　剪切/复制快捷菜单

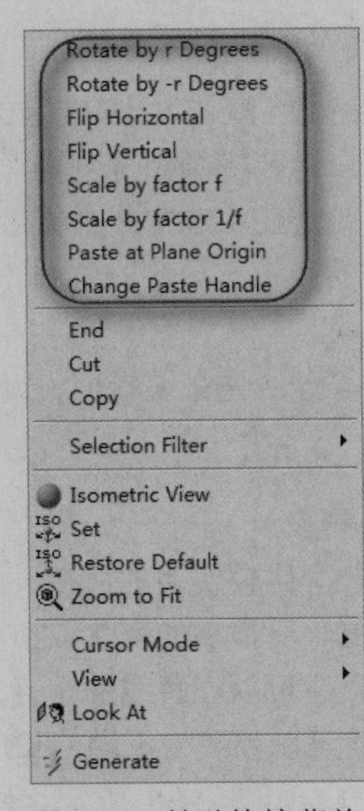

图 2-40　粘贴快捷菜单

注意：

☑ 完成复制后，可以进行多次粘贴操作。

☑ 可以从一个草图复制后粘贴到另一个草图中。

☑ 在进行粘贴操作时可以改变粘贴的操作点。

（5）Move（移动）

Move 命令和 Replicate 命令相似，但操作后选取的对象移动到一个新的位置而不是被复制。

（6）Replicate（重复）

Replicate 命令相当于复制加粘贴命令。选取其中一个 End 选项后，再次单击 Replicate，鼠标右键就变成了粘贴功能右键。

（7）Offset（偏移）

可以从一组已有的线和圆弧偏移相等的距离来创建一组线和圆弧。原始的一组线和圆弧必须相互连接构成一个开放或封闭的轮廓。预选或选择边，然后在快捷菜单中选择 End selection/Place offset 命令。

可以使用光标位置设定以下 3 个值。

Note

☑　偏移距离。

☑　偏移侧方向。

☑　偏移区域。

3. 标注工具箱

标注工具箱里面有一套完整的标注工具命令集，如图 2-41 所示。可以通过标注完尺寸后选中尺寸，然后在属性窗格中输入新值即可完成修改。它不仅可以逐个标注尺寸，还可以进行半自动标注。

（1）Semi-Automatic（半自动标注）：此命令依次给出待标注的尺寸的选项直到模型完全约束或用户选择退出自动模式。在半自动标注模式中右击，跳出或结束此项功能。图 2-42 为半自动标注快捷菜单。

（2）General（通用标注）：右击通用标注工具，可以直接在图形中进行智能标注，另外，还可以直接右击，迅速弹出所有主要的标注工具，如图 2-41 所示。

（3）Move（移动标注）：移动标注功能可以修改尺寸放置的位置。

（4）Animate（动画标注）：用来动画显示选定尺寸变化情况，后面的 Cycles 可以输入循环的次数。

（5）Display（显示标注）：用来调节标注尺寸的显示方式，可以通过尺寸的具体数值或尺寸名称来显示尺寸，如图 2-43 所示。

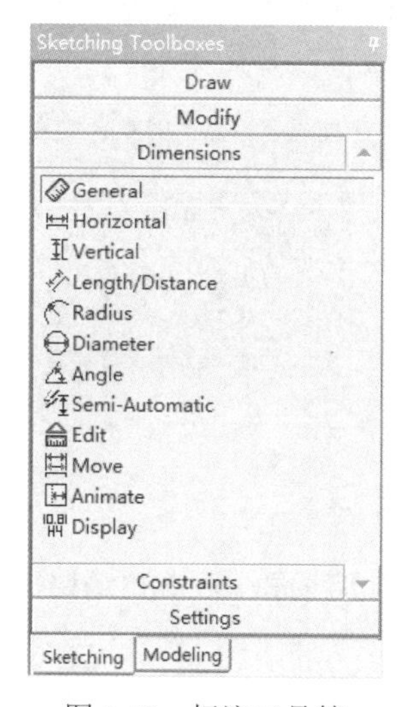

图 2-41　标注工具箱

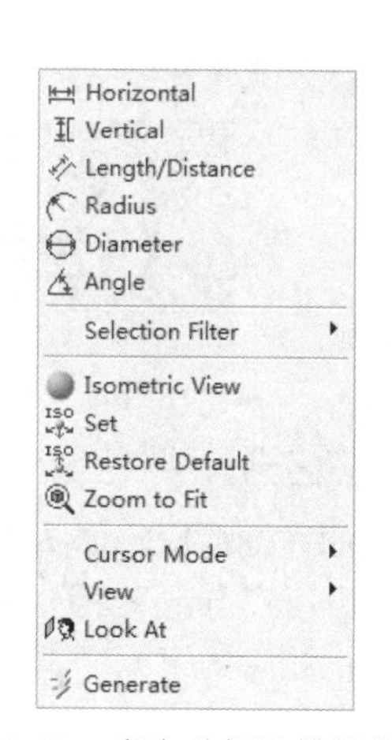

图 2-42　半自动标注快捷菜单

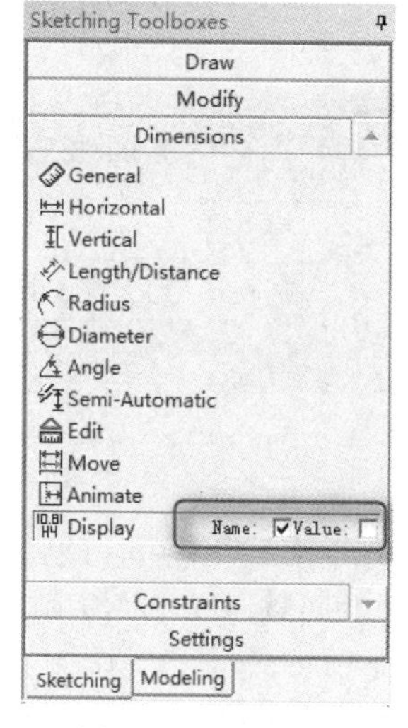

图 2-43　显示标注

另外，在非标注模式，选中尺寸后右击，弹出如图 2-44 所示的快捷菜单，可以选择 Edit Name/Value 命令快速进行尺寸编辑。

4. 约束工具箱

可以利用约束工具箱来定义草图元素之间的关系，约束工具箱如图 2-45 所示。

☑　Fixed（固定约束）：选取一个二维边或点来阻止它的移动。对于二维边可以选择是否固定端点。

Note

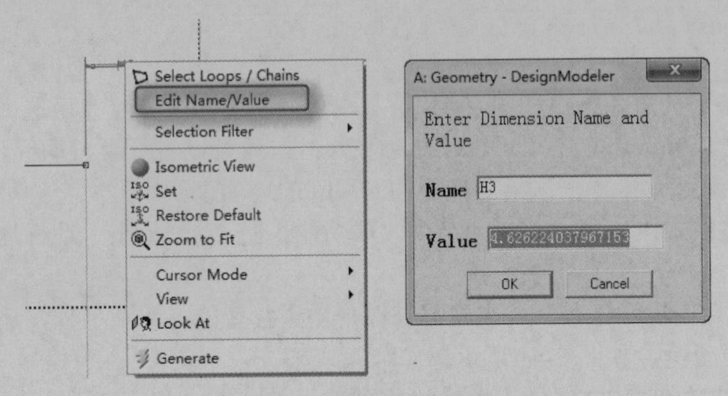

图 2-44　快速标注修改

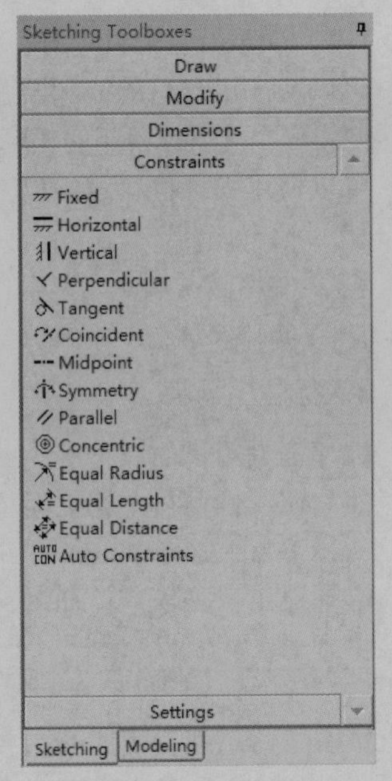

图 2-45　约束工具箱

☑　Horizontal（水平约束）：拾取一条直线，水平约束可以使该直线与 X 轴平行。

☑　Perpendicular（正交约束）：正交约束可以使拾取的两条线正交。

☑　Equal Radius（等半径）：使选择的两个半径具有等半径的约束。

☑　Auto Constraints（自动约束）：默认的设计模型是 Auto-Constraint 模式。自动约束可以在新的草图实体中自动捕捉位置和方向。图 2-46 中的光标表示所施加的约束类型。

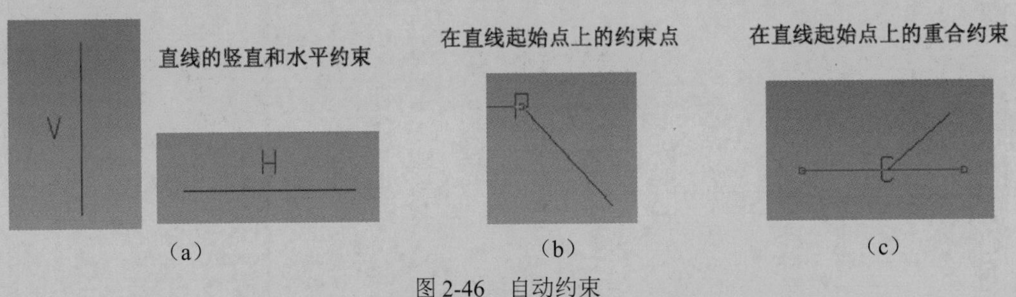

图 2-46　自动约束

草图中属性窗格也可以显示草图约束的详细情况，如图 2-47 所示。

约束可以通过自动约束产生，也可以由用户自定义。选中定义的约束后右击，在弹出的快捷菜单中选择 Delete（删除）命令（或用 Delete 键删除约束）。

当前的约束状态以不同的颜色显示。

☑　深青色：未约束，欠约束。

☑　蓝色：完整定义。

☑　黑色：固定。

☑　红色：过约束。

☑　灰色：矛盾或未知。

5. 设置工具箱

设置工具箱用于定义和显示草图栅格（默认为关），如图 2-48 所示。捕捉特征用来设置主要栅

格和次要栅格。

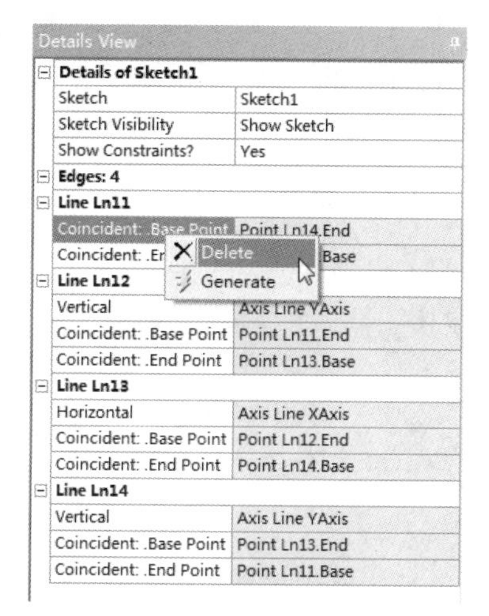

图 2-47　属性窗格

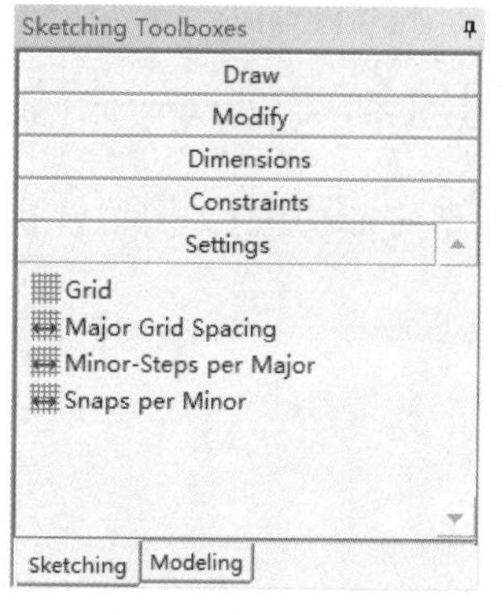

图 2-48　设置工具箱

每次要栅格中的 Grid Snaps 是指次要网格线之间捕捉的点数。

2.3.4　草绘附件

在绘图时有些工具是非常有用的。例如标尺工具、正视于工具或撤销工具等。

1. 标尺工具

标尺工具可以快捷地看到图形的尺寸范围。选择 View→Ruler 命令，可以设置在视图区域是否显示标尺工具，如图 2-49 所示。

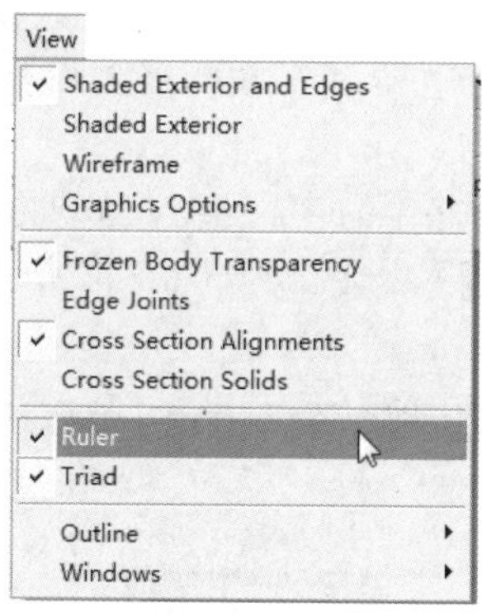

图 2-49　设置标尺工具

2. 正视于工具

当创建或改变平面和草图时，运用 Look At（正视于）工具可以立即改变视图方向，使该平面、草图或选定的实体与视线垂直。该工具在工具栏中的位置如图 2-50 所示。

图 2-50　正视于工具

3．撤销工具

只有在草图模式下才可以使用 Undo/Redo 按钮来撤销上一次完成的草图操作；也允许多次撤销。Back 操作（可以通过右击弹出）在作草图时类似一个小型的 Undo 操作。

注意：任何时候只能激活一个草图！

Note

视频讲解

2.3.5　草图绘制实例——机缸垫草图

利用本章所学的内容绘制如图 2-51 所示的机缸垫草图。

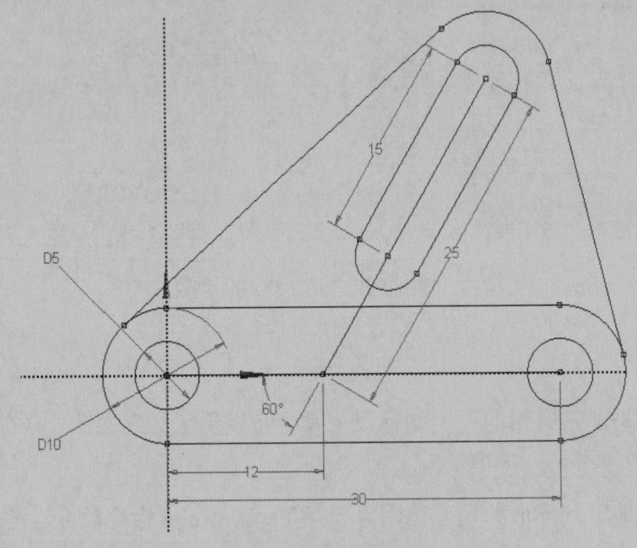

图 2-51　机缸垫草图

01 进入 ANSYS Workbench 工作界面，在图形工作界面的左边工具箱中打开 Component Systems 工具箱的下拉列表。

02 将 Component Systems 工具箱中的 Geometry 模块拖曳到右边项目概图中（或在工具箱中直接双击 Geometry 模块）。此时项目概图中会出现如图 2-52 所示的 Geometry 模块，此模块默认编号为 A。

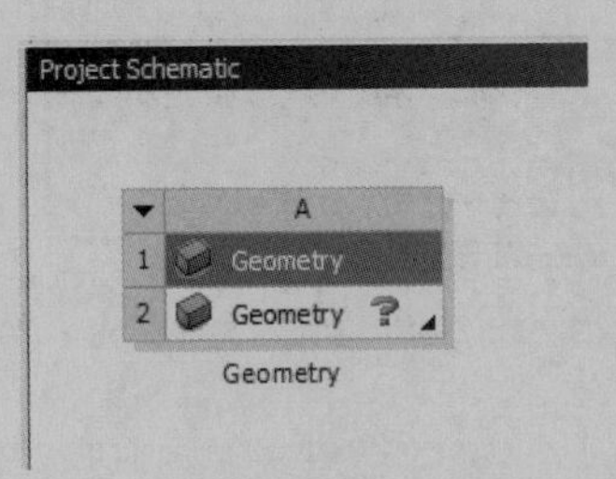

图 2-52　Geometry 模块

03 右击 A2 栏，在弹出的快捷菜单中选择 New DesignModeler Geometry 命令，打开如图 2-53 所示的 DesignModeler 应用程序，此时左端的树形目录默认为建模状态下的树形目录。在建立草图前需要首先选择一个工作平面。在菜单栏中选择 Units→Milimeter 命令，采用毫米单位，如图 2-54 所示。

04 创建工作平面。首先单击选中树形目录中的“XY 轴平面”分支 XYPlane，然后单击工具栏中的“创建工作平面”按钮，创建一个工作平面。此时树形目录中“XY 轴平面”分支下，会多

Note

出一个名为 Sketch1 的工作平面。

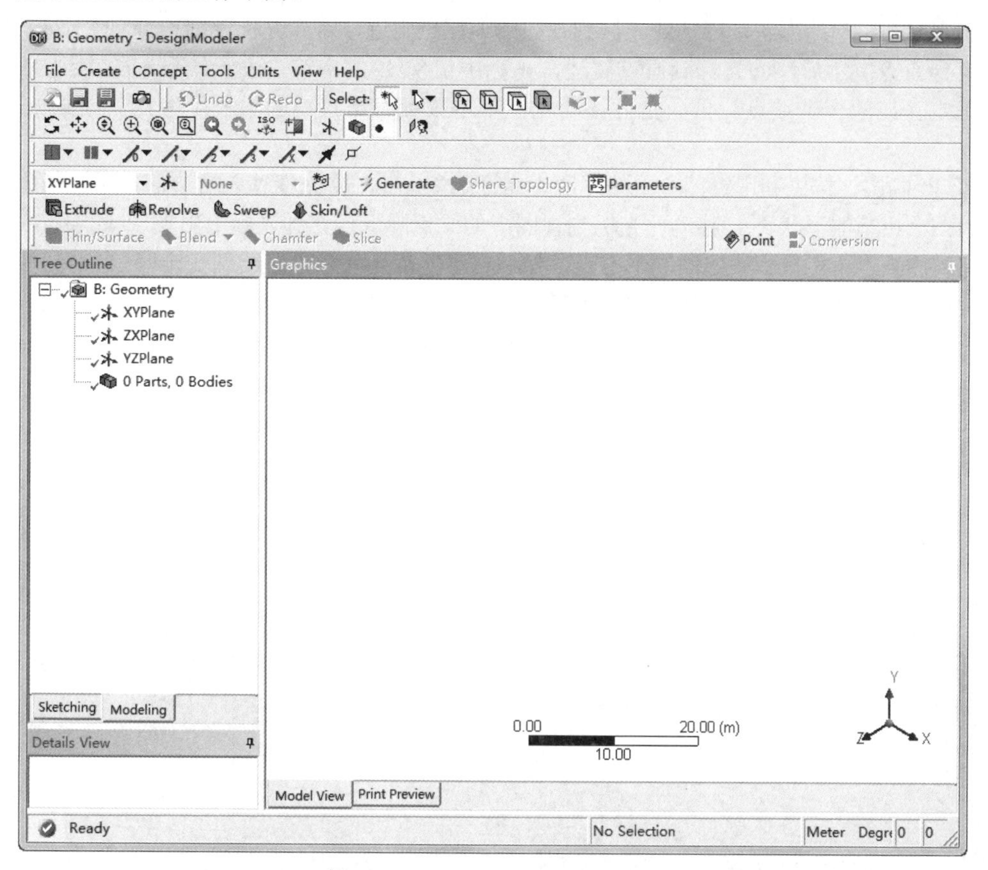

图 2-53 DesignModeler 应用程序

05 创建草图。单击选中树形目录中的 Sketch1 草图，然后单击树形目录下端如图 2-55 所示的 Sketching 标签，打开草图绘制工具箱窗格。在新建的 Sketch1 草图上绘制图形。

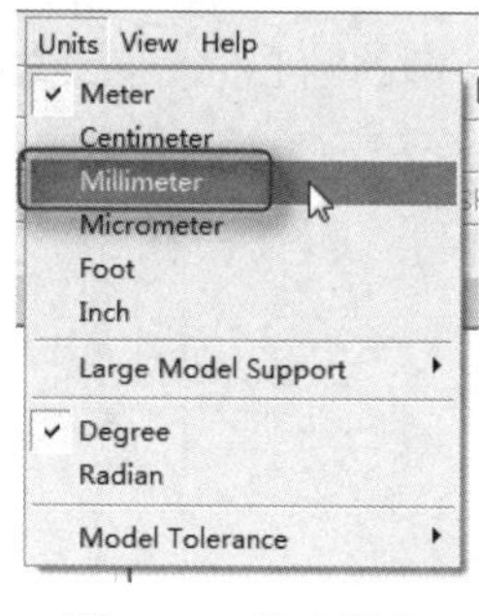

图 2-54 长度单位

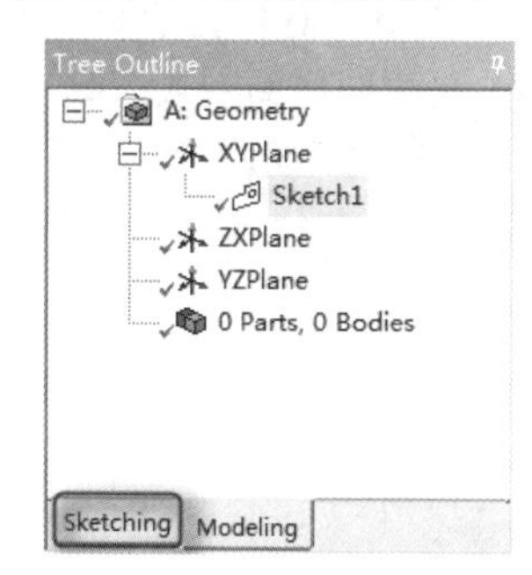

图 2-55 Sketching 标签

06 切换视图。单击工具栏中的“正视于”按钮，如图 2-56 所示。将视图切换为 XY 方向的视图。

图 2-56 “正视于”按钮

Note

07 绘制直线。首先利用绘图栏中的“直线”命令 Line，将光标移入右边的绘图区域中。此时光标变为一个铅笔的形状，移动此光标到视图中的原点附近，直到光标中出现 P 的字符，表示自动点约束到原点。然后移动光标到原点右边，光标中出现 C 的字符，表示线自动约束到 X 轴，单击鼠标确定直线的一个端点，再向左上移动光标单击鼠标确定直线的另一个端点。结果如图 2-57 所示。

08 绘制圆。首先利用绘图栏中的“圆”命令 Circle，将光标移入右边的绘图区域中。此时光标变为一个铅笔的形状，移动此光标到视图中的原点附近，直到光标中出现 P 的字符，表示自动点约束到原点。单击鼠标确定圆的中心点，然后移动光标到任意位置绘制一个圆（此时绘制不用管尺寸的大小，在下面的步骤中会进行尺寸的精确调整）；采用同样的方法绘制另一个同心圆。结果如图 2-58 所示。

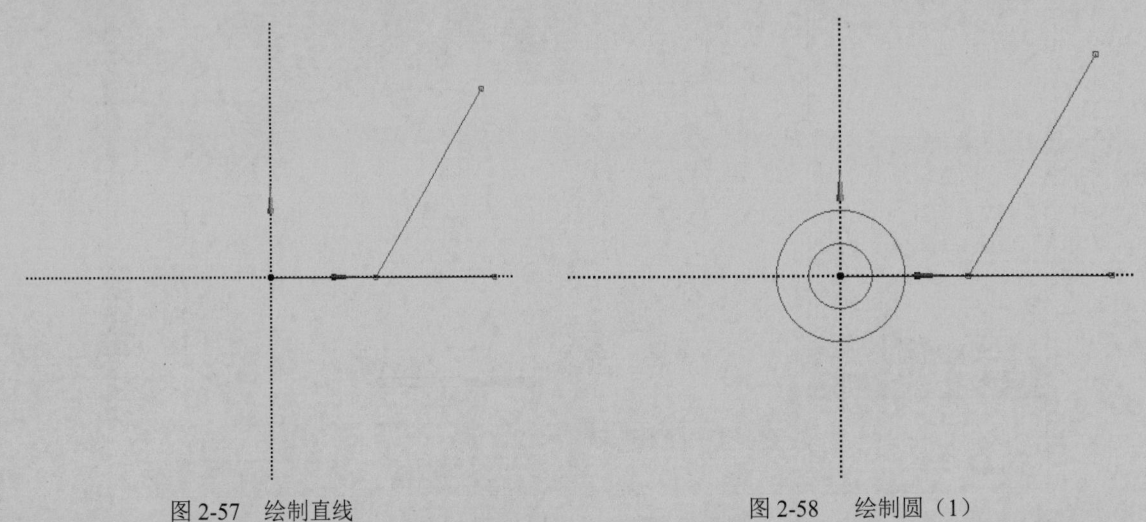

图 2-57 绘制直线　　图 2-58 绘制圆（1）

09 绘制 X 轴上两个圆。保持草图绘制工具箱中绘图栏内的“圆”命令 Circle 为选中的状态。移动光标到 X 轴的附近，直到光标中出现 C 的字符，表示线自动约束到 X 轴，单击鼠标确定圆的中心点，然后移动光标到任意位置绘制一个圆；再利用点约束，绘制另一个圆与此圆的圆心重合。结果如图 2-59 所示。采用同样的方式绘制右上端两个圆，两圆的圆心位于直线端点上，然后在斜线上绘制一个圆。结果如图 2-60 所示。

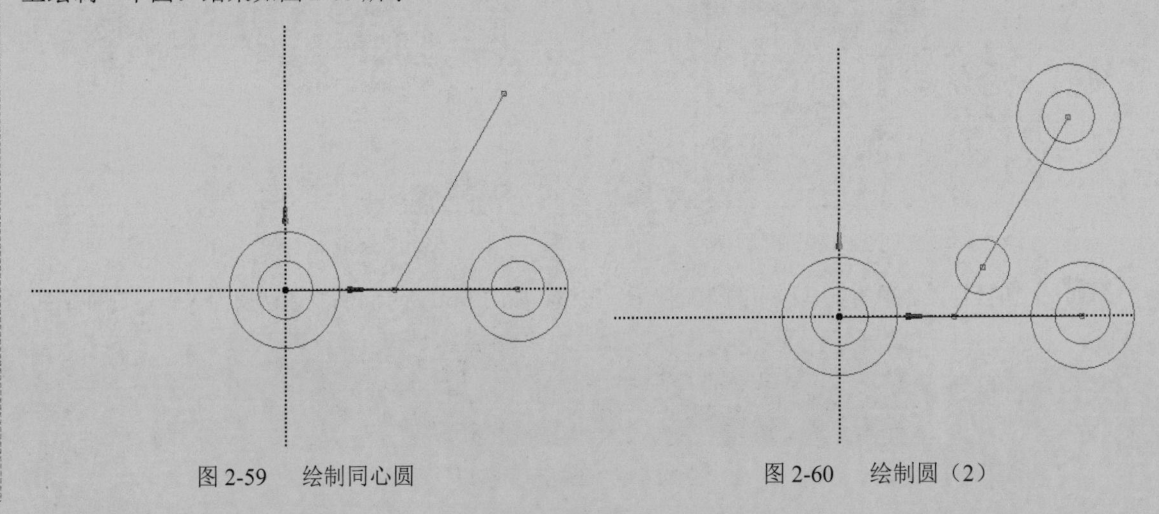

图 2-59 绘制同心圆　　图 2-60 绘制圆（2）

10 绘制切线。利用草图绘制工具箱中绘图栏内的“两端相切线”命令 Line by 2 Tangents。移动光标到视图中的右边外圆的上边线附近，直到光标中出现 T 的字符，表示自动相切约束到此圆的边，单击鼠标确定直线的一端；然后移动光标到左边外圆的上边线附近，直到光标中出现 T 的字符，表示自动相切约束到此圆的边，单击鼠标确定直线的另一端。采用同样的方法绘制其余的切线。结果如图 2-61 所示。

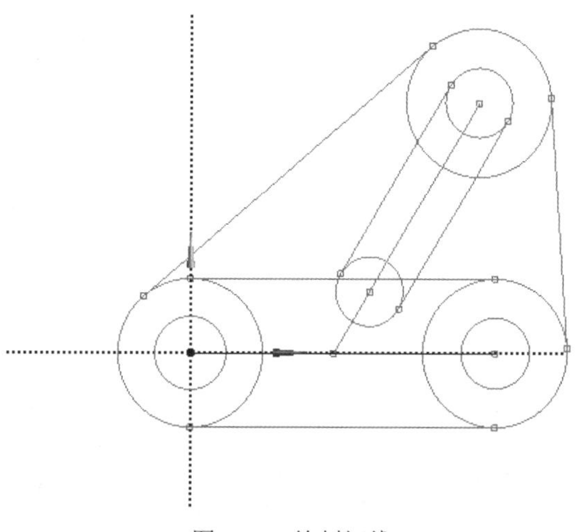

图 2-61 绘制切线

11 添加约束。单击草图绘制工具箱的 Constraints 栏，将此约束栏展开，如图 2-62 所示。利用约束栏内的“等半径”命令 Equal Radius；然后分别单击两侧两个内圆，将两侧两个内圆添加等半径约束，使两个圆保持相等的半径。采用同样的方式添加两侧两个外圆等半径约束。调整后的结果如图 2-63 所示。

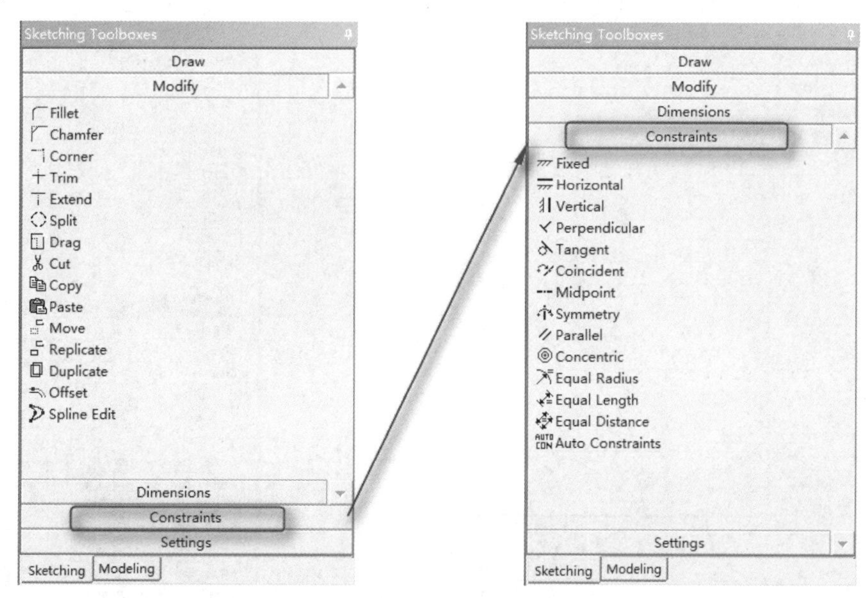

图 2-62 展开 Constraints 栏

12 添加水平尺寸标注。单击草图绘制工具箱的 Dimensions 栏，将此尺寸标注栏展开。利用尺寸栏内的“水平标注”命令 Horizontal；然后分别单击两个圆的圆心，再移动光标到合适的位置

Note

放置尺寸。利用“长度/距离”命令 Length/Distance 和“角度”命令 Angle，分别标注斜线的长度和角度。标注完成结果如图 2-64 所示。

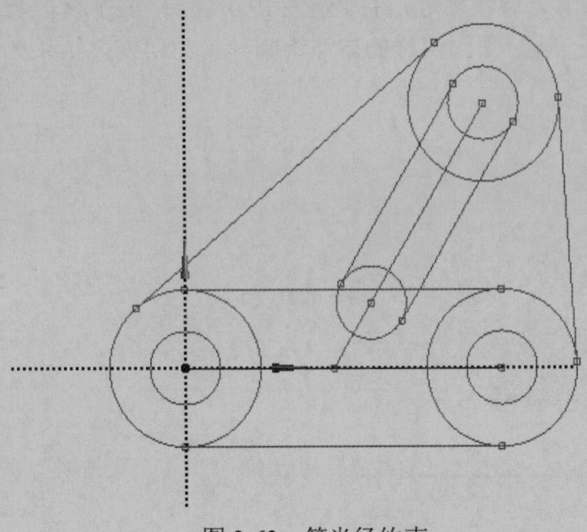
图 2-63　等半径约束

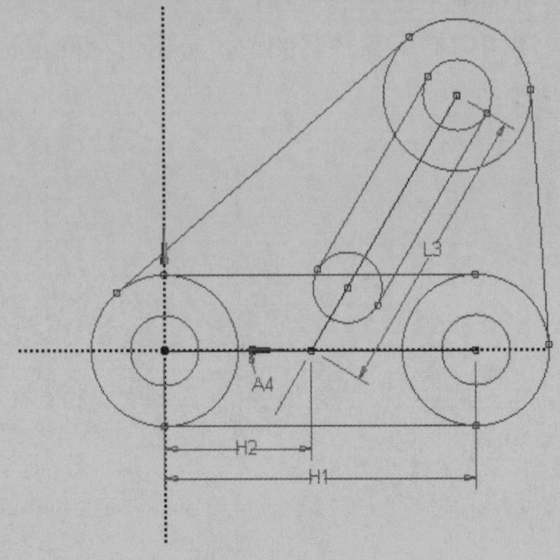

图 2-64　标注尺寸

13 标注直径和半径。利用尺寸栏内的“半径标注”命令 Radius 和“直径标注”命令 Diameter，标注圆的半径和直径。此时草图中所有绘制的轮廓线由绿色变为蓝色，表示草图中所有元素均完全约束。标注完成后的结果如图 2-65 所示。

14 修改尺寸。由步骤 **13** 绘制后的草图虽然已完全约束，但尺寸并没有指定。现在通过在属性窗格中修改参数来精确定义草图。将属性窗格中 A4 的参数修改为 60°；D5 的参数修改为 10mm；D6 的参数修改为 5mm；H1 的参数修改为 30mm；H2 的参数修改为 12mm；L3 的参数修改为 25mm；L7 的参数修改为 15mm。此时的属性窗格如图 2-66 所示。绘制的结果如图 2-67 所示。

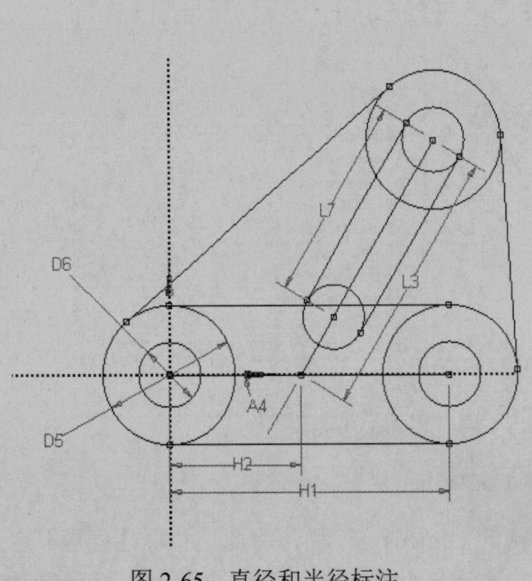

图 2-65　直径和半径标注

Details View

Details of Sketch1	
Sketch	Sketch1
Sketch Visibility	Show Sketch
Show Constraints?	No
Dimensions: 7	
A4	60°
D5	10mm
D6	5mm
H1	30mm
H2	12mm
L3	25mm
L7	15mm
Edges: 15	
Line	Ln7
Line	Ln8
Full Circle	Cr9
Full Circle	Cr10
Full Circle	Cr11
Full Circle	Cr12
Full Circle	Cr13
Full Circle	Cr14
Full Circle	Cr15
Line	Ln18
Line	Ln19
Line	Ln21
Line	Ln22
Line	Ln23
Line	Ln24

图 2-66　属性窗格

15 删除多余线。利用“修剪”命令 Trim 删除多余线。绘制的结果如图2-68所示。

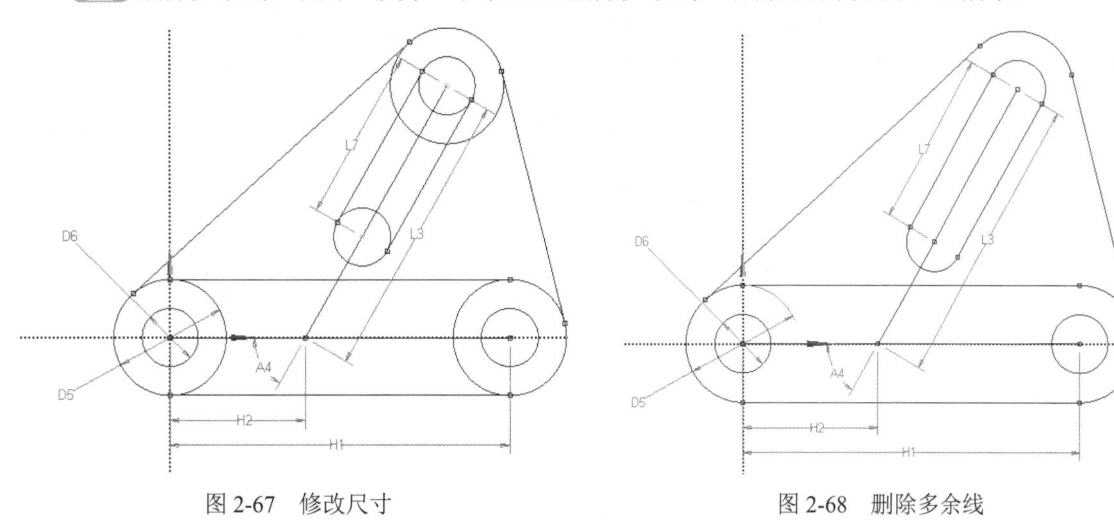

图2-67 修改尺寸　　　　图2-68 删除多余线

2.4 特性建模

DesignModeler包括3种不同体类型，如图2-69所示。

☑ 实体：由表面和体组成。

☑ 表面体：由表面但没有体组成。

☑ 线体：完全由边线组成，没有面和体。

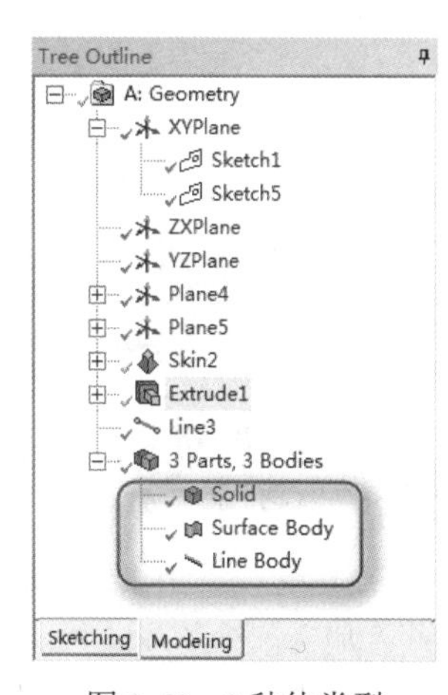

图2-69 3种体类型

默认情况下，DesignModeler自动将生成的每一个体放在一个零件中。单个零件一般独自进行网格的划分。如果各单独的体有共享面，则共享面上的网格划分不能匹配。单个零件上的多个体可以在共享面上划分匹配的网格。

通过三维特征操作由二维草图生成三维的几何体。常见的特征操作包括拉伸（Extrude）、旋转（Revolve）、扫掠（Sweep）、放样（Skin/Loft）和抽壳（Thin/Surface）等。图2-70为特征工具栏。

图2-70 特征工具栏

三维几何特征的生成（如拉伸或扫掠）包括以下3个步骤。

（1）选择草图或特征并执行特征命令。

（2）指定特征的属性。

（3）执行“生成”特征体命令。

2.4.1 拉伸

拉伸（Extrude）命令可以生成包括实体、表面和薄壁的特征。这里以创建表面为例介绍创建拉伸特征的操作。

（1）单击欲生成拉伸特征的草图，可以在树形目录中选择，也可以在绘图区域中选择。

（2）在如图 2-71 所示的拉伸特征的属性窗格中，先选择 As Thin/Surface?，将之改为 Yes，然后将内、外厚度均设置为 0mm。

（3）详细列表菜单用来设定拉伸深度、方向和布尔操作（添加、切除、切片、印记或加入冻结）。

（4）单击“生成”按钮完成特征创建。

1. 拉伸特征的属性窗格

在建模过程中对属性窗格的操作是无可避免的。在属性窗格中可以进行布尔操作、改变特征的方向、特征的类型和是否拓扑等。图 2-72 为拉伸特征的属性窗格。

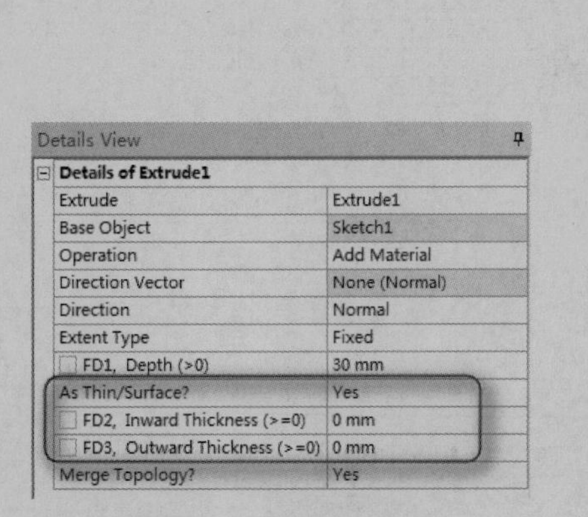

Details of Extrude1	
Extrude	Extrude1
Base Object	Sketch1
Operation	Add Material
Direction Vector	None (Normal)
Direction	Normal
Extent Type	Fixed
FD1, Depth (>0)	30 mm
As Thin/Surface?	Yes
FD2, Inward Thickness (>=0)	0 mm
FD3, Outward Thickness (>=0)	0 mm
Merge Topology?	Yes

图 2-71　拉伸属性窗格

图 2-72　拉伸特征属性窗格

2. 拉伸特征的布尔操作

对三维特征可以运用 5 种不同的布尔操作，如图 2-73 所示。

☑　加入冻结（Add Frozen）：与加入材料相似，但新增特征体不被合并到已有的模型中，而是作为冻结体加入。

☑　添加材料（Add Material）：该操作总是可以创建材料并合并到激活体中。

☑　切除材料（Cut Material）：从激活体上切除材料。

☑　给表面添加印记（Imprint Faces）：与切片相似，但仅分割体上的面，如果需要也可以在边线上增加印记（不创建新体）。

☑　切片材料（Slice Material）：将冻结体切片。仅当体全部被冻结时才可用。

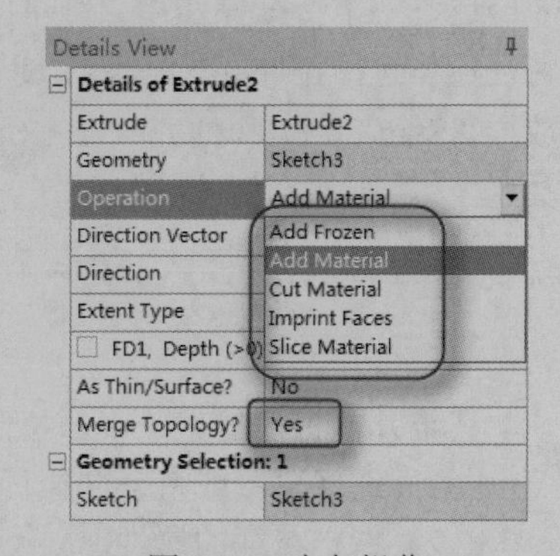

图 2-73　布尔操作

3. 拉伸特征的方向

特征方向可以定义所生成模型的方向，其中包括标准方向（Normal）、反向（Reversed）、两侧对称（Both-Symmetric）及两侧非对称（Both-Asymmetric）4 种方向类型，如图 2-74 所示。默认为标准

方向，也就是坐标轴的正方向；两侧反向则为标准方向的反方向；而两侧对称只需设置一个方向的拉伸长度即可；两侧非对称则需分别设置两个方向的拉伸长度的选项。

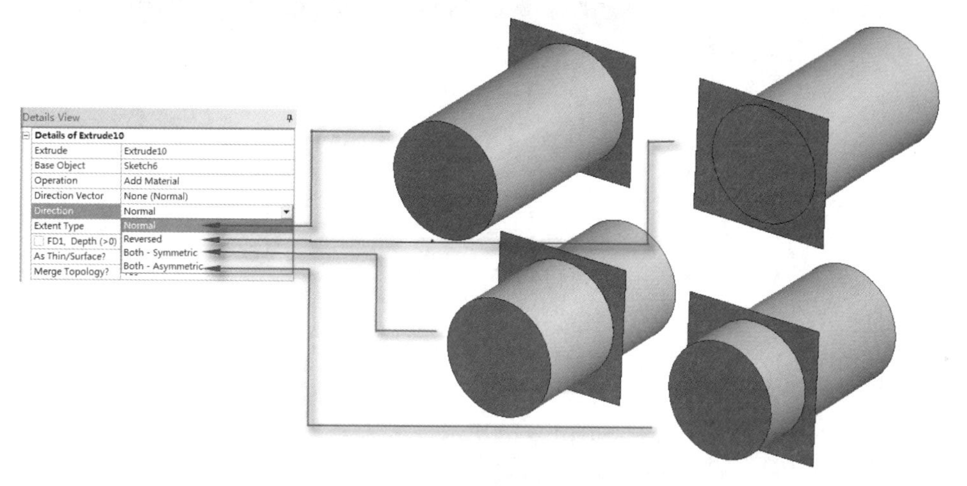

图 2-74　特征方向

4. 拉伸特征的类型

☑　穿过所有（Through All）：将剖面延伸到整个模型，在加料操作中延伸轮廓必须完全和模型相交，如图 2-75 所示。

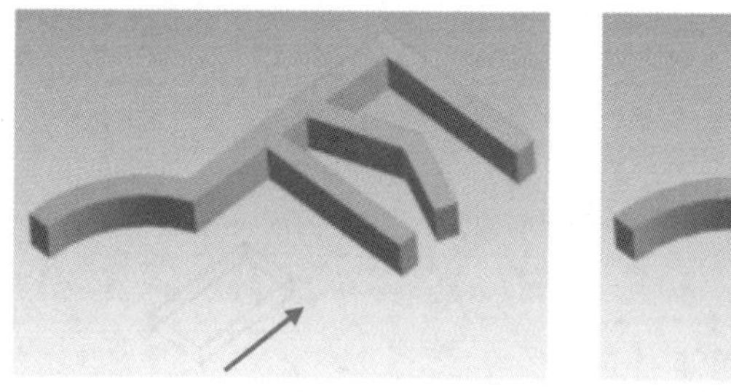

图 2-75　穿过所有类型

☑　到下一个（To Next）：此操作将延伸轮廓到所遇到的第一个面，在剪切、印记及切片操作中，将轮廓延伸至所遇到的第一个面或体，如图 2-76 所示。

图 2-76　到下一个

☑　到面（To Faces）：可以延伸拉伸特征到有一个或多个面形成的边界，对多个轮廓而言要确保每一个轮廓至少有一个面和延伸线相交，否则导致延伸错误。到面类型如图 2-77 所示。

Note

图 2-77　到面

“到面”选项不同于“到下一个”选项。“到下一个”并不意味着“到下一个面”，而是“到下一个块的体（实体或薄片）”，“到面”选项可以用于到冻结体的面。

☑　到表面（To Surfaces）：除只能选择一个面外，与“到面”选项类似。

如果选择的面与延伸后的体是不相交的，这就涉及面延伸情况。延伸情况类型由选择面的潜在面与可能的游离面来定义。在这种情况下选择一个单一面，该面的潜在面被用作延伸。该潜在面必须完全和拉伸后的轮廓相交，否则会报错，如图 2-78 所示。

图 2-78　到表面

2.4.2　旋转

旋转（Revolve）是指选定草图来创建轴对称旋转几何体。从属性窗格列表菜单中选择旋转轴，如果在草图中有一条孤立（自由）的线（见图 2-79），则该线将被作为默认的旋转轴。旋转特征操作的属性窗格如图 2-80 所示。

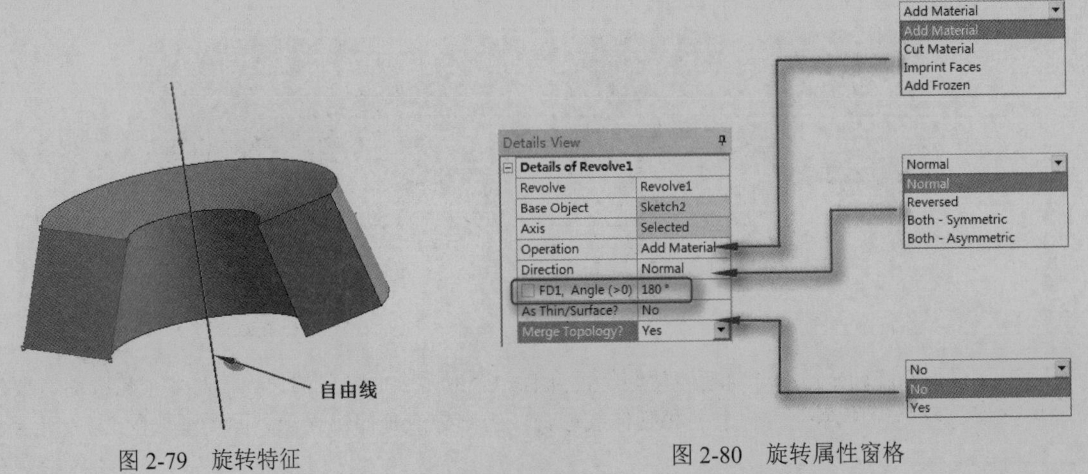

图 2-79　旋转特征　　图 2-80　旋转属性窗格

旋转方向特性如下。

☑　正常（Normal）：按基准对象的正 Z 方向旋转。

☑　反向（Reversed）：按基准对象的负 Z 方向旋转。

☑　两侧对称（Both-Symmetric）：在两个方向上创建特征。一组角度运用到两个方向。

☑　两侧非对称（Both-Asymmetric）：在两个方向上创建特征。每一个方向有自己的角度。

单击“生成”按钮 Generate 完成特征的创建。

2.4.3　扫掠

扫掠（Sweep）可以创建实体、表面和薄壁特征，它们都可以通过沿一条路径扫掠生成，如图 2-81 所示。扫掠属性窗格如图 2-82 所示。

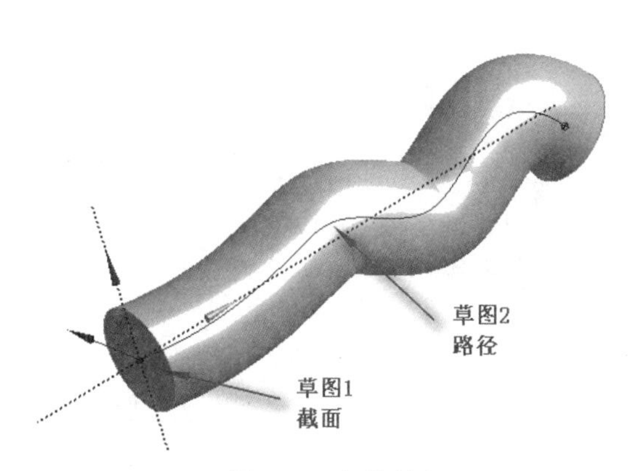

图 2-81　扫掠特征

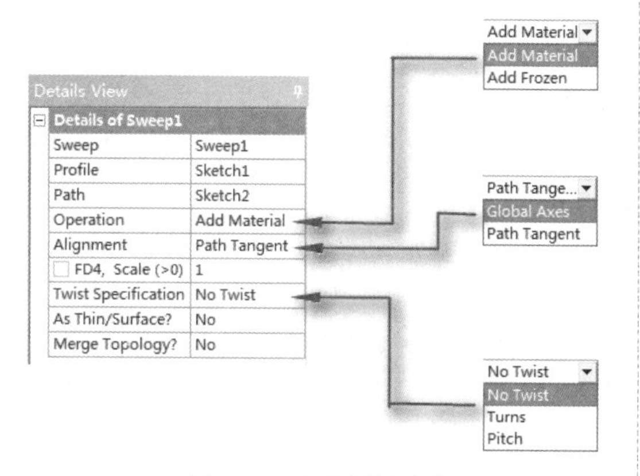

图 2-82　扫掠属性窗格

在属性窗格中可以设置的扫掠对齐方式介绍如下。

☑　路径相切（Path Tangent）：沿路径扫掠时自动调整剖面以保证剖面垂直路径。

☑　全局（Global Axes）：沿路径扫掠时不管路径的形状如何，剖面的方向保持不变。

在属性窗格中设置比例和圈数特征可用来创建螺旋扫掠。

☑　比例（Scale）：沿扫掠路径逐渐扩张或收缩。

☑　圈数（Turns）：沿扫掠路径转动剖面。

- ➢　负圈数：剖面沿与路径相反的方向旋转。
- ➢　正圈数：逆时针旋转。

注意： 如果扫掠路径是一个闭合的环路，则圈数必须是整数；如果扫掠路径是开放环路，则圈数可以是任意数值。比例和圈数的默认值分别为 1.0 和 0.0。

2.4.4　放样

放样（Skin/Loft）为从不同平面上的一系列剖面（轮廓）产生一个与它们拟合的三维几何体（必须选两个或更多的剖面）。放样特征如图 2-83 所示。

要生成放样的剖面，可以是一个闭合或开放的环路草图或由表面得到的一个面。所有的剖面必须有同样的边数，不能混杂开放和闭合的剖面；所有的剖面必须是同种类型。草图和面可以通过在图形区域内单击它们的边或点，或者在特征或面树形目录中单击选取。

Note

Note

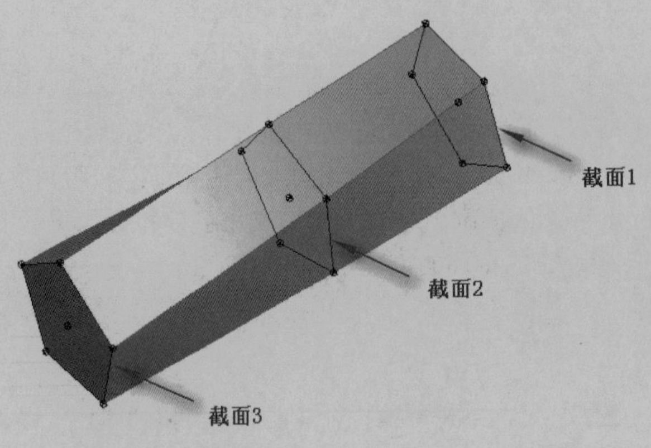

图 2-83　放样特征

图 2-84 为放样属性窗格。

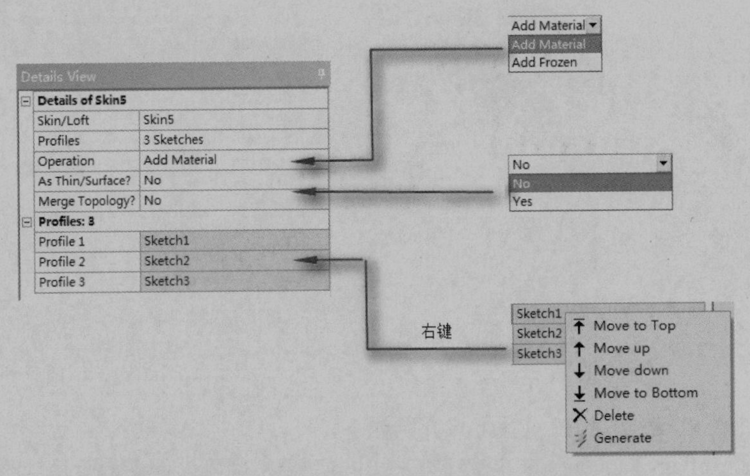

图 2-84　放样属性窗格

2.4.5　抽壳

抽壳（Thin/Surface）特征主要用来创建薄壁实体（Thin）和创建简化壳（Surface），如图 2-85 所示。图 2-86 为抽壳属性窗格。

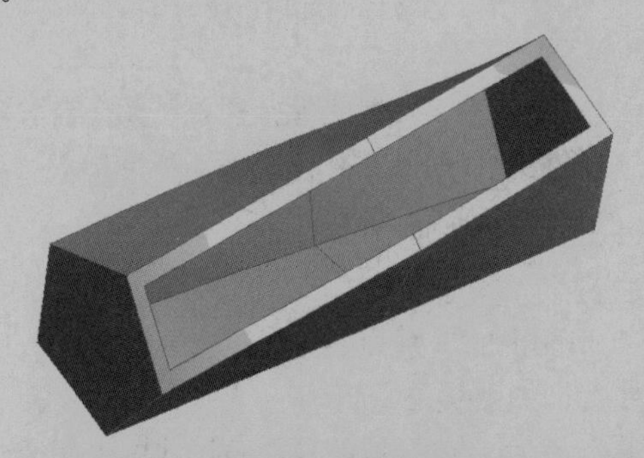

图 2-85　抽壳

属性窗格中抽壳类型的 3 个选项介绍如下。

☑　删除面（Faces to Remove）：所选面将从体中删除。

☑ 保留面（Faces to Keep）：保留所选面，删除没有选择的面。
☑ 仅对体操作（Bodies Only）：只对所选体操作，不删除任何面。

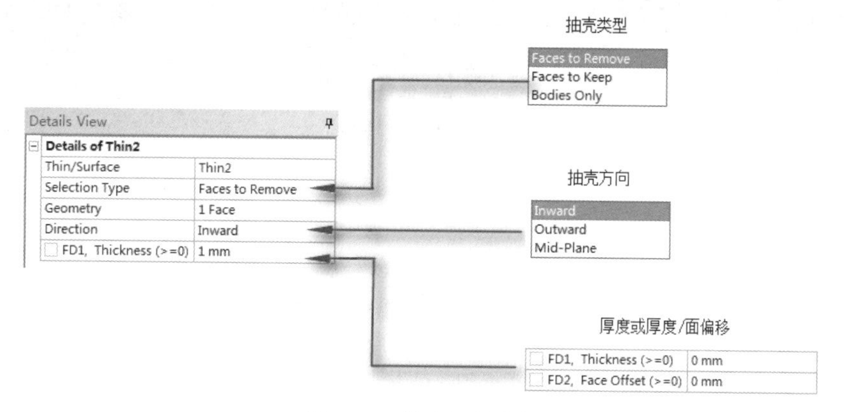

图 2-86 抽壳属性窗格

将实体转换成薄壁体或面时，可以采用以下 3 种方向中的一种偏移方向指定模型的厚度。

☑ 向内（Inward）。
☑ 向外（Outward）。
☑ 中面（Mid-Plane）。

2.4.6 倒圆

固定半径倒圆（Fixed Radius Blend）命令可以在模型边界上创建倒圆角。操作路径在菜单栏中的位置为 Create→Fixed Radius Blend。

在生成倒圆时，要选择三维的边或面来生成倒圆。如果选择面，则将在所选面上的所有边上均倒圆。采用预先选择时，可以从右键的弹出菜单中获取其他附加选项（面边界环路选择、三维边界链平滑）。

另外在明细栏中可以编辑倒圆的半径。单击 Generate 完成特征创建并更新模型。选择不同的线或面生成的圆角会有不同，如图 2-87 所示。

（a）选择一个边倒圆

（b）选择两个边倒圆

（c）选择 3 个边倒圆

（d）选择一个面倒圆

图 2-87 等半径倒圆

变半径倒圆（Variable Radius Blend）与固定半径倒圆类似，操作路径在菜单栏中的位置为 Create→Variable Radius Blend。而变半径倒圆还可用明细栏改变每边的起始和结尾的倒圆半径，也可以设定倒圆间的过渡形式为光滑还是线性，如图 2-88 所示。单击“生成”按钮，完成特征创建更新模型。

Note

（a）变半径倒圆

（b）直线过渡

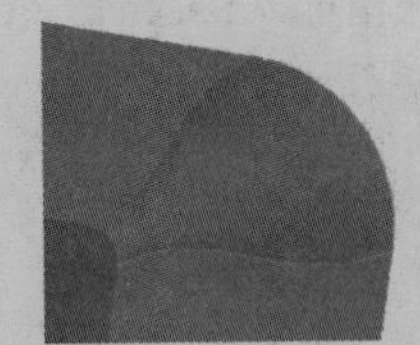

（c）光滑过渡

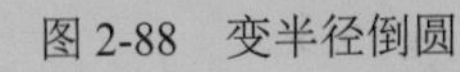

图 2-88　变半径倒圆

2.4.7　倒角

倒角（Chamfer）特征用来在模型边上创建平面过渡（或称倒角面）。操作路径在菜单栏中的位置为 Create→Chamfer。

选择三维边或面来进行倒角。如果选择的是面，那个面上的所有边缘将被倒角。预选时，可以从快捷菜单中选择其他命令（面边界环路选择、三维边界链平滑）。

面上的每条边都有方向，该方向定义右侧和左侧。可以用平面（倒角面）过渡所用边到两条边的距离或距离（左或右）与角度来定义斜面。在属性窗格中设定倒角类型包括设定距离和角度。

选择不同的属性生成的倒角不同，如图 2-89 所示。

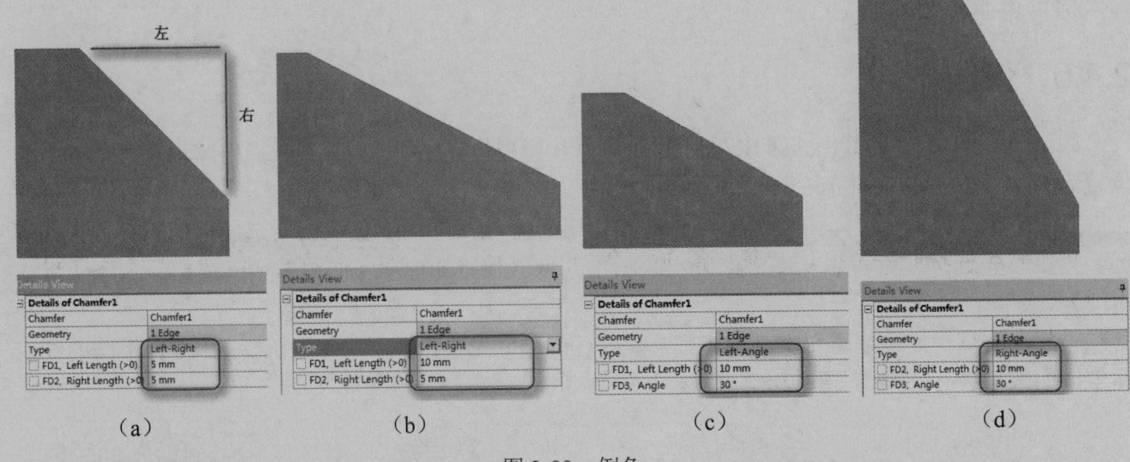

（a）　（b）　（c）　（d）

图 2-89　倒角

视频讲解

2.4.8　特征建模实例 1——基台

利用本章所学的内容绘制如图 2-90 所示的基台模型。

1. 新建模型

01 进入 ANSYS Workbench 工作界面，在图形工作界面左边的工具箱中打开 Component Systems 工具箱的下拉列表。

02 将 Component Systems 工具箱中的 Geometry 模块拖曳到右边项目概图中，或在工具箱中直接双击 Geometry 模块。此时项目概图中会出现 Geometry 模块，此模块默认编号为 A。

03 右击 A2 栏，在弹出的快捷菜单中选择 New DesignModeler Geometry 命令，打开如图 2-53 所示的 DesignModeler 应用程序，此时左端的树形目录默认为建模状态下的树形目录。在建立草图前需要首先选择一个工作平面。在菜单栏中选择 Units→Milimeter 命令，采用毫米单位。

2. 拉伸模型

Note

01 创建草绘平面。首先单击选中树形目录中的“YZ 轴平面”分支 YZPlane，然后单击工具栏中的“创建草绘”按钮，创建一个草绘平面，此时树形目录中“YZ 轴平面”分支下，会多出一个名为 Sketch1 的草绘平面。

02 创建草图。单击选中树形目录中的 Sketch1 草图，然后单击树形目录下端如图 2-91 所示的 Sketching 标签，打开草图绘制工具箱窗格。在新建的 Sketch1 草图上绘制图形。

图 2-90　基台模型

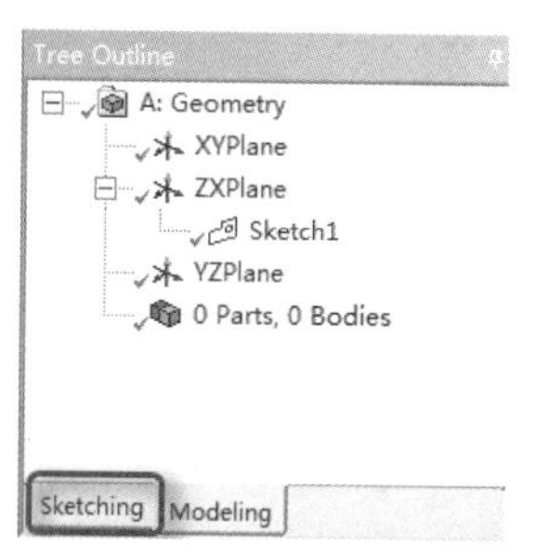

图 2-91　Sketching 标签

03 切换视图。单击工具栏中的“正视于”按钮，如图 2-92 所示。将视图切换为 YZ 方向的视图。

图 2-92　正视于

04 绘制草图。打开的草图绘制工具箱默认展开绘图栏，利用其中的直线绘图工具绘制一个如图 2-93 所示的草图。

05 标注草图。展开草图绘制工具箱的 Dimensions 栏，为草图标注尺寸。当草图中所绘制的轮廓线由绿色变为蓝色，则表示草图中所有元素均完全约束。标注完成后的结果如图 2-94 所示。

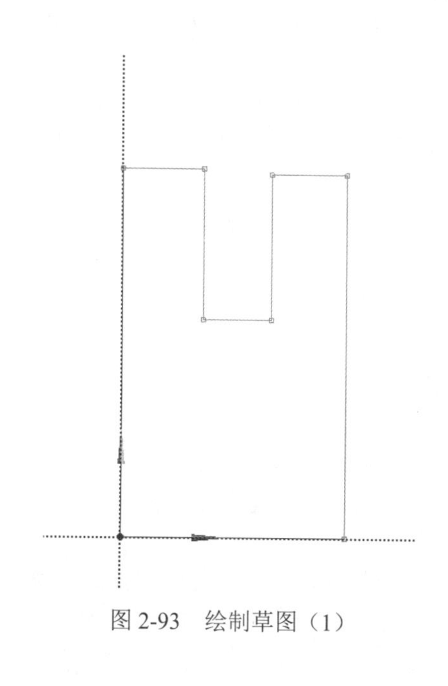

图 2-93　绘制草图（1）

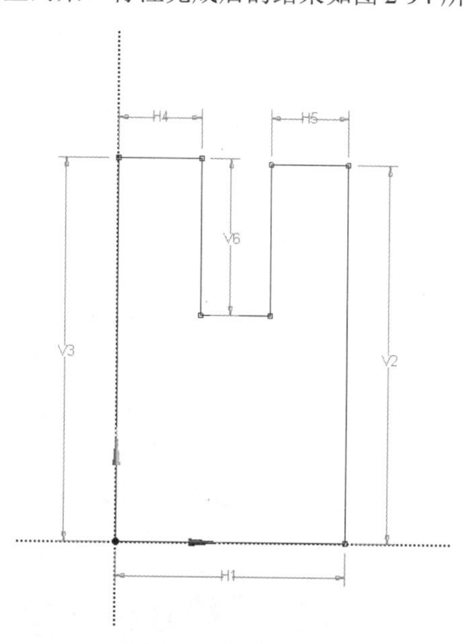

图 2-94　标注尺寸（1）

Note

06 修改尺寸。由步骤 05 绘制后的草图虽然已完全约束，但尺寸并没有指定。现在通过在属性窗格中修改参数来精确定义草图。将属性窗格中 H1 的参数修改为 15mm；V2 的参数修改为 15mm；V3 的参数修改为 15mm；H4 的参数修改为 5mm；H5 的参数修改为 5m；V6 的参数修改为 5mm。修改完成后的结果如图 2-95 所示。

07 拉伸模型。单击工具栏中的“拉伸”按钮 Extrude，此时树形目录自动切换到 Modeling 标签。在属性窗格中，将 FD1,Depth(>0)栏后面的参数更改为 30mm，即拉伸深度为 30mm。单击工具栏中的“生成”按钮 Generate。生成的模型如图 2-96 所示。

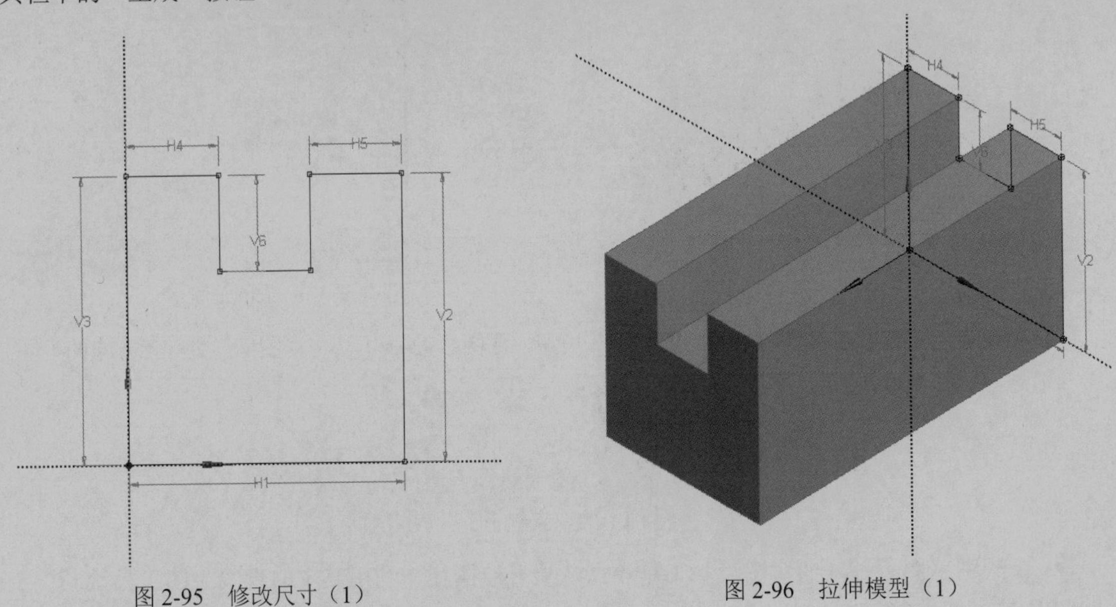

图 2-95　修改尺寸（1）　　图 2-96　拉伸模型（1）

3. 拉伸底面

01 创建平面。首先单击选中所创建拉伸实体的顶面，然后单击工具栏中的“创建平面”按钮，创建一个平面。单击工具栏中的“生成”按钮 Generate，此时树形目录中会多出一个名为 Plane4 的平面。

02 创建草绘。在树形目录中单击选中所创建的 Plane4 平面，然后单击工具栏中的“创建草绘”按钮，创建一个草绘平面，此时树形目录中“Plane4 平面”分支下会多出一个名为 Sketch2 的草绘平面。

03 创建草图。单击选中树形目录中的 Sketch2 草图，然后单击树形目录下端的 Sketching 标签，打开草图绘制工具箱窗格。在新建的 Sketch2 的草图上绘制图形。

04 切换视图。单击工具栏中的“正视于”按钮，将视图切换为 Plane4 方向的视图。

05 绘制草图。打开的草图绘制工具箱默认展开绘图栏，首先利用其中的矩形命令绘制两个矩形，然后展开草图绘制工具箱的 Modify 栏，利用其中的圆角命令绘制两个 R5 的圆角。结果如图 2-97 所示。

06 标注草图。展开草图绘制工具箱的 Dimensions 栏。单击尺寸栏内的标注尺寸命令，标注尺寸。此时草图中所绘制的轮廓线由绿色变为蓝色，表示草图中所有元素均完全约束。标注完成后的结果如图 2-98 所示。

07 修改尺寸。由步骤 06 绘制后的草图虽然已完全约束，但尺寸并没有指定。现在通过在属性窗格中修改参数来精确定义草图。将属性窗格中 V1 的参数修改为 7.5mm；L2 的参数修改为

Note

10mm；R3 的参数修改为 5mm；V4 的参数修改为 7.5mm；H5 的参数修改为 5mm。修改完成后的结果如图 2-99 所示。

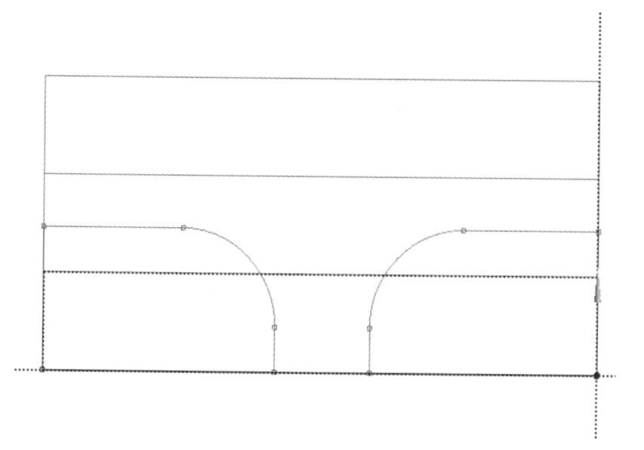

图 2-97　绘制草图（2）

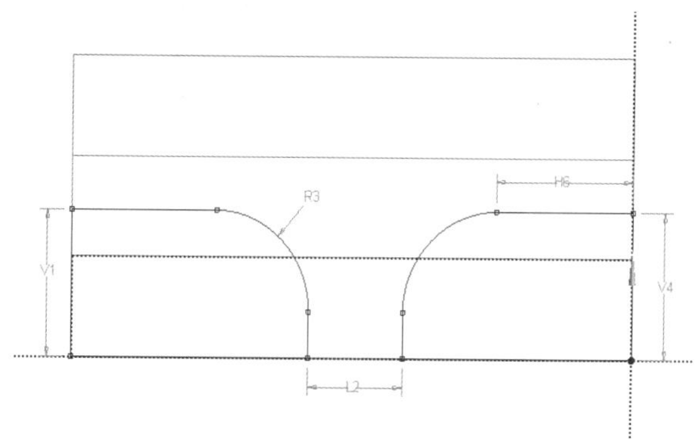

图 2-98　标注尺寸（2）

08 拉伸模型。单击工具栏中的“拉伸”按钮 Extrude，此时树形目录自动切换到 Modeling 标签。在属性窗格中，将 Operation 栏后面的参数更改为 Cut Material，将 FD1,Depth(>0)栏后面的参数更改为 10mm，即拉伸深度为 10mm。单击工具栏中的“生成”按钮 Generate。生成的模型如图 2-100 所示。

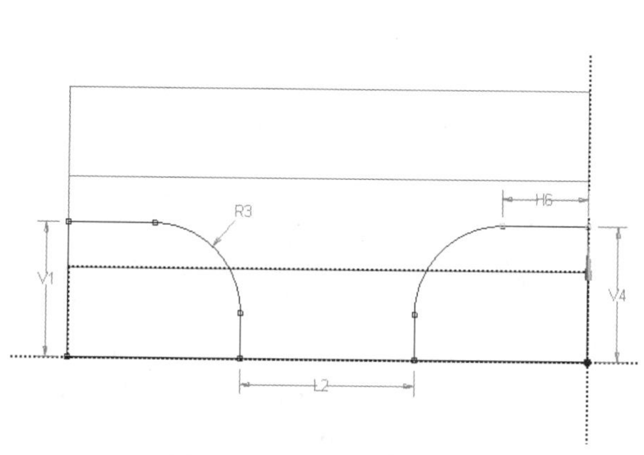

图 2-99　修改尺寸（2）

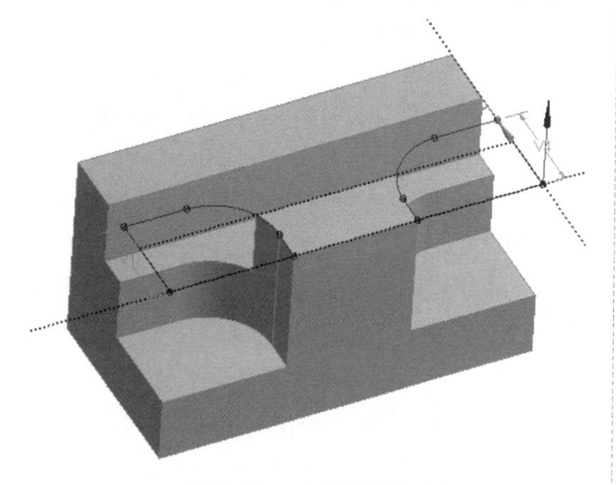

图 2-100　拉伸模型（2）

4．拉伸圆孔

01 创建平面。首先单击选中所创建拉伸切除实体的一个底面，然后单击工具栏中的“创建平面”按钮，创建一个平面。单击工具栏中的“生成”按钮 Generate，此时树形目录中会多出一个名为 Plane5 的平面。

02 创建草绘。在树形目录中单击选中所创建的 Plane5 平面，然后单击工具栏中的“创建草绘”按钮，创建一个草绘平面，此时树形目录中“Plane5 平面”分支 Plane5 下，会多出一个名为 Sketch3 的草绘平面。单击选中树形目录中的 Sketch3 草图，然后单击树形目录下端的 Sketching 标签，打开草图绘制工具箱窗格。在新建的 Sketch3 草图上绘制图形。

03 切换视图。单击工具栏中的“正视于”按钮将视图切换为平面 5 方向的视图。

04 绘制草图。打开的草图绘制工具箱默认展开绘图栏，利用其中的圆命令绘制一个圆，添加与圆角同心的约束关系，并标注修改直径为 3mm。结果如图 2-101 所示。

05 拉伸模型。单击工具栏中的“拉伸”按钮 Extrude，此时树形目录自动切换到 Modeling 标签。在属性窗格中，将 Operation 栏后面的参数更改为 Cut Material，将 FD1,Depth(>0)栏后面的参数更改

Note

为 5mm，即拉伸深度为 5mm。单击工具栏中的“生成”按钮 Generate。生成的模型如图 2-102 所示。

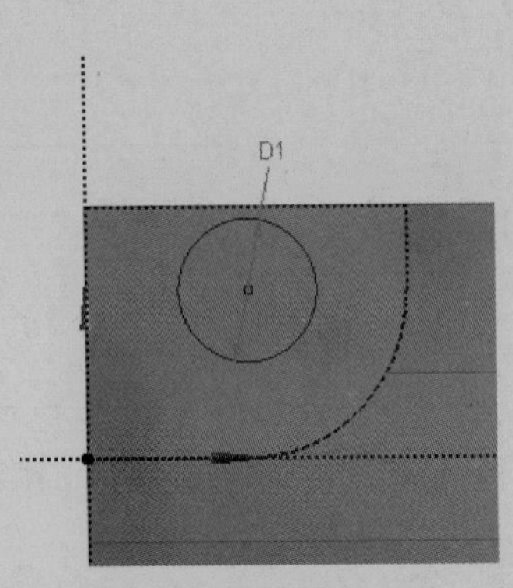

图 2-101　绘制草图（3）

图 2-102　拉伸模型（3）

06 创建平面。首先单击选中步骤 **05** 所创建拉伸切除实体的一个底面，然后单击工具栏中的“创建平面”按钮，创建一个平面。单击工具栏中的“生成”按钮 Generate，此时树形目录中会多出一个名为 Plane6 的平面。

07 创建草绘。在树形目录中单击选中所创建的 Plane6 平面，然后单击工具栏中的“创建草绘”按钮，创建一个草绘平面，此时树形目录中“Plane6 平面”分支 Plane6 下，会多出一个名为 Sketch4 的草绘平面。单击选中树形目录中的 Sketch4 草图，然后单击树形目录下端的 Sketching 标签，打开草图绘制工具箱窗格。在新建的 Sketch4 草图上绘制图形。

08 切换视图。单击工具栏中的“正视于”按钮，将视图切换为 Plane6 平面方向的视图。

09 绘制草图。打开的草图绘制工具箱默认展开绘图栏，利用其中的圆命令绘制一个圆并标注修改直径为 4.5mm。结果如图 2-103 所示。

10 拉伸模型。单击工具栏中的“拉伸”按钮 Extrude，此时树形目录自动切换到 Modeling 标签。在属性窗格中，将 Operation 栏后面的参数更改为 Cut Material，将 FD1,Depth(>0)栏后面的参数更改为 1mm，即拉伸深度为 1mm。单击工具栏中的“生成”按钮 Generate。生成的模型如图 2-104 所示。

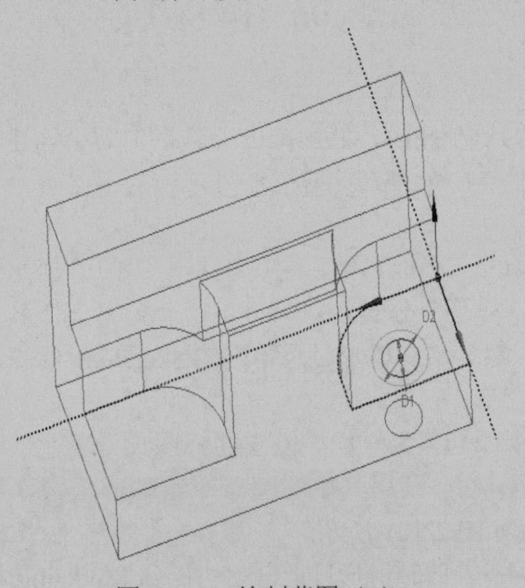

图 2-103　绘制草图（4）

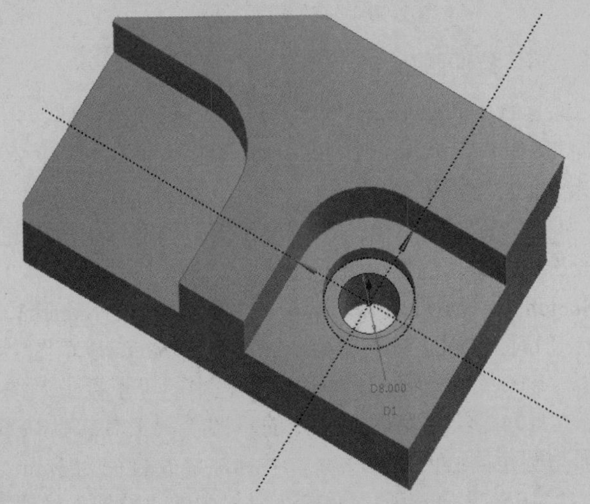

图 2-104　拉伸模型（4）

11 创建另一侧圆孔。根据上面步骤采用同样的方式，在模型的另一侧建立圆孔，完成的模型如图 2-105 所示。

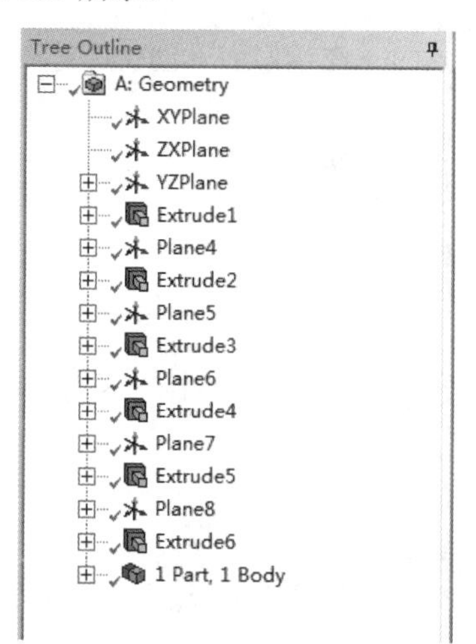

图 2-105 基台

2.5 体 操 作

体操作（Body Operation）路径在菜单栏中的位置为 Create→Body Operation，如图 2-106 所示。可以用 11 种不同的选项对体进行操作（并非所有的操作一直可用），体操作可用于任何类型的体，不管是激活的还是冻结的。附着在选定体上的面或边上的特征点，不受体操作的影响。

在属性窗格中选择体和平面的选项包括镜像（Mirror）、移动（Move）、删除（Delete）、缩放（Scale）、缝合（Sew）、简化（Simplify）、转换（Translate）、旋转（Rotate）、切除材料（Cut Material）和表面印记（Imprint Faces）等，如图 2-107 所示。

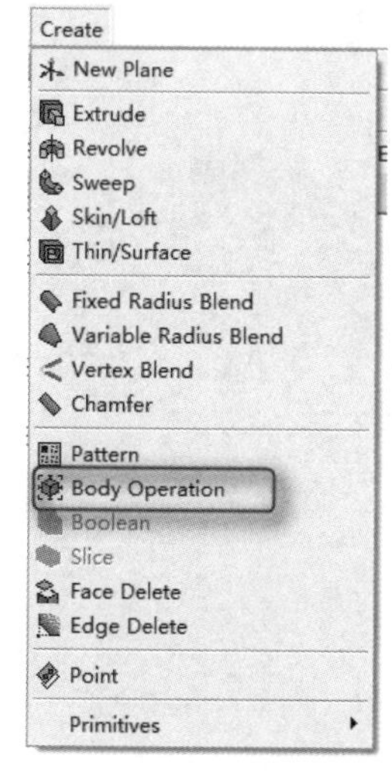

图 2-106 体操作

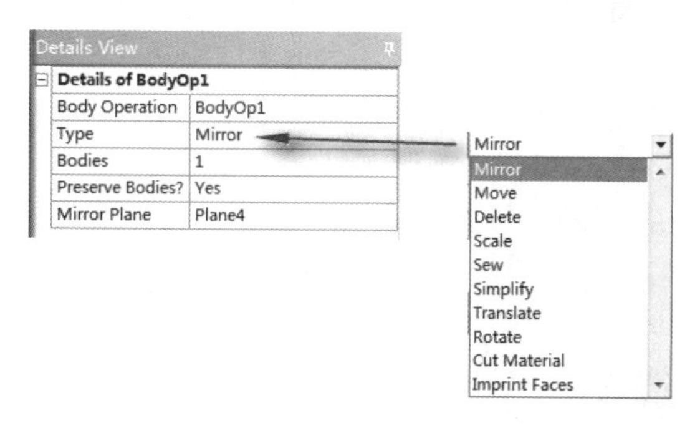

图 2-107 体操作属性窗格

2.5.1　镜像

在镜像（Mirror）操作中需要选择体和镜像平面。DesignModeler 在镜像面上创建选定原始体的镜像。镜像的激活体将和原激活模型合并。

镜像的冻结体不能合并，镜像平面默认为最初的激活面。图 2-108 为镜像生成的体。

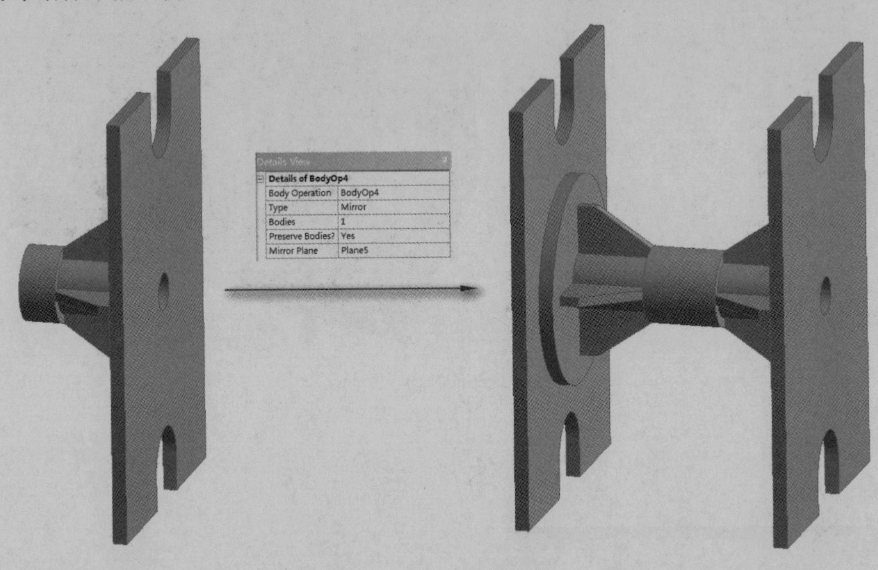

图 2-108　镜像体操作

2.5.2　移动

在移动（Move）操作中，用户要选择体和两个平面：一个源平面和一个目标平面。DesignModeler 将选定的体从源平面转移到目标平面中。这对对齐导入的或链接的体特别有用。

图 2-109 显示两种导入体（一个盒子和一个盖子）没有对准。有可能它们是用两种不同的坐标系从 CAD 系统中分别导出的。用 Move（移动）体操作可以解决这个问题。

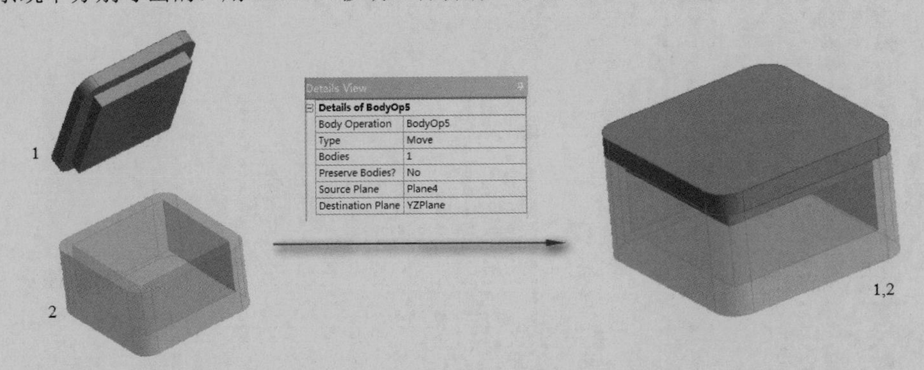

图 2-109　移动体操作

2.5.3　缝合

选择曲面体进行缝合（Sew）操作，DesignModeler 会在共同边上缝合曲面（在给定的公差内），

如图 2-110 所示。

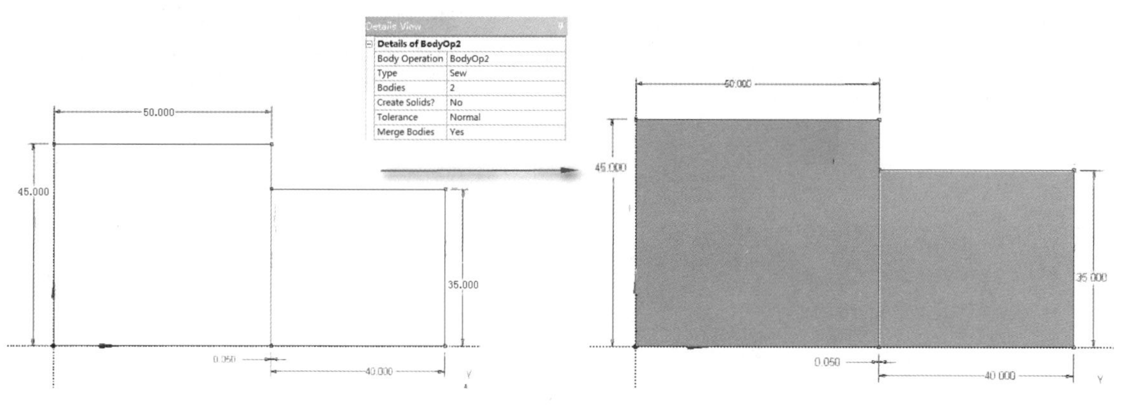

（a）使用两个草图创建两个面体　　（b）使用缝合操作后，两个面体合为一个面体

图 2-110　缝合体操作

属性窗格中的选项介绍如下。

☑ 创建实体（Create Solids）：缝合曲面，从闭合曲面创建实体。

☑ 公差（Tolerance）：正常（Normal）、宽松（Loose）或用户定义（User Tolerance）。

☑ 用户公差（User Tolerance）：用于缝合操作的尺寸。

2.5.4　阵列特征

阵列特征即复制所选的源特征，具体包括线性阵列、圆周阵列和矩形阵列，如图 2-111 所示。阵列特征操作（Pattern）路径在菜单栏中的位置为 Create→Pattern。

☑ 线性阵列（Linear）：进行线性阵列需要设置阵列的方向和偏移的距离。

☑ 圆周阵列（Circular）：进行圆周阵列需要设置旋转轴及旋转的角度。如将角度设为 0°，系统会自动计算均布放置。

☑ 矩形阵列（Rectangular）：进行矩形阵列需要设置两个方向和偏移的距离。

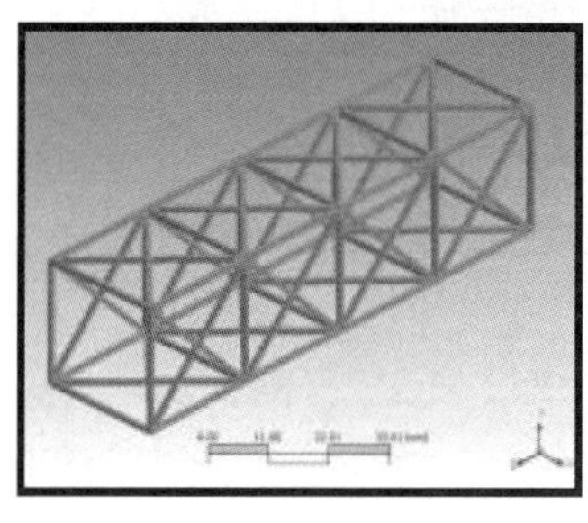

（a）线性

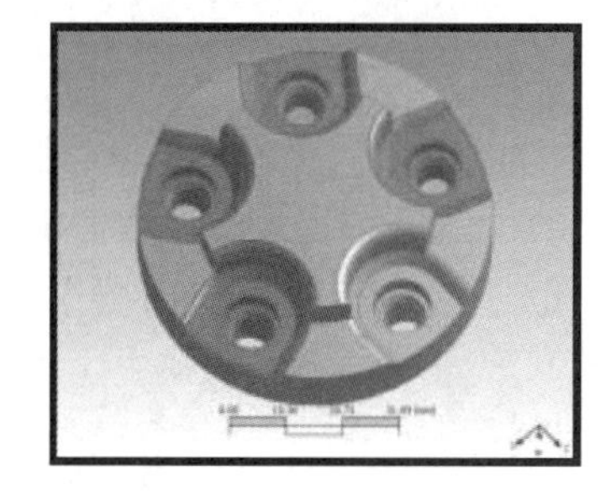

（b）圆周

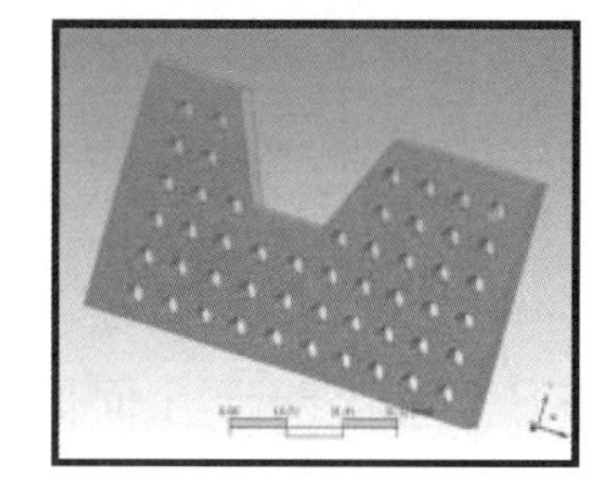

（c）矩形

图 2-111　阵列特征

对于面选定，每个复制的对象必须和原始体保持一致（必须同为一个基准区域）。

每个复制面不能彼此接触/相交。

2.5.5　布尔操作

使用布尔（Boolean）操作对现成的体做相加、相减或相交操作。这里所指的体可以是实体、面

体或线体（仅适用于布尔加）。另外在操作时，面体必须有一致的法向。

根据操作类型，体被分为“目标体（Target Bodies）”与“工具体（Tool Bodies）”，如图 2-112 所示。

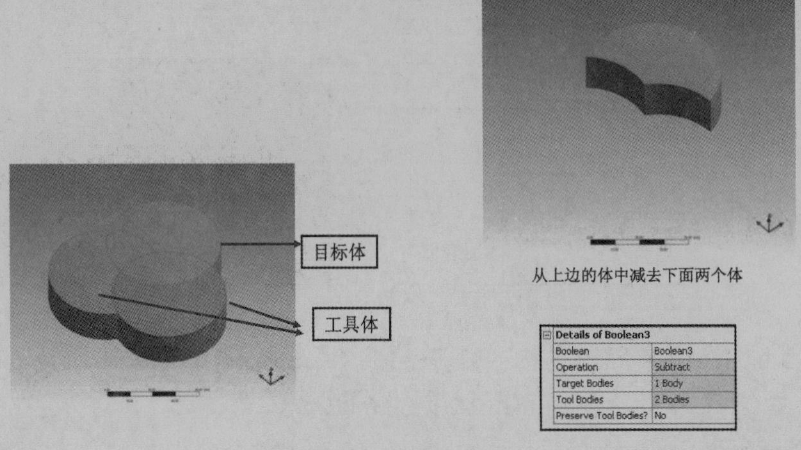

Details of Boolean3	
Boolean	Boolean3
Operation	Subtract
Target Bodies	1 Body
Tool Bodies	2 Bodies
Preserve Tool Bodies?	No

图 2-112　目标体与工具体

布尔操作包括求交（Subtract）、求和（Unite）及相交（Intersect）等，图 2-113 为布尔操作的例子。

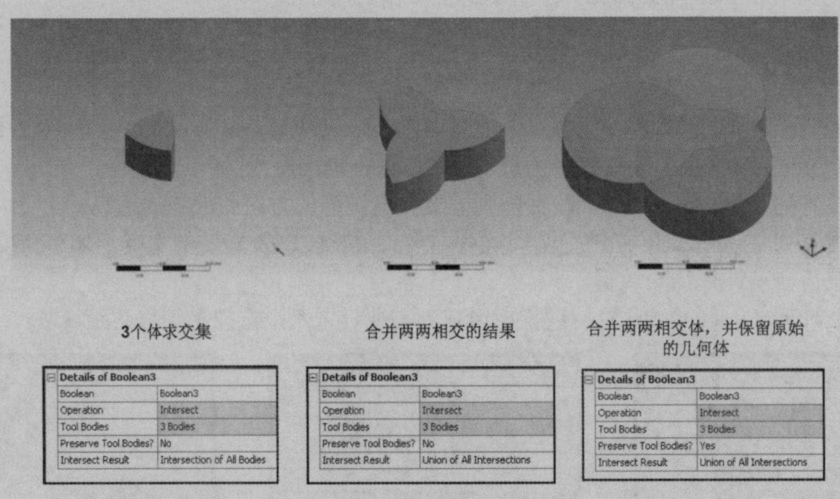

Details of Boolean3	
Boolean	Boolean3
Operation	Intersect
Tool Bodies	3 Bodies
Preserve Tool Bodies?	No
Intersect Result	Intersection of All Bodies

Details of Boolean3	
Boolean	Boolean3
Operation	Intersect
Tool Bodies	3 Bodies
Preserve Tool Bodies?	No
Intersect Result	Union of All Intersections

Details of Boolean3	
Boolean	Boolean3
Operation	Intersect
Tool Bodies	3 Bodies
Preserve Tool Bodies?	Yes
Intersect Result	Union of All Intersections

图 2-113　求交及合并布尔操作

2.5.6　直接创建几何体

直接创建几何体外形，通过定义几何外形，例如球、圆柱等来快速建立几何体外形，操作路径为选择菜单栏中的 Create→Primitives 命令，如图 2-114 所示。直接创建几何体不需要草图，可以直接创建体。但需要基本平面和若干个点或输入方向来创建。

另外，直接创建几何体需要用坐标输入或是在已有的几何上选定的方法来定义。

直接创建的几何体与由草图生成的几何体在属性窗格中是不同的，图 2-115 为直接创建圆柱几何体的属性窗格。其中可以设置选择基准平面、定义原点、定义轴（定义圆柱高度）、定义半径、生成图形。

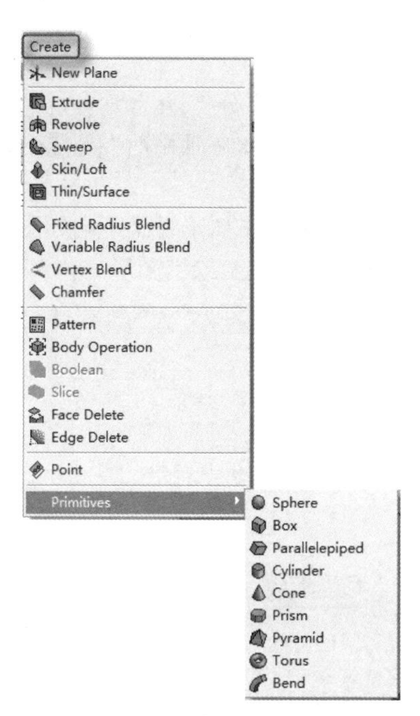

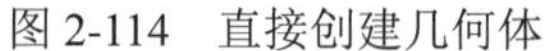

图 2-114 直接创建几何体

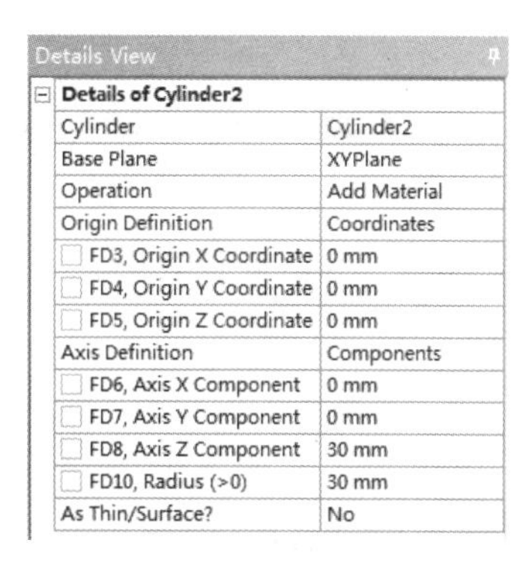

Details View

Details of Cylinder2	
Cylinder	Cylinder2
Base Plane	XYPlane
Operation	Add Material
Origin Definition	Coordinates
FD3, Origin X Coordinate	0 mm
FD4, Origin Y Coordinate	0 mm
FD5, Origin Z Coordinate	0 mm
Axis Definition	Components
FD6, Axis X Component	0 mm
FD7, Axis Y Component	0 mm
FD8, Axis Z Component	30 mm
FD10, Radius (>0)	30 mm
As Thin/Surface?	No

图 2-115 圆柱几何体属性窗格

2.5.7 三维特征实例 2——链轮

利用本章所学的内容绘制如图 2-116 所示的链轮模型。

图 2-116 链轮模型

1. 新建模型

01 进入 ANSYS Workbench 工作界面，在图形工作界面左边的工具箱中打开 Component Systems 工具箱的下拉列表。

02 将 Component Systems 工具箱中的 Geometry 模块拖曳到右边项目概图中（或在工具箱中直接双击 Geometry 模块）。此时项目概图中会出现如图 2-117 所示的 Geometry 模块，此模块默认编号为 A。

03 右击 A2 栏，在弹出的快捷菜单中选择 New DesignModeler Geometry 命令，打开如图 2-53 所示的 DesignModeler 应用程序，此时左端的树形目录默认为建模状态下的树形目录。在建立草图前需要首先选择一个工作平面。在菜单栏中选择 Units→Milimeter 命令，采用毫米单位。

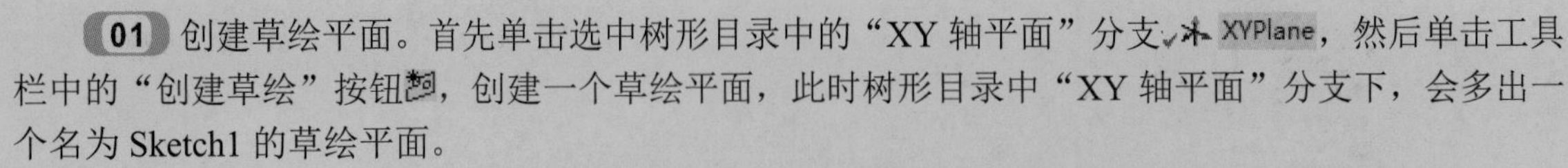

Note

2. 创建基体

01 创建草绘平面。首先单击选中树形目录中的“XY 轴平面”分支XYPlane，然后单击工具栏中的“创建草绘”按钮，创建一个草绘平面，此时树形目录中“XY 轴平面”分支下，会多出一个名为 Sketch1 的草绘平面。

02 创建草图。单击选中树形目录中的 Sketch1 草图，然后单击树形目录下端如图 2-118 所示的 Sketching 标签，打开草图绘制工具箱窗格。在新建的 Sketch1 草图上绘制图形。

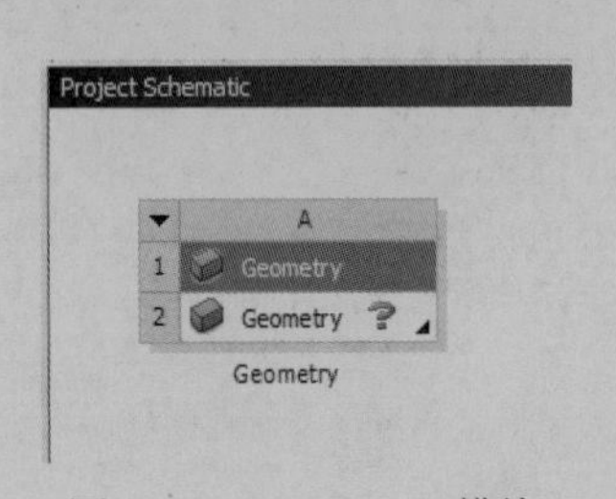

图 2-117　Geometry 模块

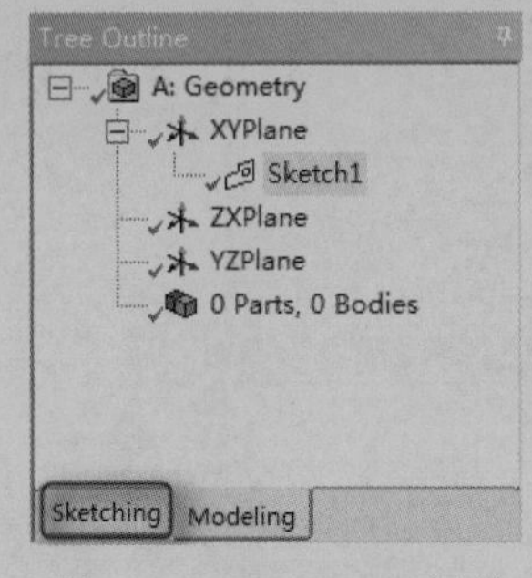

图 2-118　Sketching 标签

03 切换视图。单击工具栏中的“正视于”按钮，如图 2-119 所示。将视图切换为 XY 方向的视图。

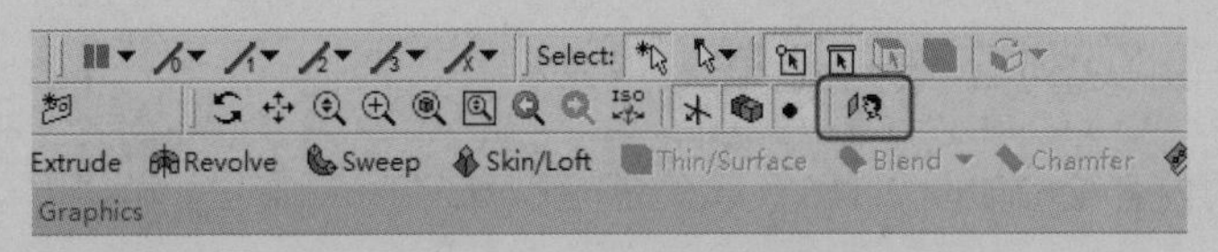

图 2-119　“正视于”按钮

04 绘制草图。打开的草图绘制工具箱默认展开绘图栏，利用其中的绘图工具“圆”命令Circle 绘制如图 2-120 所示的圆。

05 标注草图。展开草图绘制工具箱的 Dimensions 栏。利用尺寸栏内的“直径标注”命令Diameter，标注圆尺寸。此时草图中所有绘制的轮廓线由绿色变为蓝色，表示草图中所有元素均完全约束。标注完成后的结果如图 2-121 所示。

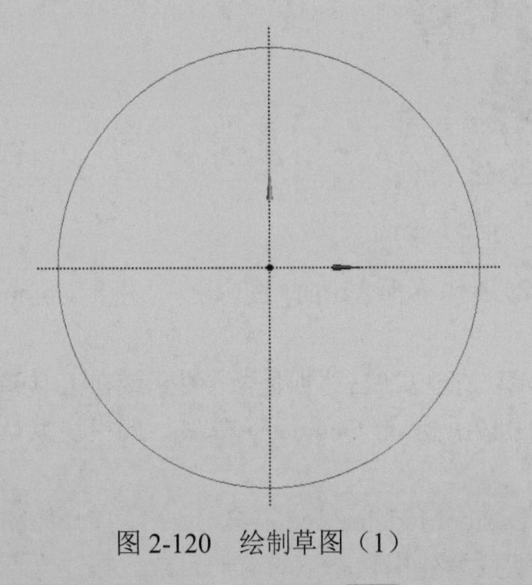

图 2-120　绘制草图（1）

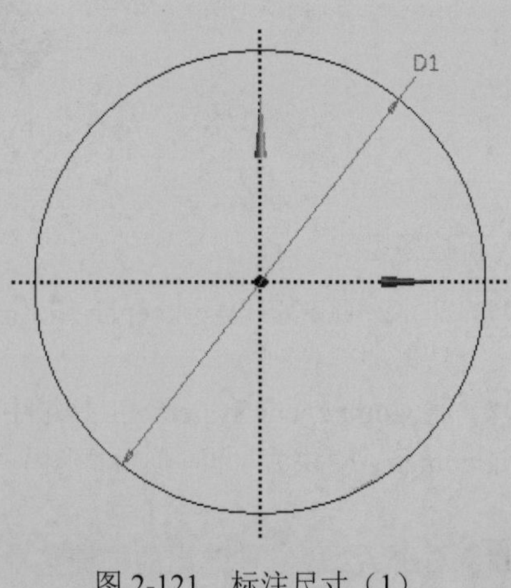

图 2-121　标注尺寸（1）

06 修改尺寸。由步骤 **05** 绘制后的草图虽然已完全约束，但尺寸并没有指定。现在通过

在属性窗格中修改参数来精确定义草图。将属性窗格中 D1 的参数修改为 200mm。修改完成后的结果如图 2-122 所示。

07 拉伸模型。单击工具栏中的“拉伸”按钮 Extrude，此时树形目录自动切换到 Modeling 标签。在属性窗格中，将 FD1,Depth(>0)栏后面的参数更改为 60mm，即拉伸深度为 60mm。单击工具栏中的“生成”按钮 Generate，拉伸后的模型如图 2-123 所示。

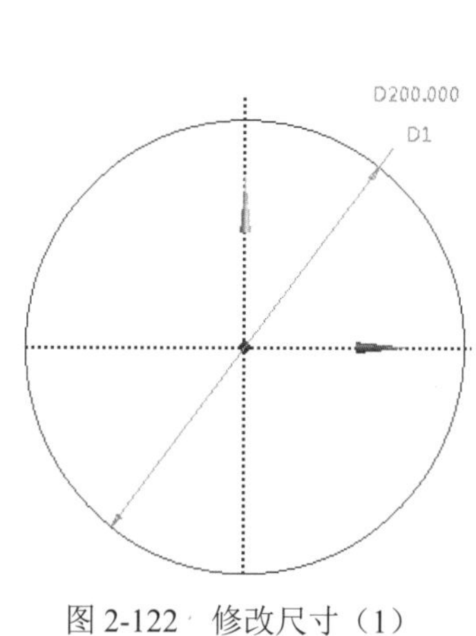

图 2-122　修改尺寸（1）

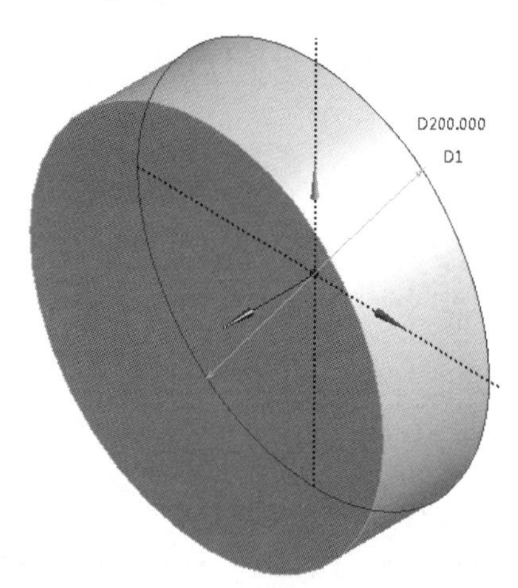

图 2-123　拉伸模型（1）

3. 绘制单齿

01 创建草绘平面。再次选中树形目录中的“YZ 轴平面”分支 YZPlane，然后单击工具栏中的“创建草绘”按钮，创建第二个草绘平面，此时树形目录中“YZ 轴平面”分支下，会多出一个名为 Sketch2 的草绘平面。

02 创建草图。单击选中树形目录中的 Sketch2 草图，然后单击树形目录下端的 Sketching 标签，打开草图绘制工具箱窗格。在新建的 Sketch2 草图上绘制图形。然后单击工具栏中的“正视于”按钮，将视图切换为 YZ 方向的视图。

03 绘制草图。打开的草图绘制工具箱默认展开绘图栏，利用其中的绘图工具绘制如图 2-124 所示的草图。

04 标注草图。展开草图绘制工具箱的 Dimensions 栏。利用尺寸栏内的“水平标注”命令 Horizontal 和“垂直标注”命令 Vertical，标注尺寸。此时草图中所有绘制的轮廓线由绿色变为蓝色，表示草图中所有元素均完全约束。标注完成后的结果如图 2-125 所示。

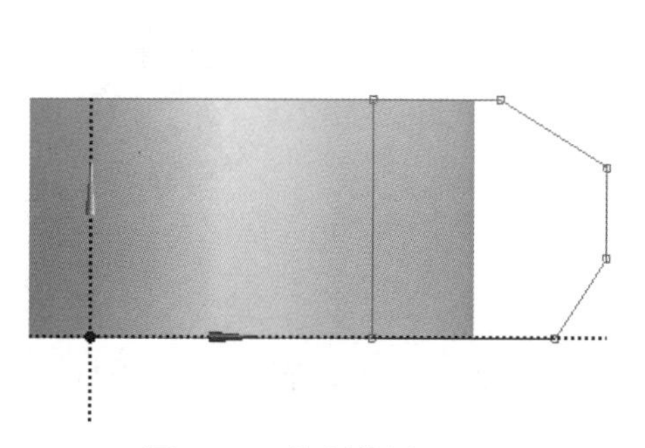

图 2-124　绘制草图（2）

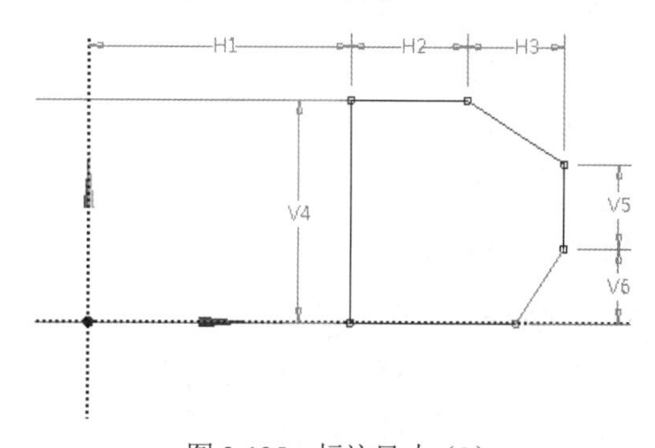

图 2-125　标注尺寸（2）

05 修改尺寸。由步骤 **04** 绘制后的草图虽然已完全约束，但尺寸并没有指定。现在通过在

属性窗格中修改参数来精确定义草图。将属性窗格中 H1 的参数修改为 80mm；H2 的参数修改为 20mm；H3 的参数修改为 50mm；V4 的参数修改为 60mm；V5 的参数修改为 20mm；V6 的参数修改为 20mm。修改完成后的结果如图 2-126 所示。

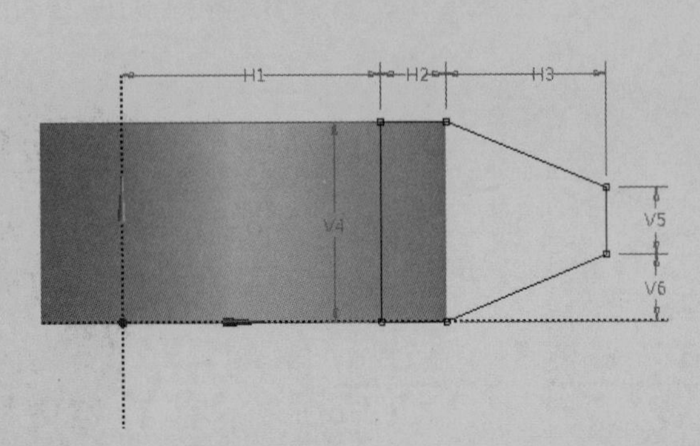

Details View

Details of Sketch2	
Sketch	Sketch2
Sketch Visibility	Show Sketch
Show Constraints?	No
Dimensions: 6	
H1	80 mm
H2	20 mm
H3	50 mm
V4	60 mm
V5	20 mm
V6	20 mm
Edges: 6	
Line	Ln8
Line	Ln9
Line	Ln10
Line	Ln11
Line	Ln12
Line	Ln13

图 2-126　修改尺寸（2）

06 拉伸模型。单击工具栏中的“拉伸”按钮 Extrude，此时树形目录自动切换到 Modeling 标签。在属性窗格中，将 Direction 栏后面的参数更改为 Both-Symmetric，即拉伸方向为两侧对称；将 FD1,Depth(>0)栏后面的参数更改为 20mm，即拉伸深度为 20mm。单击工具栏中的“生成”按钮 Generate。生成的模型如图 2-127 所示。

07 生成倒圆角。单击工具栏中的 Fixed Radius 按钮，位置如图 2-128 所示。在属性窗格中，将 FD1,Radius(>0)栏后面的参数更改为 10mm，即生成倒圆角半径为 10mm。然后单击 Geometry 栏，在绘图区域选择生成轮齿的两条边，单击 Geometry 栏中的 Apply 按钮。完成后单击工具栏中的“生成”按钮 Generate。生成的模型如图 2-129 所示。

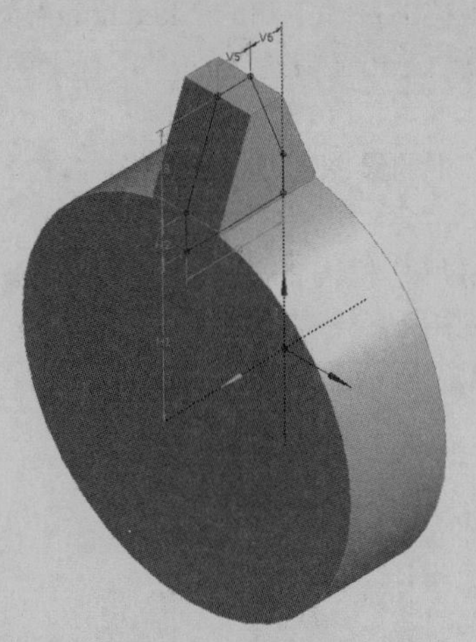

图 2-127　拉伸模型（2）

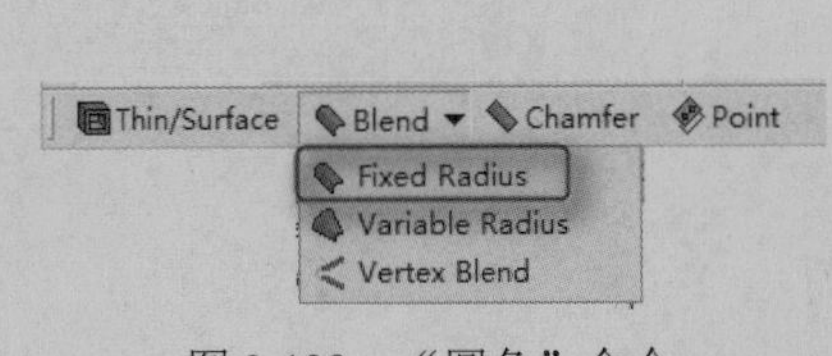

图 2-128　“圆角”命令

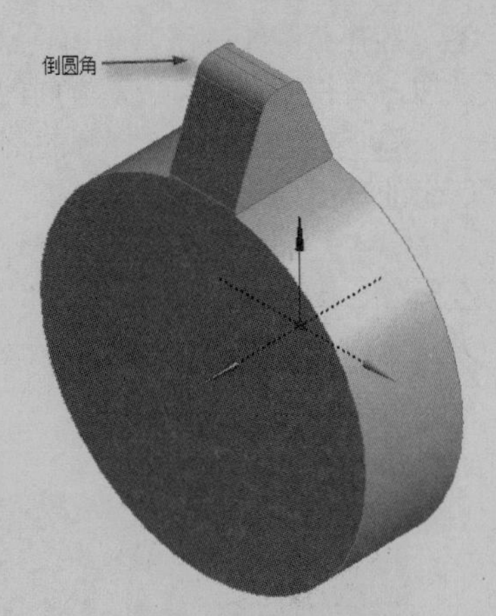

图 2-129　模型倒圆角

4. 阵列链轮齿

阵列模型。首先在树形目录中单击选中第 3 步拉伸生成的链轮齿，然后选择菜单栏中的 Create→Pattern 命令（见图 2-130），将生成阵列特征。

01 在属性窗格中，将 Pattern Type 栏后面的参数更改为 Circular，即阵列类型为圆周阵列。

02 单击其中 Geometry 栏后，在绘图区域选中绘制的实体，使之变为黄色被选中状态，然后

返回属性窗格中。

03 单击 Geometry 栏中的 Apply 按钮。单击 Axis 栏后，在绘图区域选择 Z 轴，然后返回属性窗格中，单击 Geometry 栏中的 Apply 按钮，将 Y 轴设为旋转轴。

04 将 FD3,Copies(>0)栏后面的参数更改为 9，即圆周阵列再生成 9 个几何特征。单击工具栏中的“生成”按钮 Generate。生成的模型如图 2-131 所示。

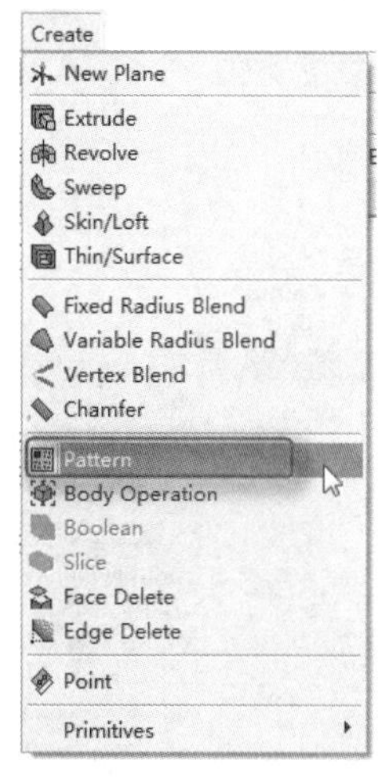

图 2-130　阵列菜单

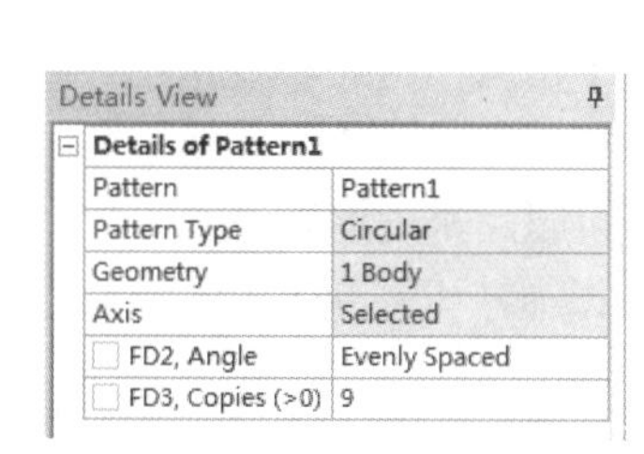

Details View

Details of Pattern1	
Pattern	Pattern1
Pattern Type	Circular
Geometry	1 Body
Axis	Selected
FD2, Angle	Evenly Spaced
FD3, Copies (>0)	9

图 2-131　阵列模型

5. 切除孔

01 创建草绘平面。首先单击选中树形目录中的“XY 轴平面” XYPlane 分支，然后单击工具栏中的“创建草绘”按钮，创建一个草绘平面，此时树形目录中“XY 轴平面”分支下，会多出一个名为 Sketch3 的草绘平面。

02 切换视图。单击工具栏中的“正视于”按钮，将视图切换为 XY 轴平面方向的视图。

03 绘制草图。打开的草图绘制工具箱默认展开绘图栏，利用其中的圆命令绘制一个圆心在原点的圆，并标注修改直径为 150mm。结果如图 2-132 所示。

04 拉伸模型。单击工具栏中的“拉伸”按钮 Extrude，此时树形目录自动切换到 Modeling 标签。在属性窗格中，将 Operation 栏后面的参数更改为 Cut Material，将 FD1,Depth(>0)栏后面的参数更改为 60mm，即拉伸深度为 60mm。单击工具栏中的“生成”按钮 Generate。生成的模型如图 2-133 所示。

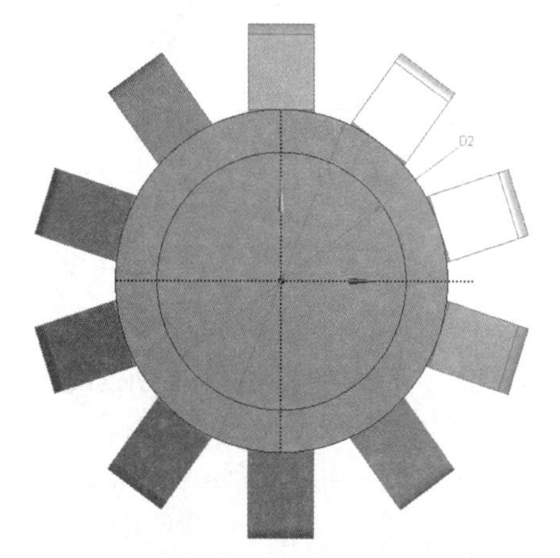

图 2-132　绘制草图（3）

图 2-133　拉伸模型（3）

Note

2.6 概念建模

Concept 菜单中的特征用于创建和修改线和体，将它们变成有限元梁和板壳模型，进行概念建模有两种方式可供选择，一种为利用 DesignModeler 中的工具箱来创建；另一种为通过导入外部几何体文件特征直接创建模型。图 2-134 为概念建模菜单。

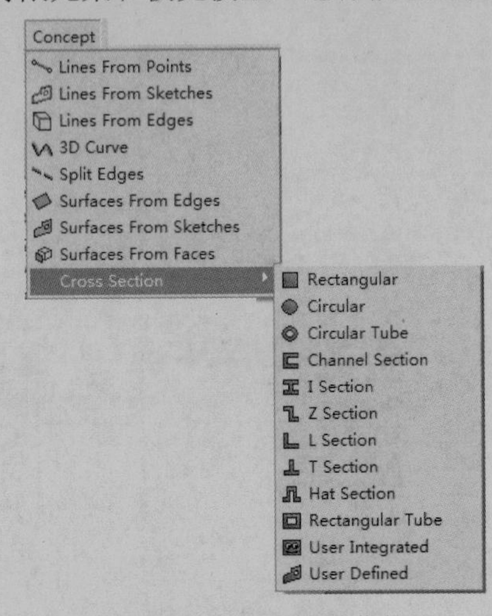

图 2-134　概念建模菜单

2.6.1　概念建模工具

进行概念建模首先需要了解概念建模工具，概念建模工具中可以用来创建线体的方法有从点生成线（Lines From Points）、从草图生成线（Lines From Sketches）及从边生成线（Lines From Edges）。概念建模工具中可以用来创建表面体的方法有从边生成表面（Surfaces From Edges）和从草图生成表面（Surfaces From Sketches）。

概念建模中首先需要创建线体，线体是概念建模的基础。

1．从点生成线

使用“从点生成线（Lines From Points）”命令时，点可以是任何二维草图点、三维模型顶点或特征（PF）点，此命令在菜单中的位置如图 2-135 所示。一条由点生成的线通常是一条连接两个选定点的直线；另外对由点生成的线，并使之作为域的操作，允许在线体中选择添加或添加冻结选择。

在利用 Lines From Points 命令创建线体时，首先选定两个点来定义一条线，绿线表示要生成的线段，单击 Apply 按钮确认选择。然后单击 Generate 按钮生成，结果如图 2-136 所示，线体显示成蓝色。

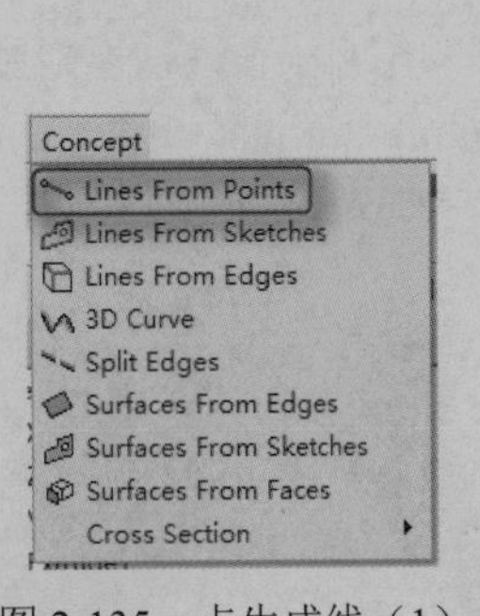

图 2-135　点生成线（1）

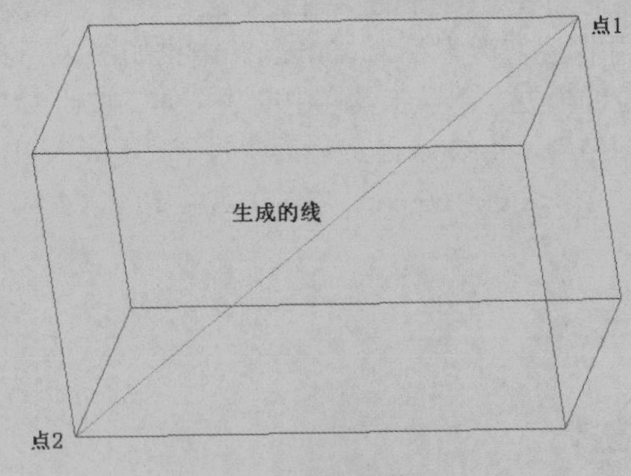

图 2-136　点生成线（2）

2．从草图生成线

“从草图生成线（Lines From Sketches）”命令是基于草图和从表面得到的平面创建线体，此命令在菜单中的位置如图 2-137 所示。操作时在特征树形目录中选择草图或平面使之高亮显示，然后在属性窗格中单击 Apply 按钮，图 2-138 为由草图生成的线。多个草图、面以及草图与平面组合可以作为基准对象来创建线体。

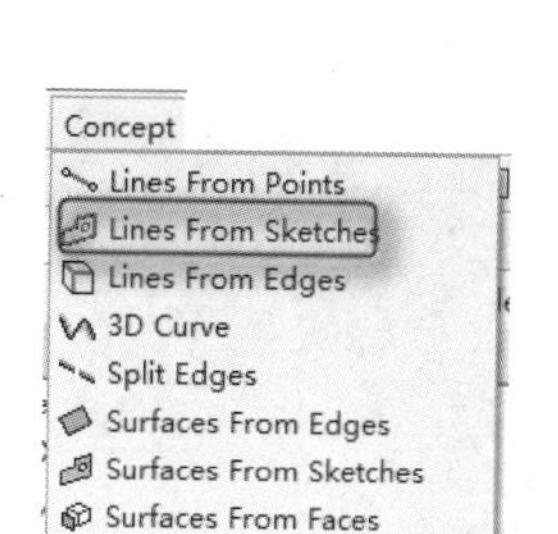

图 2-137　从草图生成线

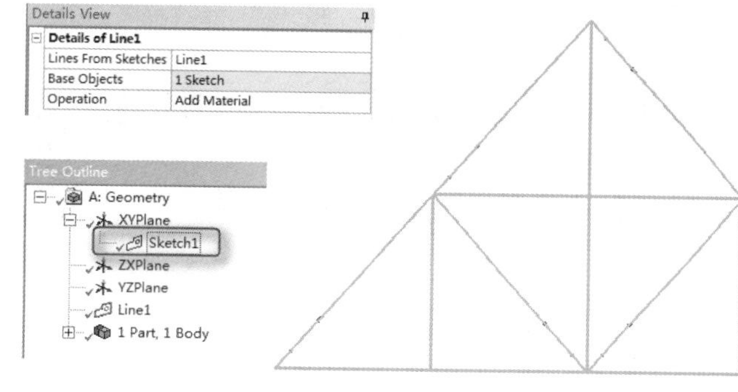

图 2-138　由草图生成的线

3. 从边生成线

“从边生成线（Lines From Edges）”命令基于已有的二维和三维模型边界创建线体，取决于所选边和面的关联性质可以创建多个线体，在树形目录中或模型上选择边或面，表面边界将变成线体（另一种办法是直接选择三维边界），然后在属性窗格中单击 Apply 按钮，作为基本对象。图 2-139 为由边生成的线。

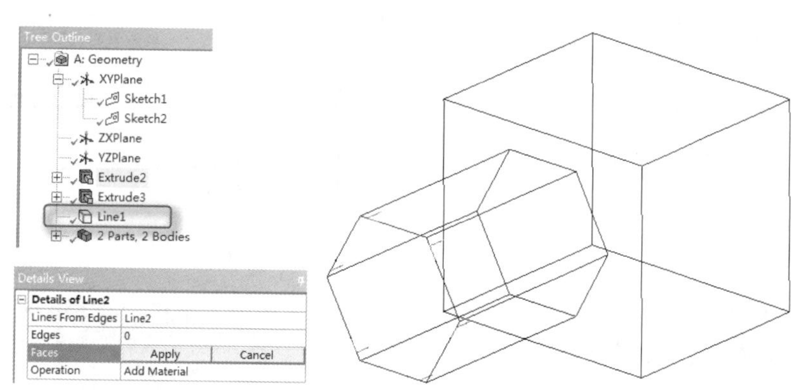

图 2-139　由边生成的线

4. 修改线体：分割边

“分割线体（Split Edges）”命令可以将线进行分割。菜单栏中的位置为 Concept→Split Edges，如图 2-140 所示。Split Edges 命令将边为成两段，可以将线用比例特性控制分割位置（例如 0.5 = 在一半处分割）。

在属性窗格中可以通过设置其他选项对线体进行分割，图 2-141 为属性窗格中可调的分割类型。例如，按 Delta 分割（Split by Delta），沿着边上给定的 Delta 确定每个分割点间的距离；按 N 分割（Split by N），边的段数。

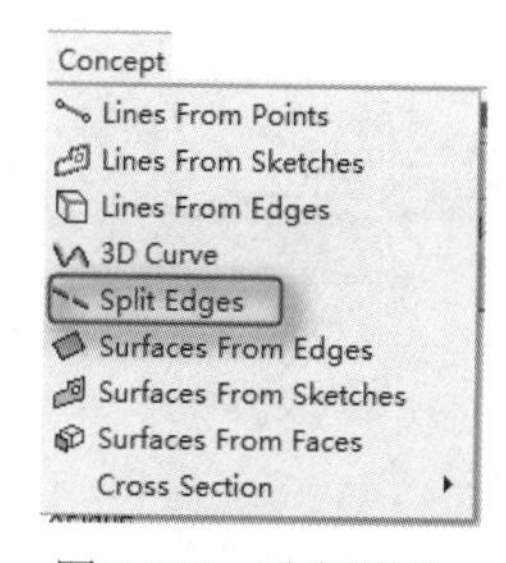

图 2-140　分割线体

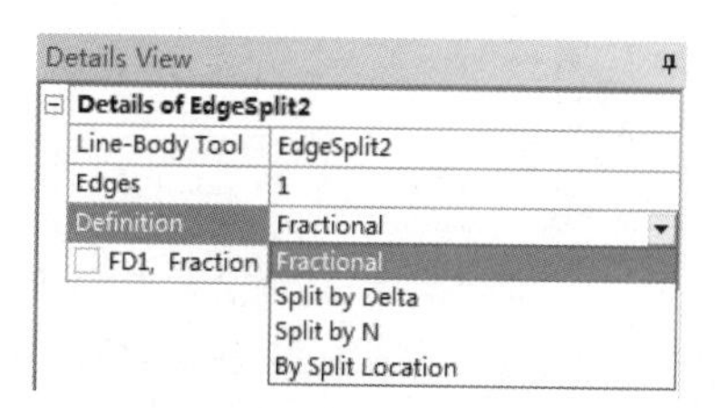

图 2-141　属性窗格

Note

2.6.2 定义横截面

通常情况下，横截面命令可以把生成的概念线体赋予梁的属性。此横截面可以使用草图描绘，并可以赋予它一组尺寸值。而且只能修改界面的尺寸值和横截面的尺寸位置，在其他情况下是不能编辑的。图 2-142 为横截面的菜单栏。

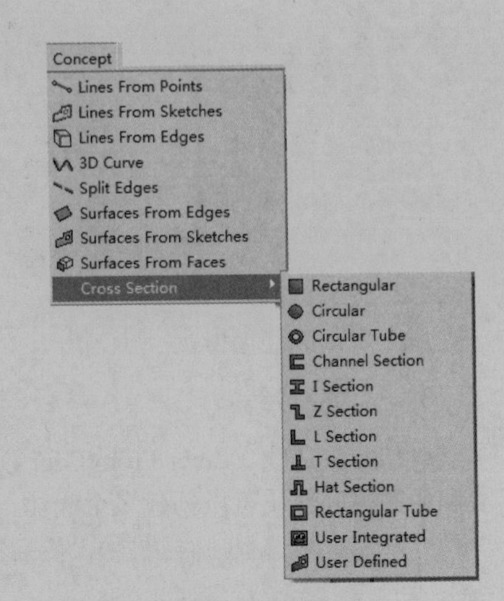

图 2-142　横截面菜单

1. 横截面树形目录

在 DesignModeler 中对横截面使用一套不同于 ANSYS 环境的坐标系，从概念菜单中可以选择横截面，建成后的横截面会在树形目录中显示，如图 2-143 所示。在这里列出了每个被创建的横截面，单击选中横截面即可在属性窗格中修改它的尺寸。

2. 横截面编辑

横截面尺寸编辑。在树形目录中右击任一个截面，在弹出的快捷菜单中选择 Move Dimensions 命令移动尺寸，如图 2-144 所示。这样就可以对横截面尺寸的位置重新定位。

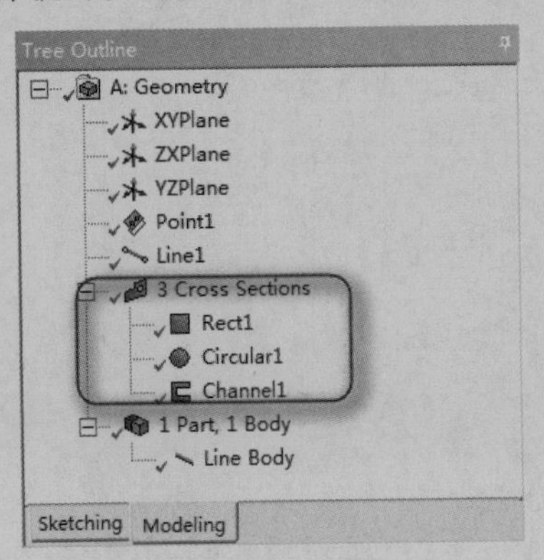

图 2-143　树形目录

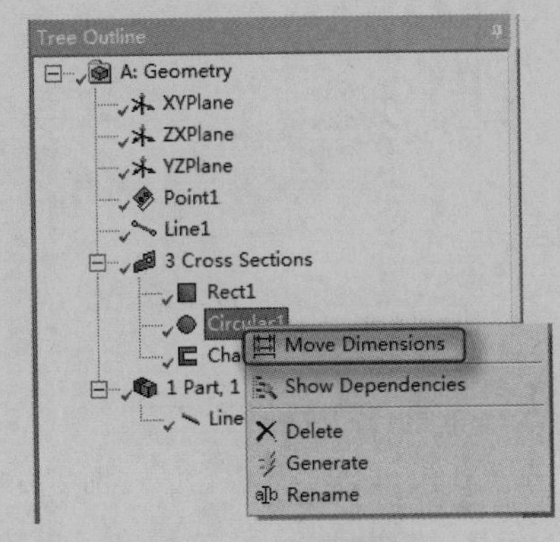

图 2-144　移动尺寸

另外还可以将横截面赋给线体。将横截面赋给线体的操作步骤为在树形目录中保持线体为选择状态，横截面的属性出现在属性窗格，在此处的下拉列表中单击选择想要的横截面，如图 2-145 所示。

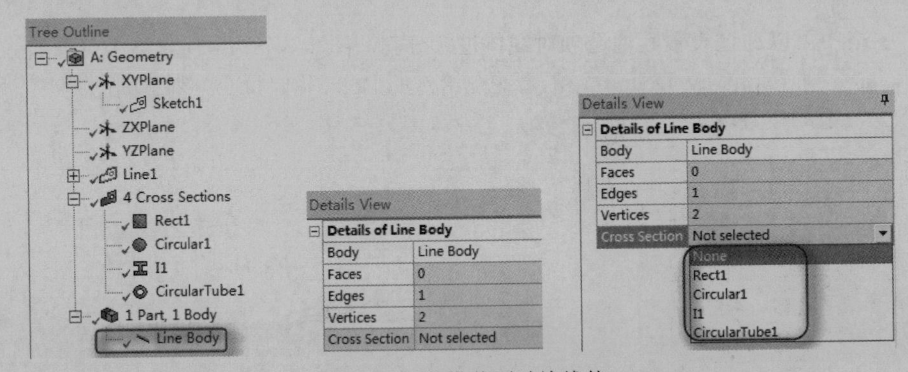

图 2-145　将横截面赋给线体

在 DesignModeler 中还可定义用户已定义的横截面。在这里可以不用画出横截面，而只需基于用

Note

户定义的闭合草图来创建截面的属性，如图 2-146 所示。

Rectangular
Circular
Circular Tube
Channel Section
I Section
Z Section
L Section
T Section
Hat Section
Rectangular Tube
User Integrated
User Defined

Details View

Details of UserInt1	
Sketch	UserInt1
Show Constraints?	No
Physical Properties: 10	
A	1 mm²
CGx	0 mm
CGy	0 mm
Iw	0 mm^6
Ixx	1 mm^4
Ixy	1 mm^4
Iyy	1 mm^4
J	1 mm^4
SHx	0 mm
SHy	0 mm

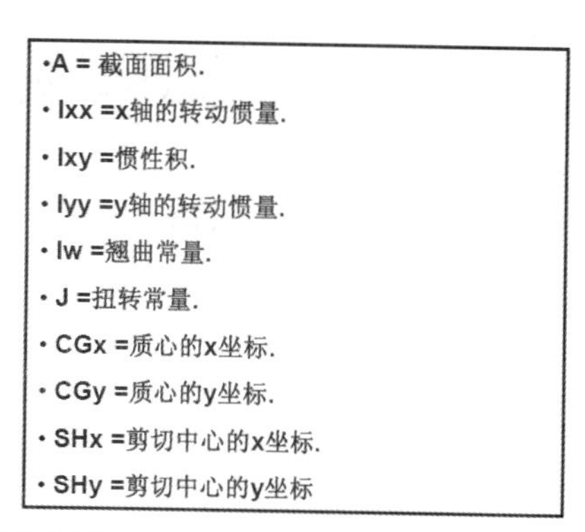

图 2-146　用户自定义横截面

创建用户定义的横截面的步骤如下：首先从概念菜单中选择 Cross Section→User Defined 命令；然后在树形目录中会多一个空的横截面草图，单击画图标签绘制所需要的草图（必须是闭合的草图）；最后单击工具栏中的 Generate 按钮，DesignModeler 会计算出横截面的属性并在细节窗口中列出，这些属性不能更改。

3. 横截面对齐

在 DesignModeler 中横截面位于 XY 平面，如图 2-147 所示。定义横截面对齐的步骤为局部坐标系或横截面的+Y 方向，默认的对齐是全局坐标系的+Y 方向，除非这样做会导致非法的对齐。如果是这样，将会使用+Z 方向。

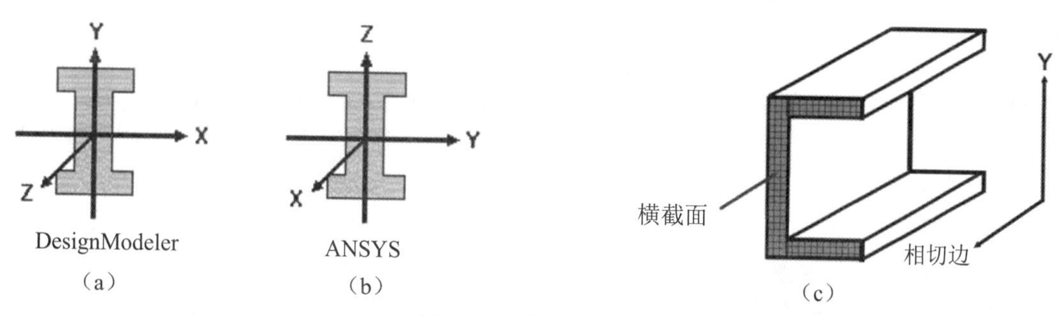

图 2-147　横截面对齐

注意： 在 ANSYS 经典环境中，横截面位于 YZ 平面中，用 X 方向作为切线方向，这种定位上的差异对分析没有影响。

用有色编码显示线体横截面的状态。

☑　紫色：线体未赋值截面属性。

☑　黑色：线体赋予了截面属性且对齐合法。

☑　红色：线体赋予了截面属性但对齐非法。

树形目录中的线体图标有同样的可视化帮助，如图 2-148 所示。

☑　绿色：有合法对齐的赋值横截面。

☑　黄色：没有赋值横截面或使用默认对齐。

☑　红色：非法的横截面对齐。

用视图菜单进行图形化的截面对齐检查步骤为选择 Show Cross Section Alignments，其中“绿色箭头= +Y，蓝色箭头=横截面的切线边”，或选择 Cross Section Solids。

选择默认的对齐，总是需要修改横截面方向，有两种方式可以进行横截面对齐：选择或矢量法。选择使用现有几何体（边、点等）作为对齐参照方式，矢量方式法输入相应的 X,Y,Z 坐标方向。

上述任何一种方式都可以输入旋转角度或是否反向。

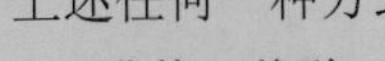

4. 横截面偏移

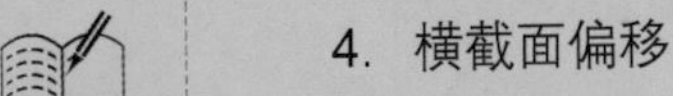

将横截面赋给一个线体后，属性窗格中的属性允许用户指定对横截面进行偏移的类型，如图 2-149 所示。

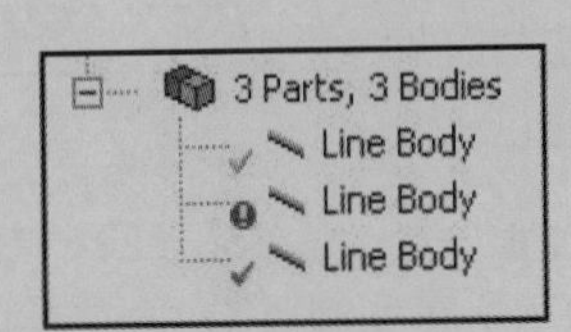

图 2-148　线体图标

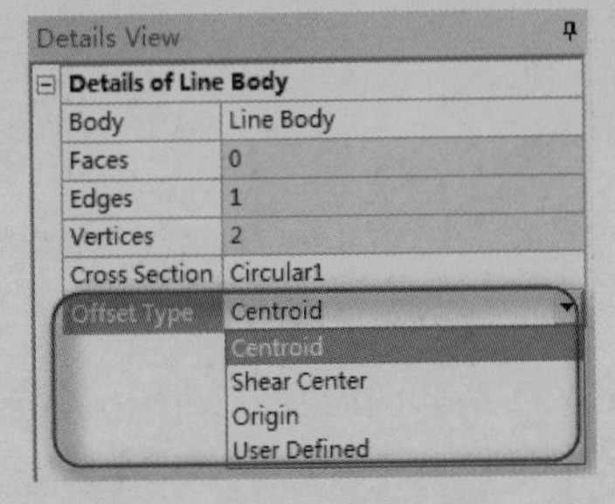

图 2-149　横截面偏移

☑　质心（Centroid）：横截面中心和线体质心相重合（默认）。

☑　剪切中心（Shear Center）：横截面剪切中心和线体中心相重合。

注意，质心和剪切中心的图形显示看起来是一样的，但分析时使用的是剪切中心。

☑　原点（Origin）：横截面不偏移，就照着它在草图中的样子放置。

☑　用户定义（User Defined）：用户指定横截面的 X 方向和 Y 方向上的偏移量。

2.6.3 面操作

在 Workbench 中进行分析时，需要建立面。可以通过“从边建立面（Surfaces From Edges）”命令实现，如图 2-150 所示；也可通过“从草图创建面（Surfaces From Sketches）”命令实现，如图 2-151 所示。在修改操作中，可以进行面修补及缝合等。

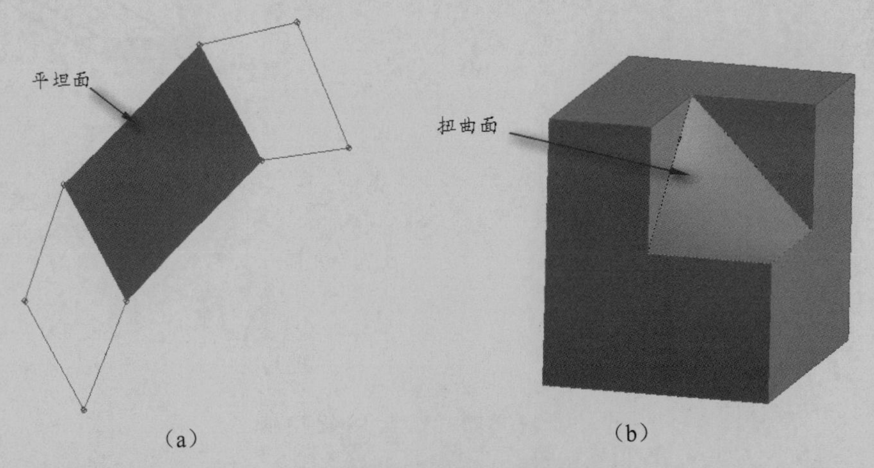

图 2-150　从边建立面

1. 从边建立面

“从边建立面（Surfaces From Edges）”命令可以用线体边作为边界创建表面体，此命令的操作路径为 Concept→Surfaces From Edges。有线体边必须没有交叉的闭合回路，每个闭合回路都创建一个

冻结表面体，回路应该形成一个可以插入模型中的简单表面形状，可以是平面、圆柱面、圆环面、圆锥面、球面和简单扭曲面等。

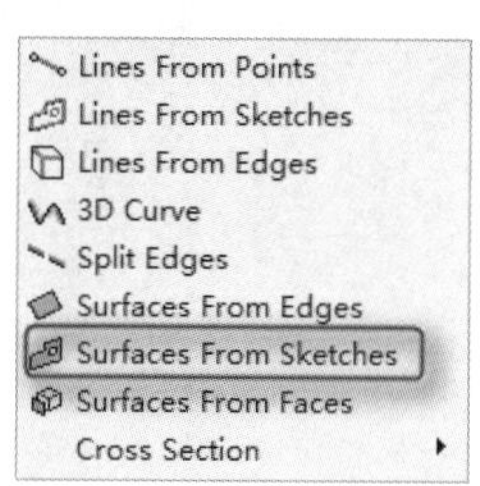

Details of SurfaceSk3	
Surface From Sketches	SurfaceSk3
Base Objects	1 Sketch
Operation	Add Material
Orient With Plane Normal?	Yes
Thickness (>=0)	0 mm

图 2-151　从草图创建面

注意：在从边建立面时，无横截面属性的线体用于将表面模型连在一起，在这种情况下线体仅起到确保表面边界有连续网格的作用。

2. 从草图创建面

在 Workbench 中可以由草图作为边界创建面体（单个或多个草图都是可以的），操作的路径为 Concept→Surfaces From Sketches。基本草图必须是不自相交叉的闭合剖面。在属性窗格中可以选择“添加”或“加入冻结体”操作、是否和法线方向相反，如果选 No，则为和平面法线方向一致。另外输入厚度则用于创建有限元模型。

3. 面修补

“面修补（Surface Patch）”命令可以对模型中的缝隙进行修补操作，其在菜单栏中的位置为 Tools→Surface Patch。

面修补的使用类似于面删除的缝合方法（Natural and Patch）。对于复杂的缝隙，可以创建多个面来修补缝隙，如图 2-152 所示。修补的模式除了 Automatic（自动模式）外，还可以使用 Natural Healing（正常修补）和 Patch Healing（补丁修补模式）。

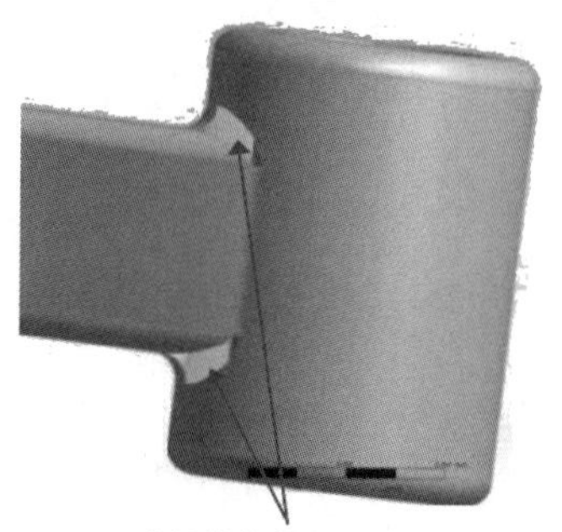

图 2-152　面修补

4. 边接合

边接合粘接需要连续网格的体，如图 2-153 所示。在 Workbench 中创建有一致边的面或线多体零件时会自动产生边接合。在没有一致拓扑存在时，可以进行人工接合。边接合的操作路径为 Tools→Joint。

在 View 菜单中选择 Edge Joints 命令，如图 2-154 所示。边接合将被显示。

在视图中边接合以蓝色或红色显示分别代表不同的含义，如下所示。

☑　蓝色：边接合包含在已正确定义的多体素零件中。

☑　红色：边接合没有分组进同一个零件中。

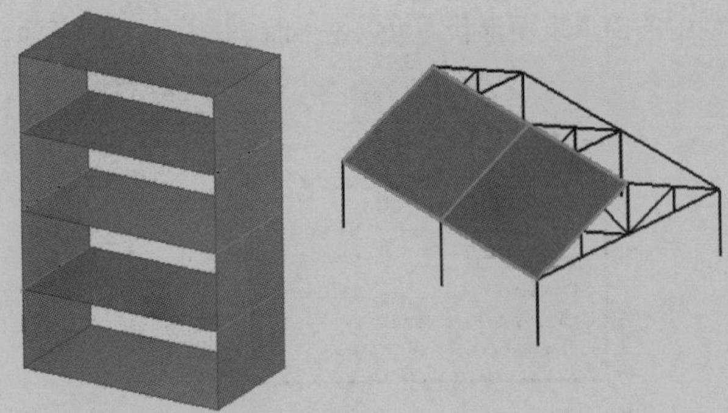

图 2-153　边接合

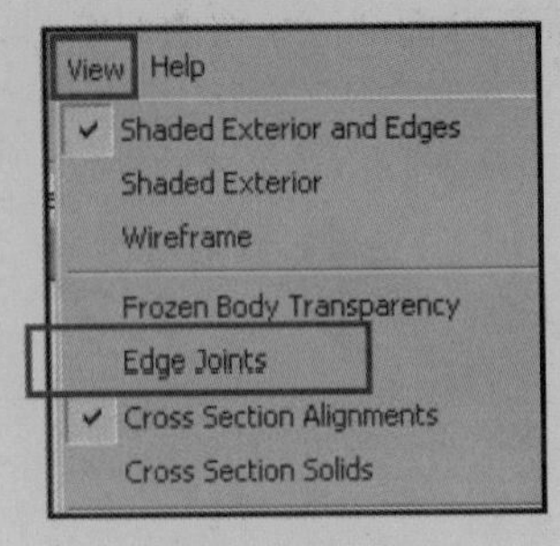

图 2-154　View 视图

视频讲解

2.6.4　概念建模实例——框架

下面以实例说明概念建模的绘制步骤。通过本实例可以了解并熟悉在建模过程中是如何进行概念建模的。

1. 新建模型

01 打开 Workbench 程序，展开左边工具箱中的 Component Systems 栏，将工具箱中的 Geometry 选项直接拖曳到项目管理界面中或是直接在项目上双击载入，建立一个含有 Geometry 的项目模块。结果如图 2-155 所示。

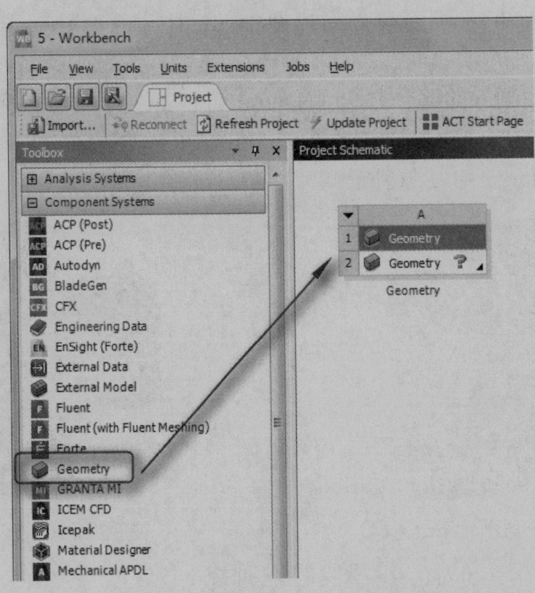

图 2-155　添加 Geometry 选项

02 创建模型。右击 A2 栏 2 Geometry ?，在弹出的快捷菜单中选择 New DesignModeler Geometry 命令，启动 DesignModeler 创建模型应用程序。

03 选择单位。进入 DesignModeler 应用程序中，在主菜单中选择 Units→Millimeter 命令。选择毫米为单位。

2. 创建草图

01 创建工作平面。首先单击选中树形目录中的“XY 轴平面”分支 XYPlane，然后单击工具

栏中的“创建工作平面”按钮，创建一个工作平面，此时树形目录中“XY 轴平面”分支下，会多出一个名为 Sketch1 的工作平面。

Note

02 创建草图。单击选中树形目录中的 Sketch1 草图，然后单击树形目录下端的 Sketching 标签，打开草图绘制工具箱窗格。在新建的 Sketch1 草图上绘制图形。

03 切换视图。单击工具栏中的“正视于”按钮，将视图切换为 XY 方向的视图。

04 绘制矩形。打开的草图绘制工具箱默认展开绘图栏，首先利用绘图栏中的“矩形”命令 Rectangle，将光标移入右边的绘图区域中。移动光标到视图中的原点附近，直到光标中出现 P 的字符。单击鼠标确定圆的中心点，然后移动光标到右上角单击鼠标，绘制一个矩形。结果如图 2-156 所示。

05 绘制直线。首先利用绘图栏中的“直线”命令 Line ，在绘图区域绘制两条互相垂直的直线。结果如图 2-157 所示。

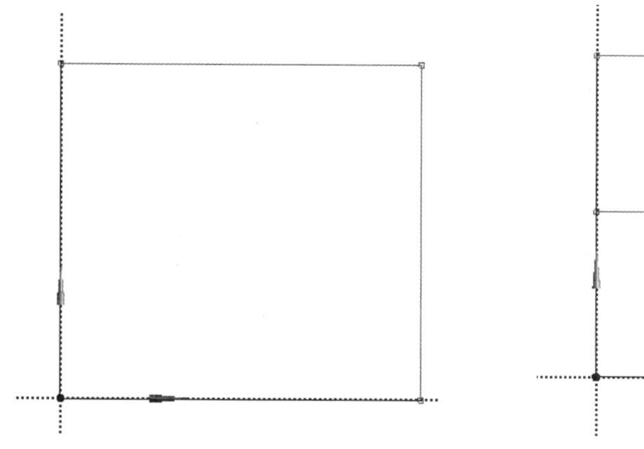

图 2-156　绘制矩形

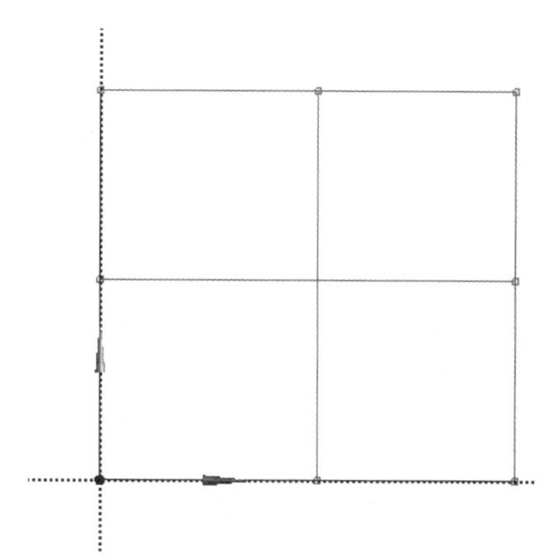

图 2-157　绘制直线

06 添加水平尺寸标注。单击草图绘制工具箱中的 Dimensions 栏，将此尺寸标注栏展开。利用尺寸栏内的“水平标注”命令 Horizontal ，分别标注两个水平方向的尺寸，利用尺寸栏内的“垂直标注”命令 Vertical，分别标注两个垂直方向的尺寸，然后移动光标到合适的位置放置尺寸。标注完水平尺寸的结果如图 2-158 所示。

07 修改尺寸。由步骤 **06** 绘制后的草图虽然已完全约束，但尺寸并没有指定。现在通过在属性窗格中修改参数来精确定义草图，此时的属性窗格如图 2-159 所示。将属性窗格中 H1 的参数修改为 200mm；H2 的参数修改为 400mm；V3 的参数修改为 200mm；V4 的参数修改为 400mm。单击工具栏中的“缩放到合适大小”按钮，将视图切换为合适的大小。绘制的结果如图 2-160 所示。

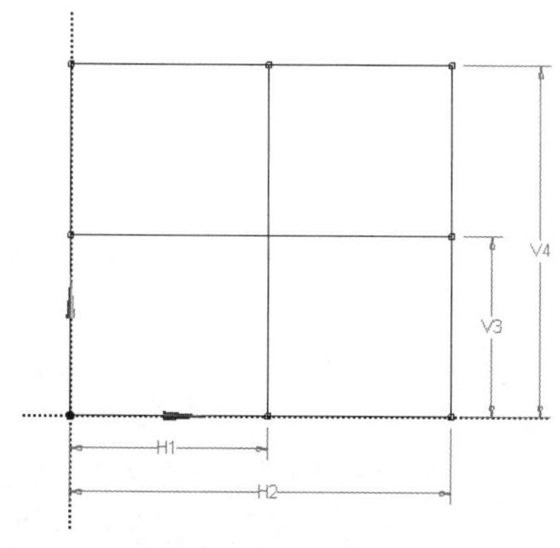

图 2-158　标注水平尺寸

Details View

Details of Sketch1	
Sketch	Sketch1
Sketch Visibility	Show Sketch
Show Constraints?	No
Dimensions: 4	
H1	24.906 mm
H2	47.811 mm
V3	22.064 mm
V4	42.967 mm
Edges: 6	
Line	Ln7
Line	Ln8
Line	Ln9
Line	Ln10
Line	Ln11
Line	Ln12

图 2-159　属性窗格

Note

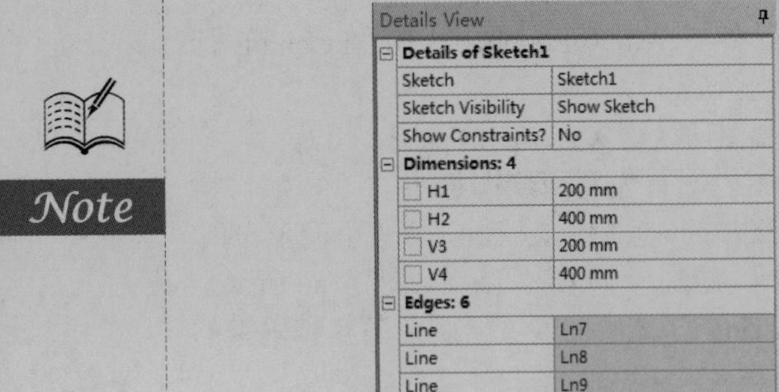
Details View

Details of Sketch1	
Sketch	Sketch1
Sketch Visibility	Show Sketch
Show Constraints?	No
Dimensions: 4	
H1	200 mm
H2	400 mm
V3	200 mm
V4	400 mm
Edges: 6	
Line	Ln7
Line	Ln8
Line	Ln9
Line	Ln10
Line	Ln11
Line	Ln12

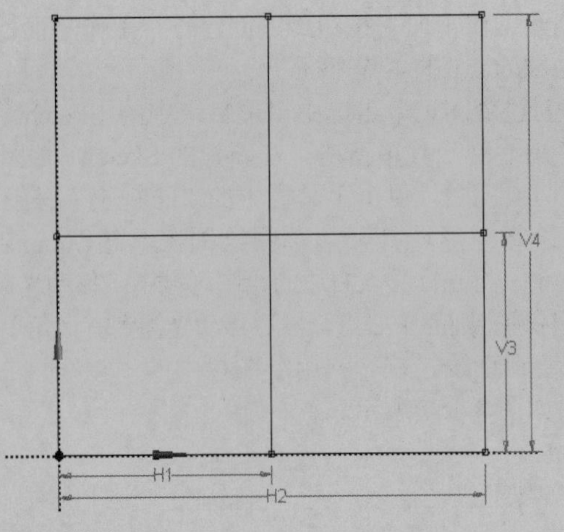

图 2-160　修改尺寸

3. 创建线体

01 创建线体。选择菜单栏中的 Concept→Lines From Sketches 命令，如图 2-161 所示。将执行从草图创建线体命令。此时属性窗格的 BaseObjects 栏为激活的状态，此时单击选中树形目录中的 Sketch1 分支。然后返回属性窗格并单击 Apply 按钮。完成线体的创建。

02 生成模型。完成从草图生成线体命令后，单击工具栏中的“生成”按钮 Generate，来重新生成模型，结果如图 2-162 所示。

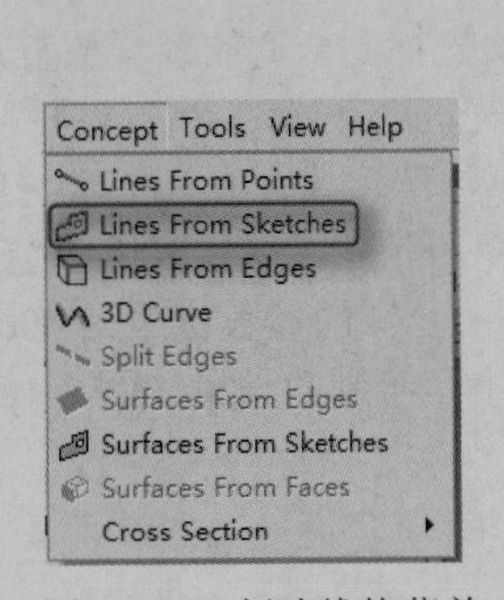

图 2-161　创建线体菜单

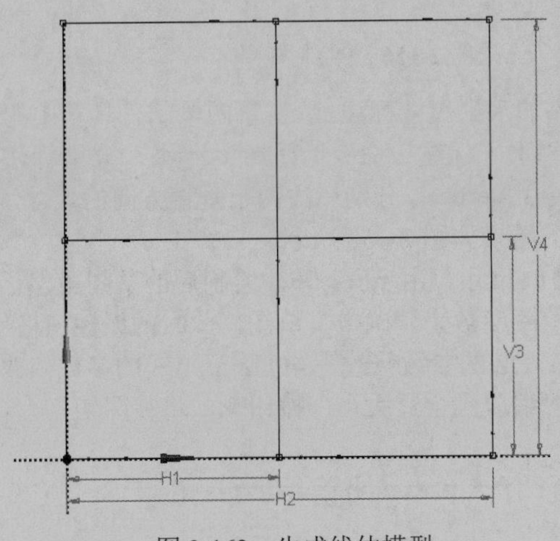

图 2-162　生成线体模型

4. 创建横截面

01 创建横截面。选择菜单栏中的 Concept→Cross Section→Rectangular 命令（见图 2-163），创建矩形的横截面。选定此命令后，横截面连同尺寸一起呈现出来，在本实例中使用默认的尺寸。如果需要修改尺寸，可以在属性窗格中进行更改。

02 关联线体。选择好横截面后，将其与线体相关联。在树形目录中单击高亮显示线体，路径为“树形目录”→1 part,1 Body→Line Body，属性窗格显示还没有横截面与之相关联，如图 2-164 所示。在 Cross Section 下拉列表中选择 Rect1 截面。

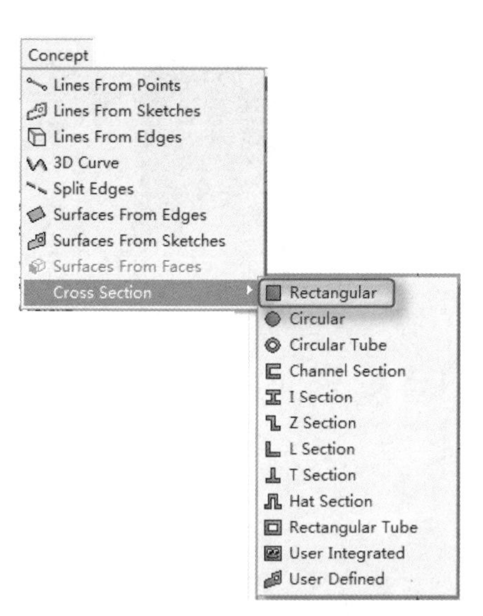

图 2-163 创建横截面

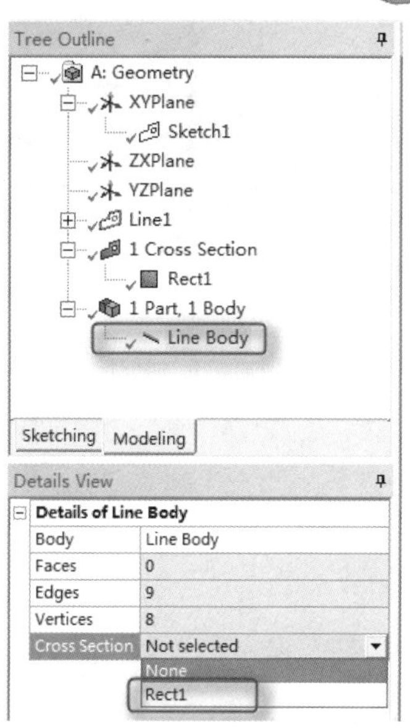

图 2-164 关联横截面

03 带横截面显示。将横截面赋给线体后，系统默认显示横截面的线体，并没有将带有横截面的梁作为一个实体显示。现在需要将它显示。选择菜单栏中的 View→Cross Section Solids 命令，显示带有梁的实体，如图 2-165 所示。

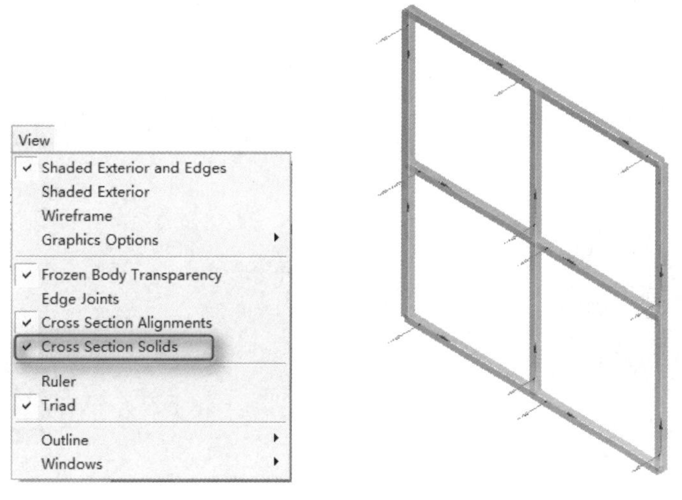

图 2-165 带梁实体

5. 创建梁之间的面

01 选择梁建面。下面将创建梁之间的面。这些面将作为壳单元在有限元仿真中划分网格。选择菜单栏中的 Concept→Surfaces From Edges 命令。然后按住 Ctrl 键选择如图 2-166 中所示的 4 条线。单击属性窗格中 Edges 栏内的 Apply 按钮。

02 生成模型。单击工具栏中的“生成”按钮 Generate 重新生成模型，结果如图 2-167 所示。

03 生成其他面。采用同样的方法绘制其余 3 个面，结果如图 2-168 所示。

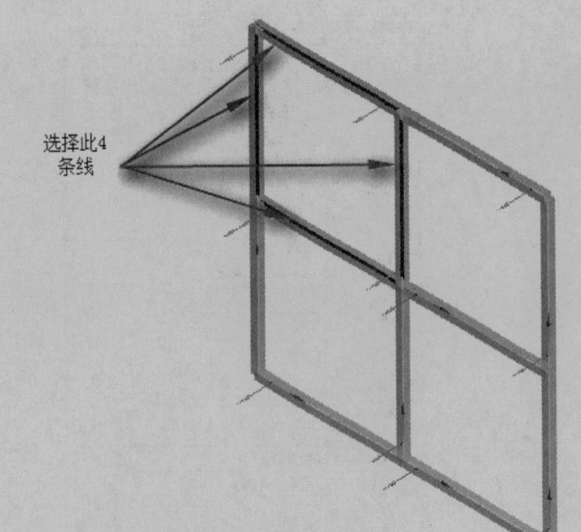

图 2-166　选择线建立梁

图 2-167　生成面

6. 生成多体零件

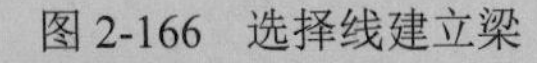

01 建模操作时将所有的体素放入单个零件中，即生成多体零件。这样做是为了确保划分网格时每一个边界能与其相邻部分生成连续的网格。

02 选择所有体。在工具栏中单击“选择体”按钮，如图 2-169 所示。设定选择过滤器为“体”。在绘图区域中右击，在弹出的快捷菜单中选择 Select All 命令，选择所有的体。

03 生成多体零件。在绘图区域再次右击，在弹出的快捷菜单中选择 Form New Part 命令，生成多体零件，如图 2-170 所示。

图 2-168　生成其他面

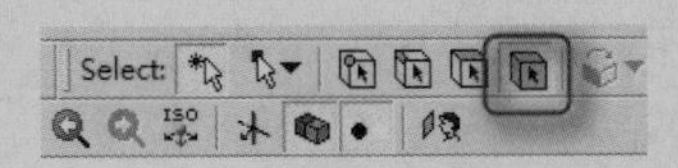

图 2-169　选择体

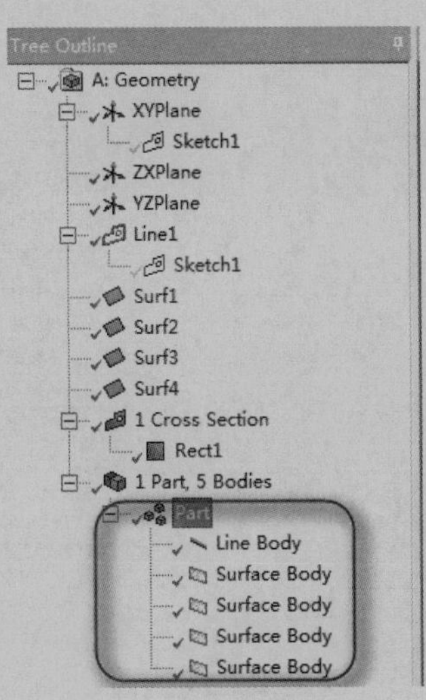

图 2-170　多体零件

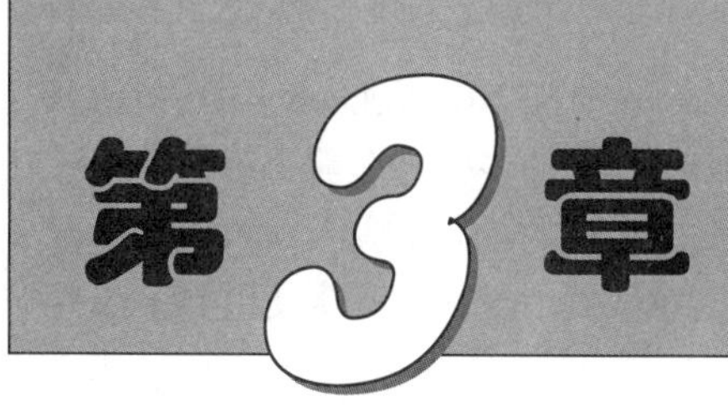

Mechanical 应用程序

Mechanical 与 DesignModeler 一样是 ANSYS Workbench 的一个模块。

Mechanical 应用程序可以执行结构分析、热分析和电磁分析。在使用 Mechanical 应用程序中，需要定义模型的环境载荷情况、求解分析和设置不同的结果形式。而且 Mechanical 应用程序包含 Meshing 应用程序的功能。

3.1 Mechanical 概述

Note

在 ANSYS Workbench 中进行结构或热分析一定会用到 Mechanical 应用程序。要启动 Mechanical 应用程序的步骤与之前介绍的 DesignModeler 和 Meshing 应用程序是类似的。可以通过在项目概图中双击对应的单元格进入 Mechanical 中。但进入 Mechanical 中之前需要有模型，这个模型可以从其他建模软件中导入或直接使用 DesignModeler 创建，如图 3-1 所示。

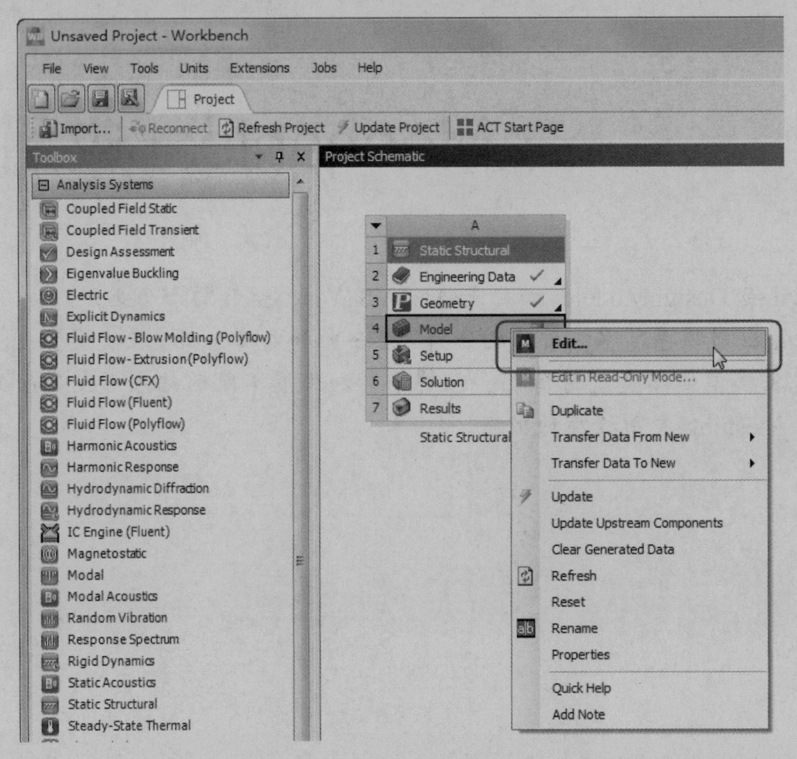

图 3-1　在 ANSYS Workbench 中打开 Mechanical

Mechanical 可以进行下面的有限元分析。

☑　结构（静态和瞬态）：线性和非线性结构分析。

☑　动态特性：模态、谐波、随即振动、柔体和刚体动力学。

☑　热传递（稳态和瞬态）：求解温度场合热流等。温度由导热系数、对流系数、材料决定。

☑　磁场：执行三维静磁场分析。

☑　形状优化：使用拓扑优化技术显示可能发生体积减少的区域。

3.2 Mechanical 界面

标准的 Mechanical 用户界面的组成如图 3-2 所示。

Note

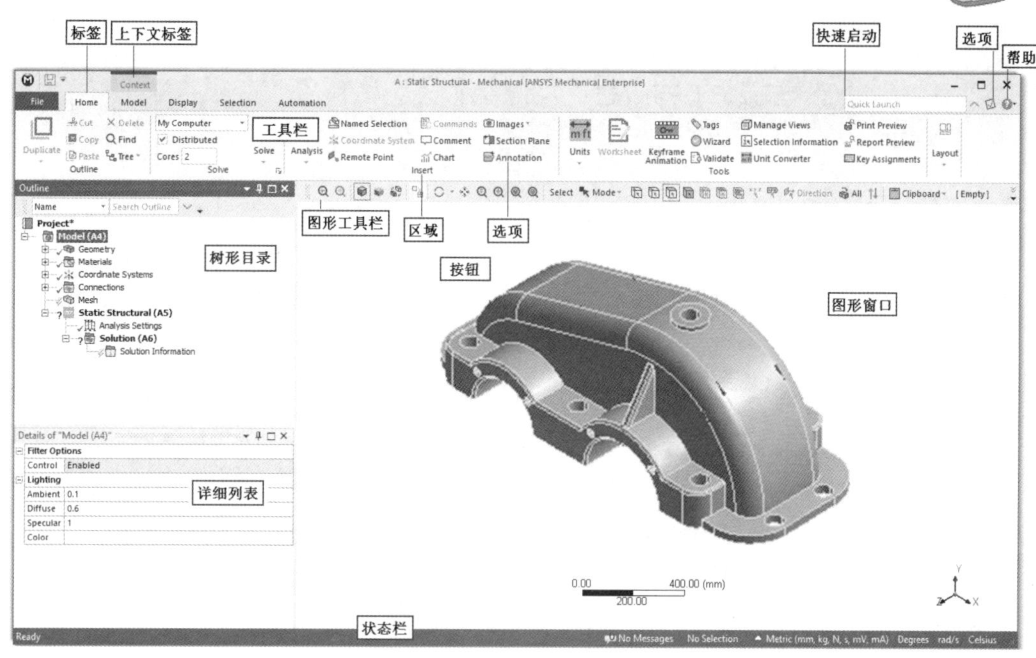

图 3-2　图形用户界面

3.2.1　Mechanical 标签栏

与其他 Windows 程序一样，标签栏提供了很多 Mechanical 的功能。图 3-3 为 Mechanical 的 6 个标签栏。

（a）

图 3-3　Mechanical 标签栏

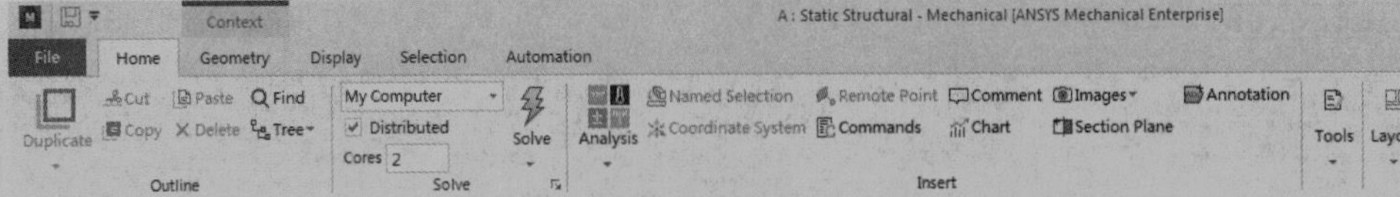

（b）

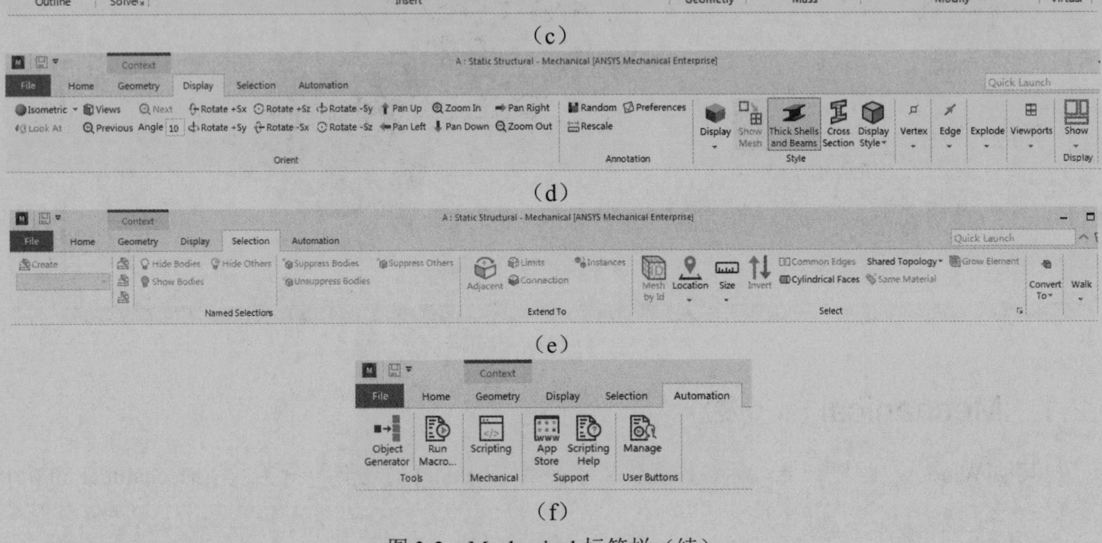

（c）

（d）

（e）

（f）

图 3-3　Mechanical 标签栏（续）

☑ File（文件）菜单：通过该菜单，可以刷新数据、保存工程及关闭程序。其中 Clear Generated Date 为删除网格划分或结果产生的数据库。

☑ Edit（编辑）菜单：在该菜单中可以对数据进行复制、剪切和粘贴等操作。

☑ View（查看）菜单：可以进行选择显示的方式，包括模型的显示方式、是否显示框架，以及 Mechanical 应用程序中标题栏、窗格等的显示控制。

☑ Units（单位）菜单：在该菜单中可以进行改变单位的设置。

☑ Tools（工具）菜单：该菜单包含求解过程设置、选项设置及运行宏。可以自己设置和选择。

☑ Help（帮助）菜单：打开帮助文件。

3.2.2　工具栏

工具栏为用户提供程序命名快速的访问功能，可以从中选择所需的命令，如图 3-4 所示。在菜单中也可以找到。工具栏可以在 Mechanical 窗口顶部的任何地方重新定位。

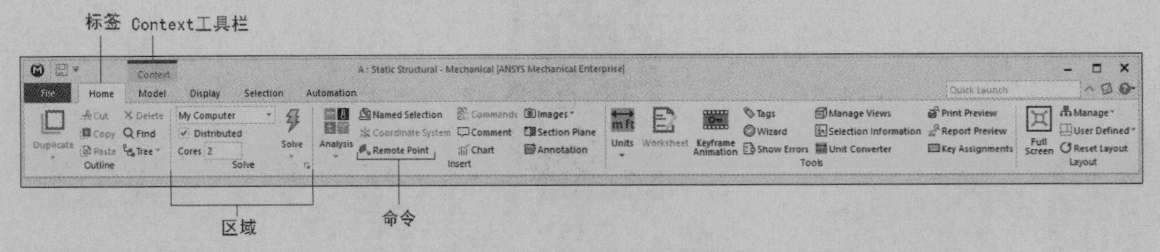

图 3-4　Mechanical 工具栏

Note

除了 Mechanical 固定的工具栏外，Mechanical 还包含有 Context 工具栏（见图 3-5），其更新将决定于当前 Outline tree 的分支。选择不同的分支 Context 工具栏将会出现不同的结果。

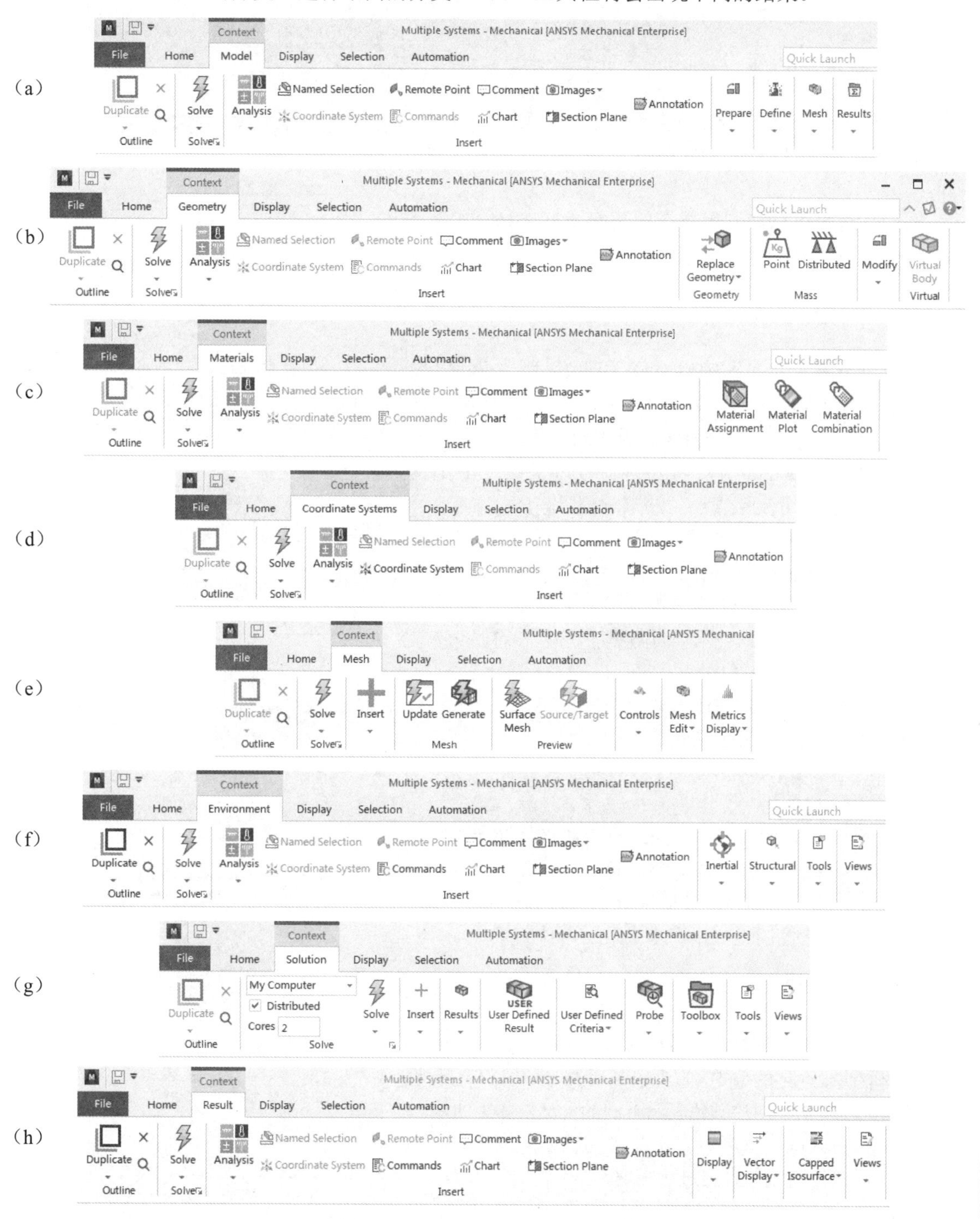

图 3-5　Mechanical Context 工具栏

如果光标在工具栏按钮上，则会出现功能提示。

快速启动工具栏如图 3-6 所示。Graphics 工具栏用于选择几何和图形操作，如图 3-7 所示。

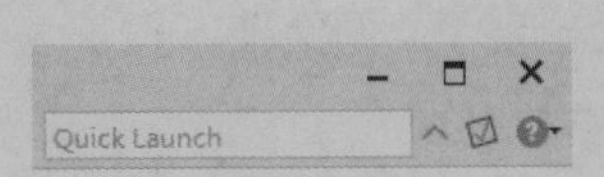

图 3-6　快速启动工具栏

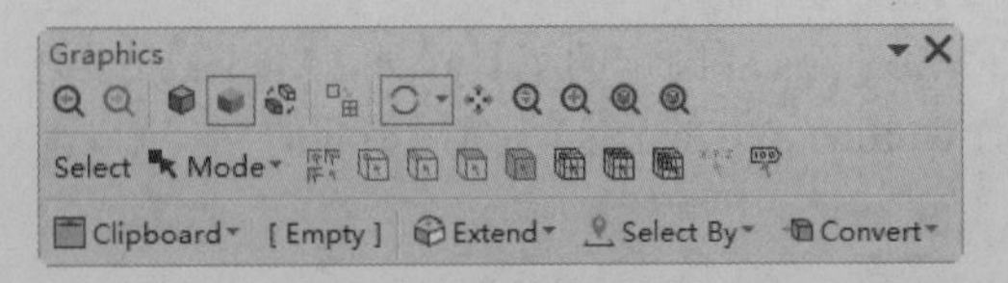

图 3-7　Graphics 工具栏

Note

单击鼠标在“选择”模式或“图形操作”模式之间切换。上面的工具栏按钮归类为“实体选择”和“图形操作”的控制两类。

图形的选择可以做到用单个的选择或框选择。主要受“选择模式”图标控制。

3.2.3　树形目录

树形目录提供了一个简单的进行模型、材料、网格、载荷和求解管理的简单方法，如图 3-8 所示。

☑　Model 分支包含分析中所需的输入数据。

☑　Static Structural 分支包含载荷和分析有关边界条件。

☑　Solution 分支包含结果和求解信息。

在树形目录中每个分支的图标左下角显示不同的符号，表示其状态。图标例子如下所示。

☑　（对号）：表明分支完全定义。

☑　（问号）：表示项目数据不完全（需要输入完整的数据）。

☑　（闪电）：表明需要解决。

☑　（感叹号）：意味着存在问题。

☑　（×）：项目抑制（不会被求解）。

☑　（透明对号）：为全体或部分隐藏。

☑　（绿色闪电）：表示项目目前正在评估。

☑　（减号）：意味着映射面网格划分失败。

☑　（斜线标记）：表明部分结构以进行网格划分。

☑　（红色闪电）：表示失败的解决方案。

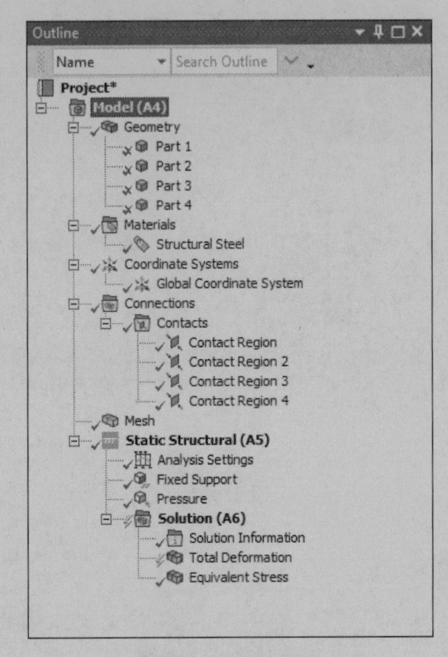

图 3-8　树形目录

3.2.4　属性窗格

属性窗格包含数据输入和输出区域，如图 3-9 所示。内容的改变取决于选定的分支，它列出了所选对象的所有属性。另外在属性窗格中不同的颜色表示不同的含义，如下所示。

☑　白色区域：该区域表示此栏为输入数据区，可以对白色区域的数据进行编辑。

☑　灰色（红色）区域：该区域用于信息的显示，在灰色领域的数据是不能修改的。

☑　黄色区域：该区域表示不完整的输入信息，在黄色区域的数据显示信息丢失。

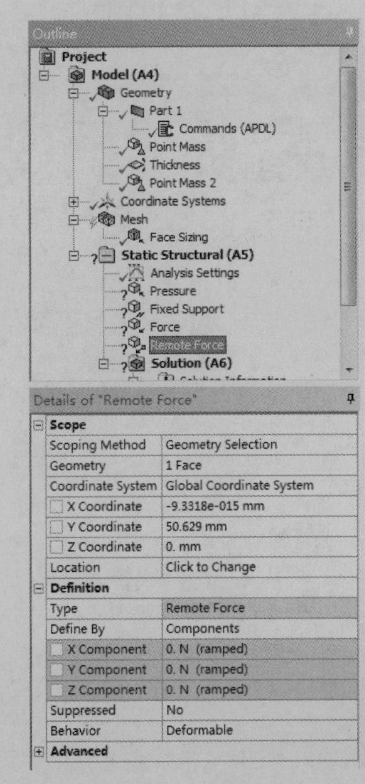

图 3-9　属性窗格

3.2.5 绘图区域

绘图区域中显示几何和结果，还有列出工作表（表格）、HTML 报告，以及打印预览选项的功能，如图 3-10 所示。

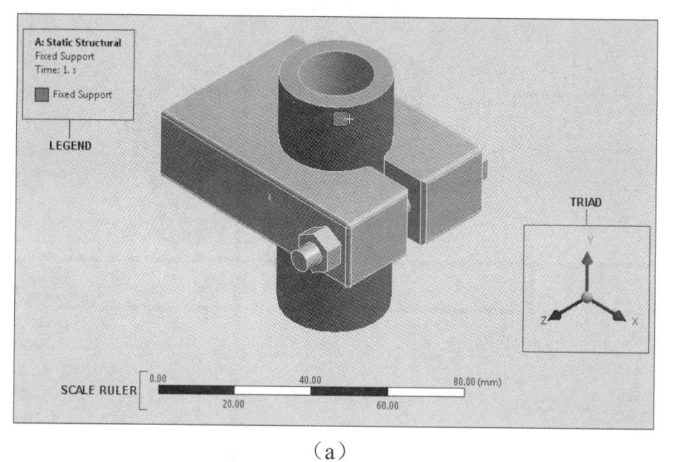

(a)

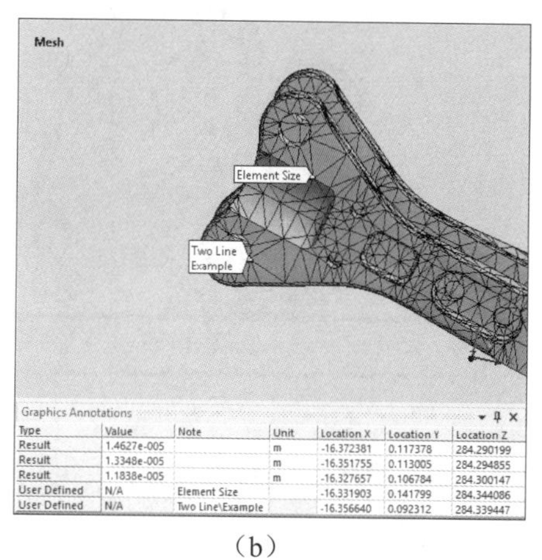

(b)

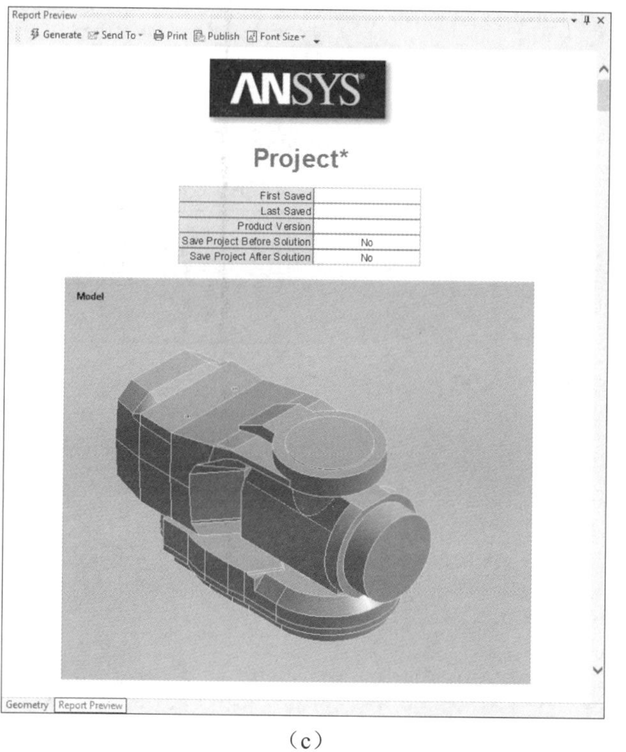

(c)

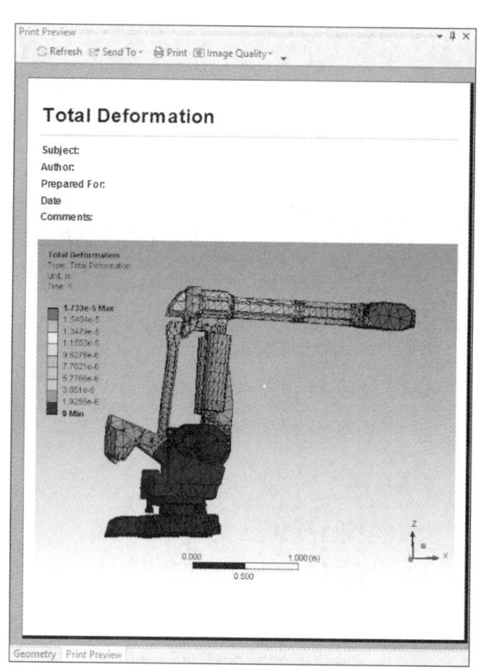

(d)

图 3-10　绘图区域

3.3　基本分析步骤

CAD 几何模型是理想的物理模型，网格模型是一个 CAD 模型的数学表达方式，计算求解的精度

取决于各种因素。图 3-11 为 CAD 的模型和有限元网格划分模型。

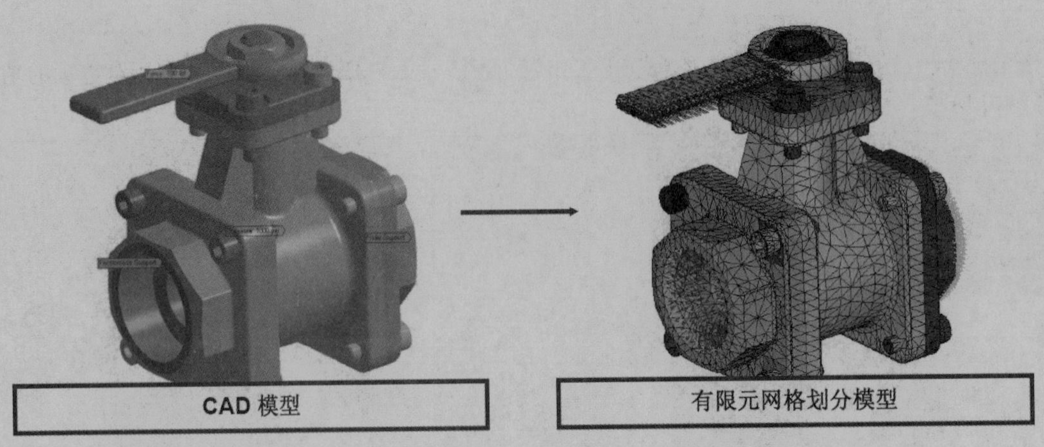

图 3-11　分析模型

☑　如何很好地用物理模型代替取决于怎么假设。

☑　数值精度由网格密度决定。

使用 Mechanical 进行分析时每个分析都分为 4 步，如图 3-12 所示。

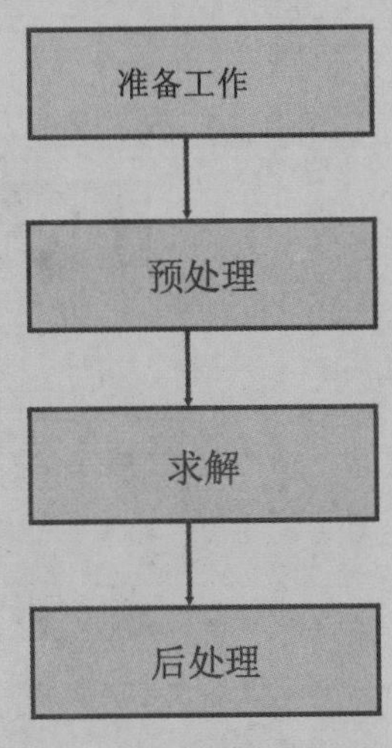

图 3-12　基本分析步骤

1. 准备工作

☑　什么类型的分析：静态，模态等？

☑　怎么构建模型：部分或整体？

☑　什么单元：平面或实体机构？

2. 预处理

☑　几何模型导入。

☑　定义和分配部件的材料特性。

☑　模型的网格划分。

☑　施加负载和支撑。

☑　需要查看的结果求解。

3. 求解

对模型进行求解。

4. 后处理

☑　检查结果。

☑　检查求解的合理性后处理。

3.4　一个简单的分析实例

视频讲解

下面介绍一个简单的分析实例，通过此实例可以了解使用 Mechanical 应用程序进行 ANSYS 分析的基本过程。模型截面为正方形的悬臂梁，如图 3-13 所示。

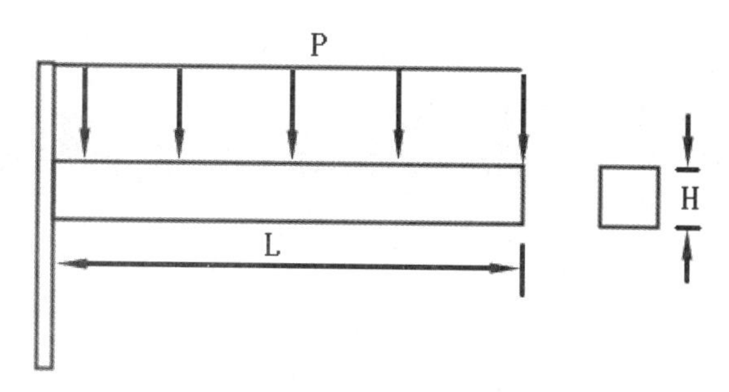

图 3-13 悬臂梁模型

3.4.1 问题描述

本例中要进行分析的模型是一个弯头（见图 3-13）。悬臂梁假设是在一个力 P 作用下使用（5 Mpa）。悬臂梁是由铝合金制成的，梁的长度 L 为 2m、高度 H 为 0.25m。要得到的结果是检验确定这个部件能在假设的环境下使用。

3.4.2 项目概图

01 打开 Workbench 应用程序，展开左边工具箱中的 Analysis Systems 栏，将工具箱中的 Static Structural 选项直接拖曳到项目管理界面中或是直接在项目上双击载入，建立一个含有 Static Structural 的项目模块，结果如图 3-14 所示。

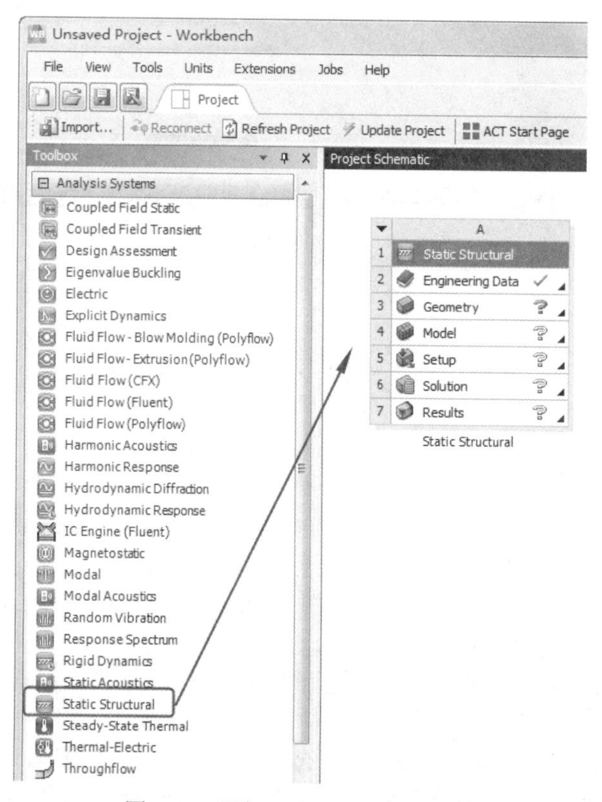

图 3-14 添加 Static Structural 选项

Note

02 导入模型。右击 A3 栏 3 Geometry ，在弹出的快捷菜单中选择 Import Geometry→Browse 命令，然后打开“打开”对话框，打开源文件中的 cantilever.x_t。

03 双击 A4 栏 4 Model ，启动 Mechanical 应用程序，如图 3-15 所示。

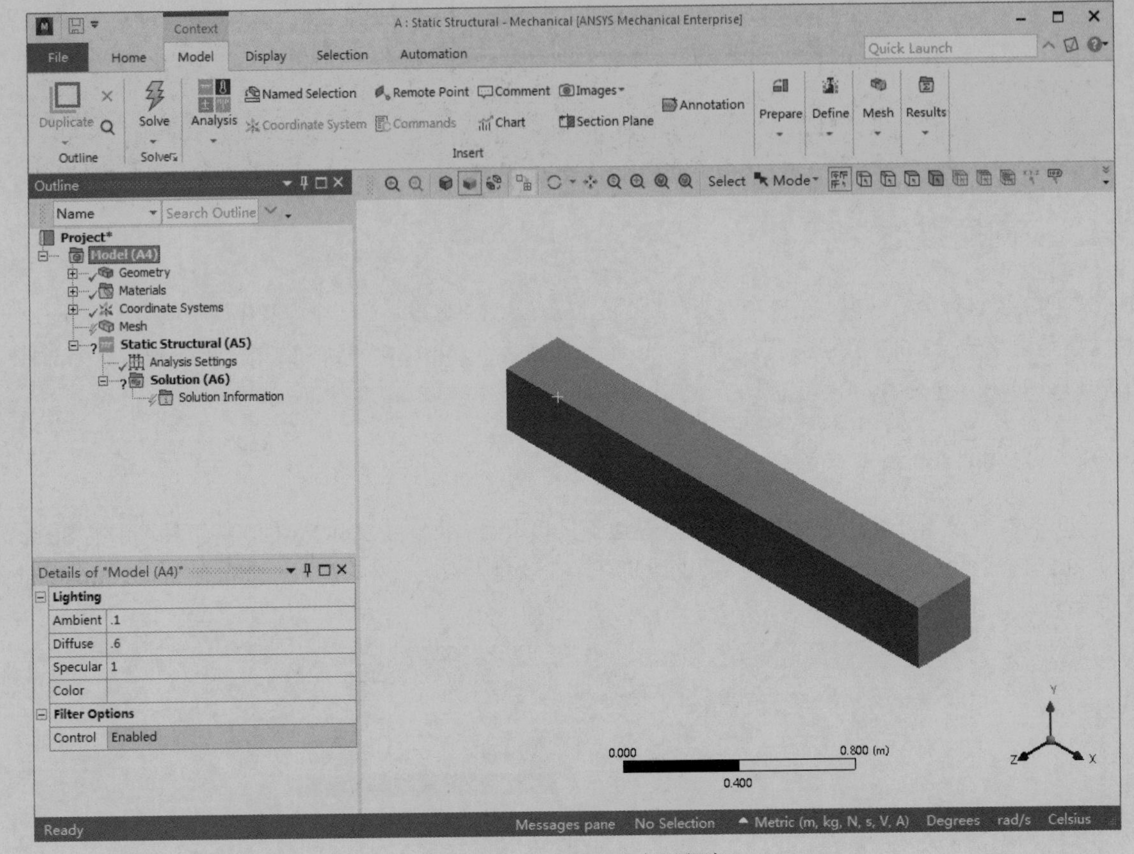

图 3-15 Mechanical 应用程序

3.4.3 前处理

01 设置单位系统，在主菜单中选择 Home→Tools→Units→Metric(mm,kg,N,s,mV,mA)命令，设置单位为毫米。

02 为部件选择一个合适的材料，返回 Project Schematic 窗口中并双击 A2 栏 2 Engineering Data 得到它的材料特性。

03 在打开的材料特性应用中，单击工具栏中的 Engineering Data Sources 按钮，如图 3-16 所示。打开左上角的 Engineering Data Sources 窗格。单击其中的 General Materials 使之点亮。

04 保持 General Materials 点亮的同时单击 Outline of General Materials 窗格中的 Aluminum Allow 旁边的+，将这种材料添加到当前项目。

05 关闭工具栏中的 A2:Engineering Data 标签，返回 Project（项目）中。这时 Model 栏指出需要进行一次刷新。

06 在 Model 栏右击，在弹出的快捷菜单中选择 Refresh 命令，刷新 Model 栏，如图 3-17 所示。

07 返回 Mechanical 窗口，在树形目录中选择 Geometry 分支下的 Part 1，并选择 Material→Assignment 栏来改变铝合金的材料特性，如图 3-18 所示。

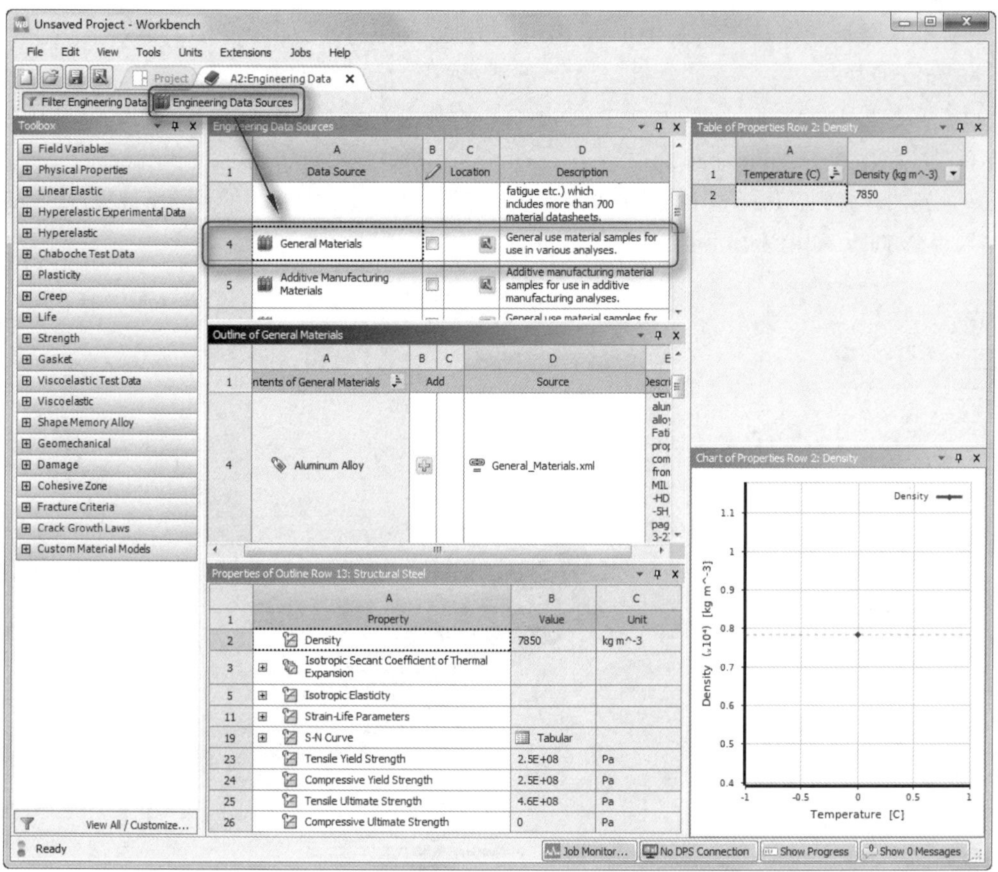

图 3-16　材料特性

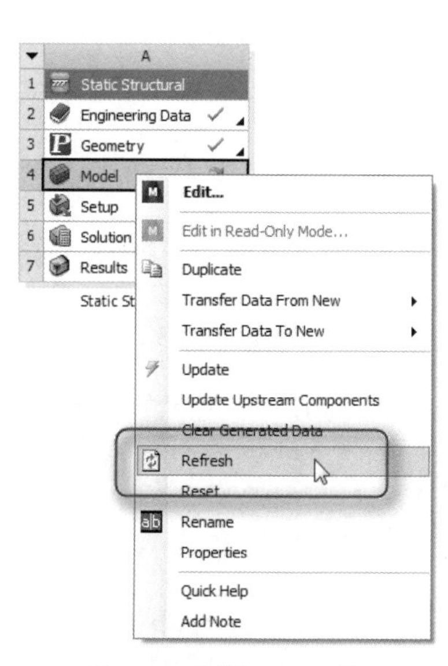

图 3-17　刷新 Model 栏

图 3-18　改变材料

Note

08 插入载荷。在树形目录中单击 Static Structural(A5)分支，此时 Context 工具栏显示为 Environment 工具栏。

09 单击工具栏 Structural 区域中 Pressure（压力载荷）命令，插入一个 Pressure（压力载荷）。在树形目录中将出现一个 Pressure 选项。

Note

10 施加载荷到几何模型上，选择部件上表面。然后单击属性窗格中的 Apply 按钮，在 Magnitude 栏中输入“5MPa”，如图 3-19 所示。

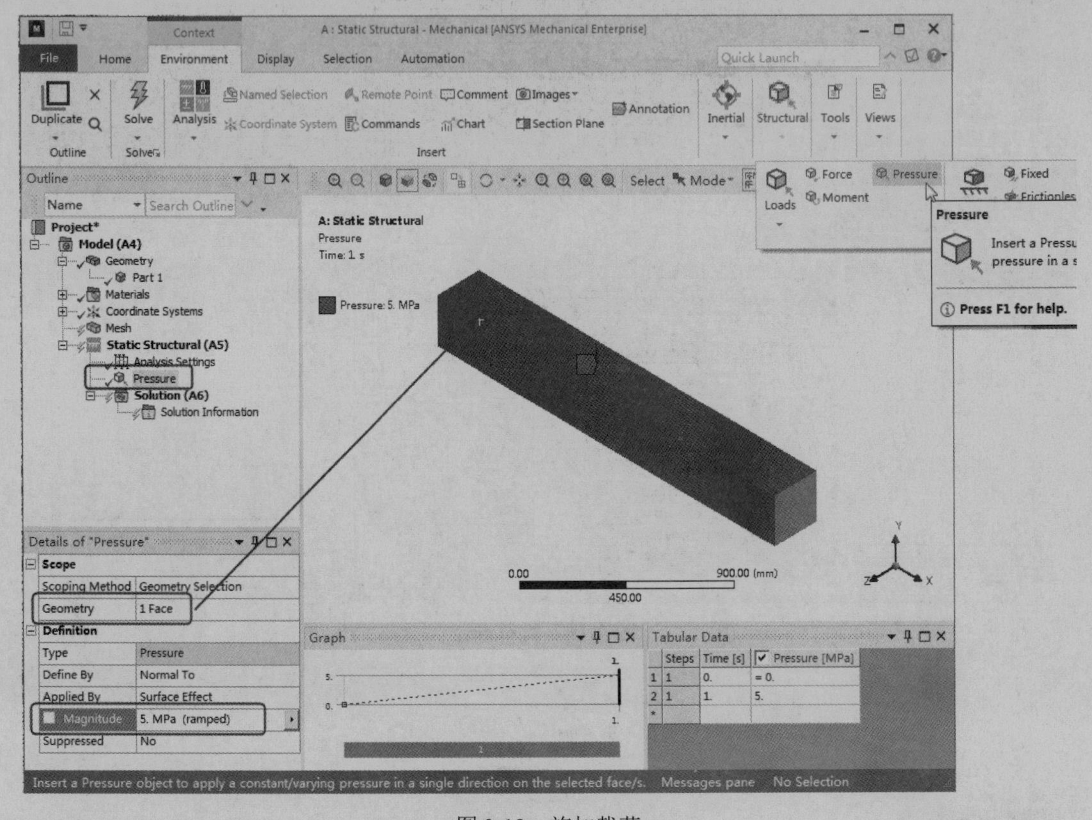

图 3-19　施加载荷

11 给部件施加约束。在 Supports 区域中选择 Fixed 命令。将其施加到一端的表面，结果如图 3-20 所示。

12 添加结构结果。在树形目录中单击 Solution (A6)分支，此时 Context 工具栏显示为 Solution 工具栏。

13 单击工具栏中的 Deformation 按钮，在弹出的下拉列表中选择 Total（全部变形）命令。在树形目录的 Solution(A6)分支下将出现一个 Total Deformation 选项。然后通过选择 Stress→Equivalent (von-Mises)和 Tools→Stress Tool 两个命令，插入 Equivalent Stress 和 Stress Tool 两个结果。添加后的分支结果如图 3-21 所示。

3.4.4　求解

求解模型。单击工具栏中的 Solve 按钮，如图 3-22 所示，对模型进行求解。

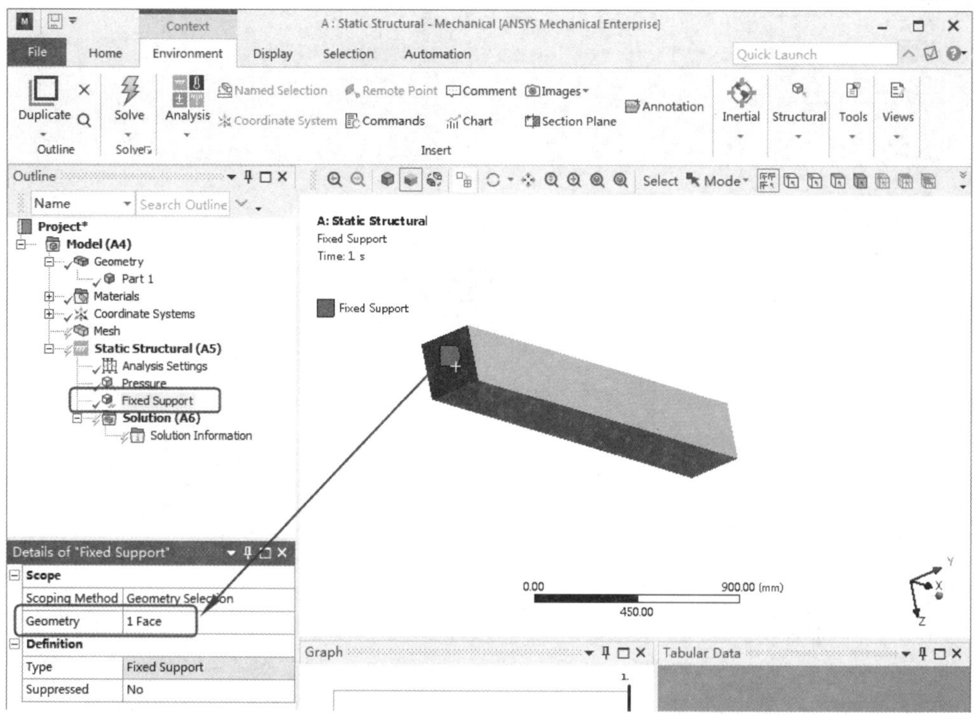

图 3-20　施加约束

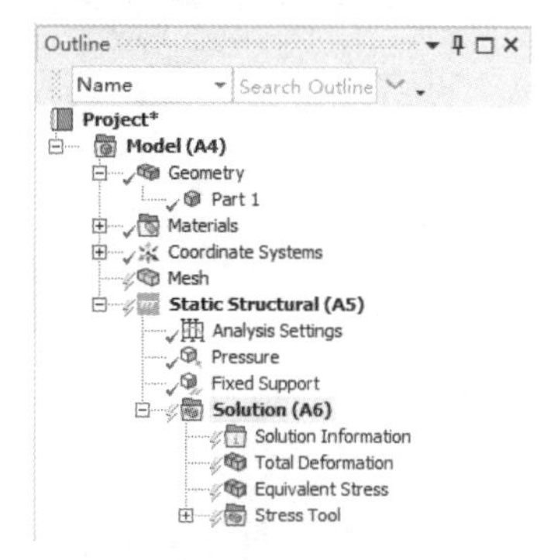

图 3-21　添加结构结果

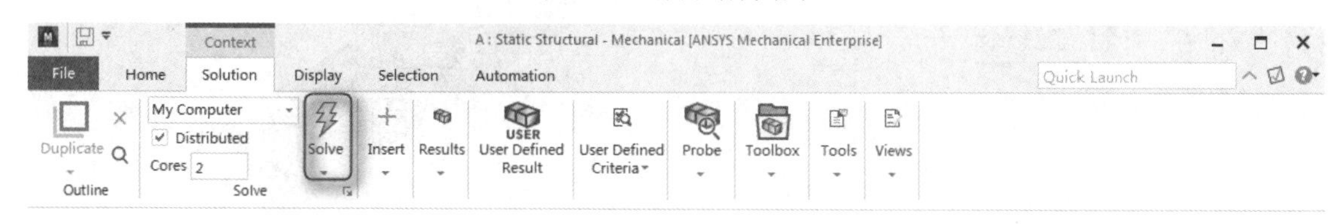

图 3-22　求解

3.4.5　结果

01 求解完成后在树形目录中，结果在 Solution 分支中可用。

02 绘制模型的变形图，在 Structural Analysis（结构分析）中提供了真实变形结果显示。检查变形的一般特性（方向和大小）可以避免建模步骤中的明显错误，常常使用动态显示。图 3-23 为总变形，图 3-24 为应力。

Note

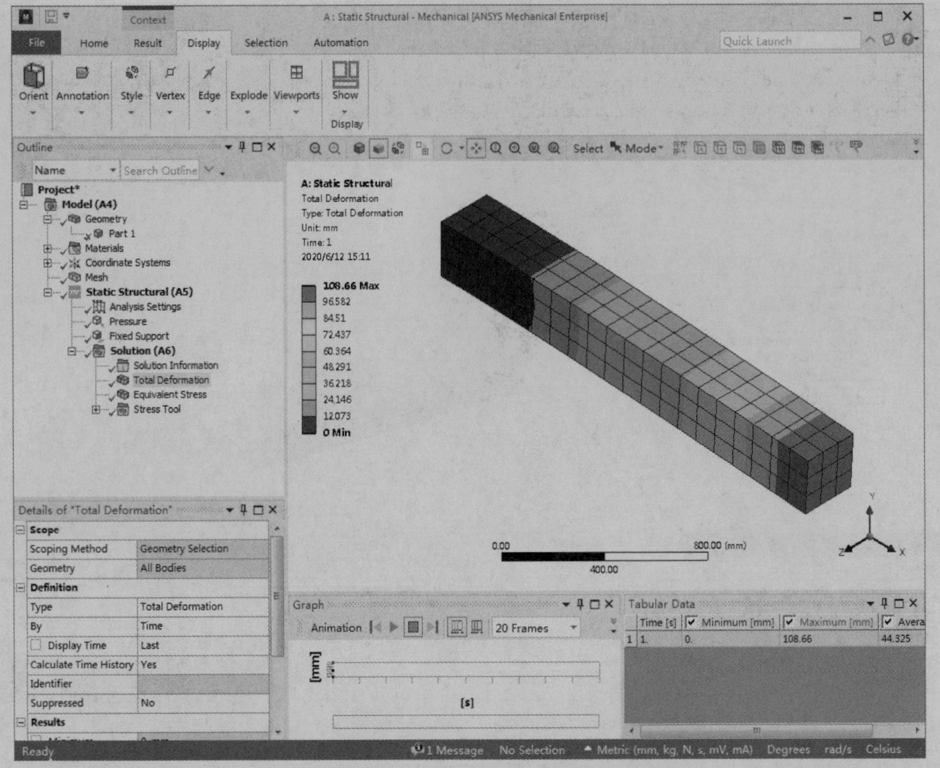

图 3-23　总变形

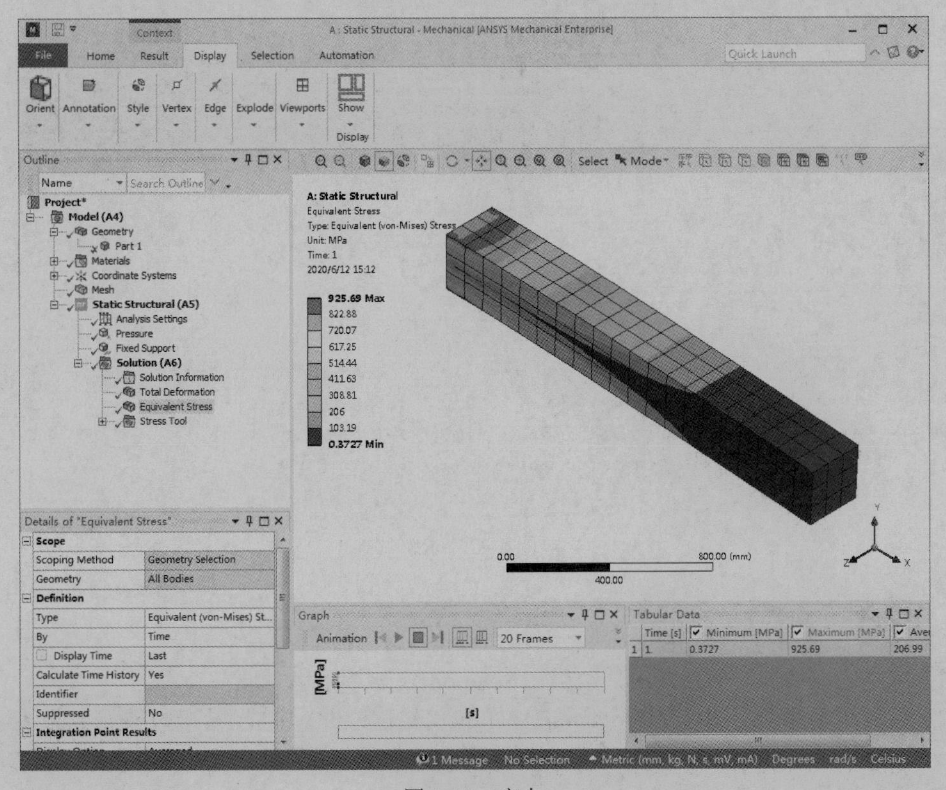

图 3-24　应力

03 在查看了应力结果后，展开 Stress Tool 分支并绘制安全因子（Safety Factor），如图 3-25 所示。注意所选失效准则给出的最小安全因子约为 0.3，其小于 1，说明不符合设计要求，因此需要更改设计。

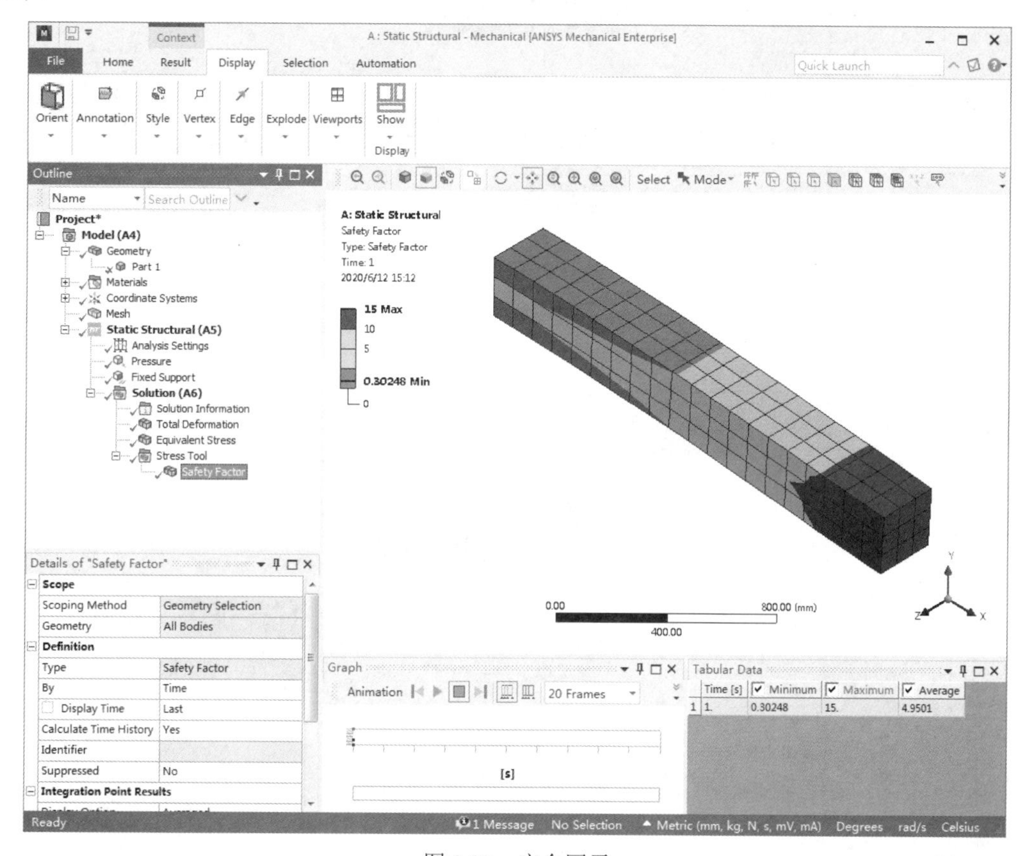

图 3-25　安全因子

3.4.6　报告

01 创建一个 HTML 报告，首先选择需要放在报告中的绘图项，通过选择对应的分支和绘图方式实现。

02 单击树形目录中的 Solution(A6)分支，在工具栏中选择 Home→Insert→Images→Figure 命令。Figure 命令在工具栏中的位置如图 3-26 所示。

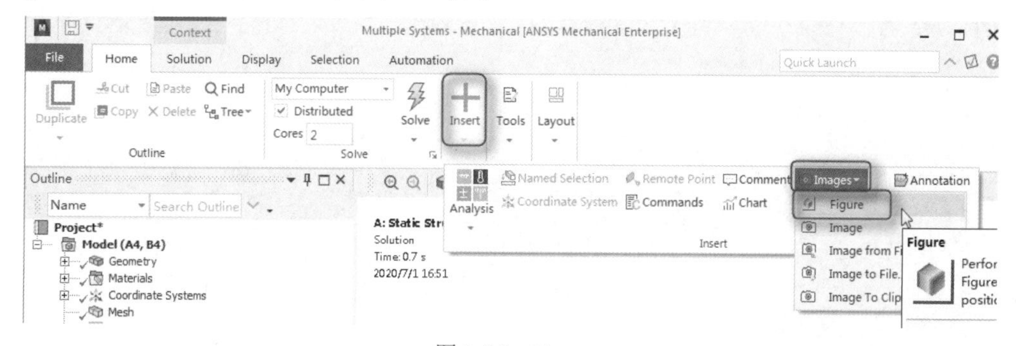

图 3-26　Figure

Note

03 在绘图区域中单击 Report Preview 按钮生成报告，如图 3-27 所示。

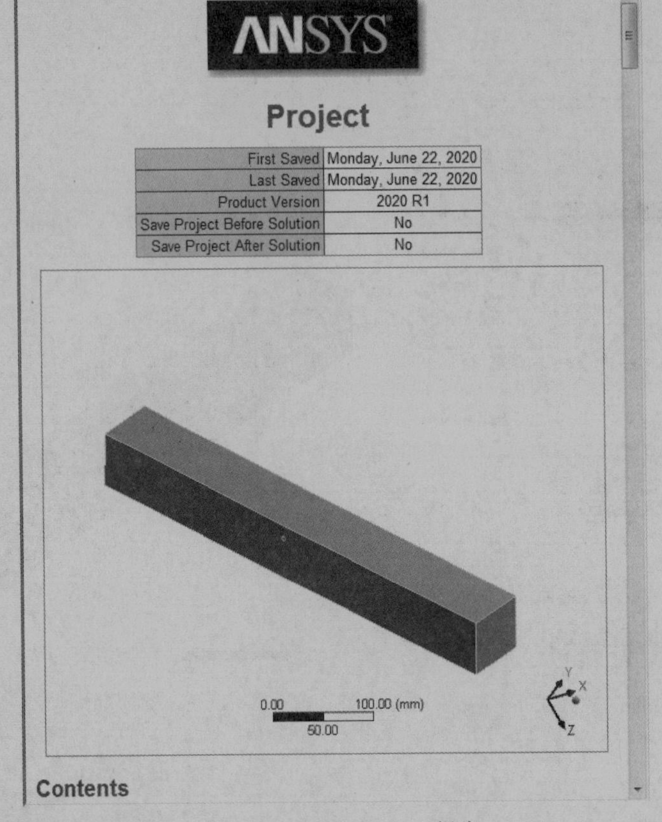

图 3-27　Report Preview 报告

一般网格控制

在 ANSYS Workbench 中，网格的划分可以作为一个单独的应用程序，为 ANSYS 的不同求解器提供了相应的网格划分后的文件；也可以集成到其他应用程序中，例如将在后面讲述的 Mechanical 中。

本章主要讲述 ANSYS Workbench 的网格生成和控制方法。

4.1 网格划分平台

Note

在模型创建后和分析计算前，有一项重要的步骤就是对模型进行网格划分。网格划分的好坏将直接关系到求解的准确度及速度。网格划分基本的功能是利用 ANSYS Workbench 中的 Mesh 应用程序，可以从 ANSYS Workbench 的项目管理器中自 Mesh 系统中进入，也可以通过其他的系统进行网格的划分。

4.1.1 网格划分概述

Workbench 中 ANSYS Meshing 应用程序的目标是提供通用的网格划分工具。网格划分工具可以在任何分析类型中使用：包括进行结构动力学分析、显示动力学分析、电磁分析及进行 CFD 分析。

ANSYS 网格划分是采用 Divide & Conquer（分解与克服）方法来实现的，几何体的各部分可以使用不同的网格划分方法。但所有网格的数据是统一写入共同的中心数据中的。

图 4-1 为三维网格的基本形状。

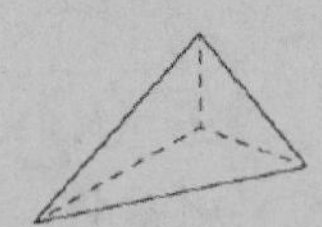

（a）四面体（非结构化网格）

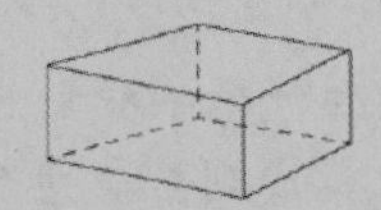

（b）六面体（通常为结构化网格）

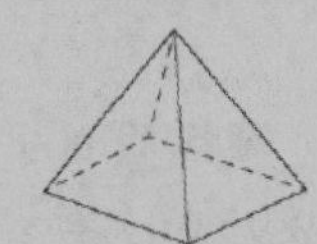

（c）棱锥（四面体和六面体之间的过渡）

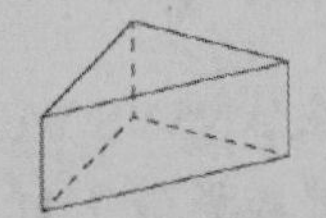

（d）棱柱（四面体网格被拉伸时形成）

图 4-1　网格基本形状

4.1.2 网格划分流程

网格划分流程如下。

（1）设置目标物理环境（结构、CFD 等）。自动生成相关物理环境的网格（如 FLUENT、CFX 或 Mechanical）。

（2）设定网格划分方法。

（3）定义网格设置（尺寸、控制和膨胀等）。

（4）为方便使用创建命名选项。

（5）预览网格并进行必要调整。

（6）生成网格。

（7）检查网格质量。

（8）准备分析的网格。

4.1.3 分析类型

在 ANSYS Workbench 中不同分析类型有不同的网格划分要求，在进行结构分析时，使用高阶单元划分较为粗糙的网格；在进行 CFD 分析时，需要平滑过渡的网格，进行边界层的转化，另外不同 CFD 求解器也有不同的要求；而在显示动力学分析时，需要均匀尺寸的网格。

表 4-1 中列出的是通过设定物理优先选项，设置的默认值。

在 ANSYS Workbench 中分析类型的设置是通过属性窗格来进行定义的。图 4-2 为定义不同物理环境的属性窗格。

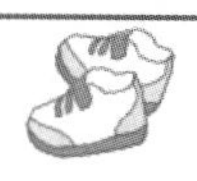

表 4-1　物理优先权

物理优先选项	自动设置下列各项			
	实体单元默认中节点	关联中心默认值	平　滑　度	过　　渡
力学分析	保留	粗糙	中等	快
CFD	消除	粗糙	中等	慢
电磁分析	保留	中等	中等	快
显示分析	消除	粗糙	高	慢

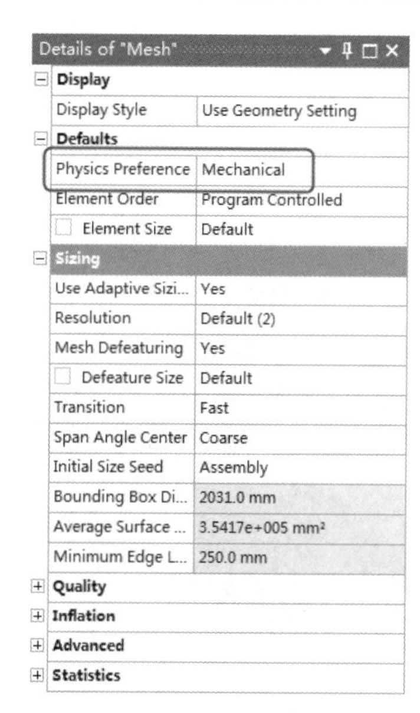

（a）力学分析

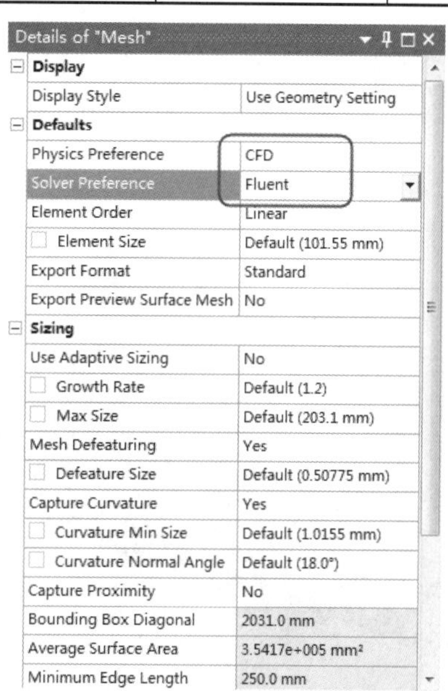

（b）CFD

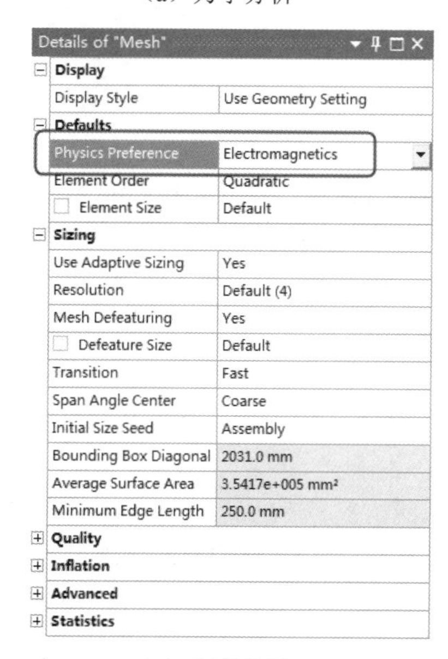

（c）电磁分析

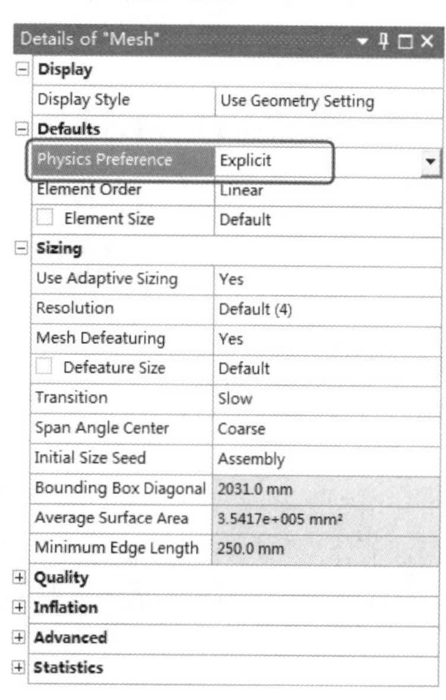

（d）显示分析

图 4-2　不同分析类型

Note

4.2 网格划分方法

网格的划分方法有多种，包括自动划分方法（Automatic）、四面体网格划分方法（Tetrahedrons）、六面体网格划分方法（Hex Dominant）、扫掠网格划分方法（Sweep）及多区域网格划分方法（MultiZone）。

4.2.1 自动划分方法

在网格划分的方法中自动划分方法是最简单的划分方法，系统自动进行网格的划分，但这是一种比较粗糙的方式，在实际运用中如不要求精确的解，可以采用此种方式。

自动进行四面体（Patch Conforming）或扫掠网格划分，取决于体是否可扫掠。如果几何体不规则，程序会自动产生四面体；如果几何体规则，就可以产生六面体网格，如图 4-3 所示。

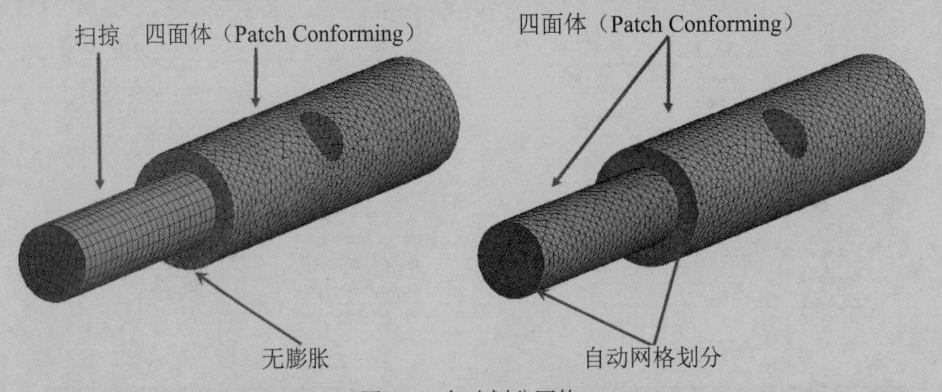

图 4-3　自动划分网格

4.2.2 四面体网格划分方法

四面体网格划分方法是基本的划分方法，其中包含两种方法，即 Patch Conforming 和 Patch Independent。其中，Patch Conforming 方法为 workbench 自带的功能，而 Patch Independent 方法主要依靠 ICEM CFD 软件包完成。

1. 四面体网格特点

利用四面体网格进行划分具有很多优点：任意体都可以用四面体网格进行划分；利用四面体进行网格的划分可以快速、自动生成，并适用于复杂几何；在关键区域容易使用曲度和近似尺寸功能自动细化网格；可使用膨胀细化实体边界附近的网格（边界层识别）。

当然利用四面体网格进行划分还有一些缺点：在近似网格密度情况下，单元和节点数要高于六面体网格；四面体一般不可能使网格在一个方向排列，由于几何和单元性能的非均质性，不适合于薄实体或环形体。

2. 四面体算法

在 ANSYS 网格划分平台，有以下两种算法生成四面体网格。

（1）Patch Conforming：首先由默认的考虑几何所有面和边的 Delaunay 或 Advancing Front 表面

网格划分器生成表面网格（注意：一些内在缺陷在最小尺寸限度之下）。然后基于 TGRID Tetra 算法由表面网格生成体网格。

（2）Patch Independent：生成体网格并映射到表面产生表面网格。如没有载荷、边界条件或其他作用，面和它们的边界（边和顶点）不必要考虑。这个方法更加容许质量差的 CAD 几何。Patch Independent 算法基于 ICEM CFD Tetra。

3. Patch Conforming 四面体

Patch Conforming 四面体的操作过程如下。

（1）在树形目录中右击 Mesh，插入方法并选择应用此方法的体。

（2）将 Method 设置为 Tetrahedrons，将 Algorithm 设置为 Patch Conforming。

不同部分有不同的方法。多体部件可混合使用 Patch Conforming 四面体和扫掠方法生成共形网格，如图 4-4 所示。

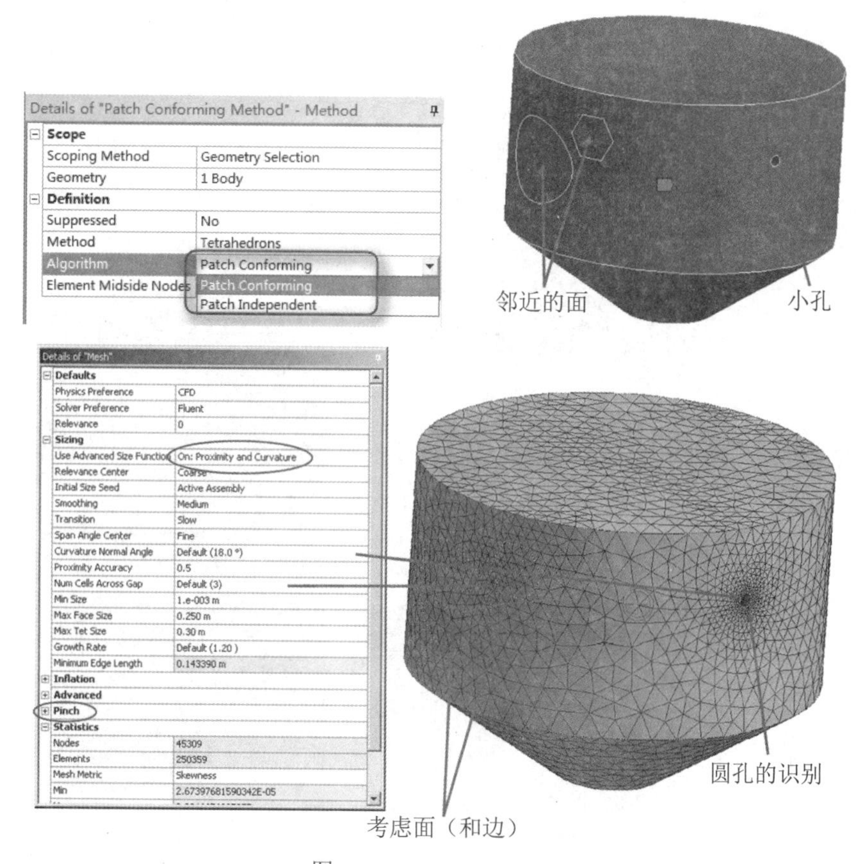

图 4-4　Patch Conforming

Patch Conforming 方法可以联合 Pinch Controls 功能，有助于移除短边。基于最小尺寸具有内在网格缺陷。

4. Patch Independent 四面体

Patch Independent 四面体的网格划分对 CAD 许多面的修补有用，如碎面、短边、差的面参数等，Patch Independent 四面体属性窗格如图 4-5 所示。

可以通过建立四面体方法，设置 Algorithm 为 Patch Independent。如没有载荷或命名选项，面和边

Note

可不必考虑。这里除设置 Curvature 和 Proximity 外，对所关心的细节部位有额外的设置，如图 4-6 所示。

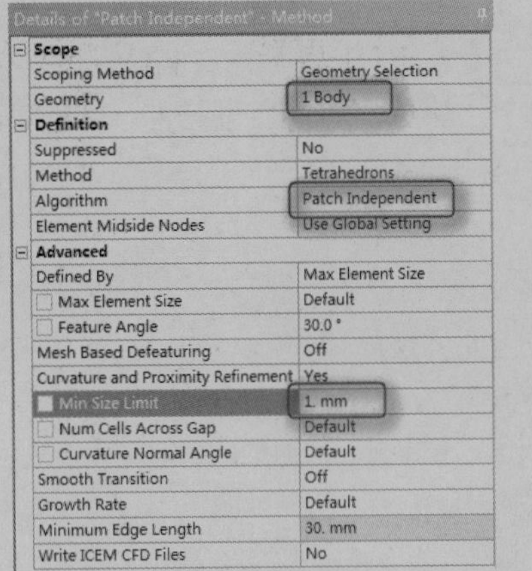

Details of "Patch Independent" - Method

Scope	
Scoping Method	Geometry Selection
Geometry	1 Body
Definition	
Suppressed	No
Method	Tetrahedrons
Algorithm	Patch Independent
Element Midside Nodes	Use Global Setting
Advanced	
Defined By	Max Element Size
Max Element Size	Default
Feature Angle	30.0 °
Mesh Based Defeaturing	Off
Curvature and Proximity Refinement	Yes
Min Size Limit	1. mm
Num Cells Across Gap	Default
Curvature Normal Angle	Default
Smooth Transition	Off
Growth Rate	Default
Minimum Edge Length	30. mm
Write ICEM CFD Files	No

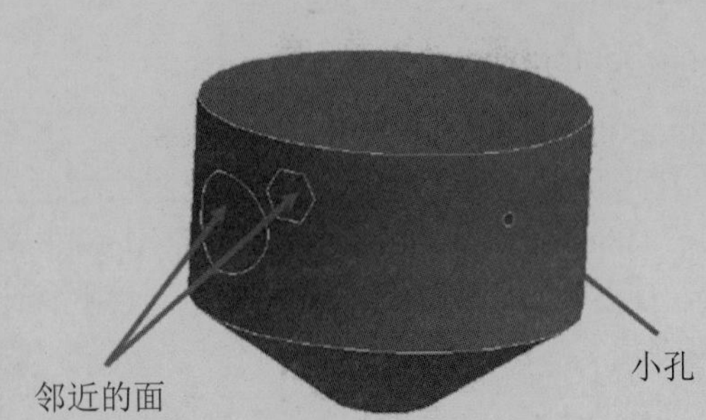

图 4-5　四面体

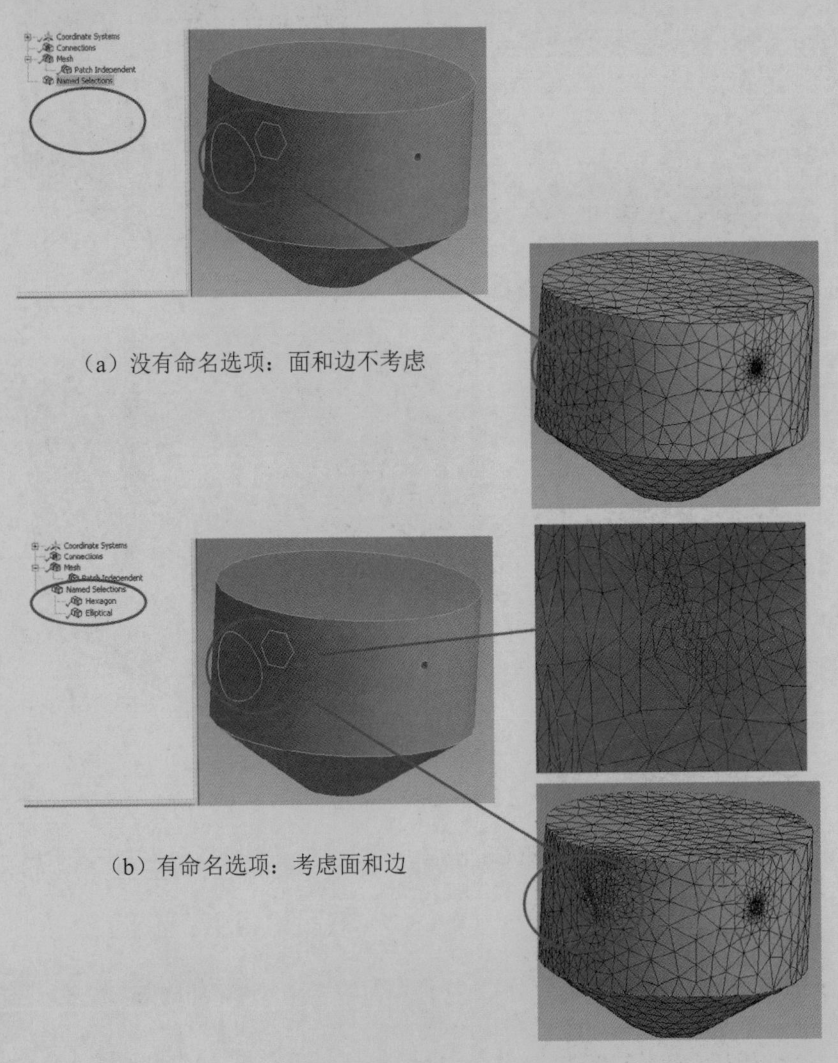

（a）没有命名选项：面和边不考虑

（b）有命名选项：考虑面和边

图 4-6　Patch Independent 网格划分

4.2.3　扫掠网格划分方法

扫掠（Sweep）网格划分方法一般会生成六面体网格，可以在分析计算时缩短计算的时间，因为它所生成的单元与节点数要远远低于四面体网格。但扫掠方法网格需要体必须是可扫掠的。

膨胀可产生纯六面体或棱柱网格，扫掠可以手动或自动设定 Source/Target。通常是单个源面对单个目标面。薄壁模型自动网格划分会有多个面，且厚度方向可划分为多个单元。

可以通过右击 Mesh 分支，在弹出的快捷菜单中选择 Show→Sweepable Bodies 命令显示可扫掠体。当创建六面体网格时，先划分源面再延伸到目标面。扫掠方向或路径由侧面定义，源面和目标面间的单元层是由插值法而建立并投射到侧面，如图 4-7 所示。

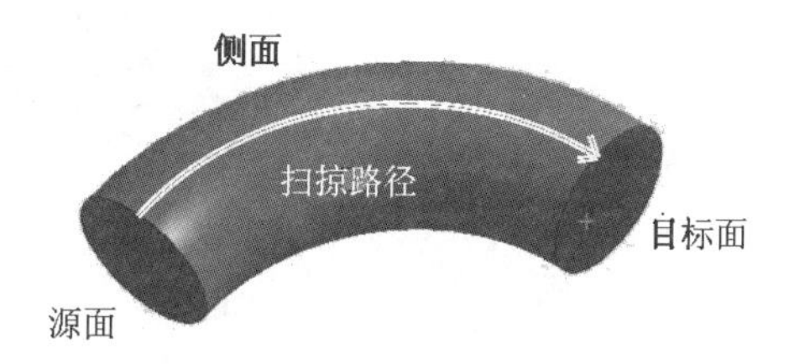

图 4-7　扫掠

使用此技术，扫掠体可由六面体和楔形单元有效划分。在进行扫掠网格划分操作时，体相对侧源面和目标面的拓扑可手动或自动选择；源面可划分为四边形和三角形面；源面网格复制到目标面；随体的外部拓扑，生成六面体或楔形单元连接两个面；一个体单个源面/单个目标面。

可对一个部件中多个体应用单一扫掠方法。

4.2.4　多区域网格划分方法

多区域网格划分方法为 ANSYS Workbench 网格划分的亮点之一。

多区域扫掠网格划分是基于 ICEM CFD 六面体模块，它会自动进行几何分解。如果用扫掠网格划分方法，这个元件要被切成 3 个体来得到纯六面体网格，如图 4-8 所示。

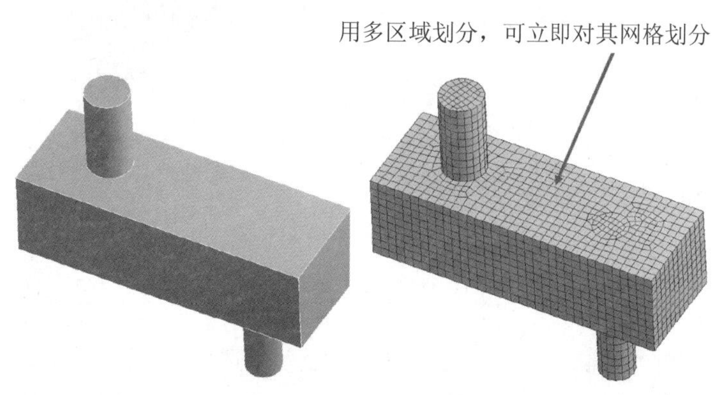

图 4-8　多区域网格划分

1. 多区域网格划分方法

多区域的特征是自动分解几何，从而避免将一个体分裂成可扫掠体以用扫掠方法得到六面体网格。例如，图 4-9 显示的几何需要分裂成 3 个体以扫掠得到六面体网格。用多区域网格划分方法，可

Note

直接生成六面体网格。

图 4-9　自动分裂得到六面体网格

2. 多区域网格划分方法设置

多区域不利用高级尺寸功能（只用 Patch Conforming 四面体和扫掠方法）。源面选择不是必需的，但是有用的。可拒绝或允许自由网格程序块。图 4-10 为多区域的属性窗格。

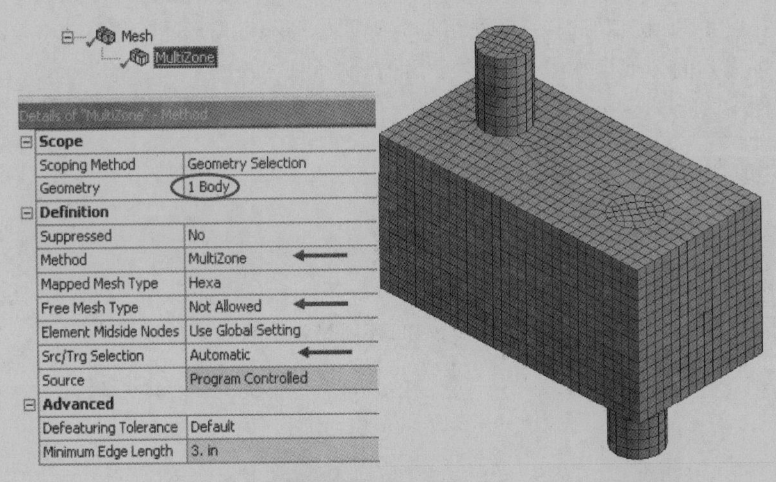

图 4-10　属性窗格

3. 多区域网格划分方法可以进行的设置

采用多区域网格划分方法也可进行多种设置，如下所示。

（1）映射网格类型（Mapped Mesh Type）：可生成的映射网格有“六面体（Hexa）”或“六面体/棱柱（Hexa/Prism）”。

（2）自由网格类型（Free Mesh Type）：在自由网格类型选项中含有 4 个选项，即“不允许（Not Allowed）”“四面体（Tetra）”“六面体-支配（Hexa Dominant）”“六面体-核心（Hexa Core）”。

（3）源面/目标面选择（Src/Trg Selection）：包含有“自动的（Automatic）”及“手动源面（Manual Source）”。

（4）高级的（Advanced）：高级的栏中可进行编辑“损伤容差（Mesh Based Defeaturing）”及“最小边长（Minimum Edge Length）”。

4.3　全局网格控制

选择分析的类型后并不等于网格控制的完成，而仅仅是进行初步的网格划分，还可以通过属性窗格中的其他选项。

4.3.1　相关性和关联中心

在属性窗格中通过修改其中的选项来更改网格的相关性与关联的中心。

设置相关性通过拖曳滑块，或直接输入-100～+100 的数字来实现细化或粗糙的网格。关联中心是通过粗糙、中等和细化来进行设置全局的网格。

通过两个选项的设置来调节网格的粗糙程度，例如将相关性设置为-100、关联中心设置为中等与相关性设置为 0、关联中心设置为粗糙的效果是相同的。相关性与关联中心的关系如图 4-11 所示。

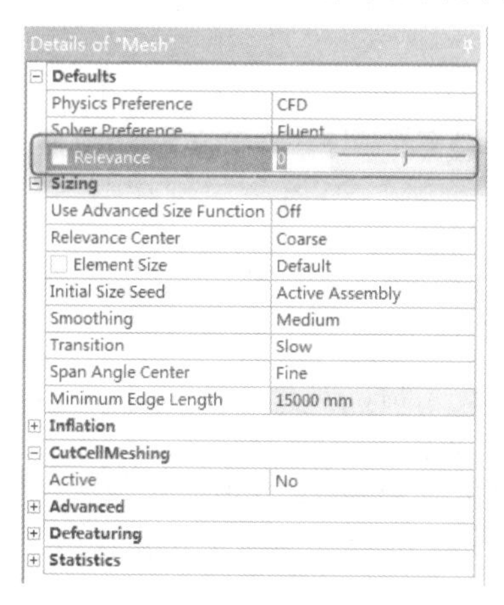

相关性

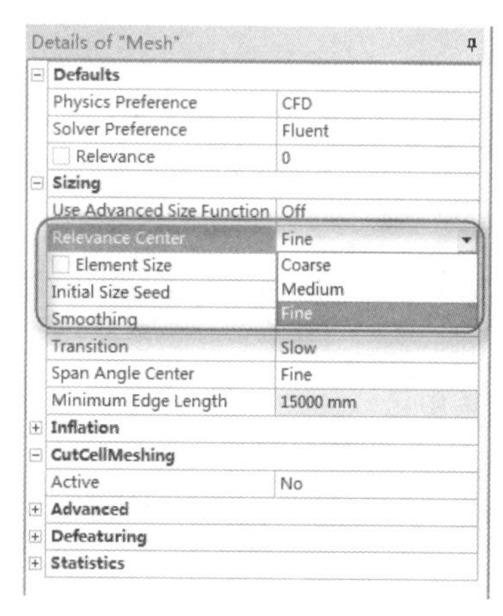

关联中心

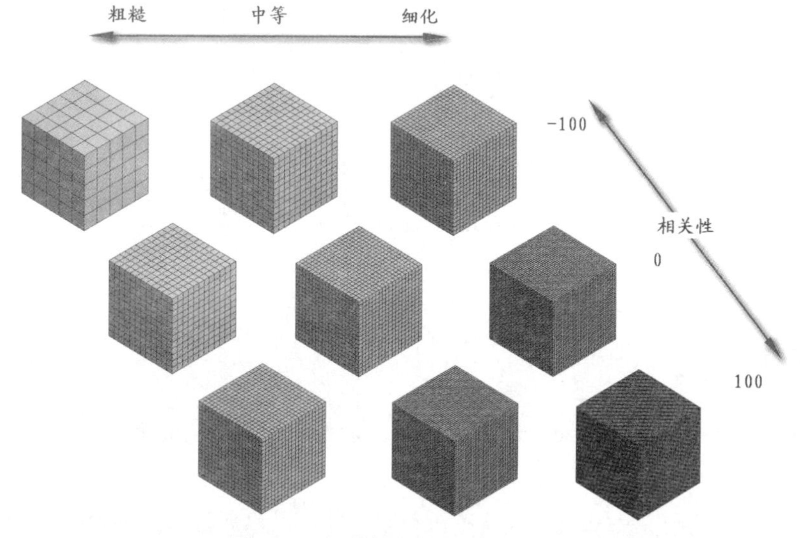

图 4-11　相关性与关联中心的关系

Note

4.3.2 全局单元尺寸

全局单元尺寸的设置是通过在属性窗格中的 Element Size 设置整个模型使用的单元尺寸。这个尺寸将应用到所有的边、面和体的划分。Element Size 栏可以采用默认设置，也可以通过输入尺寸的方式来定义。图 4-12 为两种不同的方式。

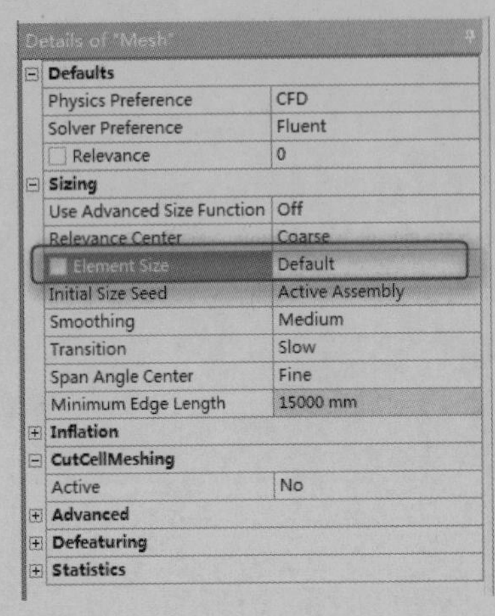

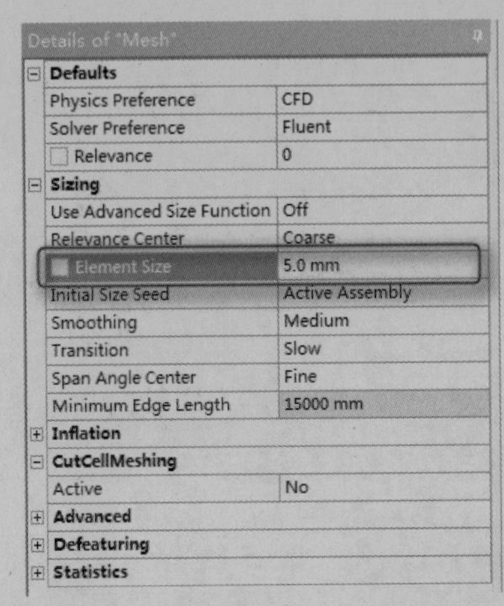

图 4-12　全局单元尺寸

4.3.3 初始尺寸种子

在属性窗格中可以通过设置初始尺寸种子栏来控制每一部件的初始网格种子。如果已定义单元尺寸则被忽略。图 4-13 显示了 Initial Size Seed 具有两个选项。

☑　Assembly（装配体）：基于这个设置，初始种子放入装配部件中。

☑　Part（零件）：基于这个设置，初始种子在网格划分时放入个别特殊部件中。

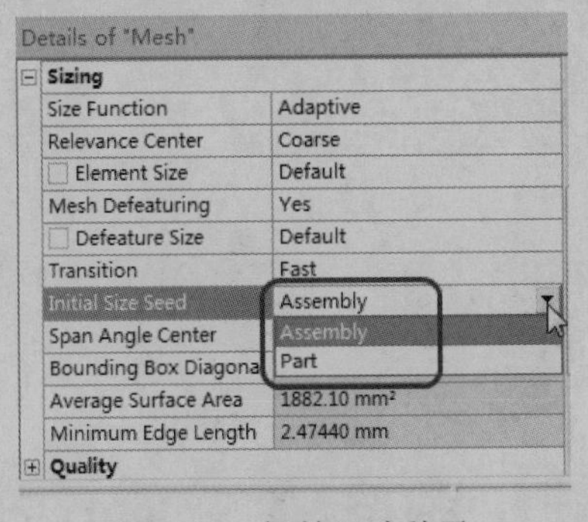

图 4-13　初始尺寸种子

4.3.4 平滑和过渡

可以通过在属性窗格中设置 Smoothing 和 Transition 栏来控制网格的平滑和过渡，如图 4-14 所示。

1. 平滑

平滑网格是通过移动周围节点和单元的节点位置来改进网格质量。下列选项和网格划分器开始平滑的门槛尺度一起控制平滑迭代次数。

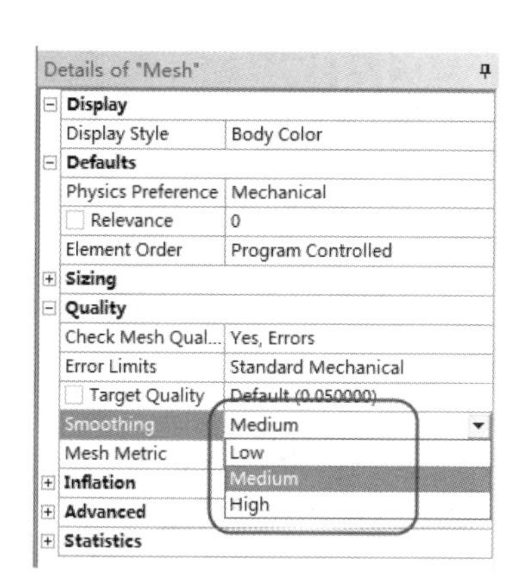

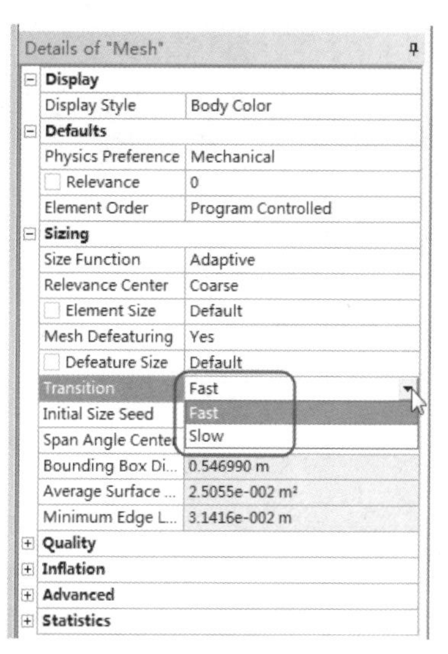

图 4-14　平滑和过渡

☑　Low（低）。

☑　Medium（中等）。

☑　High（高）。

2. 过渡

过渡控制邻近单元增长比。

☑　Fast（快速）。

☑　Slow（缓慢）。

4.3.5　跨度中心角

在 ANSYS Workbench 中设置 Span Angle Center 来设定基于边的细化的曲度目标，如图 4-15 所示。网格在弯曲区域细分，直到单独单元跨越这个角。有以下几种选择。

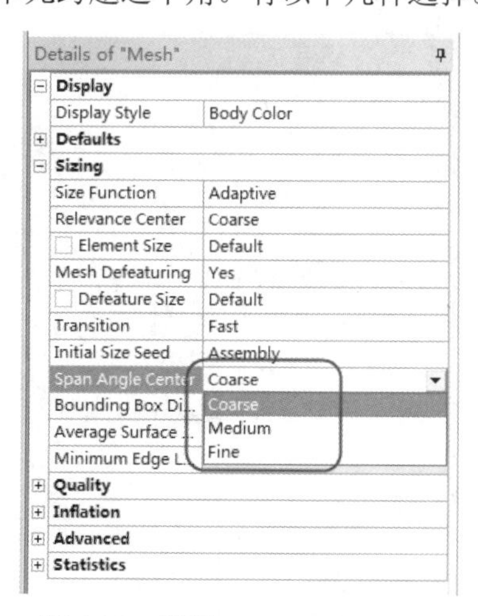

图 4-15　设置 Span Angle Center

☑　Coarse（粗糙）：91°～60°。

Note

☑ Medium（中等）：75°～24°。

☑ Fine（细化）：36°～12°。

同样查看跨度中心角，选择粗糙和细化的效果如图 4-16 所示。

Sizing	
Use Advanced Size Function	Off
Relevance Center	Coarse
Element Size	Default
Initial Size Seed	Active Assembly
Smoothing	Medium
Transition	Fast
Span Angle Center	Coarse
Minimum Edge Length	5.9847e-002 m

45°

（a）

Sizing	
Use Advanced Size Function	Off
Relevance Center	Coarse
Element Size	Default
Initial Size Seed	Active Assembly
Smoothing	Medium
Transition	Fast
Span Angle Center	Fine
Minimum Edge Length	5.9847e-002 m

12°

（b）

图 4-16　跨度中心角

4.3.6　高级尺寸功能

前几节进行的设置均是在无高级尺寸功能时的设置。在无高级尺寸功能时，根据已定义的单元尺寸对边划分网格，对 Proximity and Curvature 细化，对缺陷和收缩控制进行调整，然后通过面和体网格划分。

图 4-17 为高级尺寸功能中的选项。图 4-18 为采用标准尺寸功能和采用高级尺寸功能的对比图。

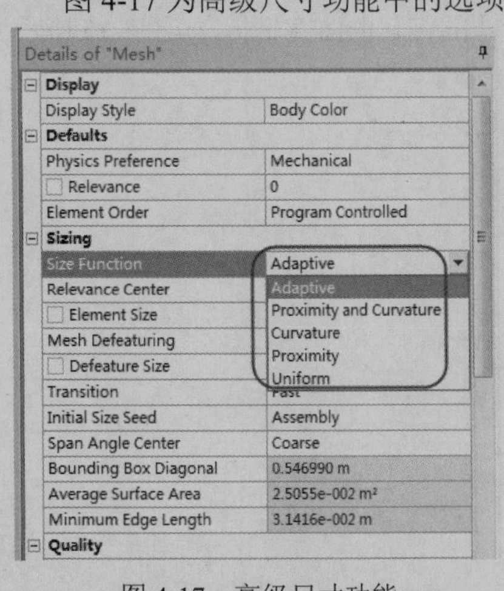

Details of "Mesh"

Display	
Display Style	Body Color
Defaults	
Physics Preference	Mechanical
Relevance	0
Element Order	Program Controlled
Sizing	
Size Function	Adaptive
Relevance Center	Adaptive / Proximity and Curvature / Curvature / Proximity / Uniform
Element Size	
Mesh Defeaturing	
Defeature Size	
Transition	Fast
Initial Size Seed	Assembly
Span Angle Center	Coarse
Bounding Box Diagonal	0.546990 m
Average Surface Area	2.5055e-002 m²
Minimum Edge Length	3.1416e-002 m
Quality	

图 4-17　高级尺寸功能

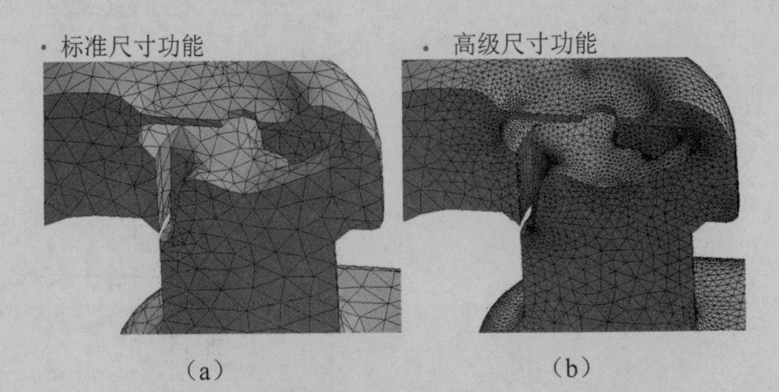

图 4-18　标准尺寸功能和高级尺寸功能

在属性窗格中高级尺寸功能的选项和默认值及 Proximity and Curvature 等，如图 4-19 所示。

☑ Curvature（曲度）：默认值为 18°。

☑ Proximity（近似）：默认值每个间隙 3 个单元（二维和三维），默认精度为 0.5，若不允许

会增大到 1。

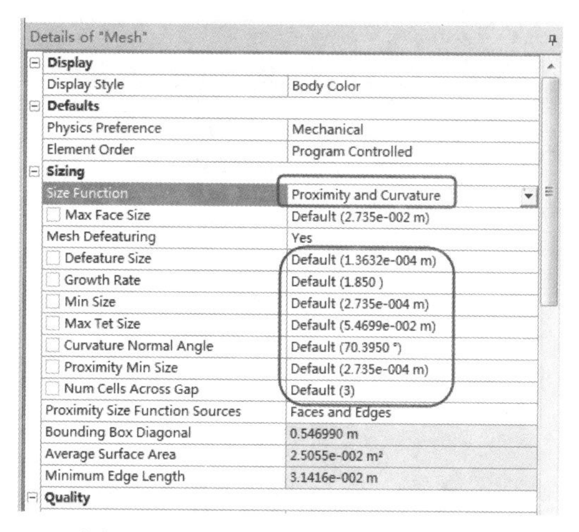

图 4-19　Curvature and Proximity 选项

图 4-20 为有 Curvature 与有 Curvature and Proximity（5 cells in gap）网格划分后的图形。

- 有 Curvature

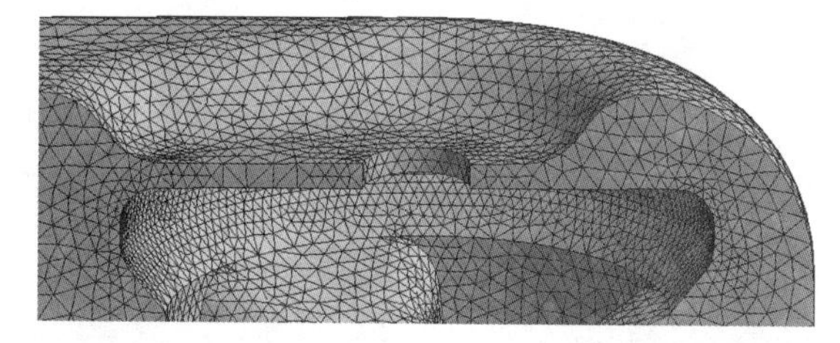

- 有 Curvature and Proximity（5 cells in gap）

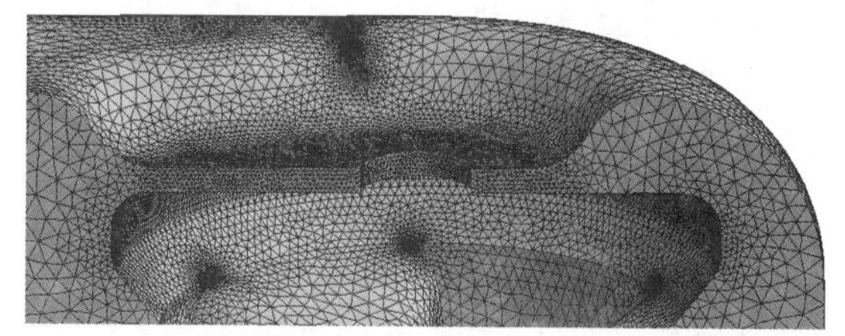

图 4-20　Curvature 与 Curvature and Proximity

☑　Curvature（曲度）：采用 Curvature 高级网格设置的属性窗格如图 4-21 所示，在此可看出曲度的变化。

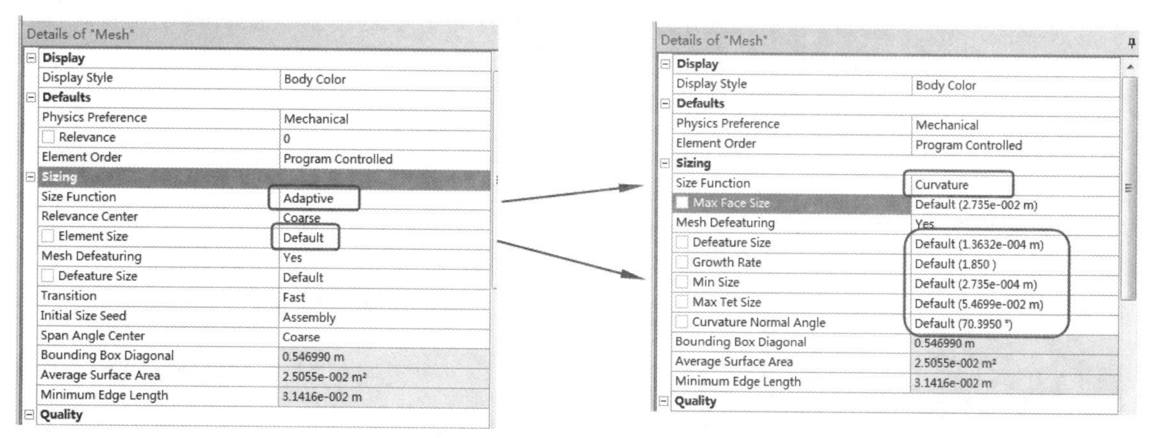

图 4-21　曲度变化

☑　Uniform（统一）：Curvature 或 Proximity 的出现导致没有局部细化，局部网格尺寸必须由网格控制来设定。按照定义的增长比来产生网格等级尺寸，如图 4-22 所示。

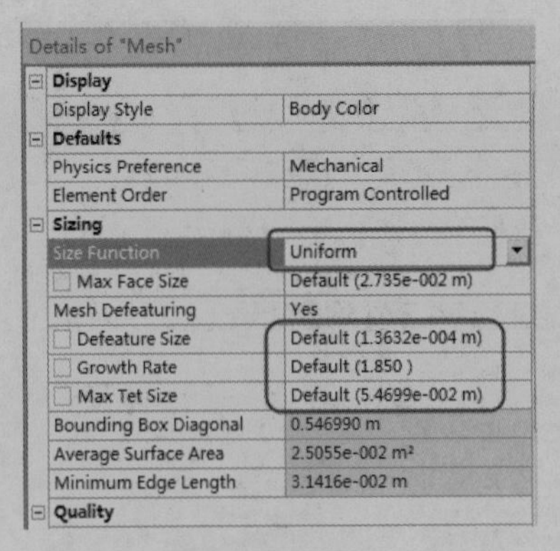

图 4-22　统一

4.4　局部网格控制

可用到的局部网格控制包含（可用性取决于使用的网格划分方法）局部尺寸、接触尺寸、细化、映射面划分、匹配控制、收缩和膨胀。通过在树形目录中右击 Mesh 分支，弹出快捷菜单来进行局部网格控制，如图 4-23 所示。

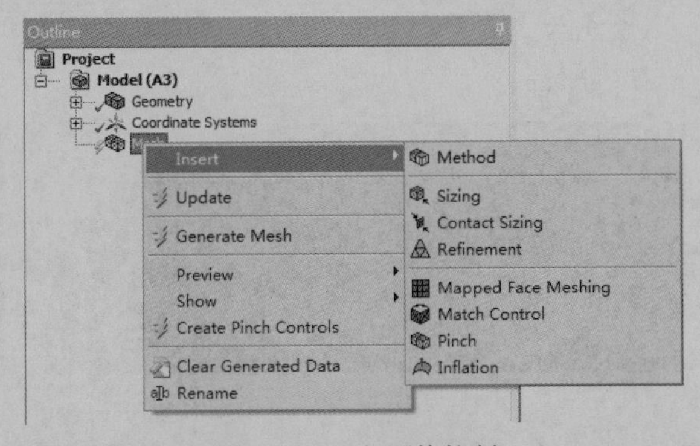

图 4-23　局部网格控制

4.4.1　局部尺寸

要实现局部尺寸（Sizing）网格划分，在树形目录中右击 Mesh 分支，在弹出的快捷菜单中选择 Insert→Sizing 命令，可以定义局部尺寸网格的划分，如图 4-24 所示。

在局部尺寸的属性窗格中要进行划分的线或体的选择，如图 4-25 所示。选择需要划分的对象后单击 Geometry 栏中的 Apply 按钮。

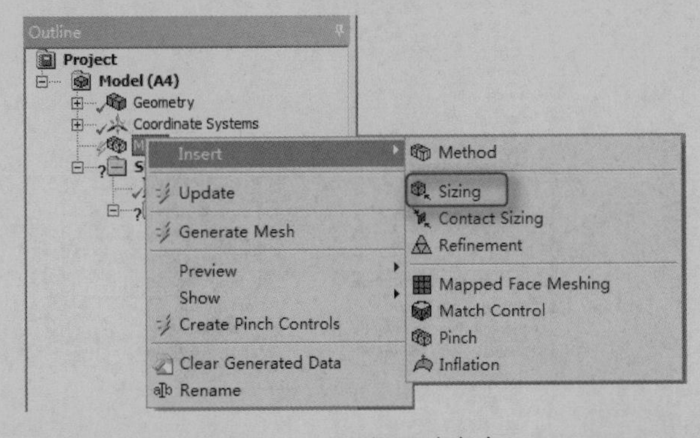

图 4-24　局部尺寸命令

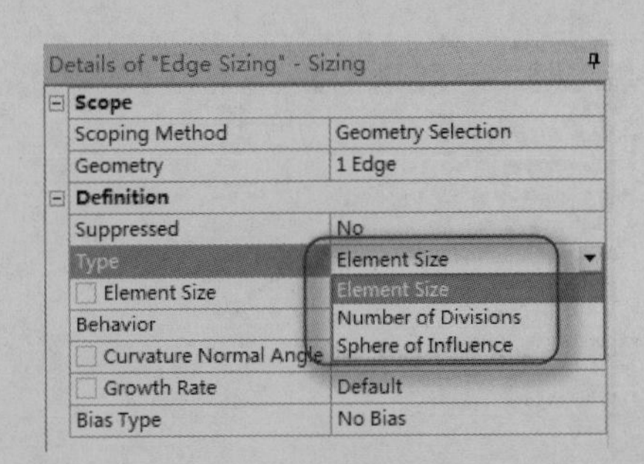

图 4-25　属性窗格

局部尺寸中的类型包括以下 3 个选项。

☑　Element Size（单元尺寸）：定义体、面、边或顶点的平均单元边长。

☑　Number of Divisions（分段数量）：定义边的单元分数。

☑　Sphere of Influence（影响球）：球体内的单元给定平均单元尺寸。

以上可用选项取决于作用的实体。选择边与选择体所含的选项不同，表 4-2 列出了选择不同的作用对象时所对应的属性窗格中的选项。

表 4-2　可用选项

作用对象	单元尺寸	分段数量	影响球
体	√		√
面	√		√
边	√	√	√
顶点			√

在进行影响球的局部网格划分操作中，已定义的 Sphere of Influence 面尺寸如图 4-26 所示。位于球内的单元具有给定的平均单元尺寸。常规影响球（Point Sizing）控制所有可触及面的网格。在进行局部尺寸网格划分时，可选择多个实体并且所有球体内的作用实体受设定尺寸的影响。

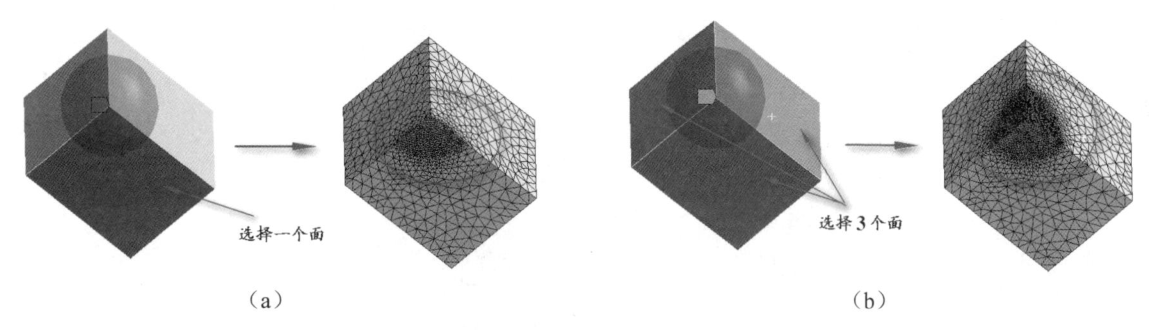

图 4-26　选择作用对象不同效果不同

边尺寸可通过对一个端部、两个端部或中心的偏置把边离散化。在进行边尺寸时，图 4-27 为源面使用了扫掠网格；图 4-28 为源面的两对边定义了边尺寸、偏置边尺寸，以在边附近得到更细化的网格。

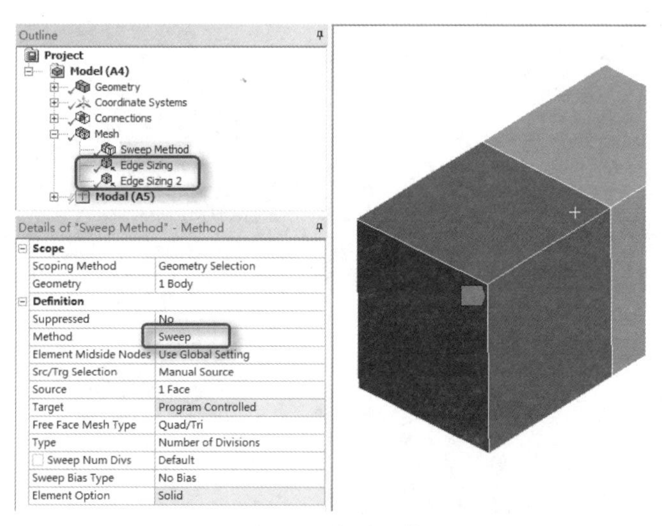

图 4-27　扫掠网格

顶点也可以定义尺寸，顶点尺寸即模型的一个顶点定义为影响球的中心，如图 4-29 所示。尺寸将定义在球体内所有实体上。

Note

图 4-28　偏置边尺寸

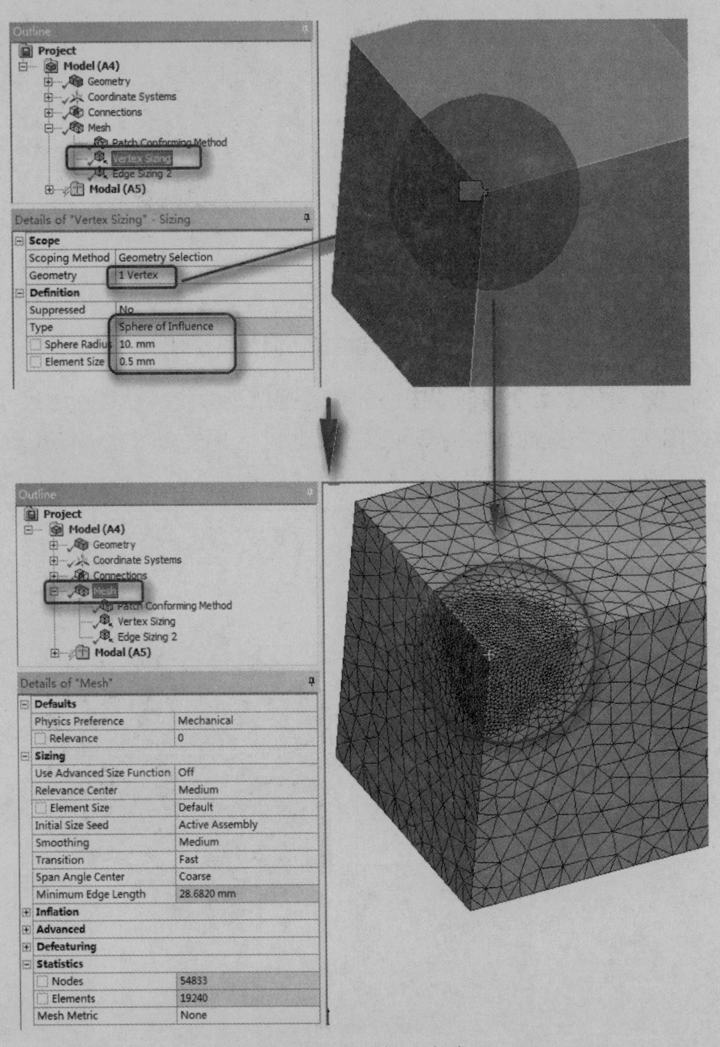

图 4-29　顶点影响球

影响体只在高级尺寸功能打开时被激活，如图 4-30 所示。影响体可以是任何的 CAD 线、面或实

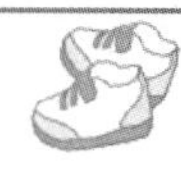

体。使用影响体划分网格其实没有真正划分网格，只是作为一个约束来定义网格划分的尺寸。

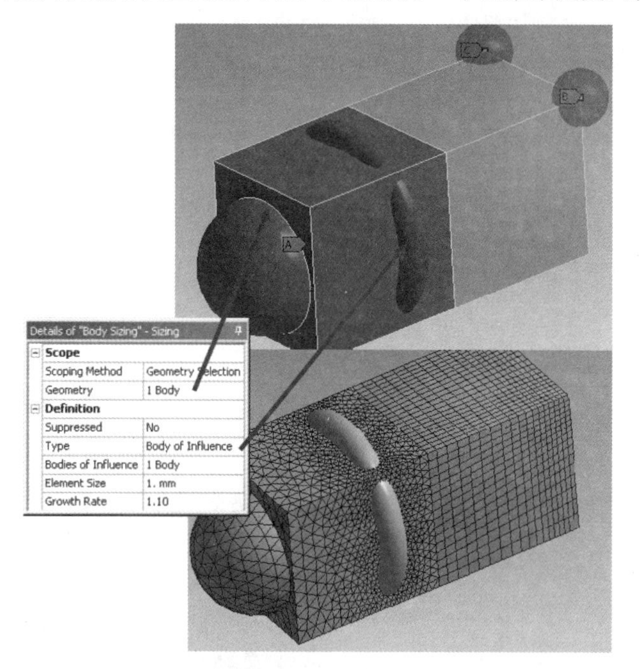

图 4-30　影响体

影响体的操作通过 3 部分来定义，分别是拾取几何、拾取影响体及指定参数，其中指定参数含有 Element Size 及 Growth Rate。

4.4.2　接触尺寸

接触尺寸（Contact Sizing）命令提供了一种在部件间接触面上产生近似尺寸单元的方式，如图 4-31 所示（网格的尺寸近似但不共形）。对给定接触区域可定义 Element Size 或 Relevance 参数。

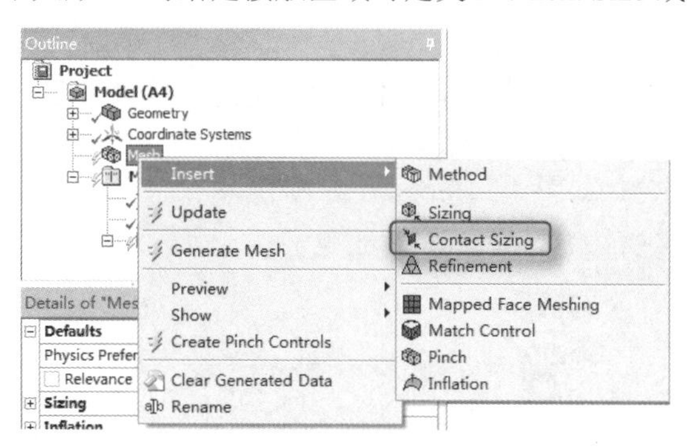

图 4-31　接触尺寸

4.4.3　细化

单元细化（Refinement）即划分现有网格，图 4-32 为在树形目录中右击 Mesh 分支，在弹出的快捷菜单中选择 Insert→Refinement 命令。对网格的细化划分包括对面、边和顶点均有效，但对 Patch Independent Tetrahedrons 或 CFX-Mesh 不可用。

在进行细化划分时首先由全局和局部尺寸控制形成初始网格，然后在指定位置单元细化。

Note

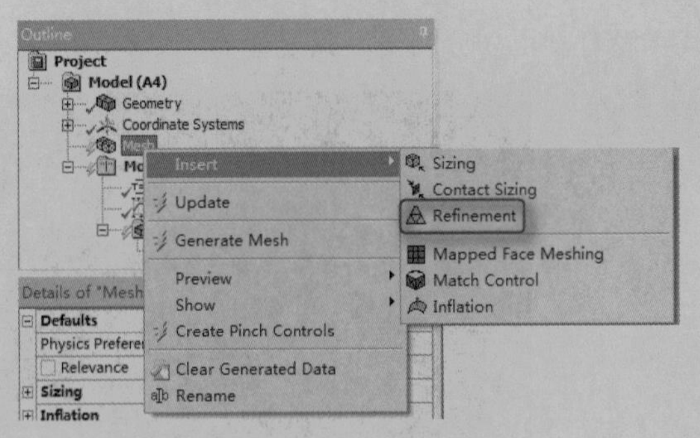

图 4-32　细化

细化水平可从 1（最小的）到 3（最大的）改变。当细化水平为 1 时将初始网格单元的边一分为二。由于不能使用膨胀，因此在对 CFD 进行网格划分时不推荐使用细化。图 4-33 长方体左端采用了细化水平 1，而右边则保留了默认的设置。

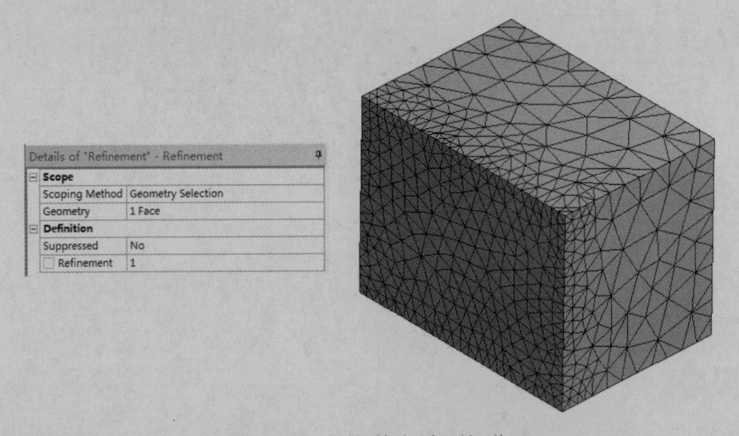

Details of "Refinement" - Refinement

Scope	
Scoping Method	Geometry Selection
Geometry	1 Face
Definition	
Suppressed	No
Refinement	1

图 4-33　长方体左端面细化

4.4.4　映射面划分

在局部网格划分时，映射面划分（Mapped Face Meshing）可以在面上产生结构网格。

在树形目录中右击 Mesh 分支，在弹出的快捷菜单中选择 Insert→Mapped Face Meshing 命令，可以定义局部映射面网格的划分，如图 4-34 所示。

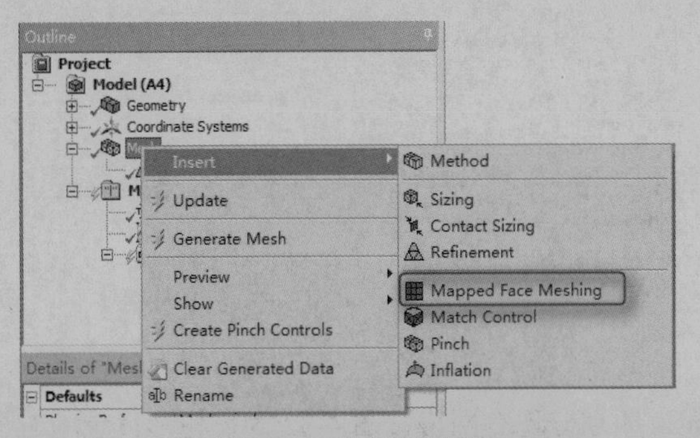

图 4-34　映射面划分

图 4-35 显示了映射面划分的内部圆柱面有更均匀的网格模式。

如果面由于任何原因不能映射划分，划分会继续，但可从树状略图的图标上看出。

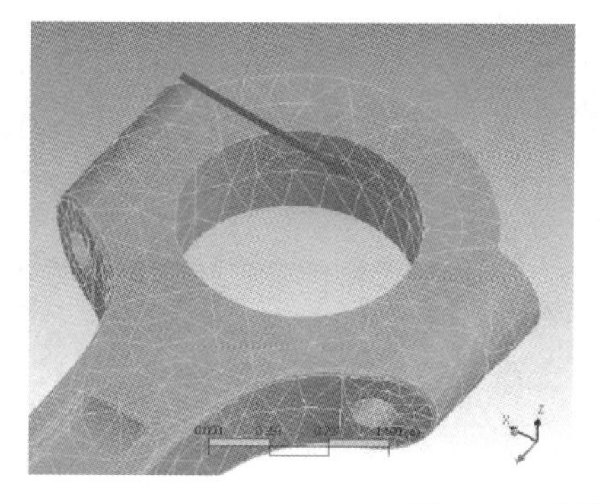

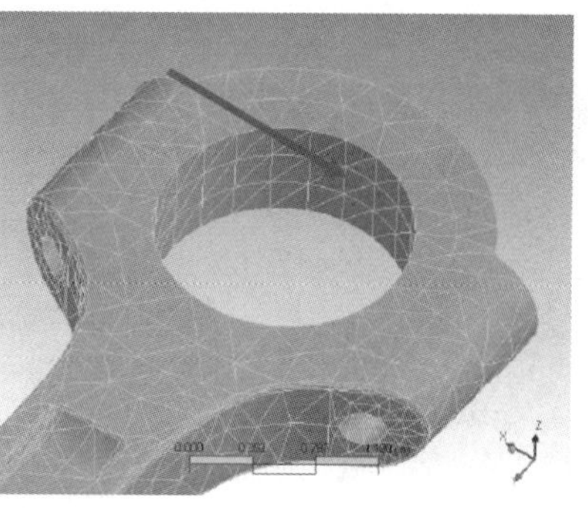

图 4-35　映射面划分对比

进行映射面划分时，如果选择的映射面划分的面是由两个回线定义的，就要激活径向的分割数。扫掠时指定穿过环形区域的分割数。

4.4.5　匹配控制

一般典型的旋转机械，旋转面的匹配网格模式方便循环对称分析，如图 4-36 所示。

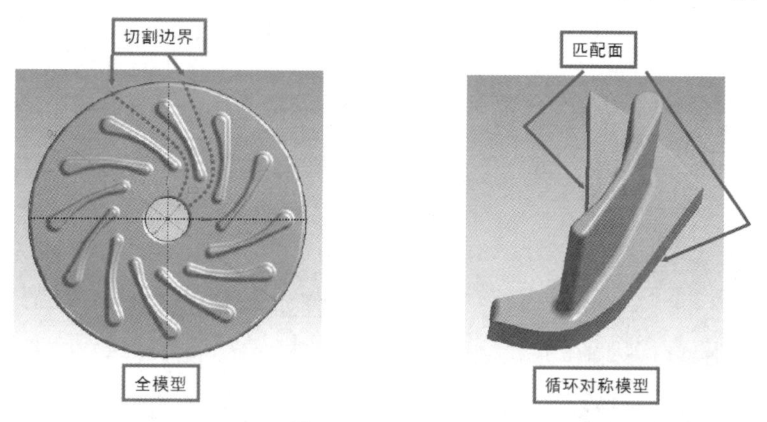

图 4-36　匹配控制

在树形目录中右击 Mesh 分支，在弹出的快捷菜单中选择 Insert→Match Control 命令，可以定义局部匹配控制网格的划分，如图 4-37 所示。

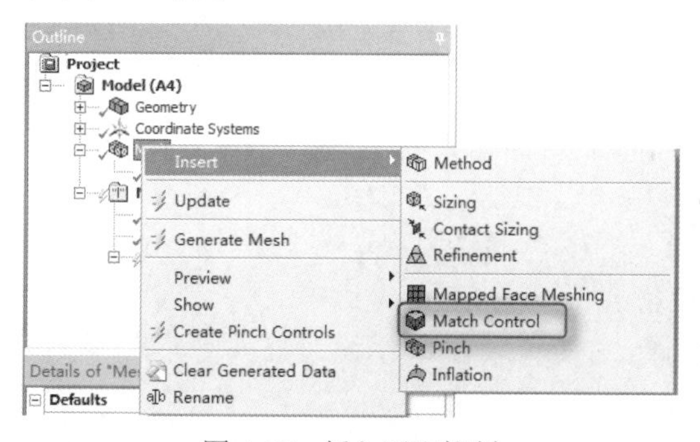

图 4-37　插入匹配控制

下面是建立匹配控制的过程，如图 4-38 所示。

（1）在 Mesh 分支下插入 Match Face Mesh 控制。

Note

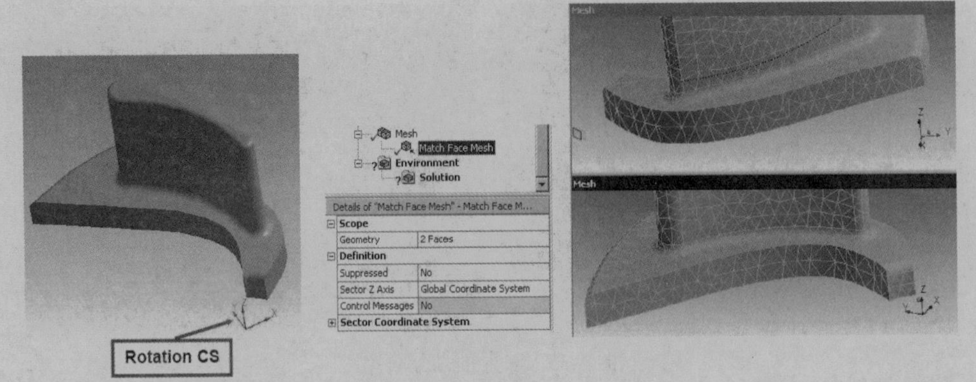

图 4-38　建立匹配控制

（2）识别对称边界的面。

（3）识别坐标系（Z 轴是旋转轴）。

4.4.6　收缩控制

定义了收缩控制，网格生成时会产生缺陷。收缩只对顶点和边起作用；面和体不能收缩。图 4-39 为运用收缩控制的结果。

在树形目录中右击 Mesh 分支，在弹出的快捷菜单中选择 Insert→Sizing 命令，可以定义局部尺寸网格的划分，如图 4-40 所示。

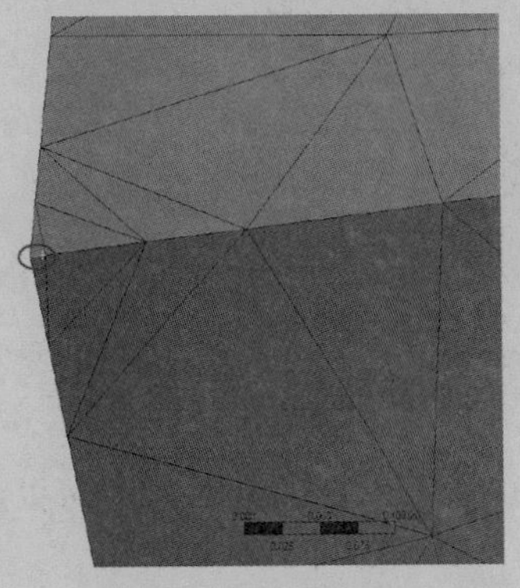

图 4-39　收缩控制

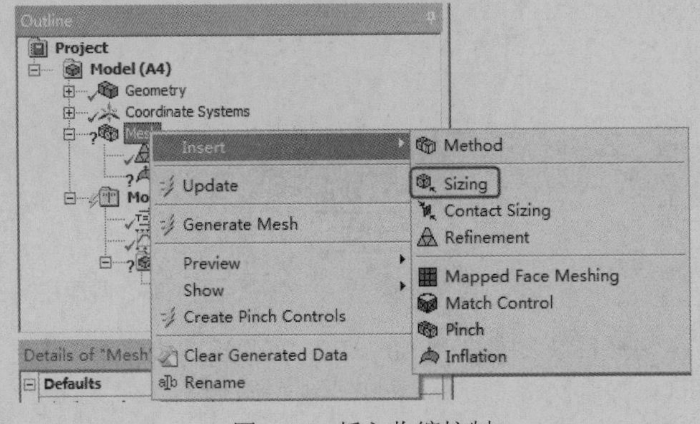

图 4-40　插入收缩控制

以下网格方法支持收缩特性。

☑　Patch Conforming 四面体。

☑　薄实体扫掠。

☑　六面体控制划分。

☑　四边形控制表面网格划分。

☑　所有三角形表面划分。

4.4.7　膨胀

当网格方法设置为四面体或多区域，通过选择想要膨胀（Inflation）的面，膨胀层可作用于一个体或多个体；而对于扫掠网格，通过选择源面上要膨胀的边来施加膨胀。

在树形目录中右击 Mesh 分支，在弹出的快捷菜单中选择 Insert→Inflation 命令可以定义局部膨胀网格的划分，如图 4-41 所示。

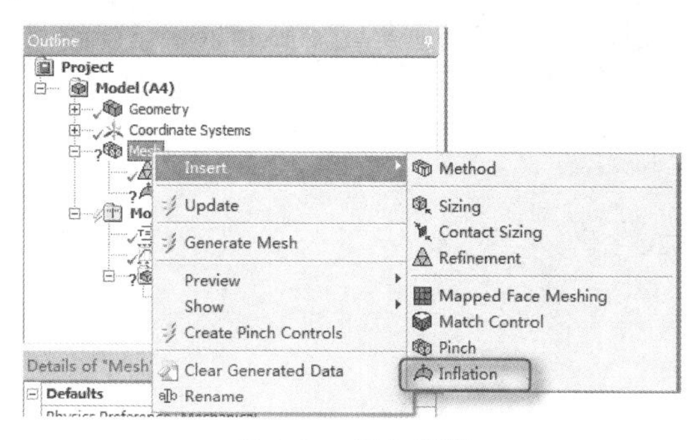

图 4-41　插入膨胀

下面为添加膨胀后的属性窗格的选项。

（1）使用自动膨胀，当所有面无命名选项及共享体间没有内部面的情况下就可以使用“程序化控制”使用自动膨胀。

（2）膨胀选项（Inflation Option），在膨胀选项中包括平滑过渡（对二维和四面体划分是默认的）、第一层厚度及总厚度（对其他是默认的）。

（3）膨胀算法（Inflation Algorithm），包含前处理（Pre）和后处理（Post）。

4.5　网 格 工 具

对网格的全局控制和局部控制之后需要生成网格并进行查看，这需要一些工具，本节中包括生成网格、截面位面和命名选项。

4.5.1　生成网格

生成网格（Generate Mesh）是划分网格不可缺少的步骤。利用生成网格命令可以生成完整体网格，对之前进行的网格划分进行最终的运算。生成网格的命令可以在工具栏中执行，也可以在树形目录中利用右键快捷菜单执行，如图 4-42 所示。

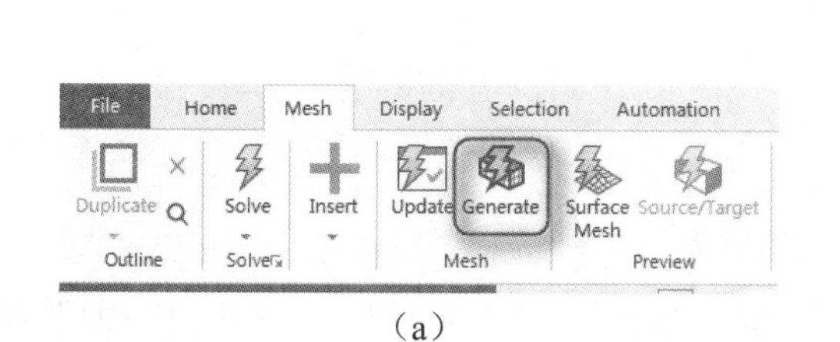

（a）　　　　（b）

图 4-42　生成网格

Note

在划分网格之前可以使用表面网格工具对生成的网格进行预览，利用此方法比其他大多数方法更快（除 Tetrahedral Patch Independent 方法外），因此通常首选被用来预览表面网格。图 4-43 为表面网格。

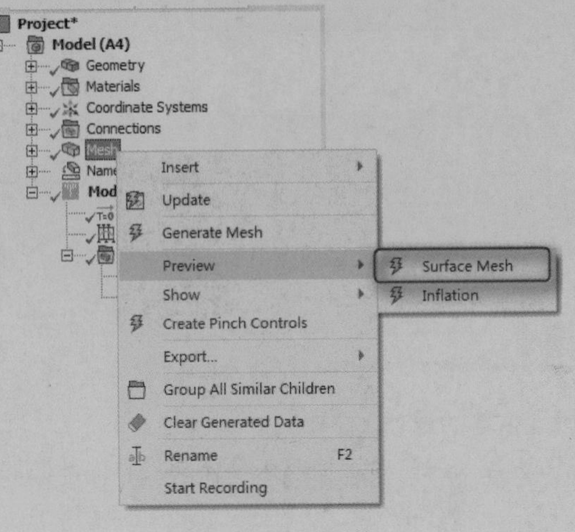

图 4-43　表面网格

如果由于不能满足单元质量参数，网格的划分有可能生成失败，预览表面网格将是十分有用的。它允许看到表面网格，因此可看到需要改进的地方。

4.5.2　截面位面

在网格划分程序中，截面位面（Section Planes）可显示内部的网格，图 4-44 为截面窗格，默认在程序的左下角。

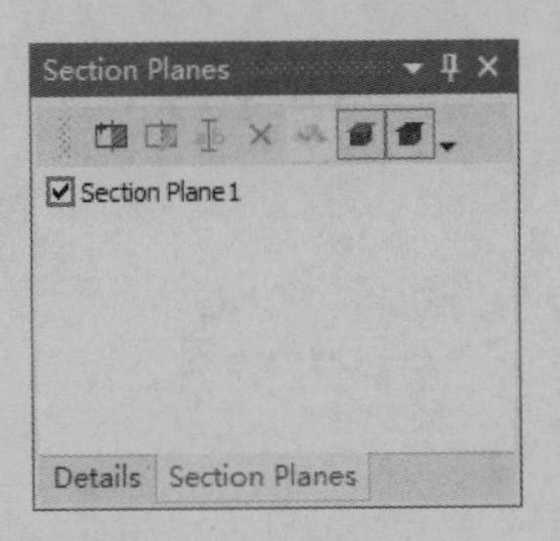

图 4-44　截面窗格

要执行截面位面命令，也可以单击 Home 工具栏内 Insert 区域中的 Section Plane 按钮 Section Plane，如图 4-45 所示。

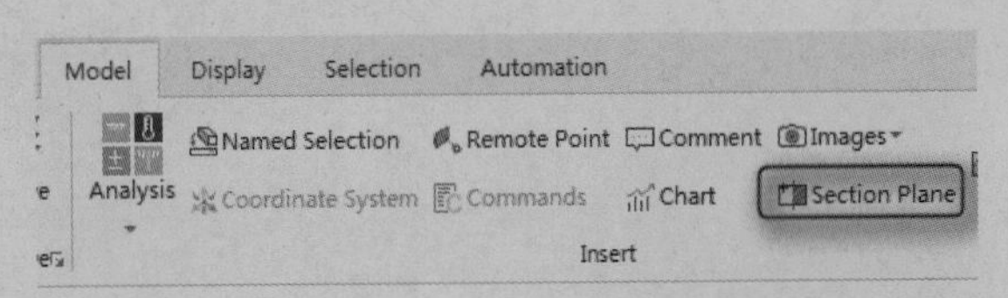

图 4-45　截面工具栏

利用截面位面命令可显示位于截面任一边的单元、切割或完整的单元或位面上的单元。

在利用截面工具时，可以通过使用多个位面生成需要的截面。图 4-46 为利用两个位面得到的 120° 剖视的截面。

Note

截面位面的操作步骤如下。

（1）图 4-47 为没有截面位面时，绘图区域只能显示外部网格。

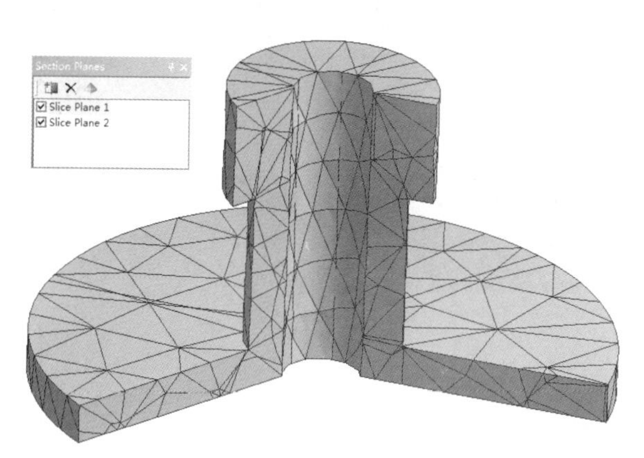

图 4-46　多位面截面

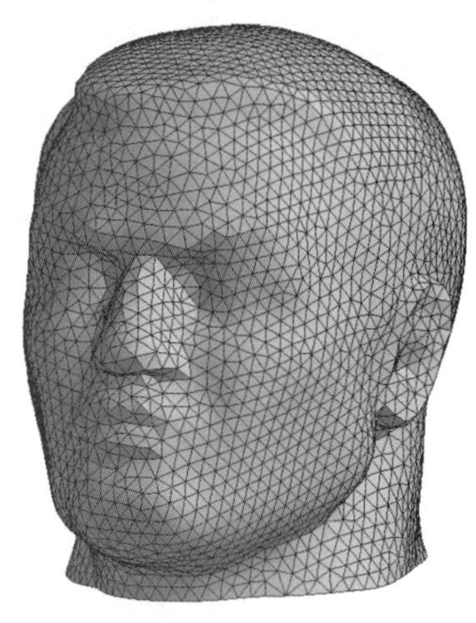

图 4-47　外部网格

（2）在绘图区域创建截面位面，在绘图区域将显示创建的截面位面的一边，如图 4-48 所示。

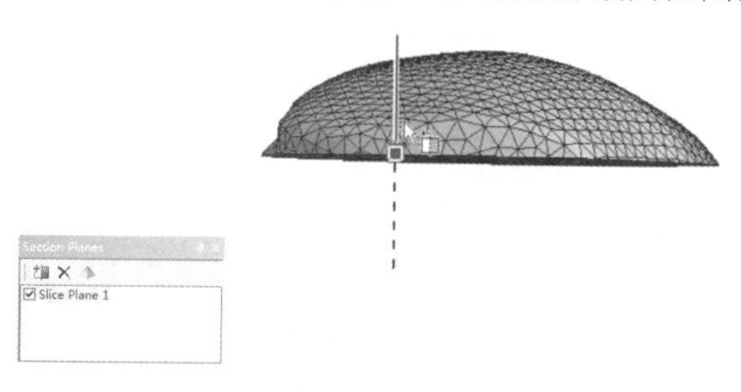

图 4-48　创建截面位面

（3）单击绘图区域中的虚线则转换显示截面位面边。也可拖曳绘图区域中的蓝方块调节截面位面的移动，如图 4-49 所示。

（4）在截面窗格中单击“显示完整单元”按钮，显示完整的单元，如图 4-50 所示。

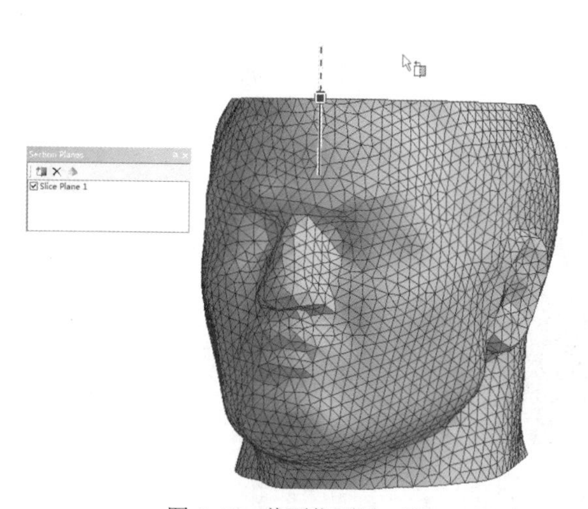

图 4-49　截面位面另一面

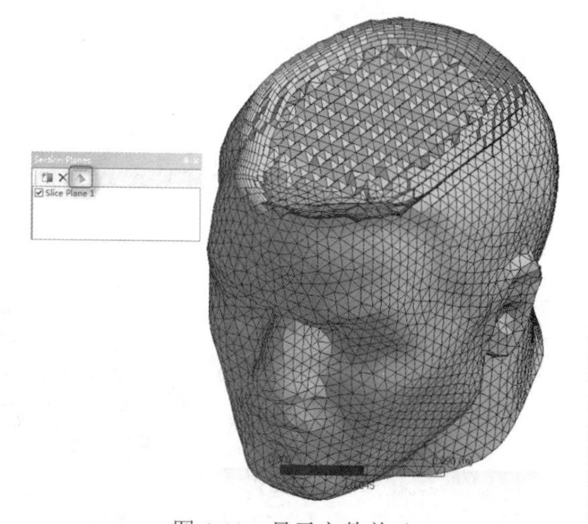

图 4-50　显示完整单元

4.5.3 命名选项

Note

命名选项（Create Named Selection）允许用户对顶点、边、面或体创建组，命名选项可用来定义网格控制、施加载荷和结构分析中的边界等。

命名选项将在网格输入到 CFX-Pre 或 Fluent 时，以域的形式出现，在定义接触区、边界条件等时可参考，提供了一种选择组的简单方法，如图 4-51 所示。

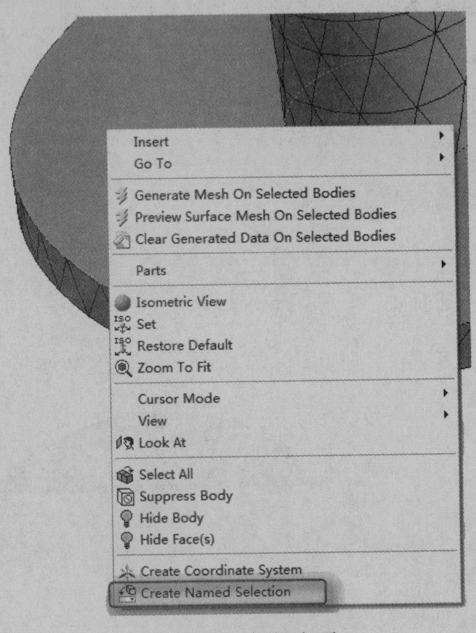

图 4-51　命名选项

另外，命名的选项组可从 DesignModeler 和某些 CAD 系统中输入。

4.6　网格划分实例——三通管网格划分

视频讲解

本实例对三通管进行网格划分，如图 4-52 所示。

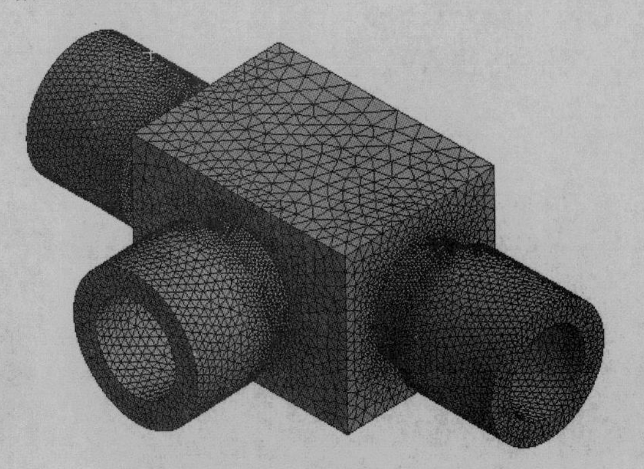

图 4-52　三通管网格划分

Note

4.6.1 定义几何

01 在 Windows 系统下执行“开始”→“所有程序”→ANSYS 2020→Workbench 2020 命令，启动 ANSYS Workbench 2020，进入主界面。

02 在 ANSYS Workbench 2020 主界面中，打开左边 Component Systems 工具箱的下拉列表。

03 将工具箱中的 Mesh 选项直接拖曳到项目管理界面中或是直接在项目上双击载入，建立一个含有 Mesh 的项目模块。

04 导入模型。右击 A2 栏 2 Geometry ，在弹出的快捷菜单中选择 Import Geometry→Browse 命令，然后打开“打开”对话框，打开源文件中的 pipe.agdb。双击 A3 栏 3 Mesh ，或右击并在弹出的快捷菜单中选择 Edit 命令，将打开网格划分应用程序，如图 4-53 所示。

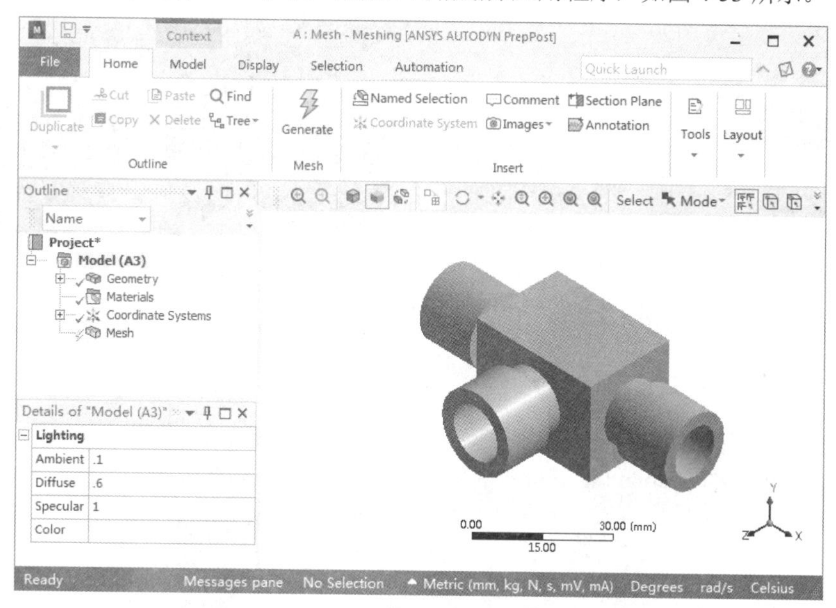

图 4-53 Mesh 应用程序

05 在树形目录中右击 Mesh 分支，在弹出如图 4-54 所示的快捷菜单中选择 Generate Mesh 命令，进行网格的划分。划分后的网格如图 4-55 所示。

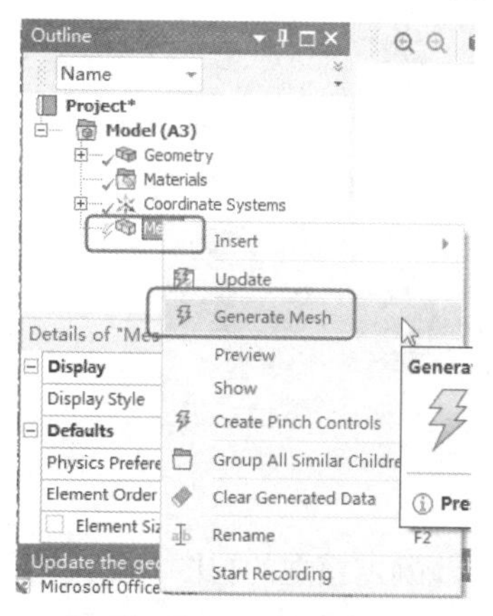

图 4-54 导入模型

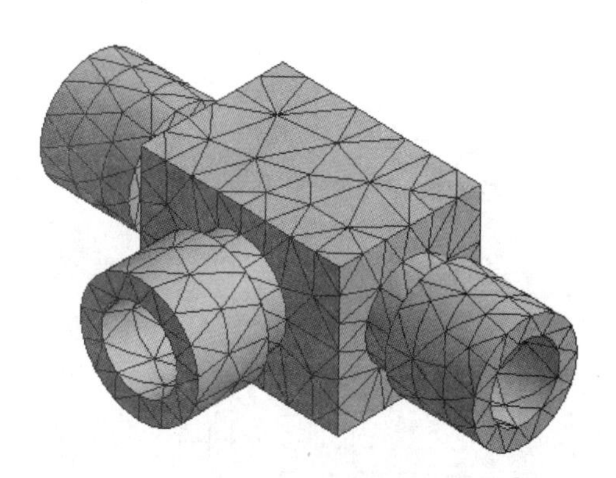

图 4-55 划分网格

Note

06 使用视图操作工具和 3 个坐标轴来检查网格的划分情况。

4.6.2 Mechanical 默认与 CFD 网格

01 在属性窗格中设置 Physics Preference 为 CFD、Solver Preference 为 Fluent。

02 在树形目录中右击 Mesh 分支，在弹出的快捷菜单中选择 Generate Mesh 命令生成网格，如图 4-56 所示。从该图中可以注意到更加细化的网格和网格中的改进。

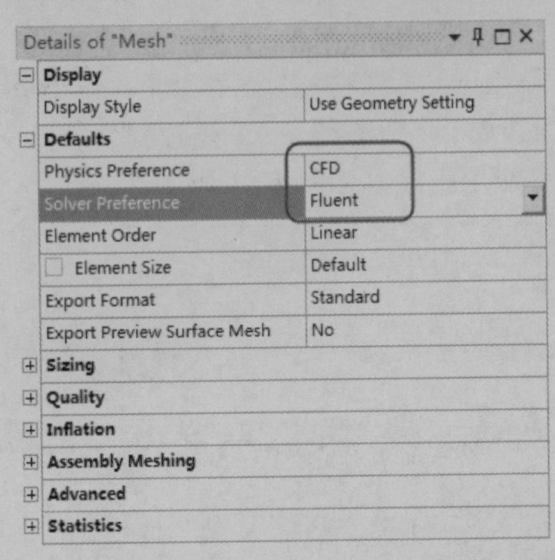

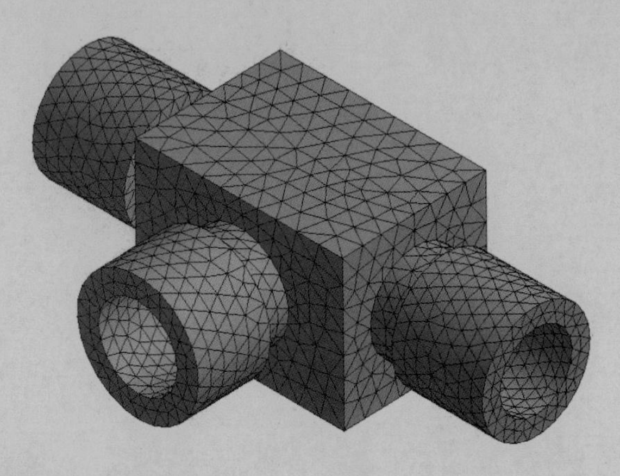

图 4-56　树形目录及属性窗格

4.6.3 截面位面

01 在绘图区域的右下角单击 X 轴，确定模型的视图方向使其边如图 4-57 所示。单击 Home 工具栏内 Insert 区域中的 Section Plane 按钮 Section Plane，如图 4-58 所示。

图 4-57　X 轴方向显示

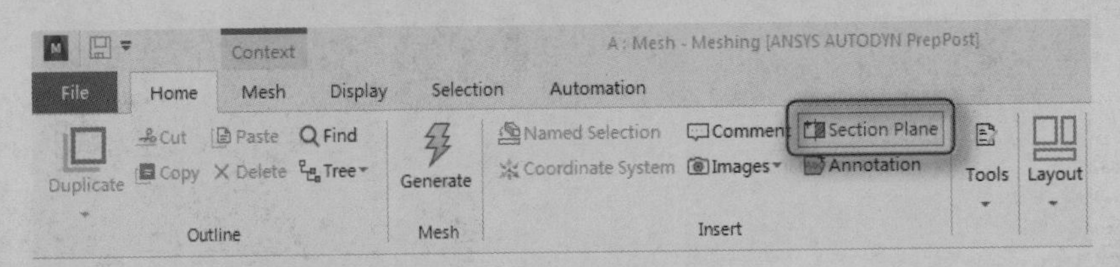

图 4-58　Section Plane 按钮

02 绘制一个截面位面从左向右分开模型，如图 4-57 所示。确定模型的视图方向使其平行于三通管的轴。单击左下角的 Section Planes 窗格中的 Show Whole Elements 按钮，显示完成单元的图标，

如图 4-59 所示。注意这里只有一个单元穿过薄区域的厚度方向。截面后的模型如图 4-60 所示。

Section Planes

Section Plane1

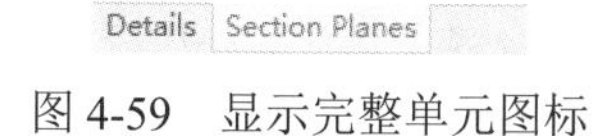

图 4-59　显示完整单元图标

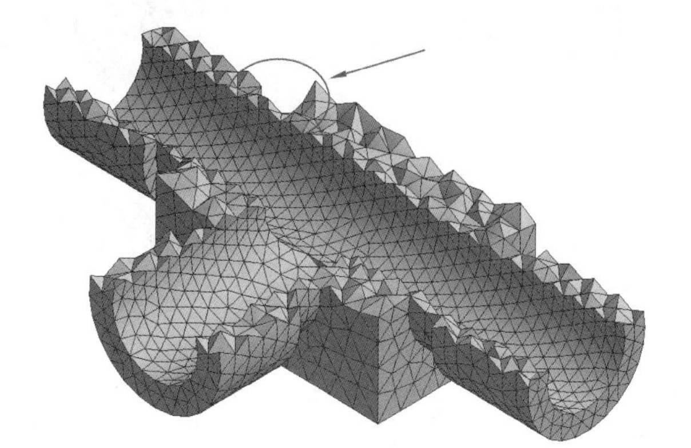

图 4-60　分网后的模型截面

4.6.4　使用面尺寸

01 关闭 Section Planes 窗格。

02 在树形目录中右击 Mesh 分支，并在弹出的快捷菜单中选择 Insert→Sizing 命令，如图 4-61 所示。拾取如图 4-62 所示的外部圆柱面并单击 Apply 按钮。

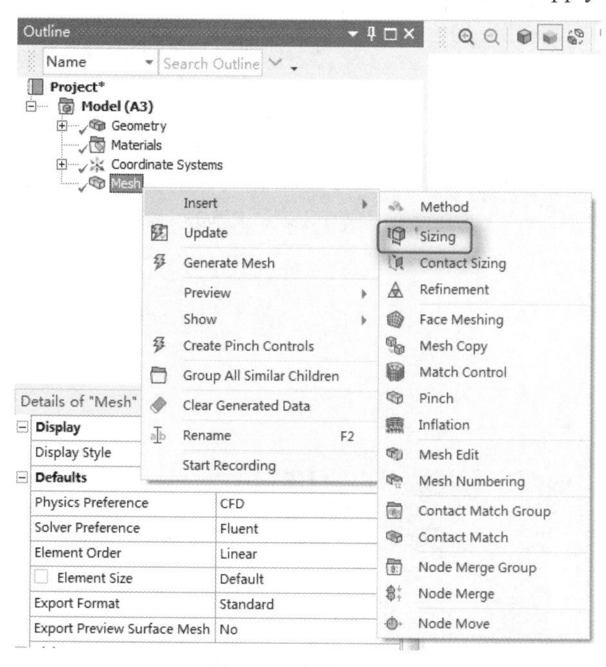

图 4-61　插入 Sizing

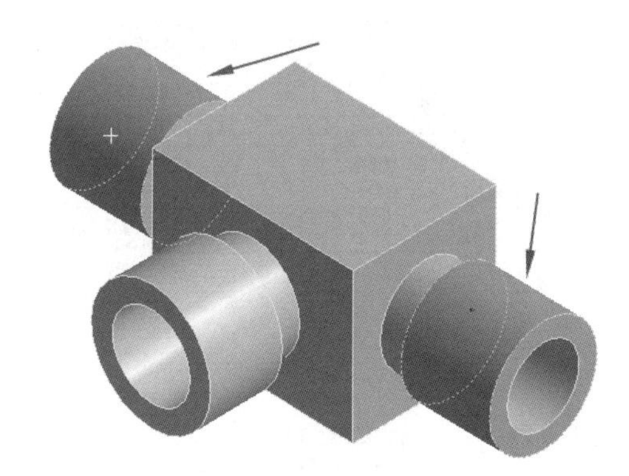

图 4-62　选择外部圆柱

03 设置 Element Size 为 1.0mm。重新生成网格，在图 4-63 中可以注意到所选面的网格比邻近面的网格要细。

04 重新激活 Section Planes 窗格，并使视图方向平行于三通管的轴。注意这里只在面尺寸激活的截面厚度方向有多个单元，如图 4-64 所示。

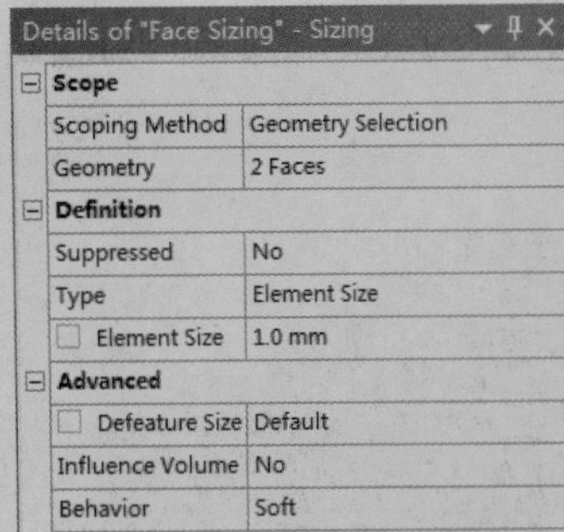

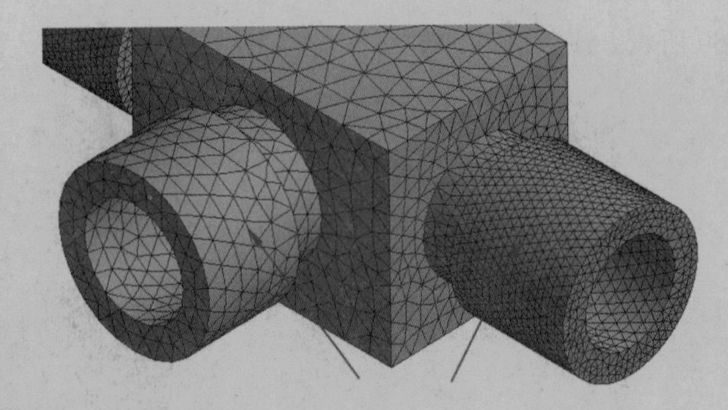

图 4-63　面尺寸网格大小不同

图 4-64　重新激活截面

4.6.5　局部网格划分

01 在树形目录中右击 Coordinate Systems 分支，在弹出的快捷菜单中选择 Insert→Coordinate Systems 命令插入一个坐标系。在属性窗格 Origin 栏中设置 Define By 为 Global Coordinates，在 Origin X、Origin Y 和 Origin Z 中分别输入“46.5mm”“21mm”“12mm”。关闭 Section Planes 窗格，坐标系如图 4-65 所示。

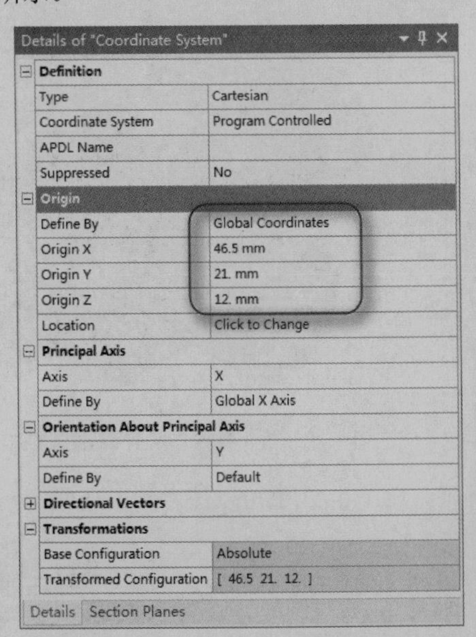

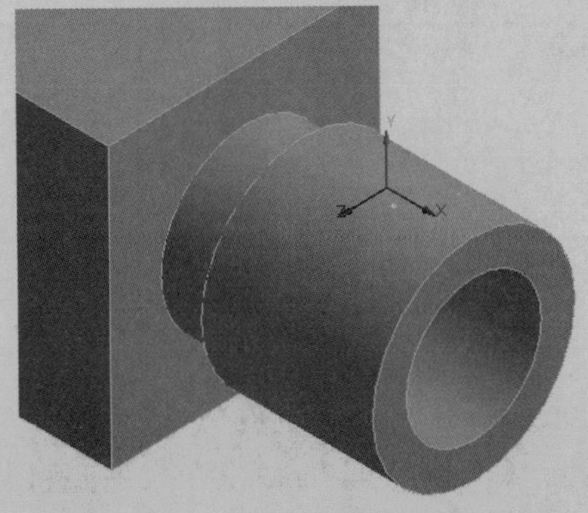

图 4-65　确定影响球的位

02 通过右击树形目录中 Mesh 分支下的 Face Sizing，在弹出的快捷菜单中选择 Suppress 命令，如图 4-66 所示。将 Face Sizing 关闭。

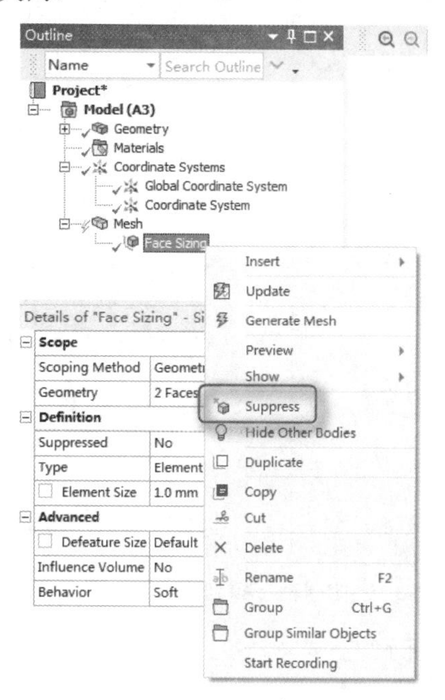

图 4-66　关闭 Face Sizing

03 在树形目录中右击 Mesh 分支，在弹出的快捷菜单中选择 Insert→Sizing 命令。在绘图区域中拾取体，并在属性窗格中设置 Type 为 Sphere of Influence。在 Sphere Center 下拉列表中选择之前创建的坐标系。

04 设置 Sphere Radius 为 3mm、Element Size 为 0.5mm。显示的模型会更新以预览影响球的范围，如图 4-67 所示。

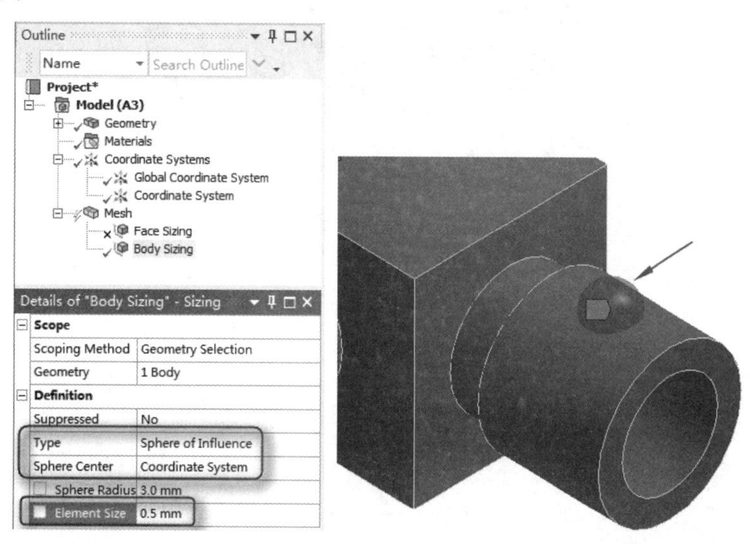

图 4-67　体尺寸

05 在 Section Planes 窗格关闭情况下重新生成网格，如图 4-68 所示。注意影响球的有限范围。

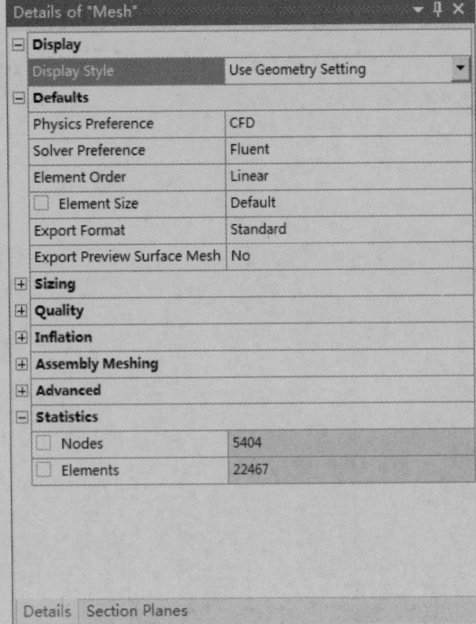

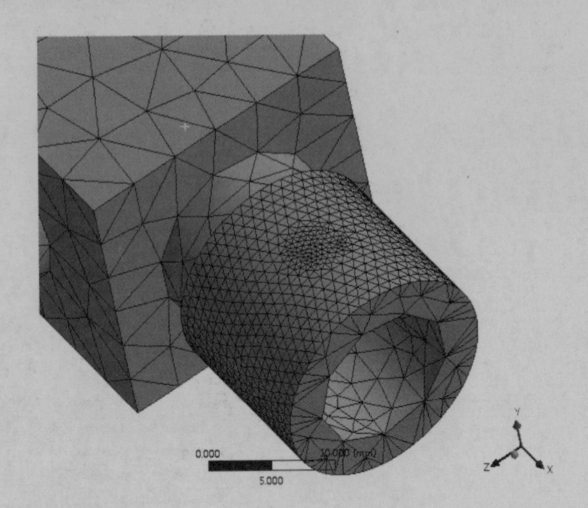

图 4-68　重新生成网格

划分完成后的网格如图 4-69 所示。

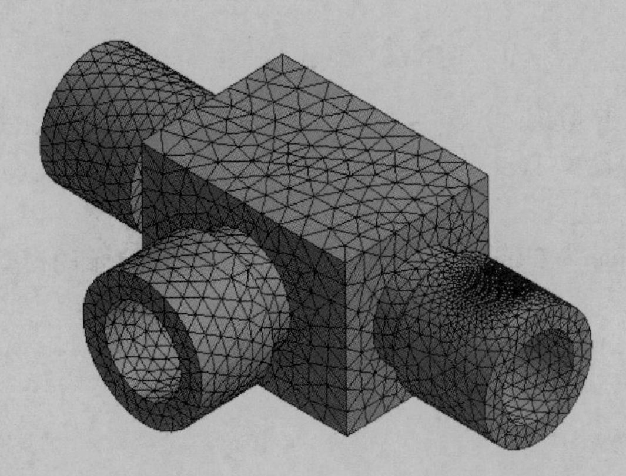

图 4-69　划分完成后的网格

结构静力学分析

在使用 ANSYS Workbench 进行有限元分析时，线性静态结构分析是有限元分析（FEM）中最基础、最基本的内容。

本章将介绍 ANSYS Workbench 线性静态结构分析的基本方法和技巧。

5.1 几何模型

Note

下面介绍线性静态结构分析的原理，对于一个线性静态结构分析（Linear Static Analysis），位移 $\{x\}$ 由下面的矩阵方程解出：

$$[K]\{x\}=\{F\}$$

$[K]$是一个常量矩阵，它建立的假设条件为假设是线弹性材料行为，使用小变形理论，可能包含一些非线性边界条件。

$\{F\}$是静态加在模型上的，不考虑随时间变化的力，不包含惯性影响（质量、阻尼）。

在结构分析中，ANSYS Workbench 可以模拟各种类型的实体，包括实体、壳体、梁和点。但对于壳实体，在属性窗格中一定要指定厚度值，如图 5-1 所示。

线实体的截面和方向，在 DesignModeler 中进行定义，并自动导入 Simulation（模拟）中。

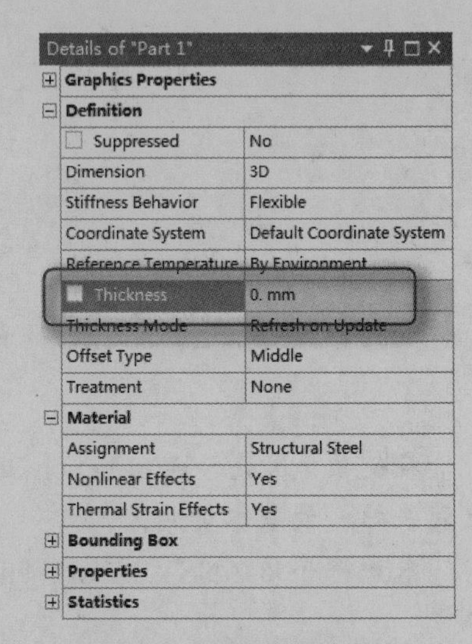

图 5-1 壳体的属性窗格

5.1.1 质量点

在使用 ANSYS Workbench 进行有限元分析时，有些模型没有明确的重量体，这需要在模型中添加一个质量点来模拟结构中没有明确建模的重量体，这里需要注意质量点只能和面一起使用。

质量点的位置可以通过在用户自定义坐标系中指定坐标值或通过选择顶点/边/面指定位置。

单击 Geometry 工具栏中 Mass 区域内的 Point 按钮可以执行此命令，如图 5-2 所示。

在 ANSYS Workbench 中质量点只受包括加速度、重力加速度和角加速度的影响。质量是与选择的面联系在一起的，并假设它们之间没有刚度，它不存在转动惯性。图 5-3 为质量点的属性。

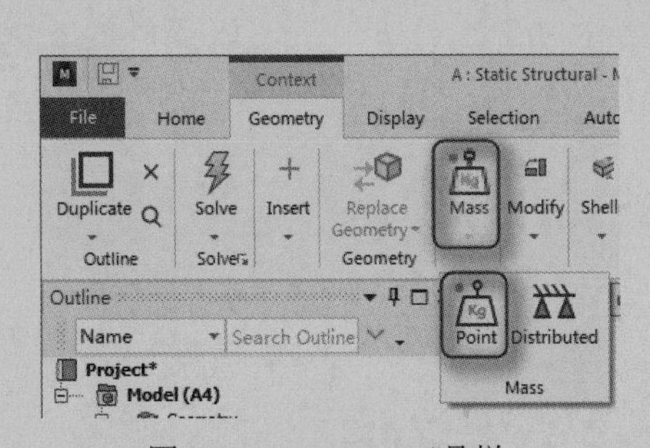

图 5-2 Geometry 工具栏

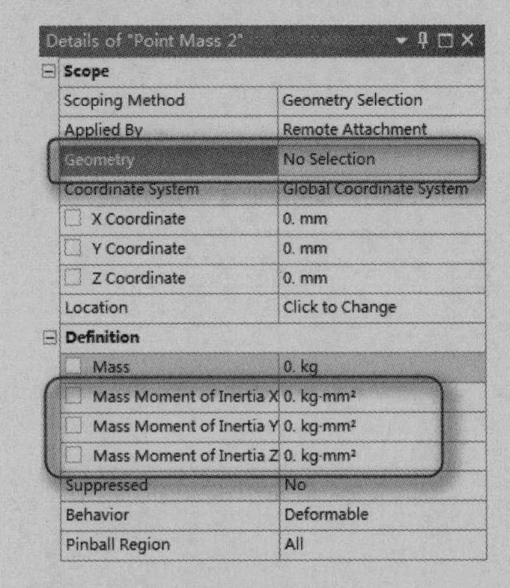

图 5-3 质量点

5.1.2 材料特性

在线性静态结构分析中需要给出杨氏模量和泊松比，另外还需要注意以下方面。

☑　所有的材料属性参数是通过在 Engineering Data 中输入的。
☑　当要分析的项目存在惯性时，需要给出材料密度。
☑　当施加了一个均匀的温度载荷时，需要给出热膨胀系数。
☑　在均匀温度载荷条件下，不需要指定导热系数。
☑　想得到应力结果，需要给出应力极限。
☑　进行疲劳分析时需要定义疲劳属性，在许可协议中需要添加疲劳分析模块。

5.2　分析设置

单击树形目录 Static Structure(A5)分支下的 Analysis Settings，属性窗格中会显示 Details of "Analysis Settings"，如图 5-4 所示。其中提供了一般的求解过程控制。

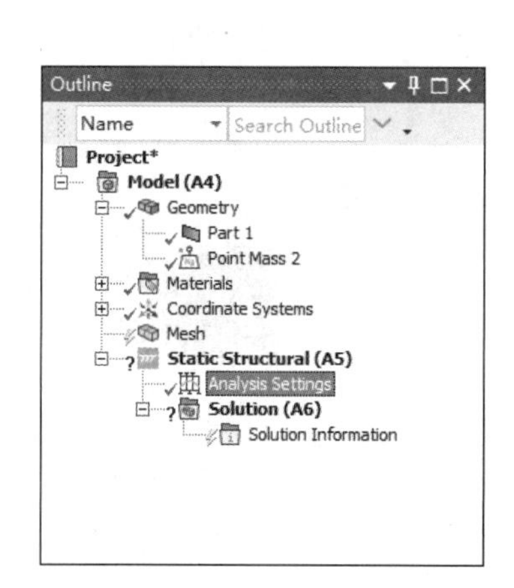

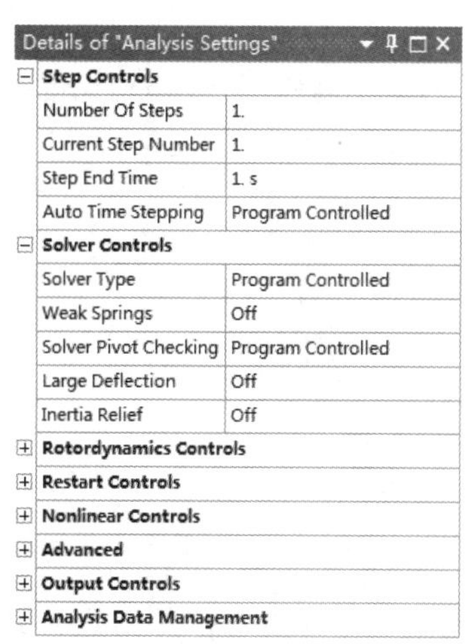

图 5-4　分析设置

1. Step Controls（求解步控制）

求解步控制分为人工时间步控制和自动时间步控制，可以在求解步控制中指定分析中的分析步数目和每个步的终止时间。在静态分析中的时间是一种跟踪的机制。

2. Solver Controls（求解控制）

求解控制中包含以下两种求解方式（默认是 Program Controlled）。

☑　直接（Direct）求解：ANSYS 中是稀疏矩阵法。
☑　迭代（Iterative）求解：ANSYS 中是 PGC（预共轭梯度法）。

Weak springs：尝试模拟得到无约束的模型。

3. Analysis Data Management（分析数据管理器）

☑　Solver Files Directory：给出了相关分析文件的保存路径。
☑　Future Analysis：指定求解中是否要进行后续分析（如预应力模型）。如果在 Project Schematic 中指定了耦合分析，将自动设置该选项。
☑　Scratch Solver Files Directory：求解中的临时文件夹。
☑　Save MAPDL db：保存 ANSYS DB 分析文件。

☑ Delete Unneeded Files：在 Mechanical APDL 中，可以选择保存所有文件以备后用。
☑ Solver Units：Active System 或 Manual。
☑ Solver Unit System：如果以上设置是人工的，那么当 Mechanical APDL 共享数据时，就可以选择 8 个求解单位系统中的一个来保证一致性(在用户操作界面中不影响结果和载荷显示)。

Note

5.3 载荷和约束

载荷和约束是以所选单元的自由度的形式定义的。ANSYS Workbench 2020 中的 Mechanical 中有 4 种类型的结构载荷，分别是惯性载荷、结构载荷、结构约束和热载荷。这里介绍前 3 种，第 4 种热载荷将在后面章节中介绍。

实体的自由度是 x、y 和 z 方向上的平移（壳体还得加上旋转自由度，绕 x、y 和 z 轴的转动），如图 5-5 所示。

约束，不考虑实际的名称，也是以自由度的形式定义的，如图 5-6 所示。在块体的 Z 面上施加一个光滑约束，表示 Z 方向上的自由度不再是自由的（其他自由度是自由的）。

图 5-5　自由度　　　图 5-6　约束

☑ 惯性载荷：也可以称为加速度和重力加速度载荷。这些载荷须施加在整个模型上，对于惯性计算时需要输入模型的密度，并且这些载荷专指施加在定义好的质量点上的力（Point Masses）。
☑ 结构载荷：也称集中力和压力，指施加在系统部件上的力或力矩。
☑ 结构约束：防止在某一特定区域上移动的约束。
☑ 热载荷：热载荷会产生一个温度场，使模型中发生热膨胀或热传导。

5.3.1 加速度和重力加速度

在进行分析时需要设置重力加速度，在程序内部加速度是通过惯性力施加到结构上的，而惯性力的方向和所施加的加速度的方向相反。

1. 加速度：Acceleration

☑ 施加在整个模型上，单位是长度比上时间的平方。
☑ 加速度可以定义为分量或矢量的形式。
☑ 物体运动方向为加速度的反方向。

2. 重力加速度：Standard Earth Gravity

☑ 根据所选的单位制系统确定它的值。

Note

☑ 重力加速度的方向定义为整体坐标系或局部坐标系的其中一个坐标轴方向。
☑ 物体运动方向与重力加速度的方向相同。

3. 角加速度：Rotational Velocity

☑ 整个模型以给定的速率绕轴转动。
☑ 以分量或矢量的形式定义。
☑ 输入单位可以是弧度每秒（默认选项），也可以是度每秒。

5.3.2 集中力和压力

集中力和压力是作用于模型上的载荷，集中力载荷可以施加在结构的外面、边缘或表面等位置；而压力载荷只能施加在表面，而且方向通常与表面的法向一致。

1. 施加压力：Pressure

☑ 以与面正交的方向施加在面上。
☑ 指向面内为正，反之为负。
☑ 单位是单位面积的力。

2. 施加集中力：Force

☑ 集中力可以施加在点、边或面上。
☑ 它将均匀地分布在所有实体上，单位是 mass*length/time2。
☑ 可以以矢量或分量的形式定义集中力。

3. 静水压力：Hydrostatic Pressure

☑ 在面（实体或壳体）上施加一个线性变化的力，模拟结构上的流体载荷。
☑ 流体可能处于结构内部或外部，另外还需指定加速度的大小和方向、流体密度、代表流体自由面的坐标系。对于壳体，提供了一个顶面/底面选项。

4. 轴承负载（集中力）：Remote Force

☑ 使用投影面的方法将力的分量按照投影面积分布在压缩边上。不允许存在轴向分量，每个圆柱面上只能使用一个轴承负载。在施加该载荷时，若圆柱面是分裂的，一定要选中它的两个半圆柱面。
☑ 轴承负载可以矢量或分量的形式定义。

5. 力矩载荷：Moment

☑ 对于实体，力矩只能施加在面上。
☑ 如果选择了多个面，力矩则均匀分布在多个面上。
☑ 可以根据右手法则以矢量或分量的形式定义力矩。
☑ 对于面，力矩可以施加在点上、边上或面上。
☑ 力矩的单位是力乘以距离。

6. 远程载荷：Remote Force

☑ 给实体的面或边施加一个远离的载荷。
☑ 用户指定载荷的原点（附着于几何上或用坐标指定）。
☑ 可以以矢量或分量的形式定义。
☑ 给面上施加一个等效力或等效力矩。

Note

7. 螺栓预紧力：Bolt Pretension

☑ 给圆柱形截面上施加预紧力以模拟螺栓连接：预紧力（集中力）或者调整量（长度）。
☑ 需要给物体指定一个局部坐标系统（在 Z 方向上的预紧力）。
☑ 自动生成以下两个载荷步求解。
  ➢ LS1：施加有预紧力、边界条件和接触条件。
  ➢ LS2：预紧力部分的相对运动是固定的，并施加了一个外部载荷。
☑ 对于顺序加载，还有其他额外选项。

8. 线压力载荷：Line Pressure

☑ 只能用于三维模拟中，通过载荷密度形式给一个边上施加一个分布载荷。
☑ 单位是单位长度上的载荷。
☑ 可按以下方式定义。
  ➢ 幅值和向量。
  ➢ 幅值和分量方向（总体或者局部坐标系）。
  ➢ 幅值和切向。

5.3.3 约束

在了解载荷后，下面将对 Mechanical 常见的约束进行介绍。

1. 固定约束：Fixed Support

☑ 限制点、边或面的所有自由度。
  ➢ 实体：限制 x、y 和 z 方向上的移动。
  ➢ 面体和线体：限制 x、y 和 z 方向上的移动和绕各轴的转动。

2. 已知位移：Displacement

☑ 在点、边或面上施加已知位移。
☑ 允许给出 x、y 和 z 方向上的移动位移（在用户定义坐标系下）。
☑ 0 表示该方向是受限的，而空白则表示该方向自由。

3. 弹性约束：Elastic Support

☑ 允许在面/边界上模拟弹簧行为。
☑ 基础的刚度为使基础产生单位法向偏移所需要的压力。

4. 无摩擦约束：Frictionless Support

☑ 在面上施加法向约束（固定）。
☑ 对实体而言，可以用于模拟对称边界约束。

5. 圆柱面约束：Cylindrical Support

☑ 为轴向、径向或切向约束提供单独控制。
☑ 施加在圆柱面上。

6. 仅有压缩的约束：Compression Only Support

☑ 只能在正常压缩方向施加约束。
☑ 可以模拟圆柱面上受销钉、螺栓等的作用。
☑ 需要进行迭代（非线性）求解。

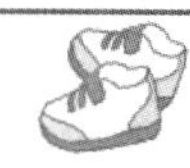

7. 简单约束：Simply Supported

☑ 可以施加在梁或壳体的边缘或者顶点上。

☑ 限制平移，但是所有旋转都是自由的。

8. 约束转动：Fixed Rotation

☑ 可以施加在壳或梁的表面、边缘或者顶点上。

☑ 约束旋转，但是平移不限制。

5.4 求解模型

在 ANSYS Workbench 2020 中，Mechanical 具有两个求解器，分别为直接求解器和迭代求解器。通常求解器是自动选取的，还可以预先选用其中一个。单击 Home 工具栏中 Solve 区域内右下角的箭头（Solve Process Settings）可以执行求解器的设置。

当分析的各项条件都已经设置完成以后，单击工具箱中的 Solve 按钮进行求解模型。

☑ 默认情况下为两个求解器进行求解。

☑ 通过 Tools→Solve Process Settings 命令设置使用的处理器个数，如图 5-7 所示。

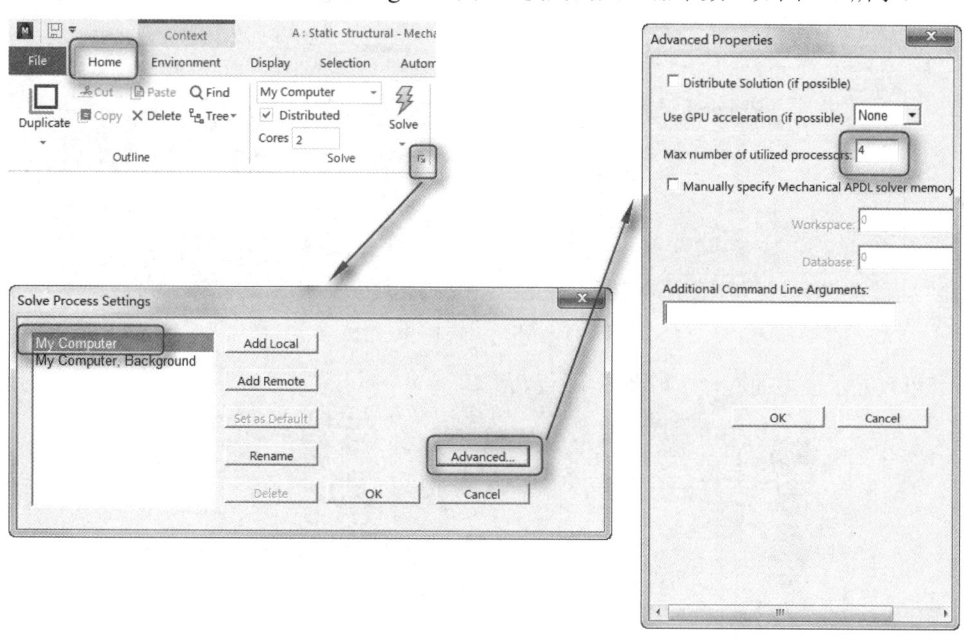

图 5-7　求解模型

5.5 后　处　理

在 Mechanical 的后处理中，可以得到多种不同的结果：各个方向变形及总变形、应力应变分量、主应力应变或者应力应变不变量、接触输出、反作用力。

在 Mechanical 中，结果通常是在计算前指定的，但是它们也可以在计算完成后指定。如果求解

一个模型后再指定结果，可以单击 Solve 按钮，然后就可以检索结果。

Note

所有的结果云图和矢量图均可在模型中显示，而且利用 Context Toolbar 可以改变结果的显示比例等，如图 5-8 所示。

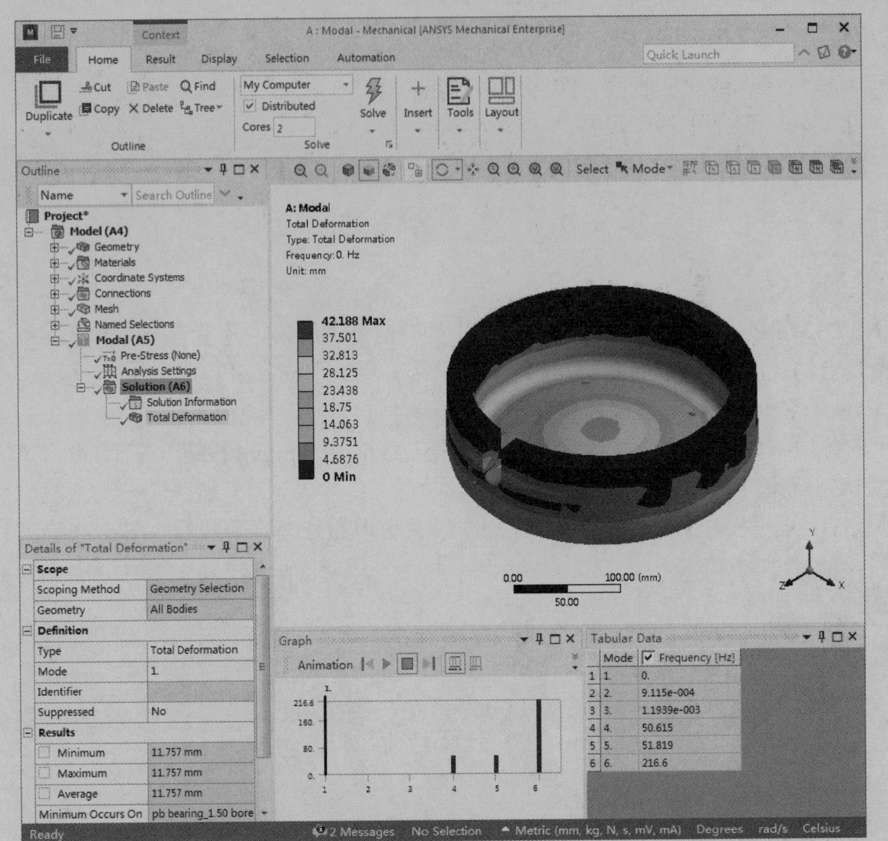

图 5-8　显示结果

（1）可以显示模型的变形，如图 5-9 所示。

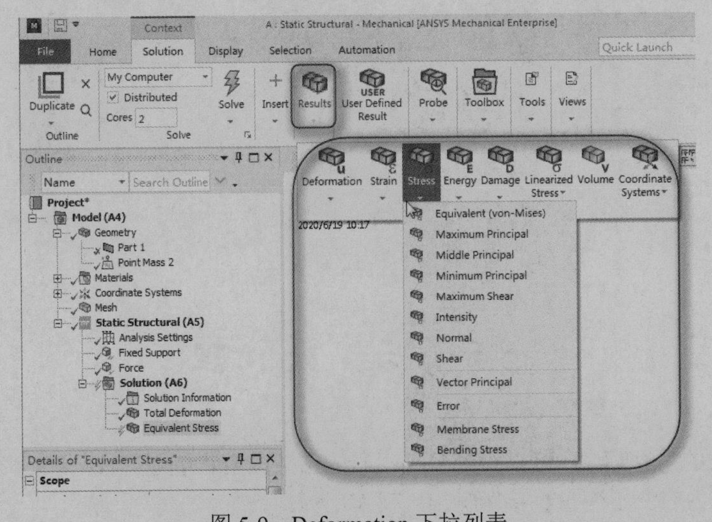

图 5-9　Deformation 下拉列表

整体变形是一个标量：

$$U_{total}=\sqrt{U_x^2+U_y^2+U_z^2}$$

在 Directional 中可以指定变形的 x、y 和 z 分量，显示在整体或局部坐标系中。

（2）可以得到变形的矢量图，如图 5-10 所示。

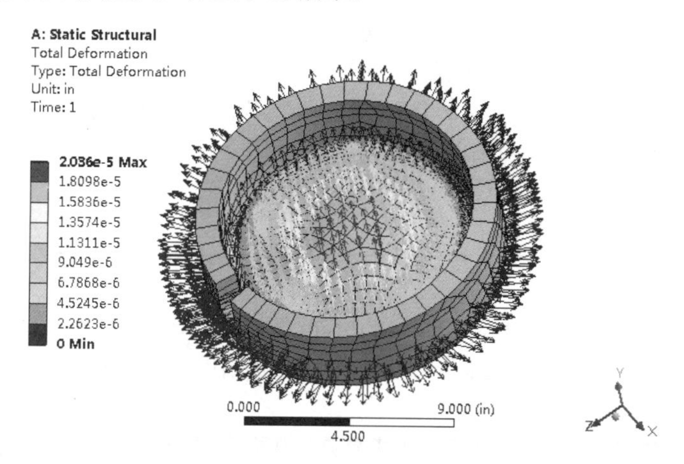

图 5-10　变形的矢量图

1. 应力和应变（见图 5-11）

要显示应力和应变前，需要注意：应力和弹性应变有 6 个分量（x，y，z，xy，yz，xz），而热应变有 3 个分量（x，y，z）；对应力和弹性应变而言，它们的分量可以在 Normal 和 Shear 中指定，而对于热应变，在 Thermal 中指定。

主应力关系：s1 > s2 > s3。

强度定义为下面值的最大绝对值：s1-s2，s2-s3 或 s3-s1。

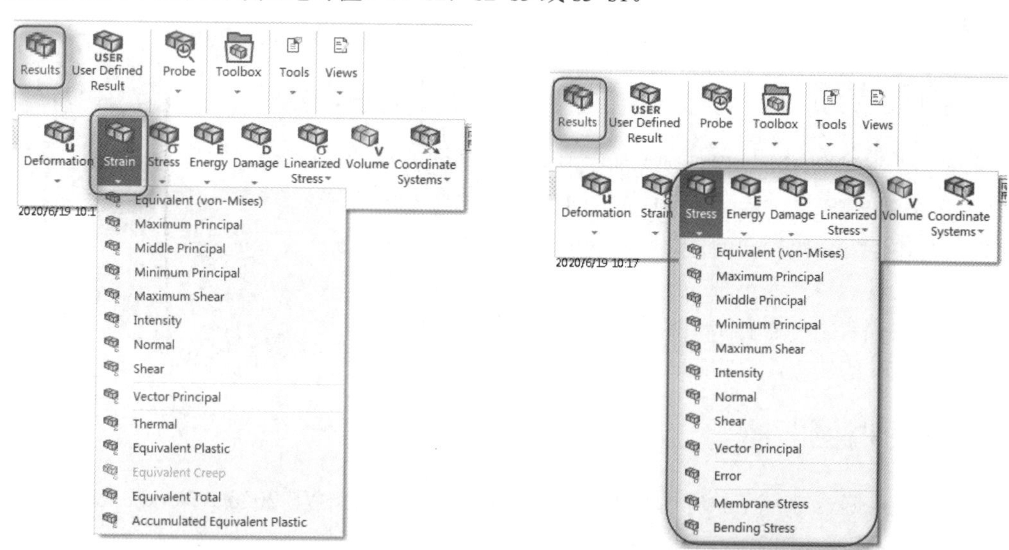

图 5-11　应力和应变

2. 应力工具

需要设定安全系数（根据应用的失效理论来设定），如下所示。

☑ 柔性理论：其中包括最大等效应力和最大剪切应力。

☑ 脆性理论：其中包括 Mohr-Coulomb 应力和最大拉伸应力。

使用每个安全因子的应力工具，都可以绘制出安全边界和应力比。

Note

3. 接触结果

通过 Solution 工具栏的 Tools 下拉菜单中的 Contact Tool 命令可以得到接触结果。

为 Contact Tool 选择接触域（两种方法）。

☑ Worksheet view (details)：从表单中选择接触域，包括接触面、目标面或同时选择二者。

☑ Geometry：在图形窗口中选择接触域。

4. 用户自定义结果

除了标准结果，用户可以插入自定义结果。可以包括数学表达式和多个结果的组合。

按以下两种方式定义。

☑ 单击 Solution 工具栏中的 User Defined Result 按钮 User Defined Result。

☑ 在 Solution Worksheet 中选中结果后右击，在弹出的快捷菜单中选择 Create User Defined Result 命令。

在 Details of User Defined Result 中，表达式允许使用各种数学操作符号，包括平方根、绝对值、指数等。用户定义结果可以用一种 Identifier（标识符）来标注。结果图例包含 Identifier（标识符）和表达式。

视频讲解

5.6 静力结构分析实例 1——联轴器变形和应力校核

本节通过对联轴器应力分析来介绍 ANSYS 三维问题的分析过程。通过此实例可以了解使用 Mechanical 应用进行 ANSYS 分析的基本过程。

5.6.1 问题描述

本实例为考查联轴器在工作时发生的变形和产生的应力。图 5-12 为一个联轴器，其中联轴器在底面的四周边界不能发生上下运动，即不能发生沿轴向的位移；在底面的两个圆周上不能发生任何方向的运动；在小轴孔的孔面上分布有 1e6Pa 的压力；在大轴孔的孔台上分布有 1e7Pa 的压力；在大轴孔的键槽的一侧受到 1e5Pa 的压力。

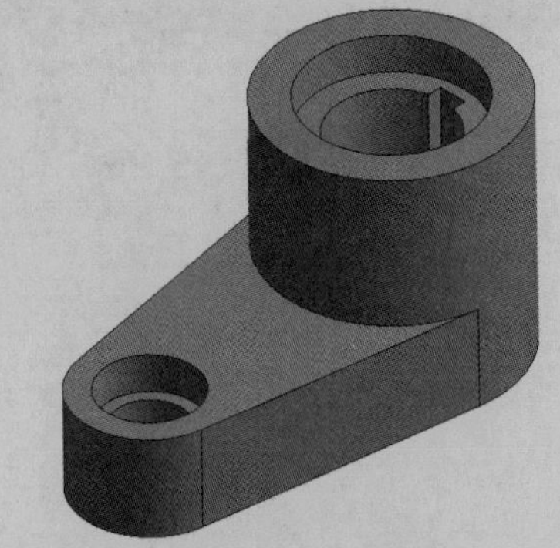

图 5-12 联轴器

5.6.2 项目概图

01 在 Windows 系统下执行“开始”→“所有程序”→ANSYS 2020→Workbench 2020 命令，启动 ANSYS Workbench 2020，进入主界面。

02 在 ANSYS Workbench 2020 主界面中展开左边工具箱中的 Analysis Systems 栏，将工具箱中的 Static Structural 选项直接拖曳到项目管理界面中或是直接在项目上双击载入，建立一个含有 Static Structural 的项目模块，结果如图 5-13 所示。图 5-14 显示为快捷菜单。

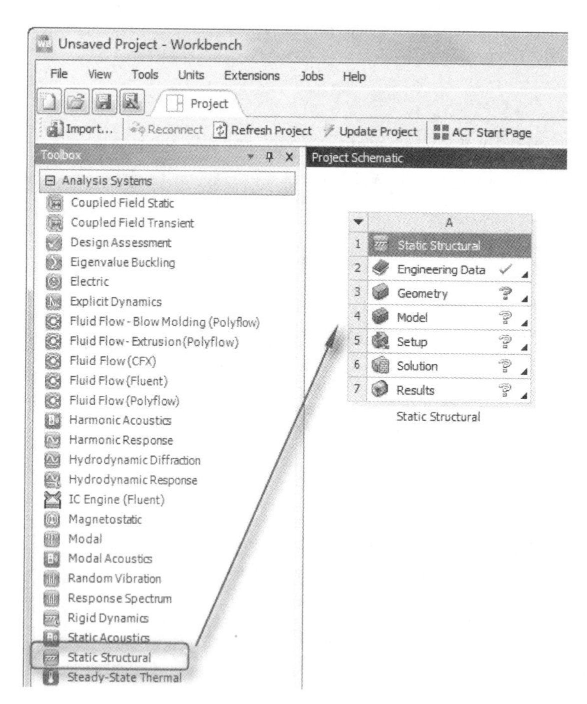

图 5-13　添加 Static Structural 选项

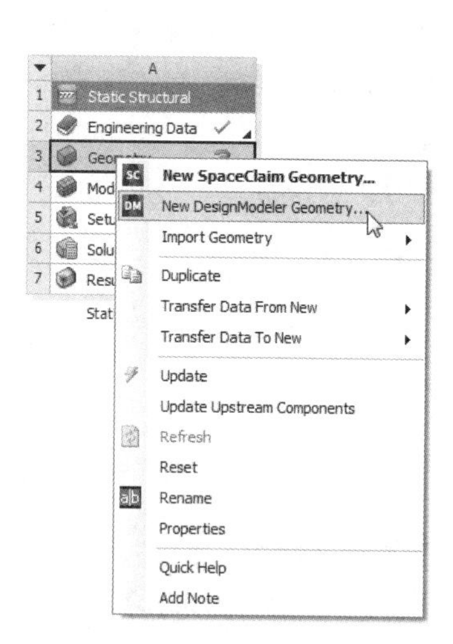

图 5-14　快捷菜单

03 右击A3栏，在弹出的快捷菜单中选择New DesignModeler Geometry命令，打开DesignModeler应用程序，如图 5-15 所示。设置单位系统，在主菜单中选择 Units→Millimeter 命令，设置单位为毫米。此时左端的树形目录默认为建模状态下的树形目录。在建立草图前需要首先选择一个工作平面。

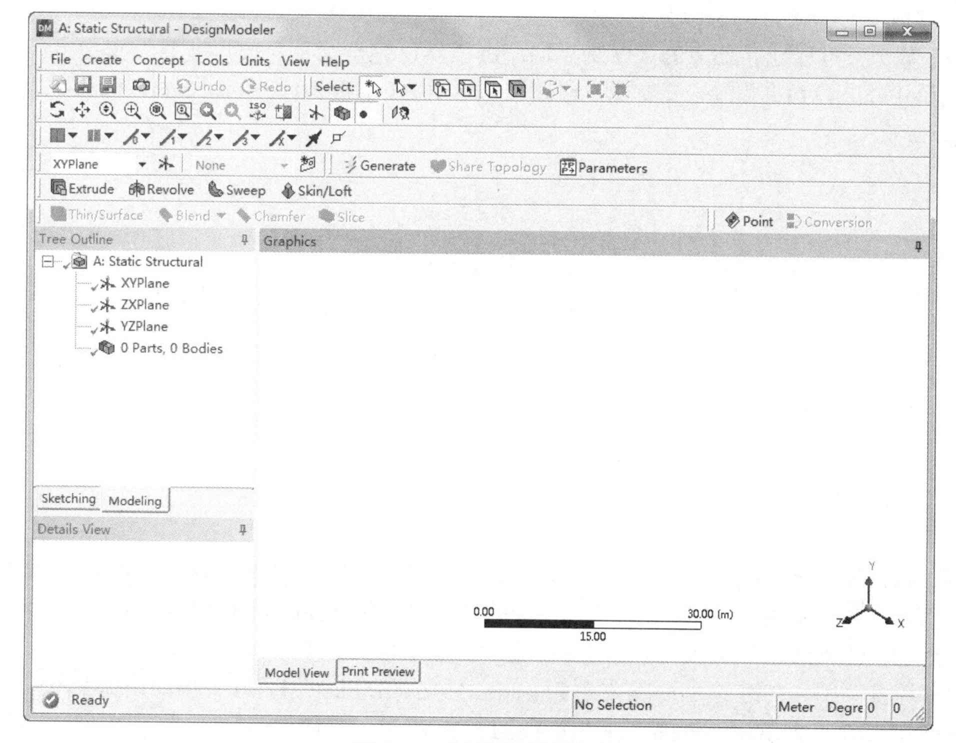

图 5-15　创建联轴器模型

5.6.3 创建模型

Note

01 创建草绘平面。首先单击选中树形目录中的“ZX 轴平面”分支 ZXPlane，然后单击工具栏中的“创建草绘”按钮，创建一个草绘平面，此时树形目录中“ZX 轴平面”分支下，会多出一个名为 Sketch1 的草绘平面。

02 创建草图。单击选中树形目录中的 Sketch1 草图，然后单击树形目录下端如图 5-16 所示的 Sketching 标签，打开草图绘制工具箱窗格。在新建的 Sketch1 草图上绘制图形。

03 切换视图。单击工具栏中的“正视于”按钮，如图 5-17 所示。将视图切换为 ZX 方向的视图。

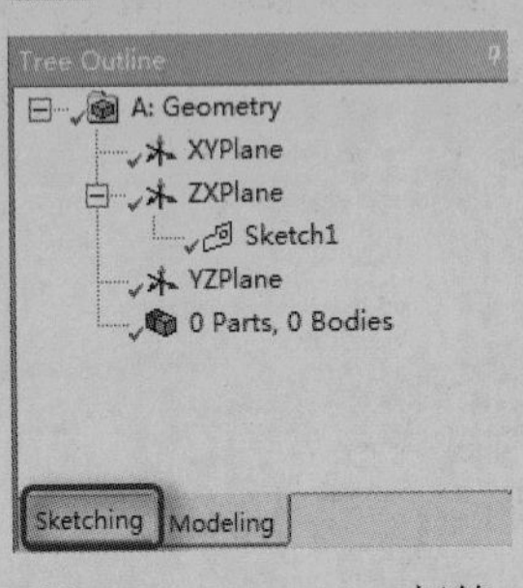

图 5-16 Sketching 标签

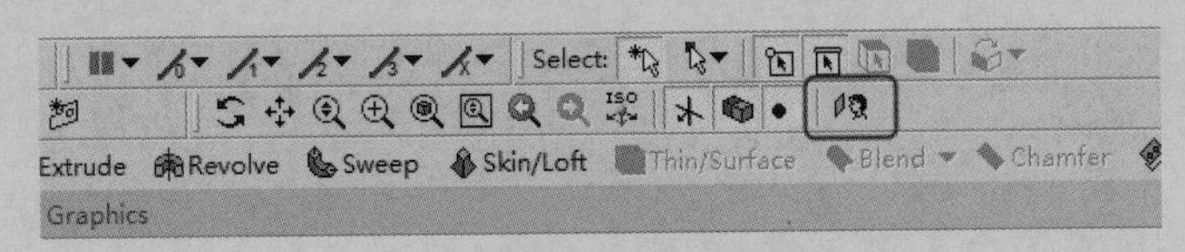

图 5-17 正视于

04 绘制草图。打开的草图绘制工具箱默认展开绘图栏，利用其中的绘图工具绘制一个如图 5-18 所示的草图。

05 标注草图。展开草图绘制工具箱的 Dimensions 栏。利用尺寸栏内的“直径标注”命令 Diameter，标注尺寸。此时草图中所绘制的轮廓线由绿色变为蓝色，表示草图中所有元素均完全约束。标注完成后的结果如图 5-19 所示。

06 修改尺寸。由步骤 **05** 绘制后的草图虽然已完全约束，但尺寸并没有指定。现在通过在属性窗格中修改参数来精确定义草图。将属性窗格中 D1 的参数修改为 10mm。修改完成后的结果如图 5-20 所示。

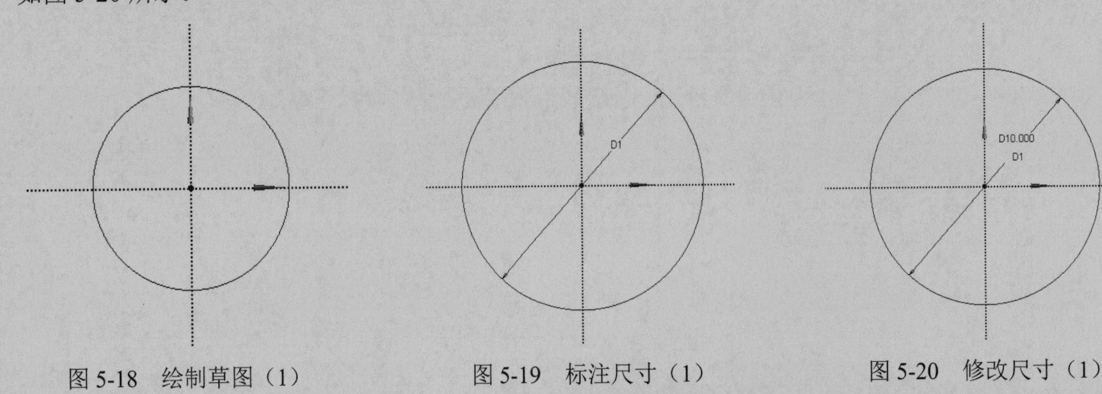

图 5-18 绘制草图（1） 图 5-19 标注尺寸（1） 图 5-20 修改尺寸（1）

07 拉伸模型。单击工具栏中的“拉伸”按钮 Extrude，此时树形目录自动切换到 Modeling 标签。在属性窗格中，将 FD1,Depth(>0)栏后面的参数更改为 10mm，即拉伸深度为 10mm。单击工具栏中的“生成”按钮 Generate。

08 隐藏草图。在树形目录中，右击 Extrude1 分支下的 Sketch1，在弹出的快捷菜单中选择 Hide Sketch 命令，如图 5-21 所示。生成后的模型如图 5-22 所示。

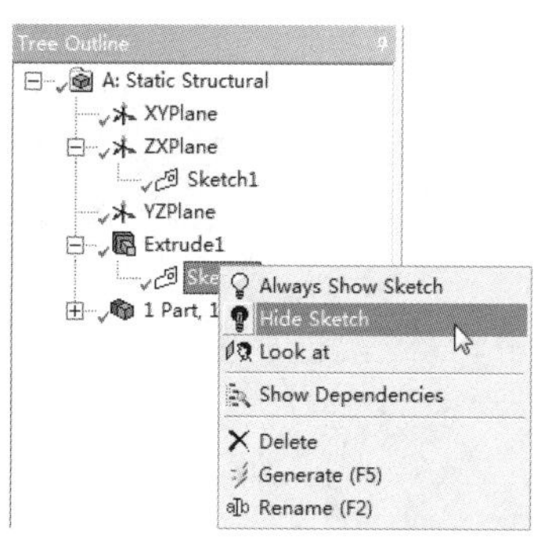

图 5-21　隐藏草图

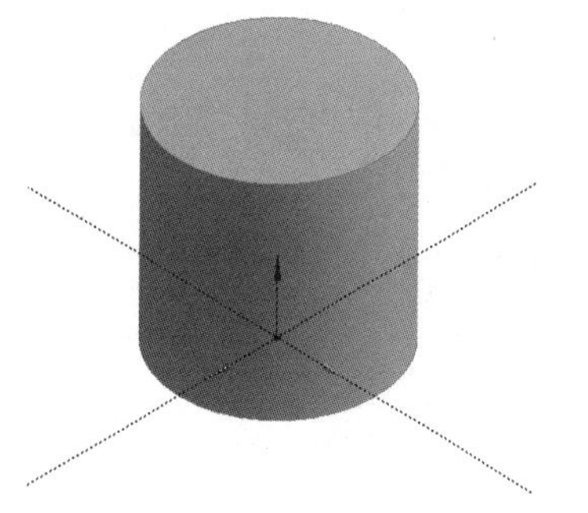

图 5-22　拉伸模型（1）

09 创建草绘平面。首先单击选中树形目录中的“ZX 轴平面”分支 ZXPlane，然后单击工具栏中的“创建草绘”按钮，创建一个草绘平面，此时树形目录中“ZX 轴平面”分支下，会多出一个名为 Sketch2 的草绘平面。

10 创建草图。单击选中树形目录中的 Sketch2 草图，然后单击树形目录下端的 Sketching 标签，打开草图绘制工具箱窗格。在新建的 Sketch2 草图上绘制图形。

11 切换视图。单击工具栏中的“正视于”按钮，将视图切换为 ZX 方向的视图。

12 绘制草图。打开的草图绘制工具箱默认展开绘图栏，首先利用其中的圆命令绘制两个圆，然后利用 Line by 2 Tangents 命令，分别连接两个圆绘制两圆之间的切线，然后利用修剪命令将多余的圆弧进行剪切处理。结果如图 5-23 所示。

13 标注草图。展开草图绘制工具箱的 Dimensions 栏。利用尺寸栏内的标注尺寸命令，标注尺寸。此时草图中所绘制的轮廓线由绿色变为蓝色，表示草图中所有元素均完全约束。标注完成后的结果如图 5-24 所示。

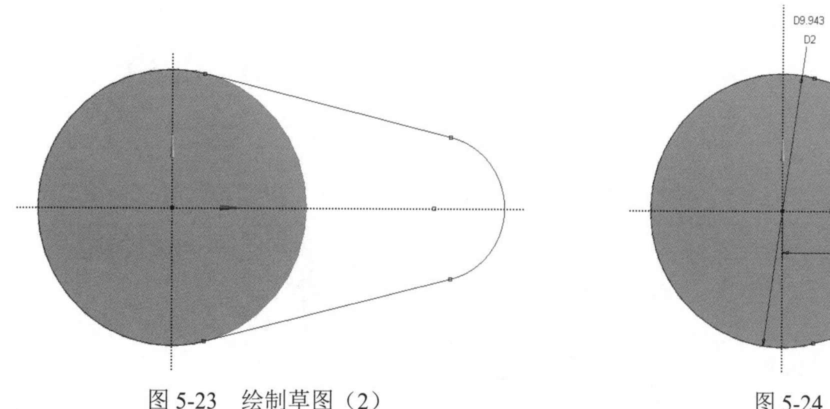

图 5-23　绘制草图（2）

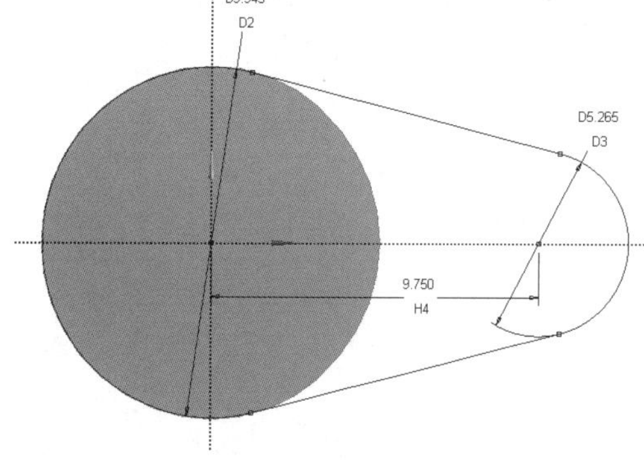

图 5-24　标注尺寸（2）

14 修改尺寸。由步骤 **13** 绘制后的草图虽然已完全约束，但尺寸并没有指定。现在通过在属性窗格中修改参数来精确定义草图。将属性窗格中 D2 的参数修改为 10mm；D3 的参数修改为 6mm；H4 的参数修改为 12mm。修改完成后的结果如图 5-25 所示。

15 拉伸模型。单击工具栏中的“拉伸”按钮 Extrude，此时树形目录自动切换到 Modeling 标签。在属性窗格中，将 FD1,Depth(>0)栏后面的参数更改为 4mm，即拉伸深度为 4mm。单击工具栏中的“生成”按钮 Generate。

16 隐藏草图。在树形目录中右击 Extrude2 分支下的 Sketch2，在弹出的快捷菜单中选择 Hide Sketch 命令。生成后的模型如图 5-26 所示。

Note

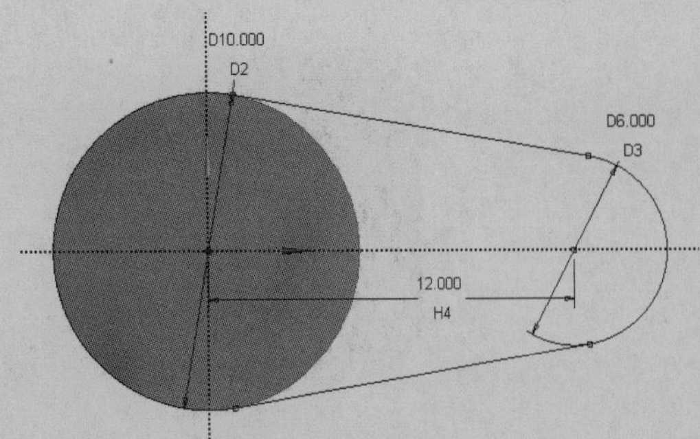

图 5-25　修改尺寸（2）

图 5-26　拉伸模型（2）

17 创建草绘平面。首先单击选中模型中最高的圆面，然后单击工具栏中的“新建平面”按钮，创建新的平面。最后单击工具栏中的“生成”按钮 Generate，生成新的平面 Plane4。

18 创建草图。单击树形目录中的“平面 4”分支 Plane4，然后单击工具栏中的“创建草绘”按钮，创建一个草绘平面。此时树形目录中“平面 4”分支下，会多出一个名为 Sketch3 的草绘平面。单击选中树形目录中的 Sketch3 草图，然后单击树形目录下端的 Sketching 标签，打开草图绘制工具箱窗格。在新建的 Sketch3 草图上绘制图形。

19 切换视图。单击工具栏中的“正视于”按钮，将视图切换为平面 4 方向的视图。

20 绘制草图。打开的草图绘制工具箱默认展开绘图栏，利用其中的圆命令绘制一个圆并标注修改直径为 7mm。结果如图 5-27 所示。

21 拉伸模型。单击工具栏中的“拉伸”按钮 Extrude，此时树形目录自动切换到 Modeling 标签。在属性窗格中，将 Operation 栏后面的参数更改为 Cut Material，FD1,Depth(>0)栏后面的参数更改为 1.5mm，即拉伸深度为 1.5mm。单击工具栏中的“生成”按钮 Generate。生成后的模型如图 5-28 所示。

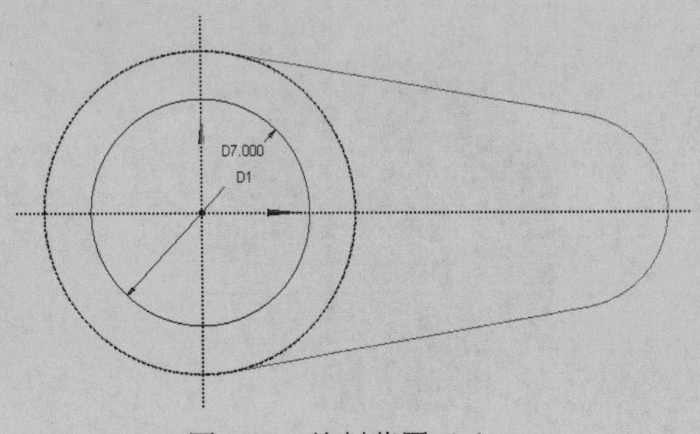

图 5-27　绘制草图（3）

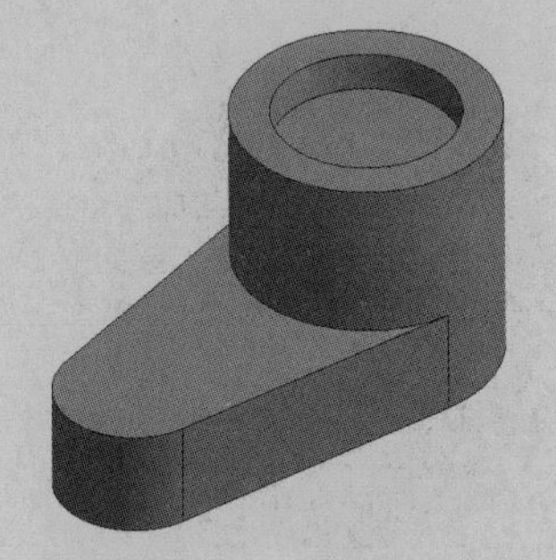

图 5-28　拉伸模型（3）

22 创建草绘平面。首先单击选中树形目录中的“ZX 轴平面”分支 ZXPlane，然后单击工具栏中的“创建草绘”按钮，创建一个草绘平面。此时树形目录中“ZX 轴平面”分支下，会多出一个名为 Sketch4 的草绘平面。

23 创建草图。单击选中树形目录中的 Sketch4 草图，然后单击树形目录下端的 Sketching 标签，打开草图绘制工具箱窗格。在新建的 Sketch4 草图上绘制图形。

24 切换视图。单击工具栏中的“正视于”按钮，将视图切换为 ZX 轴平面方向的视图。

25 绘制草图。打开的草图绘制工具箱默认展开绘图栏，利用其中的圆命令绘制一个圆并标注修改直径为 5mm。结果如图 5-29 所示。

26 拉伸模型。单击工具栏中的“拉伸”按钮 Extrude，此时树形目录自动切换到 Modeling

标签。在属性窗格中，将 Operation 栏后面的参数更改为 Cut Material，FD1,Depth(>0)栏后面的参数更改为 8.5mm，即拉伸深度为 8.5mm。单击工具栏中的“生成”按钮 Generate。生成后的模型如图 5-30 所示。

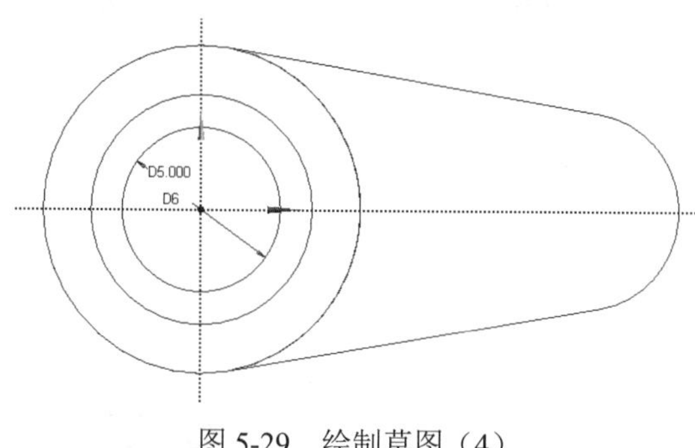

图 5-29　绘制草图（4）

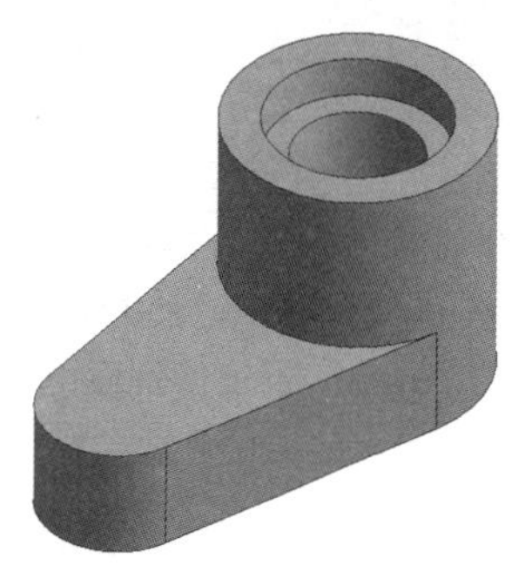

图 5-30　拉伸模型（4）

27 创建草绘平面。首先单击选中树形目录中的“ZX 轴平面”分支 ZXPlane，然后单击工具栏中的“创建草绘”按钮，创建一个草绘平面，此时树形目录中“ZX 轴平面”分支下，会多出一个名为 Sketch5 的草绘平面。

28 创建草图。单击选中树形目录中的 Sketch5 草图，然后单击树形目录下端的 Sketching 标签，打开草图绘制工具箱窗格。在新建的 Sketch5 草图上绘制图形。

29 切换视图。单击工具栏中的“正视于”按钮，将视图切换为 ZX 轴平面方向的视图。

30 绘制草图。打开的草图绘制工具箱默认展开绘图栏，利用其中的矩形命令绘制如图 5-31 所示的一个矩形，并标注修改长和宽分别为 3mm 和 1.2mm。

31 拉伸模型。单击工具栏中的“拉伸”按钮 Extrude，此时树形目录自动切换到 Modeling 标签。在属性窗格中，将 Operation 栏后面的参数更改为 Cut Material，FD1,Depth(>0)栏后面的参数更改为 8.5mm，即拉伸深度为 8.5mm。单击工具栏中的“生成”按钮 Generate。生成后的模型如图 5-32 所示。

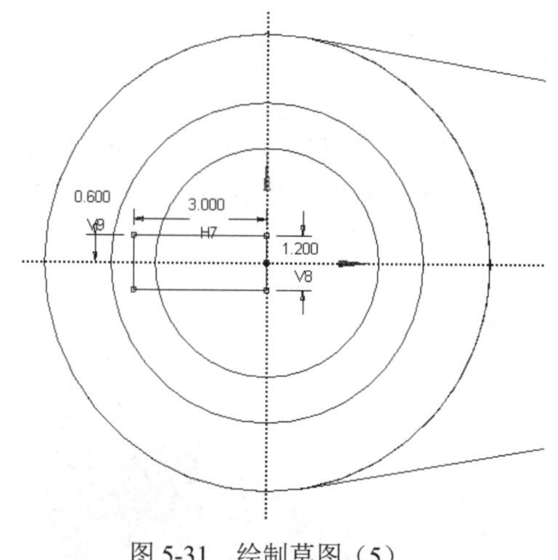

图 5-31　绘制草图（5）

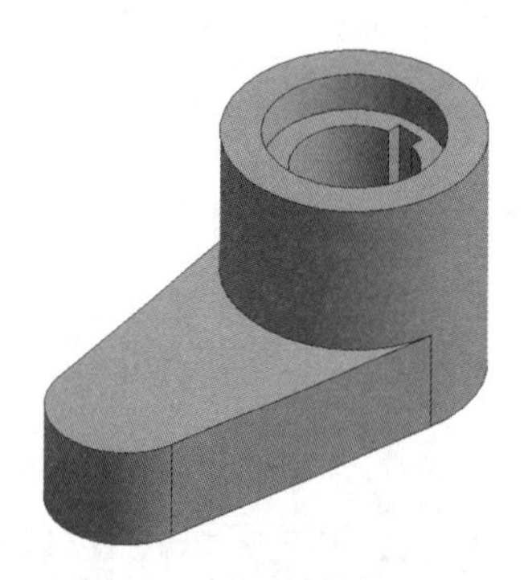

图 5-32　拉伸模型（5）

32 创建草绘平面。单击选中模型中的凸台面，单击工具栏中的“新建平面”按钮，创建新的平面。最后单击工具栏中的“生成”按钮 Generate，生成新的平面 Plane5。

33 创建草图。单击树形目录中的“平面 5”分支 Plane5，然后单击工具栏中的“创建草绘”

按钮，创建一个草绘平面，此时树形目录中“平面 5”分支下，会多出一个名为 Sketch6 的草绘平面。单击选中树形目录中的 Sketch6 草图，然后单击树形目录下端的 Sketching 标签，打开草图绘制工具箱窗格。在新建的 Sketch6 草图上绘制图形。

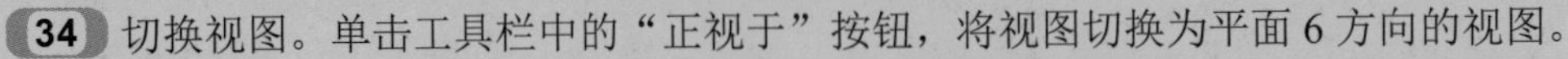

34 切换视图。单击工具栏中的“正视于”按钮，将视图切换为平面 6 方向的视图。

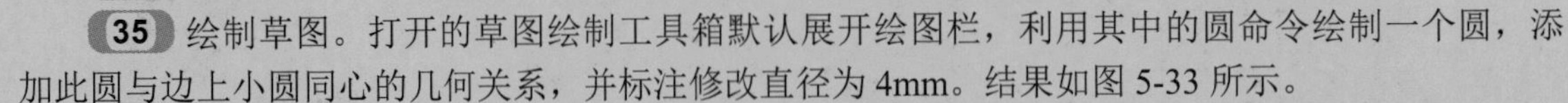

35 绘制草图。打开的草图绘制工具箱默认展开绘图栏，利用其中的圆命令绘制一个圆，添加此圆与边上小圆同心的几何关系，并标注修改直径为 4mm。结果如图 5-33 所示。

Note

36 拉伸模型。单击工具栏中的“拉伸”按钮 Extrude，此时树形目录自动切换到 Modeling 标签。在属性窗格中，将 Operation 栏后面的参数更改为 Cut Material，FD1,Depth(>0)栏后面的参数更改为 1.5mm，即拉伸深度为 1.5mm。单击工具栏中的“生成”按钮 Generate。生成后的模型如图 5-34 所示。

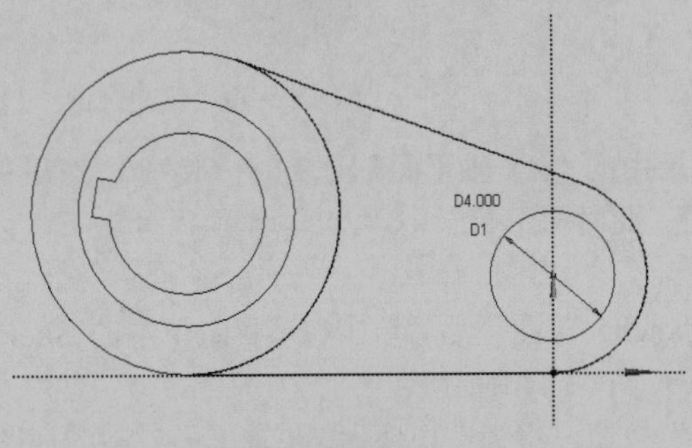

图 5-33　绘制草图（6）

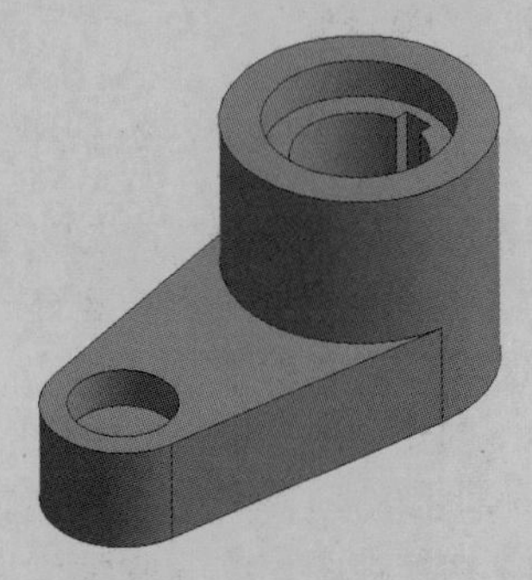

图 5-34　拉伸模型（6）

37 创建草绘平面。首先单击选中树形目录中的“ZX 轴平面”分支 ZXPlane，然后单击工具栏中的“创建草绘”按钮，创建一个草绘平面，此时树形目录中“ZX 轴平面”分支下，会多出一个名为 Sketch7 的草绘平面。

38 创建草图。单击选中树形目录中的 Sketch7 草图，然后单击树形目录下端的 Sketching 标签，打开草图绘制工具箱窗格。在新建的 Sketch7 草图上绘制图形。

39 切换视图。单击工具栏中的“正视于”按钮，将视图切换为 ZX 轴平面方向的视图。

40 绘制草图。打开的草图绘制工具箱默认展开绘图栏，利用其中的圆命令绘制一个圆，添加同心的几何关系，并标注修改直径为 3mm。结果如图 5-35 所示。

41 拉伸模型。单击工具栏中的“拉伸”按钮 Extrude，此时树形目录自动切换到 Modeling 标签。在属性窗格中，将 Operation 栏后面的参数更改为 Cut Material，FD1,Depth(>0)栏后面的参数更改为 2.5mm，即拉伸深度为 2.5mm。单击工具栏中的“生成”按钮 Generate。生成后的模型如图 5-36 所示。完成后关闭 DesignModeler 模块。

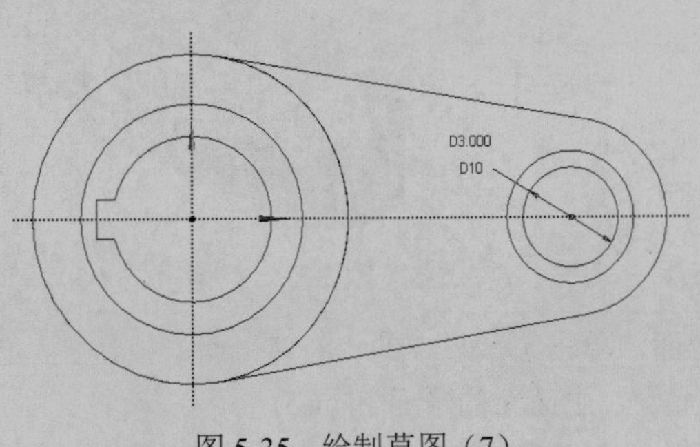

图 5-35　绘制草图（7）

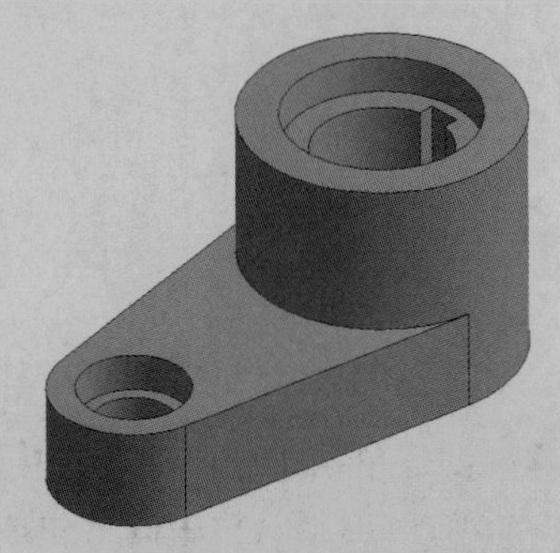

图 5-36　拉伸模型（7）

5.6.4　前处理

01 双击 A4 栏，启动 Mechanical 应用程序。设置单位系统，在功能区中选择 Home→Tools→Units→Metric(mm, kg,　N, s, mV, mA)命令，设置单位为公制毫米单位。

02 插入载荷，在树形目录中单击 Static Structural(A5)分支，此时 Context 工具栏显示为 Environment 工具栏。

03 单击工具栏内 Structural 区域中的 Displacement（位移）命令，拾取基座底面的所有 4 条外边界线，单击属性管理器中的 Apply 按钮，然后单击 Z Component 栏将其设置为 0，其余采取默认选项，如图 5-37 所示。

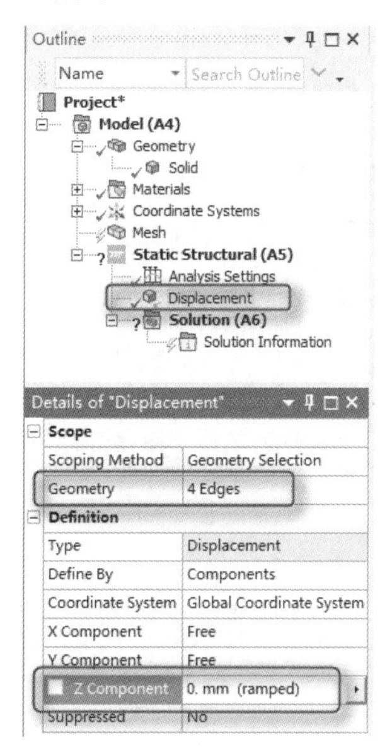

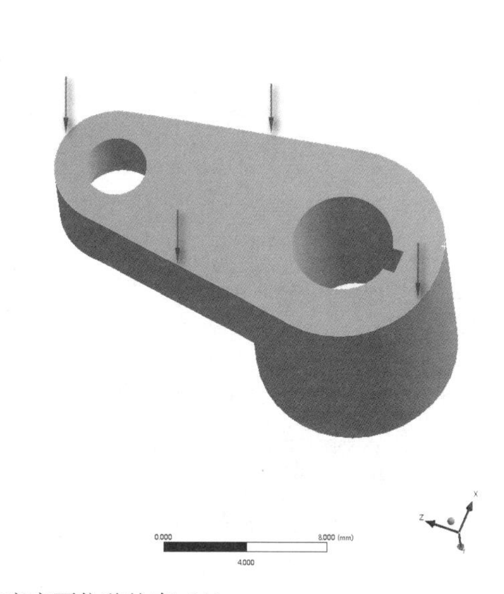

图 5-37　基座底面位移约束（1）

04 单击工具栏内 Structural 区域中的 Fixed（固定约束）命令，拾取基座底面的两个圆周线，单击属性管理器中的 Apply 按钮，其余采取默认选项，如图 5-38 所示。

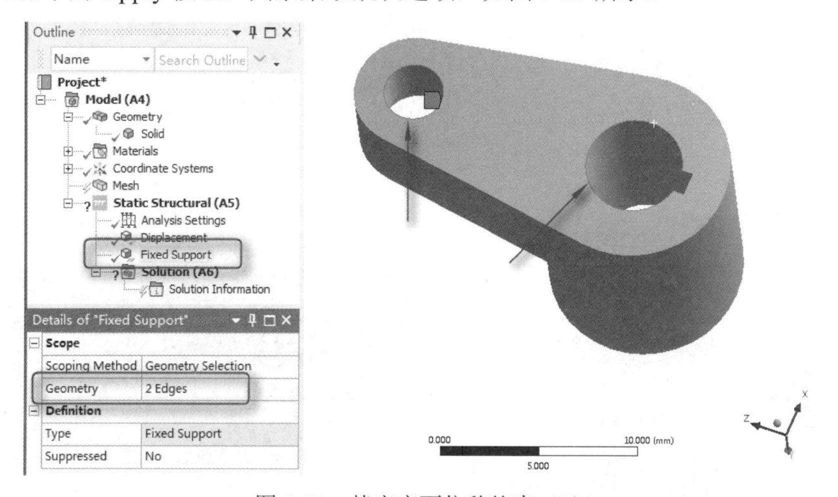

图 5-38　基座底面位移约束（2）

Note

05 单击工具栏内 Structural 区域中的 Pressure（压力载荷）命令，插入一个 Pressure（压力载荷）。在树形目录中将出现一个 Pressure 选项。选择大轴孔轴台。单击属性窗格中的 Apply 按钮，然后在 Magnitude 栏中输入 1e7MPa，如图 5-39 所示。

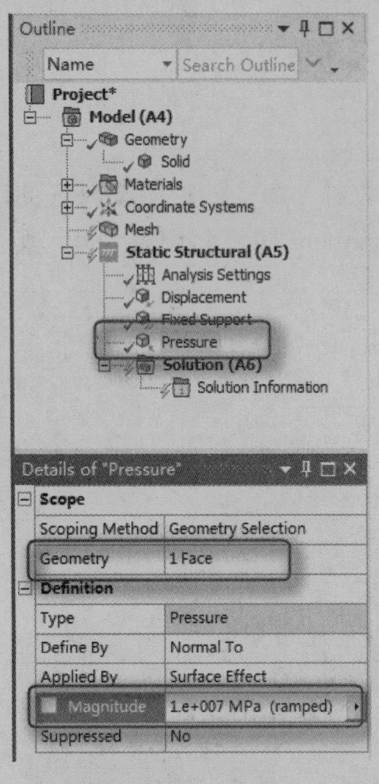

图 5-39　施加载荷（1）

06 单击工具栏内 Structural 区域中的 Pressure（压力载荷）命令，插入一个 Pressure（压力载荷）。在树形目录中将出现一个 Pressure 选项。选择键槽的一侧，然后单击属性窗格中的 Apply 按钮，在 Magnitude 栏中输入 1e5MPa，如图 5-40 所示。

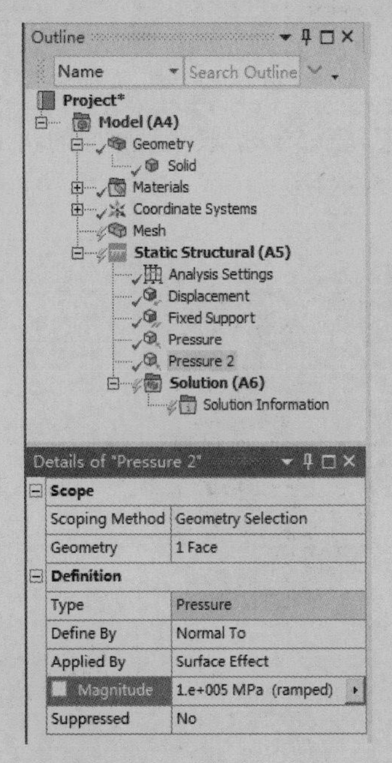

图 5-40　施加载荷（2）

07 结构结果。在树形目录中单击 Solution (A6)分支，此时 Context 工具栏显示为 Solution 工具栏。

08 单击其中的 Results→Deformation 按钮，在弹出的下拉列表中选择 Total（全部变形）命令。在树形目录的 Solution(A6)分支下将出现一个 Total Deformation 选项。然后通过选择 Results→Stress→Equivalent(von-Mises)和 Toolbox→Stress Tool 两个命令，插入 Equivalent Stress 和 Stress Tool 两个结果。添加后的分支结果如图 5-41 所示。

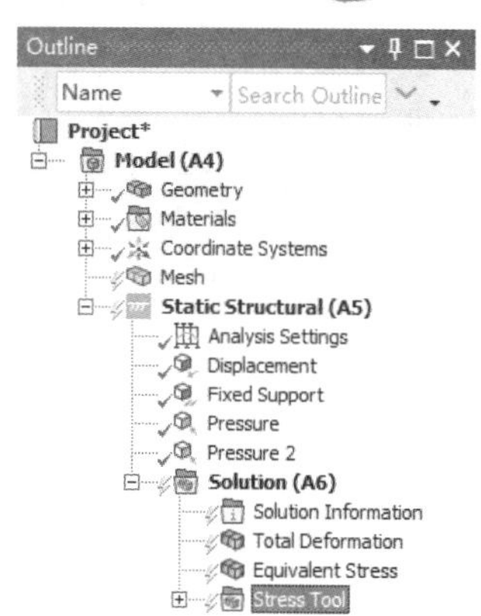

图 5-41 添加结构结果

5.6.5 求解

求解模型。单击工具栏中的 Solve 按钮，如图 5-42 所示，对模型进行求解。

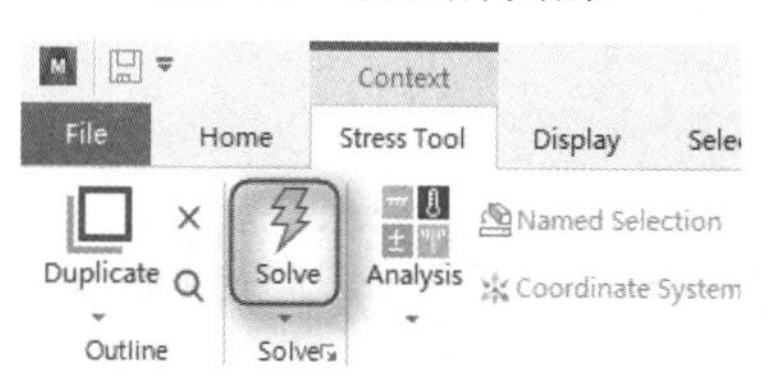

图 5-42 求解

5.6.6 结果

01 求解完成后在树形目录中，结果在 Solution(A6)分支中可用。

02 绘制模型的变形图，在 Structural Analysis（结构分析）中提供了真实变形结果显示。检查变形的一般特性（方向和大小）可以避免建模步骤中的明显错误，常常使用动态显示。图 5-43 为总变形，图 5-44 为应力。

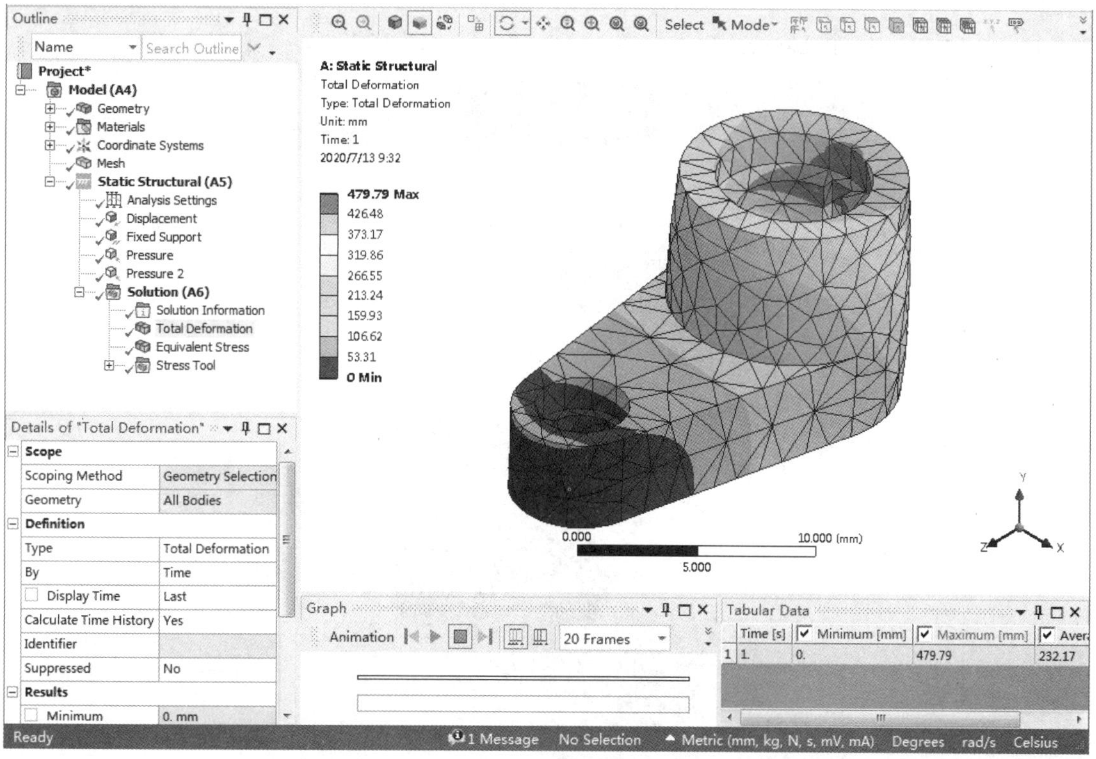

图 5-43 总变形

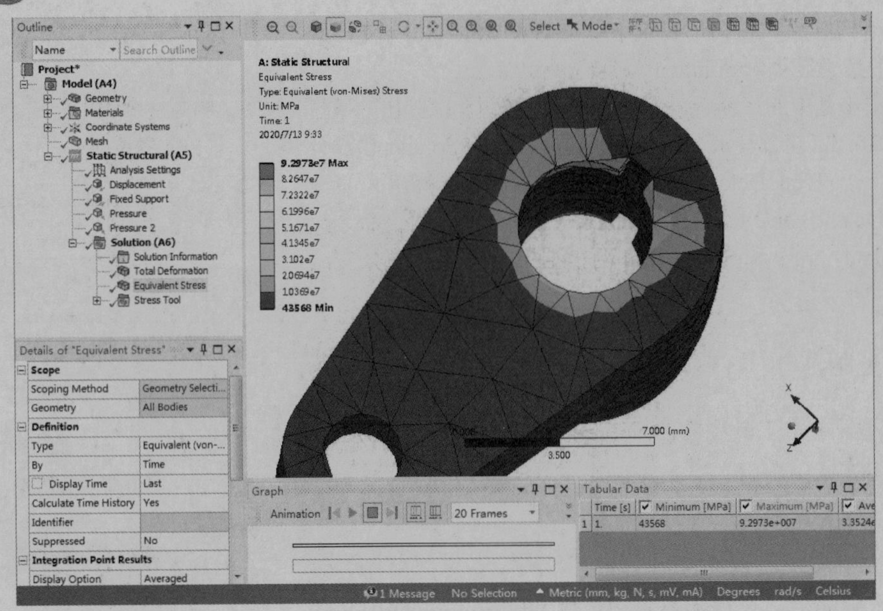

图 5-44　应力

5.6.7　报告

01 创建一个 HTML 报告，首先选择需要放在报告中的绘图项，通过选择对应的分支和绘图方式实现。

02 在功能区中选择 Home→Tools→Report Preview 命令生成报告，如图 5-45 所示。

Project

First Saved	Wednesday, December 12, 2018
Last Saved	Wednesday, December 12, 2018
Product Version	19.0 Release
Save Project Before Solution	No
Save Project After Solution	No

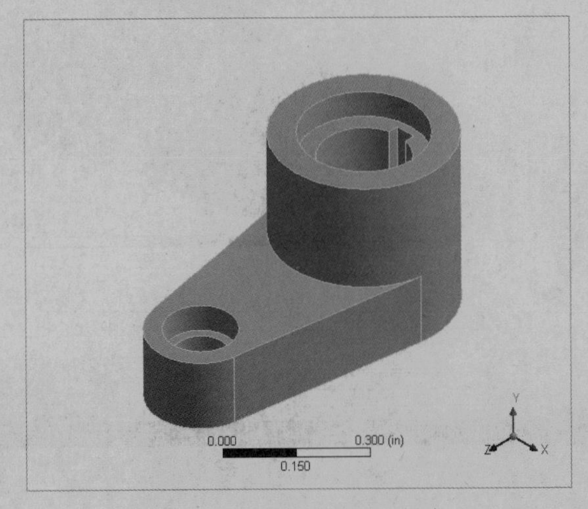

图 5-45　Report Preview 报告

视频讲解

Note

5.7 静力结构分析实例 2——托架基体强度校核

本节将对托架基体零件进行结构分析，使读者掌握线性静力结构分析的基本过程，模型已经创建完成，在进行分析前直接导入即可。托架基体的模型如图 5-46 所示。

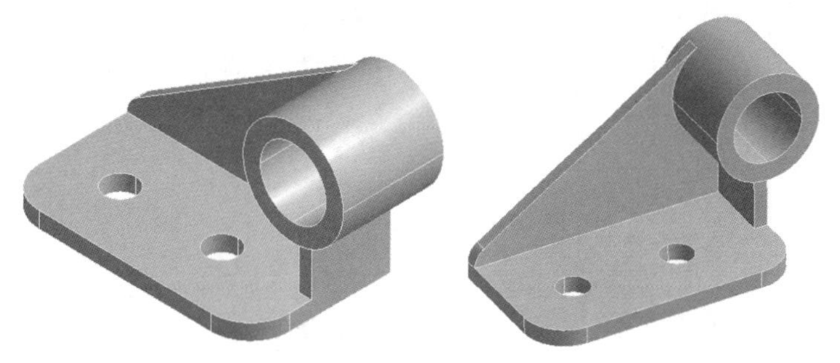

图 5-46 托架基体

5.7.1 问题描述

托架基体为一个承载构件，由灰铸铁制作，在两个孔处固定，并在圆柱的侧面载有 5Mpa 的压力，下面对其进行结构分析，求出其应力、应变及疲劳特性等参数。

5.7.2 建立分析项目

01 在 Windows 系统下执行“开始”→“所有程序”→ANSYS 2020→Workbench 2020 命令，启动 ANSYS Workbench 2020，进入主界面。

02 选择菜单栏中的 Units→Metric(kg, mm, s, ℃, mA, N, mV)命令，设置模型的单位，如图 5-47 所示。

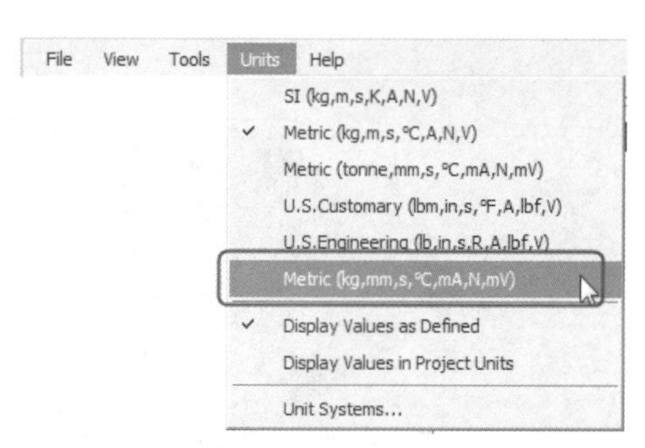

图 5-47 设置模型单位

03 打开 Workbench 程序，展开左边工具箱中的 Analysis Systems 栏，将工具箱中的 Static Structural 选项直接拖曳到项目管理界面中或直接在项目上双击载入，建立一个含有 Static Structural 的项目模块，结果如图 5-48 所示。

04 导入模型。右击 A3 栏 3 Geometry ?，在弹出的快捷菜单中选择 Import Geometry→Browse 命令，打开“打开”对话框，打开源文件中的 bracket.IGS。

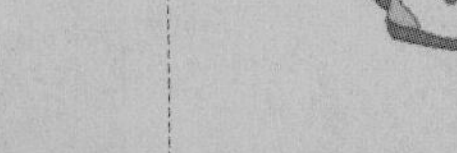

Note

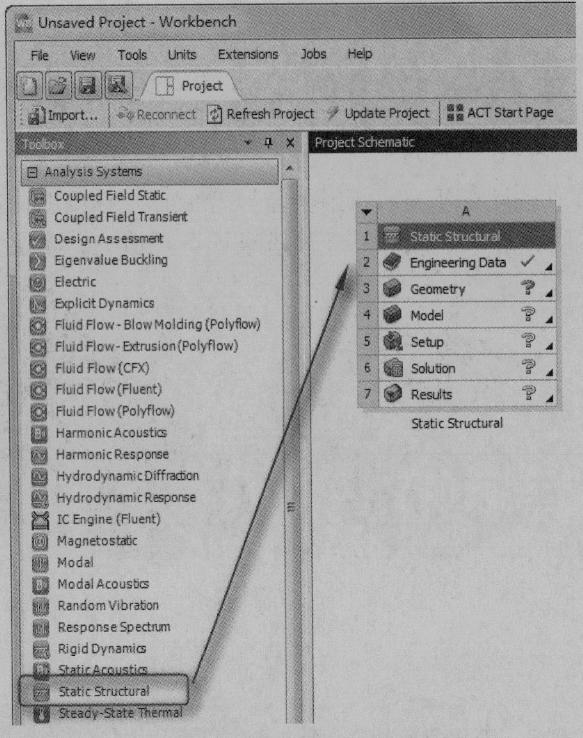

图 5-48　添加 Static Structural 选项

05 双击 A4 栏 4 Model ，启动 Mechanical 应用程序，如图 5-49 所示。

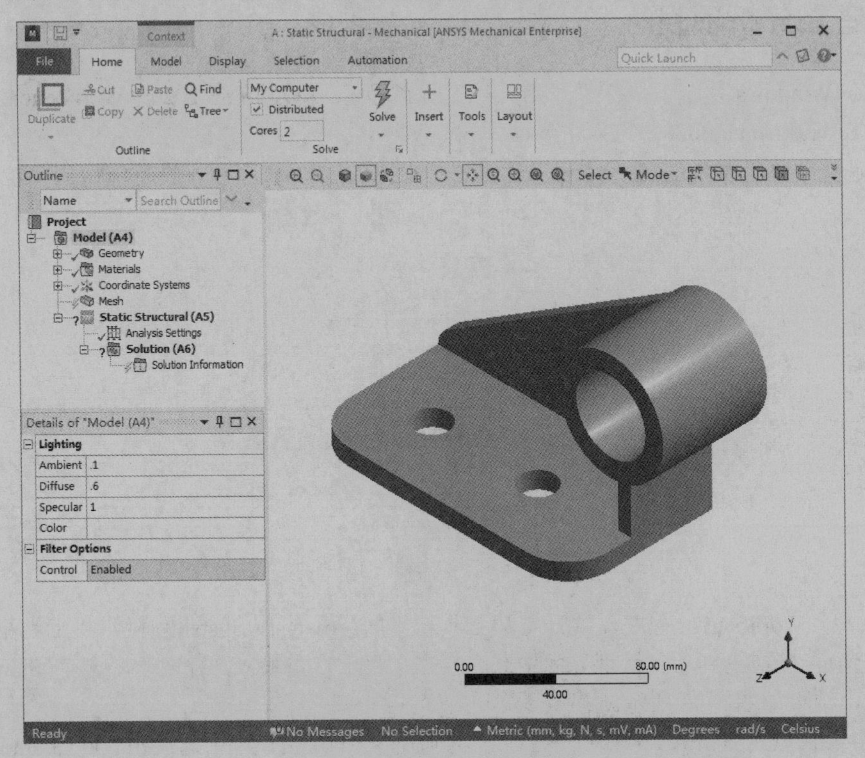

图 5-49　Mechanical 应用程序

5.7.3　前处理

01 设置单位系统，在功能区中选择 Home→Tools→Units→Metric(mm, kg, N, s, mV, mA)命令，设置单位为公制毫米单位。

02 为部件选择一种合适的材料，返回 Project Schematic 窗口中并双击 A2 栏 2 Engineering Data ✓，得到它的材料特性。

03 在打开的材料特性应用中，单击工具栏中的 Engineering Data Sources 按钮，打开左上角的 Engineering Data Sources 窗格，单击其中的 General Materials 使之点亮，如图 5-50 所示。

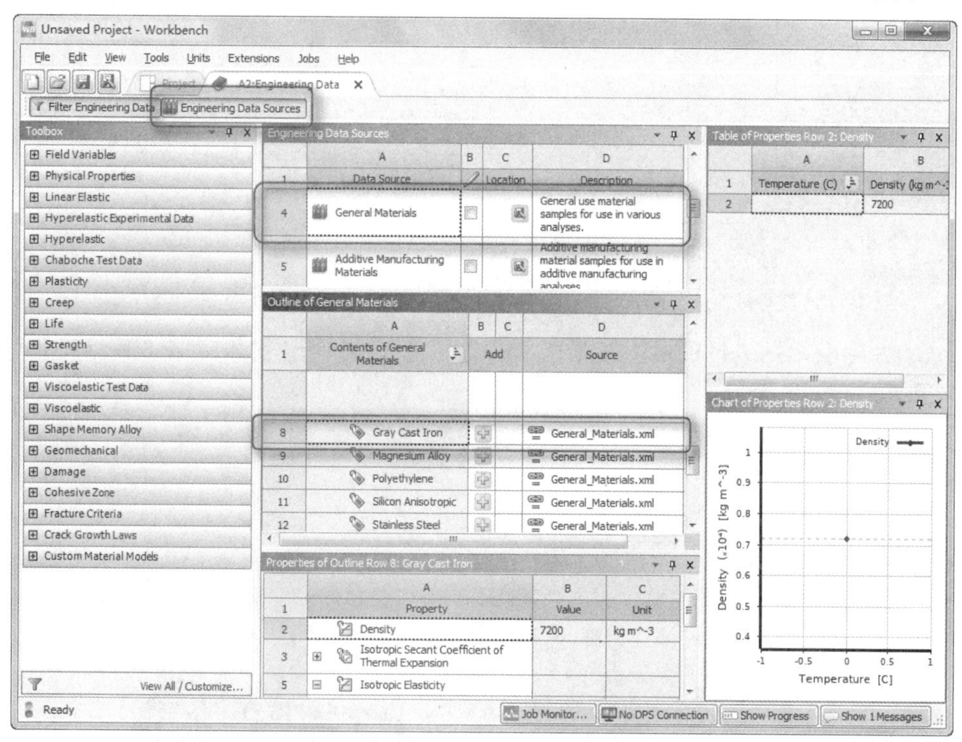

图 5-50　材料特性

04 在 General Materials 点亮的同时单击 Outline of General Materials 窗格中的 Gray Cast Iron 旁边的+，将这种材料添加到当前项目。

05 关闭 A2:Engineering Data 标签，返回 Project（项目）中。这时 Model 模块指出需要进行一次刷新。

06 在 Model 栏中右击，在弹出的快捷菜单中选择 Refresh 命令，刷新 Model 栏，如图 5-51 所示。

07 返回 Mechanical 窗格中，在树形目录中选择 Geometry 分支下的 bracket-FreeParts（也可能显示为 Part1），并选择 Material→Assignment 栏来改变为灰铸铁的材料特性，如图 5-52 所示。

08 网格划分，在树形目录中右击 Mesh 分支，

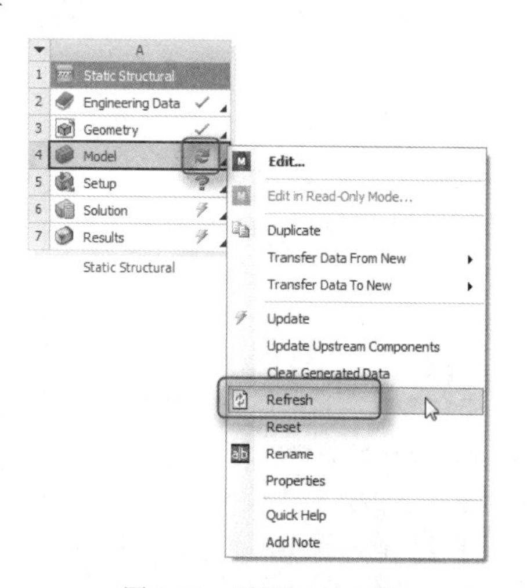

图 5-51　刷新 Model 栏

激活网格尺寸命令 Sizing，如图 5-53 所示。

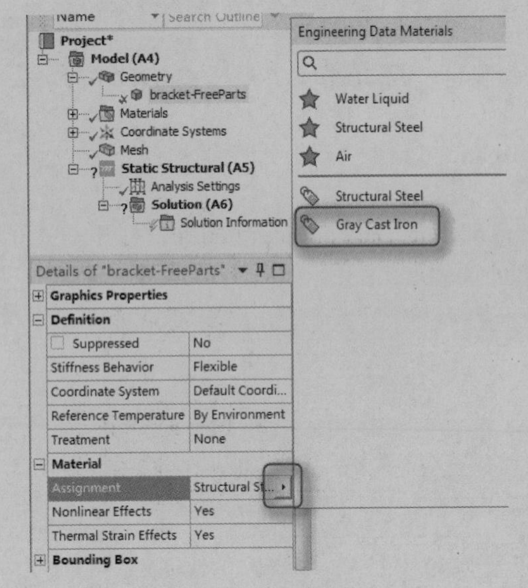

图 5-52　改变材料

图 5-53　网格划分尺寸

09 输入尺寸，在 Sizing 的属性窗格中，首先选择整个托架基体实体，并指定网格尺寸为 10mm，如图 5-54 所示。

图 5-54　网格属性窗格

10 施加固定约束，在树形目录中单击 Static Structural(A5)分支，此时 Context 工具栏显示为 Environment 工具栏。单击工具栏内 Structural 区域中的 Fixed（固定约束）命令。按住 Ctrl 键将其施加到底座上的两个内圆面上，单击左下角的属性窗格中的 Apply 按钮，结果如图 5-55 所示。

11 施加压力，在 Environment 工具栏中单击 Structural 区域中的 Pressure 命令，为模型施加压力，如图 5-56 所示。

Note

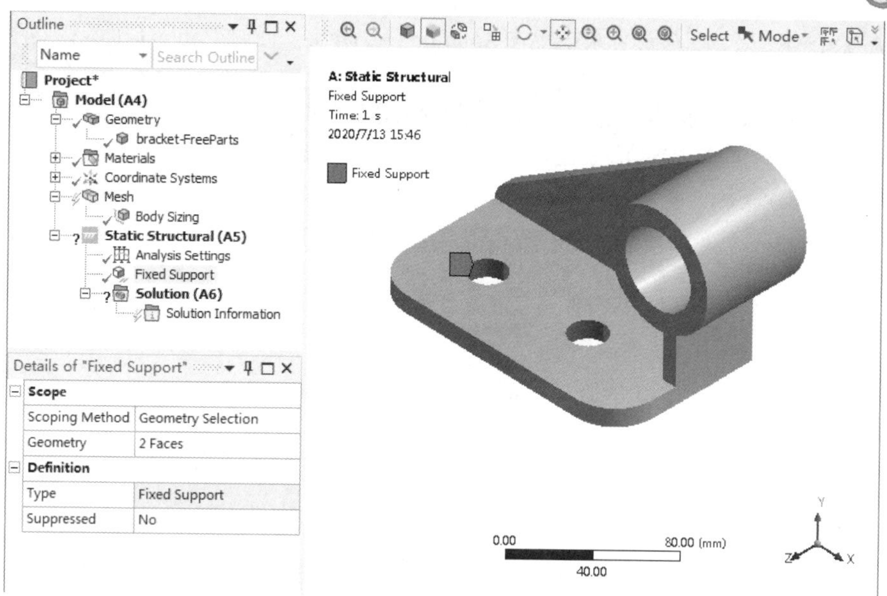

图 5-55　施加位移约束

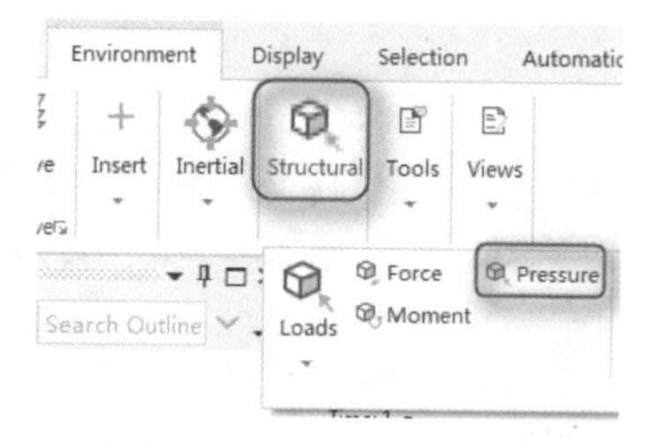

图 5-56　施加压力（1）

12 在绘图区域选择圆柱侧面，在属性窗格中，单击 Geometry 栏中的 Apply 按钮，完成面的选择。设置 Magnitude 为 5Mpa，如图 5-57 所示。

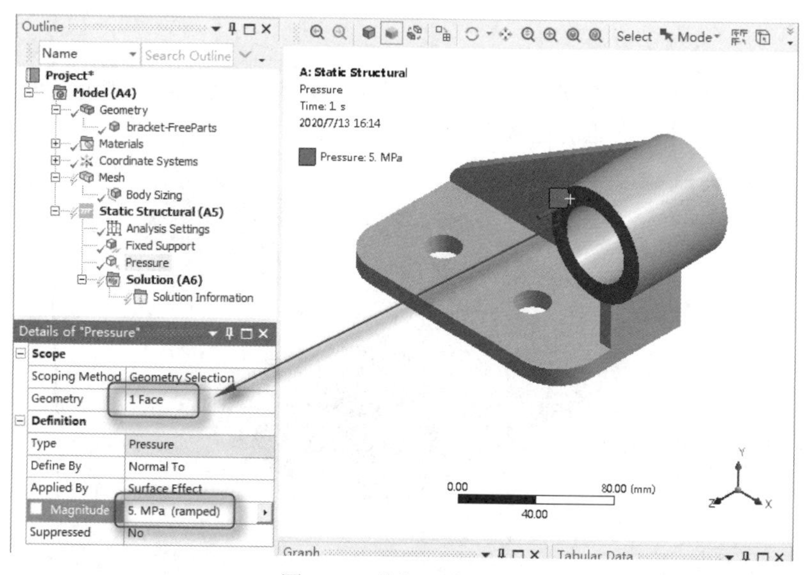

图 5-57　施加压力（2）

Note

13 添加结构结果。在树形目录中单击 Solution (A6)分支，此时 Context 工具栏显示为 Solution 工具栏。

14 选择 Solution 工具栏中的 Results→Deformation→Total（全部变形）命令，在树形目录的 Solution(A6)分支下将出现一个 Total Deformation 选项。采用同样的方式插入 Results→Stress→Equivalent(von-Mises)命令，插入 Equivalent Stressh 结果。添加后的分支结果如图 5-58 所示。

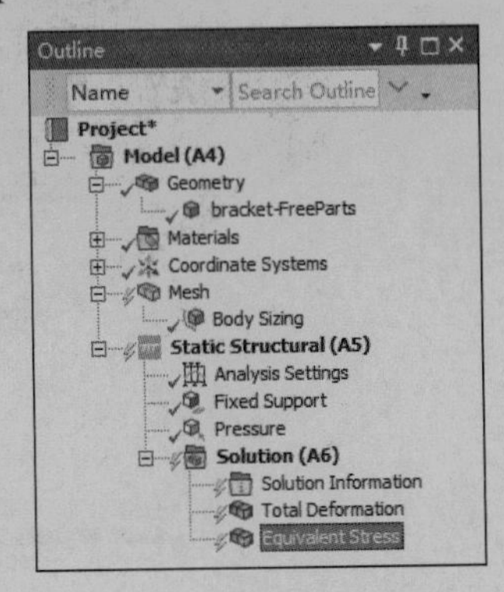

图 5-58　添加结构结果

5.7.4　求解

求解模型，单击工具栏内 Solve 区域中的 Solve 按钮，如图 5-59 所示。对模型进行求解。

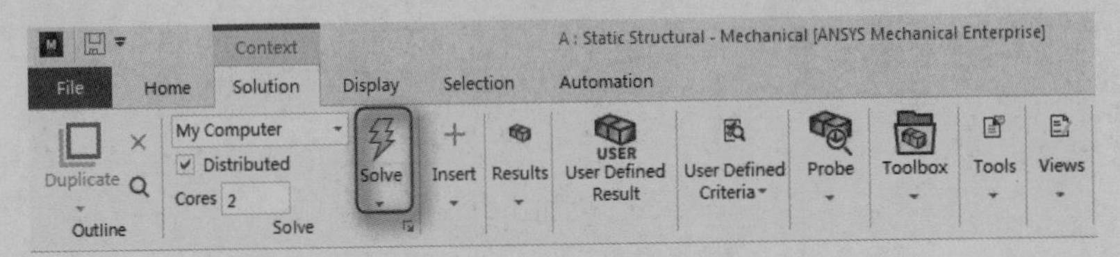

图 5-59　求解

5.7.5　结果

01 总位移分布云图，单击树形目录中的 Solution(A6)分支下的 Total Deformation 选项，通过计算，托架基体在满载工况下，各点的位移云图如图 5-60 所示。

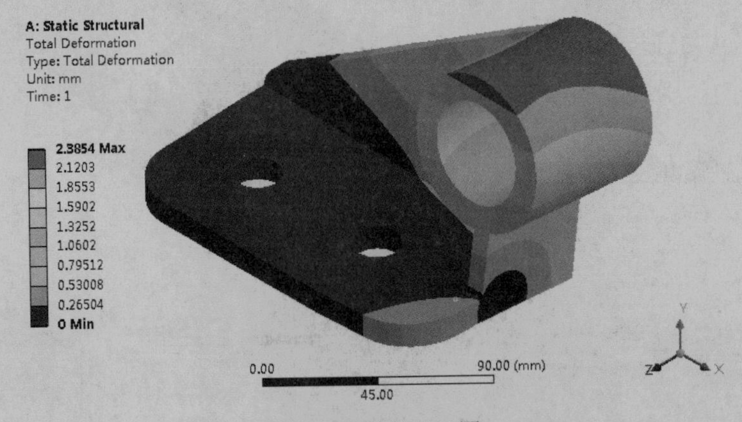

图 5-60　总位移云图

02 应力分布云图，单击树形目录中的 Solution(A6)分支下的 Equivalent Stress 选项，此时在图形窗口中会出现如图 5-61 所示的应力分布云图。

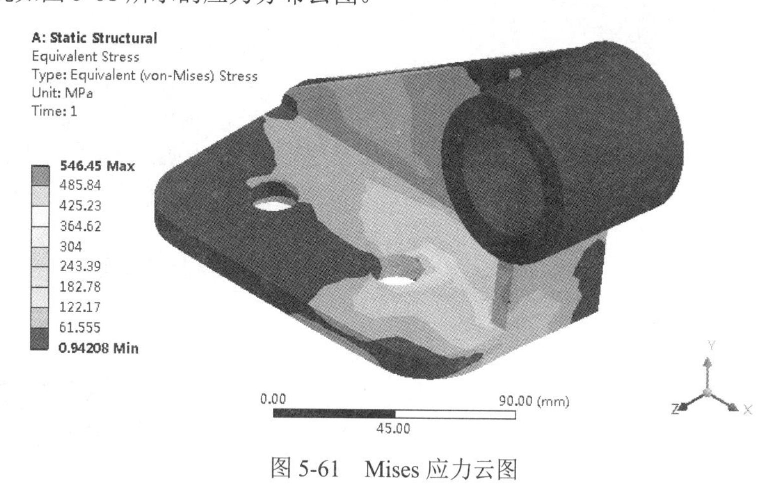

图 5-61　Mises 应力云图

第6章

模态分析

模态分析是用来确定结构的振动特性的一种技术，通过它可以确定自然频率、振型和振型参与系数（即在特定方向上某个振型在多大程度上参与了振动）。模态分析是所有动力学分析类型的最基础内容。

本章将介绍 ANSYS Workbench 模态分析的基本方法和技巧。

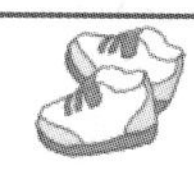

6.1　模态分析方法

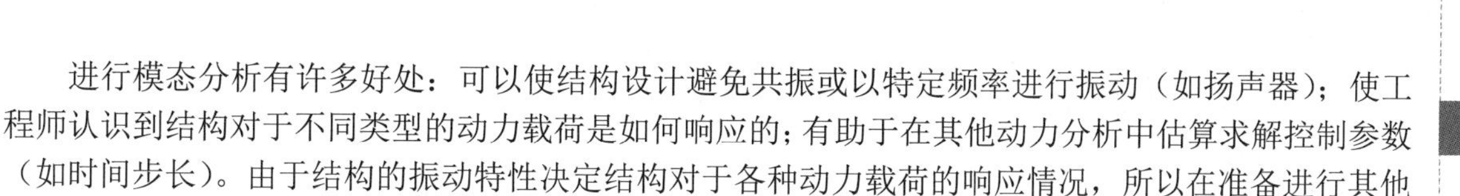

进行模态分析有许多好处：可以使结构设计避免共振或以特定频率进行振动（如扬声器）；使工程师认识到结构对于不同类型的动力载荷是如何响应的；有助于在其他动力分析中估算求解控制参数（如时间步长）。由于结构的振动特性决定结构对于各种动力载荷的响应情况，所以在准备进行其他动力分析之前首先要进行模态分析。

使用 ANSYS 的模态分析来决定一个结构或者机器部件的振动频率（固有频率和振形）。模态分析也可以是另一个动力学分析的出发点，如瞬态动力学分析、谐响应分析或者谱分析等。

用模态分析可以确定一个结构的固有频率和振型。固有频率和振型是承受动态载荷结构设计中的重要参数。如果要进行模态叠加法谐响应分析或瞬态动力学分析，固有频率和振型也是必要的。

可以对有预应力的结构进行模态分析，例如旋转的涡轮叶片。另一个有用的分析功能是循环对称结构模态分析，该功能允许通过只对循环对称结构的一部分进行建模而分析产生整个结构的振型。

对于模态分析，振动频率 ω_i 和模态 ϕ_i 是根据下面的方程计算出来的：

$$\left([K]-\omega_i^2[M]\right)\{\phi_i\}=0$$

这里假设刚度矩阵[K]、质量矩阵[M]是定值，这就要求材料是线弹性的且使用小位移理论（不包括非线性）。

6.2　模态系统分析步骤

模态分析与线性静态分析的过程非常相似，因此不对所有的步骤做详细介绍。进行模态系统分析的步骤如下。

（1）附加几何模型。

（2）设置材料属性。

（3）定义接触区域（如果有）。

（4）定义网格控制（可选择）。

（5）定义分析类型。

（6）加支撑（如果有）。

（7）求解频率测试结果。

（8）设置频率测试选项。

（9）求解。

（10）查看结果。

6.2.1　几何体和质点

模态分析支持各种几何体，包括实体、表面体和线体。模态分析过程中可以使用质量点，此质点在模态分析中只有质量（无硬度），质量点的存在会降低结构自由振动的频率。

在材料属性设置中，杨氏模量、泊松比和密度的值是必须要有的。

Note

6.2.2 接触区域

在进行装配体的模态分析时，可能存在接触的问题。然而，由于模态分析是纯粹的线性分析，所以所采用的接触不同于非线性分析中的接触类型。

接触模态分析包括粗糙接触和摩擦接触，将在内部表现为黏结或不分离；如果有间隙存在，非线性接触行为将是自由无约束的。

在绑定和不分离的接触情形将取决于 Pinball 区域的大小。

6.2.3 分析类型

在进行分析时，从 Workbench 的工具栏中选择 Modal 来指定模型分析的类型，如图 6-1 所示。

进入 Mechanical 界面中后，可在 Analysis Settings 属性窗格中进行模态阶数与频率变化范围的设置，Analysis Settings 属性窗格如图 6-2 所示。

☑ Max Modes to Find（提取的模态阶数）：用来指定提取的模态阶数，范围为 1～200，默认是 6。

☑ Limit Search to Range（指定频率变化的范围）：用来指定频率的变化范围，默认的是 0～1e+008Hz。

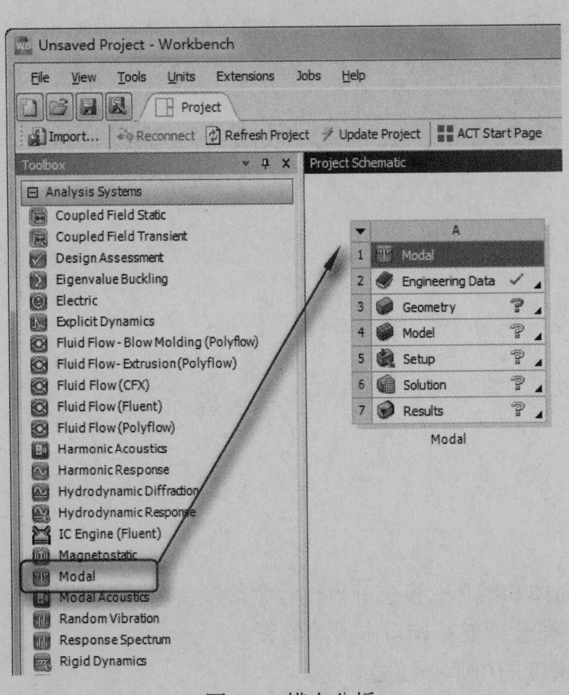

图 6-1 模态分析

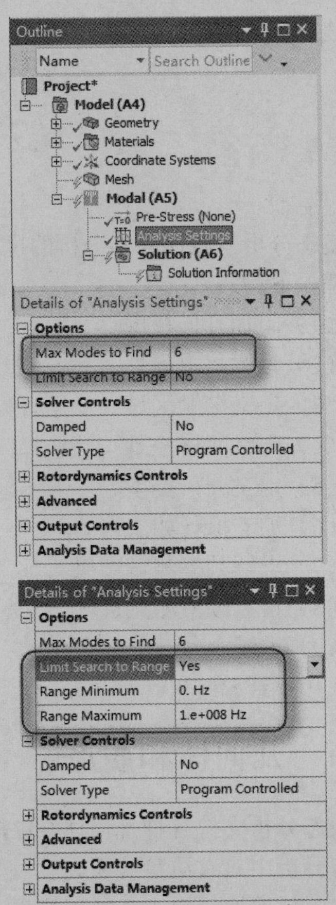

图 6-2 属性窗格

Note

6.2.4 载荷和约束

在进行模态分析时，结构和热载荷无法在模态中存在。但在计算有预应力的模态分析时，则需要考虑载荷，因为预应力是由载荷产生的。

对于模态分析中的约束，还需要注意：假如没有或者只存在部分的约束，刚体模态将被检测，这些模态将处于 0Hz 附近。与静态结构分析不同，模态分析并不要求禁止刚体运动。边界条件对于模态分析来说，是很重要的。因为它们能影响零件的振型和固有频率，所以需要仔细考虑模型是如何被约束的。压缩约束是非线性的，因此在此分析中不被使用。

6.2.5 求解

求解模型。求解结束后，求解分支会显示一个图标，显示频率和模态阶数。可以从图表或者图形中选择需要振型或者全部振型进行显示。

6.2.6 检查结果

在进行模态分析时由于在结构上没有激励作用，因此振型只是与自由振动相关的相对值。

在详细列表中可以看到每个结果的频率值，应用图形窗口下方的时间标签的动画工具栏来查看振型。

6.3 模态分析实例 1——机盖架壳体强度校核

视频讲解

机盖架壳体为一个由结构钢制造的负载架。机盖架壳体由图 6-3 中箭头所指部分与一个机壳形成固定的配合，然后其上安装有一个电机。

6.3.1 问题描述

在本实例中，机盖架壳体上方的电机直接放于支架上，螺栓孔处受到约束。通过分析来查看前 6 阶振动情况。

图 6-3 机盖架壳体

6.3.2 项目概图

01 在 Windows 系统下执行“开始”→“所有程序”→ANSYS 2020→Workbench 2020 命令，启动 ANSYS Workbench 2020，进入主界面。

02 在 ANSYS Workbench 2020 主界面中展开左边工具箱中的 Analysis Systems 栏，将工具箱中的 Modal 选项直接拖曳到项目管理界面中，或是直接在项目上双击载入，建立一个含有 Modal 的项目模块，结果如图 6-4 所示。

03 设置项目单位。选择菜单栏中的 Units→Metric(kg, m, s, ℃, A, N, V)命令，然后选择 Display Values in Project Units 命令，如图 6-5 所示。

Note

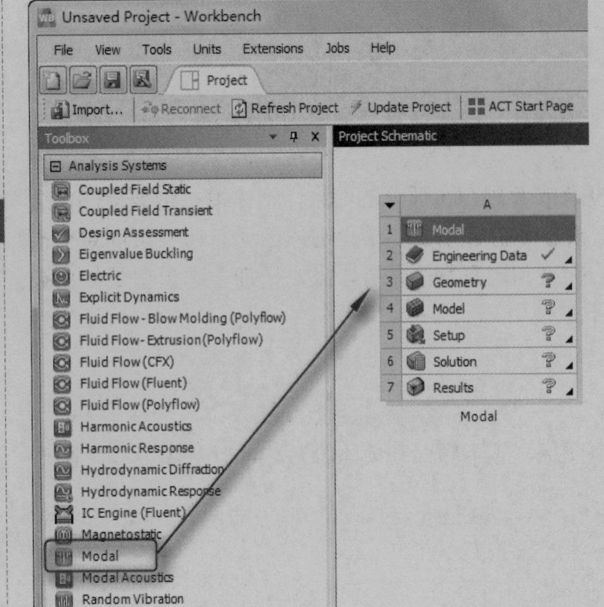

图 6-4　添加 Modal 选项

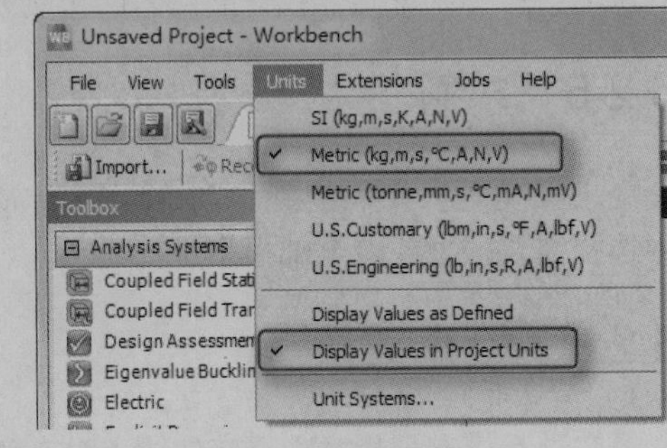

图 6-5　设置项目单位

04 导入模型。右击 A3 栏 3 Geometry ? ，在弹出的快捷菜单中选择 Import Geometry→Browse 命令，然后打开"打开"对话框，选择源文件中的 Bracket.x_t 文件，单击"打开"按钮。

05 双击 A4 栏 4 Model ，启动 Mechanical 应用程序，如图 6-6 所示。

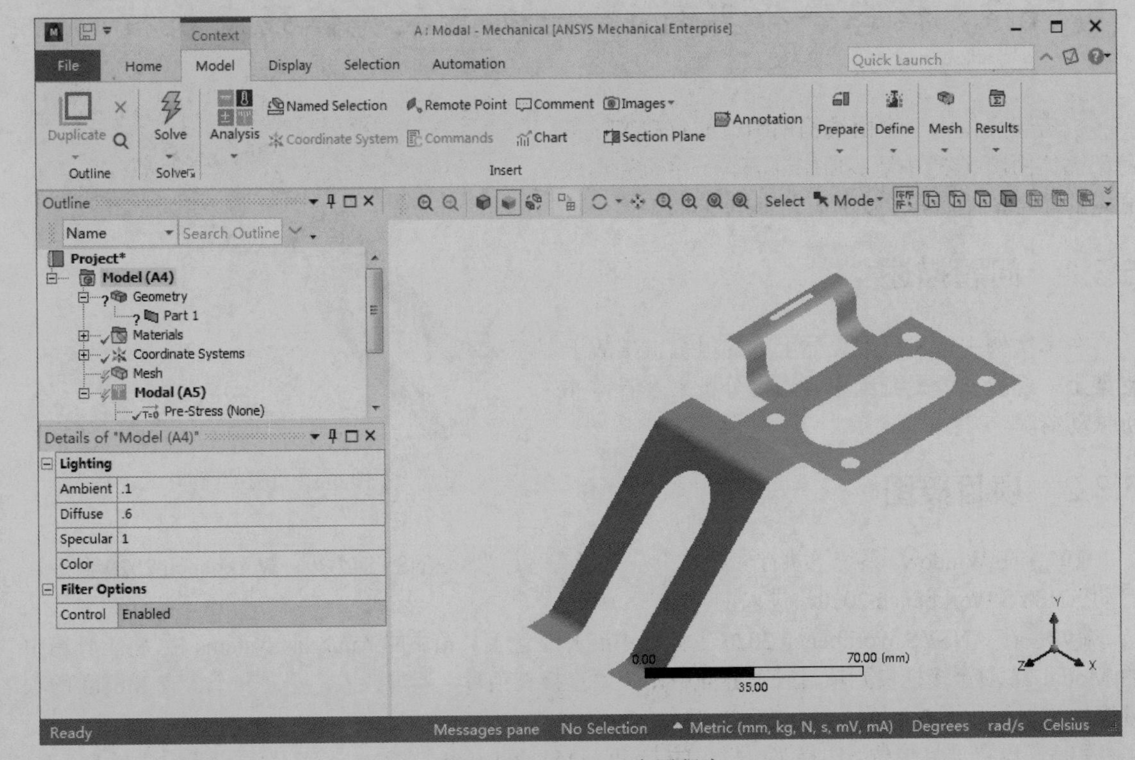

图 6-6　Mechanical 应用程序

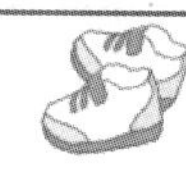

6.3.3　前处理

01 设置单位系统。在功能区中选择 Home→Tools→Units→Metric(mm, kg, N, s, mV, mA)命令，设置单位为公制毫米单位。

02 在树形目录中选择 Geometry 分支下的 Part1，此时属性窗格中的 Thickness 栏以黄色显示，表示没有定义。同时，这个部件名旁边还有一个问号表示没有完全定义，如图 6-7 所示。

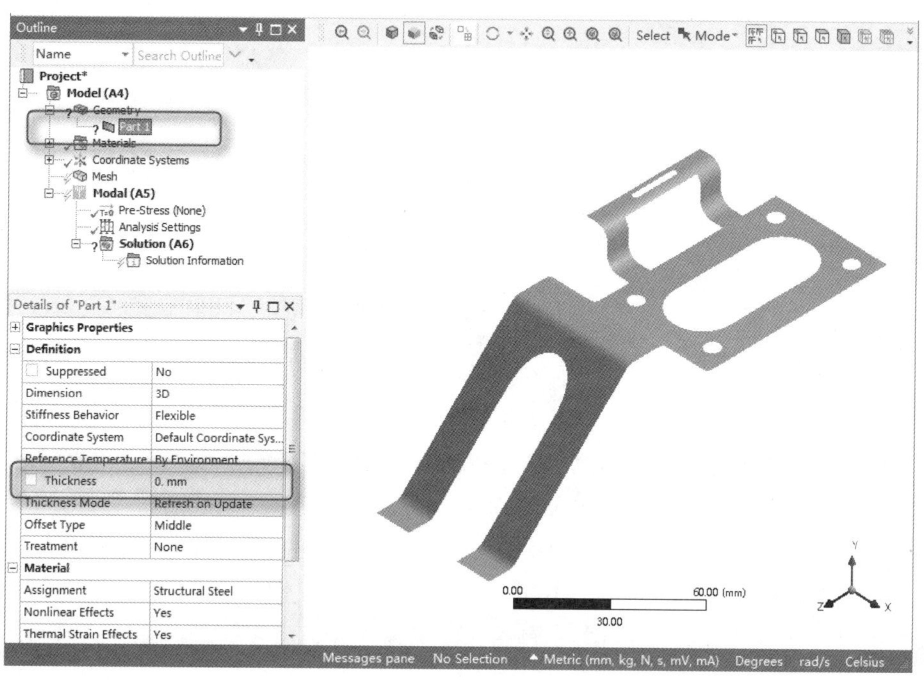

图 6-7　壳体模型

03 单击 Thickness 栏，设置 Thickness 为 2mm。此时，输入厚度值把状态标记由问号改为复选标记，表示已经完全定义，如图 6-8 所示。

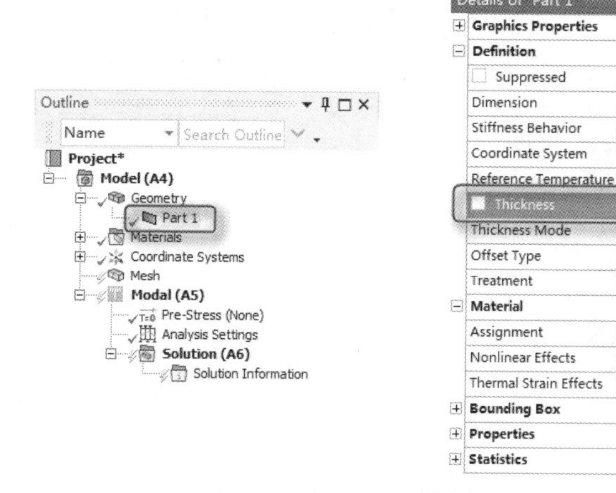

图 6-8　属性窗格

04 施加固定面约束。在树形目录中单击 Modal(A5)分支，此时 Context 工具栏显示为 Environment

Note

工具栏。单击工具栏内 Structural 区域中的 Fixed（固定约束）命令。单击工具栏中的“面选择”按钮，然后选择如图 6-9 所示的 3 个面，定义固定面约束。

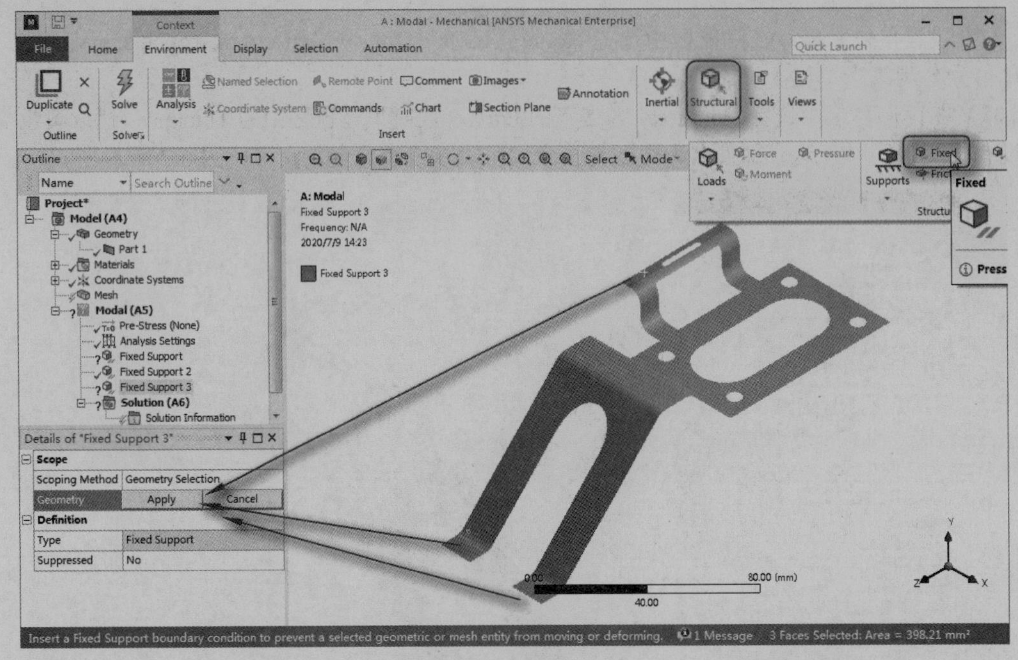

图 6-9　施加无摩擦约束

05 施加固定边约束。首先在工具栏中单击边选择模式，然后选择 4 个孔洞的边（见图 6-10），右击，在弹出的快捷菜单中选择 Insert→Fixed Support 命令，定义固定约束。

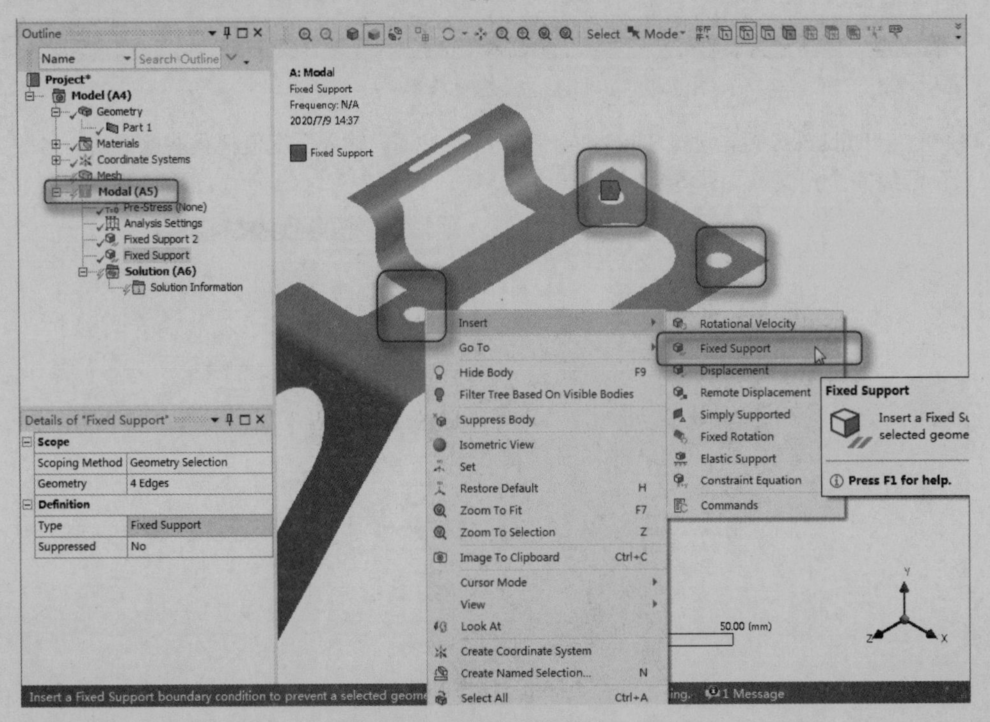

图 6-10　施加固定约束

6.3.4 求解

求解模型。单击工具栏内 Solve 区域中的 Solve 按钮，如图 6-11 所示，对模型进行求解。

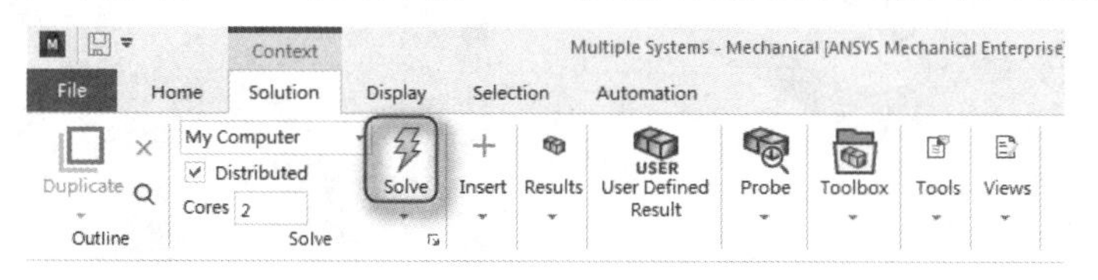

图 6-11 求解

6.3.5 结果

01 查看模态的形状，单击树形目录中的 Solution(A6)分支，此时在绘图区域的下方会出现 Timeline 图形和 Tabular Data 表，给出了对应模态的频率表，如图 6-12 所示。

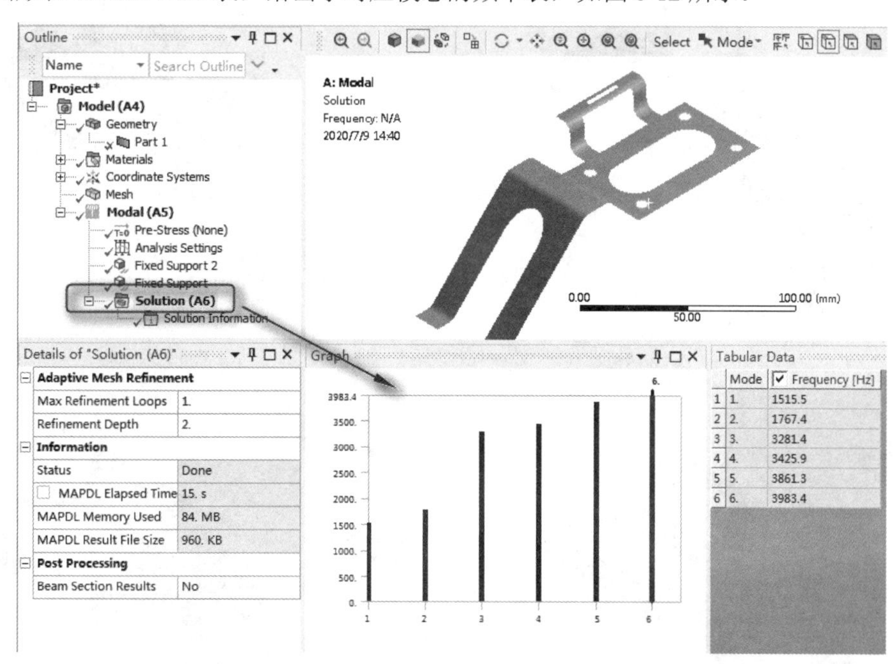

图 6-12 Timeline 图形与 Tabular Data 表

02 在 Timeline 图形上右击，在弹出的快捷菜单中选择 Select All 命令，选择所有的模态。

03 再次右击，在弹出的快捷菜单中选择 Create Mode Shape Results 命令，此时会在树形目录中显示各模态的结果图，只是还需要再次求解才能正常显示，如图 6-13 所示。

04 单击工具栏中的 Solve 按钮查看结果。

05 在树形目录中单击各个模态，查看各阶模态的云图，如图 6-14 所示。

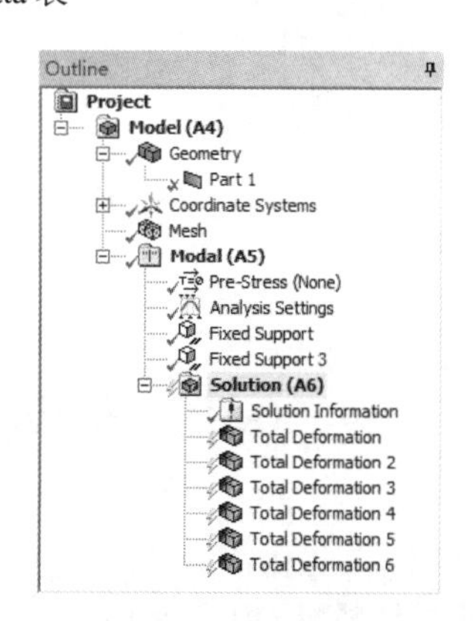

图 6-13 树形目录

Note

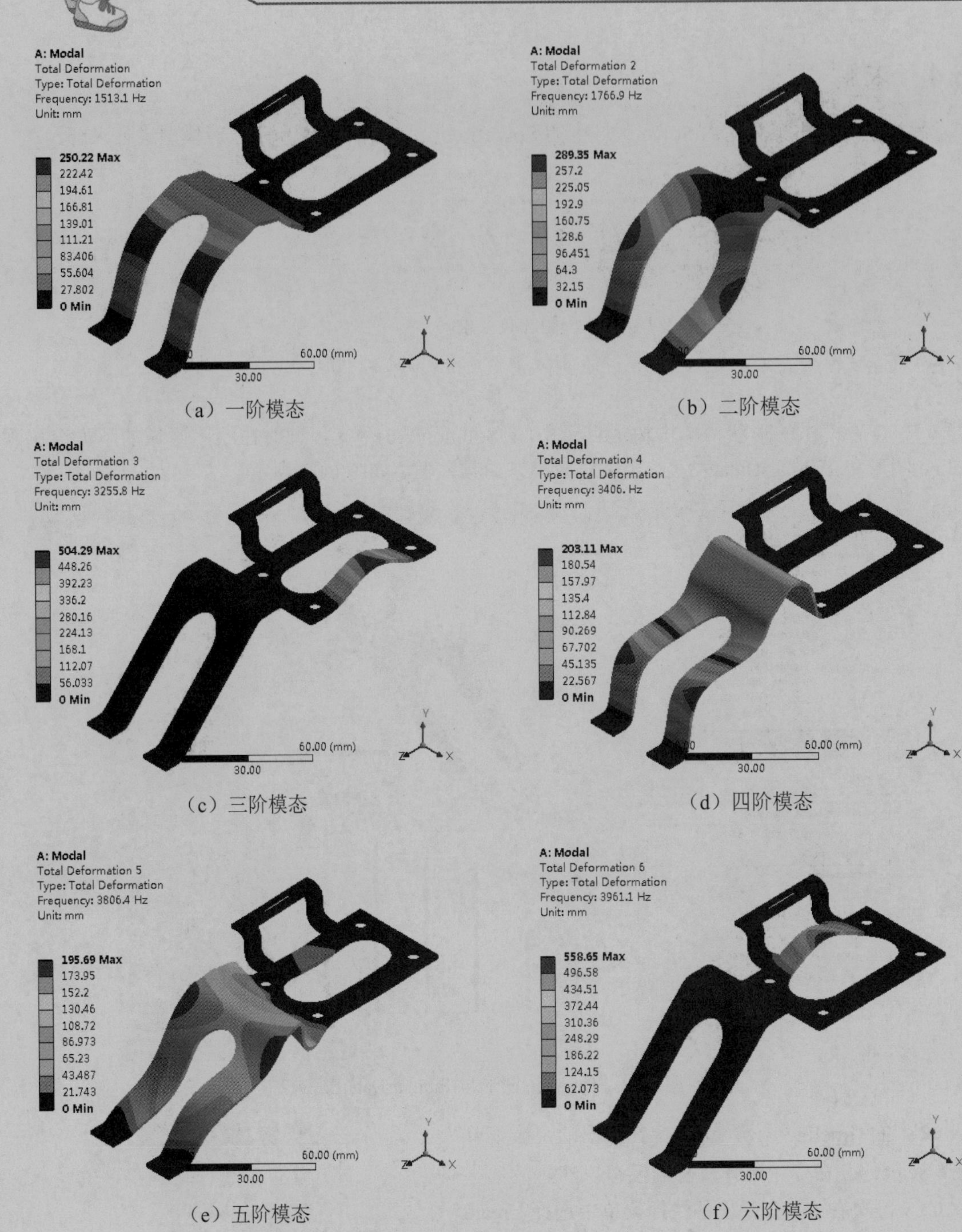

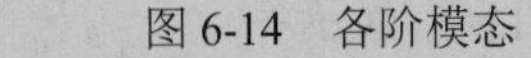

图 6-14　各阶模态

视频讲解

6.4　模态分析实例 2——轴装配体

轴装配体在工作中不可避免会产生振动，在这里进行的分析为模拟在无预应力状态下轴装配体的模态响应。轴装配体如图 6-15 所示。

Note

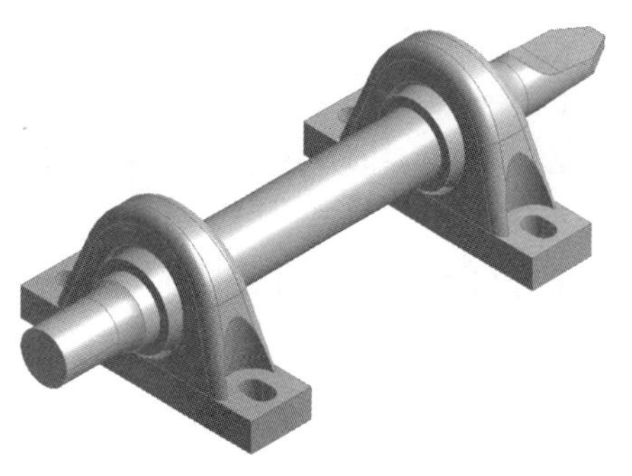

图 6-15　轴装配体

6.4.1　问题描述

本实例为查看轴装配体自由状态下固有的频率。材料为默认的结构钢，自由状态下轴的一端还承受 10N 的微小力。

6.4.2　项目概图

01 在 Windows 系统下执行“开始”→“所有程序”→ANSYS 2020→Workbench 2020 命令，启动 ANSYS Workbench 2020，进入主界面。

02 在 ANSYS Workbench 2020 主界面中展开左边工具箱中的 Analysis Systems 栏，将工具箱中的 Static Structural 选项直接拖曳到项目管理界面中或是直接在项目上双击载入，建立一个含有 Static Structural 的项目模块。结果如图 6-16 所示。

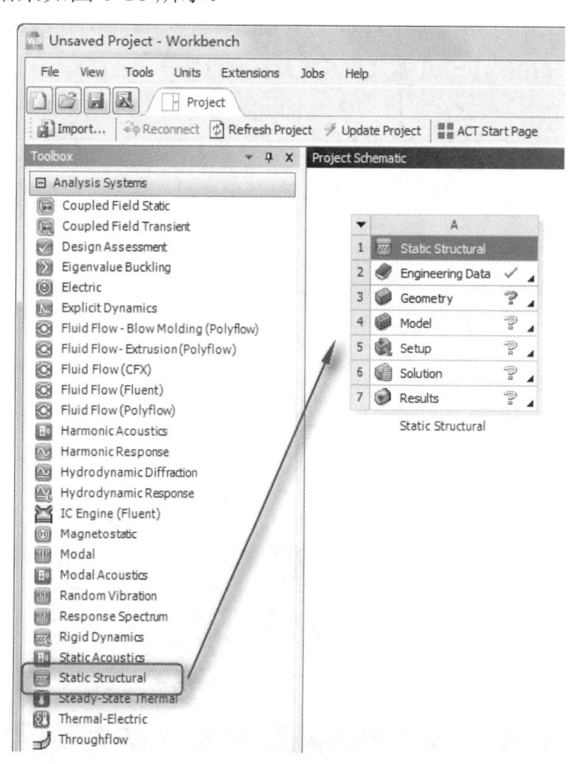

图 6-16　添加 Static Structural 选项

03 放置 Modal 选项。把 Modal 选项拖曳到 Static Structural 项目中的 Solution 模块中，如图 6-17 所示。

04 设置项目单位。选择菜单栏中的 Units→Metric(kg, m, s, ℃, A, N, V)命令，然后选择 Display Values in Project Units 命令，如图 6-18 所示。

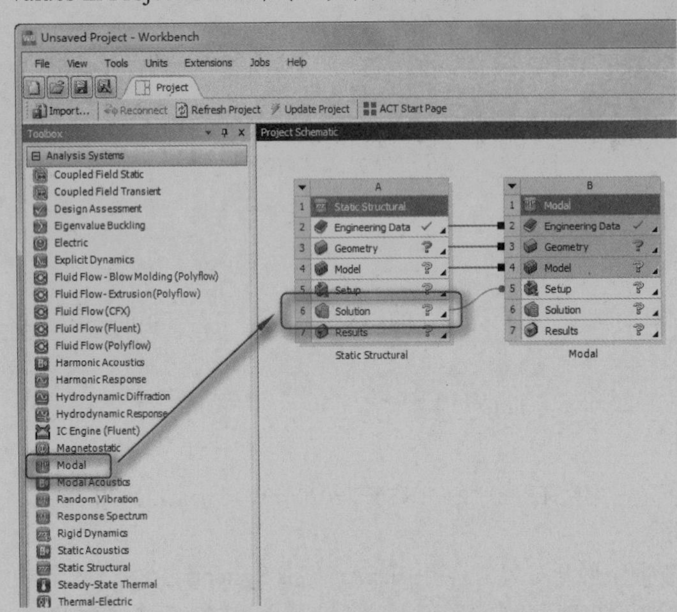

图 6-17 添加 Modal 选项

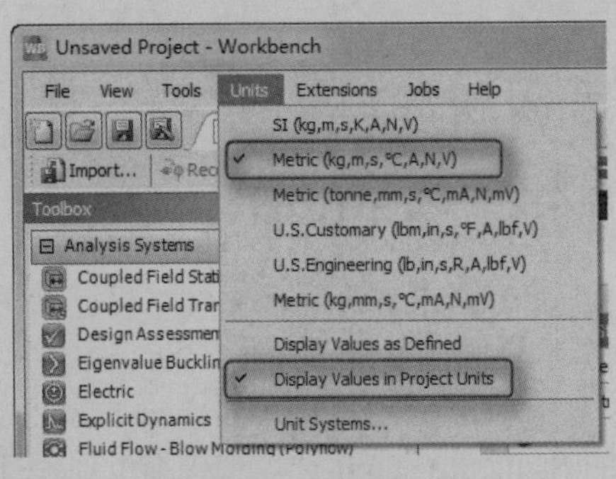

图 6-18 设置项目单位

05 导入模型。右击 A3 栏 3 Geometry ?，在弹出的快捷菜单中选择 Import Geometry→Browse 命令，然后打开“打开”对话框，打开源文件中的 shaft. x_t。

06 双击 A4 栏 4 Model ?，启动 Mechanical 应用程序，如图 6-19 所示。

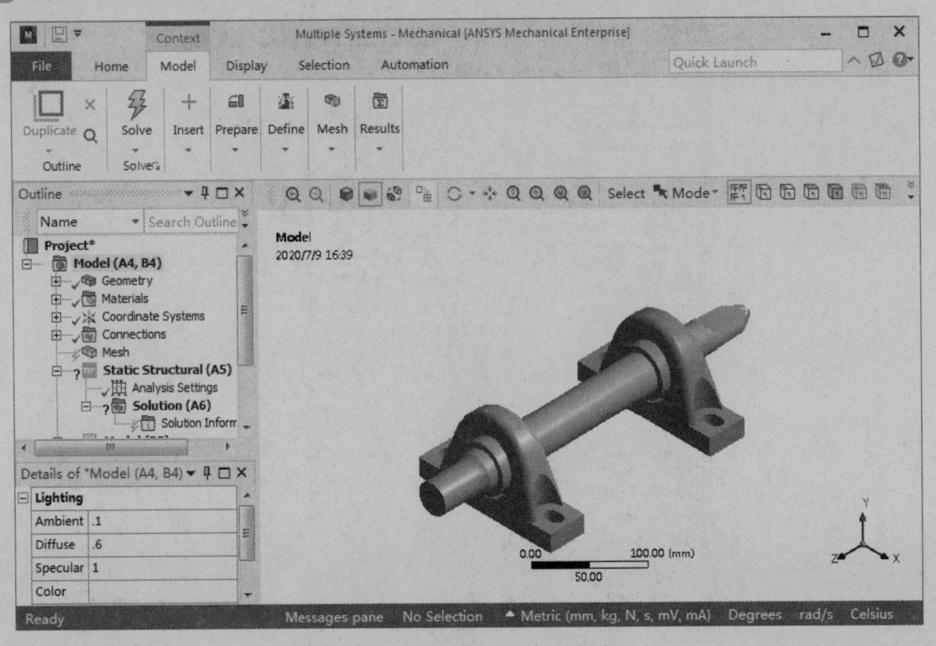

图 6-19 Mechanical 应用程序

6.4.3　前处理

01 设置单位系统。在功能区中选择 Home→Tools→Units→Metric(mm, kg, N, s, mV, mA)命令，设置单位为公制毫米单位。

02 施加约束。在树形目录中单击 Static Structural(A5)分支，此时 Context 工具栏显示为 Environment 工具栏。单击工具栏内 Structural 区域中的 Fixed（固定约束）命令。单击工具栏中的“面选择”按钮，然后选择如图 6-20 所示的两个底面，定义固定约束。

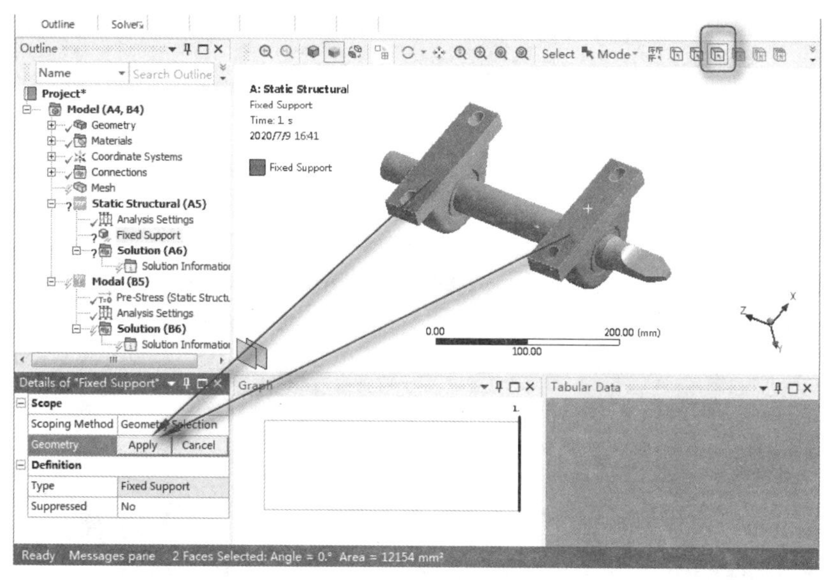

图 6-20　施加固定约束

03 给模型施加拉力。首先选择施加一端轴的接触面上，然后右击，在弹出的快捷菜单中选择 Insert→Force 命令，定义拉力，将 Define By 设置为 Components，将 Y Component 改为-10N，如图 6-21 所示。

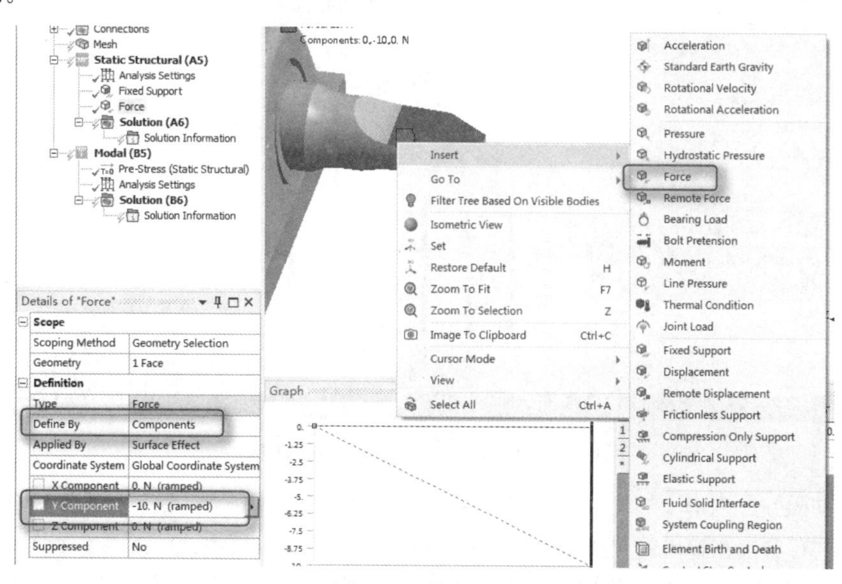

图 6-21　施加压力

6.4.4 求解

Note

选中树形目录中 Modal(B5)分支下的 Solution(B6)分支，单击工具栏内 Solve 区域中的 Solve 按钮（见图 6-22），进入求解模型，进行求解。

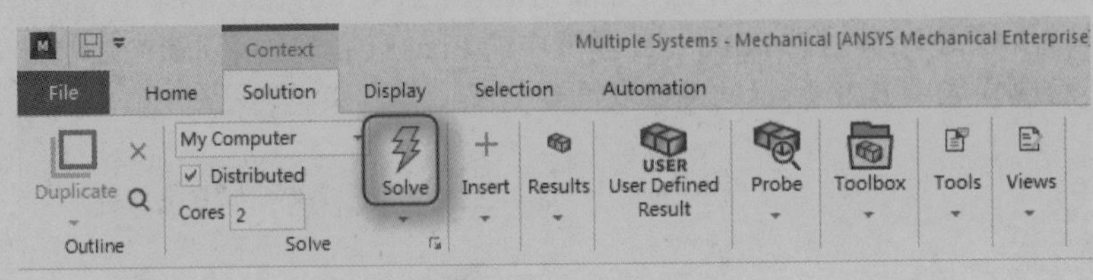

图 6-22 求解

6.4.5 结果

01 查看模态的形状，单击树形目录中的 Solution(B6)分支，此时在绘图区域的下方会出现 Timeline 图形和 Tabular Data 表，给出了对应模态的频率表，如图 6-23 所示。

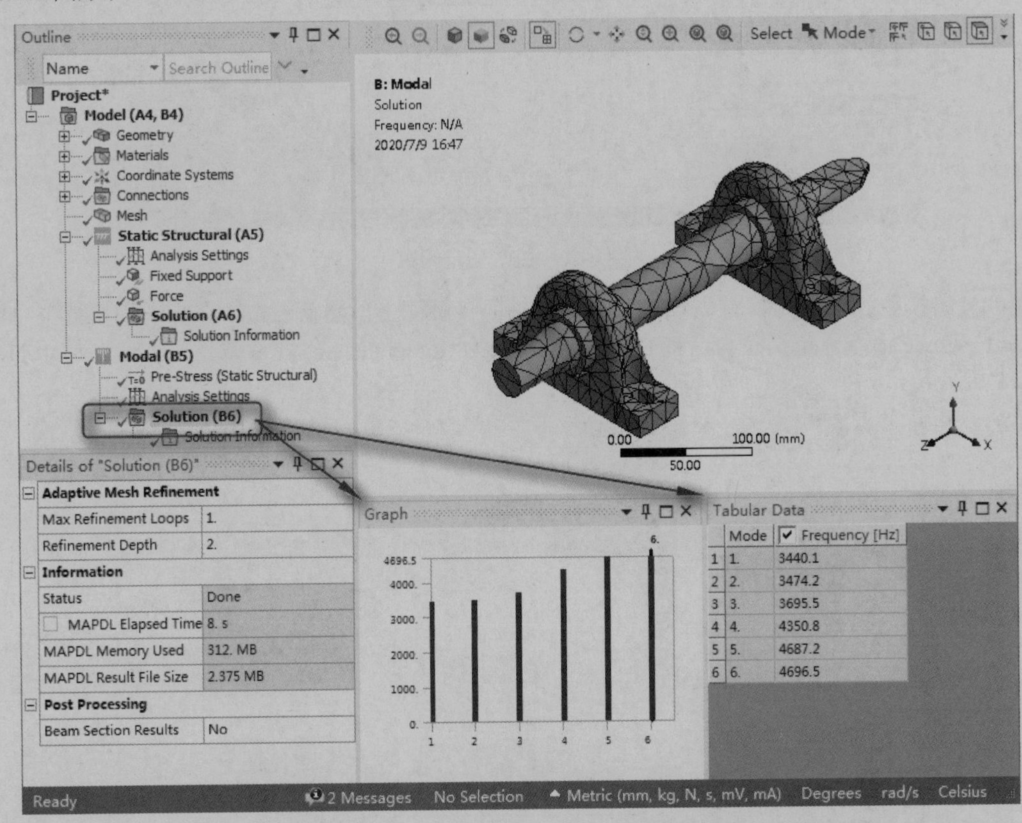

图 6-23 Timeline 图形与 Tabular Data 表

02 在 Timeline 图形上右击，在弹出的快捷菜单中选择 Select All 命令，选择所有的模态。

03 再次右击，在弹出的快捷菜单中选择 Create Mode Shape Results 命令，此时会在树形目录中显示各模态的结果图，只是还需要再次求解才能正常显示，如图 6-24 所示。

Note

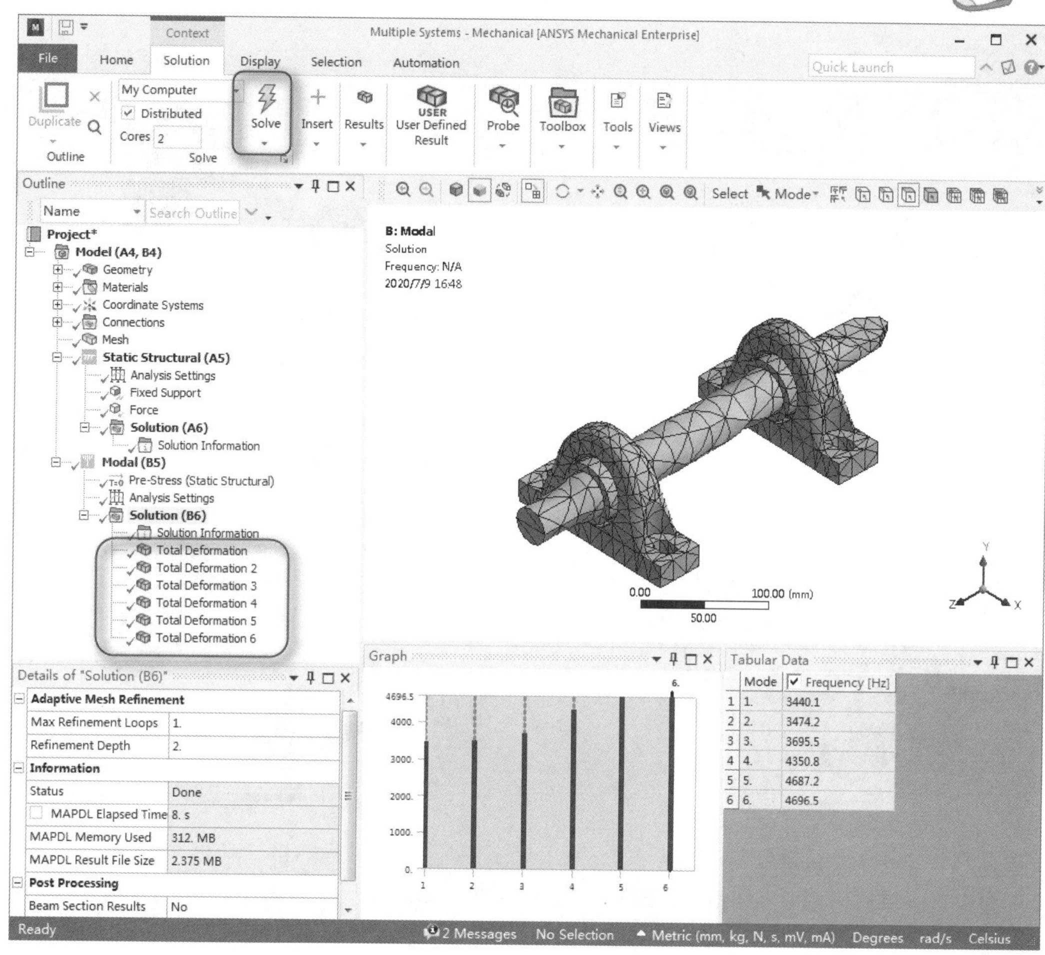

图 6-24　树形目录

04 单击工具栏内 Solve 区域中的 Solve 按钮查看结果。

05 在树形目录中单击各个模态，查看各阶模态的云图，如图 6-25 所示。

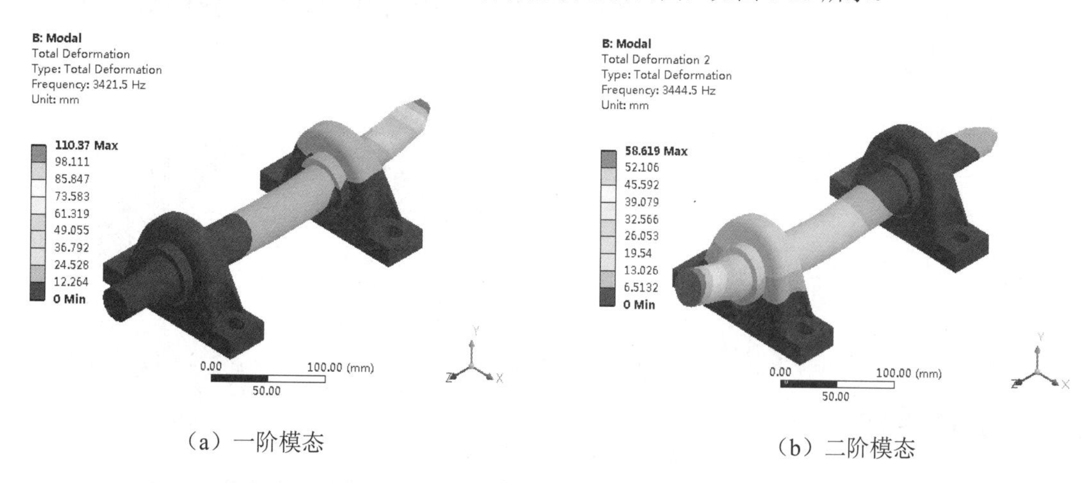

（a）一阶模态　　（b）二阶模态

图 6-25　各阶模态

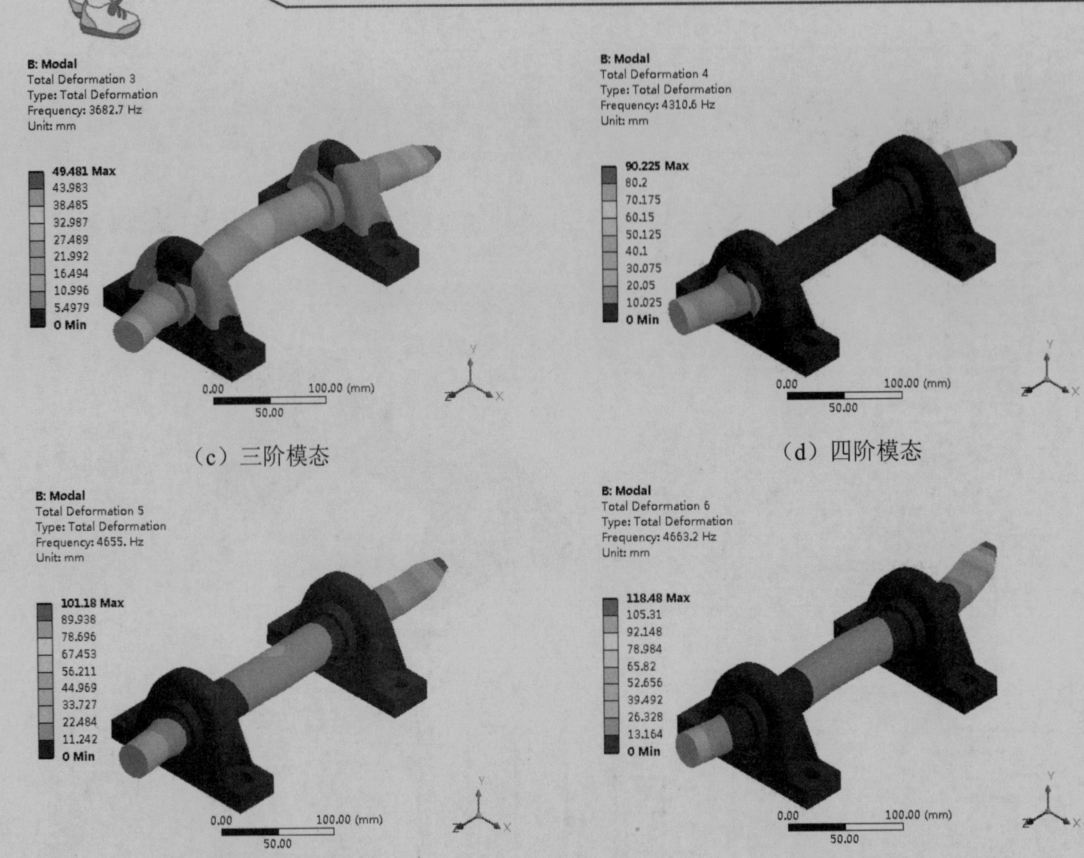

（c）三阶模态　（d）四阶模态

（e）五阶模态　（f）六阶模态

图 6-25　各阶模态（续）

视频讲解

6.5　模态分析实例 3——机翼

机翼的材料一般为钛合金，一端固定，受到空气的阻力作用。在这里进行机翼的模态分析。机翼模型如图 6-26 所示。

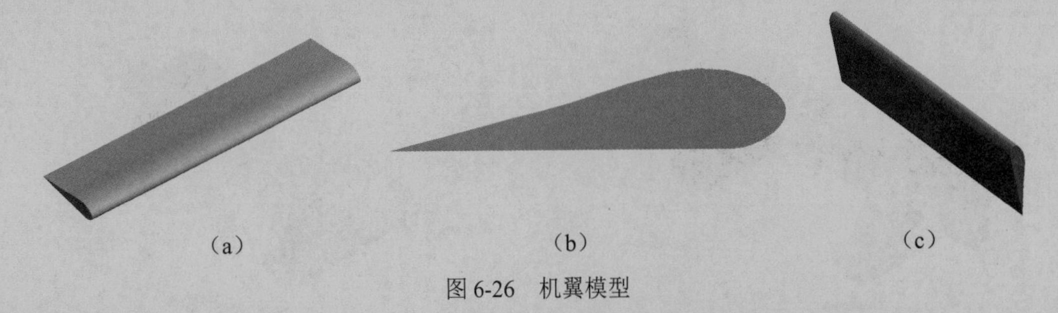

（a）　（b）　（c）

图 6-26　机翼模型

6.5.1　问题描述

要确定机翼在受到预应力的情况下前五阶模态的情况。可设机翼的一端固定，底面受到 0.1pa 的压力。

Note

6.5.2　项目概图

01 在 Windows 系统下执行“开始”→“所有程序”→ANSYS 2020→Workbench 2020 命令，启动 ANSYS Workbench 2020，进入主界面。

02 在 ANSYS Workbench 2020 主界面中展开左边工具箱中的 Analysis Systems 栏，将工具箱中的 Static Structural 选项直接拖曳到项目管理界面中或是直接在项目上双击载入，建立一个含有 Static Structural 的项目模块。结果如图 6-27 所示。

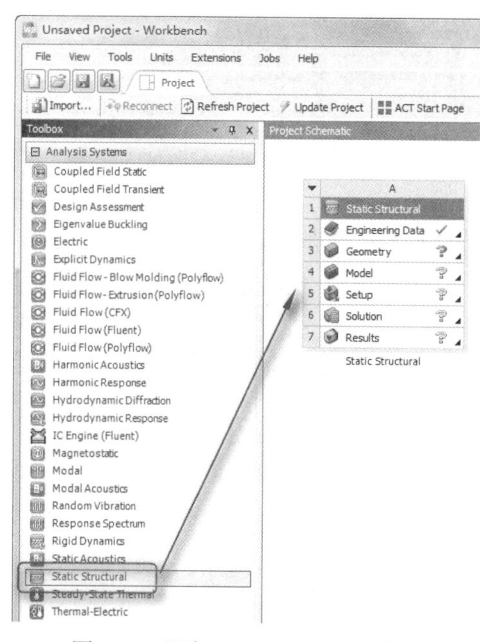

图 6-27　添加 Static Structural 选项

03 放置 Modal 选项，把 Modal 选项拖曳到 Static Structural 项目的 Solution 模块中，如图 6-28 所示。

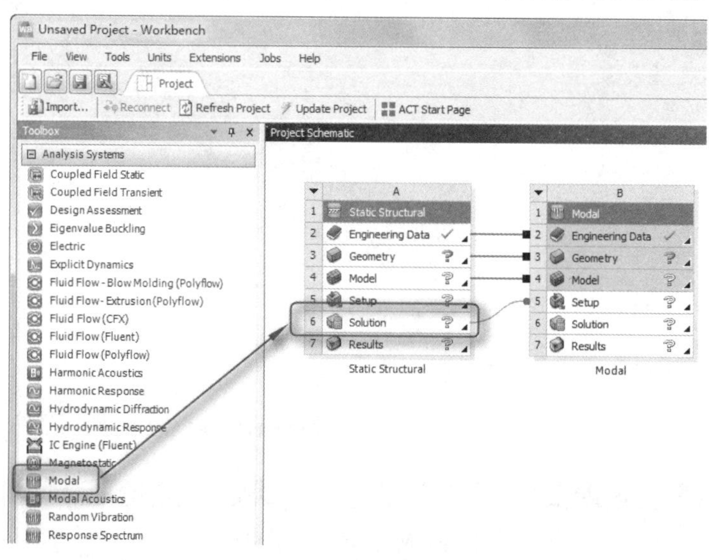

图 6-28　添加 Modal 选项

04 设置项目单位，选择菜单栏中的 Units→Metric(kg, m, s, ℃, A, N, V)命令，然后选择 Display Values in Project Units 命令，如图 6-29 所示。

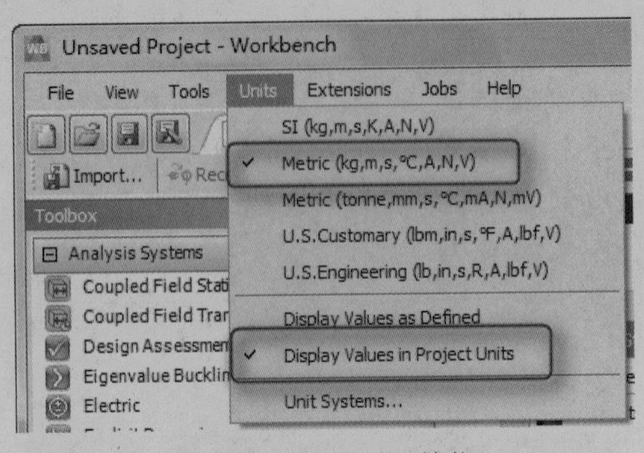

图 6-29　设置项目单位

05 导入模型。右击 A3 栏 3 Geometry ，在弹出的快捷菜单中选择 Import Geometry→Browse 命令，然后打开“打开”对话框，打开源文件中的 wing.iges。

06 双击 A4 栏 4 Model ，启动 Mechanical 应用程序，如图 6-30 所示。

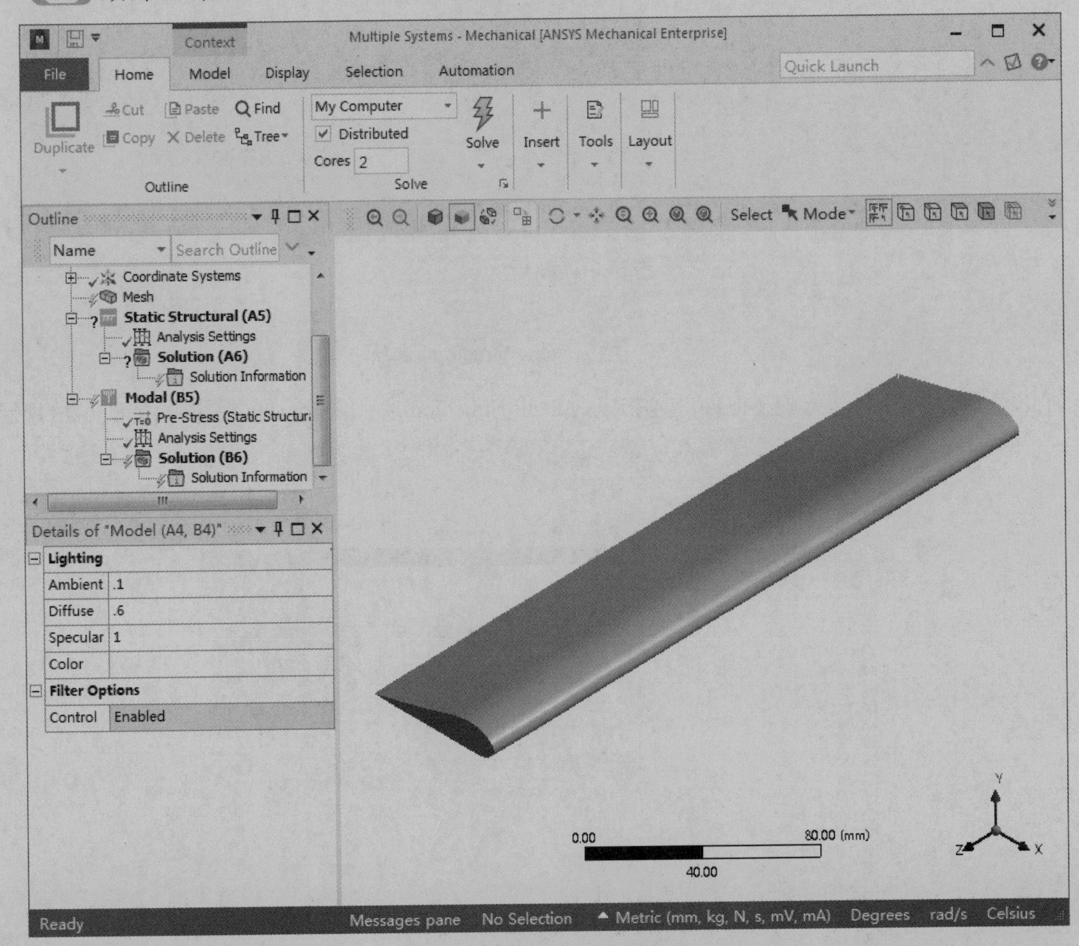

图 6-30　Mechanical 应用程序

6.5.3　前处理

01 设置单位系统。在功能区中选择 Home→Tools→Units→Metric(mm, kg, N, s, mV, mA)命令，设置单位为公制毫米单位。

02 为部件选择一个合适的材料，返回 Project Schematic 窗口中并双击 A2 栏，得到它的材料特性。

03 在打开的材料特性应用中，单击工具栏中的 Engineering Data Sources 按钮，打开左上角的 Engineering Data Sources 窗格。单击其中的 General Materials 使之点亮，如图 6-31 所示。

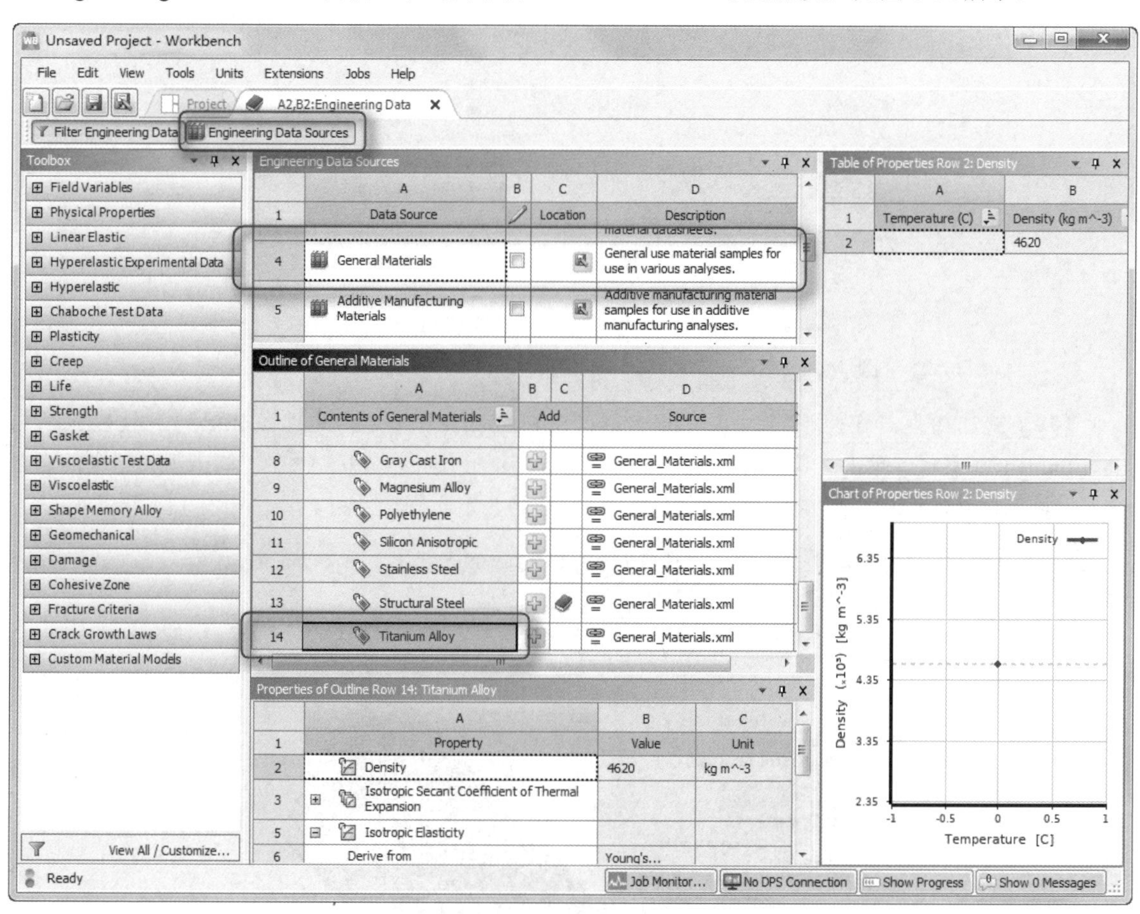

图 6-31　材料特性

04 在 General Materials 点亮的同时单击 Outline of General Materials 窗格中的 Titanium Alloy 旁边的+，将这两个材料添加到当前项目中。

05 关闭 Engineering Data Sources 标签，返回 Project（项目）中。这时 Model 模块指出需要进行一次刷新。

06 在 Model 栏右击，在弹出的快捷菜单中选择 Refresh 命令，刷新 Model 栏，如图 6-32 所示。

07 返回 Mechanical 窗格中，在树形目录中选择 Geometry 分支下的 wing-FreeParts（也可能显

示为 Part1），并选择 Material→Assignment 栏，将材料改为钛合金，如图 6-33 所示。

Note

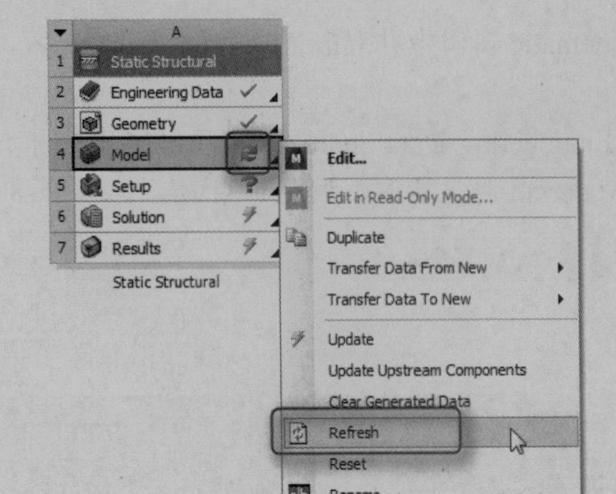

图 6-32　刷新 Model 栏

图 6-33　改变材料

08 施加约束。在树形目录中单击 Static Structural(A5)分支，此时 Context 工具栏显示为 Environment 工具栏。单击工具栏内 Structural 区域中的 Fixed（固定约束）命令。单击工具栏中的“面选择”按钮，然后选择如图 6-34 所示的机翼的一个端面，定义固定约束。

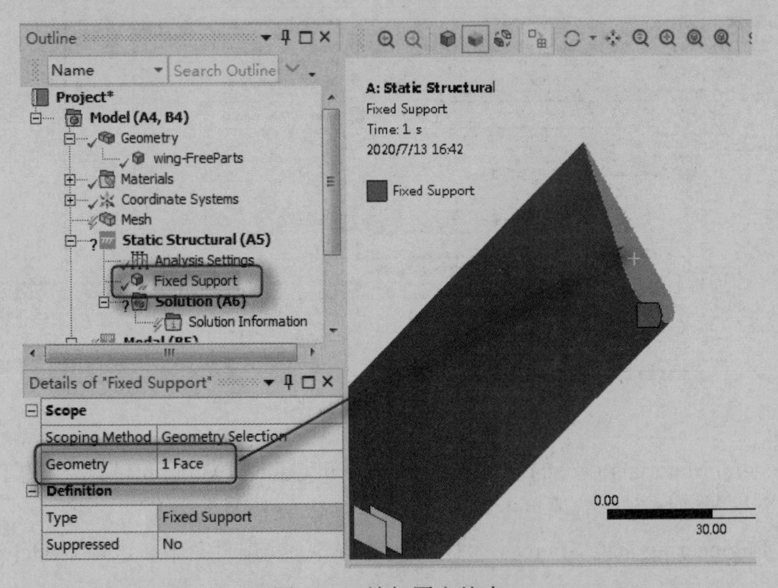

图 6-34　施加固定约束

09 给模型施加压力。首先选择机翼模型的底面，如图 6-35 所示。然后右击，在弹出的快捷菜单中选择 Insert→Pressure 命令，定义模型受到的压力，将 Magnitude 设置为 0.1Mpa。

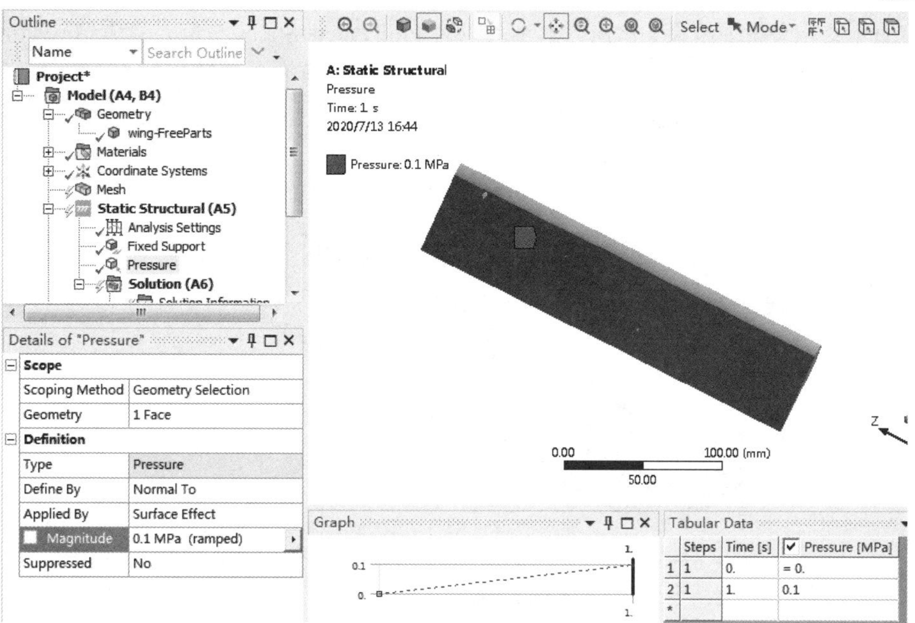

图 6-35　施加压力

6.5.4　求解

01 设置绘图选项。单击树形目录中的 Solution(A6)分支，此时 Context 工具栏显示为 Solution 工具栏。在 Solution 工具栏中单击 Results 区域中的 Stress 按钮，在弹出的下拉列表中选择 Equivalent(von-Mises)命令，进行应力云图的设置，如图 6-36 所示。

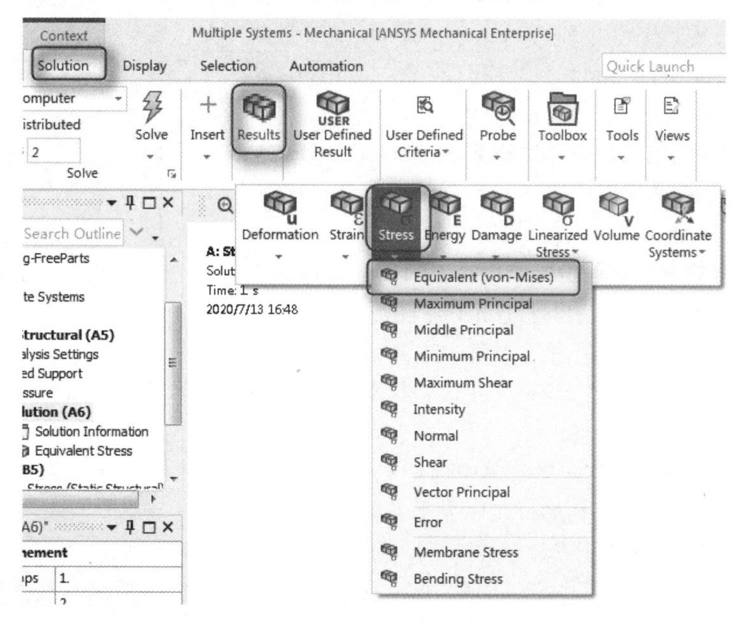

图 6-36　设置应力云图

02 选中树形目录中的 Solution(A6)分支，单击工具栏内 Solve 区域中的 Solve 按钮，进行求解模型。

Note

03 查看结构分析的结果。单击树形目录中的 Equivalent Stress 分支，查看结构分析得到的应力云图，如图 6-37 所示。

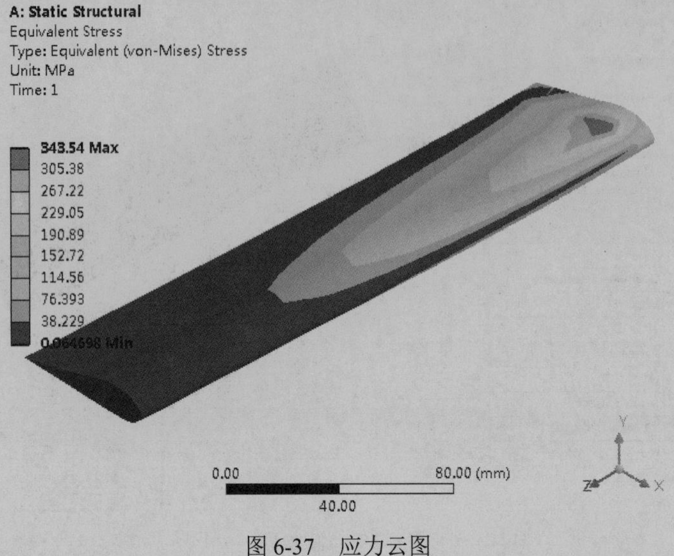

图 6-37　应力云图

6.5.5　模态分析

01 设置模态分析参数。单击树形目录中的 Modal(B5)分支下的 Analysis Settings 选项，此时在属性窗格会显示 Details of "Analysis Settings"，其中，将 Max Modes to Find 栏由默认的六阶改为五阶（即在该栏中输入 5），将 Output Controls 栏下的 Calculate Stress 和 Calculate Strain 参数均改为 Yes，如图 6-38 所示。

02 选中树形目录中 Model(B5)分支下的 Solution(B6)分支，单击工具栏内 Solve 区域中的 Solve 按钮，进行模态求解。

03 查看模态的形状。单击树形目录中的 Solution(B6)分支，此时在绘图区域的下方会出现 Timeline 图形和 Tabular Data 表，给出了对应模态的频率表，如图 6-39 所示。

04 在 Timeline 图形上右击，在弹出的快捷菜单中选择 Select All 命令，选择所有的模态。

05 再次右击，在弹出的快捷菜单中选择 Create Mode Shape Results 命令，此时会在树形目录中显示各模态的结果图，只是还需要再次求解才能正常显示。

06 单击工具栏内 Solve 区域中的 Solve 按钮查看结果。

07 在树形目录中单击第 5 个模态，查看第五阶模态的云图，如图 6-40 所示。

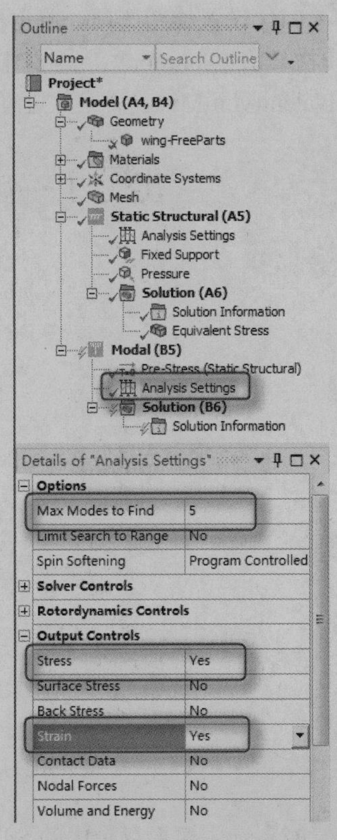

图 6-38　模态分析属性窗格

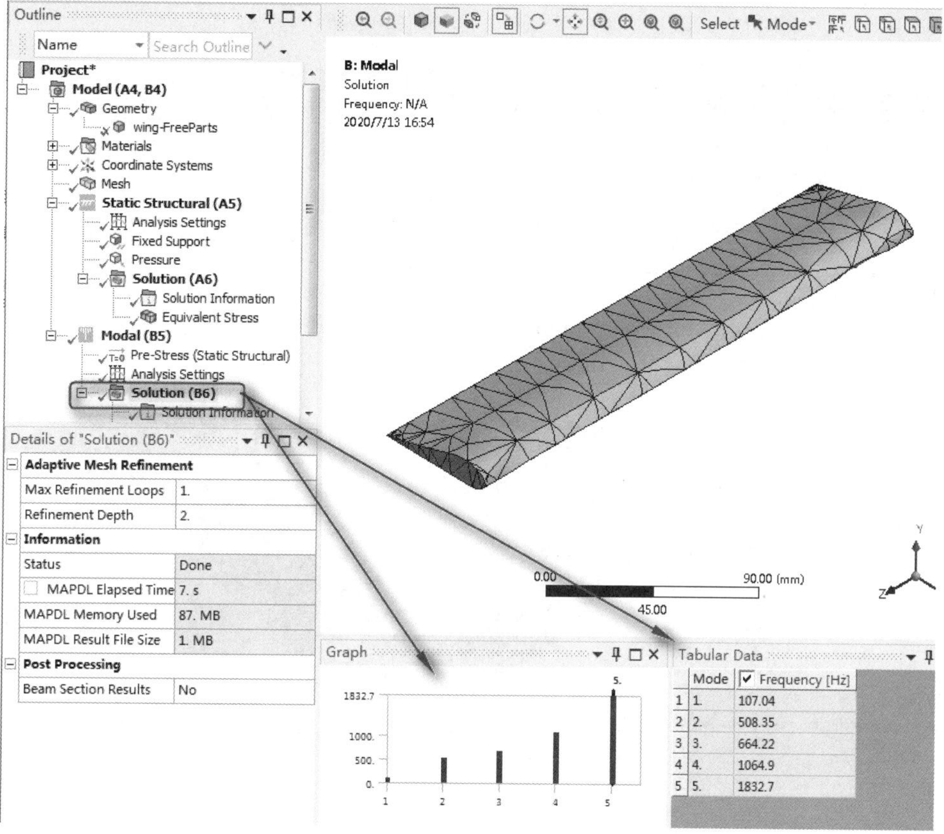

图 6-39　Timeline 图形与 Tabular Data 表

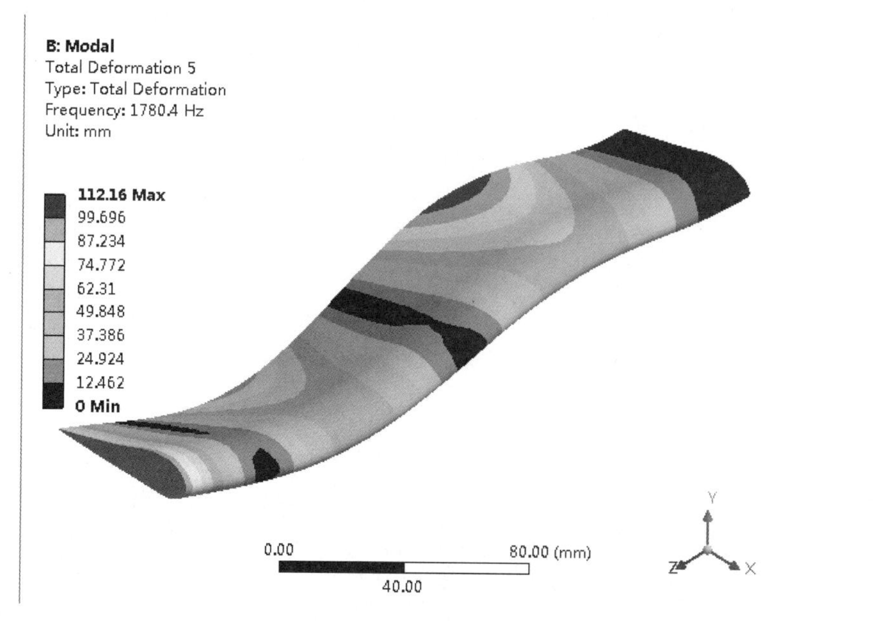

图 6-40　第五阶模态

08 查看矢量图，利用工具栏中的矢量图显示命令，以矢量图的形式显示第五阶模态。在矢量

Note

图显示工具栏中可以通过拖曳滑块来调节矢量轴的显示长度，如图 6-41 所示。

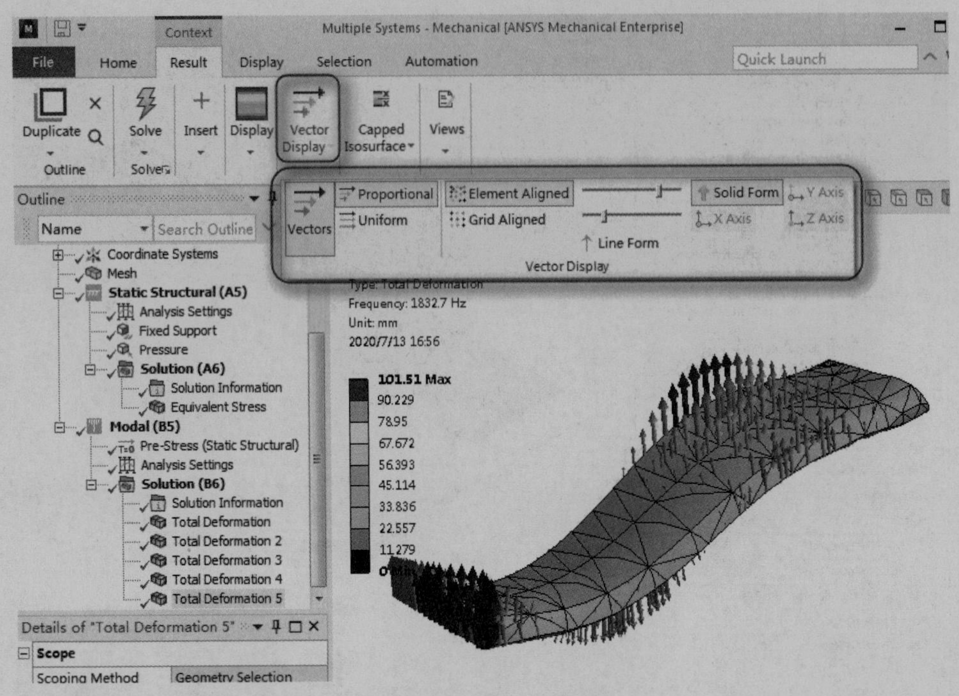

图 6-41　矢量图显示

第 7 章

屈曲分析

在一些工程中，有许多细长杆、压缩部件等，当作用载荷达到或超过一定限度时就会屈曲失稳，这类问题除了要考虑强度问题外，还要考虑屈曲的稳定性问题。

本章将介绍 ANSYS Workbench 线性屈曲分析的基本方法和技巧。

7.1 屈曲概述

Note

在线性屈曲分析中，需要评价许多结构的稳定性。在薄柱、压缩部件和真空罐的例子中，稳定性是重要的。在失稳（屈曲）的结构，负载基本上没有变（超出一个小负载扰动），会有一个非常大的变化位移{Δx}，如图 7-1 所示。

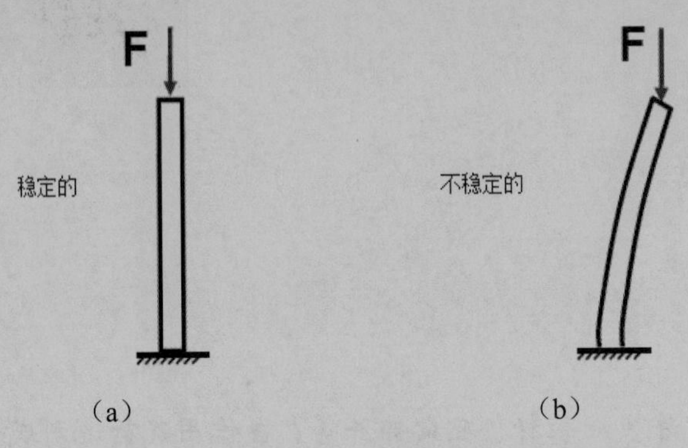

图 7-1　失稳悬臂梁

特征值或线性屈曲分析预测理想线弹性结构的理论屈曲强度。此方法相当于教科书上线弹性屈曲分析的方法。用欧拉行列式求解特征值屈曲会与经典的欧拉公式解相一致。

缺陷和非线性行为使现实结构无法与它们的理论弹性屈曲强度一致。线性屈曲一般会得出不保守的结果。

但线性屈曲也会得出无法解释的问题：非弹性的材料响应、非线性作用、不属于建模的结构缺陷（凹陷等）。

尽管不保守，但线性屈曲有多种优点，如下所示。

（1）它比非线性屈曲计算省时，并且可以作为第一步计算来评估临界载荷（屈曲开始时的载荷）。在屈曲分析中做一些对比，可以体现二者的明显不同。

（2）线性屈曲分析可以用来作为确定屈曲形状的设计工具。结构屈曲的方式可以为设计提供向导。

7.2 屈曲分析步骤

需要在屈曲分析之前（或连同）完成静态结构分析。

（1）附上几何体。

（2）指定材料属性。

（3）定义接触区域（如果合适）。

（4）定义网格控制（可选）。

（5）加入载荷与约束。

（6）求解静力结构分析。

（7）链接线性屈曲分析。

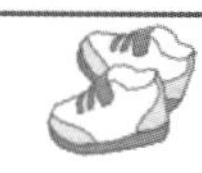

（8）设置初始条件。

（9）求解。

（10）模型求解。

（11）检查结果。

7.2.1　几何体和材料属性

与线性静力分析类似，任何软件支持的类型的几何体都可以使用，例如：

☑　实体。

☑　壳体（确定适当的厚度）。

☑　线体（定义适当的横截面）。在分析时只有屈曲模式和位移结果可用于线体。

尽管模型中可以包含点质量，但是由于点质量只受惯性载荷的作用，因此在应用中会有一些限制。另外不管使用何种几何体和材料，在材料属性中，杨氏模量和泊松比是必须要有的。

7.2.2　接触区域

屈曲分析中可以定义接触对。但是，由于这是一个纯粹的线性分析，因此接触行为不同于非线性接触类型，其特点如表 7-1 所示。

表 7-1　线性屈曲分析

接 触 类 型	线性屈曲分析		
	初 始 接 触	Pinball 区域内	Pinball 区域外
绑定	绑定	绑定	自由
不分离	不分离	不分离	自由
粗糙	绑定	自由	自由
无摩擦	不分离	自由	自由

7.2.3　载荷与约束

要进行屈曲分析，至少应有一个导致屈曲的结构载荷，以适用于模型，而且模型也必须至少要施加一个能够引起结构屈曲的载荷。另外，所有的结构载荷都要乘上载荷系数来决定屈曲载荷，因此在进行屈曲分析的情况下不支持不成比例或常值的载荷。

在进行屈曲分析时，不推荐只有压缩的载荷，如果在模型中没有刚体的位移，则结构可以是全约束的。

7.2.4　设置屈曲

在项目图表中屈曲分析经常与结构分析进行耦合，如图 7-2 所示。

在分支中的 Pre-Stress 项包含结构分析的结果。

单击线性屈曲分支下的 Analysis Settings，在它的属性窗格中可以修改模态数，默认情况下为 6，如图 7-3 所示。

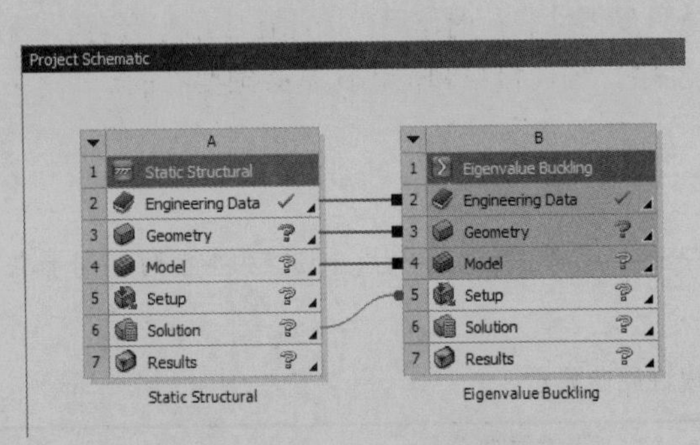

图 7-2 屈曲分析项目概图

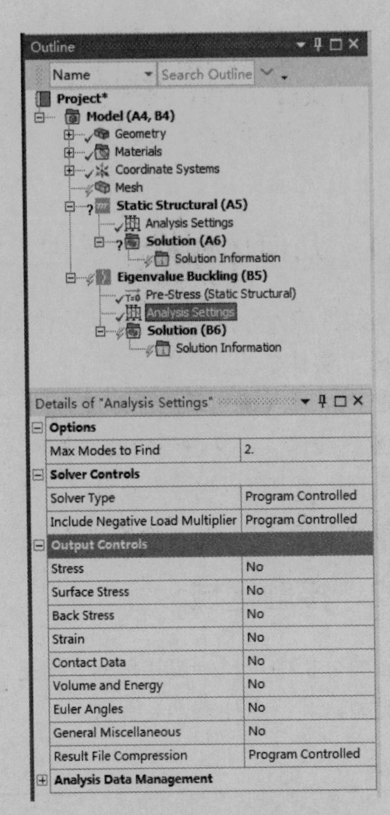

图 7-3 属性窗格

7.2.5 求解模型

建立屈曲分析模型后可以求解除静力结构分析以外的分析。设定好模型参数后，可以单击工具栏中的 Solve 按钮，进行求解屈曲分析。相对于同一个模型，线性屈曲分析比静力分析需要更多的分析计算时间，并且 CPU 占用率要高许多。

在树形目录中的 Solution Information 分支提供了详细的求解输出信息，如图 7-4 所示。

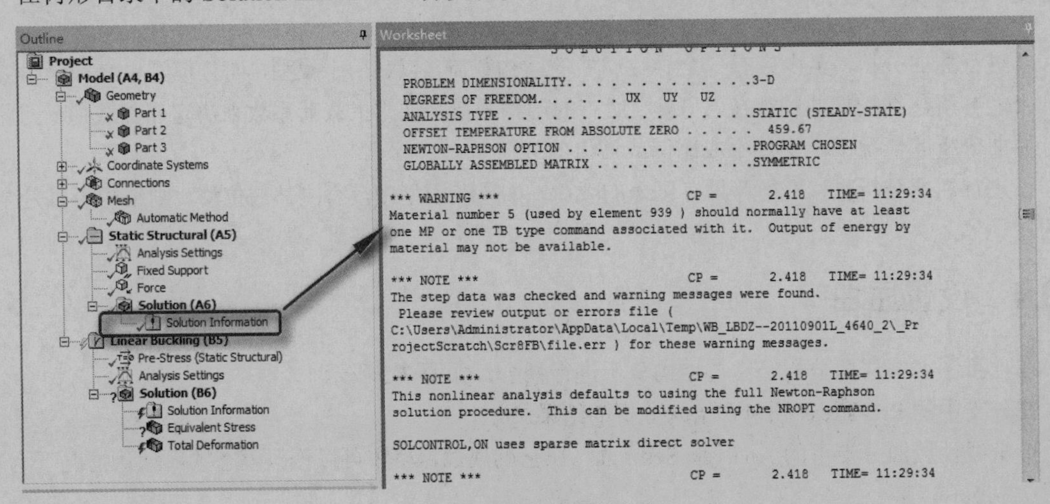

图 7-4 求解中的相关信息

Note

7.2.6 检查结果

求解完成后，可以检查屈曲模型求解的结果，每个屈曲模态的载荷因子显示在图形和图表的详细查看中，载荷因子乘以施加的载荷值即为屈曲载荷。

在第一种情况下施加单位载荷；在第二种情况下施加预测的载荷。

屈曲载荷因子可以在“线性屈曲分析”分析分支下 Timeline 的结果中进行检查。

图 7-5 为求解多个屈曲模态的一个例子，通过图表可以观察结构屈曲在给定的施加载荷下的多个屈曲模态。

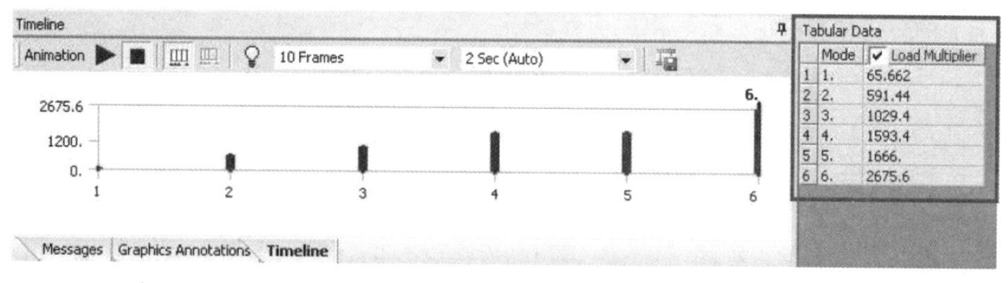

图 7-5 求解多个屈曲模态

7.3 线性屈曲分析实例 1——空圆管

视频讲解

柴油机空圆管是钢制空心圆管，如图 7-6 所示。

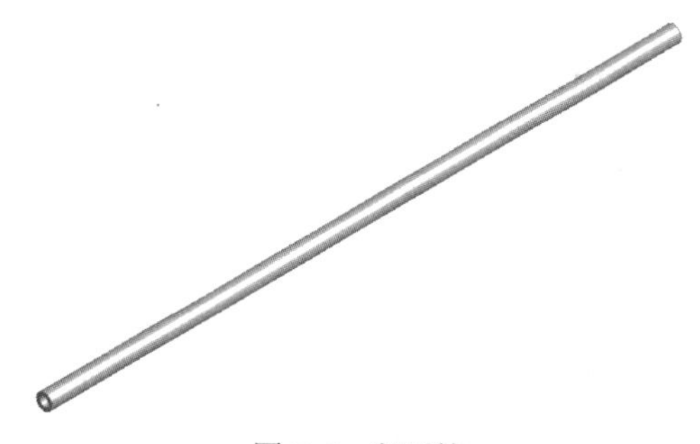

图 7-6 空圆管

在推动摇臂打开气阀时，它会受到压力的作用。当压力逐渐增加到某一极限的值时，压杆的直线平衡将变为不稳定的，它将转变为曲线形状的平衡。

这时如再用侧向干扰力使其发生轻微弯曲，干扰力接触后，它将保持曲线形状的平衡，不能恢复原有的形状，屈曲就发生了。所以要保证空圆管所受的力小于压力的极限值，即临界力。

7.3.1 问题描述

在本例中进行的是空圆管的线性屈曲分析，假设一端固定而另一端自由，且在自由端施加了一个纯压力。管子的尺寸和特性为外径为 4.5in、内径为 3.5in、杆长为 120in、钢材的弹性模量 E=30e6psi。根据空圆管的横截面的惯性距公式：

$$I = \frac{\pi}{64}(D^4 - d^4)$$

可以通过计算得到此空圆管的惯性距：

$$I = \frac{\pi}{64}(D^4 - d^4) = \frac{\pi}{64}(4.5^4 - 3.5^4)in^4 = 12.763in^4$$

Note

利用临界力公式：

$$F_{cr} = \frac{\pi^2 EI}{(\mu L)^2}$$

其中，对于一端固定，另一端自由的梁来说，参数 μ=2。

根据上面的公式和数据可以推导出屈曲载荷为

$$F_{cr} = \frac{\pi^2 EI}{(\mu L)^2} = \frac{\pi^2 \bullet 30e6 \bullet 12.763}{(2 \bullet 120)^2} = 65607.2\text{lbf}$$

7.3.2 项目概图

01 在 Windows 系统下执行“开始”→“所有程序”→ANSYS 2020→Workbench 2020 命令，启动 ANSYS Workbench 2020，进入主界面。

02 在 ANSYS Workbench 2020 主界面中展开左边工具箱中的 Analysis Systems 栏，将工具箱中的 Static Structural 选项直接拖曳到项目管理界面中或是直接在项目上双击载入，建立一个含有 Static Structural 的项目模块。结果如图 7-7 所示。

03 在工具箱中选中 Eigenvalue Buckling 选项，按住鼠标左键不放，向项目管理器中拖曳，此时项目管理器中可拖曳到的位置将以绿色框显示，如图 7-8 所示。

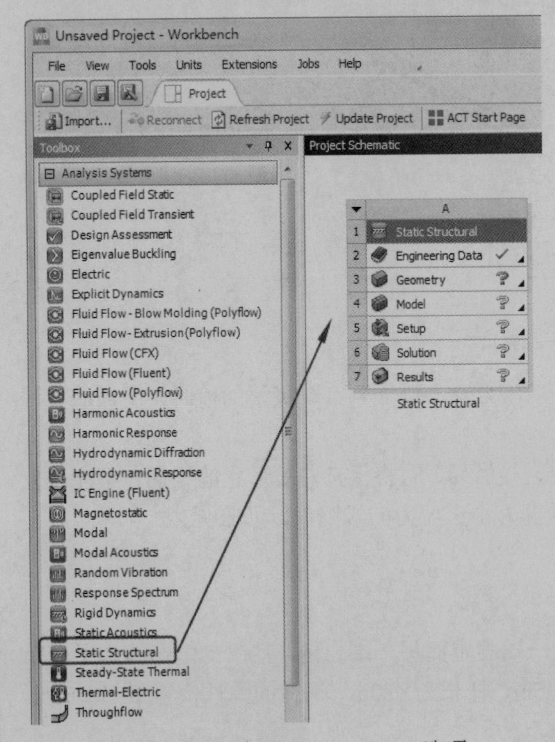

图 7-7　添加 Static Structural 选项

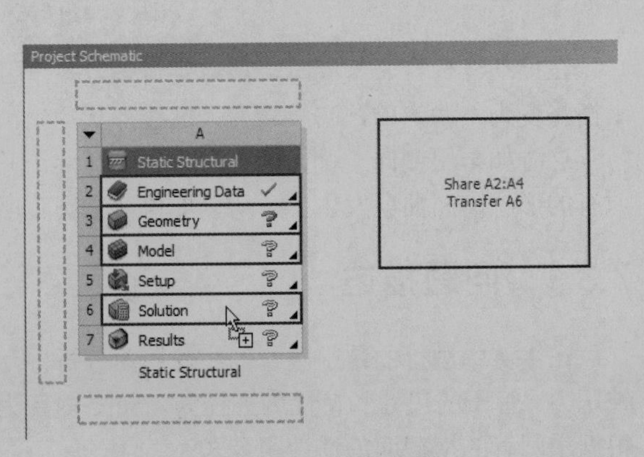

图 7-8　可添加位置

04 将 Eigenvalue Buckling 选项放到 Static Structural 模块的第 6 行的 Solution 中，此时两个模块分别以字母 A、B 编号显示在项目管理器中，其中两个模块中间出现 4 条链接，以方框结尾的链接为可共享链接、以圆形结尾的链接为下游到上游链接。结果如图 7-9 所示。

05 设置项目单位。选择菜单栏中的 Units→U.S.Customary(lbm, in, s, ℉, A, lbf, V)命令，然后选择 Display Values in Project Units 命令，如图 7-10 所示。

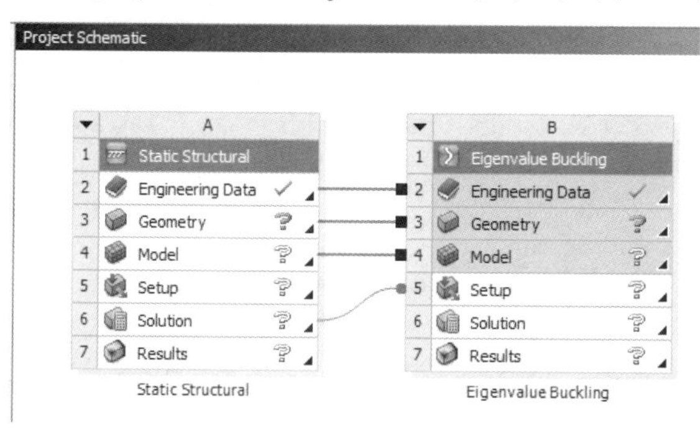

图 7-9 添加线性屈曲分析

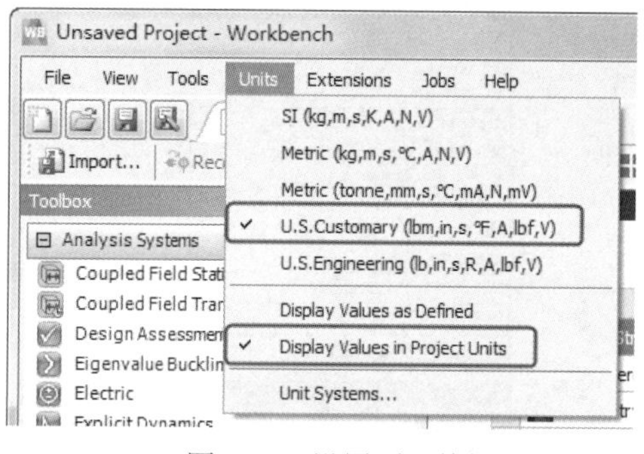

图 7-10 设置项目单位

06 新建模型。右击 A3 栏 3 Geometry ?，在弹出的快捷菜单中选择 New DesignModeler Geometry 命令，打开 DesignModeler 模型。

07 设置单位系统。在主菜单中选择 Units→Inch 命令，如图 7-11 所示。设置单位为英制单位。

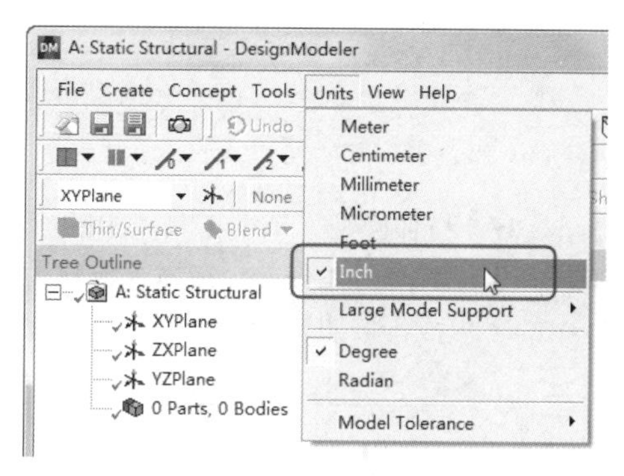

图 7-11 设置英制单位

7.3.3 创建草图

01 创建工作平面。首先单击选中树形目录中的“XY 轴平面”分支 XYPlane，然后单击工具栏中的“创建工作平面”按钮，创建一个工作平面，此时树形目录中“XY 轴平面”分支下，会多出一个名为 Sketch1 的工作平面。

02 创建草图。单击选中树形目录中的 Sketch1 草图，然后单击树形目录下端的Sketching标签，打开草图绘制工具箱窗格。在新建的 Sketch1 草图上绘制图形。

03 切换视图。单击工具栏中的“正视于”按钮，将视图切换为 XY 方向的视图。

04 绘制圆环。打开的草图绘制工具箱默认展开绘图栏，首先利用绘图栏中的“圆形”命令 Circle，将光标移入右边的绘图区域中。移动光标到视图中的原点附近，直到光标中出现 P 的字符。单击鼠标确定圆的中心点，然后移动光标到右上角单击鼠标，绘制一个圆形。采用同样的方式再次绘制一个圆形。结果如图 7-12 所示。

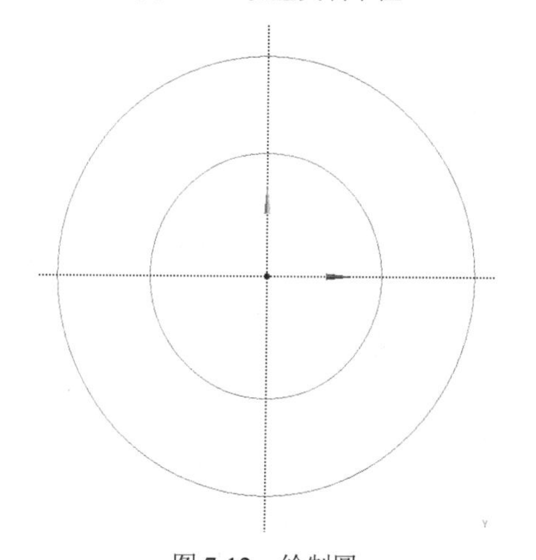

图 7-12 绘制圆

05 标注尺寸。单击草图绘制工具箱的 Dimensions 栏，将此尺寸标注栏展开。利用尺寸栏内的“直径标注”命令 Diameter，分别标注两个圆的直径方向的尺寸。

Note

06 修改尺寸。将属性窗格中 D1 的参数修改为 4.5in，D2 的参数修改为 3.5in。单击工具栏中的“缩放到合适大小”按钮，将视图切换为合适的大小。绘制的结果如图 7-13 所示。

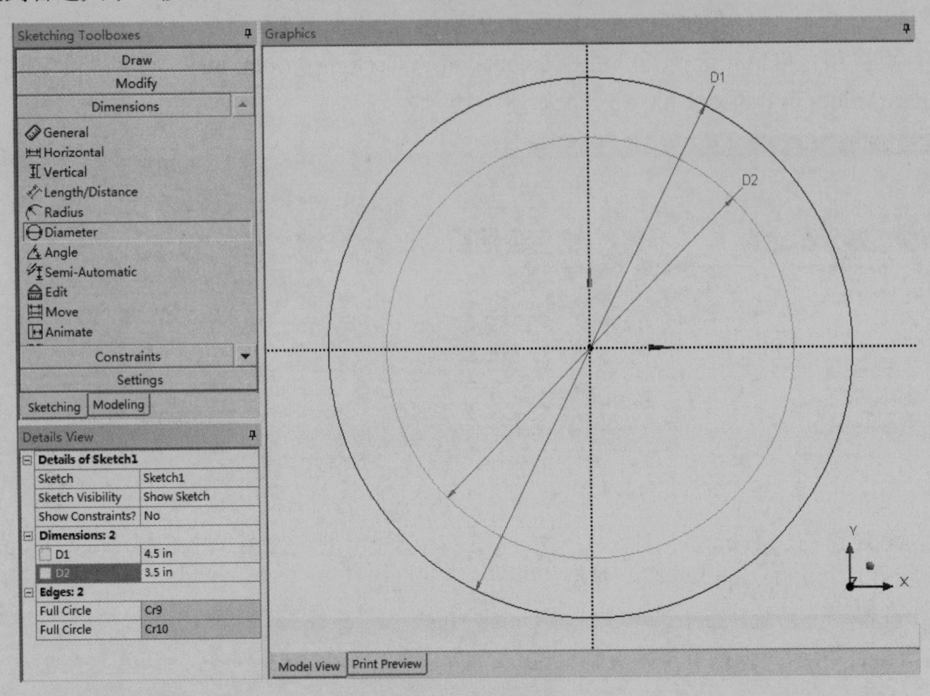

图 7-13 修改尺寸

07 拉伸模型。单击工具栏中的“拉伸”按钮 Extrude，此时树形目录自动切换到 Modeling 标签，并生成 Extrude1 分支。在属性窗格中，修改 FD1,Depth(>0)栏后面的拉伸长度为 120in。单击工具栏中的“生成”按钮 Generate。生成后的模型如图 7-14 所示。完毕后关闭 DesignModeler 窗口。

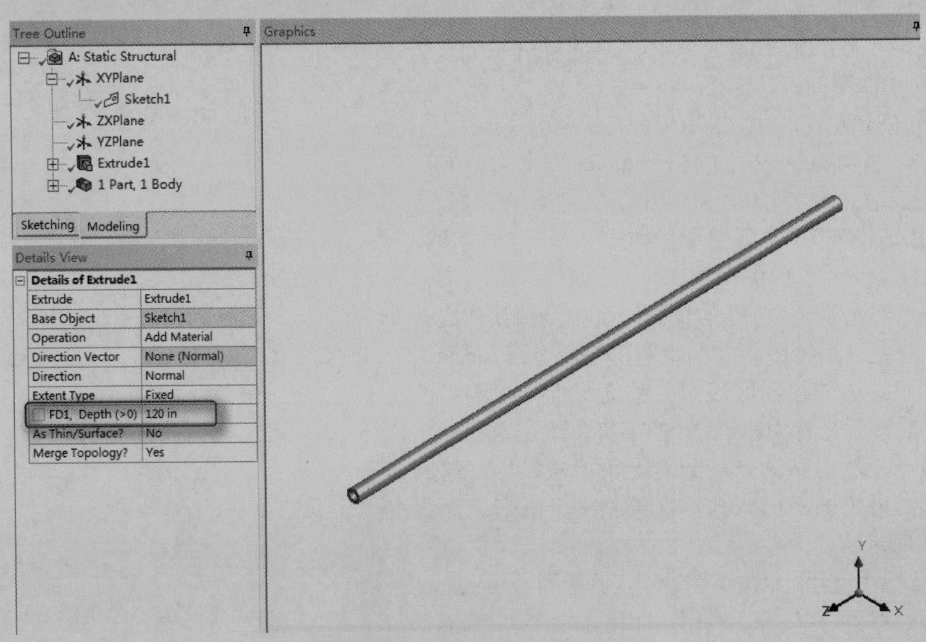

图 7-14 旋转模型

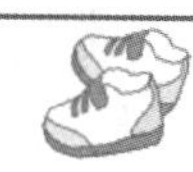

7.3.4　Mechanical 前处理

01 进入 Mechanical 中。双击 ANSYS Workbench 中项目概图的 A4 栏 4 Model，打开 Mechanical 应用程序。

02 设置单位系统，在主菜单中选择 Home→Tools→Units→U.S.Customary(in, lbm, lbf, ℉, s, V, A)命令，设置单位为英制单位。

03 设置固定端约束。首先单击树形目录中的 Static Structural(A5)，此时 Context 工具栏显示为 Environment 工具栏。单击工具栏中的 Supports 按钮，在弹出的下拉列表中选择 Fixed Support 命令。然后选择空圆管的一个端面（见图 7-15），单击属性窗格中的 Apply 按钮，添加固定端的约束。

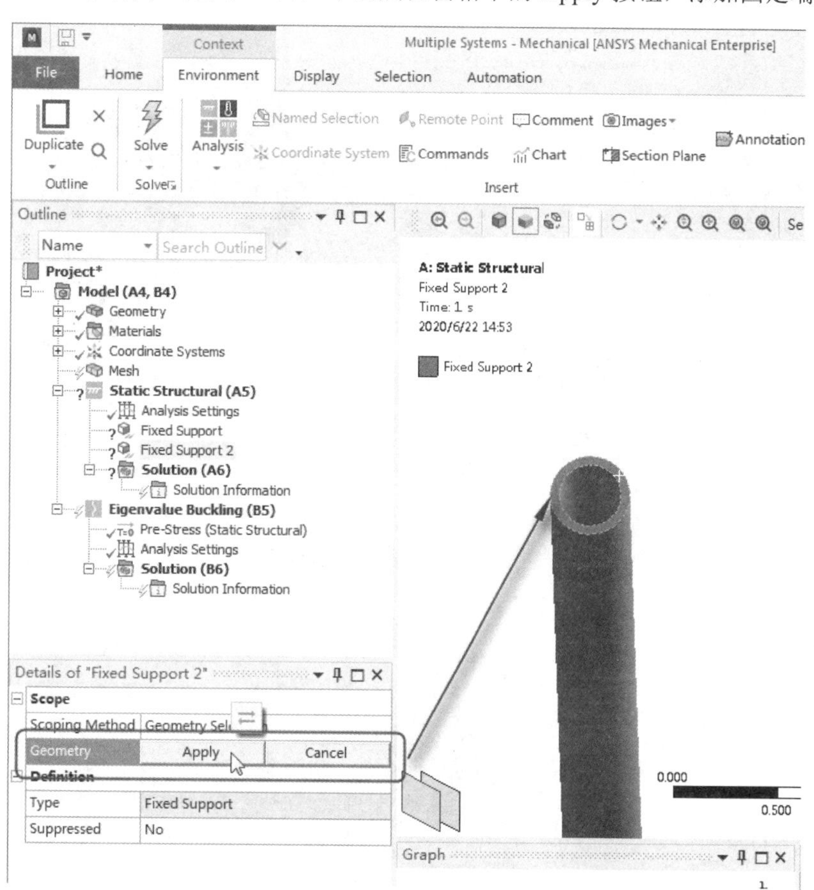

图 7-15　施加固定端约束

04 给空圆管施加屈曲载荷，单击工具栏 Structural 区域中的 Force 命令。将其施加到空圆管的另一端面，在属性窗格中将 Define By 栏更改为 Components。然后将 Definition 下的 Z Component 赋值为 1，并指向空圆管的另一端，结果如图 7-16 所示。

7.3.5　求解

01 设置位移结果，单击树形目录中的 Solution(B6)分支，此时 Context 工具栏显示为 Solution 工具栏，然后插入位移，如图 7-17 所示。

Note

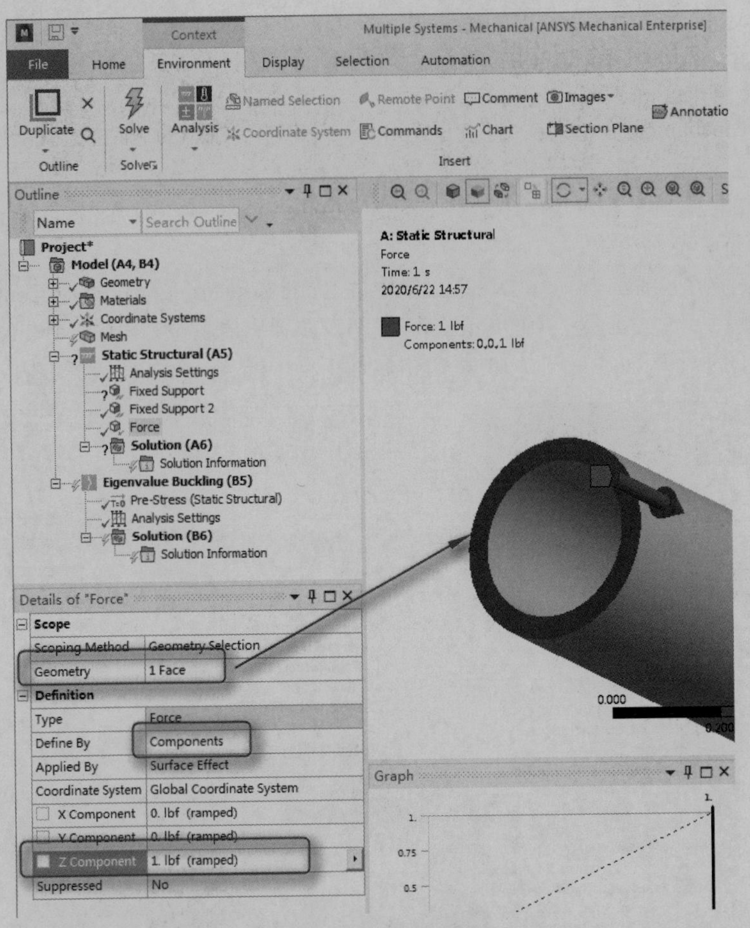

图 7-16　施加屈曲载荷

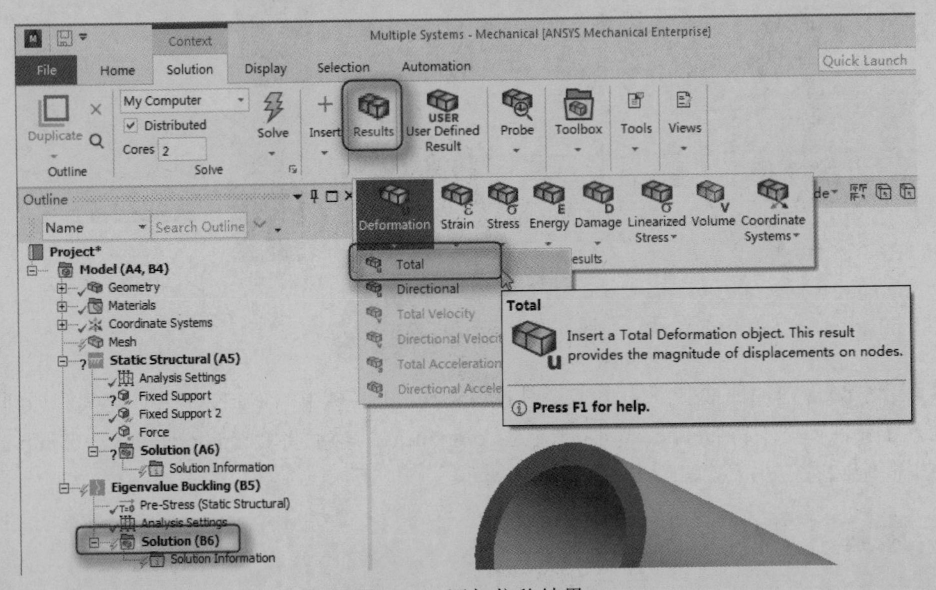

图 7-17　添加位移结果

02 求解模型，单击工具栏中的 Solve 按钮，如图 7-18 所示。对模型进行求解。

Note

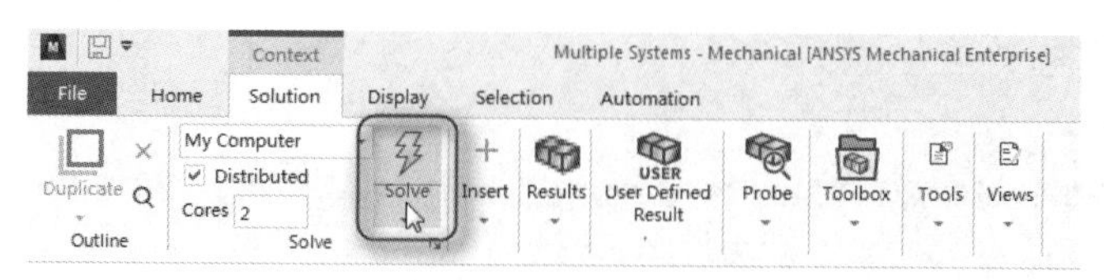

图 7-18　求解

7.3.6　结果

01 查看位移的结果。单击树形目录中的 Solution(B6)分支下的 Total Deformation，此时在绘图区域右下角的 Tabular Data 表中将显示结果。可以看到临界压力，而通过计算得到的结果为 63429lbf，与问题描述中推算的结果差距很大，如图 7-19 所示。这是由于并没有设置材料弹性模量。这样得到的惯性矩也不同，所以需要修改材料的弹性模量。

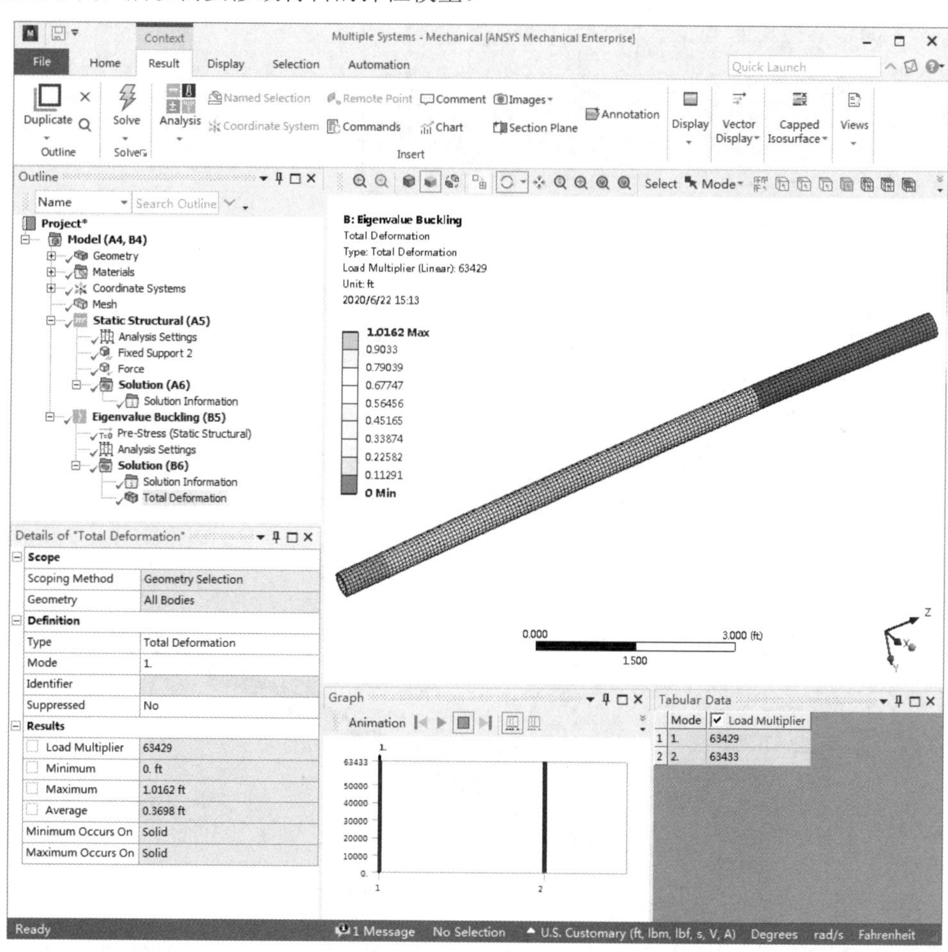

图 7-19　初步分析结果

02 修改材料的弹性模量。返回 ANSYS Workbench 界面中，双击 A2 栏 2 Engineering Data ✓，这时会进入 Engineering Data 界面中。在左下角的窗口中找到第 8 行 Young's Modulus，将其值改为 3e7，如图 7-20 所示。单击界面上的 Project 按钮，返回 ANSYS Workbench 界面。

03 再次求解。自 ANSYS Workbench 界面进入 Mechanical 应用程序中。单击工具栏中的 Solve 按钮，再次进行求解。这次得到的结果与通过计算得到的值基本相符，如图 7-21 所示。

Note

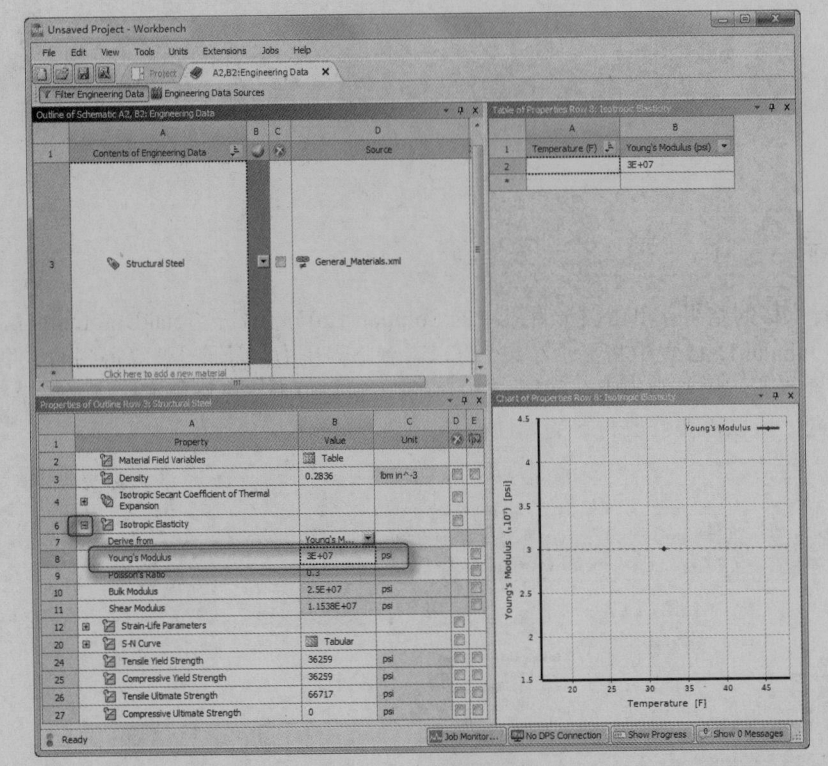

图 7-20　更改弹性模量

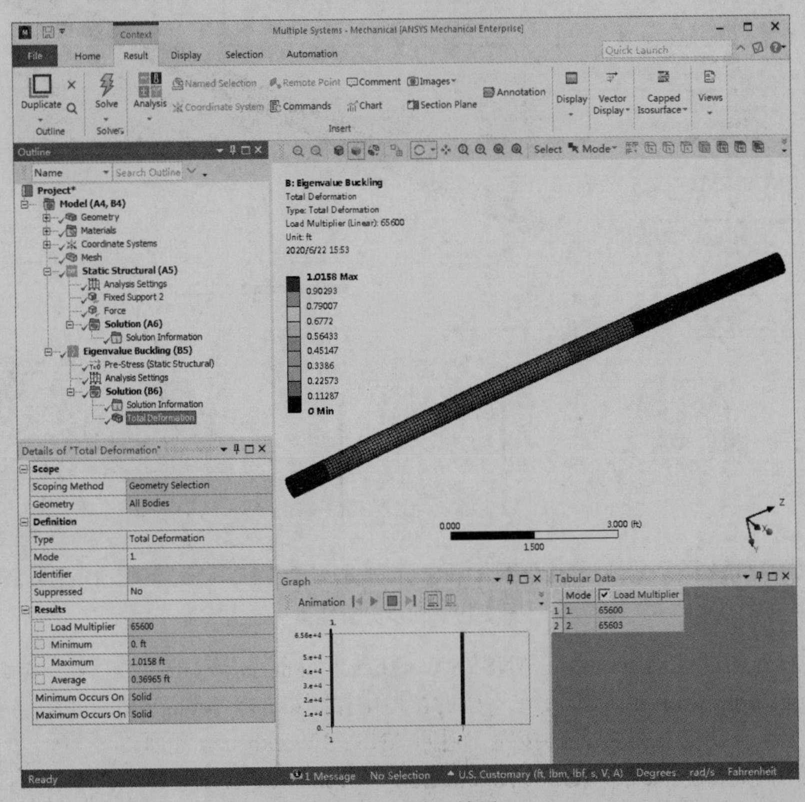

图 7-21　最后结果

视频讲解

Note

7.4 线性屈曲分析实例 2——支撑架

支撑架为某一工程机架的升降部件，如图 7-22 所示。在工作时受到压力的作用，现在对其进行屈曲分析。

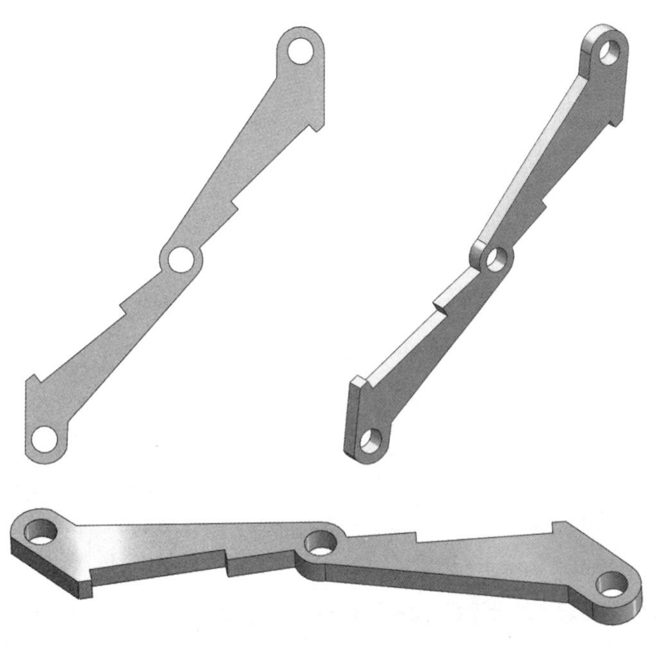

图 7-22 支撑架

7.4.1 问题描述

在本例中进行的是支撑架的线性屈曲分析，假设一端固定而将在另一端施加一个力。

7.4.2 项目概图

01 在 Windows 系统下执行“开始”→“所有程序”→ANSYS 2020→Workbench 2020 命令，启动 ANSYS Workbench 2020，进入主界面。

02 在 ANSYS Workbench 2020 主界面中展开左边工具箱中的 Analysis Systems 栏，将工具箱中的 Static Structural 选项直接拖曳到项目管理界面中或是直接在项目上双击载入，建立一个含有 Static Structural 的项目模块。结果如图 7-23 所示。

03 添加 Eigenvalue Buckling 选项。在 Static Structural 模块 A6 栏的 Solution 上右击，在弹出的快捷菜单中选择 Transfer Data To New→Eigenvalue Buckling 命令，如图 7-24 所示。将 Eigenvalue Buckling 模块放到 Static Structural 模块的右侧，结果如图 7-25 所示。

04 设置项目单位，选择菜单栏中的 Units→Metric(tonne, mm, s, ℃, mA, N, mV)命令，然后选择 Display Values in Project Units 命令，如图 7-26 所示。

05 导入模型。右击 A3 栏 3 Geometry ?，在弹出的快捷菜单中选择 Import Geometry→Browse

Note

命令，然后打开“打开”对话框，打开源文件中的 up_down.x_t。

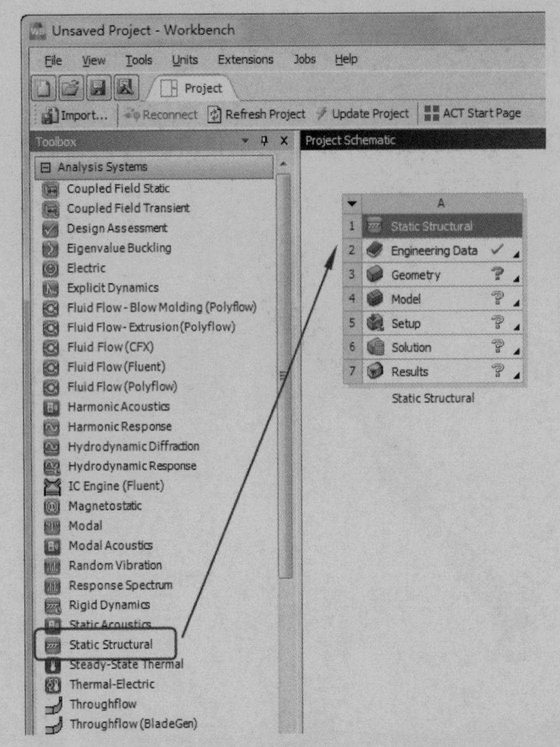

图 7-23　添加 Static Structural 选项

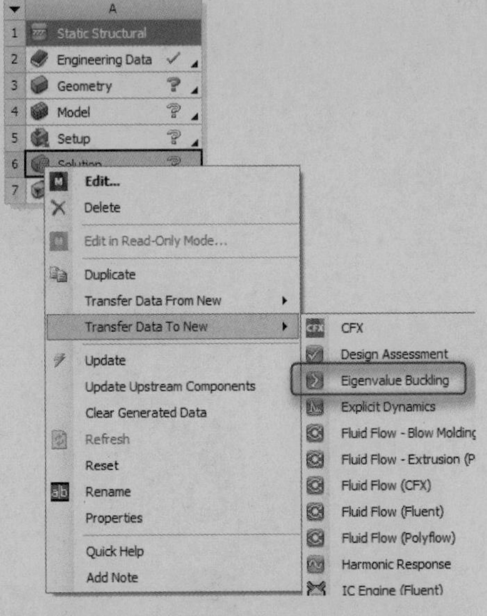

图 7-24　添加 Eigenvalue Buckling

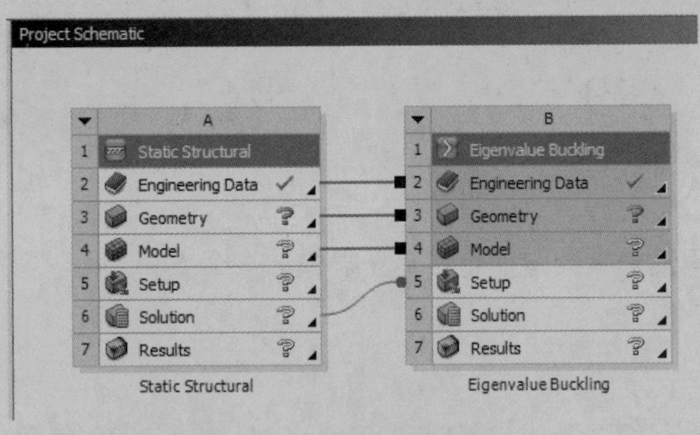

图 7-25　添加线性屈曲分析

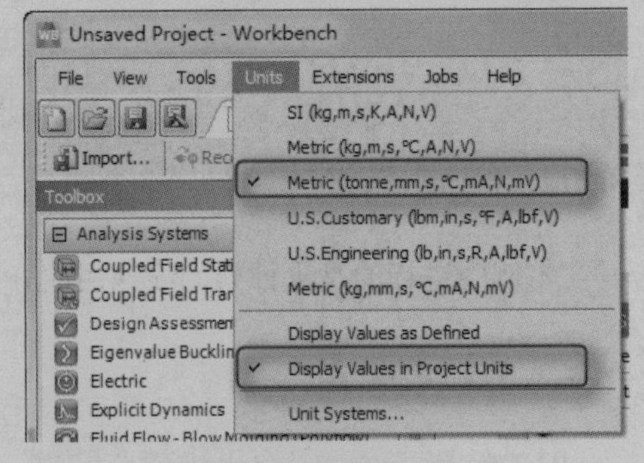

图 7-26　设置项目单位

7.4.3　Mechanical 前处理

01 进入 Mechanical 中。双击 ANSYS Workbench 中项目概图的 A4 栏 4 Model，打开 Mechanical 应用程序，如图 7-27 所示。

02 设置单位系统。在功能区中选择 Home→Tools→Units→Metric(mm, kg, N, s, mV, mA)命令，设置单位为公制毫米单位。

03 设置固定端约束。首先单击树形目录中的 Static Structural(A5)，此时 Context 工具栏显示为 Environment 工具栏。单击工具栏内 Structural 区域中的 Fixed（固定约束）命令。然后选择支撑架一个端面的圆孔（见图 7-28），单击属性窗格中的 Apply 按钮，添加固定端的约束。

Note

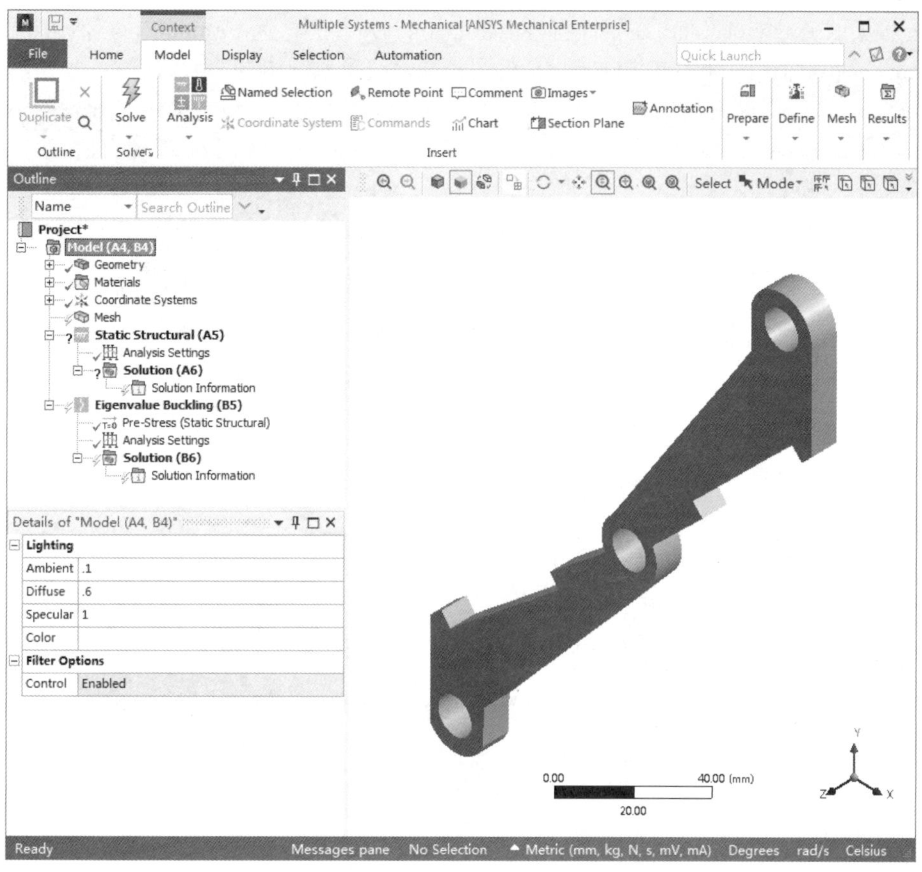

图 7-27　Mechanical 应用程序

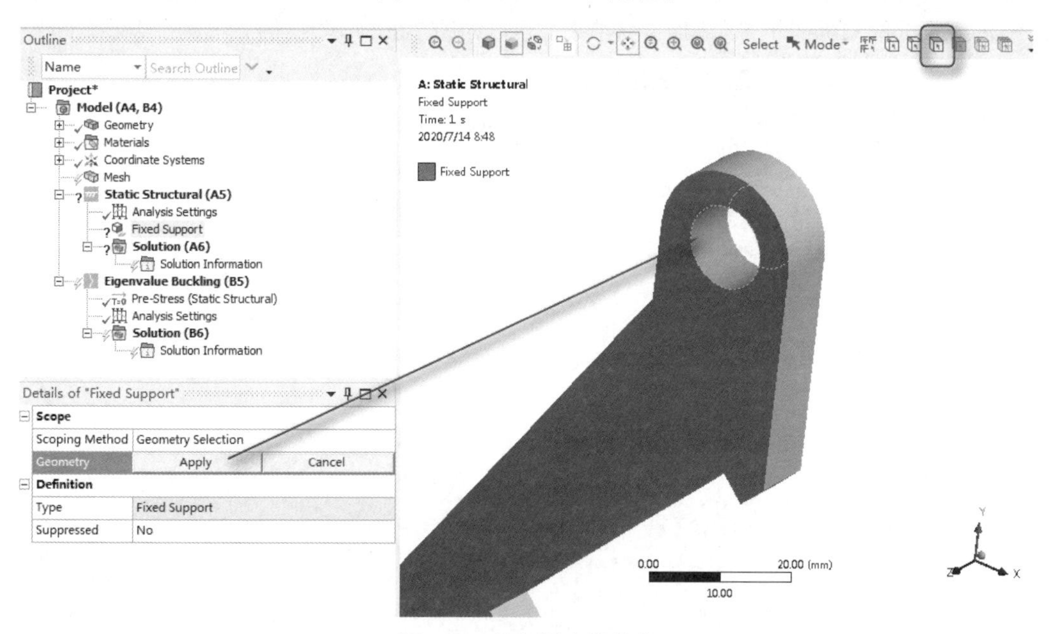

图 7-28　施加固定端约束

04 给支撑架施加屈曲载荷，在 Environment 工具栏中单击 Structural 区域中的 Force 命令。将

其施加到支撑架的另一端圆孔面，在属性窗格中将 Define By 栏更改为 Components。然后将 Definition 下的 Y Component 赋值为 100，并指向支撑架的另一端，结果如图 7-29 所示。

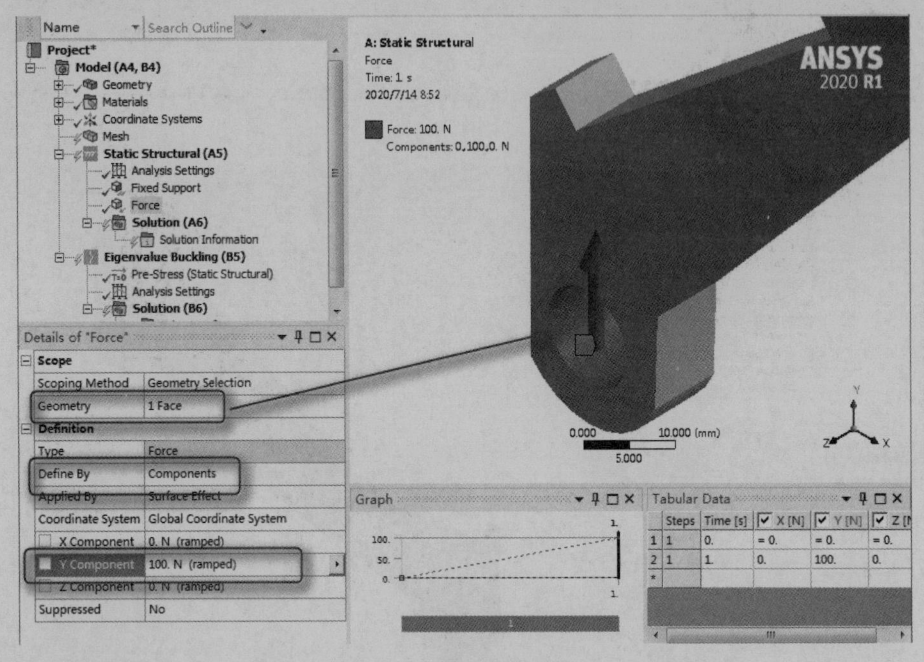

图 7-29　施加屈曲载荷

7.4.4　求解

01 设置位移结果，单击树形目录中的 Solution(B6)分支，右击，在弹出的快捷菜单中选择 Insert→Deformation→Total 命令，添加位移结果显示，如图 7-30 所示。

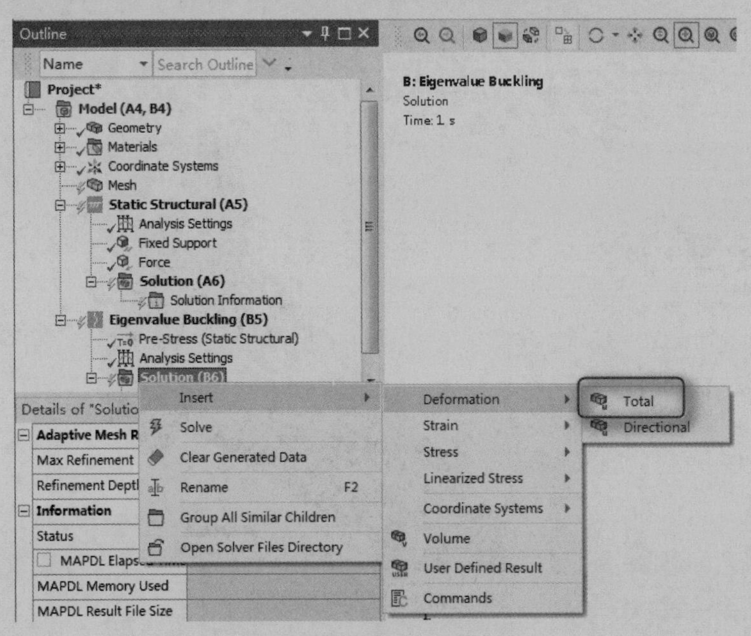

图 7-30　添加位移结果

02 求解模型，单击工具栏内 Solve 区域中的 Solve 按钮，如图 7-31 所示。对模型进行求解。

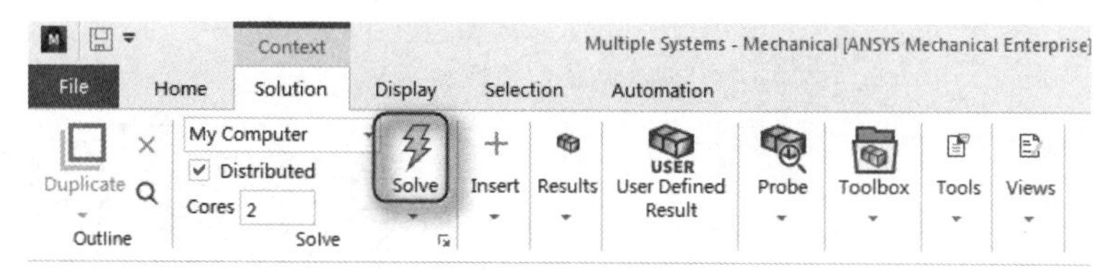

图 7-31　求解

7.4.5　结果

查看位移的结果，单击树形目录中的 Solution(B6)分支下的 Total Deformation，此时在绘图区域右下角的 Tabular Data 表中将显示结果，如图 7-32 所示。可以看到临界压力 $F_{cr}=113.78\text{kg}$ 。

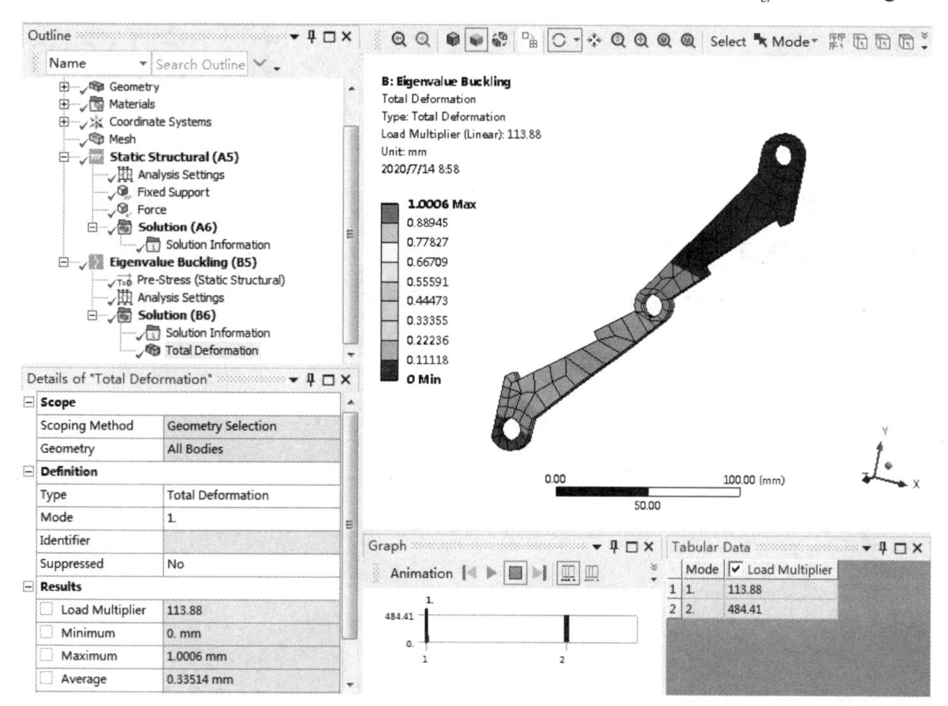

图 7-32　求解结果

第 8 章

谐响应分析

谐响应分析（Harmonic Analysis）是用于确定线性结构在承受随已知按正弦（简谐）规律变化的载荷时稳态响应的一种技术。

本章将介绍 ANSYS Workbench 谐响应分析的基本方法和技巧。

8.1　谐响应分析简介

谐响应分析的目的是计算出结构在几种频率下的响应并得到一些响应值对频率的曲线，这样就可以预测结构的持续动力学特征，从而验证其设计能否成功地克服共振、疲劳及其他受迫振动引起的有害效果。输入载荷可以是已知幅值和频率的力、压力和位移，输出值包括节点位移，也可以是导出的值，如应力、应变等。在程序内部，谐响应计算有两种方法，即完全法和模态叠加法。

谐响应分析可以进行计算结构的稳态受迫振动，其中在谐响应分析中不考虑发生在激励开始时的瞬态振动。谐响应分析属于线性分析，所有非线性的特征在计算时都将被忽略，但分析时可以有预应力的结构，如小提琴的弦（假定简谐应力比预加的拉伸应力小得多）。

8.2　谐响应分析步骤

谐响应分析与响应谱分析的过程非常相似。进行谐响应分析的步骤如下。

（1）建立有限元模型，设置材料属性。

（2）定义接触的区域。

（3）定义网格控制（可选择）。

（4）施加载荷和边界条件。

（5）定义分析类型。

（6）设置求解频率选项。

（7）对问题进行求解。

（8）后处理查看结果。

8.2.1　建立谐响应分析项

在 Workbench 中建立谐响应分析只要在左边的 Toolbox 中选中 Harmonic Response 选项，并双击或直接拖曳到项目概图中即可，如图 8-1 所示。

模型设置完成、自项目概图进入 Mechanical 后，只要点亮属性窗格中的 Analysis Settings，即可进行 Analysis Options 设置，如图 8-2 所示。

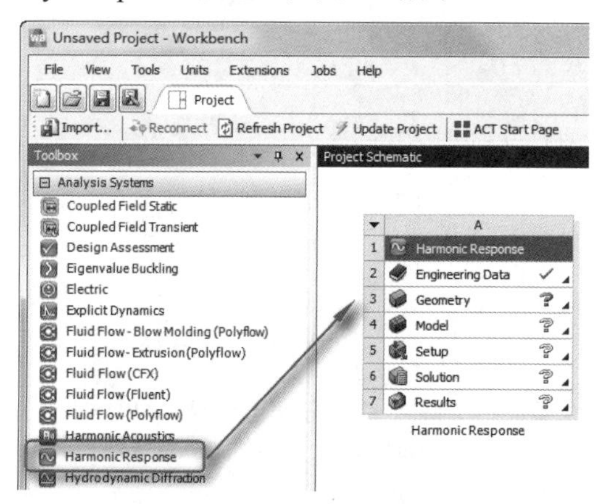

图 8-1　建立谐响应分析

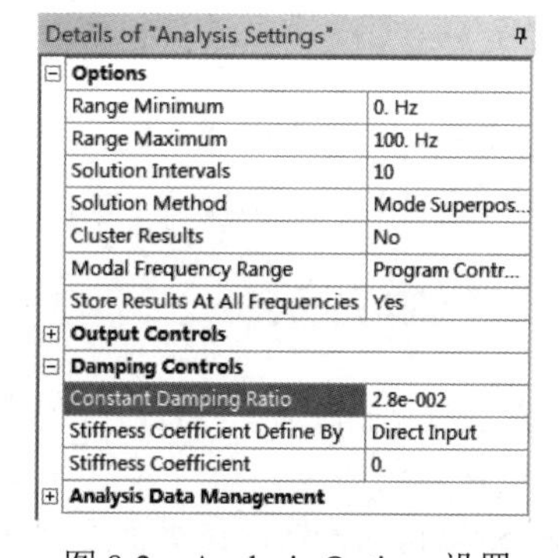

图 8-2　Analysis Options 设置

Note

8.2.2 加载谐响应载荷

在谐响应分析中，输入载荷可以是已知幅值和频率的力、压力和位移，所有的结构载荷均有相同的激励频率，Mechanical 中支持的载荷如表 8-1 所示。

表 8-1 支持的载荷

载 荷 类 型	相 位 输 入	求 解 方 法
加速度载荷（Acceleration Load）	不支持	完全法或模态叠加法
压力载荷（Pressure Load）	支持	完全法或模态叠加法
力载荷（Force Load）	支持	完全法或模态叠加法
轴承载荷（Bearing Load）	不支持	完全法或模态叠加法
力矩载荷（Moment Load）	不支持	完全法或模态叠加法
给定位移载荷（Given Displacement Support）	支持	完全法

Mechanical 中不支持的载荷有重力载荷（Standard Earth Gravity）、热载荷（Thermal）、旋转速度载荷（Rotational Velocity）和螺栓预紧力载荷（Bolt Pretension）。

用户在加载载荷时要确定载荷的幅值、相位移及频率。图 8-3 就是加载一个力的幅值、相位角的详细栏的实例。

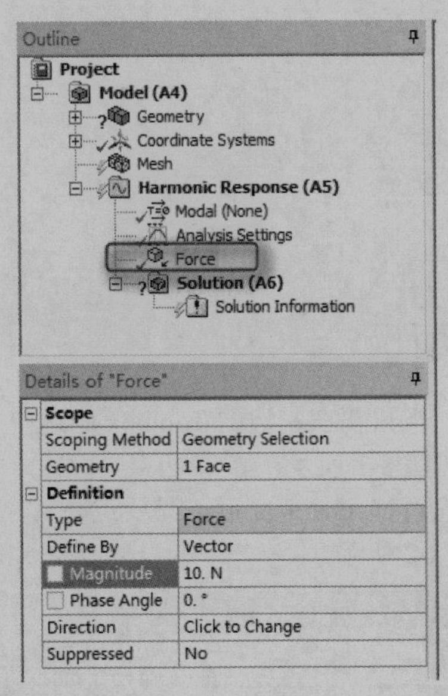

图 8-3　加载力的幅值、相位角的详细栏

频率载荷如图 8-3 所示，代表频率范围为 0Hz～100Hz，间隙 10Hz，即在 0，10，20，30，…，90，100Hz 处计算相应的值。

8.2.3 求解方法

求解谐响应分析运动方程时分为完全法及模态叠加法两种。完全法是一种最简单的方法，使用完全结构矩阵，允许存在非对称矩阵（如声学）；模态叠加法是从模态分析中叠加模态振型，这是 Workbench 默认的方法，在所有的求解方法中它的求解速度是最快的。

8.2.4　后处理中查看结果

在后处理中可以查看应力、应变、位移和加速度的频率图。图 8-4 就是一个典型的变形 vs. 频率图。

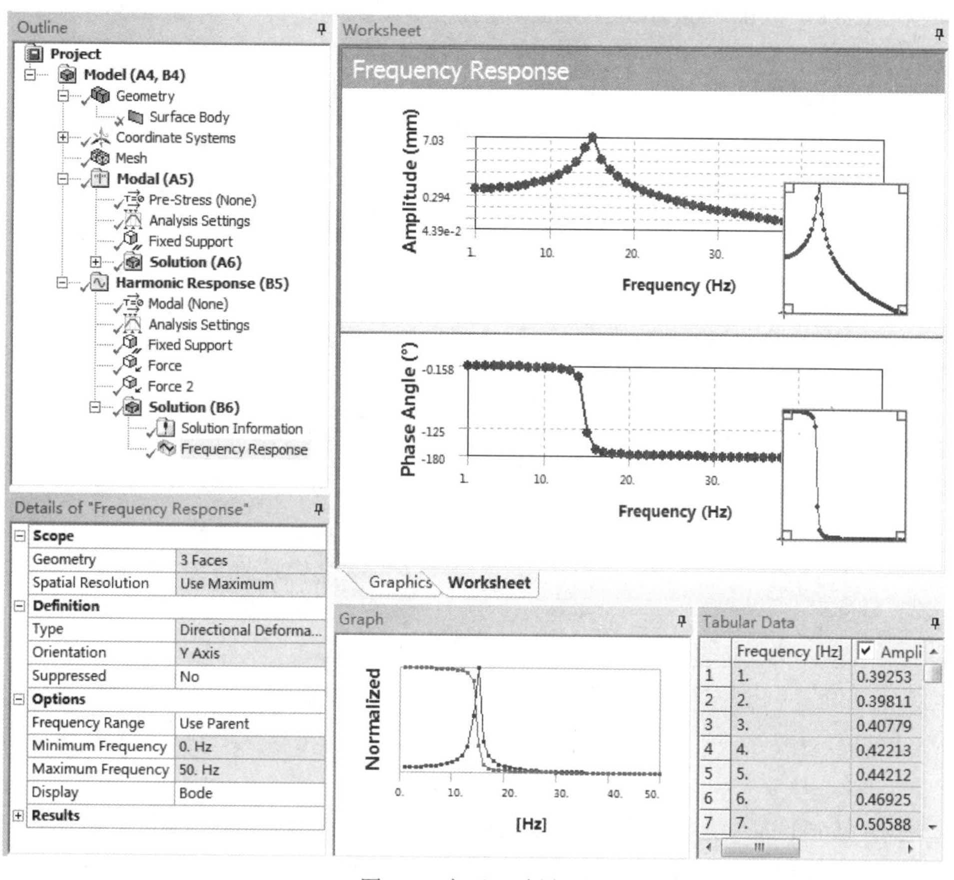

图 8-4　变形 vs.频率图

8.3　谐响应分析实例——固定梁

视频讲解

本实例为求解在两个谐波下固定梁的谐响应。固定梁如图 8-5 所示。

8.3.1　问题描述

在本实例中，使用力来代表旋转的机器，作用点位于梁长度的三分之一处，机器旋转的速率为 300RPM～1800RPM。梁的材料为结构钢，尺寸为 3000mm×500mm×25mm。

图 8-5　固定梁

Note

8.3.2 项目概图

01 在 Windows 系统下执行“开始”→“所有程序”→ANSYS 2020→Workbench 2020 命令，启动 ANSYS Workbench 2020，进入主界面。

02 在 ANSYS Workbench 2020 主界面中选择菜单栏中的 Units→Unit Systems 命令，打开 Unit Systems 对话框，如图 8-6 所示。取消选中 D8 栏中的复选框，则 Metric(kg, mm, s, ℃, mA, N, mV)选项将会出现在 Units 菜单栏中。设置完成后单击 Close 按钮关闭此对话框。

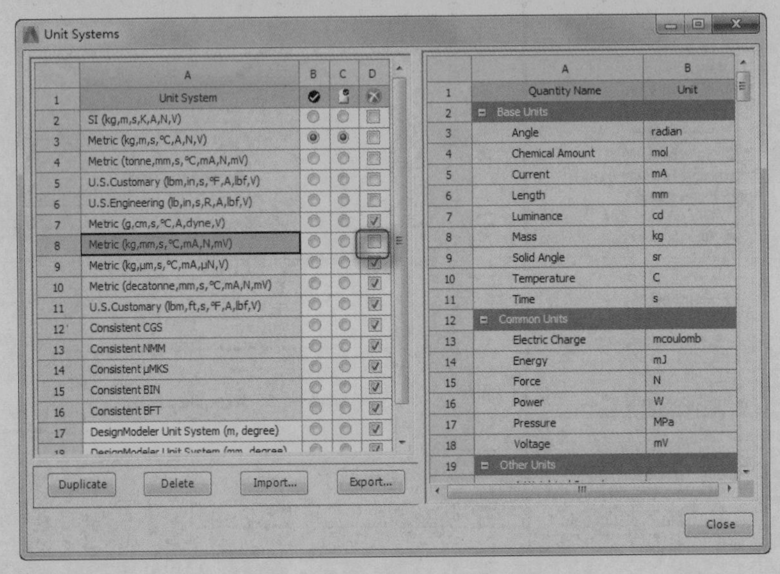

图 8-6　Unit Systems 对话框

03 选择菜单栏中的 Units→Metric(kg, mm, s, ℃, mA, N, mV)命令，设置模型的单位，如图 8-7 所示。

04 打开 Workbench 程序，展开左边工具箱中的 Analysis Systems 栏，将工具箱中的 Modal 选项直接拖曳到项目管理界面中或是直接在项目上双击载入，建立一个含有 Modal 的项目模块（需要首先求解查看系统的固有频率和模态），结果如图 8-8 所示。

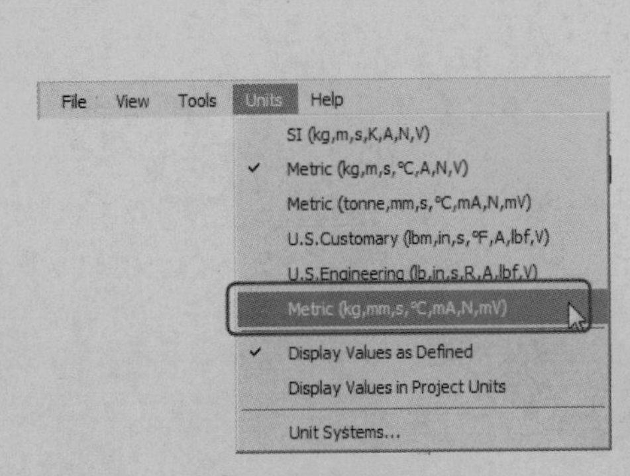

图 8-7　设置模型单位

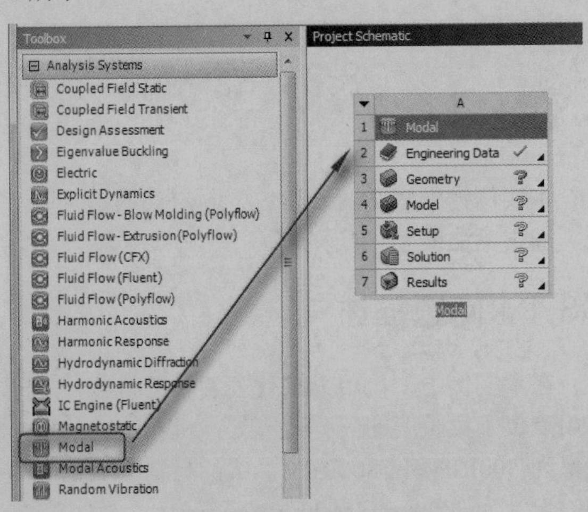

图 8-8　添加 Modal 选项

05 放置 Harmonic Response 选项，把 Harmonic Response 选项拖曳到 Modal 项目中的 Model 模块，将 Harmonic Response 选项中的材料属性、模型和网格划分单元与 Modal 项目中单元共享，如图 8-9 所示。

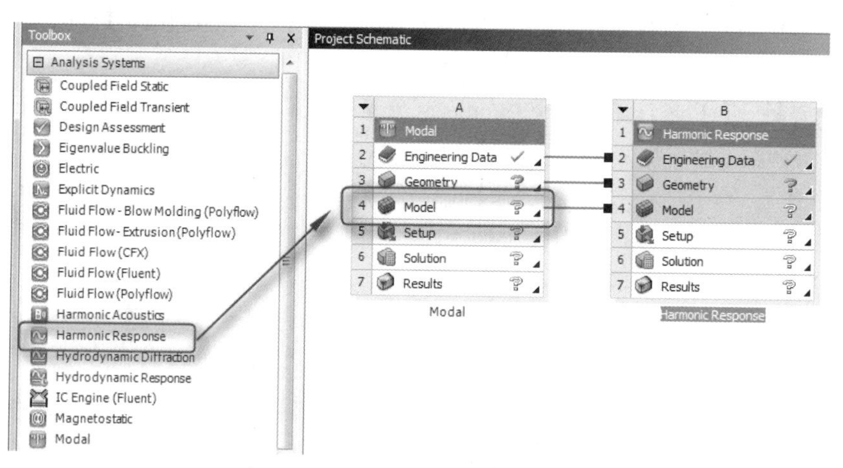

图 8-9　添加 Harmonic Response 选项

06 导入模型。右击 A3 栏，在弹出的快捷菜单中选择 Import Geometry→Browse 命令，然后打开"打开"对话框，打开源文件中的 Beam.agdb。

07 双击 A4 栏，启动 Mechanical 应用程序，如图 8-10 所示。

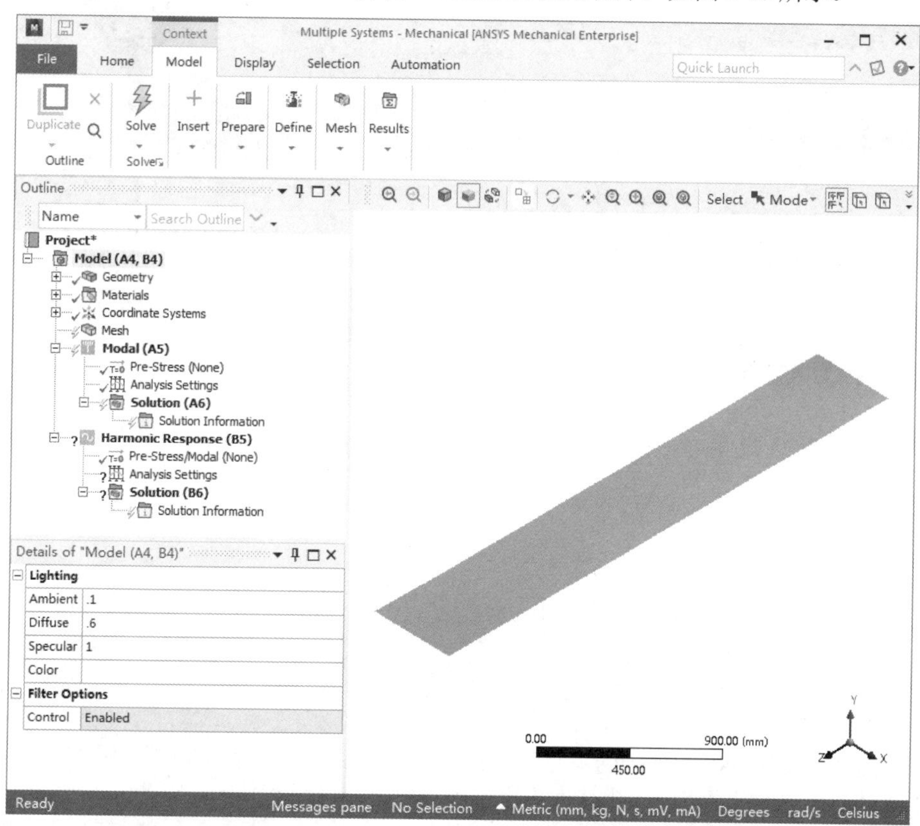

图 8-10　Mechanical 应用程序

8.3.3 前处理

Note

01 设置单位系统。在功能区中选择 Home→Tools→Units→Metric(mm, kg, N, s, mV,mA)命令，设置单位为毫米。

02 确认材料。在树形目录中选择 Geometry 分支下的 Surface Body 分支，在左下角的属性窗格中设置 Assignment 为 Structural Steel，如图 8-11 所示。

03 施加约束。在树形目录中单击 Modal(A5)分支，此时 Context 工具栏显示为 Environment 工具栏。单击工具栏内 Structural 区域中的 Fixed（固定约束）命令。单击工具栏中的“线选择”按钮，然后选择如图 8-12 所示的两个边线，定义固定约束。

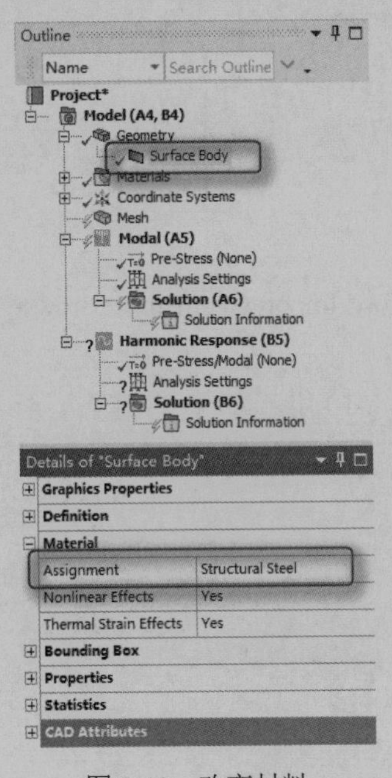

图 8-11 改变材料

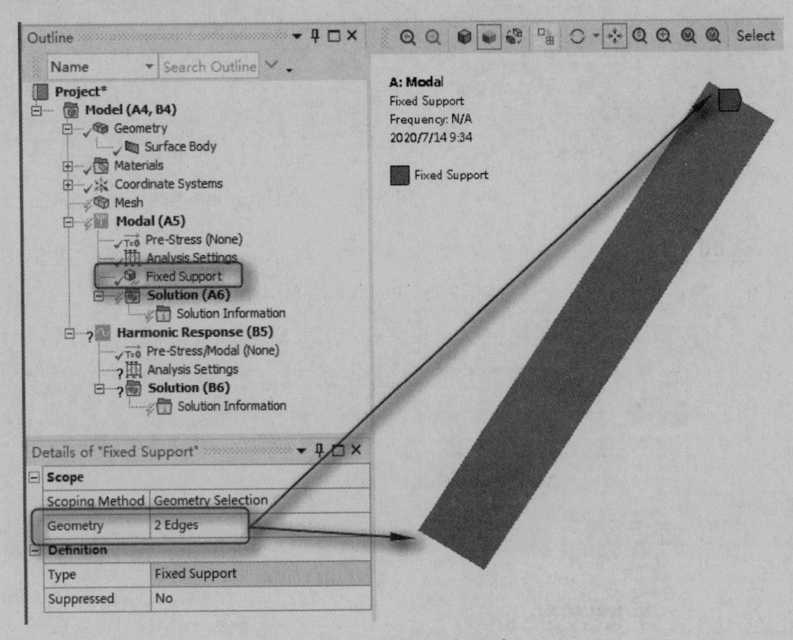

图 8-12 施加固定约束

8.3.4 模态分析求解

01 选中 Modal(AS)分支下的 Solution(A6)分支，单击工具栏内 Solve 区域中的 Solve 按钮，进行求解模型，如图 8-13 所示。

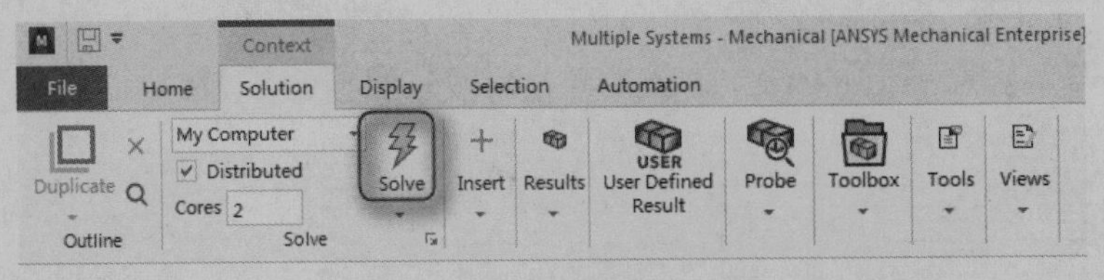

图 8-13 求解

02 查看模态的形状，单击树形目录中的 Solution(A6)分支，此时在绘图区域的下方会出现 Timeline 图形和 Tabular Data 表，给出了对应模态的频率表，如图 8-14 所示。

03 在 Timeline 图形上右击，在弹出的快捷菜单中选择 Select All 命令，选择所有的模态。

Note

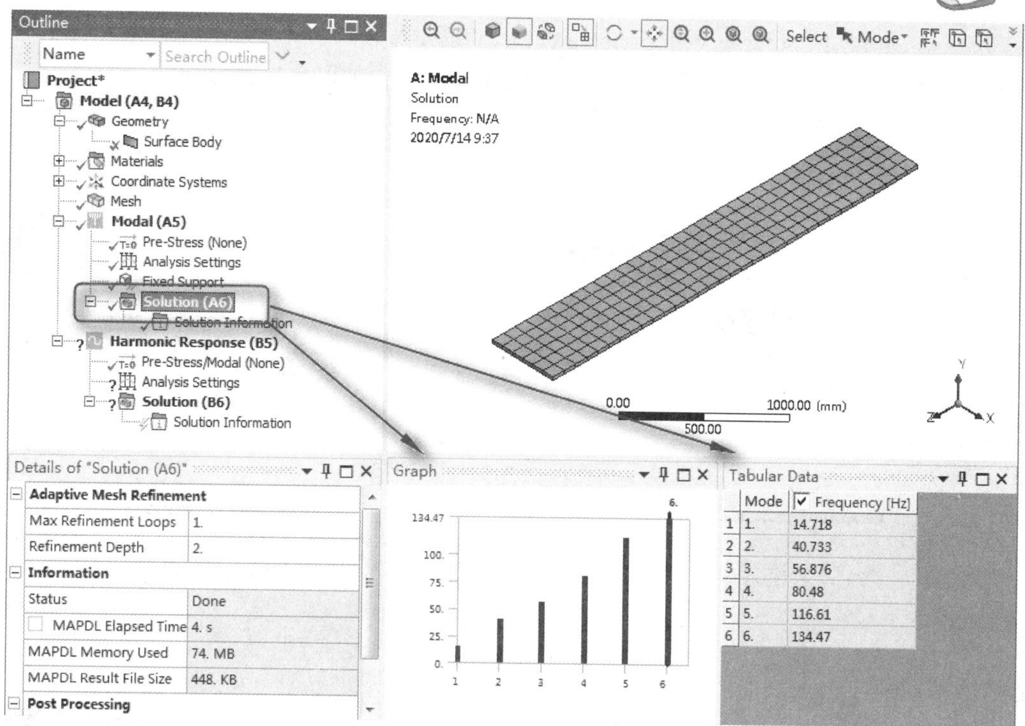

图 8-14　Timeline 图形与 Tabular Data 表

04 再次右击，在弹出的快捷菜单中选择 Create Mode Shape Results 命令，此时会在树形目录中显示各模态的结果图，只是还需要再次求解才能正常显示，如图 8-15 所示。

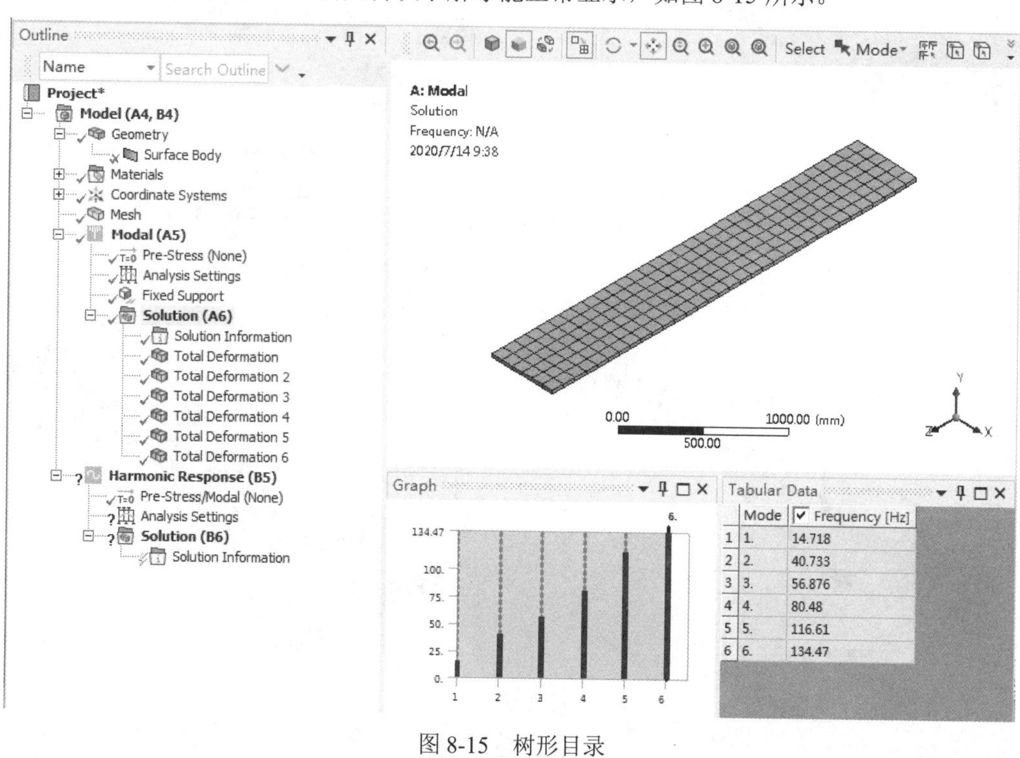

图 8-15　树形目录

Note

05 单击工具栏内 Solve 区域中的 Solve 按钮查看结果。

06 在树形目录中单击各个模态，查看各阶模态的云图，如图 8-16 所示。

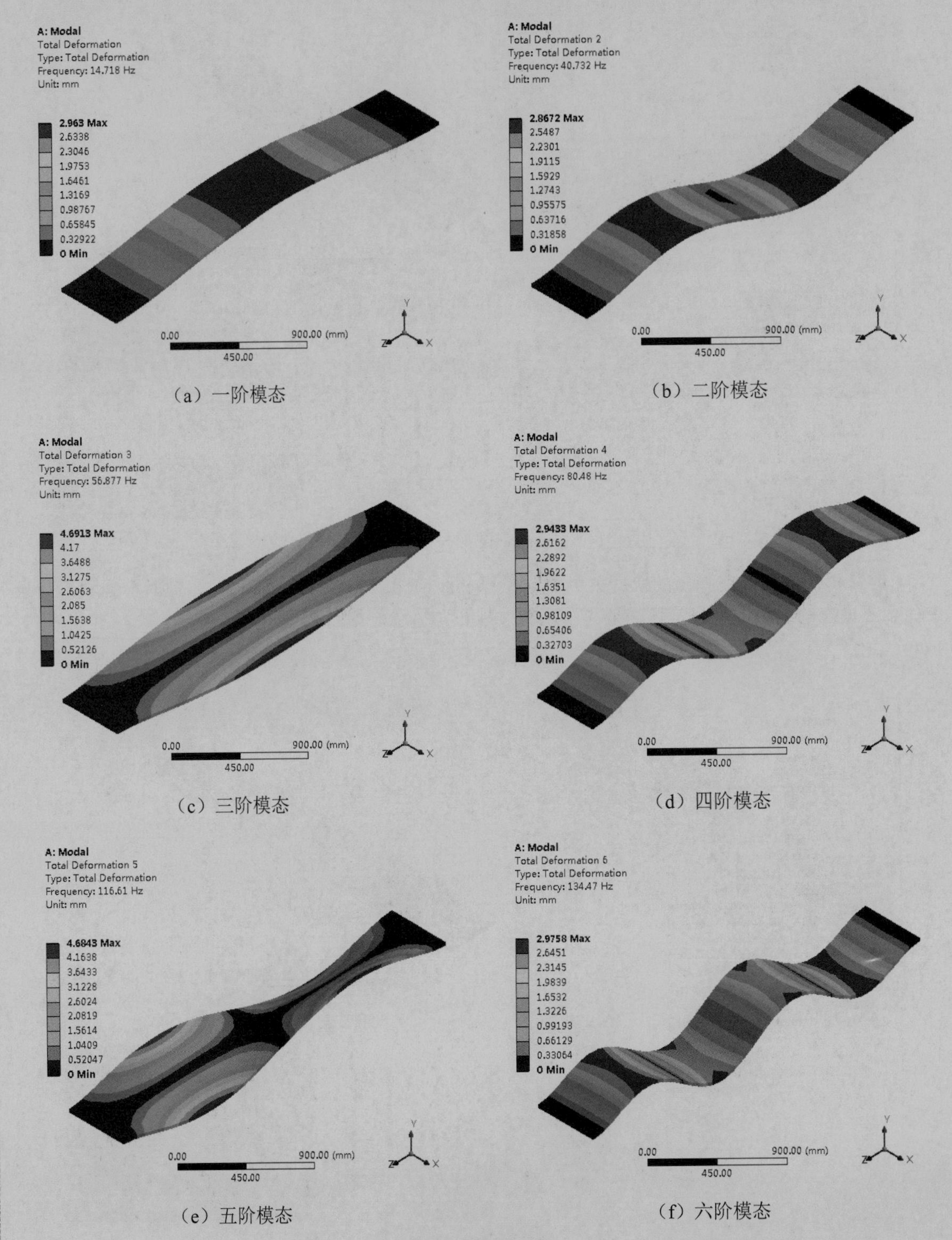

（a）一阶模态

（b）二阶模态

（c）三阶模态

（d）四阶模态

（e）五阶模态

（f）六阶模态

图 8-16　各阶模态

8.3.5　谐响应分析预处理

01 添加固定约束，在 Outline 窗格中选中 Modal(A5)分支下的 Fixed Support 选项并拖曳它到 Harmonic Response(B5)分支中，如图 8-17 所示。

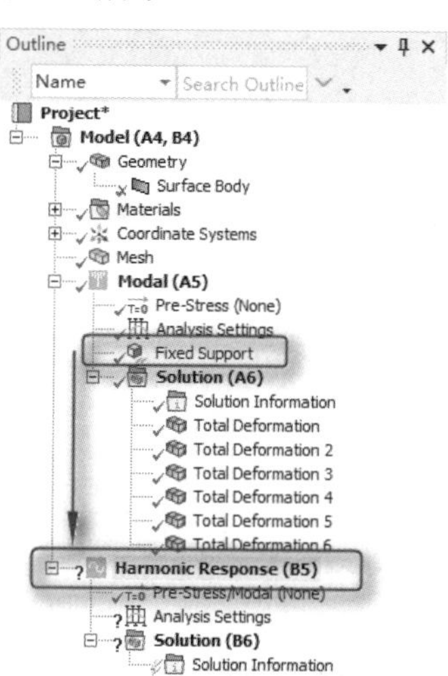

图 8-17　拖曳固定约束

02 在 Harmonic Response(B5)分支中添加力，在模型的面上已经添加了两个边印记，首先在边选择模式下选择其中的一个边印记，然后右击，在弹出的快捷菜单中选择 Insert→Force 命令。

03 调整属性窗格，在属性窗格中更改 Define By 栏为 Components，然后设置 Y Component 为 250N。完成后的结果如图 8-18 所示。

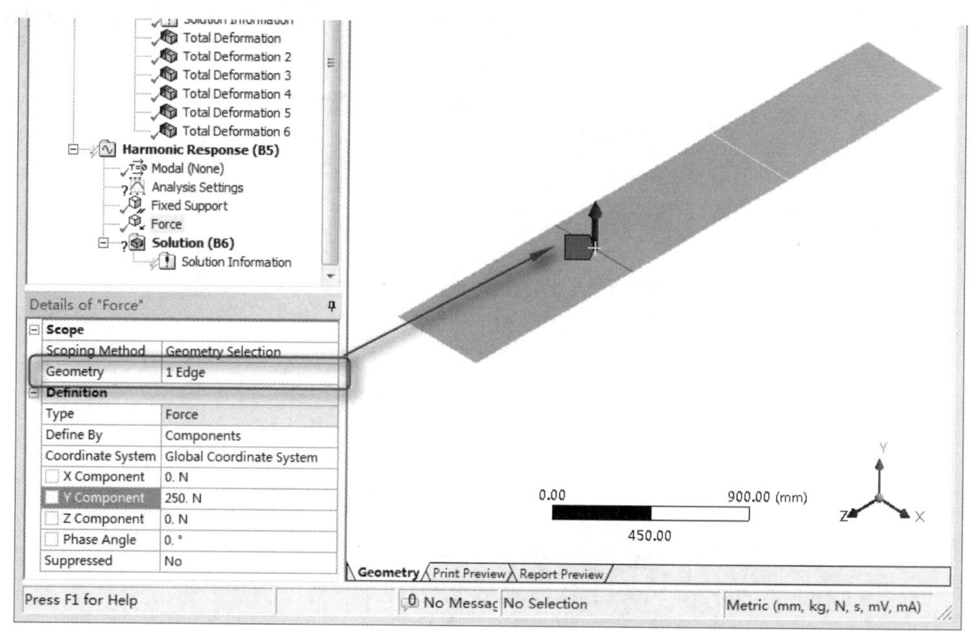

图 8-18　力属性窗格

04 采用同样的方式添加另一个力。谐响应力分析预处理的最终结果如图 8-19 所示。

Note

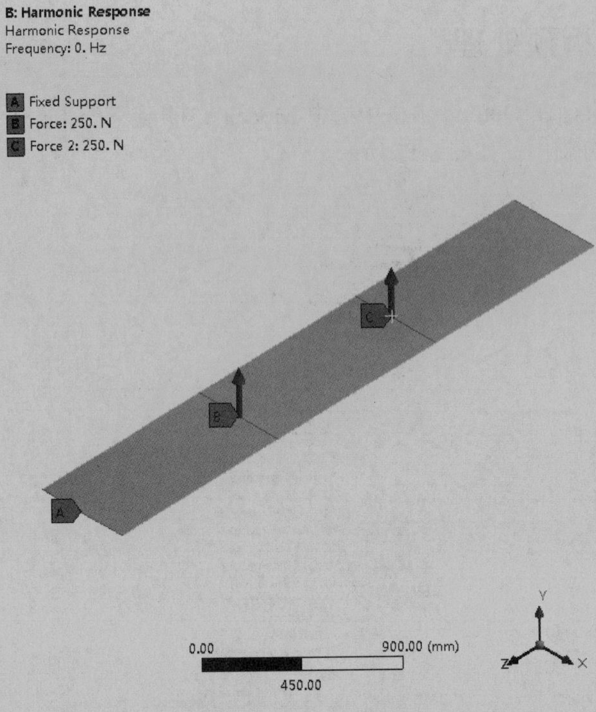

图 8-19　谐响应分析预处理

8.3.6　谐响应分析设置并求解

01 定义谐响应分析，首先在 Outline 窗格中选择 Harmonic Response(B5)分支下的 Analysis Settings 分支，然后在下方的属性窗格中更改 Range Maximum 为 50Hz、Solution Intervals 为 50，然后展开 Damping Controls 栏，更改 Damping Ratio 为 0.02，如图 8-20 所示。

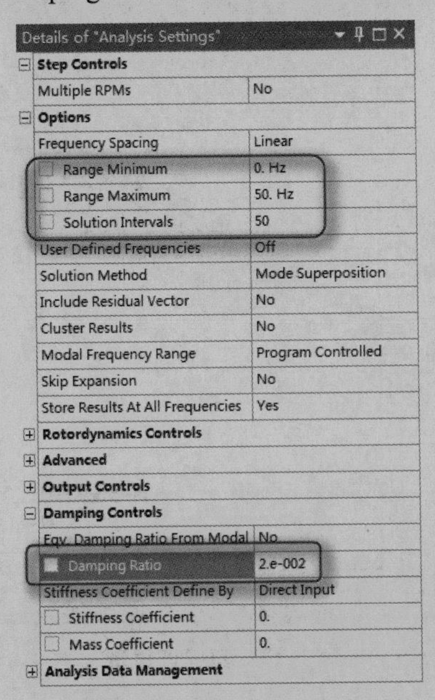

图 8-20　定义谐响应分析

02 谐响应求解，选中 Harmonic Response(B5)分支下的 Solution(B6)分支，然后单击工具栏内 Solve 区域中的 Solve 按钮，进行谐响应分析的求解。

8.3.7　谐响应分析后处理

01 求解频率变形响应，选择 Solution 工具栏中的 Chart→Frequency Response（频率响应）→Deformation 命令，如图 8-21 所示。此时在分析树中会出现 Frequency Response 选项。

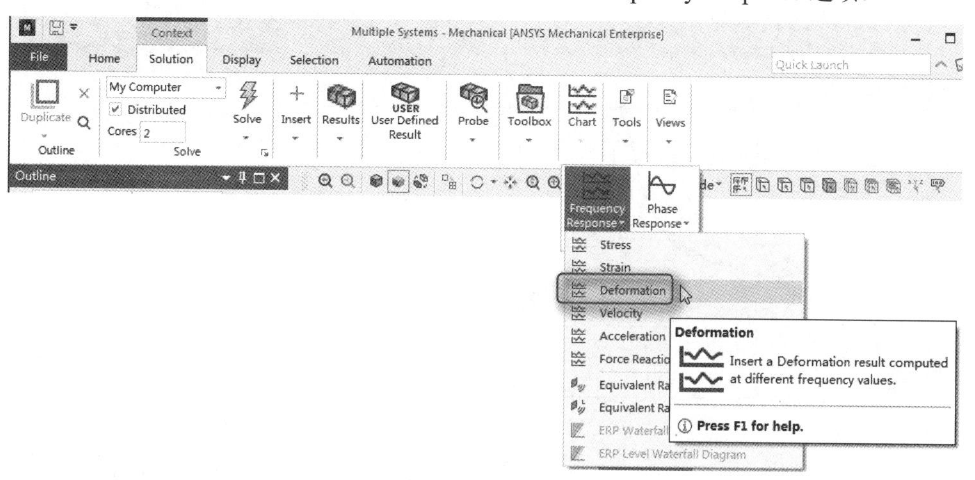

图 8-21　求解频率变形响应

02 单击图形工具栏中的“面选择”按钮，在图形窗口中选择所有的 3 个面，然后在属性窗格中单击 Apply 按钮。更改 Spatial Resolution 为 Use Maximum，更改 Orientation 为 Y Axis，如图 8-22 所示。

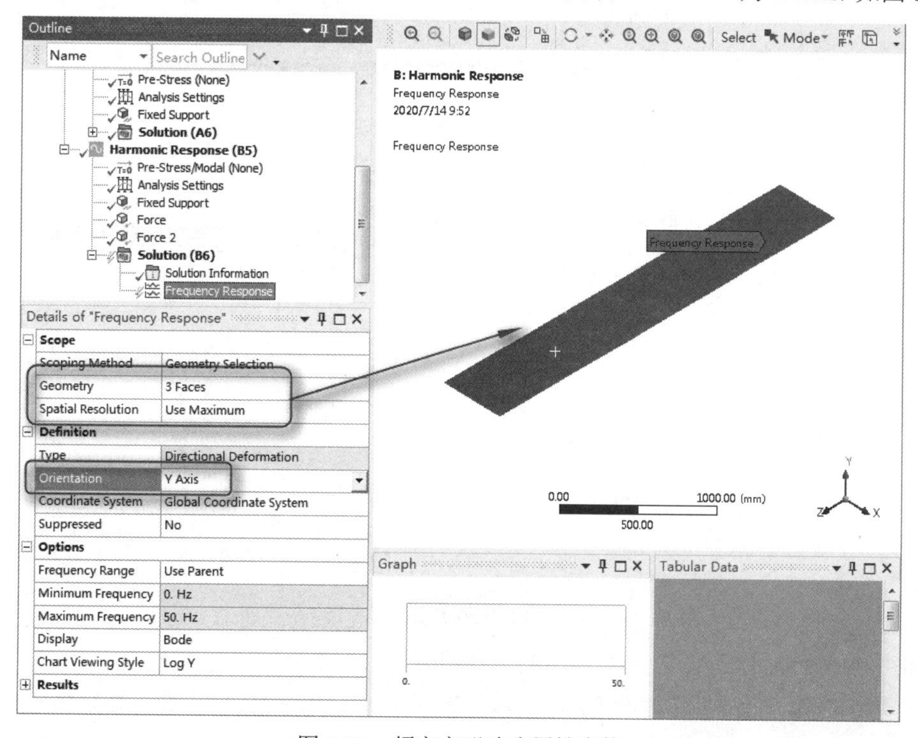

图 8-22　频率变形响应属性窗格

03 单击 Solution 工具栏中的 Results→Deformation 按钮，在弹出的下拉列表中选择 Total（全部变形）命令。在树形目录中的 Solution(B6)分支中将出现一个 Total Deformation 选项。

Note

04 后处理求解。选中 Harmonic Response(B5)分支下的 Solution(B6)分支，然后单击工具栏内 Solve 区域中的 Solve 按钮，进行后处理求解。频率变形响应结果如图 8-23 所示。总变形结果如图 8-24 所示。

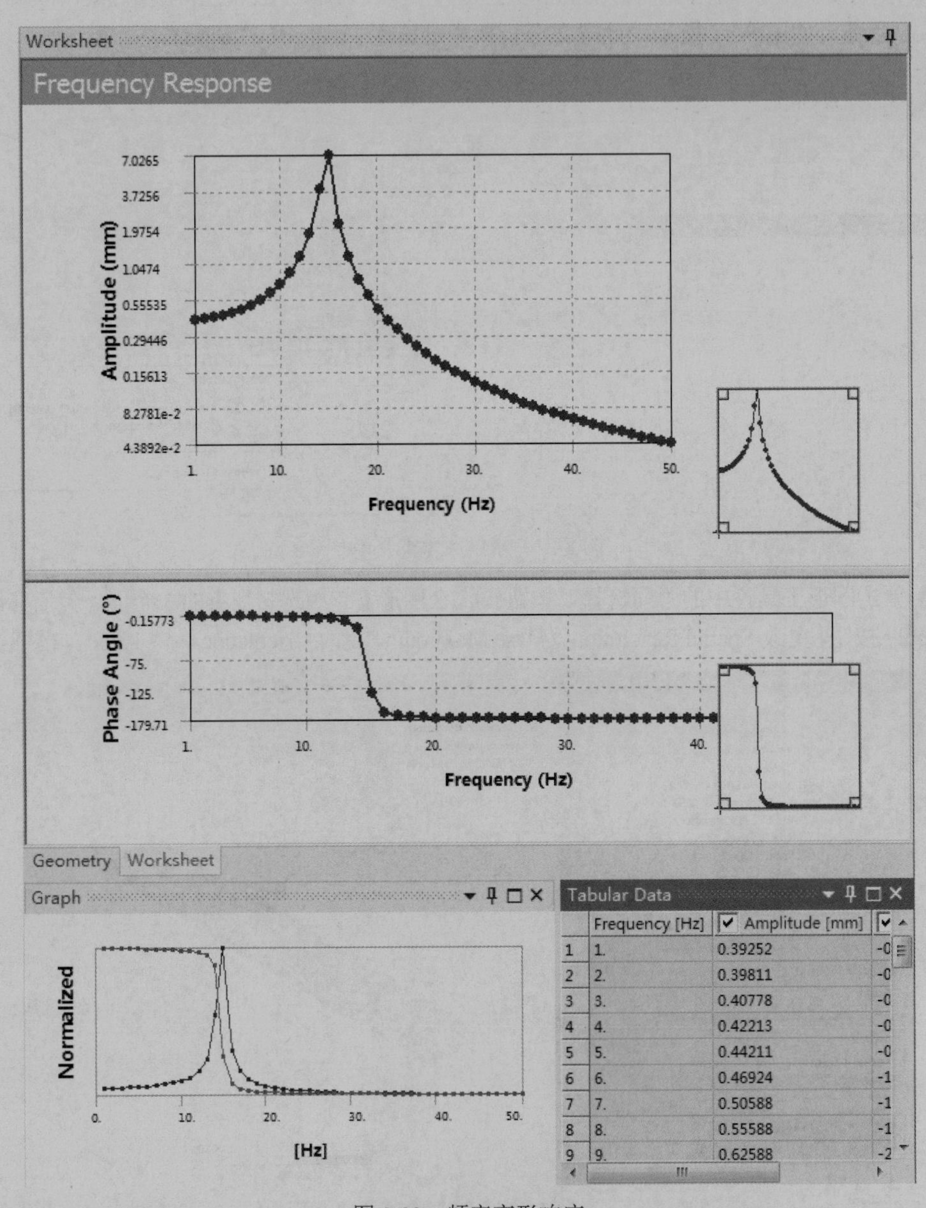

图 8-23　频率变形响应

05 更改相位角，单击返回 Outline 窗格中的 Harmonic Response(B5)分支中的 Force 2 选项，更改属性窗格中的 Y Phase Angle 为 90°，如图 8-25 所示。

06 查看结果，单击工具栏内 Solve 区域中的 Solve 按钮，进行求解。结果如图 8-26 所示。

Note

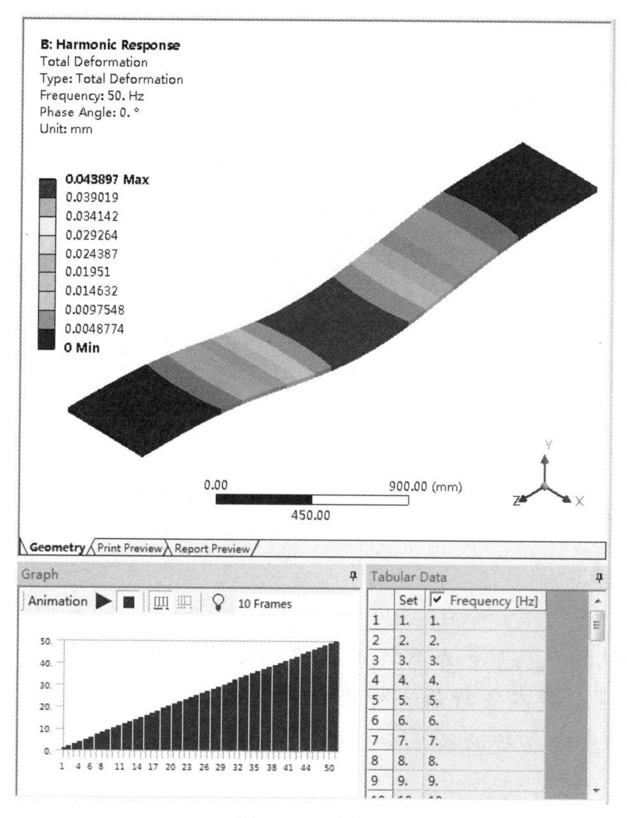

图 8-24　总变形

Outline

- Project*
  - Model (A4, B4)
    - Geometry
      - Surface Body
    - Materials
    - Coordinate Systems
    - Mesh
    - Modal (A5)
      - Pre-Stress (None)
      - Analysis Settings
      - Fixed Support
      - Solution (A6)
    - Harmonic Response (B5)
      - Pre-Stress/Modal (None)
      - Analysis Settings
      - Fixed Support
      - Force
      - Force 2
      - Solution (B6)
        - Solution Information
        - Total Deformation
        - Frequency Response

Details of "Force 2"

Scope	
Scoping Method	Geometry Selection
Geometry	1 Edge
Definition	
Type	Force
Define By	Components
Applied By	Surface Effect
Coordinate System	Global Coordinate System
X Component	0. N
Y Component	250. N
Z Component	0. N
X Phase Angle	0. °
Y Phase Angle	90. °
Z Phase Angle	0. °
Suppressed	No

图 8-25　属性窗格

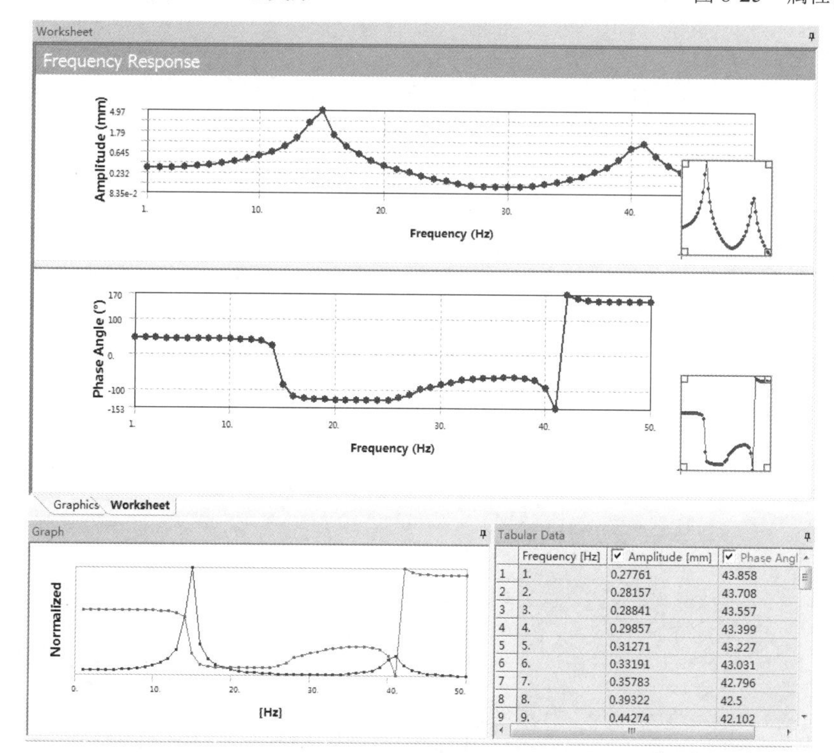

图 8-26　更改相位角后的结果

响应谱分析

响应谱分析（Response-Spectrum Analysis）是分析计算当结构受到瞬间载荷作用时产生的最大响应，可以认为这是快速进行接近瞬态分析的一种替代解决方案。

本章将介绍 ANSYS Workbench 响应谱分析的基本方法和技巧。

9.1 响应谱分析简介

响应谱分析的类型有两种，即单点谱分析与多点谱分析。

1. 单点响应谱（SPRS）

在单点响应谱分析（SPRS）中，只可以给节点指定一种谱曲线（或者一族谱曲线），例如在支撑处指定一种谱曲线，如图 9-1（a）所示。

2. 多点响应谱（MPRS）

在多点响应谱分析（MPRS）中，可以在不同的节点处指定不同的谱曲线，如图 9-1（b）所示。

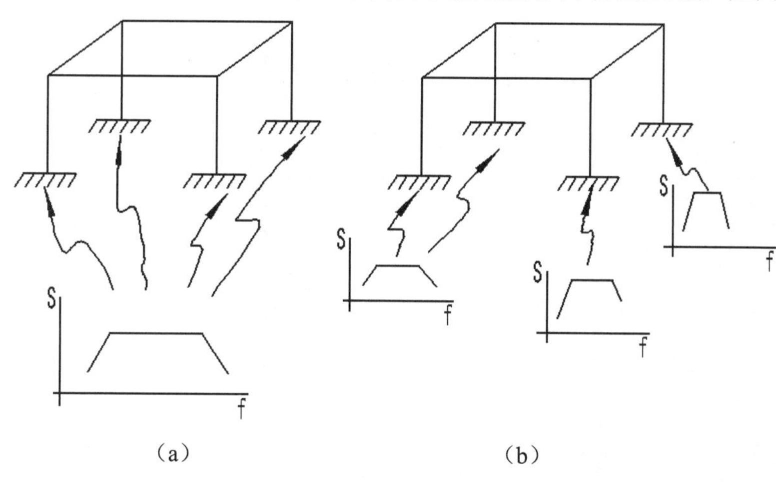

图 9-1 响应谱分析示意图

注：s——谱值；f——频率

谱分析是一种将模态分析的结构与一个已知的谱联系起来计算模型的位移和应力的分析技术。它主要应用于时间历程分析，以便确定结构对随机载荷或随时间变化载荷（如地震、海洋波浪、喷气发动机、火箭发动机振动等）的动力响应情况。在进行响应谱分析之前必须要知道以下几点。

☑ 先进行模态分析后方可进行响应谱分析。

☑ 结构必须是线性，具有连续刚度和质量的结构。

☑ 进行单点谱分析时，结构受一个已知方向和频率的频谱所激励。

☑ 进行多点谱分析时结构可以被多个（最多 20 个）不同位置的频谱所激励。

9.1.1 响应谱分析过程

进行响应谱分析的步骤如下。

（1）首先进行模态分析。

（2）确定响应谱分析项。

（3）加载载荷及边界条件。

（4）计算求解。

Note

（5）进行后处理查看结果。

9.1.2 在 Workbench 2020 中进行响应谱分析

在 Workbench 2020 中，首先要在左边 Toolbox 的 Analysis Systems 栏内选中 Modal 并双击，先建立模态分析。然后选中 Toolbox 中的 Response Spectrum，并将其直接拖曳至模态分析项的 A4 栏中，即可创建响应谱分析项目，如图 9-2 所示。

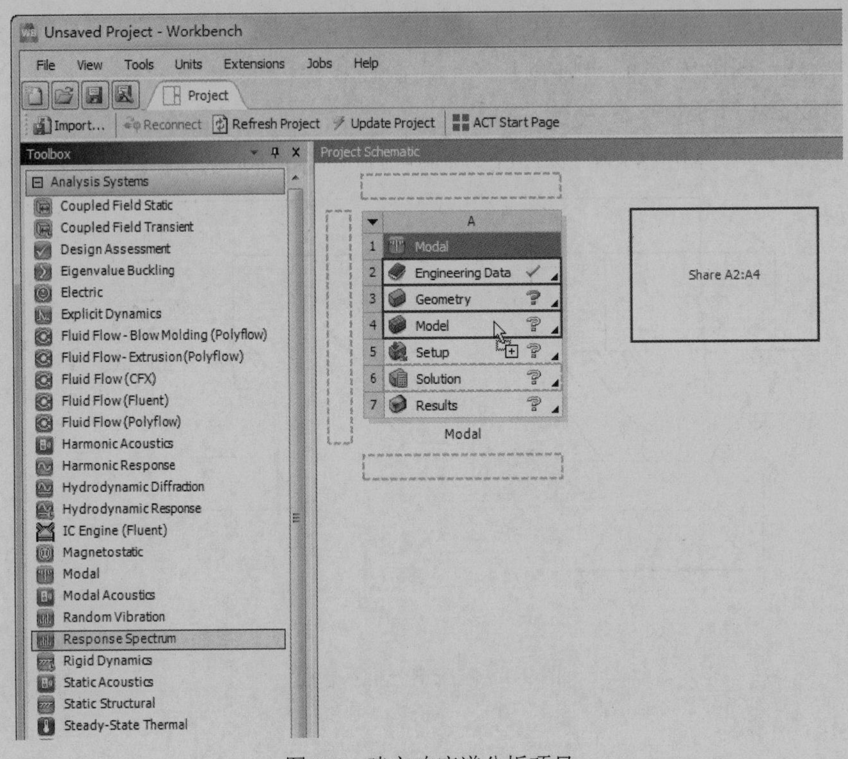

图 9-2　建立响应谱分析项目

接下来就可以在 Harmonic Response 中建立或导入几何模型、设置材料特性、划分网格等操作，但要注意在进行响应谱分析时，加载位移约束时必须为 0 值。当模态计算结束后，用户一般要查看一下前几阶固有频率值和振型后，再进行响应谱分析的设置，即载荷和边界条件的设置。载荷可以是加速度、速度和方向激励谱，如图 9-3 所示。

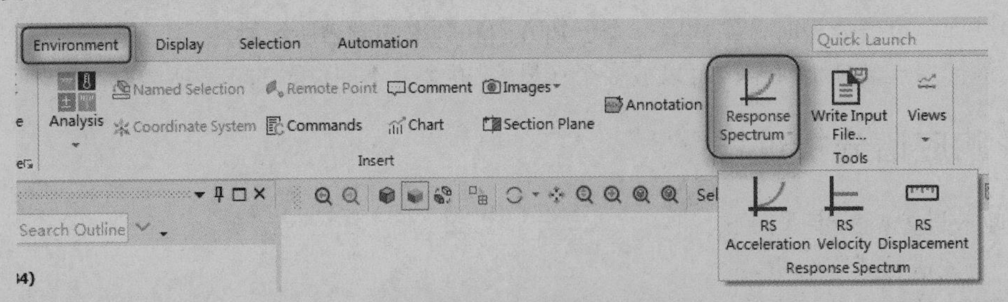

图 9-3　建立激励载荷

计算结束后，在响应谱分析的后处理中可以得到方向位移、速度、加速度。应力（正应力）、剪应力、等效应力和应变（正应变、剪应变）的数值，如图 9-4 所示。

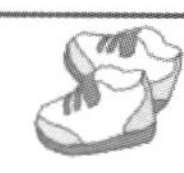

Note

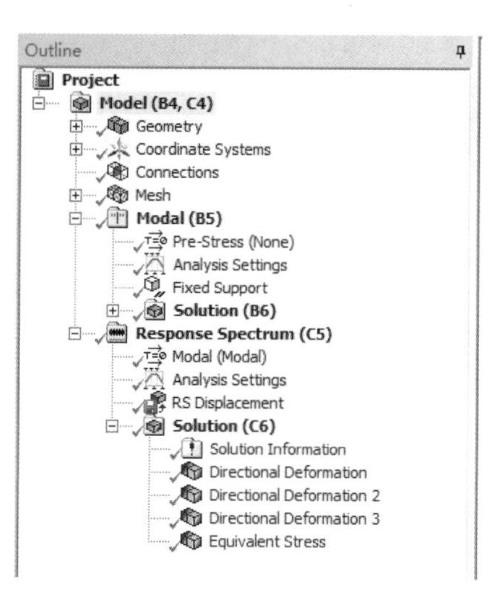

图 9-4　响应谱的求解项

9.2　响应谱分析实例——三层框架结构地震响应分析

视频讲解

本实例为对一简单的两跨三层框架结构进行地震响应分析。模型如图 9-5 所示。

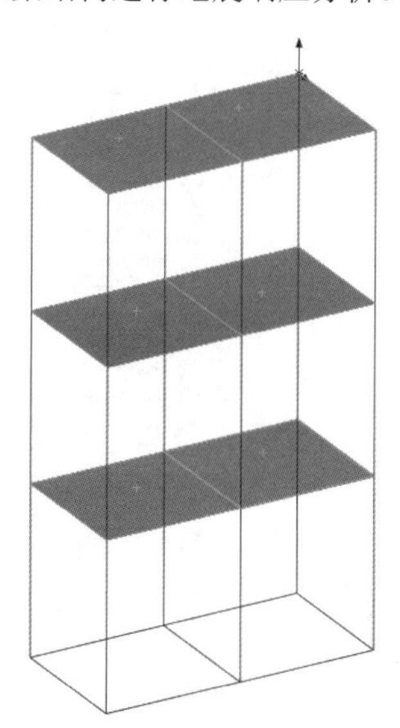

图 9-5　三层框架结构

9.2.1　问题描述

某两跨三层框架结构，计算在 X、Y、Z 方向的地震位移响应谱作用下整个结构的响应情况，两跨三层框架结构立面图和侧面图的基本尺寸如图 9-6 所示。

Note

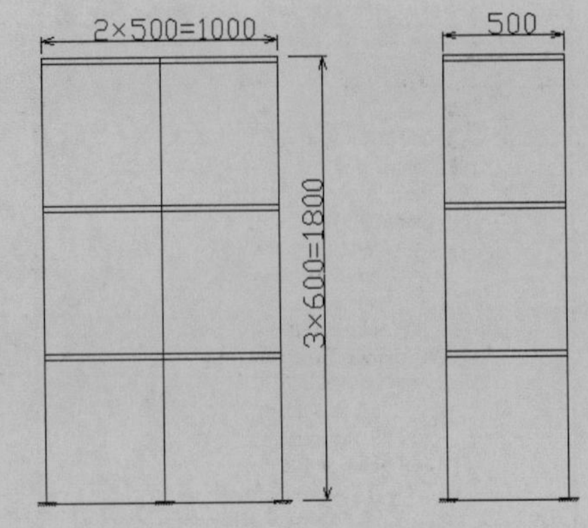

图 9-6　两跨三层框架结构简图

9.2.2　项目概图

01 在 Windows 系统下执行“开始”→“所有程序”→ANSYS 2020→Workbench 2020 命令，启动 ANSYS Workbench 2020，进入主界面。

02 选择菜单栏中的 Units→Metric(kg, mm, s, ℃, mA, N, mV)命令，设置模型的单位，如图 9-7 所示。

03 打开 Workbench 程序，展开左边工具箱中的 Analysis Systems 栏，将工具箱中的 Modal 选项直接拖曳到项目管理界面中或是直接在项目上双击载入，建立一个含有 Modal 的项目模块（需要首先求解查看系统的固有频率和模态），结果如图 9-8 所示。

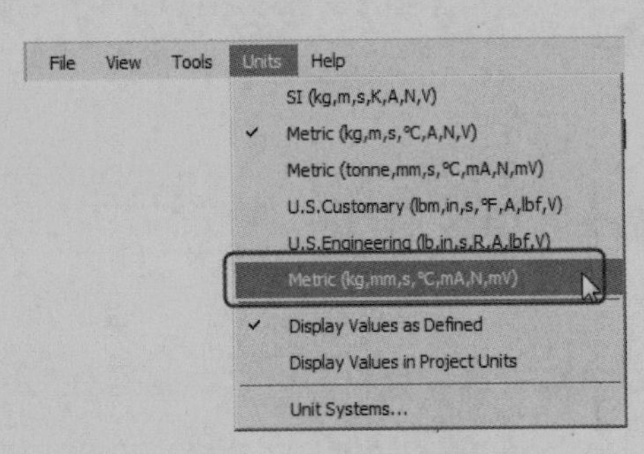

图 9-7　设置模型单位

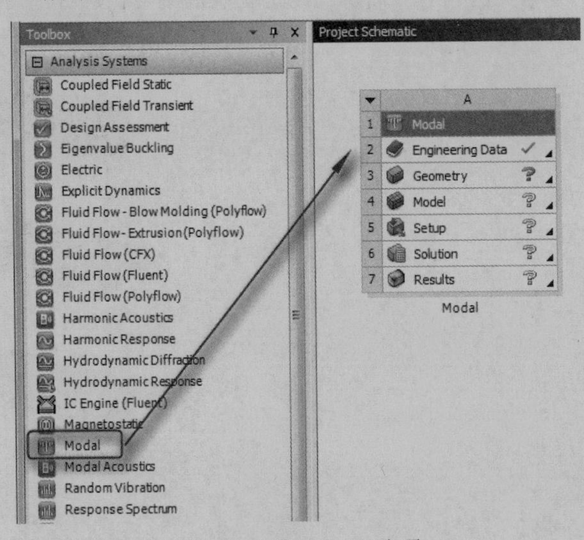

图 9-8　添加 Modal 选项

04 放置 Response Spectrum 选项，把 Response Spectrum 选项拖曳到 Modal 项目中的 Solution 模块中，将 Response Spectrum 选项中的材料属性、模型和网格划分单元与 Modal 项目中单元共享，如图 9-9 所示。

05 导入模型。右击 A3 栏 3 Geometry ，在弹出的快捷菜单中选择 Import Geometry→Browse 命令，然后系统弹出“打开”对话框，打开源文件中的 Frame.agdb。

06 双击 A4 栏 4 Model ，启动 Mechanical 应用程序，如图 9-10 所示。

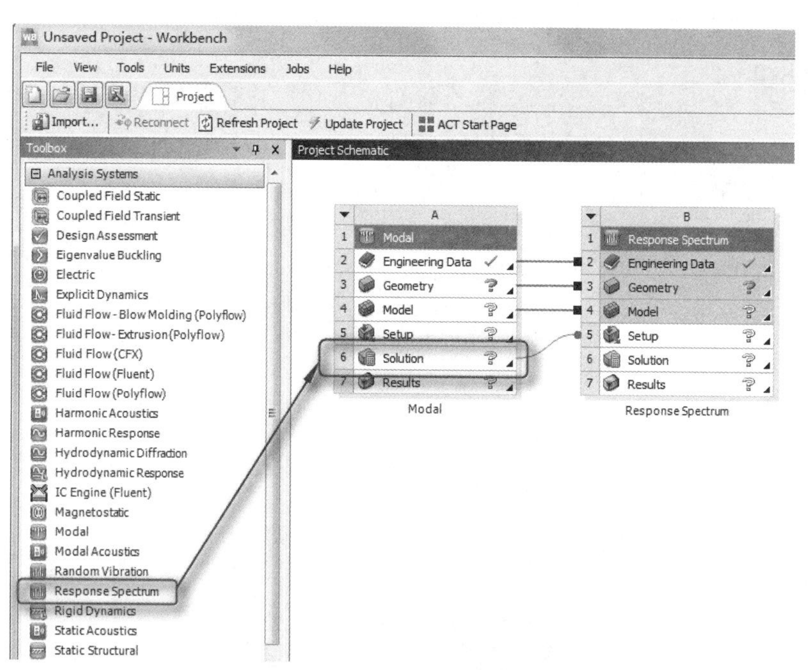

图 9-9　添加 Response Spectrum 选项

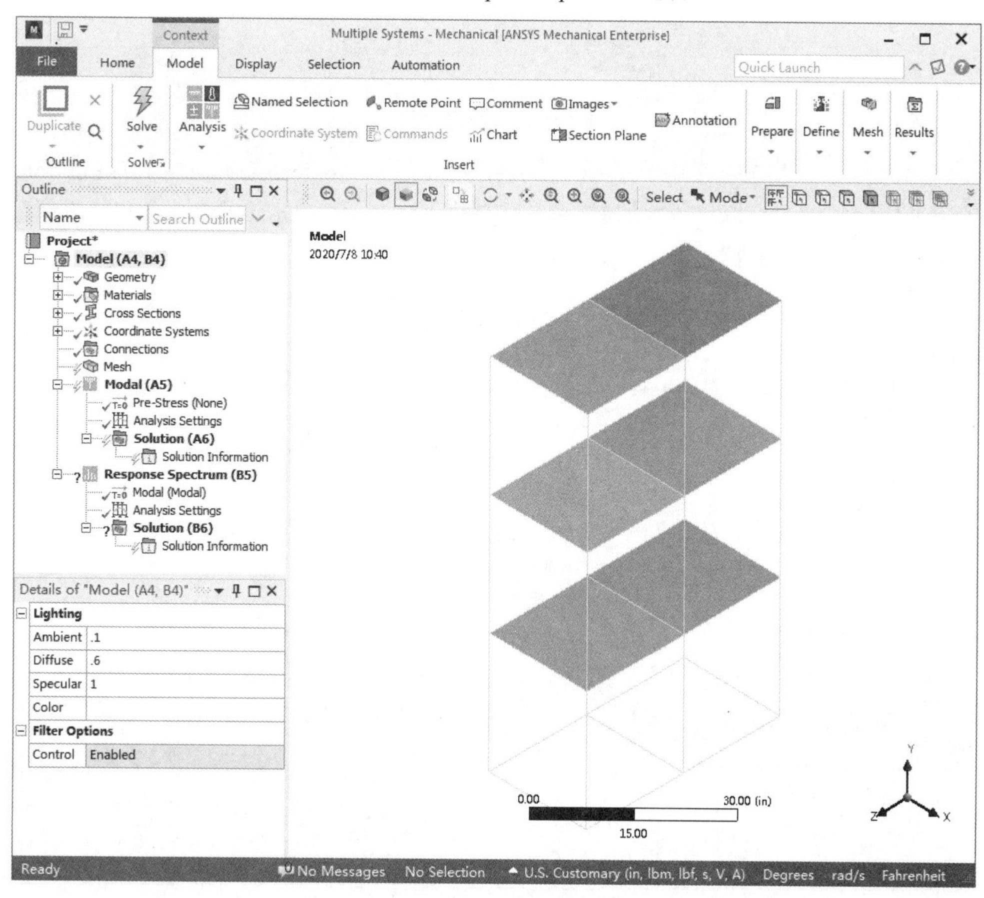

图 9-10　Mechanical 应用程序

Note

9.2.3 前处理

01 设置单位系统。在功能区中选择 Home→Tools→Units→Metric(mm, kg, N, s, mV, mA)命令，设置单位为公制毫米单位。

02 确认材料。在树形目录中选择 Geometry 分支下的所有 Surface Body 分支，在左下角的属性窗格中设置 Assignment 为 Structural Steel，如图 9-11 所示。

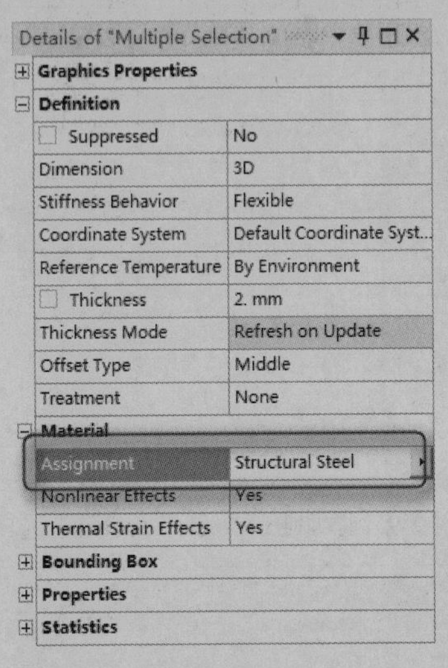

图 9-11　改变材料

03 施加约束。在树形目录中单击 Modal(A5)分支，此时 Context 工具栏显示为 Environment 工具栏。单击工具栏内 Structural 区域中的 Fixed（固定约束）命令。单击工具栏中的“点选择”按钮，然后选择如图 9-12 所示的底部 6 个点，定义固定约束。

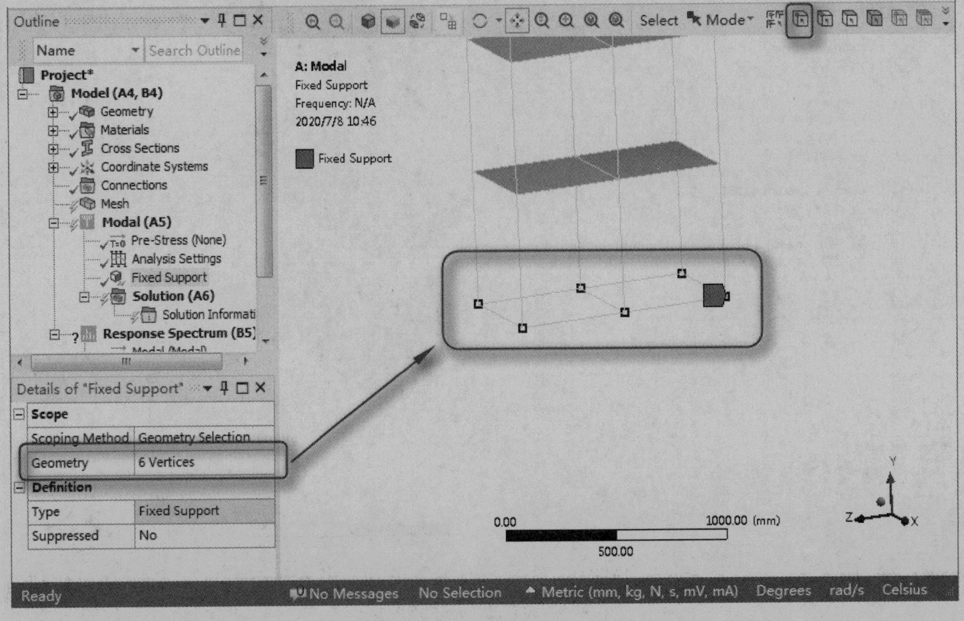

图 9-12　施加固定约束

Note

9.2.4 模态分析求解

01 选中Modal(A5)分支下的Solution(A6)分支，然后单击工具栏内Solve区域中的Solve按钮，进入求解模型，如图9-13所示。对模型进行求解。

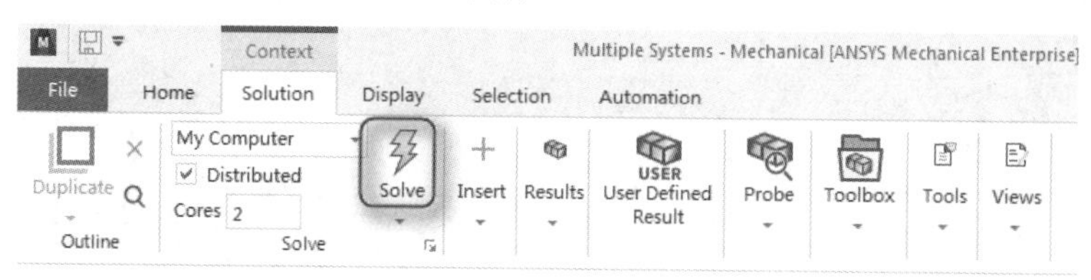

图 9-13　求解

02 查看模态的形状，单击树形目录中的 Solution(A6)分支，此时在绘图区域的下方会出现Timeline图形和Tabular Data表，给出了对应模态的频率表，如图9-14所示。

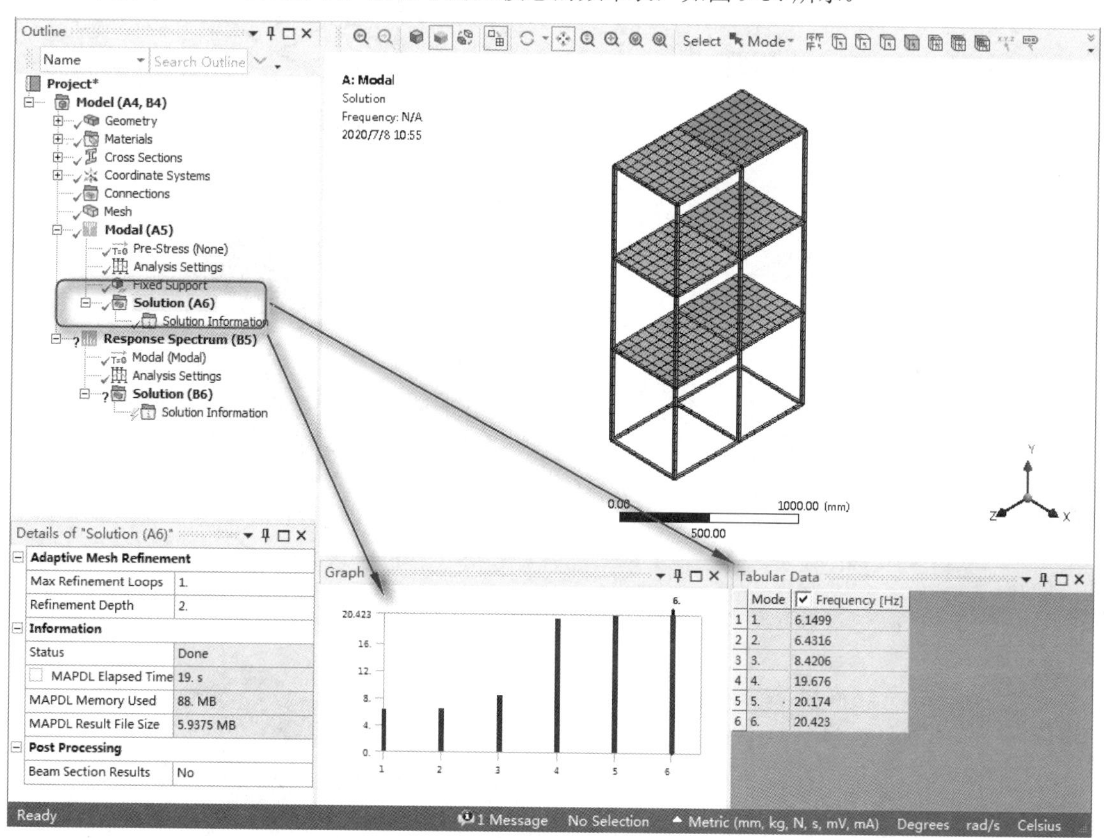

图 9-14　Timeline 图形与 Tabular Data 表

03 在Timeline图形上右击，在弹出的快捷菜单中选择Select All命令，选择所有的模态。

04 再次右击，在弹出的快捷菜单中选择Create Mode Shape Results命令，此时会在树形目录中显示各模态的结果图，只是还需要再次求解才能正常显示，如图9-15所示。

05 单击工具栏内Solve区域中的Solve按钮，进行求解模型，求解完成后查看结果。

06 在树形目录中单击各个模态，查看各阶模态的云图，如图9-16所示。

Note

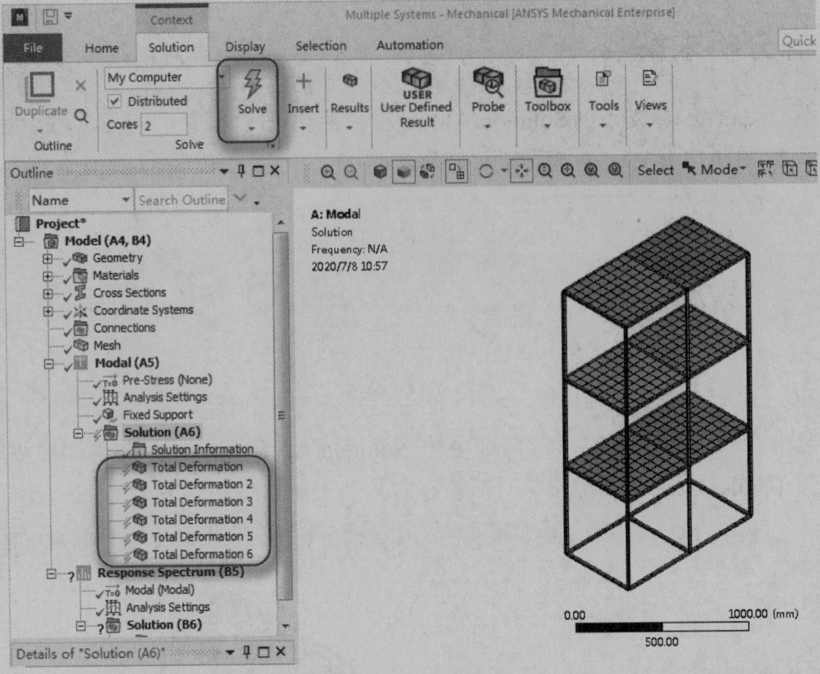

图 9-15　树形目录

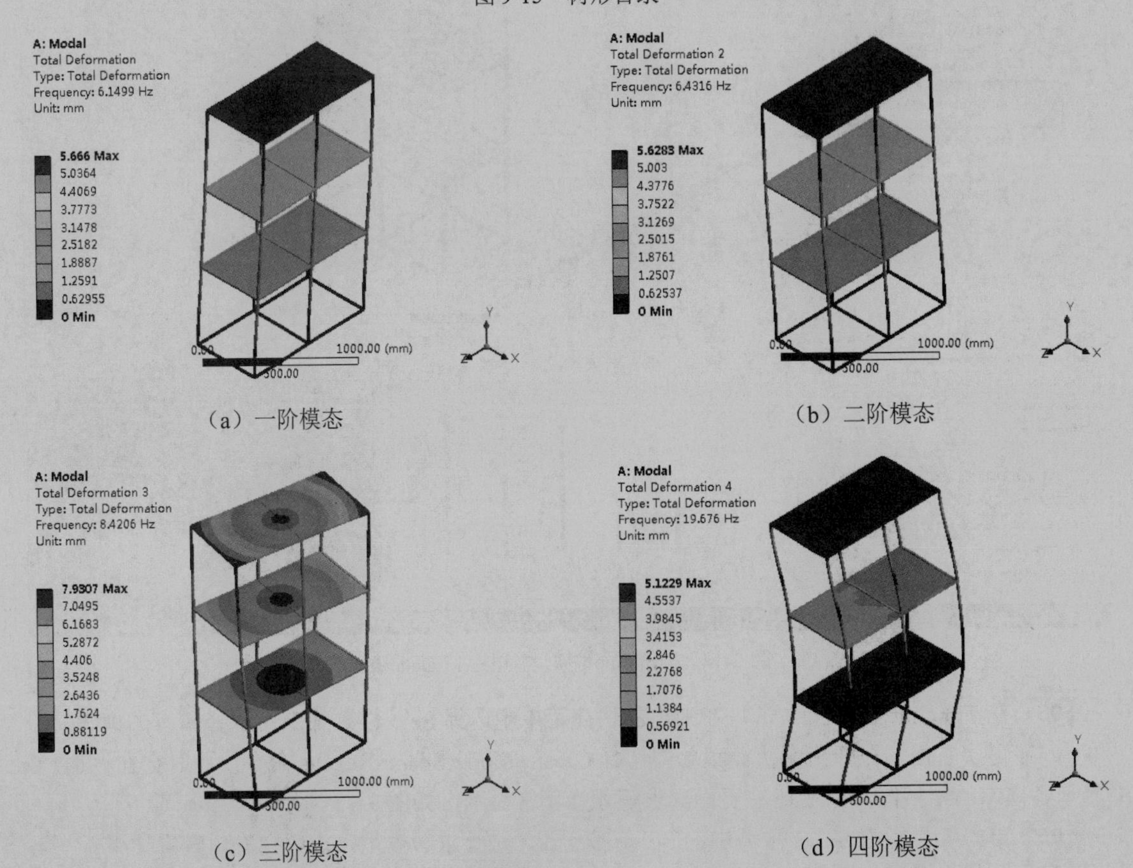

（a）一阶模态　（b）二阶模态

（c）三阶模态　（d）四阶模态

图 9-16　各阶模态

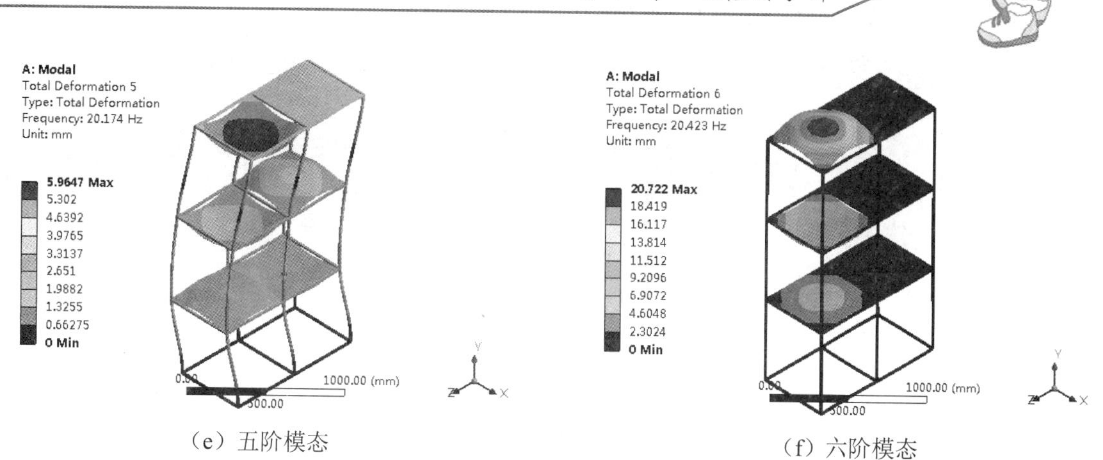

（e）五阶模态　　（f）六阶模态

图 9-16　各阶模态（续）

9.2.5　响应谱分析设置并求解

01 添加 Z 方向的功率谱位移。选择树形目录中的 Response Spectrum(B5)分支，然后利用 Environment 工具栏中的 RS Base Excitation→RS Displacement 命令，为模型添加 Z 方向的功率谱位移，如图 9-17 所示。

02 定义属性。在树形目录中单击新添加的 RS Displacement 选项，在属性管理器中，设置 Boundary Condition 为 All Supports，设置 Load Data 为 Tabular Data，如图 9-18 所示。在图形区域下方的 Tabular Data 栏中输入如图 9-19 所示的随机载荷。返回属性管理器中，设置 Direction 为 Z Axis。

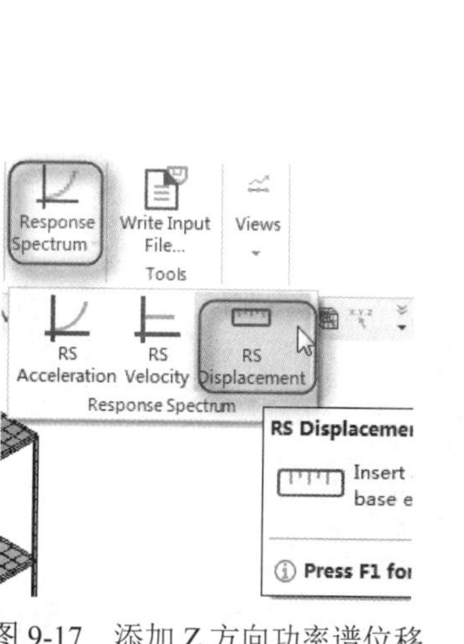

图 9-17　添加 Z 方向功率谱位移

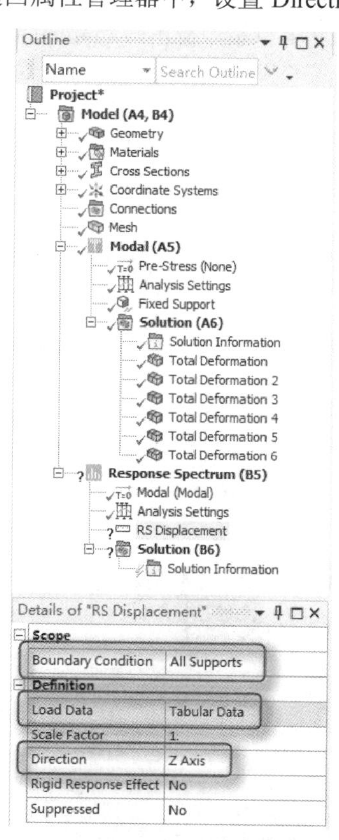

图 9-18　定义属性

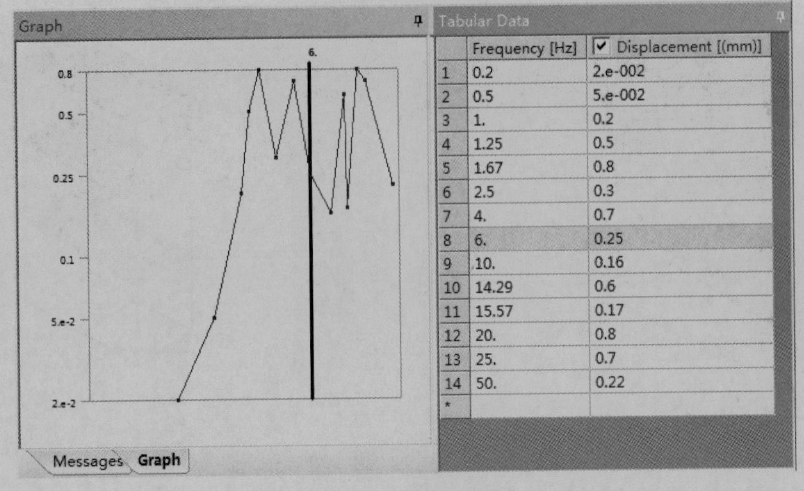

图 9-19　随机载荷

03 选择 Mechanical 界面左侧树形目录中的 Solution(B6)分支，此时会出现 Solution 工具栏。

04 添加方向位移求解项。选择 Solution 工具栏中的 Results→Deformation→Directional 命令，此时在树形目录中会出现 Directional Deformation 选项，在参数列表中设置 Orientation 为 X Axis，如图 9-20 所示。

05 采用同样的方式，分别添加 Y 轴方向、Z 轴方向上的位移求解项。

06 添加等效应力求解项。选择 Solution 工具栏中的 Stress→Equivalent(von-Mises)命令，如图 9-21 所示。此时在树形目录中会出现 Equivalent Stress 选项，参数列表设置为默认值。

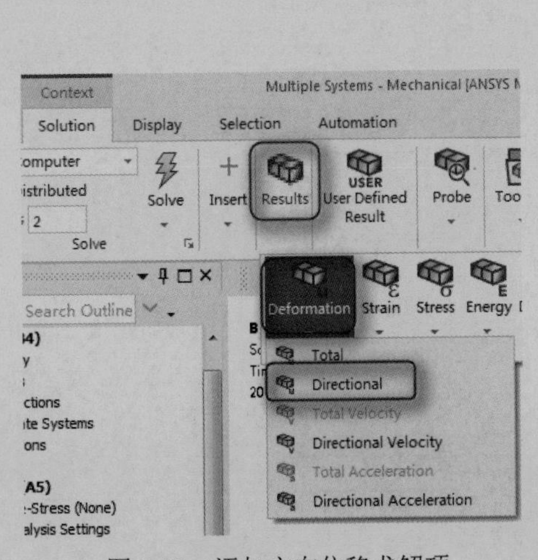

图 9-20　添加方向位移求解项

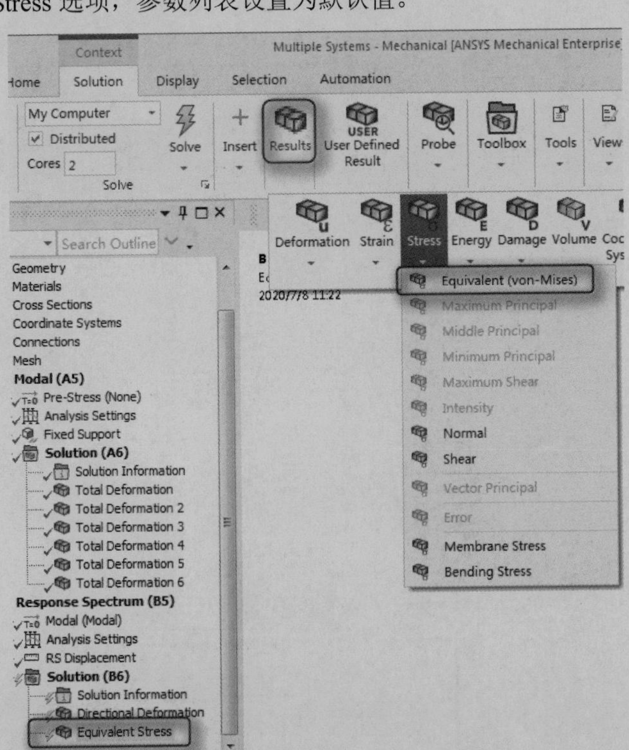

图 9-21　添加等效应力求解项

07 在树形目录中的 Solution(B6)分支上右击，在弹出的快捷菜单中选择 Solve 命令，此时会弹出求解进度条，表示正在求解，当求解完毕时，进度条会自动消失。

9.2.6 查看分析结果

01 求解完成后，选择树形目录中的 Solution(B6)分支中的 Directional Deformation，可以查看 X 方向上的位移云图，如图 9-22 所示。

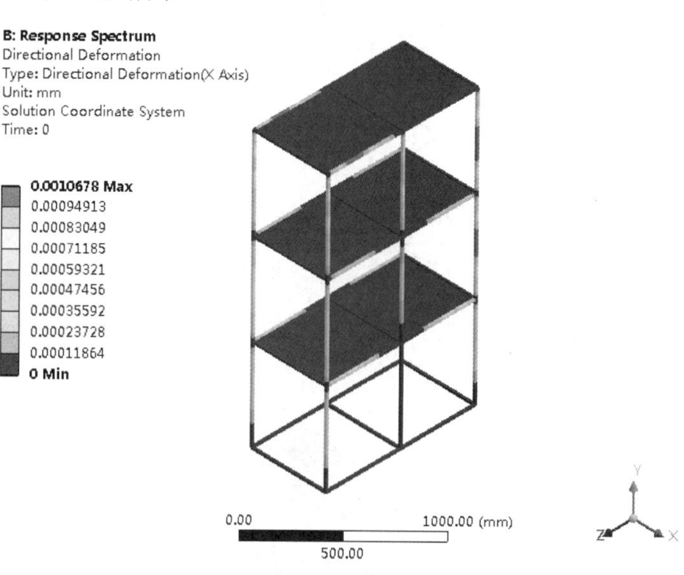

图 9-22　X 方向位移云图

02 采用同样的方式，选择 Directional Deformation 2、Directional Deformation 3 查看 Y 方向、Z 方向上的位移云图，如图 9-23 和图 9-24 所示。

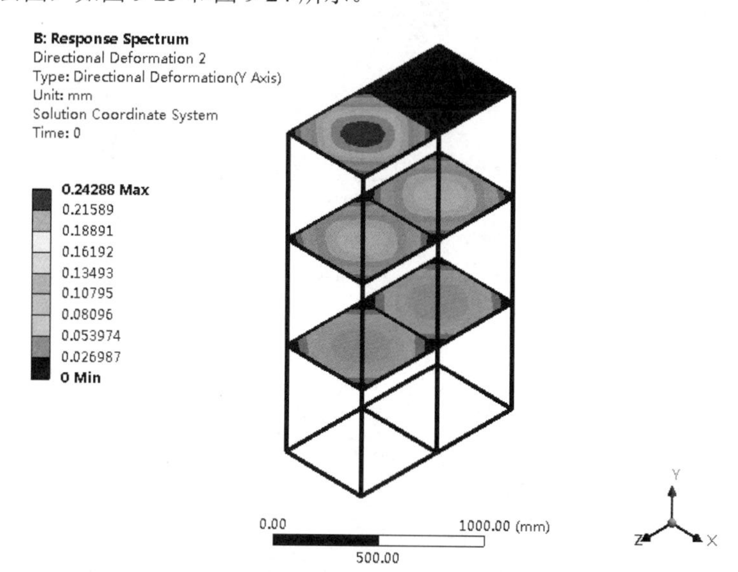

图 9-23　Y 方向位移云图

Note

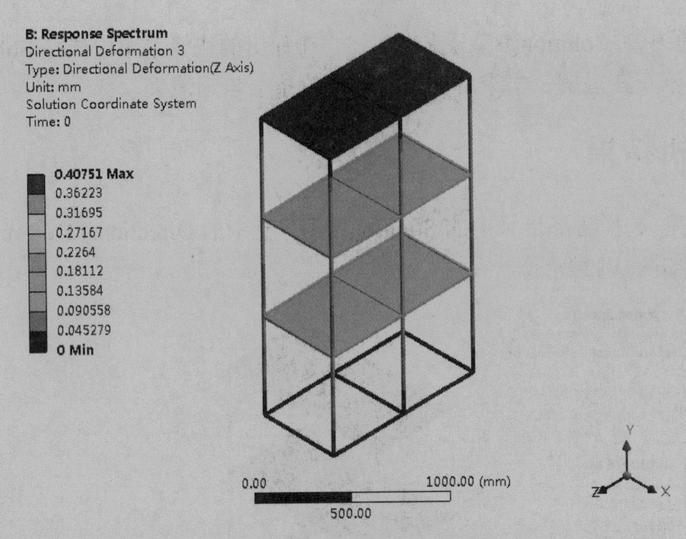

图 9-24　Z 方向位移云图

03 选择树形目录 Solution(B6)分支中的 Equivalent Stress，可以查看等效的应力云图，如图 9-25 所示。

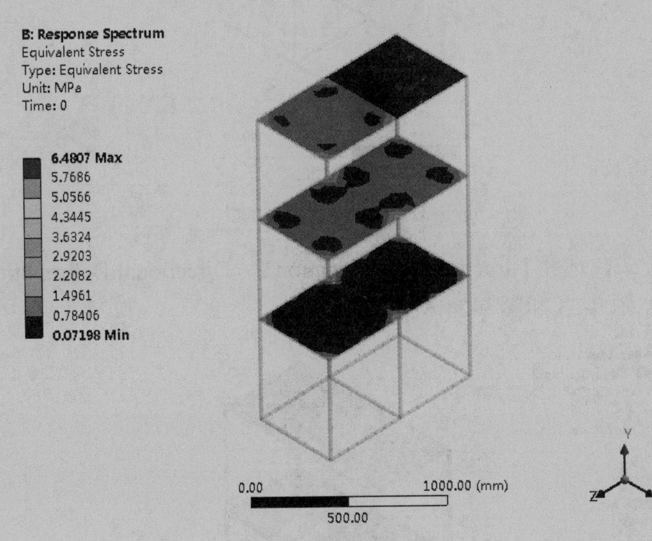

图 9-25　等效应力云图

第10章

随机振动分析

随机振动分析（Random Vibration Analysis）是一种基于概率统计学的谱分析技术，亦即载荷时间历程。目前随机振动分析在机载电子设备、声学装载部件、抖动的光学对准设备等的设计上得到了广泛的应用。

本章将介绍 ANSYS Workbench 随机振动分析的基本方法和技巧。

Note

10.1 随机振动分析简介

随机振动分析（Random Vibration Analysis）是一种基于概率统计学的谱分析技术，随机振动分析中功率谱密度（Power Spectral Density，PSD）记录了激励和响应的均方根值同频率关系，因此，PSD是一条功率谱密度值——频率值的关系曲线，亦即载荷时间历程。

在 Workbench 2020 中进行随机振动分析需要输入如下内容。

☑ 从模态分析中得到的固有频率和振型。

☑ 作用于节点上的单点或多点功率谱密度（PSD）的激励。

输出的是作用于节点上功率谱密度（PSD）的响应。

10.1.1 随机振动分析过程

进行随机振动分析的步骤如下。

（1）首先进行模态分析。

（2）确定随机振动分析项。

（3）加载载荷及边界条件。

（4）计算求解。

（5）进行后处理并查看结果。

10.1.2 Workbench 2020 中进行随机振动分析

在 Workbench 2020 中，首先要在左边 Toolbox 的 Analysis Systems 栏内选中 Modal 并双击，先建立模态分析。然后选中 Toolbox 中的 Random Vibration，并将其直接拖曳至模态分析项的 A4 栏中，即可创建随机振动分析项目，如图 10-1 所示。

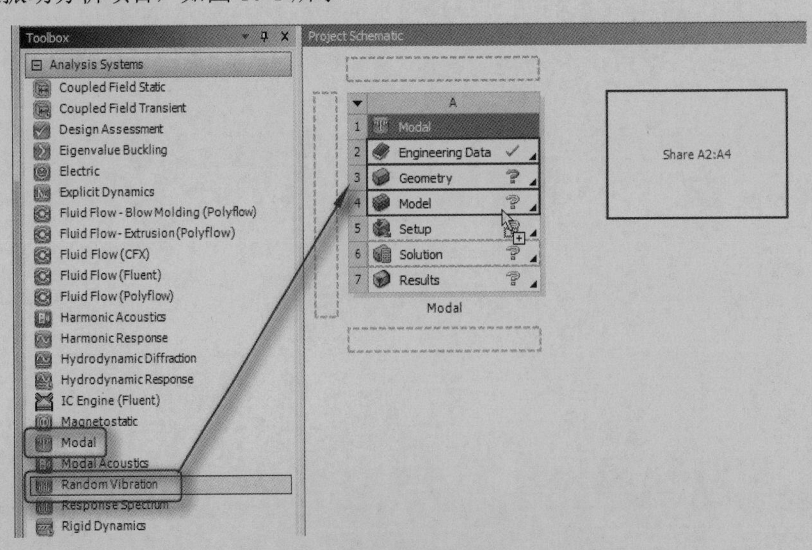

图 10-1 建立随机振动分析项目

接下来就可以在 Random Vibration 中建立或导入几何模型、设置材料特性、划分网格等操作，但

要注意在进行随机振动分析时，加载位移约束时必须为 0 值。当模态计算结束后，用户一般要查看一下前几阶固有频率值和振型后，再进行随机振动分析的设置，即载荷和边界条件的设置。在这里的载荷为功率谱密度（PSD），如图 10-2 所示。

随机振动计算结束后，在随机振动分析的后处理中可以得到在 PSD 激励作用下的位移、速度、加速度。应力、应变以及在 PSD 作用下的节点响应如图 10-3 所示。

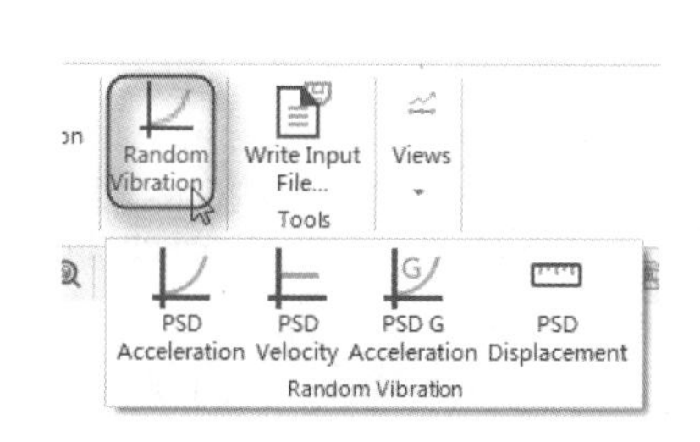

图 10-2　建立随机振动载荷

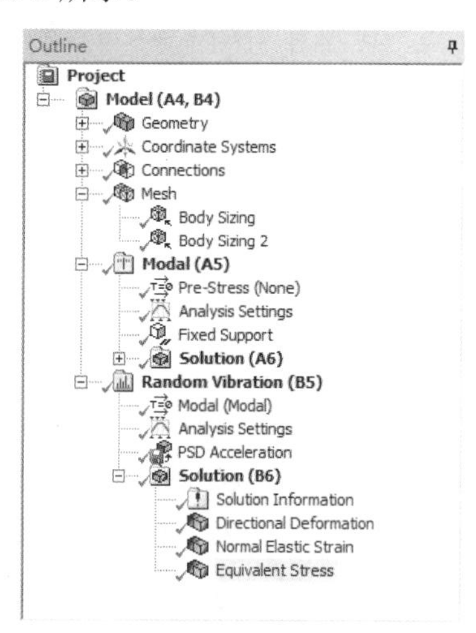

图 10-3　随机振动的求解项

视频讲解

10.2　振动分析实例——桥梁模型随机振动分析

本实例为对一桥梁结构的随机振动分析，让读者掌握随机振动分析的基本过程，本实例的模型在进行分析时直接导入即可。模型如图 10-4 所示。

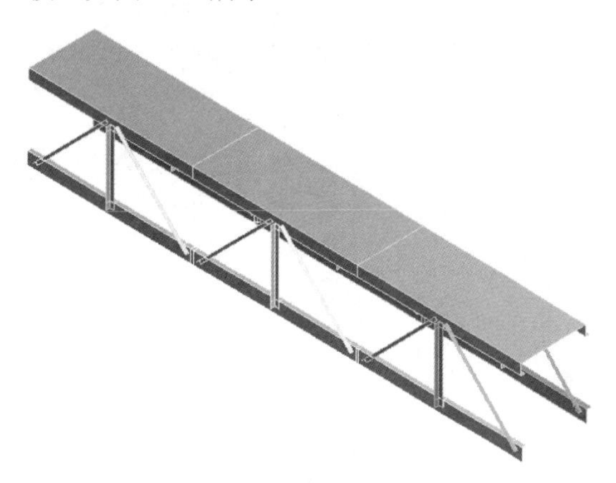

图 10-4　桥梁模型

10.2.1　问题描述

我们的目标是调查桥梁装配体的振动特性，本桥梁为结构钢材料，分析此结构在底部约束点随机载荷作用下的结构反应。模型名称为 girder.agdb，载荷如图 10-5 所示。

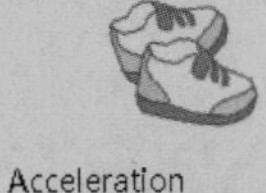

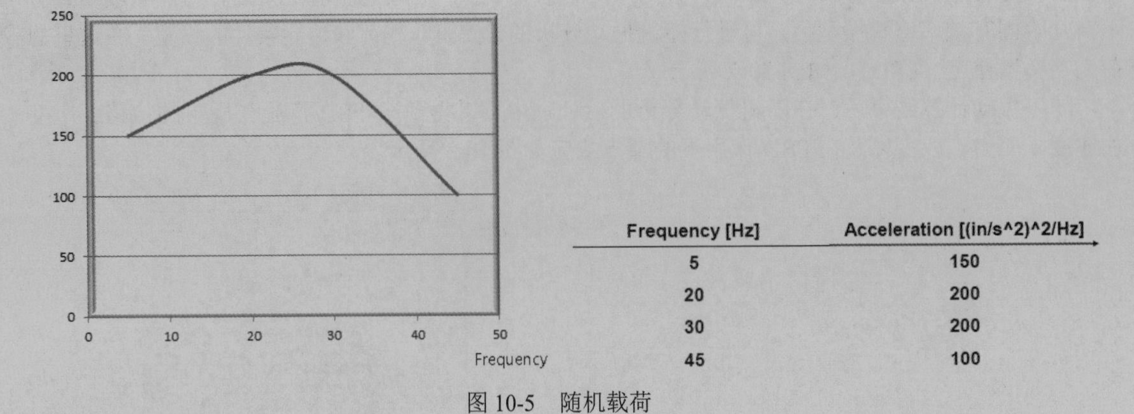

Frequency [Hz]	Acceleration [(in/s^2)^2/Hz]
5	150
20	200
30	200
45	100

图 10-5　随机载荷

10.2.2　项目概图

01 在 Windows 系统下执行"开始"→"所有程序"→ANSYS 2020→Workbench 2020 命令，启动 ANSYS Workbench 2020，进入主界面。

02 选择菜单栏中的 Units→U.S.Customary(lbm, in, s, ℉, A, lbf, V)命令，设置模型的单位，如图 10-6 所示。

03 打开 Workbench 程序，展开左边工具箱中的 Analysis Systems 栏，将工具箱中的 Modal 选项直接拖曳到项目管理界面中或是直接在项目上双击载入，建立一个含有 Modal 的项目模块（需要首先求解查看系统的固有频率和模态），结果如图 10-7 所示。

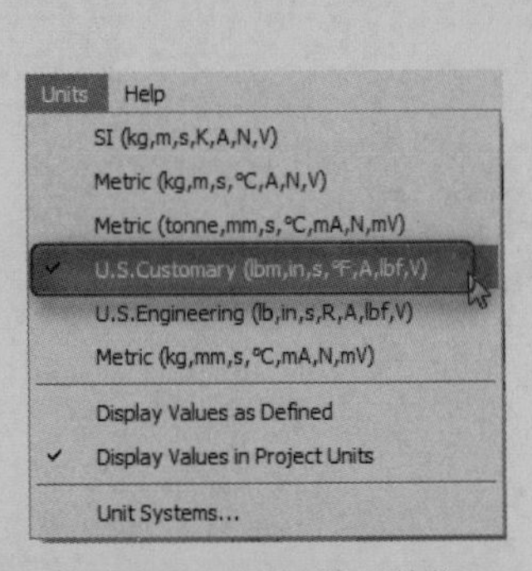

图 10-6　设置模型单位

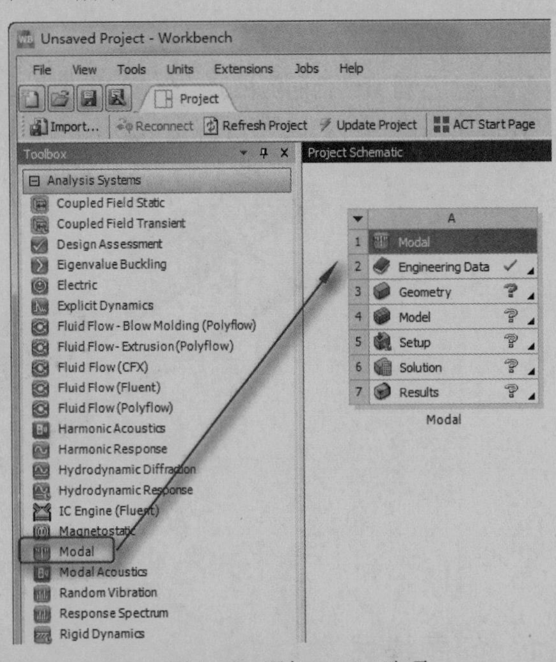

图 10-7　添加 Modal 选项

04 放置 Random Vibration 选项，把 Random Vibration 选项拖曳到 Modal 项目中的 Solution 模块中，将 Random Vibration 选项中的材料属性、模型和网格划分单元与 Modal 项目中单元共享，如图 10-8 所示。

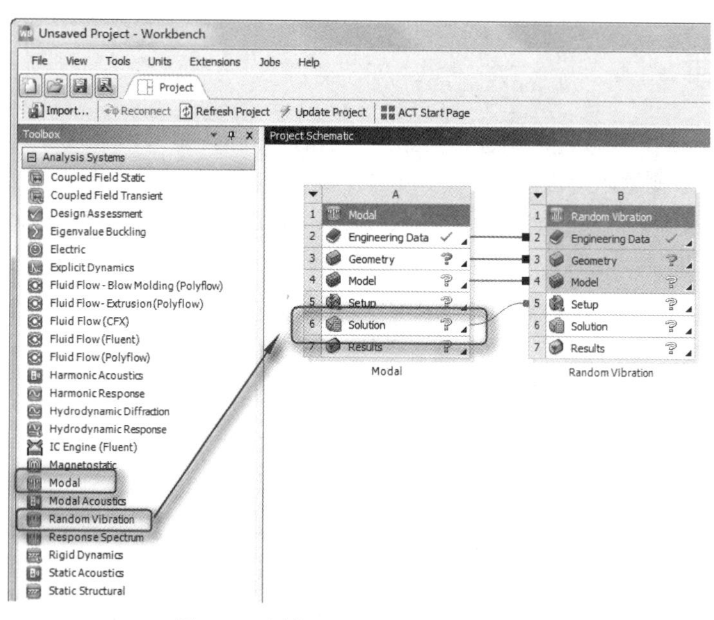

图 10-8　添加 Random Vibration 选项

05 导入模型。右击 A3 栏 3 Geometry ？，在弹出的快捷菜单中选择 Import Geometry→Browse 命令，然后系统弹出“打开”对话框，打开源文件中的 girder.agdb。

06 双击 A4 栏 4 Model，启动 Mechanical 应用程序，如图 10-9 所示。

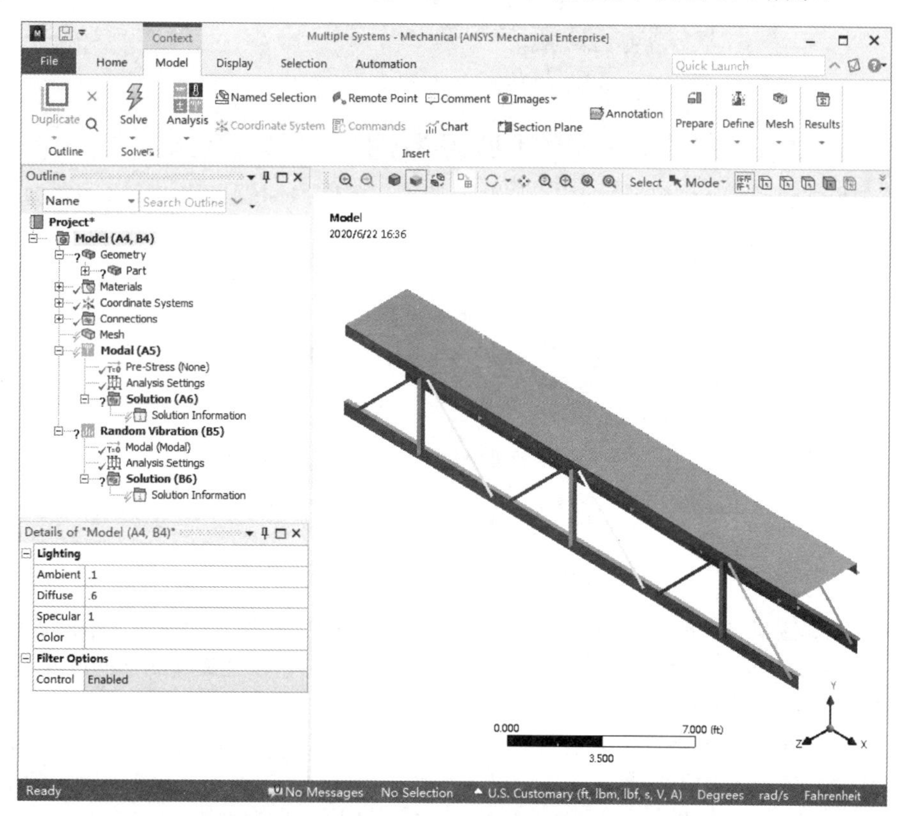

图 10-9　Mechanical 应用程序

Note

10.2.3 前处理

01 设置单位系统，在功能区中选择 Home→Tools→Units→U.S.Customary(in, lbm, lbf, ℉, s, V, A)命令，设置单位为公制毫米单位。

02 输入厚度及确认材料，在树形目录中选择 Geometry 分支下所有的 Surface Body 分支，在左下角的属性窗格中设置 Thickness 为 0.5in，然后设置 Assignment 为 Structural Steel，如图 10-10 所示。

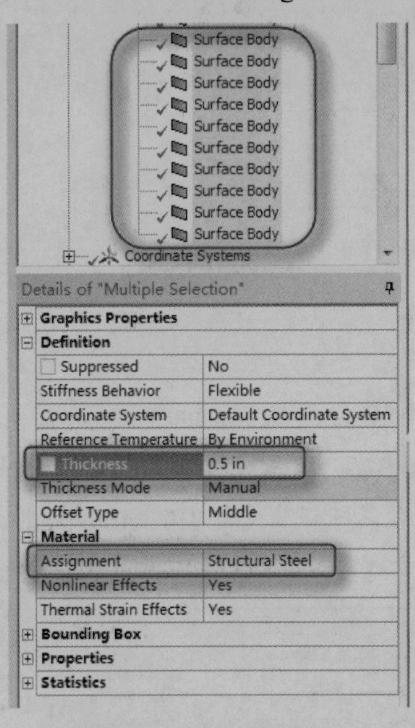

图 10-10　改变厚度

03 添加尺寸控制，选中树形目录中的 Mesh 选项，选择 Mesh 工具栏中的 Controls→Sizing 命令，如图 10-11 所示。将为网格划分添加尺寸控制。

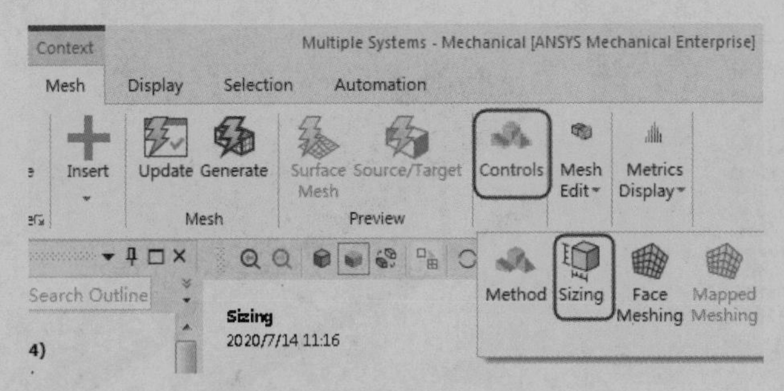

图 10-11　添加尺寸控制命令

04 单击图形工具栏中的“选择体”按钮，选择如图 10-12 所示的桥梁模型的顶部体，此时体颜色显示为绿色。在属性窗格中单击 Geometry 后面的 Apply 按钮，完成体的选择，并设置 Element Size 为 2in。

05 定义桥梁架网格尺寸，采用同样的方式，选中树形目录中的 Mesh 选项，选择 Mesh 工具栏中的 Controls→Sizing 命令，为网格划分添加尺寸控制。然后选择除桥梁模型的顶部体外的其余体。在属性窗格中单击 Geometry 后的 Apply 按钮，完成体的选择，并设置 Element Size 为 4in，如图 10-13

所示。

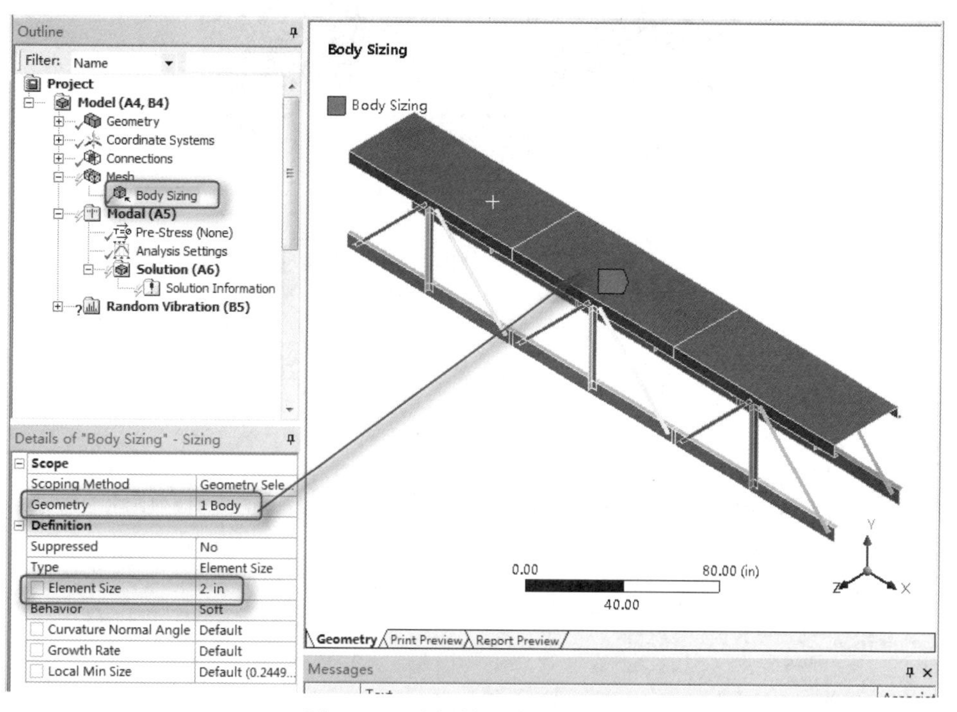

图 10-12 选择桥梁模型的顶部体

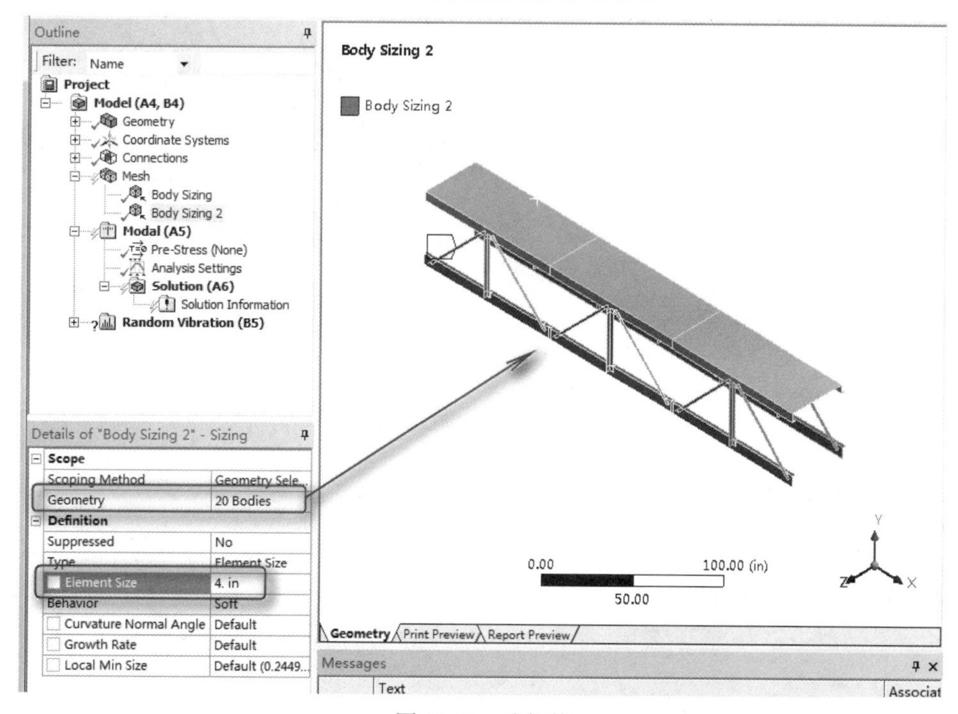

图 10-13 选择体

06 划分网格。在树形目录中右击 Mesh 分支，在弹出的快捷菜单中选择 Generate Mesh 命令，划分后的网格如图 10-14 所示。

Note

图 10-14　网格划分

07 施加约束，在树形目录中单击 Modal(A5)分支，此时 Context 工具栏显示为 Environment 工具栏。单击工具栏内 Structural 区域中的 Fixed（固定约束）命令。单击工具栏中的"边选择"按钮，然后选择如图 10-15 所示的底部 10 个边，定义固定约束。

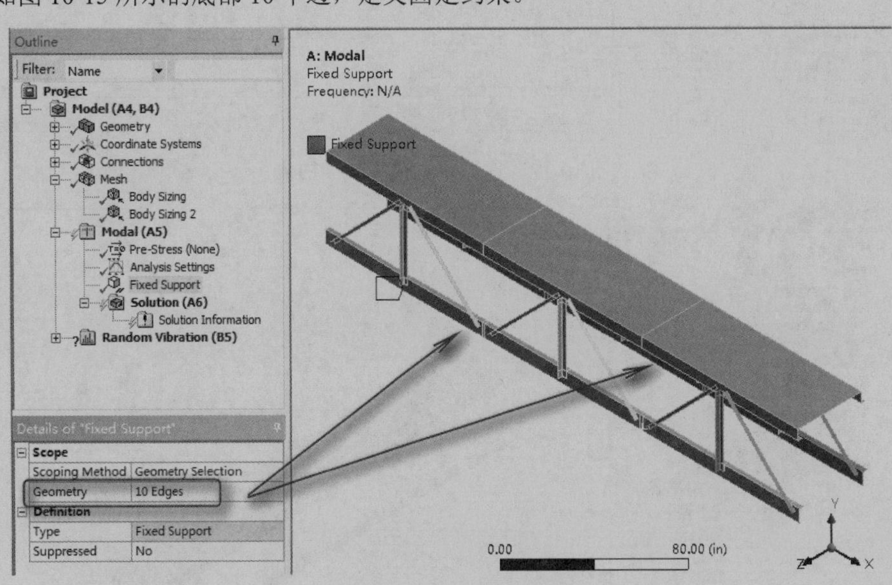

图 10-15　施加固定约束

10.2.4　模态分析求解

01 选中 Modal(A5)分支下的 Solution(A6)分支，然后单击工具栏内 Solve 区域中的 Solve 按钮，进入求解模型，如图 10-16 所示。对模型进行求解。

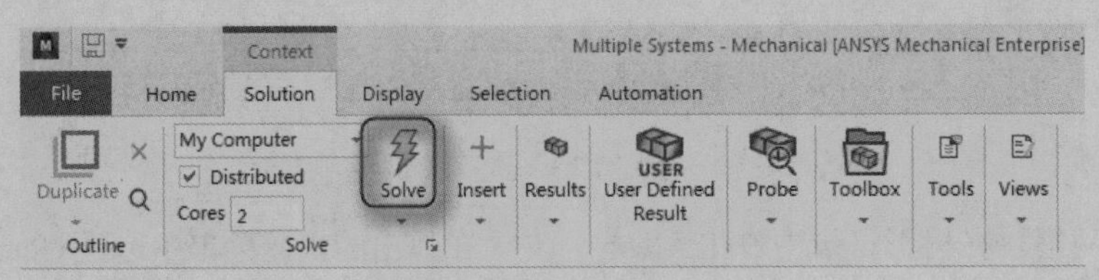

图 10-16　求解

02 查看模态的形状，单击树形目录中的 Solution(A6)分支，此时在绘图区域的下方会出现 Timeline 图形和 Tabular Data 表，给出了对应模态的频率表，如图 10-17 所示。

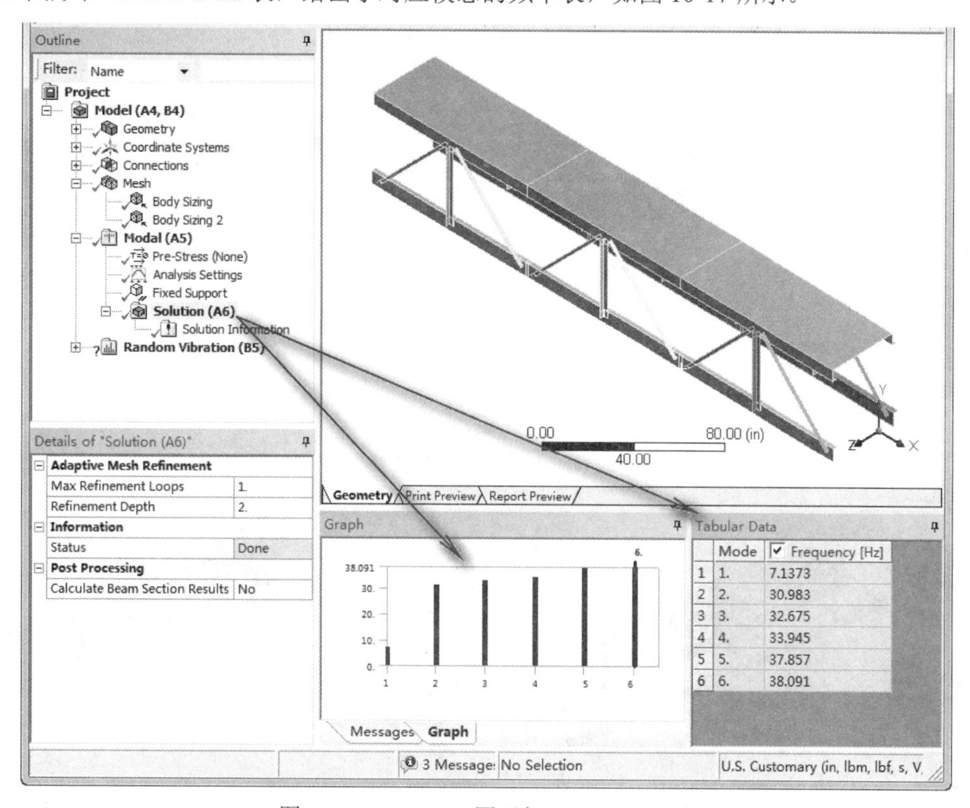

图 10-17　Timeline 图形与 Tabular Data 表

03 在 Timeline 图形上右击，在弹出的快捷菜单中选择 Select All 命令，选择所有的模态。

04 再次右击，在弹出的快捷菜单中选择 Create Mode Shape Results 命令，此时会在树形目录中显示各模态的结果图，只是还需要再次求解才能正常显示，如图 10-18 所示。

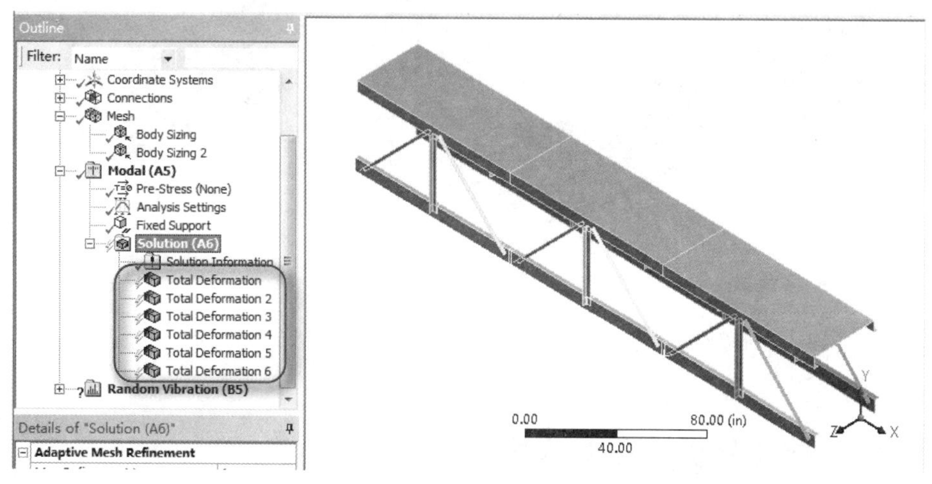

图 10-18　树形目录

05 单击工具栏内 Solve 区域中的 Solve 按钮查看结果。

06 在树形目录中单击各个模态，查看各阶模态的云图，如图 10-19 所示。

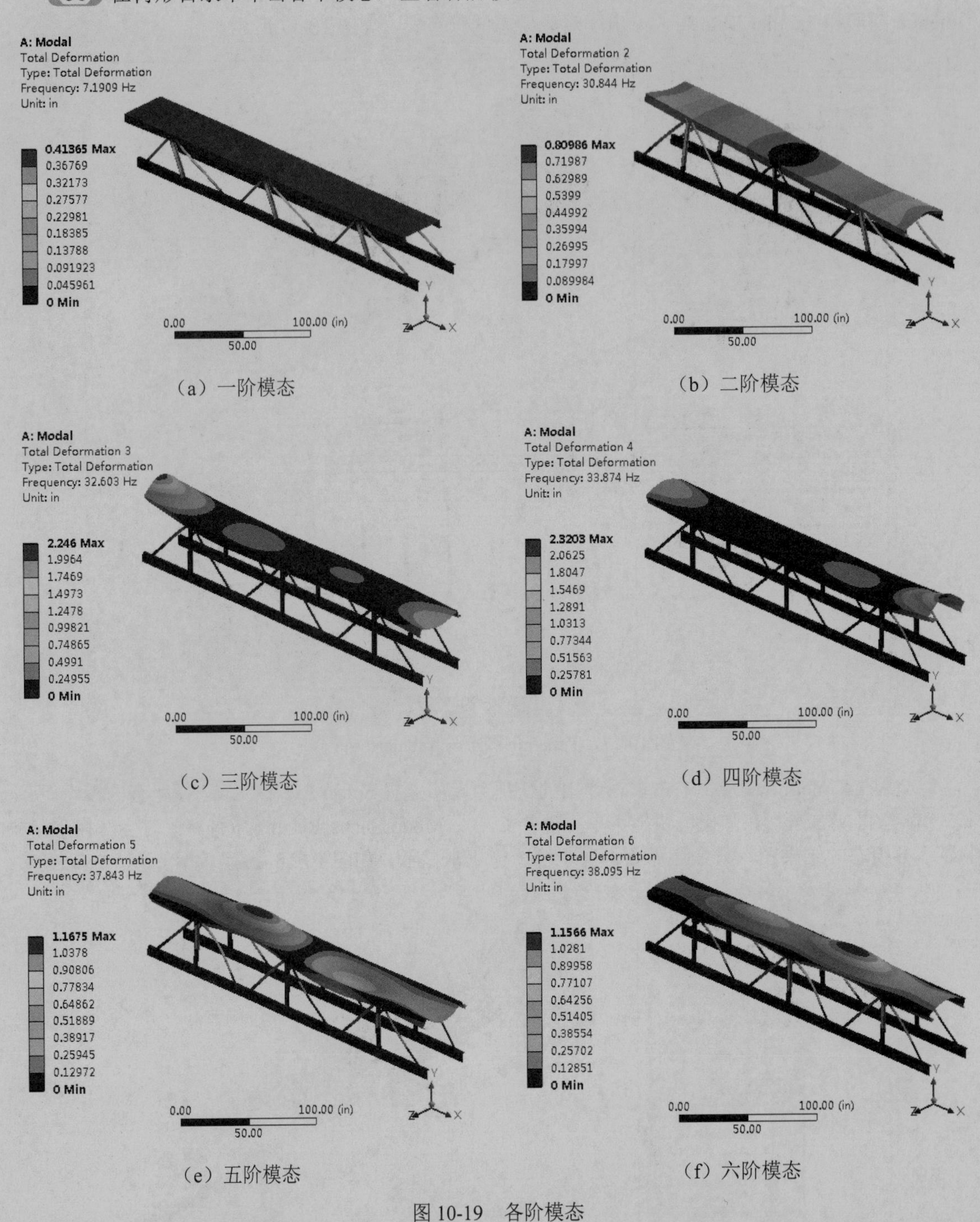

（a）一阶模态　（b）二阶模态

（c）三阶模态　（d）四阶模态

（e）五阶模态　（f）六阶模态

图 10-19　各阶模态

10.2.5　随机振动分析设置并求解

01 添加功率谱密度位移。选中分析树中的 Random Vibration(B5)选项，选择 Environment 工具栏内 Random Vibration 区域中的 PSD Displacement 命令，为模型添加 X 方向的功率谱密度位移，如

图 10-20 所示。

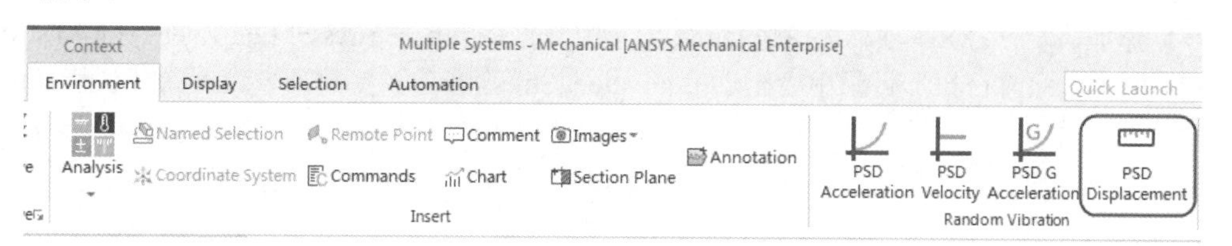

图 10-20　添加功率谱密度位移

02 定义属性。在树形目录中单击新添加的 PSD Displacement 选项，在属性窗格中即设置 Boundary Condition 为 Fixed Support，设置 Load Data 为 Tabular Data，如图 10-21 所示。在图形区域下方的 Tabular Data 表中输入如图 10-22 所示的随机载荷。返回属性管理器中，设置 Direction 为 X Axis。

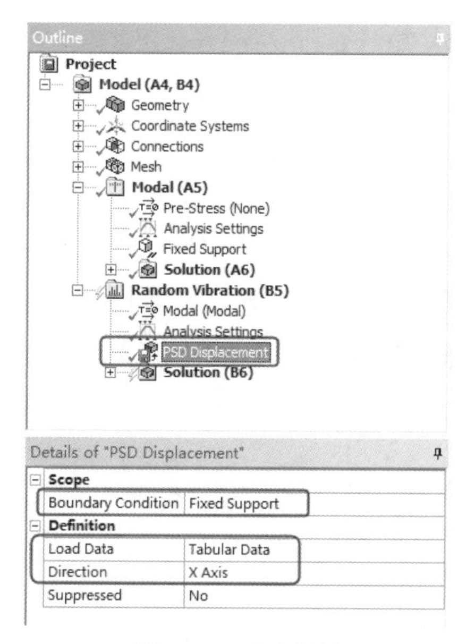

图 10-21　定义属性

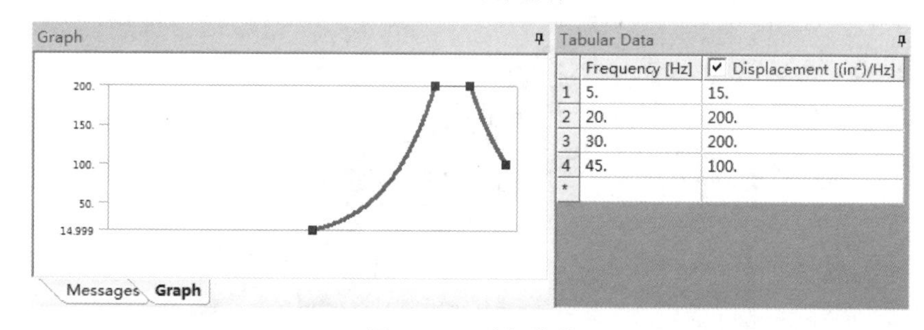

	Frequency [Hz]	Displacement [(in²)/Hz]
1	5.	15.
2	20.	200.
3	30.	200.
4	45.	100.
*		

图 10-22　随机载荷

03 选择 Mechanical 界面左侧树形目录中的 Solution(B6)分支，此时会出现 Solution 工具栏。

04 添加方向位移求解项。选择 Solution 工具栏中的 Results→Deformation→Directional 命令，此时在树形目录中会出现 Directional Deformation 选项，在参数列表中设置 Orientation 为 X Axis，如图 10-23 所示。

Note

05 采用同样的方式，分别添加 Y 轴方向、Z 轴方向上的位移求解项。

06 添加等效应力求解项。选择 Solution 工具栏中的 Results→Stress→Equivalent(von-Mises)命令，如图 10-24 所示。此时在树形目录中会出现 Equivalent Stress 选项，参数列表设置为默认值。

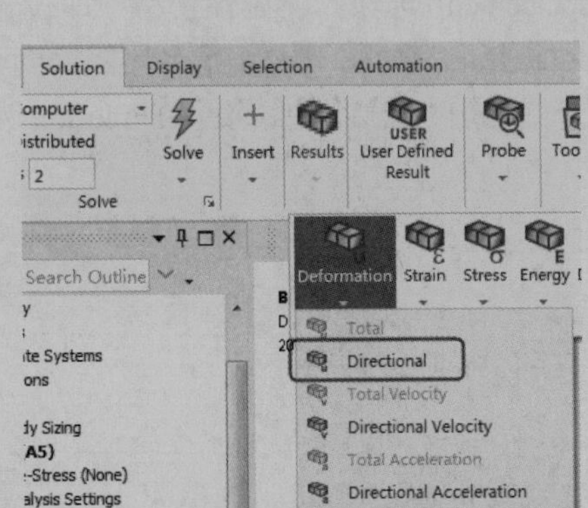

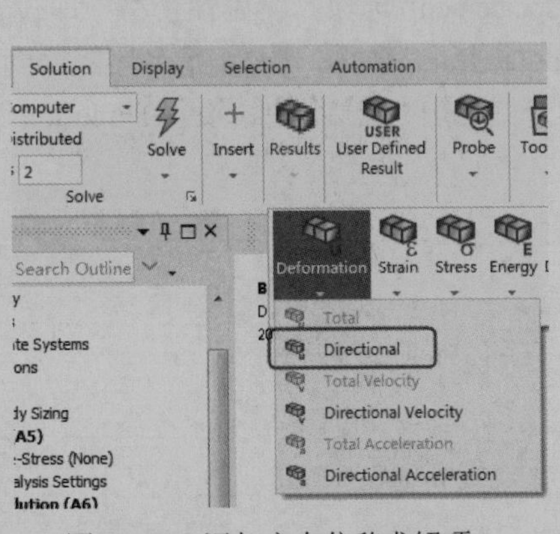

图 10-23　添加方向位移求解项

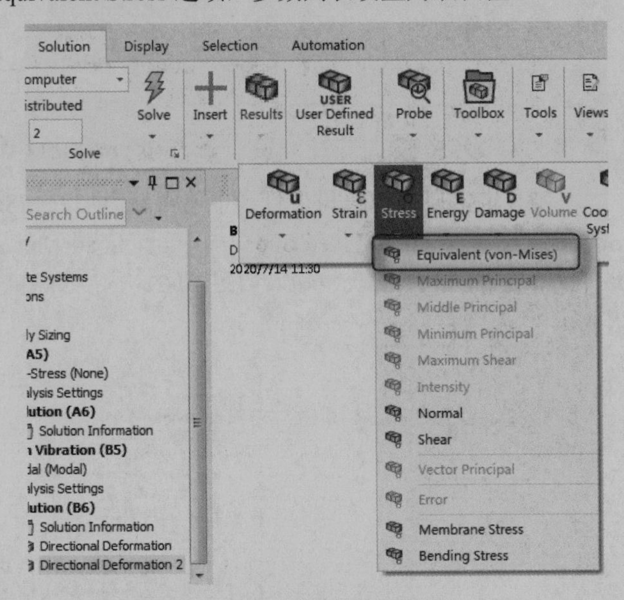

图 10-24　添加等效应力求解项

07 在树形目录中的 Solution(B6)分支上右击，在弹出的快捷菜单中选择 Solve 命令，此时会弹出求解进度条，表示正在求解，当求解完毕时，进度条会自动消失。

10.2.6　查看分析结果

01 求解完成后，选择树形目录中的 Solution(B6)分支中的 Directional Deformation，可以查看 X 方向上的位移云图，如图 10-25 所示。

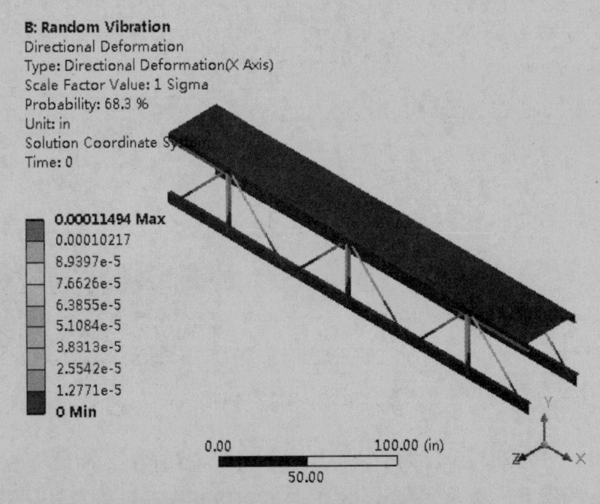

图 10-25　X 方向位移云图

02 采用同样的方式，选择 Directional Deformation 2 和 Directional Deformation 3，查看 Y 方向、Z 方向上的位移云图，如图 10-26 和图 10-27 所示。

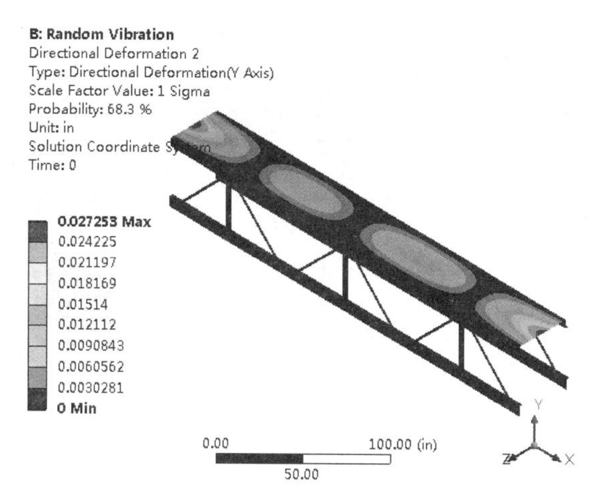

图 10-26　Y 方向位移云图

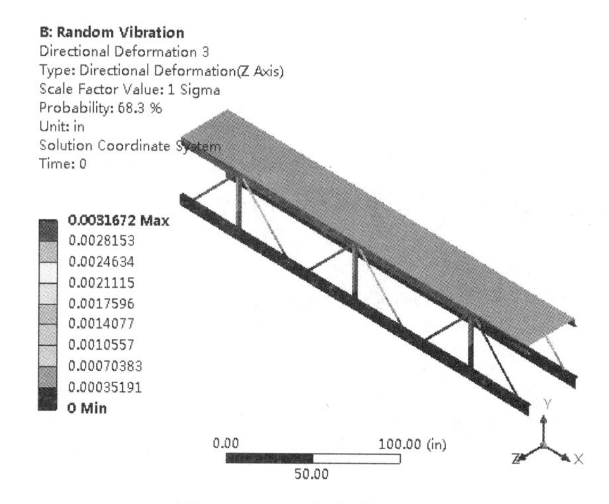

图 10-27　Z 方向位移云图

03 选择树形目录 Solution(B6)分支中的 Equivalent Stress，可以查看等效的应力云图，如图 10-28 所示。

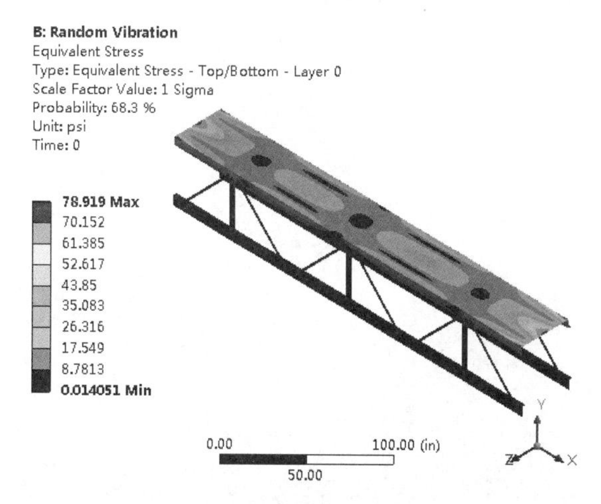

图 10-28　等效应力云图

第11章

非线性分析

前面介绍的许多内容都属于线性的问题。然而在实际生活中许多结构的力和位移并不是线性关系，这样的结构为非线性问题。其力与位移关系就是本章要讨论的结构非线性的问题。

通过本章的学习，可以完整深入地掌握ANSYS Workbench结构非线性的基础及接触非线性的功能和应用方法。

11.1　非线性分析概论

Note

在日常生活中，会经常遇到结构非线性。例如，无论何时用订书针订书，金属订书钉将永久地弯曲成一个不同的形状，如图 11-1（a）所示；如果在一个木架上放置重物，随着时间的迁移它将越来越下垂，如图 11-1（b）所示；当在汽车或卡车上装货时，它的轮胎和下面路面间接触将随货物重量而变化，如图 11-1（c）所示。如果将上面例子的载荷—变形曲线画出来，将会发现它们都显示了非线性结构的基本特征：变化的结构刚性。

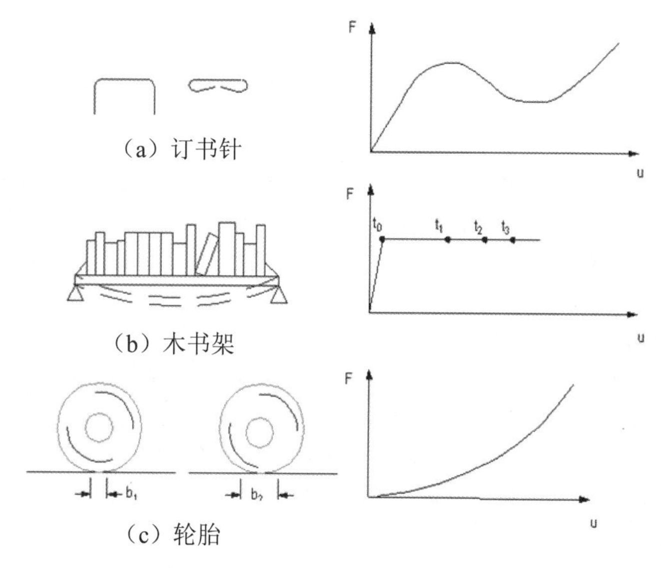

图 11-1　非线性结构行为的普通例子

11.1.1　非线性行为的原因

引起结构非线性的原因很多，它可以被分成 3 种主要类型。

（1）状态变化（包括接触）。许多普通结构表现出一种与状态相关的非线性行为，例如，一根只能拉伸的电缆可能是松散的，也可能是绷紧的；轴承套可能是接触的，也可能是不接触的；冻土可能是冻结的，也可能是融化的。这些系统的刚度由于系统状态的改变在不同的值之间突然变化。状态改变也许和载荷直接有关（如在电缆情况下），也可能由某种外部原因引起（如在冻土中的紊乱热力学条件）。ANSYS 程序中单元的激活与杀死选项用来给这种状态的变化建模。

接触是一种很普遍的非线性行为，接触是状态变化非线性类型中的一个特殊而重要的子集。

（2）几何非线性。如果结构经受大变形，它变化的几何形状可能会引起结构的非线性响应。例如，在图 11-2 中，随着垂向载荷的增加，杆不断弯曲以至于动力臂明显地减少，导致杆端显示出在较高载荷下不断增长的刚性。

（3）材料非线性。非线性的应力-应变关系是造成结构非线性的常见原因。许多因素可以影响材料的应力-应变性质，包括加载历史（如在弹-塑性响应状况下）、环境状况（如温度）、加载的时间总量（如在蠕变响应状况下）。

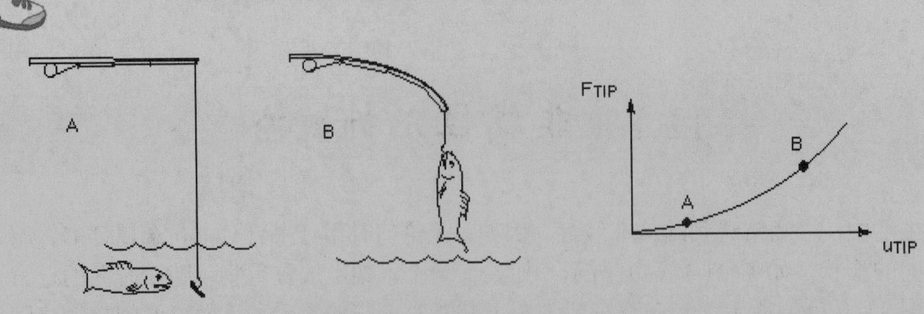

图 11-2 钓鱼杆示范几何非线性

11.1.2 非线性分析的基本信息

ANSYS 程序的方程求解器计算一系列的联立线性方程来预测工程系统的响应。然而，非线性结构的行为不能直接用这样一系列的线性方程表示。需要一系列的带校正的线性近似来求解非线性问题。

1. 非线性求解方法

一种近似的非线性求解是将载荷分成一系列的载荷增量。可以在几个载荷步内或者在一个载荷步的几个子步内施加载荷增量。在每一个增量的求解完成后，继续进行下一个载荷增量之前程序调整刚度矩阵以反映结构刚度的非线性变化。遗憾的是，纯粹的增量近似不可避免地随着每一个载荷增量积累误差，导致结果最终失去平衡，如图 11-3（a）所示。

ANSYS 程序通过使用牛顿－拉普森迭代克服了这种困难，它迫使在每一个载荷增量的末端解达到平衡收敛（在某个容限范围内）。图 11-3（b）描述了在单自由度非线性分析中牛顿－拉普森迭代的使用。在每次求解前，NR 方法估算出残差矢量，这个矢量是回复力（对应于单元应力的载荷）和所加载荷的差值。程序然后使用非平衡载荷进行线性求解，且核查收敛性。如果不满足收敛准则，重新估算非平衡载荷，修改刚度矩阵，获得新解。持续这种迭代过程直到问题收敛。

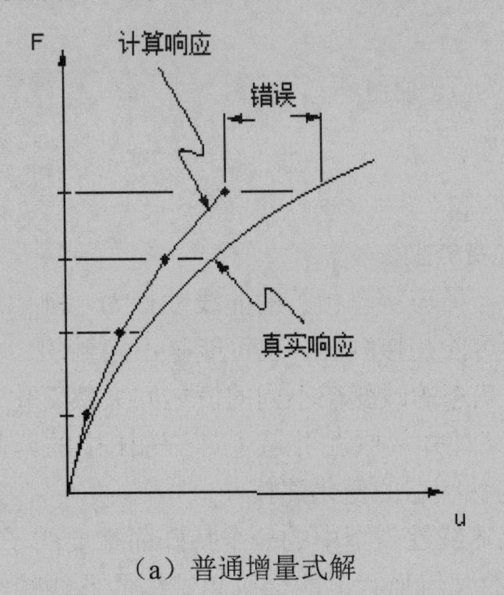

（a）普通增量式解

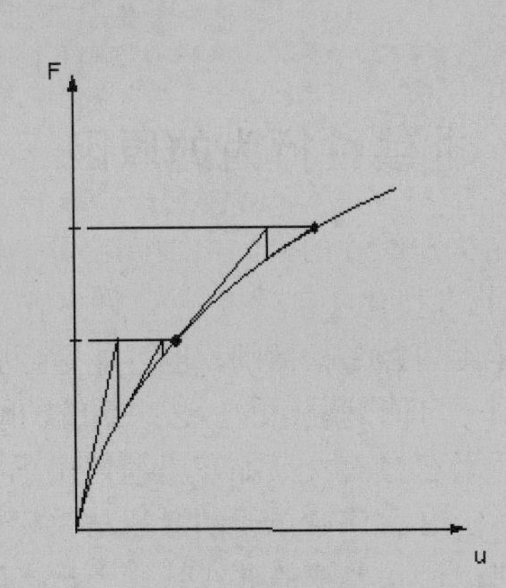

（b）牛顿－拉普森迭代求解（两个载荷增量）

图 11-3 纯粹增量近似与牛顿－拉普森近似的关系

ANSYS 程序提供了一系列命令来增强问题的收敛性，如自适应下降、线性搜索、自动载荷步及二分法等，可被激活来加强问题的收敛性，如果不能得到收敛，那么程序要么继续计算下一个载荷步，要么终止（依据用户的指示而定）。

对某些物理意义上不稳定系统的非线性静态分析，如果仅使用 NR 方法，正切刚度矩阵可能变为

降秩矩阵，导致严重的收敛问题。这样的情况包括独立实体从固定表面分离的静态接触分析，结构完全崩溃或者“突然变成”另一个稳定形状的非线性弯曲问题。对这样的情况，可以激活另一种迭代方法——弧长方法，来帮助稳定求解。弧长方法导致 NR 平衡迭代沿一段弧收敛，从而即使当正切刚度矩阵的倾斜为零或负值时，也往往阻止发散。这种迭代方法以图形表示在图 11-4 中。

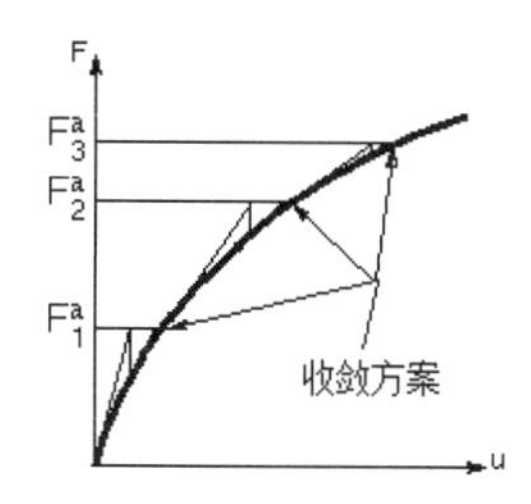

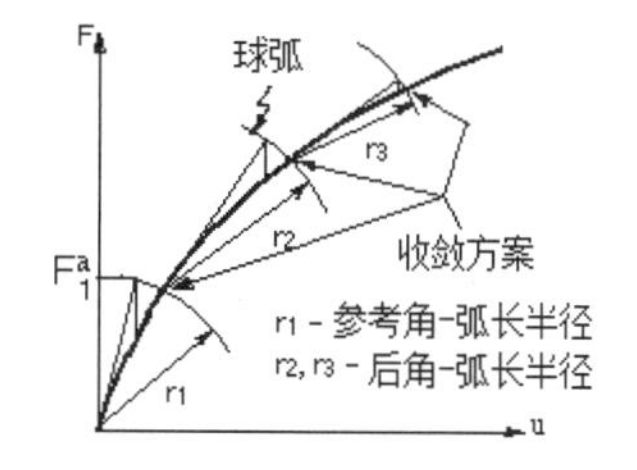

图 11-4　传统的 NR 方法与弧长方法的比较

2. 非线性求解级别

非线性求解被分成以下 3 个操作级别。

（1）“顶层”级别由在一定“时间”范围内明确定义的载荷步组成。假定载荷在载荷步内是线性变化的。

（2）在每一个载荷子步内，为了逐步加载可以控制程序来执行多次求解（子步或时间步）。

（3）在每一个子步内，程序将进行一系列的平衡迭代以获得收敛的解。

图 11-5 说明了一段用于非线性分析的典型的载荷历史。

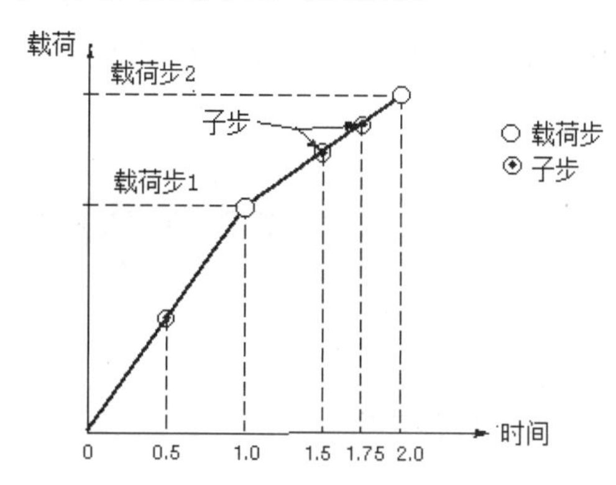

图 11-5　载荷步、子步及“时间”关系图

3. 载荷和位移的方向改变

当结构经历大变形时应该考虑到载荷将发生了什么变化。在许多情况下，无论结构如何变形，施加在系统中的载荷保持恒定的方向；而在另一些情况下，力将改变方向，随着单元方向的改变而变化。

注意：在大变形分析中不修正节点坐标系方向。因此计算出的位移在最初的方向上输出。

ANSYS 程序对这两种情况都可以建模，依赖于所施加的载荷类型。加速度和集中力将不管单元方向的改变而保持它们最初的方向，表面载荷作用在变形单元表面的法向，且可被用来模拟“跟随”力。图 11-6 说明了变形前后载荷的方向。

4. 非线性瞬态过程分析

非线性瞬态过程的分析与线性静态或准静态分析类似：以步进增量加载，程序在每一步中进行平

Note

衡迭代。静态和瞬态处理的主要不同是在瞬态过程分析中要激活时间积分效应。因此，在瞬态过程分析中“时间”总是表示实际的时序。自动时间分步和二等分特点同样也适用于瞬态过程分析。

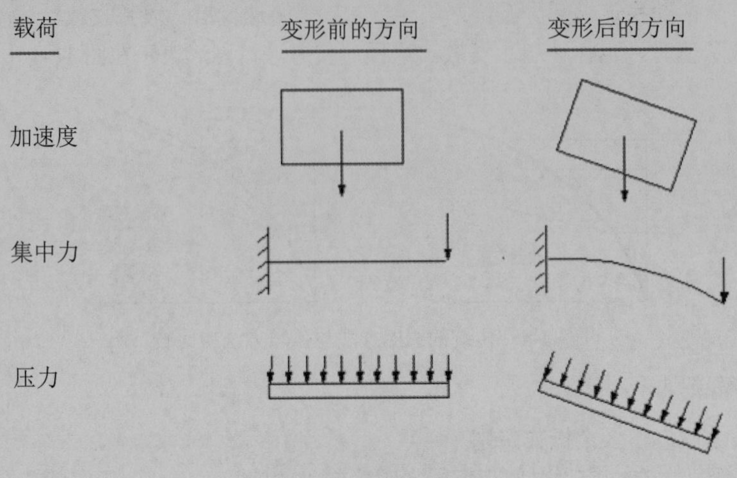

图 11-6　变形前后载荷方向

11.2　结构非线性一般过程

本节将介绍生成结构非线性分析的一般过程，包含建立非线性模型、获得求解及查看结果。

11.2.1　建立模型

前面的章节已经介绍了线性模型的创建，这里需要建立非线性模型。其实建立非线性模型与线性模型的差别不是很大，只是承受大变形和应力硬化效应的轻微非线性行为可能不需要对几何和网格进行修正。

另外需要注意以下方面。

☑　进行网格划分时需要考虑大变形的情况。

☑　非线性材料大变形的单元技术选项。

☑　大变形下的加载和边界条件的限制。

对于要进行网格划分，如果预期有大的应变，需要将形状检查选项改为 Aggressive，对大变形的分析，如果单元形状发生改变，会减小求解的精度。

使用 Aggressive 选项的形状检查，在 ANSYS Workbench 中的 Mechanical 应用程序中要保证求解之前网格的质量更好，以预见在大应变分析过程中单元的扭曲；而使用 Standard 选项，形状检查的质量对线性分析很合适，因此在线性分析中不需要改变它。

当设置成 Aggressive 形状检查时，很可能会出现网格失效。

11.2.2　分析设置

非线性分析的求解与线性分析不同。线性静力问题时，矩阵方程求解器只需要一次求解；而非线性的每次迭代需要新的求解，如图 11-7 所示。

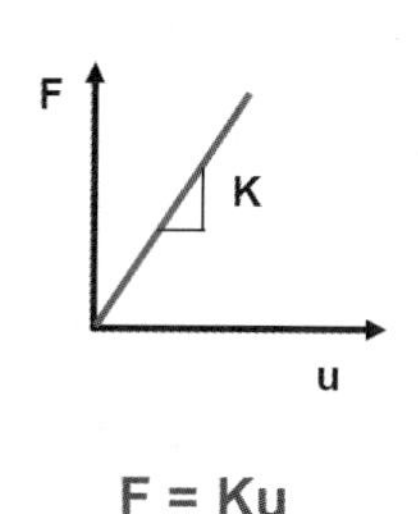

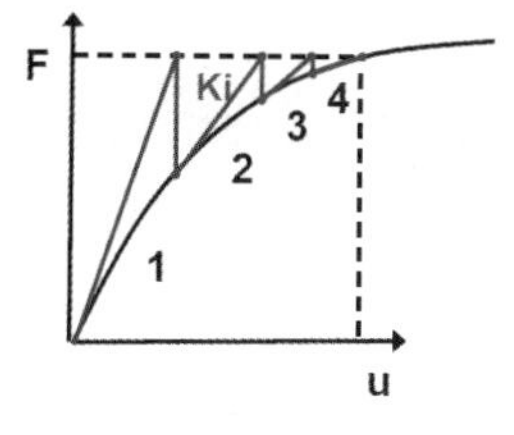

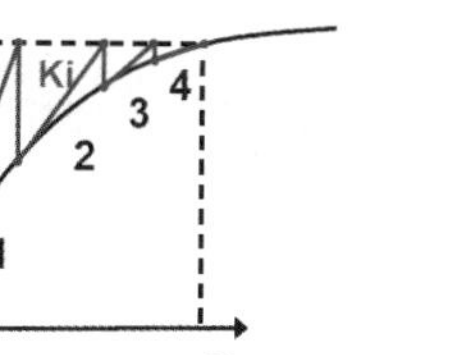

图 11-7　分析求解

非线性分析中求解前的设置同样是在属性窗格中进行的，如图 11-8 所示。设置前需要首先单击 Mechanical 应用程序中的 Analysis Settings 分支，在这里需要考虑的选项设置如下。

☑　载荷步控制（Step Controls）：载荷步和子步。

☑　求解器控制（Solver Controls）：求解器类型。

☑　非线性控制（Nonlinear Controls）：N-R 收敛准则。

☑　输出控制（Output Controls）：控制载荷历史中保存的数据。

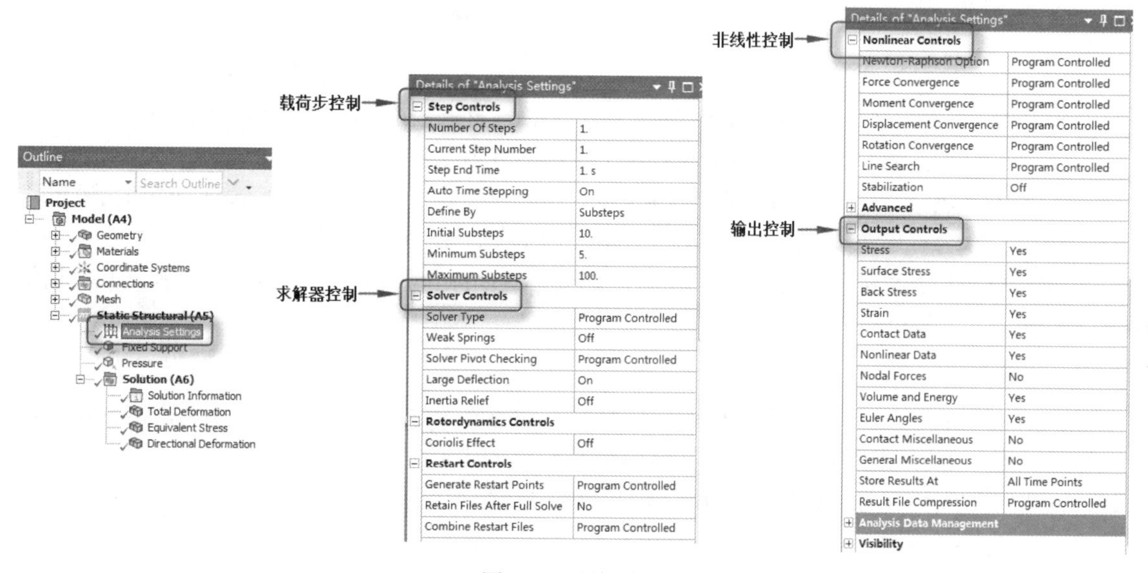

图 11-8　属性窗格

1. 载荷步控制

在属性窗格中，载荷步控制下的 Auto Time Stepping（自动时间步），使用户可定义每个加载步的 Initial Substeps（初始步）、Minimum Substeps（最小步数）和 Maximum Substeps（最大步数），如图 11-9 所示。

如果在使用 ANSYS Workbench 进行分析时，有收敛问题，则将使用自动时间步对求解进行二分。二分会以更小的增量施加载荷（在指定范围内使用更多的子步），从最后成功收敛的子步重新开始。

如果在属性窗格中没有定义（Auto Time Stepping = Program Controlled），系统将根据模型的非线性特性自动设定；如果使用默认的自动时间步设置，用户应通过在运行开始查看求解信息和二分来校核这些设置。

Note

2. 求解器控制

在属性窗格中可以看到，求解器类型有 Direct 和 Iterative 两种，如图 11-10 所示。

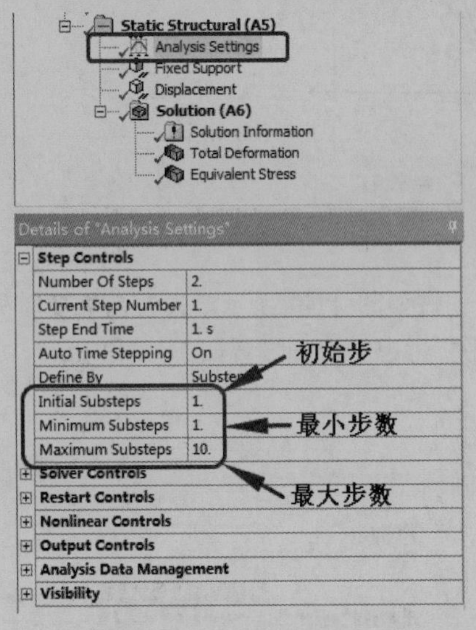

图 11-9　载荷步控制

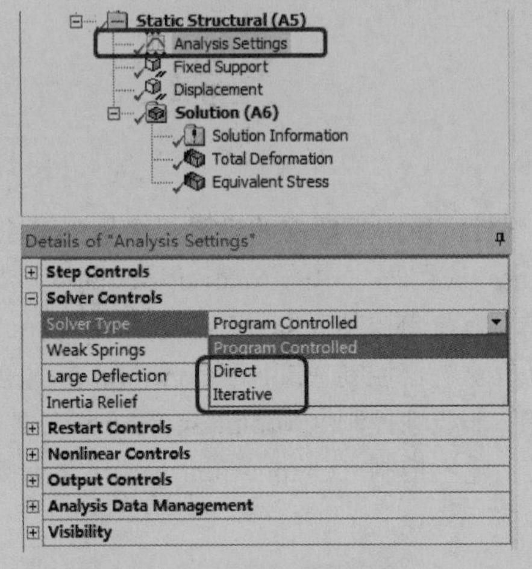

图 11-10　求解器控制

对求解器类型进行设置后，涉及程序代码对每次 Newton-Raphson 平衡迭代建立刚度矩阵的方式。

☑　直接（Direct）（稀疏）求解器适用于非线性模型和非连续单元（壳和梁）。

☑　迭代（Iterative）（PCG）求解器更有效（运行时间更短），适合于线弹性行为的大模型。

☑　默认的“程序控制（Program Controlled）”将基于当前问题自动选择求解器。

如果在属性窗格的 Solver Controls 栏中，设置 Large Deflection 为 ON，则系统将多次迭代后调整刚度矩阵以考虑分析过程中几何的变化。

3. 非线性控制

非线性控制中用来自动计算收敛容差。在 Newton-Raphson 迭代过程中用来确定模型何时收敛或“平衡”。默认的收敛准则适用于大多工程应用。对特殊的情形，可以不考虑默认值而收紧或放松收敛容差。加紧的收敛容差给出更高精确度，但可能使收敛更加困难。

4. 输出控制

大多时候可很好应用默认的输出控制，很少需要改变准则。为收紧或放松准则，不改变默认参考值，但是改变容差因子一到两个量级。

不采用“放松”准则来消除收敛困难。查看求解中的 MINREF 警告消息，确保使用的最小参考值对求解的问题来说是有意义的。

11.2.3　查看结果

求解结束后可以进行查看结果。

对大变形问题，通常应从 Result 工具栏按实际比例缩放来查看变形，任何结构结果都可以被查询到。

如果定义了接触，接触工具可用来对接触相关结果进行后处理（压力、渗透、摩擦应力、状态等）；如果定义了非线性材料，需要得到各种应力和应变分量。

11.3　接触非线性结构

接触非线性问题需要的计算时间将大大增加，所以学习有效的接触参数设置、理解接触问题的特征和建立合理的模型都可以达到缩短分析计算时间的目的。

11.3.1　接触基本概念

两个独立的表面相互接触并且相切，称之为接触。一般物理意义上，接触的表面包含如下特性。

☑　不同物体的表面不会渗透。

☑　可传递法向压缩力和切向摩擦力。

☑　通常不传递法向拉伸力，可自由分离和互相移动。

接触是由于状态发生改变的非线性，系统的刚度取决于接触状态，即取决于实体之间是接触或分离。

在实际中，接触体间不相互渗透。因此，程序必须建立两表面间的相互关系以阻止分析中的相互穿透。在程序中来阻止渗透，称为强制接触协调性，如图 11-11 所示。Workbench Mechanical 中提供了几种不同接触公式来对接触界面进行强制协调。

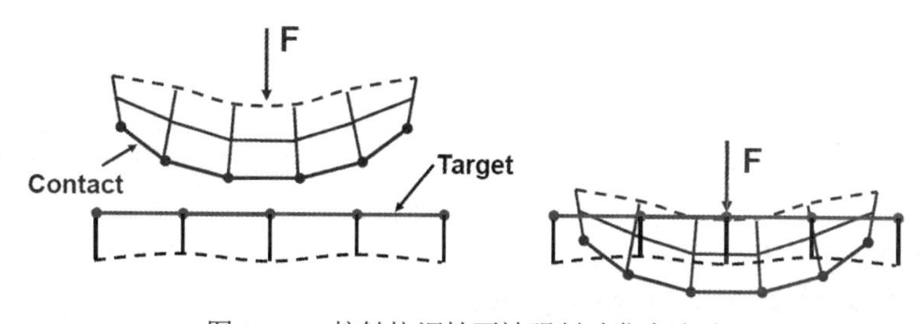

图 11-11　接触协调性不被强制时发生渗透

11.3.2　接触类型

在 ANSYS Workbench 的 Mechanical 中有 5 种不同的接触类型，分别为 Bonded（绑定）、No Separation（不分离）、Frictionless（光滑无摩擦）、Rough（粗糙）和 Frictional（摩擦），如图 11-12 所示。

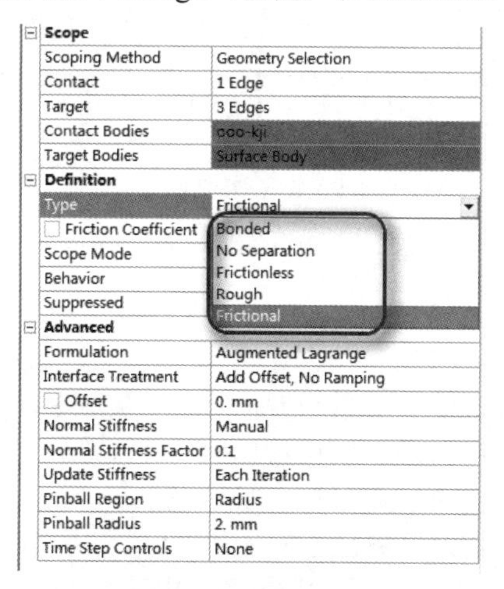

图 11-12　接触类型

11.3.3 刚度及渗透

Note

在 Workbench 中接触所用的公式默认为 Pure Penalty，如图 11-13 所示。但在大变形问题的无摩擦或摩擦接触中建议使用 Augmented Lagrange 公式。增强拉格朗日公式增加了额外的控制自动减少渗透。

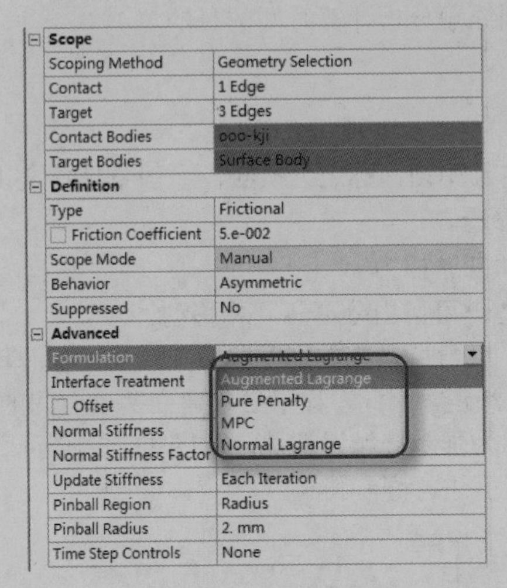

图 11-13 所用公式

“法向刚度”是接触刚度 knormal，只用于 Pure Penalty 公式或 Augmented Lagrange 公式中。

接触刚度在求解中可自动调整。如果收敛困难，则刚度自动减小。法向接触刚度 knormal 是影响精度和收敛行为最重要的参数，如图 11-14 所示。

☑ 刚度越大，结果越精确，收敛变得越困难。

☑ 如果接触刚度太大，模型会振动，接触面会相互弹开。

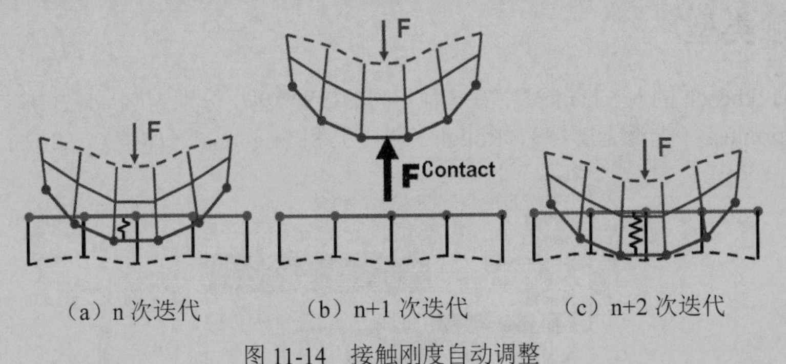

（a）n 次迭代 （b）n+1 次迭代 （c）n+2 次迭代

图 11-14 接触刚度自动调整

11.3.4 Pinball 区域

在属性窗格中还需要进行 Pinball 区域的设置，它是一接触单元参数，用于区分远场开放和近场开放状态。可以认为是包围每个接触探测点周围的球形边界。

如果一个在目标面上的节点处于这个球体内，ANSYS Workbench 中的 Mechanical 应用程序就会认为它“接近”接触，而且会更加密切地监测它与接触探测点的关系（也就是说，什么时候及是否接触已经建立）。在球体以外的目标面上的节点相对于特定的接触探测点不会受到密切监测，如图 11-15 所示。

如果绑定接触的缝隙小于 Pinball 半径，ANSYS Workbench 中的 Mechanical 应用程序仍将会按绑定来处理那个区域。

对于每个接触探测点有 3 个选项来控制 Pinball 区域的大小，如图 11-16 所示。

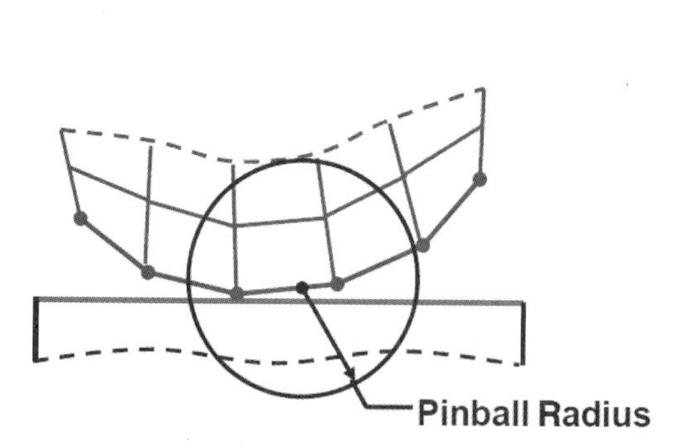

图 11-15 Pinball 区域

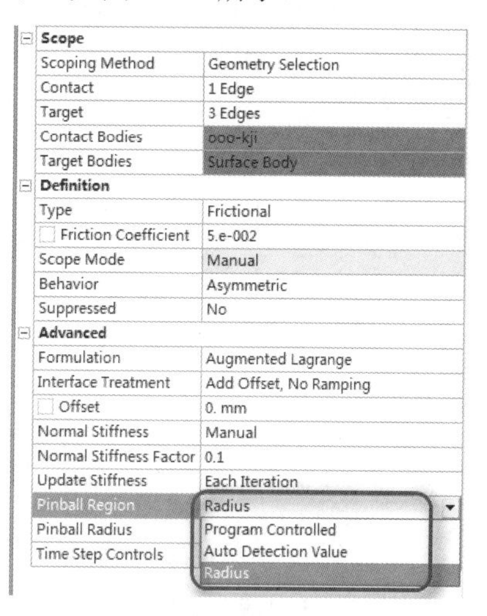

图 11-16 控制 Pinball

☑ Program Controlled（程序选择）：该选项为默认，Pinball 区域通过其下的单元类型和单元大小由程序计算给出。

☑ Auto Detection Value（自动探测数值）：Pinball 区域等于全局接触设置的容差值。

☑ Radius（半径）：用户手动为 Pinball 区域设置数值。

为便于确认，Auto Detection Value 自动探测值或者用户定义的 Pinball“半径”在接触区域以一个球的形式出现，如图 11-17 所示。

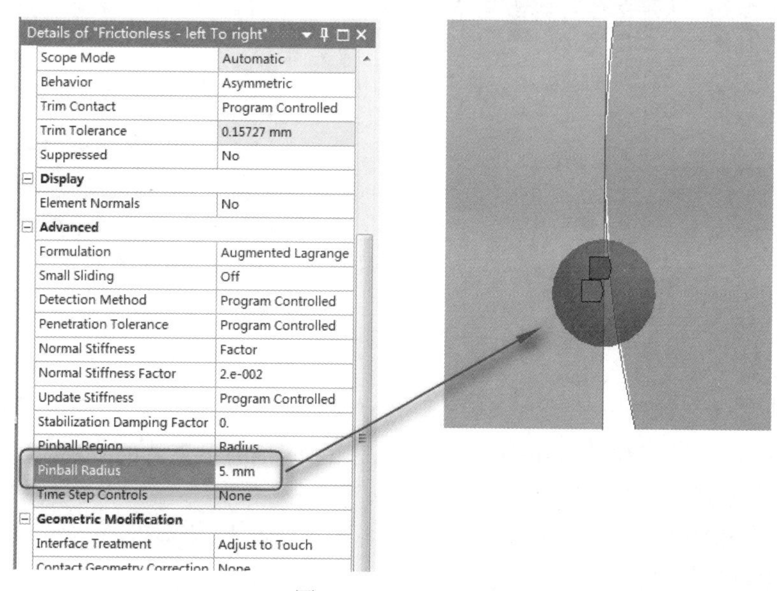

图 11-17 绘图区域

通过定义 Pinball 半径，用户可直观确认一个缝隙在绑定接触行为是否被忽略，Pinball 区域对于大变形问题和初始穿透问题同样非常重要。

11.3.5 对称/非对称行为

Note

在 Workbench 程序内部，指定接触面和目标面是非常重要的。接触面和目标面都会显示在每一个 Contact Region 中。接触面以红色表示，而目标面以蓝色表示，如图 11-18 所示。接触面和目标面指定了两对相互接触的表面。

ANSYS Workbench 中的 Mechanical 应用程序默认用对称接触行为。这意味着接触面和目标面不能相互穿透。

对于非对称行为，接触面的节点不能穿透目标面，这是需要记住的十分重要的规则：图 11-19（a）为顶部网格是接触面的网格划分，节点不能穿透目标面，所以接触建立正确；而图 11-19（b）为底部网格是接触面而顶部是目标面，由于接触面节点不能穿透目标面，因此发生了太多的实际渗透。

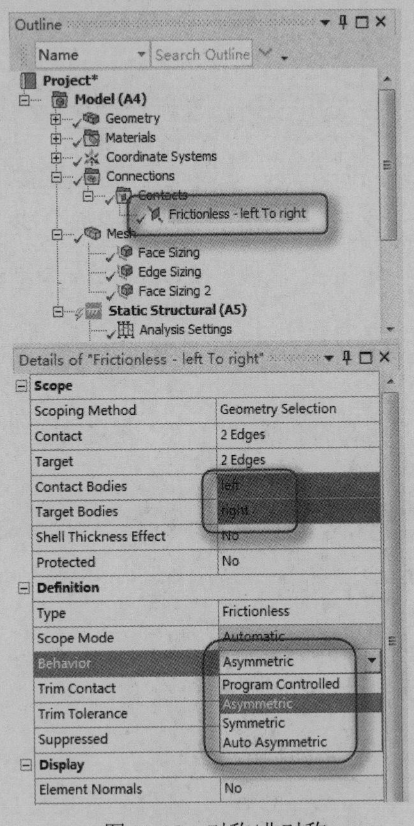

图 11-18　对称/非对称

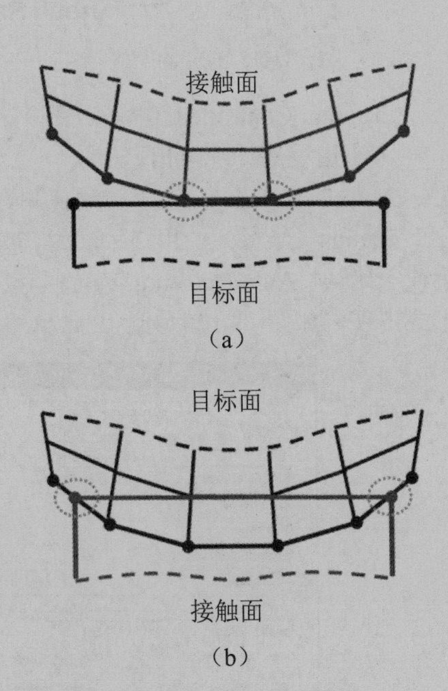

图 11-19　非对称接触

1. 使用对称行为的优点

☑　对称行为比较容易建立（所以它是 Workbench-Mechanical 默认的）。

☑　更大计算代价。

☑　解释实际接触压力这类数据将更加的困难，需要报告两对面上的结果。

2. 使用非对称行为的优点

☑　用户手动指定合适的接触面和目标面，但选择不正确接触面和目标面会影响结果。

☑　观察结果容易而且直观，所有数据都在接触面上。

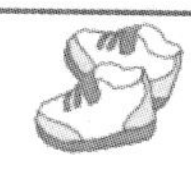

11.3.6　接触结果

在 ANSYS Workbench 中，对于对称行为，接触面和目标面上的结果都是可以显示的；对于非对称行为，只能显示接触面上的结果。当检查 Contact Tool 工作表时，可以选择接触面或目标面来观察结果，如图 11-20 所示。

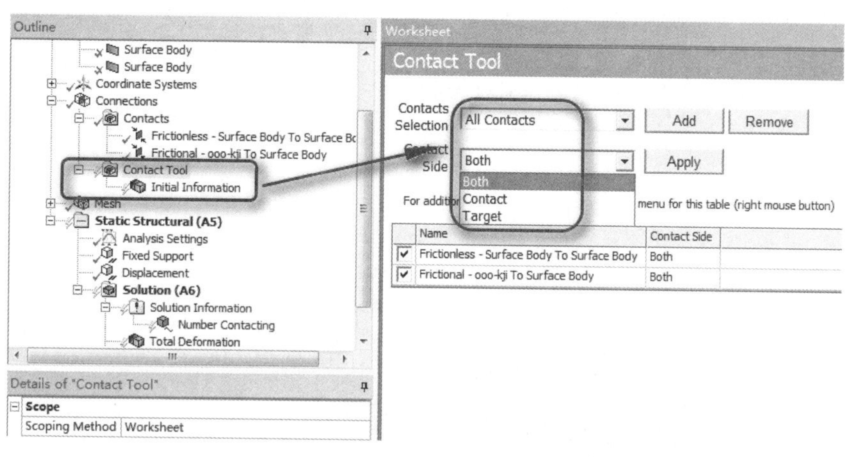

图 11-20　接触结果

视频讲解

11.4　结构非线性实例 1——刚性接触

本实例为刚性接触的两物体，研究它们之间的接触刚度。模型如图 11-21 所示。

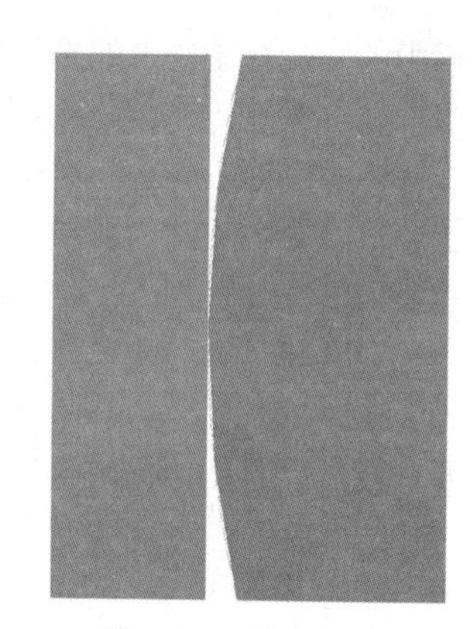

图 11-21　接触刚度

11.4.1　问题描述

在本实例中建立的模型为二维模型。在分析时将左面的模型固定，力加载于右面模型的右部。

11.4.2　项目概图

01 在 Windows 系统下执行“开始”→“所有程序”→ANSYS 2020→Workbench 2020 命令，启动 ANSYS Workbench 2020，进入主界面。

02 在 ANSYS Workbench 2020 主界面中，展开左边工具箱中的 Analysis Systems 栏，将工具箱中的 Static Structural 选项直接拖曳到项目管理界面中或是直接在项目上双击载入，建立一个含有 Static Structural 的项目模块。结果如图 11-22 所示。

03 右击 Static Structural 模块中的 A3 栏，在弹出的快捷菜单中选择 New DesignModeler Geometry…命令，打开 DesignModeler 应用程序。单击菜单栏中的 Units 按钮，系统弹出长度单位对话框，选中 Millimeter 单选按钮，采用毫米单位，单击 OK 按钮。此时左端的树形目录默认为建模状态下的树形目录。

Note

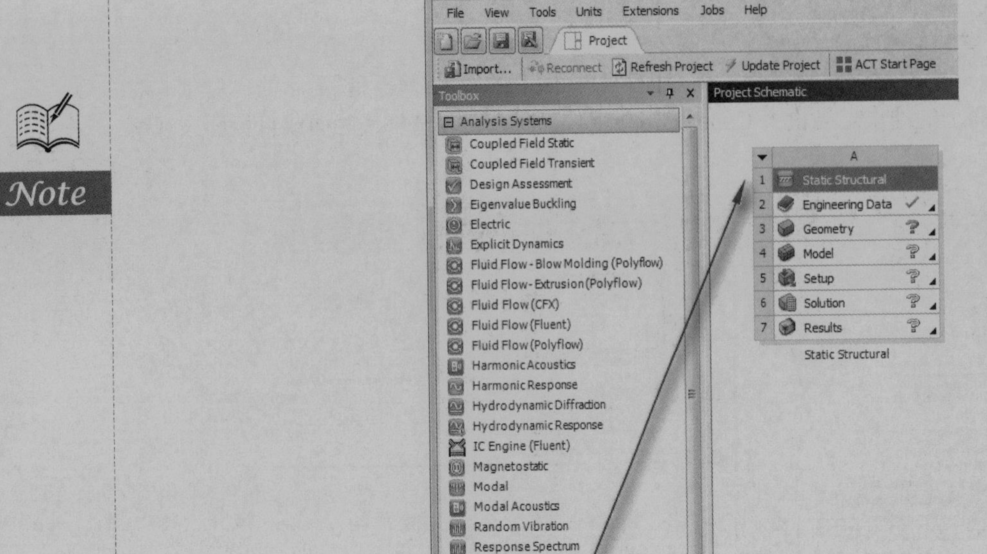

图 11-22　添加 Static Structural 选项

11.4.3　绘制草图

01 创建工作平面。首先单击选中树形目录中的“XY 轴平面”分支 XYPlane，然后单击工具栏中的“创建工作平面”按钮，创建一个工作平面，此时树形目录中“XY 轴平面”分支下，会多出一个名为 Sketch1 的工作平面。

02 创建草图。单击选中树形目录中的 Sketch1 草图，然后单击树形目录右端的 Sketching 标签，打开草图绘制工具箱窗格。单击工具栏中的“正视于”按钮，将视图切换为 XY 方向的视图。在新建的 Sketch1 草图上绘制图形。

03 绘制左端板草图。利用工具箱中的矩形命令绘制左端板草图。注意绘制时要保证左端板的左下角与坐标的原点相重合，标注并修改尺寸，如图 11-23 所示。

04 绘制右端圆弧板草图。单击 Modeling 标签，返回树形目录中，单击选中“XY 轴平面”分支 XYPlane，然后再次单击工具栏中的“创建工作平面”按钮，创建一个工作平面，此时在树形目录中的“XY 轴平面”分支下，会多出一个名为 Sketch2 的工作平面。利用工具栏中的绘图命令绘制右端圆弧板草图。绘制后添加圆弧与线相切的几何关系，标注并修改尺寸，如图 11-24 所示。

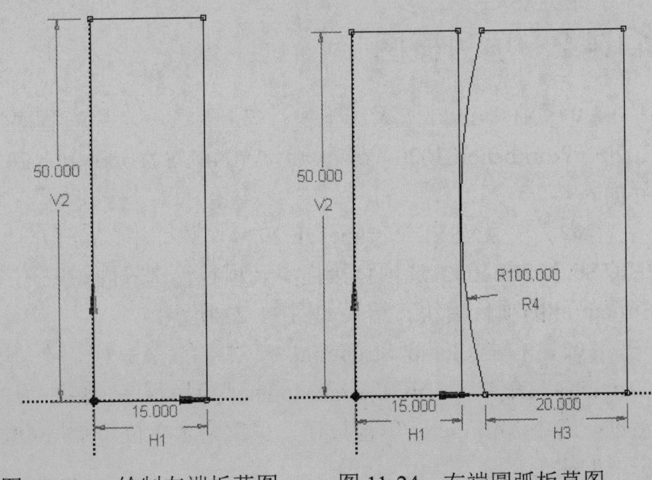

图 11-23　绘制左端板草图　　图 11-24　右端圆弧板草图

11.4.4　创建面体

01 创建左端板。选择菜单栏中的 Concept→Surfaces From Sketch 命令，执行从草图创建面命令。此时单击选中树形目录中的 Sketch1 分支，然后返回属性窗格中单击 Apply 按钮，完成面体的创建。

02 生成模型。完成从草图生成面体创建后，单击工具栏中的“生成”按钮 Generate，来重新生成模型，结果如图 11-25 所示。

03 创建右端圆弧板模型。再次选择菜单栏中的 Concept→Surfaces From Sketch 命令，执行从草图创建面命令。此时单击选中树形目录中的 Sketch2 分支。然后返回属性窗格中，单击 Apply 按钮，完成面体的创建。最后单击工具栏中的“生成”按钮 Generate，来重新生成模型，最终的结果和树形目录如图 11-26 所示。

图 11-25　生成左端板模型

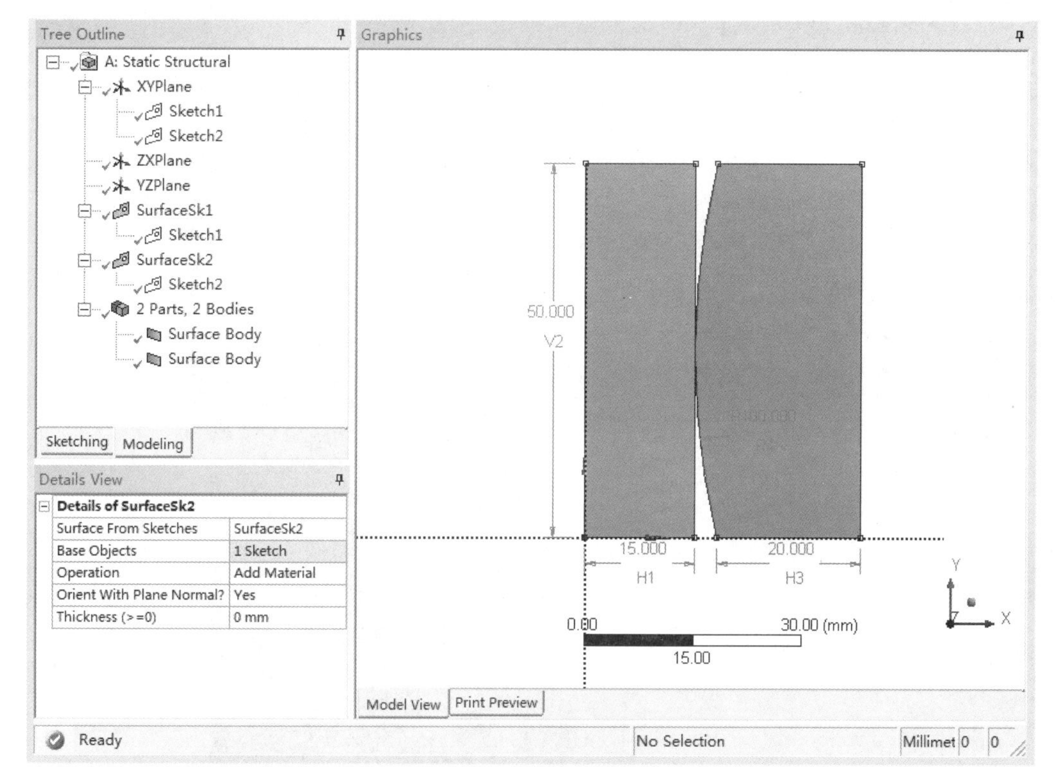

图 11-26　右端圆弧板模型

11.4.5　更改模型类型

01 设置项目单位。返回 Workbench 主界面中，选择菜单栏中的 Units→Metric(tonne, mm, s, ℃, mA, N, mV)命令，然后选择 Display Values in Project Units 命令，如图 11-27 所示。

02 更改模型分析类型。在 Workbench 界面中，右击项目概图中的 A3 栏，在弹出的快捷菜单中选择 Properties 命令。此时右栏将弹出 Properties of Schematic A3:Geometry 属性窗格，更改其中的第 12 行中的 Analysis Type 为 2D，如图 11-28 所示。

Note

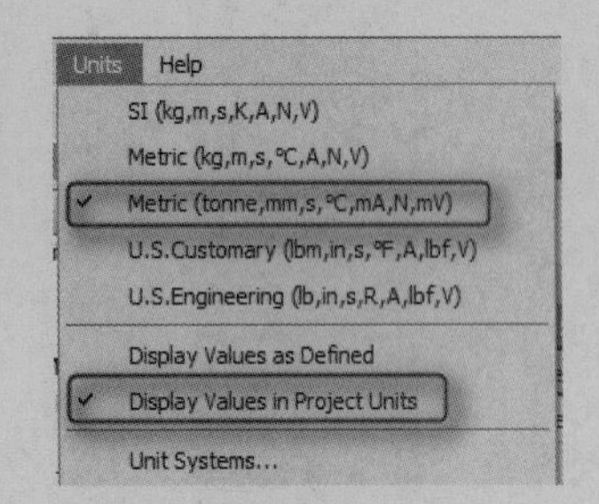

图 11-27　设置项目单位

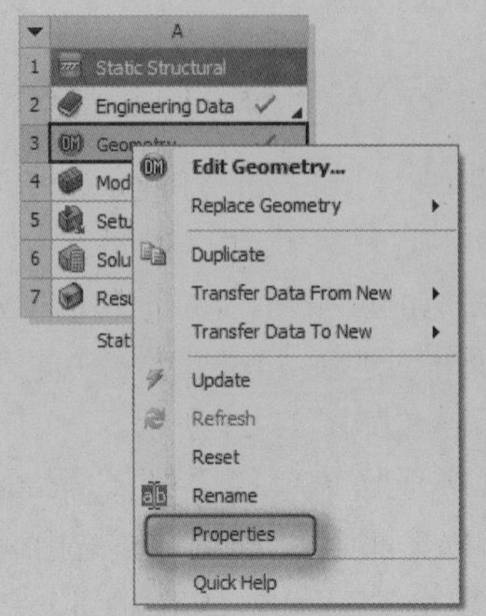

Properties of Schematic A3: Geometry

	A	B
1	Property	Value
2	General	
3	Component ID	Geometry
4	Directory Name	SYS
5	Notes	
6	Notes	
7	Used Licenses	
8	Last Update Used Licenses	
9	Geometry Source	
10	Geometry File Name	
11	Advanced Geometry Options	
12	Analysis Type	2D
13	Compare Parts On Update	No

图 11-28　模型属性

11.4.6　修改几何体属性

01 双击 Static Structural 模块中的 A4 栏 4 Model，打开 Mechanical 应用程序，如图 11-29 所示。

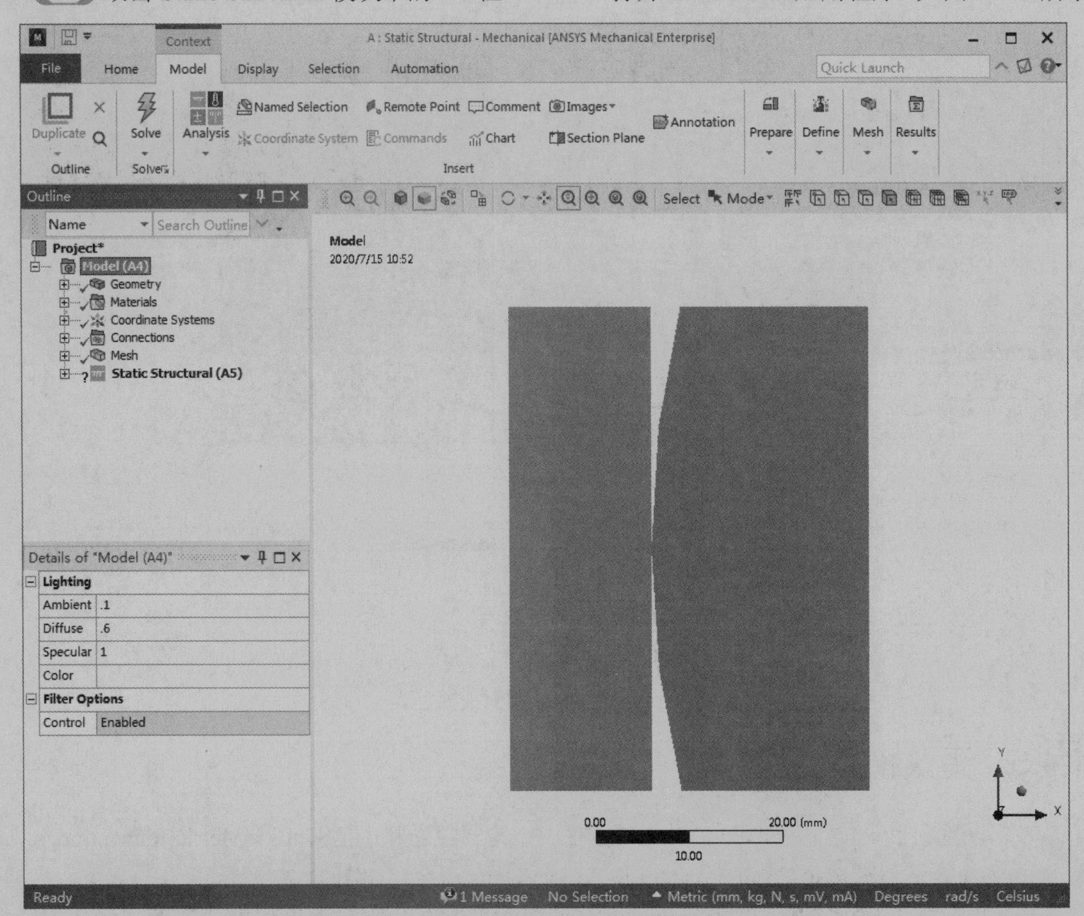

图 11-29　Mechanical 应用程序

02 单击树形目录的 Geometry 分支，在属性窗格中找到 2D Behavior 栏，将此栏属性更改为

Axisymmetric，如图 11-30 所示。

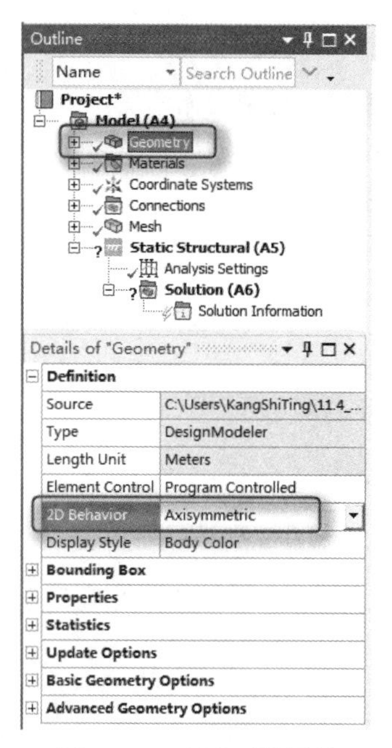

图 11-30　更改对称属性

03 更改几何体名称。右击树形目录中 Geometry 分支下的一个 Surface Body 分支，在弹出的快捷菜单中选择 Rename 命令（见图 11-31），对两个模型进行改名，将它们的名称分别改为 left 和 right。

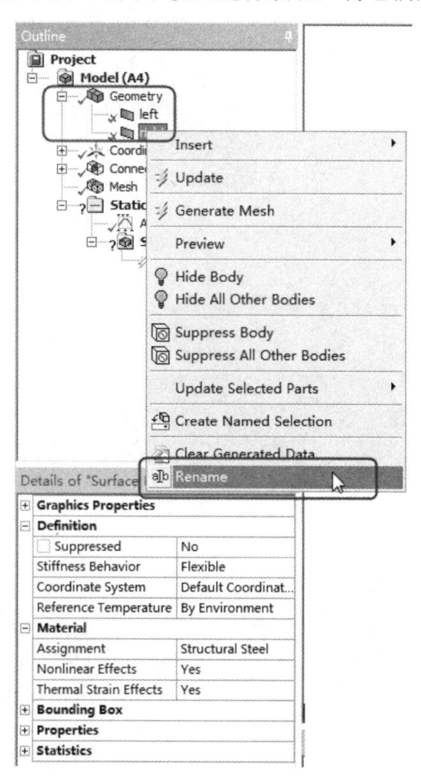

图 11-31　更改名称

Note

11.4.7 添加接触

01 设定左端板与右端圆弧板接触，类型为无摩擦。展开树形目录中的 Connections 分支，可以看到系统会默认加上接触，如图 11-32 所示。需要重新定义左端板和右端圆弧板之间的接触，首先选择属性窗格中的 Contact Bodies，然后在工具栏中单击“线选择”按钮，在绘图区域选择左端板的右边，单击属性窗格中的 Apply 按钮；接下来单击属性窗格中的 Target Bodies，在绘图区域选择右端板的圆弧边，然后单击属性窗格中的 Apply 按钮，如图 11-33 所示。

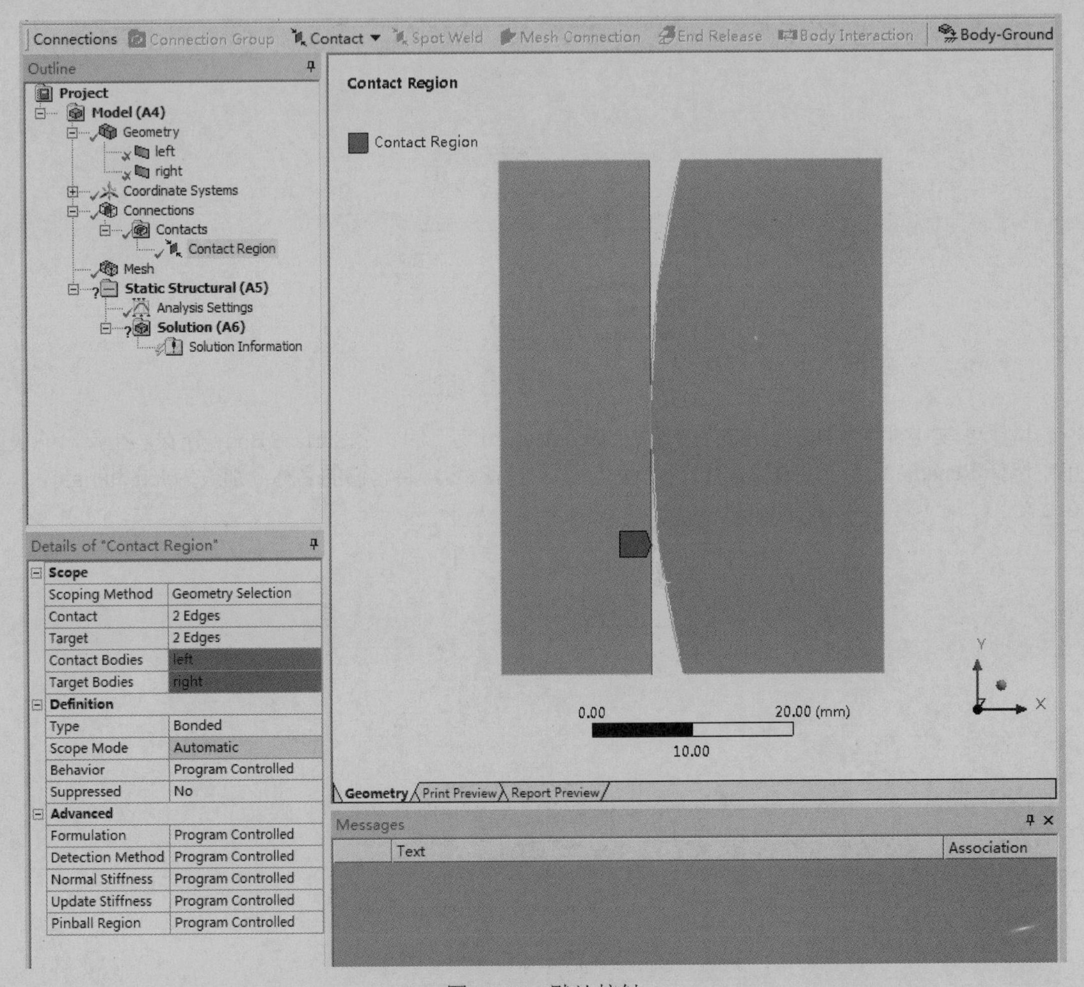

图 11-32　默认接触

02 更改接触类型。设置接触类型为无摩擦接触。在属性窗格中单击 Type 栏，更改接触类型为 Frictionless，更改 Behavior 为 Asymmetric。

03 更改高级选项。首先设置求解公式，设置 Formulation 为 Augmented Lagrange、Interface Treatment 为 Adjust to Touch、Normal Stiffness 为 Manual、Normal Stiffness Factor 为 0.02。设置后的结果如图 11-34 所示。

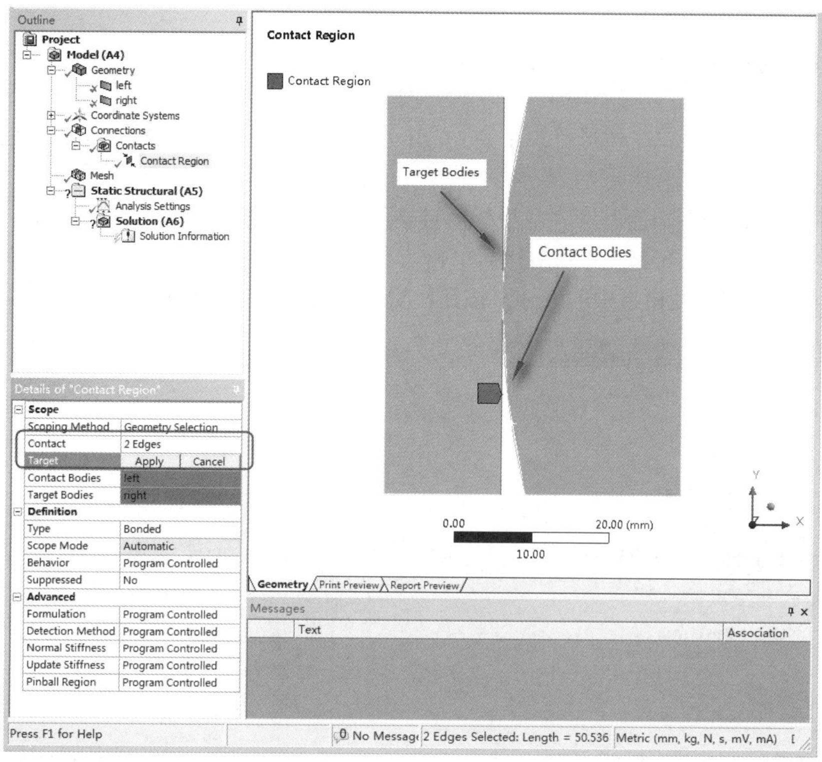

图 11-33　选择线

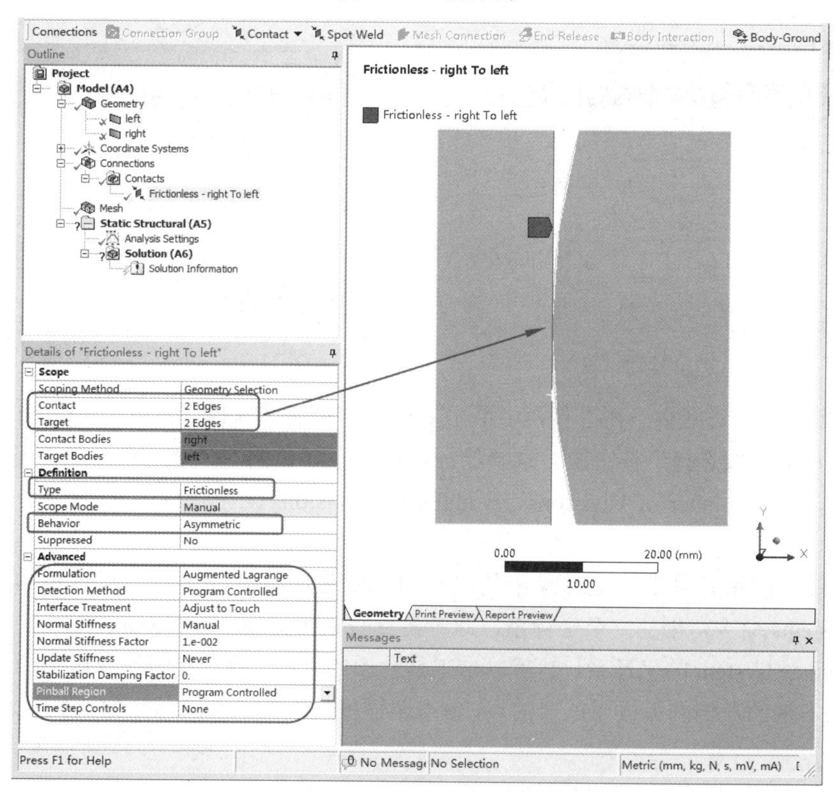

图 11-34　接触

Note

11.4.8 划分网格

01 设置网格划分。单击树形目录中的 Mesh 分支，设置属性窗格中的 Element Size 为 1.0mm，如图 11-35 所示。

02 设置左端板的右端面网格。单击树形目录中的 Mesh 分支，在工具栏中单击 Mesh Control 按钮，选择下拉列表中的 Sizing 命令，然后单击工具栏中的“面选择”按钮，选择绘图区域中的左端板的右端面，单击属性窗格中的 Apply 按钮，更改 Element Size 为 1.0mm，如图 11-36 所示。

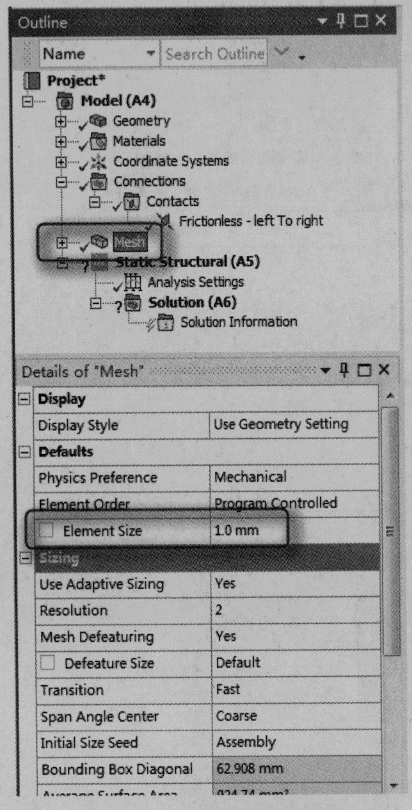

图 11-35　网格划分设置

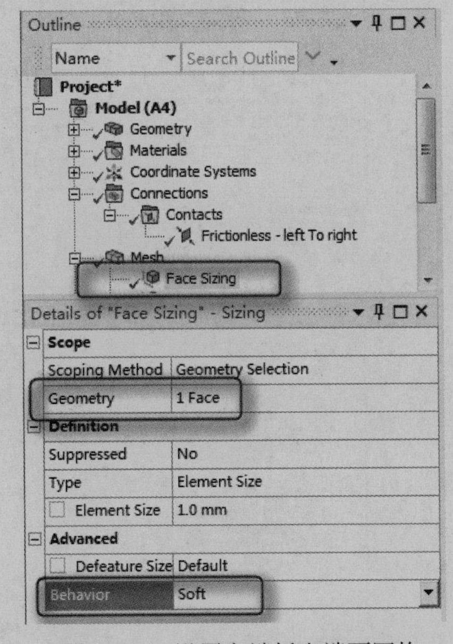

图 11-36　设置左端板右端面网格

03 设置左端板边网格。在工具栏中单击 Controls 按钮，选择下拉列表中的 Sizing 命令，然后单击工具栏中的“线选择”按钮，选择绘图区域中左端板的 5 条边，单击属性窗格中的 Apply 按钮，设置 Type 为 Number of Divisions、Number of Divisions 为 1、Behavior 为 Hard，如图 11-37 所示。

04 设置坐标系。单击树形目录中的 Coordinate Systems 分支，在工具栏中选择 Insert→Coordinate Systems 命令，创建一个坐标系，此时树形目录中 Coordinate Systems 分支下，会多出一个名为 Coordinate System 的坐标系。然后单击工具栏中的“点选择”按钮，选择绘图区域中左端板的右侧面与右端的左侧圆弧板面重合的点，单击属性窗格中的 Apply 按钮定义坐标系，如图 11-38 所示。

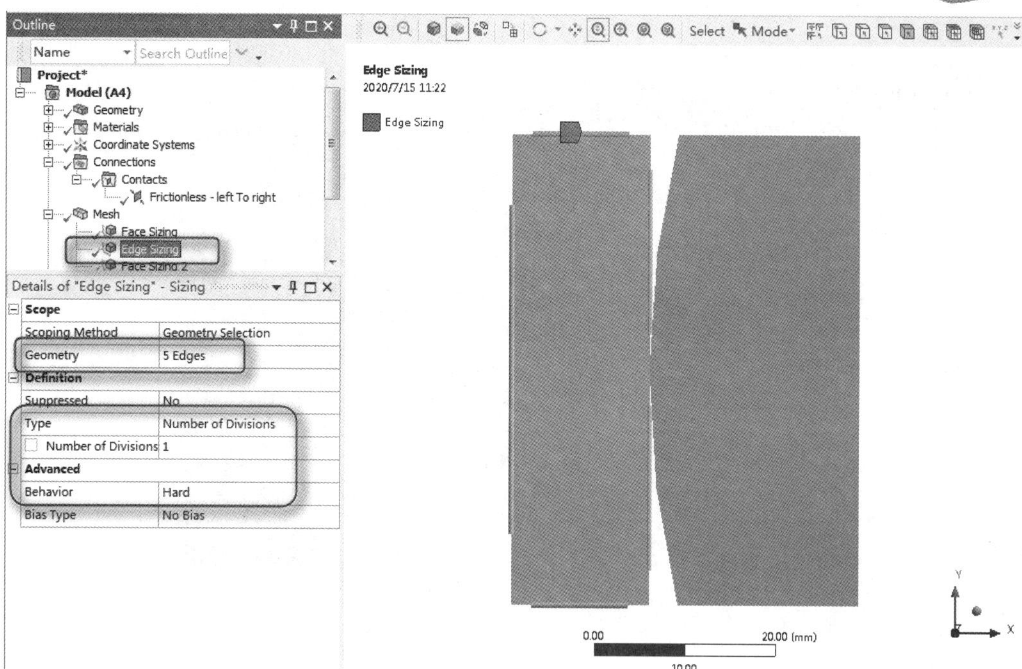

图 11-37　设置左端板边网格

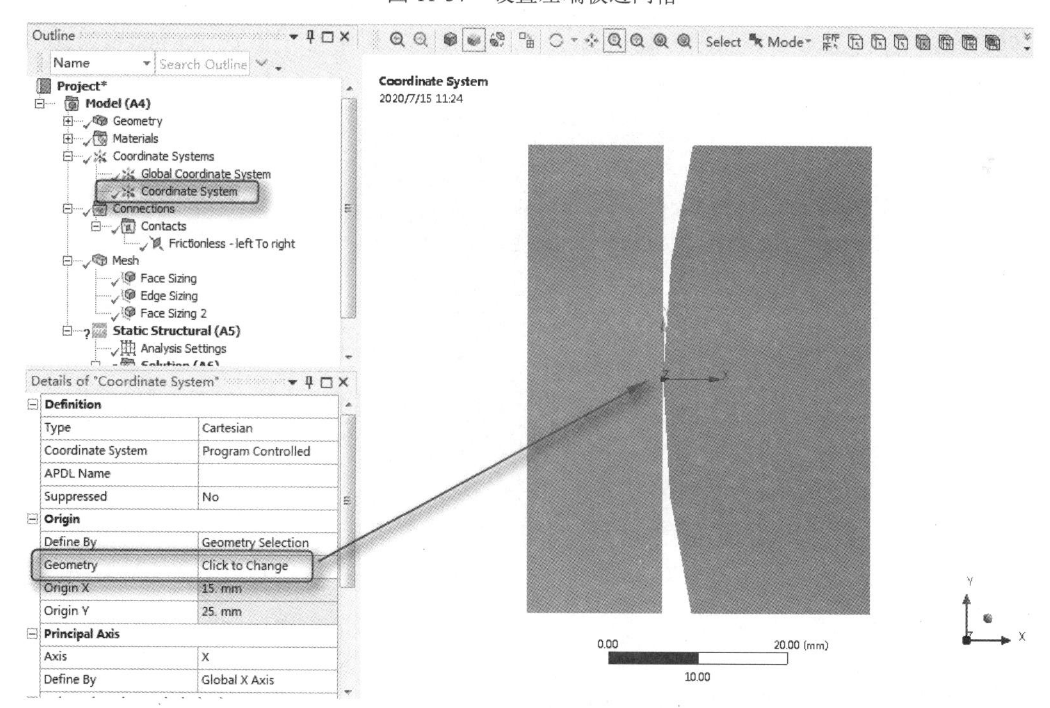

图 11-38　设置坐标系

05 设置右端圆弧板网格。在工具栏中单击 Mesh Control 按钮，选择下拉列表中的 Sizing 命令，然后单击工具栏中的“面选择”按钮，选择绘图区域中右端板的圆弧面，单击属性窗格中的 Apply 按钮，设置 Type 为 Sphere of Influence、Sphere Center 为 Coordinate System、Sphere Radius 为 10mm、Element Size 为 0.5mm，如图 11-39 所示。

Note

Note

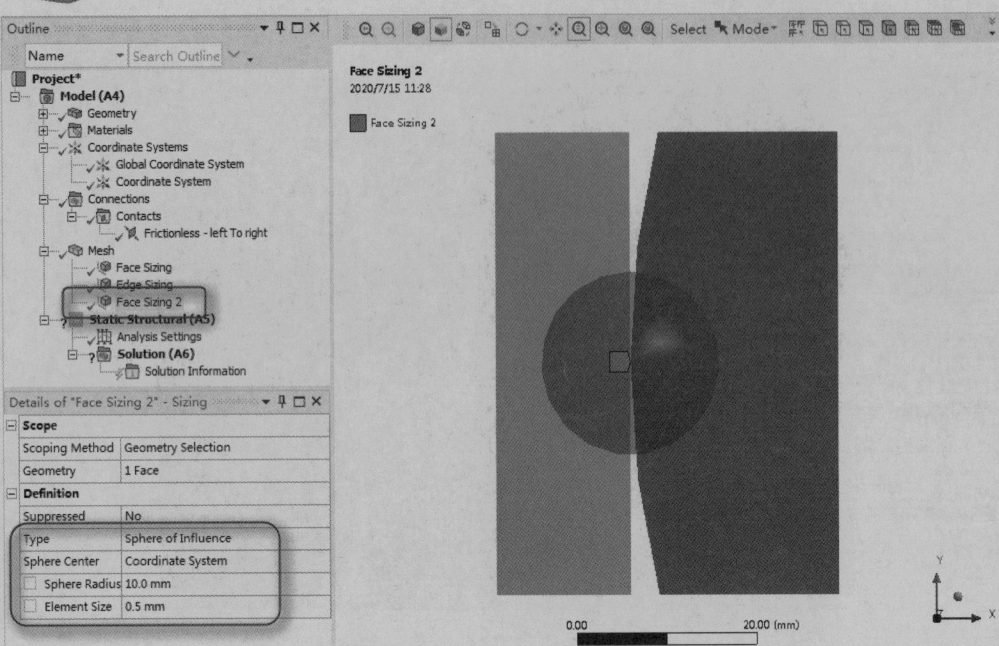

图 11-39 设置右端圆弧板网格

06 网格划分。右击树形目录中的 Mesh 分支，在弹出的快捷菜单中选择 Generate Mesh 命令，对设置的网格进行划分。划分后的图形如图 11-40 所示。

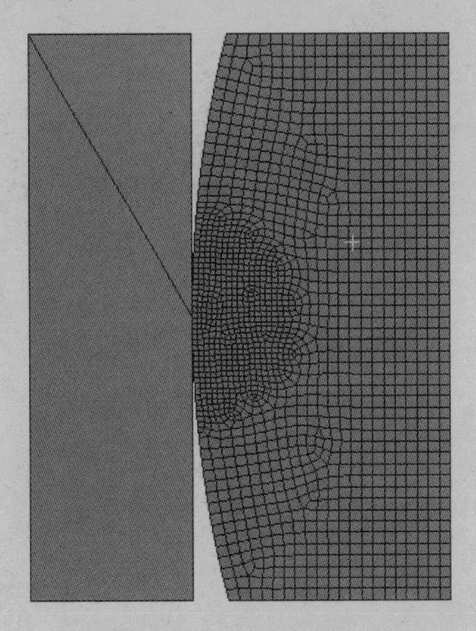

图 11-40 网格划分

11.4.9 分析设置

01 设置时间步。单击树形目录中的 Analysis Settings，首先将属性窗格中的 Auto Time Stepping 设置为 On、将 Initial Substeps 设置为 10、将 Minimum Substeps 设置为 5、将 Maximum Substeps 设置为 100。在属性窗格的 Solver Controls 分组中，将 Weak Springs 设置为 Off、将 Large Deflection 设置为 On。设置后的结果如图 11-41 所示。

02 添加固定约束。单击工具栏内 Structural 区域中的 Fixed（固定约束）命令，如图 11-42 所示。然后单击工具栏中的“面选择”按钮，选择绘图区域中的左端板，单击属性窗格中的 Apply

按钮，如图 11-43 所示。

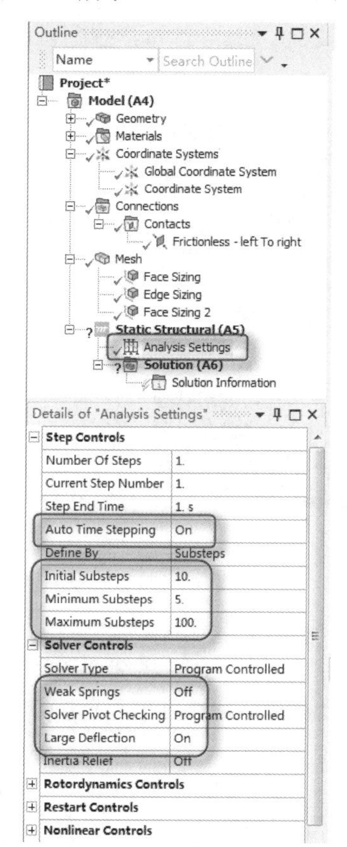

图 11-41　设置时间步

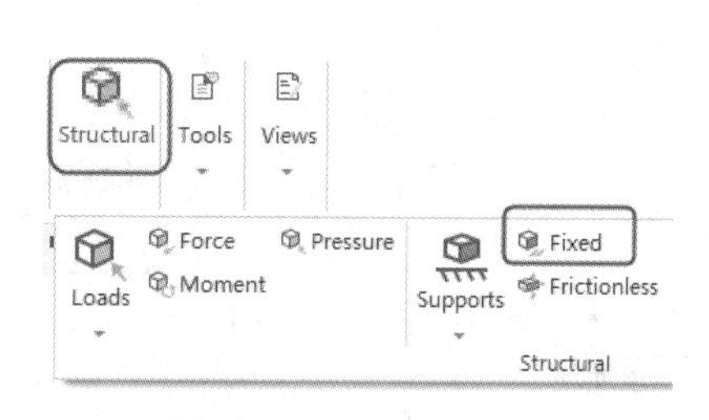

图 11-42　选择 Fixed

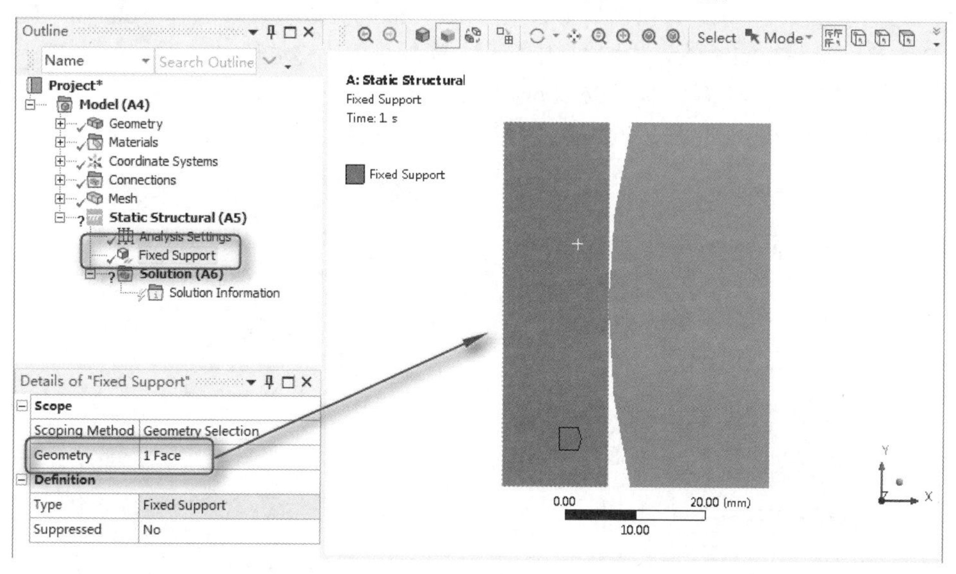

图 11-43　固定约束

03 添加压力约束。在 Environment 工具栏中单击 Structural 区域中的 Pressure 命令。然后单击工具栏中的“线选择”按钮，选择绘图区域中右端圆弧板的最右端，单击属性窗格中的 Apply 按钮，

更改 Magnitude 为 50MPa，如图 11-44 所示。

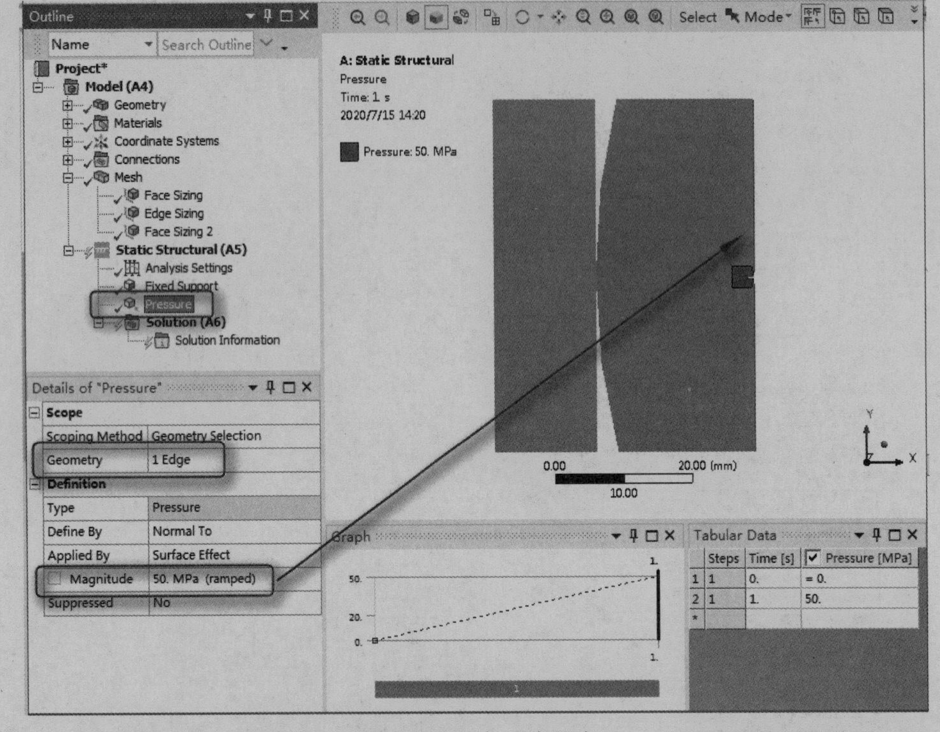

图 11-44　添加压力约束

11.4.10　求解

01 设置绘制总位移求解。单击树形目录中的 Solution(A6)分支，选择 Solution 工具栏中的 Results→Deformation→Total 命令，如图 11-45 所示。添加总体位移求解。

02 设置绘制总应力求解。单击 Solution 工具栏中的 Results→Stress 按钮，选择下拉列表中的 Equivalent(von-Mises)命令，如图 11-46 所示。添加总体应力求解。

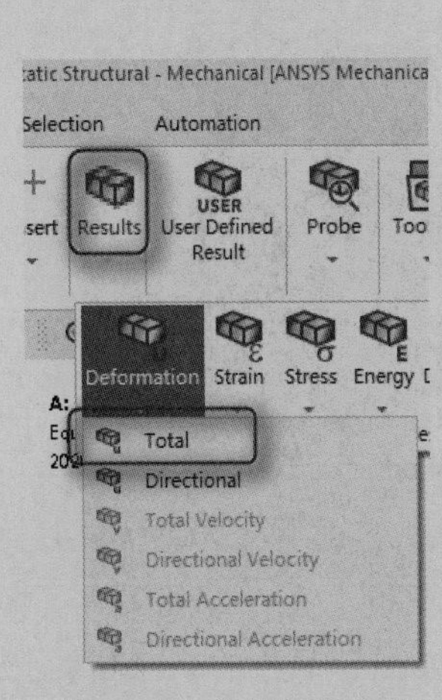

图 11-45　总体位移求解

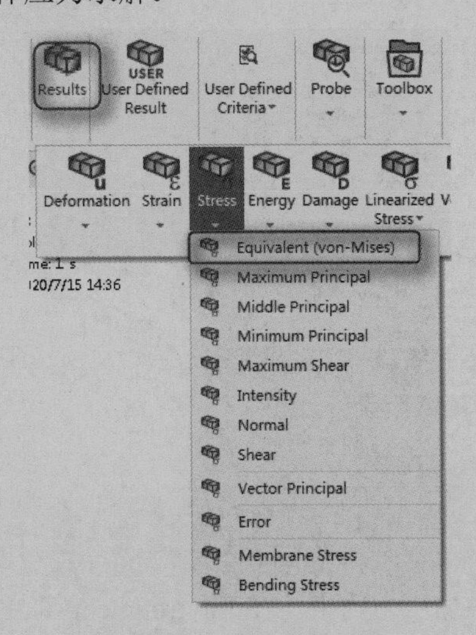

图 11-46　总体应力求解

Note

03 设置绘制定向变形求解。选择 Solution 工具栏中的 Results→Deformation 按钮，选择下拉列表中的 Directional 命令，如图 11-47 所示。添加总体变形求解。

04 求解模型，单击工具栏内 Solve 区域中的 Solve 按钮，如图 11-48 所示。对模型进行求解。

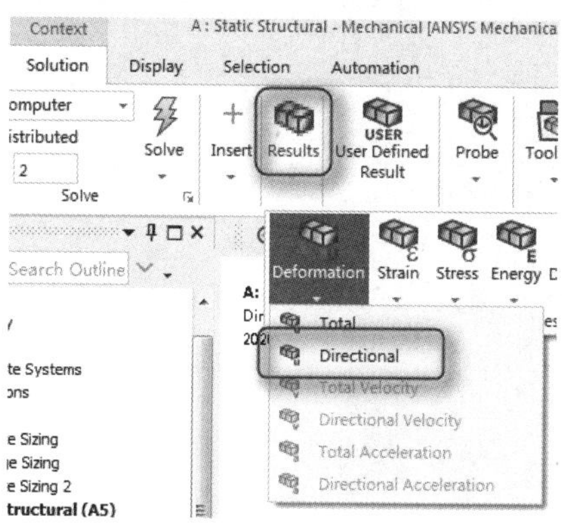

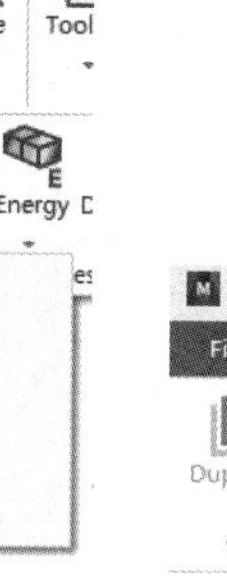

图 11-47　定向位移求解

图 11-48　求解

11.4.11　查看求解结果

01 查看收敛力。单击树形目录中的 Solution(A6)分支下的 Solution Information，然后将属性窗格中的 Solution Output 更改为 Force Convergence。这时可以在绘图区域看到求解的收敛力，如图 11-49 所示。

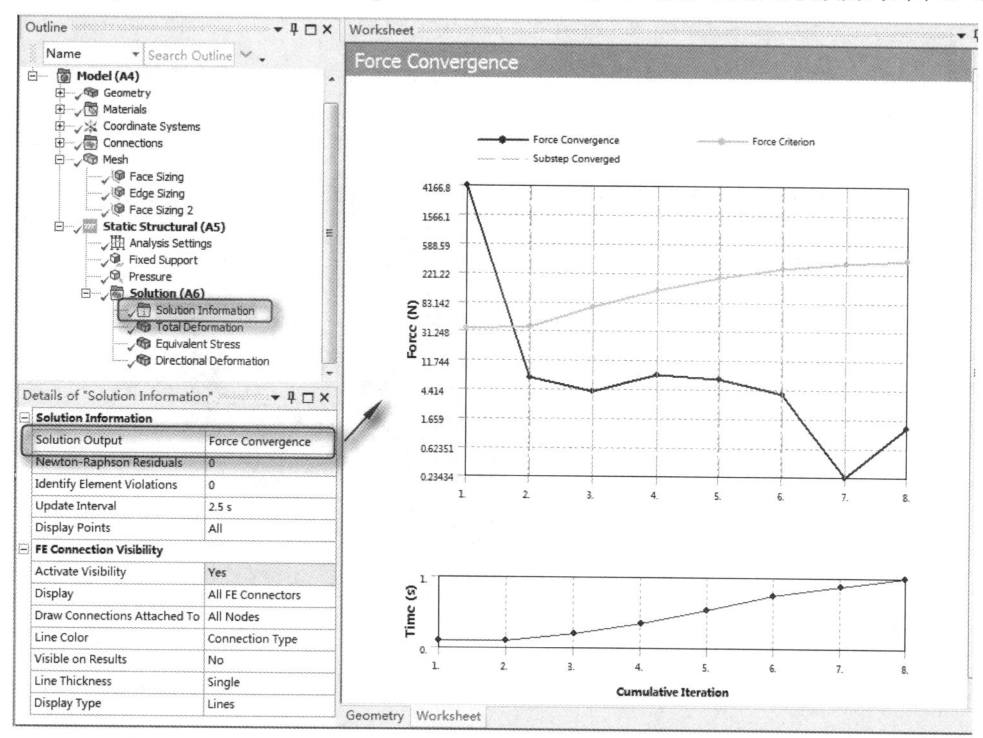

图 11-49　收敛力

02 查看总体变形图。单击树形目录中的 Total Deformation，可以在绘图区域查看总体变形图，也可以看到最大和最小的位移，单击图形区域的播放按钮，还可以查看动态显示的位移变形情况，如图 11-50 所示。

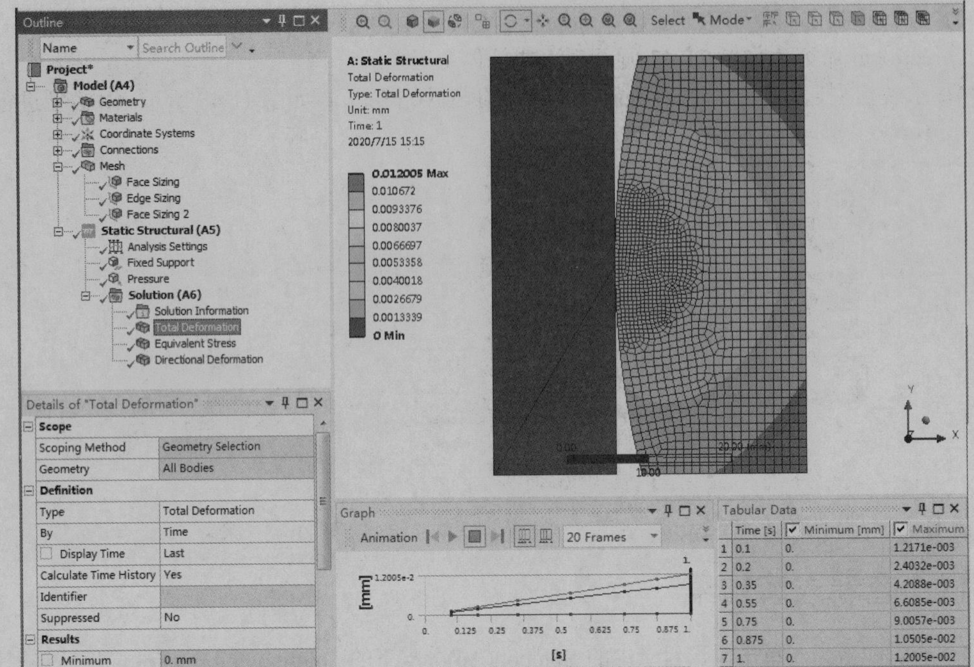

图 11-50　总变形结果

03 查看总体应变图。单击树形目录中的 Equivalent Stress，可以在绘图区域查看应力图，也可以通过工具栏中的工具进行图形的设置，例如选择显示网格单元 Show Elements，显示最大、最小值标签，如图 11-51 所示。

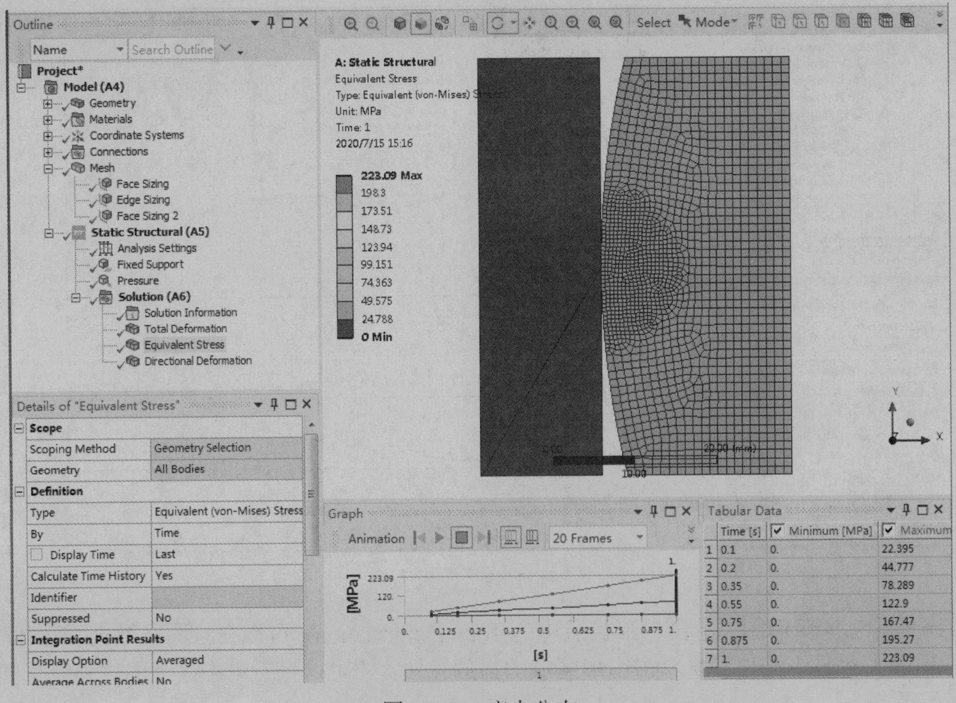

图 11-51　应力分布

04 查看定向应变图。单击树形目录中的 Directional Deformation，可以在绘图区域查看定向应变图，也可以通过工具栏中的工具进行图形的设置，如图 11-52 所示。

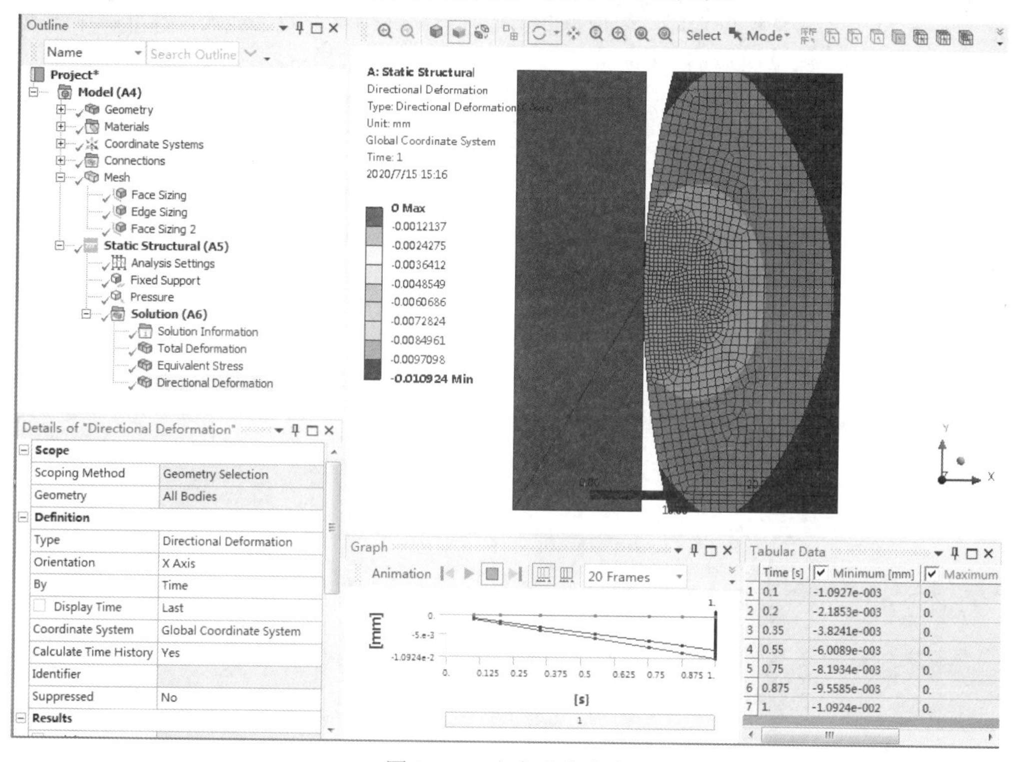

图 11-52　定向应变分布

11.5　结构非线性实例 2——O 型圈

O 型橡胶密封圈在工程中是使用频繁的零件，它主要起到密封的作用。在本实例中的 O 型密封圈与内环和外环相接触，进行校核装配过程中 O 型密封圈的受力和变形情况，以及变形后是否能达到密封的效果。整个装配体的模型如图 11-53 所示。

11.5.1　问题描述

在本实例中建立的模型为二维轴对称模型。在分析时将内环固定，力加载于外环。O 型圈在模拟装配中可以移动。在本实例中内环和外环材料为钢，O 型圈材料为橡胶。3 个部件间创建两个接触对，分别为内环与 O 型圈、O 型圈与外环。然后运行两个载荷步来分析 3 个部件的装配过程。

图 11-53　O 型密封圈装配

11.5.2　项目概图

01 在 Windows 系统下执行“开始”→“所有程序”→ANSYS 2020→Workbench 2020 命令，

Note

启动 ANSYS Workbench 2020，进入主界面。

02 在 ANSYS Workbench 2020 主界面中展开左边工具箱中的 Analysis Systems 栏，将工具箱中的 Static Structural 选项直接拖曳到项目管理界面中或是直接在项目上双击载入，建立一个含有 Static Structural 的项目模块，结果如图 11-54 所示。

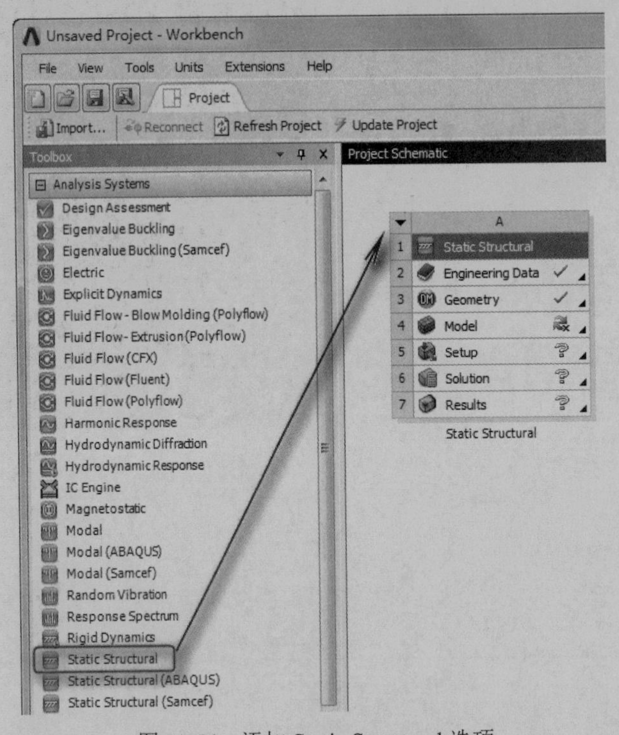

图 11-54 添加 Static Structural 选项

03 创建模型。右击 A3 栏 3 Geometry ?，在弹出的快捷菜单中选择 New DesignModeler Geometry 命令，启动 DesignModeler 创建模型应用程序。选择 DesignModeler 应用程序的 Units→Millimeter 命令，采用毫米单位，单击 OK 按钮。此时左端的树形目录默认为建模状态下的树形目录。

11.5.3 绘制草图

01 创建工作平面。首先单击选中树形目录中的“XY 轴平面”分支 XYPlane，然后单击工具栏中的“创建工作平面”按钮，创建一个工作平面。此时树形目录中“XY 轴平面”分支下，会多出一个名为 Sketch1 的工作平面。

02 创建草图。单击选中树形目录中的 Sketch1 草图，然后单击树形目录左下端的 Sketching 标签，打开草图绘制工具箱窗格。然后单击工具栏中的“正视于”按钮，将视图切换为 XY 方向的视图。在新建的 Sketch1 草图上绘制图形。

03 绘制内环草图。利用工具箱中的绘图命令绘制内环草图。注意绘制时要保证内环的左端线中点与坐标的原点相重合，标注并修改尺寸，如图 11-55 所示。

04 绘制 O 型圈。单击 Modeling 标签，返回树形目录中，单击选中“XY 轴平面”分支 XYPlane，然后再次单击工具栏中的“创建工作平面”按钮，创建一个工作平面。此时树形目录中“XY 轴平面”分支下，会多出一个名为 Sketch2 的工作平面。利用工具栏中的绘图命令绘制 O 型圈草图。绘制后添加圆与线相切的几何关系，标注并修改尺寸，如图 11-56 所示。

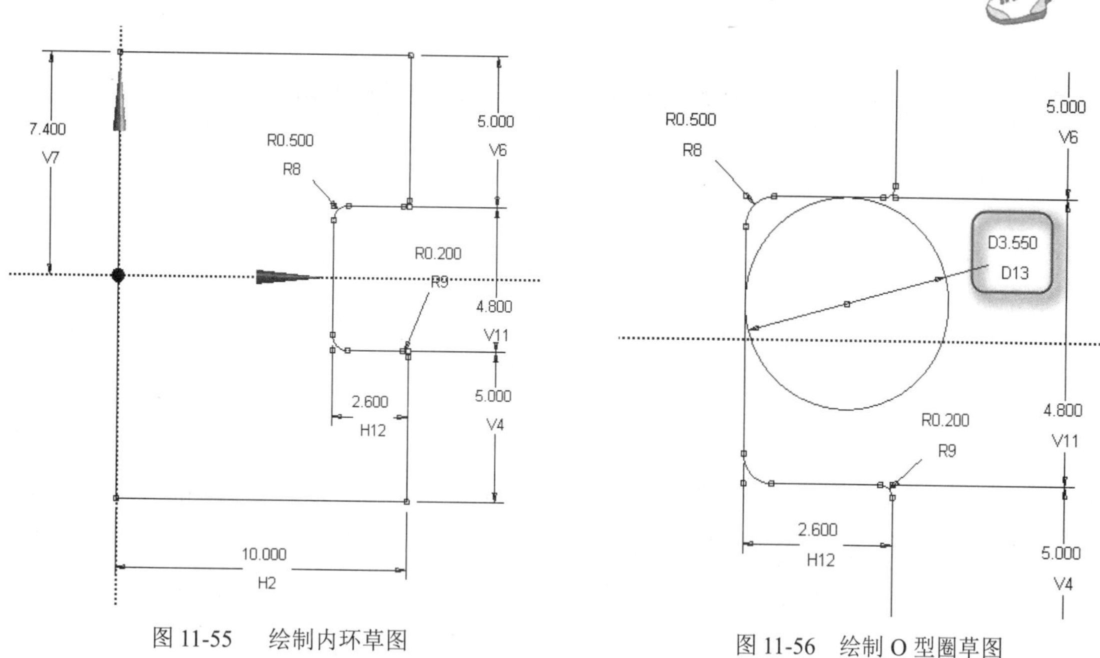

图 11-55 绘制内环草图

图 11-56 绘制 O 型圈草图

05 绘制外环草图。单击 Modeling 标签，返回树形目录中，单击选中"XY 轴平面"分支 XYPlane，然后再次单击工具栏中的"创建工作平面"按钮，创建一个工作平面，此时树形目录中"XY 轴平面"分支下，会多出一个名为 Sketch3 的工作平面。利用工具栏中的绘图命令绘制外环草图，标注并修改尺寸，如图 11-57 所示。

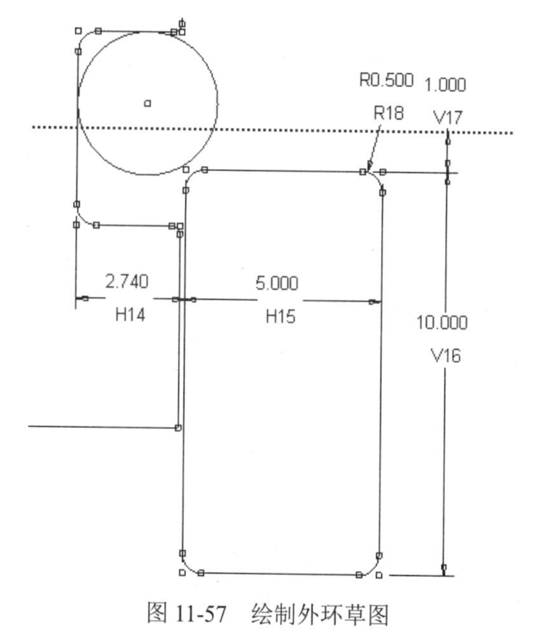

图 11-57 绘制外环草图

11.5.4 创建面体

01 创建内环面体。选择菜单栏中的 Concept→Surfaces From Sketch 命令，执行从草图创建面命令。此时单击选中树形目录中的 Sketch1 分支。然后返回属性窗格中，单击 Apply 按钮。完成面体

的创建。

02 生成模型。完成从草图生成线体命令后，单击工具栏中的“生成”按钮 Generate，重新生成模型，结果如图 11-58 所示。

03 冻结实体。完成面体模型的创建后，选择菜单栏中的 Tools→Freeze 命令，将所创建的模型进行冻结操作。

04 创建 O 型圈面体。再次选择菜单栏中的 Concept→Surfaces From Sketch 命令，执行从草图创建面命令。此时单击选中树形目录中的 Sketch2 分支。然后返回属性窗格中，单击 Apply 按钮。完成面体的创建。最后单击工具栏中的“生成”按钮 Generate，重新生成模型，结果如图 11-59 所示。

05 冻结实体。完成面体模型的创建后，选择菜单栏中的 Tools→Freeze 命令，将所创建的模型进行冻结操作。

06 创建外环面体。再次选择菜单栏中的 Concept→Surfaces From Sketch 命令，执行从草图创建面命令。此时单击选中树形目录中的 Sketch3 分支。然后返回属性窗格中，单击 Apply 按钮。完成外环面体的创建。最后单击工具栏中的“生成”按钮 Generate，重新生成模型，结果如图 11-60 所示。至此模型创建完成，将 DesignModeler 应用程序关闭，返回 Workbench 界面中。

图 11-58　生成内环面体模型

图 11-59　生成 O 型圈面体模型

图 11-60　生成外环面体模型

11.5.5　添加材料

01 设置项目单位，选择菜单栏中的 Units→Metric (tonne, mm, s, ℃, mA, N, mV)命令，然后选择 Display Values in Project Units 命令，如图 11-61 所示。

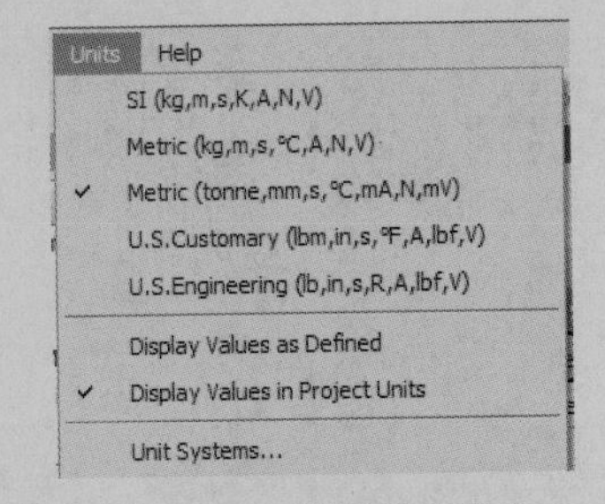

图 11-61　设置项目单位

02 双击 Static Structural 模块中的 A2 栏，进入材料模块中，如图 11-62 所示。

03 添加材料。单击工作区域左上角的 Outline of Schematic A2:Engineering Data 模块最下边的 Click here to add a new material 栏。输入新材料名称“rubber”，然后单击展开左边工具箱中的 Hyperelastic 栏，双击选择其中的第一项 Neo-Hookean。此时工作区左下角将出现 Neo-Hookean 目录，在这里设置 Initial Shear Modulus Mu 为 1、Incompressibility Parameter D1 为 1.5，添加后的各栏如图 11-63 所示。

04 返回 Workbench。关闭 A2:Engineering Data 标签，返回 Ansys Workbench 界面中。

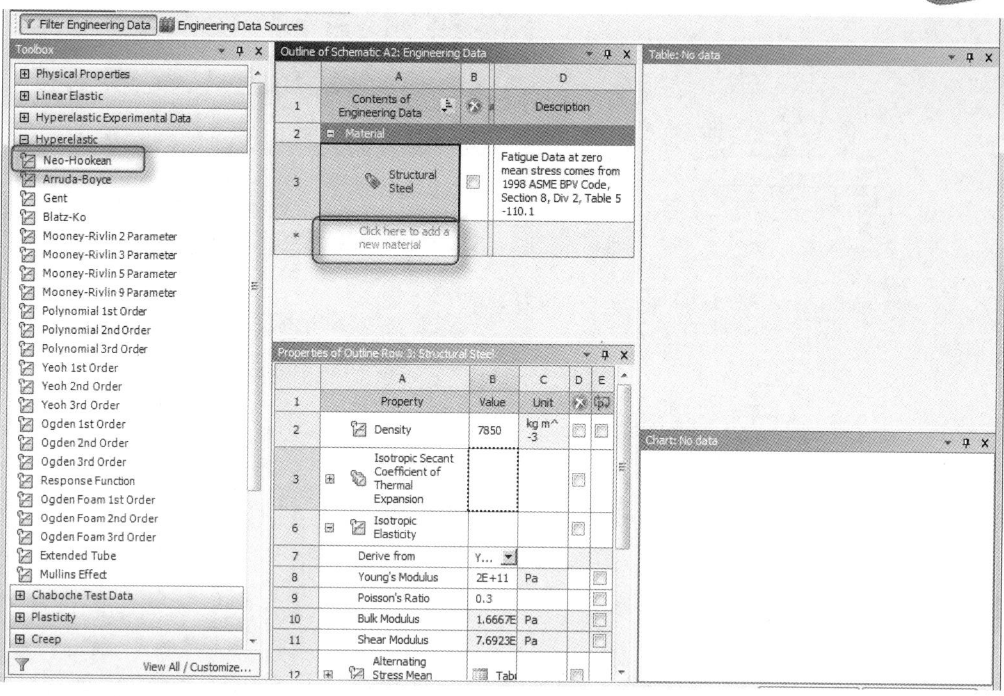

图 11-62　材料模块

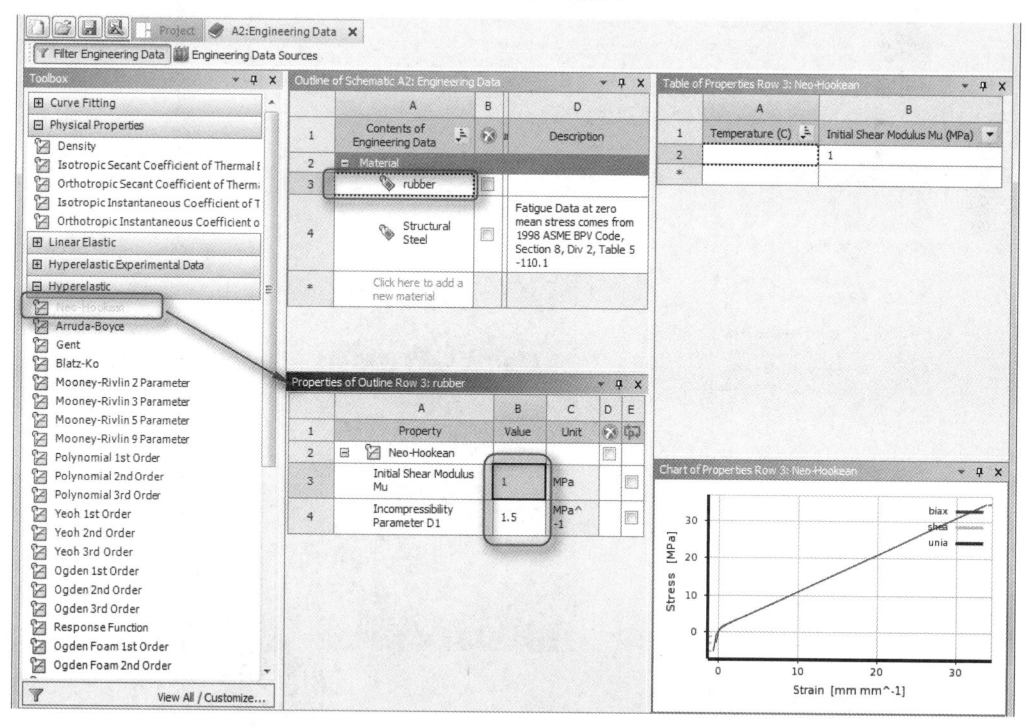

图 11-63　橡胶材料

05 更改模型分析类型。在 Workbench 界面中，右击项目概图的 A3 栏，在弹出的快捷菜单中选择 Properties 命令。此时右栏将弹出 Properties of Schematic A3:Geometry 属性窗格，更改其中的第 12 行中的 Analysis Type 为 2D，如图 11-64 所示。

Note

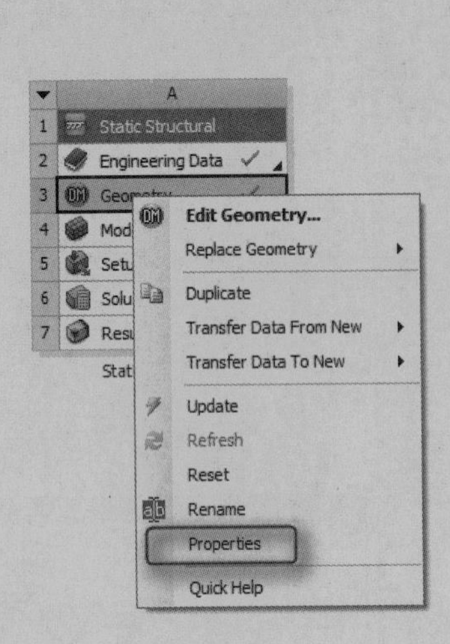

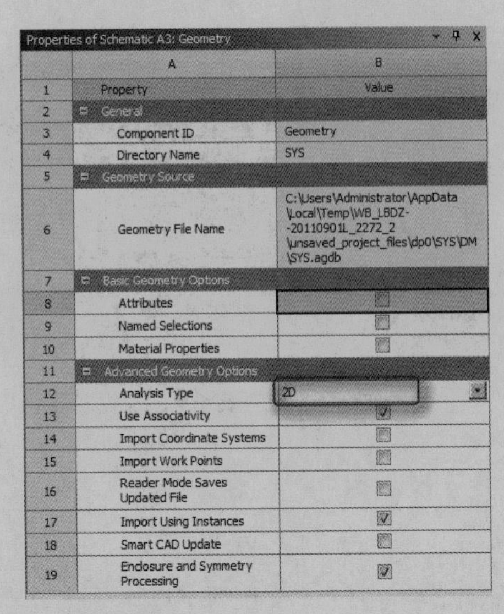

图 11-64　模型属性

11.5.6　修改几何体属性

01 双击 Static Structural 模块中的 A4 栏 4 Model，打开 Mechanical 应用程序，如图 11-65 所示。

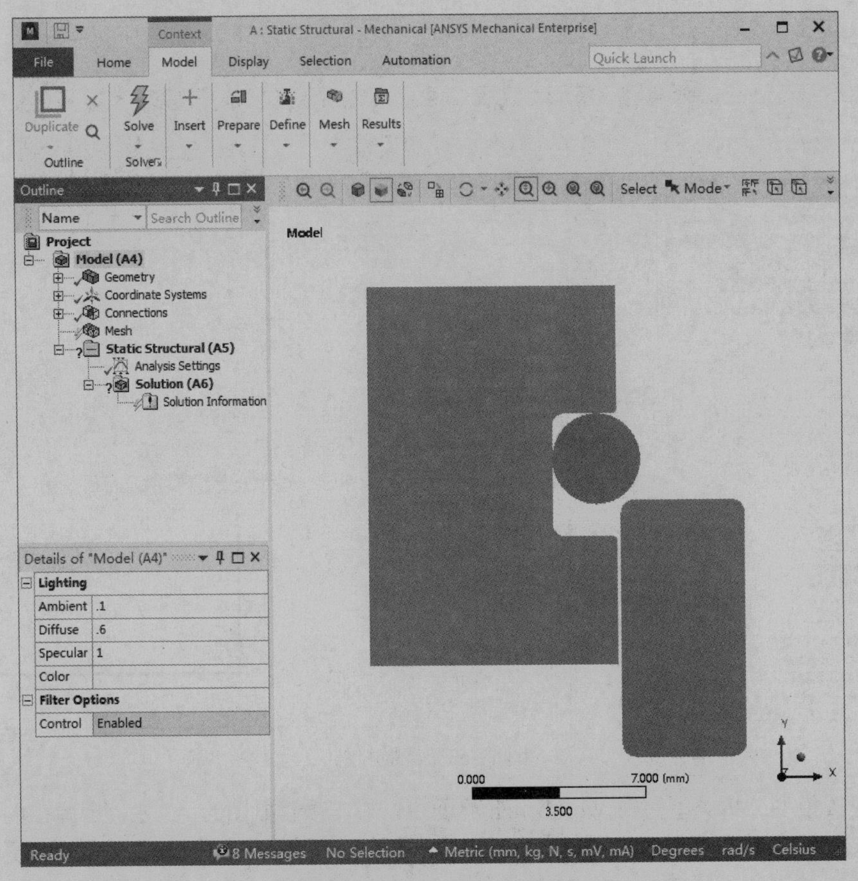

图 11-65　Mechanical 应用程序

02 单击树形目录中的 Geometry 分支，在属性窗格中找到 2D Behavior 栏，将其属性更改为 Axisymmetric，如图 11-66 所示。

03 更改几何体名称。右击在树形目录中 Geometry 分支下的一个 Surface Body 分支，在弹出的快捷菜单中选择 Rename 命令，如图 11-67 所示。对 3 个模型进行改名，将它们的名称分别改为 Inside、O-ring 和 Outside。

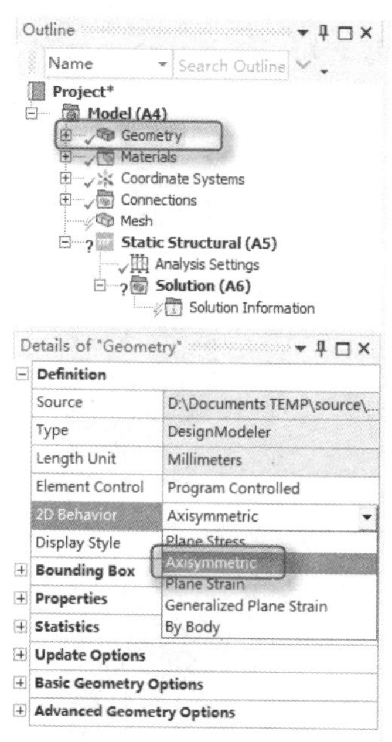

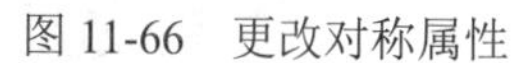

图 11-66　更改对称属性

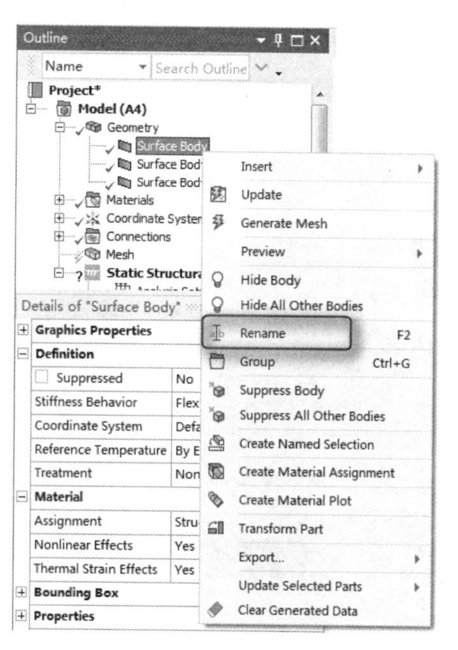

图 11-67　更改名称

04 更改 O 型圈材料。在本实例中内环和外环采用系统默认的结构钢，而 O 型圈材料采用橡胶。选中 O 型圈，在属性窗格中将 Assignment 更改为 rubber，如图 11-68 所示。

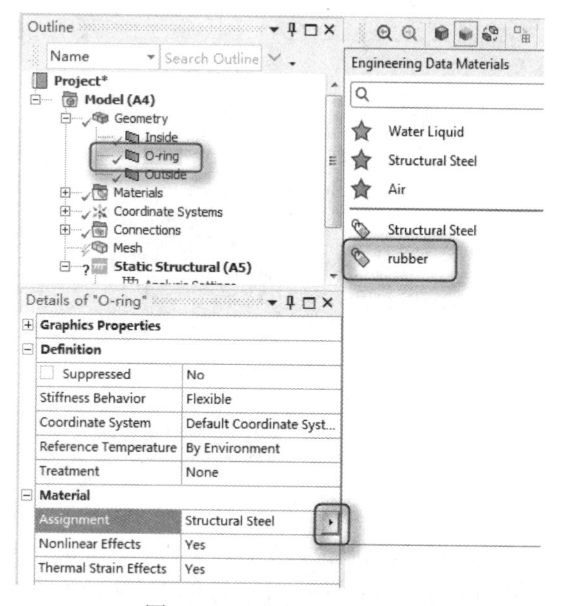

图 11-68　更改几何体材料

11.5.7 添加接触

Note

01 设定内环和 O 型圈之间的接触，类型为摩擦接触，摩擦系数为 0.05。展开树形目录中的 Connections 分支，可以看到系统会默认加上接触，如图 11-69 所示。需要重新定义内环和 O 型圈之间的接触，首先选择属性窗格中的 Contact，然后在工具栏中单击“线选择”按钮，在绘图区域选择内环的 7 条边，如图 11-70 所示。最后单击属性窗格中的 Apply 按钮。

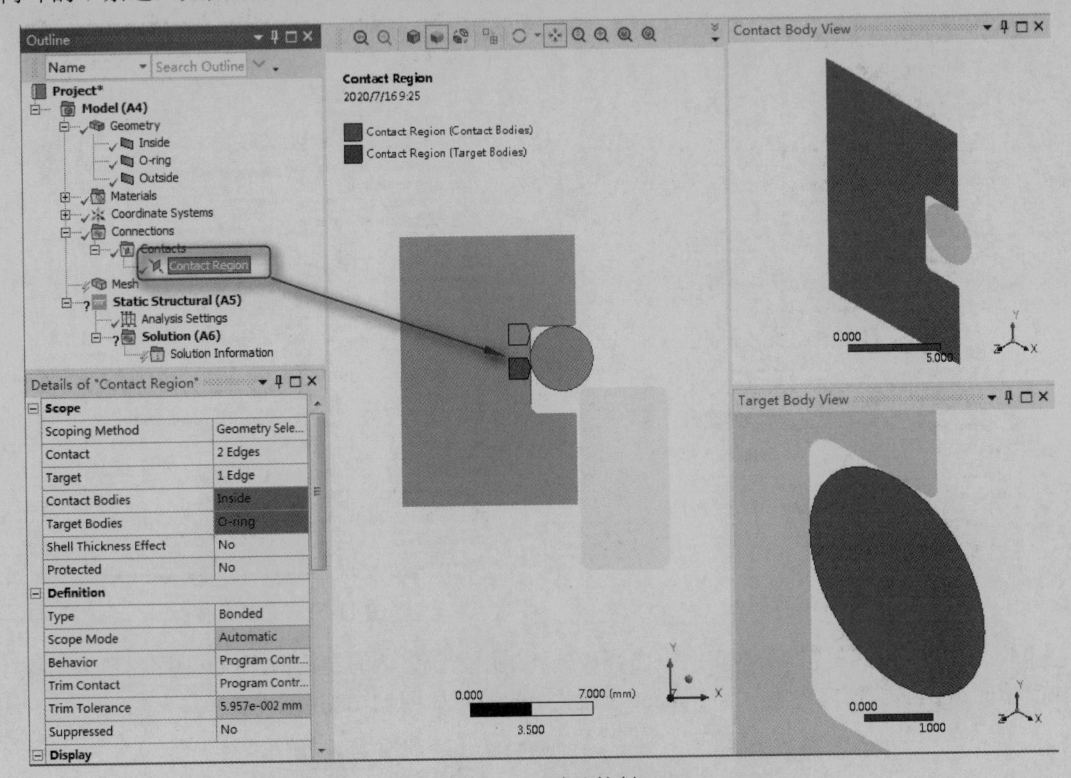

图 11-69　默认接触

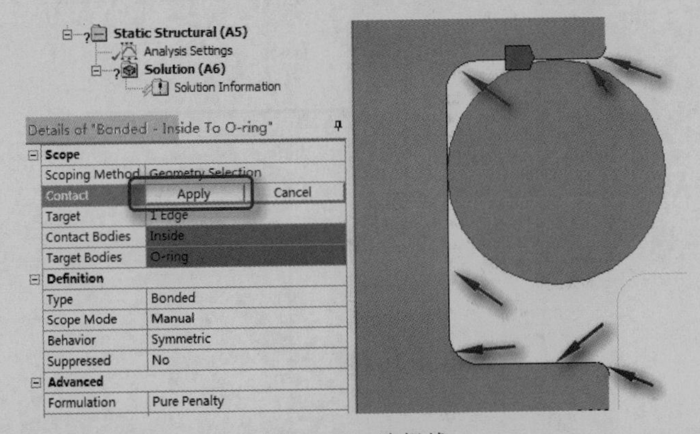

图 11-70　选择线

02 更改接触类型。设置接触类型为摩擦接触，摩擦系数为 0.05。在属性窗格中单击 Type，更改接触类型为 Frictional，并将 Friction Coefficient 设置为 0.05。更改 Behavior 为 Asymmetric。

03 更改高级选项。首先设置求解公式，在属性窗格中单击 Formulation，将其更改为 Augmented

Lagrange。将 Small Sliding 更改为 Off。然后更改 Normal Stiffness 为 Factor、Normal Stiffness Factor 为 0.1。将 Update Stiffness 设置为 Each Iteration，将 Pinball Region 设置为 Radius，并且将 Pinball Radius 值设置为 1.5，设置后的结果如图 11-71 所示。

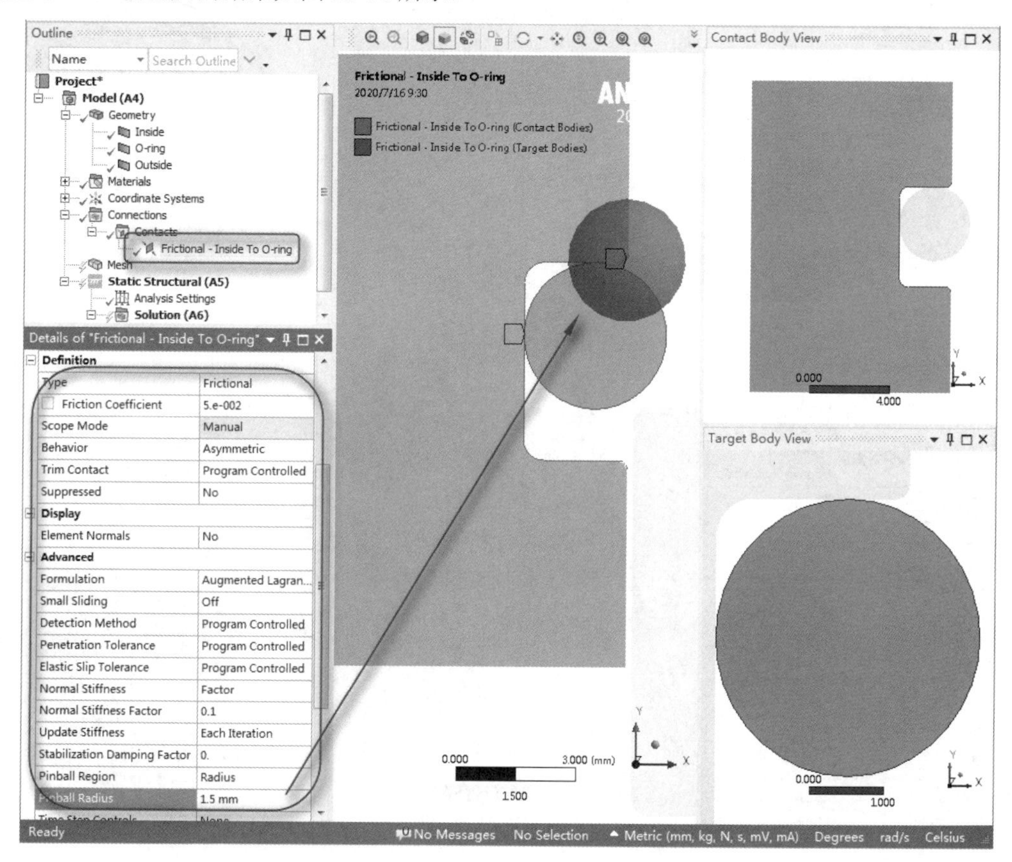

图 11-71　内环和 O 型圈之间的接触

04 设定 O 型圈和外环之间的接触。单击 Connections 工具栏内的 Contact 按钮，选择下拉列表中的 Frictional 命令，如图 11-72 所示。采用与上几步同样的方式来定义 O 型圈和外环之间的接触。选择 Contact 为 O 型圈的外环线，选择 Target 为外环的 3 条边线，属性窗格中参数的设置如图 11-73 所示。

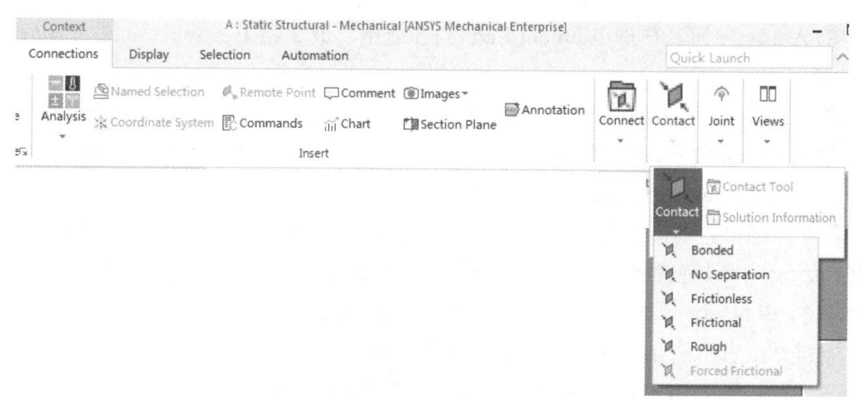

图 11-72　Contact 按钮

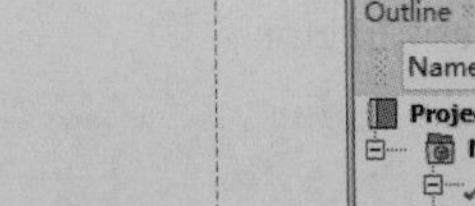

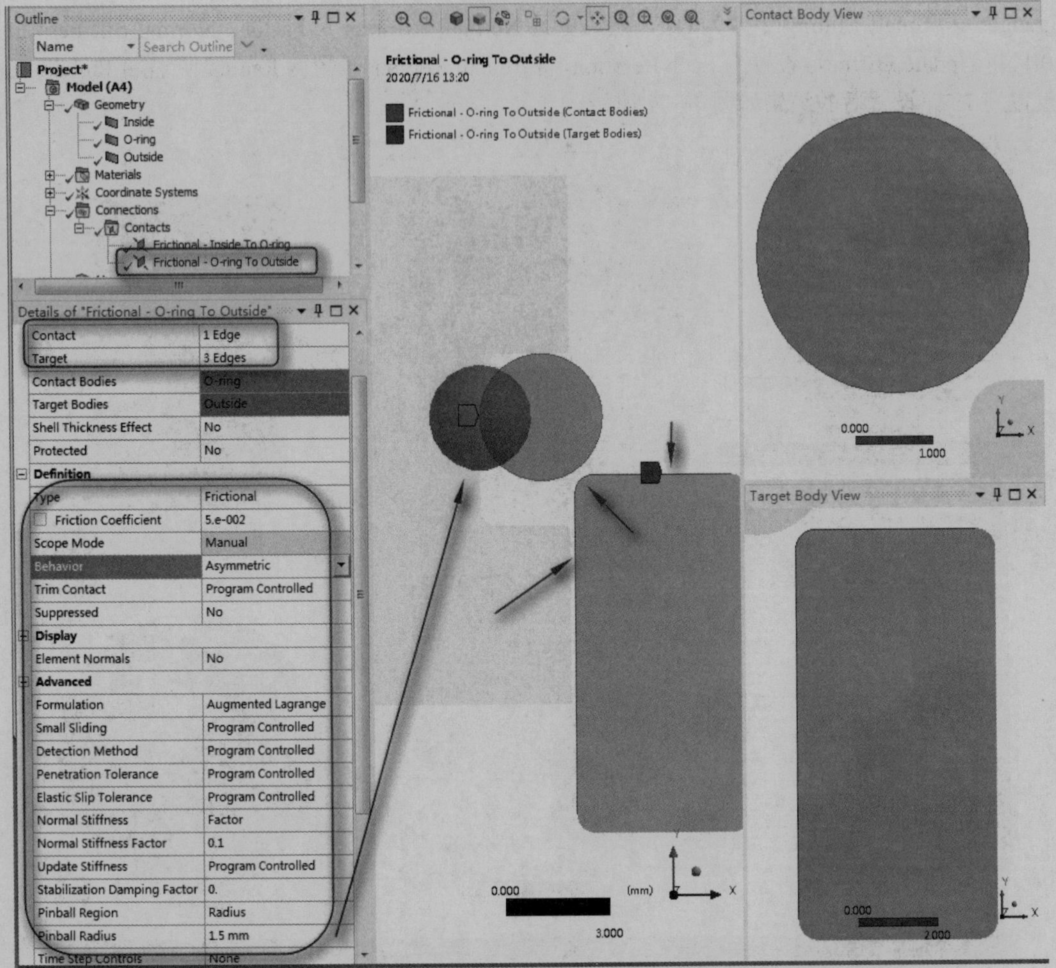

图 11-73　O 型圈和外环之间的接触

11.5.8　划分网格

01 设置内环网格。单击树形目录中的 Mesh 分支，在 Mesh 工具栏中单击 Controls 按钮，选择下拉列表中的 Sizing 命令，然后单击工具栏中的“面选择”按钮，选择绘图区域中的内环面，单击属性窗格中的 Apply 按钮，更改 Element Size 为 50mm，最后将 Behavior 设置为 Hard，如图 11-74 所示。

02 设置 O 型圈网格。单击树形目录中的 Mesh 分支，在 Mesh 工具栏中单击 Controls 按钮，选择下拉列表中的Sizing 命令，选择绘图区域中的O 型圈，单击属性窗格中的 Apply 按钮，更改Element Size 为 0.2mm，最后将 Behavior 设置为 Soft，如图 11-75 所示。

03 设置外环网格。单击树形目录中的 Mesh 分支，在 Mesh 工具栏中单击 Controls 按钮，选择下拉列表中的Sizing 命令，选择绘图区域中的外环面，单击属性窗格中的Apply 按钮，更改Element Size 为 0.5mm，最后将 Behavior 设置为 Hard。网格的设置如图 11-76 所示。

04 网格划分。右击树形目录中的 Mesh 分支，在弹出的快捷菜单中选择 Generate Mesh 命令，如图 11-77 所示。对设置的网格进行划分，划分后的图形如图 11-78 所示。

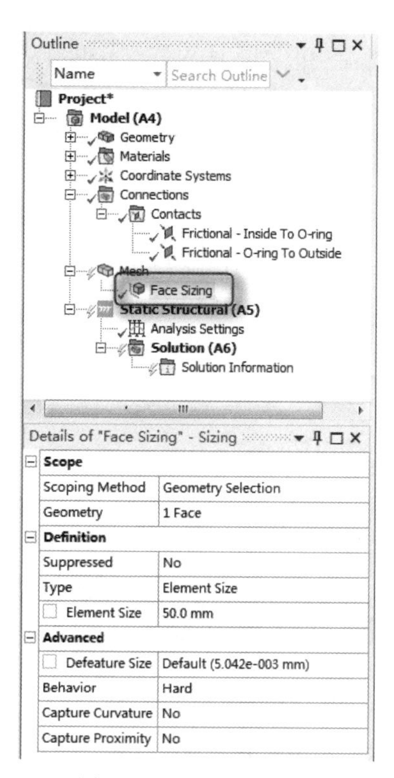

图 11-74　设置内环网格

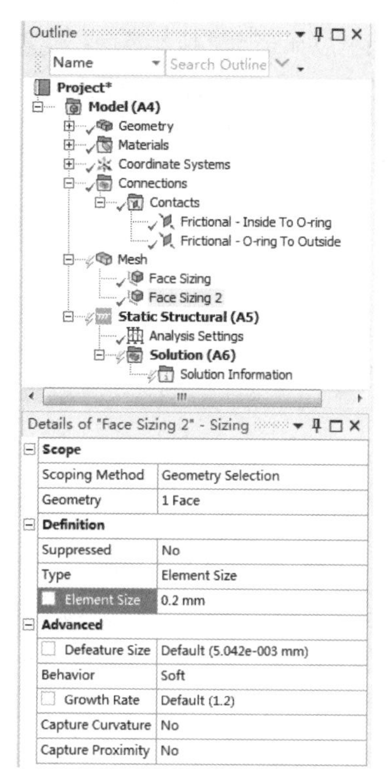

图 11-75　设置 O 型圈网格

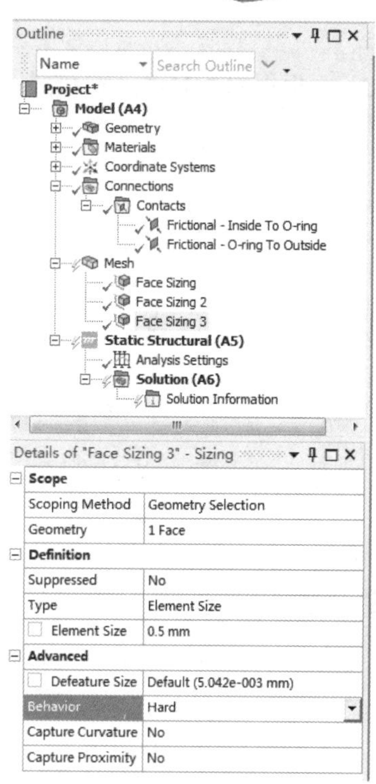

图 11-76　设置外环网格

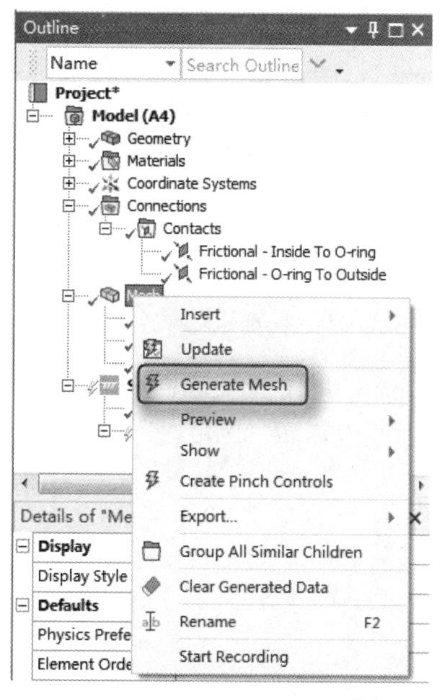

图 11-77　选择命令

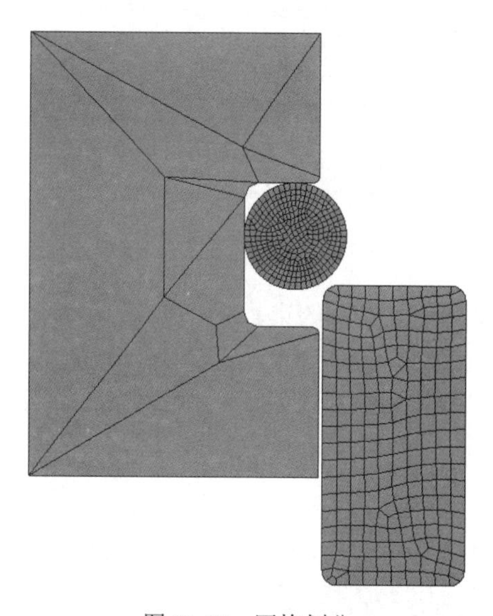

图 11-78　网格划分

11.5.9　分析设置

01 设置载荷步。单击树形目录中的 Analysis Settings，首先将属性窗格中的 Number Of Steps

Note

设置为 2，设置完成后再根据如图 11-79 所示的其他参数进行设置，然后更改 Current Step Number 为 2，再根据如图 11-80 所示的参数对第二个载荷步进行设置。

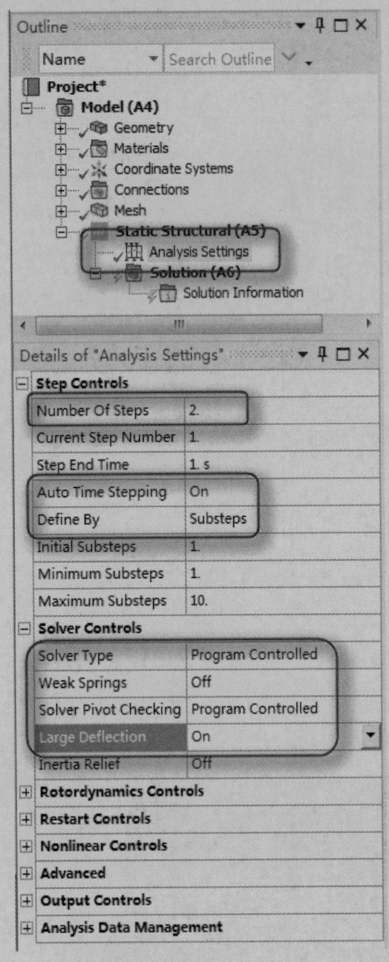

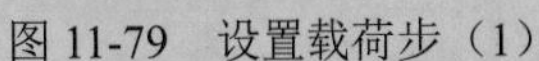

图 11-79　设置载荷步（1）

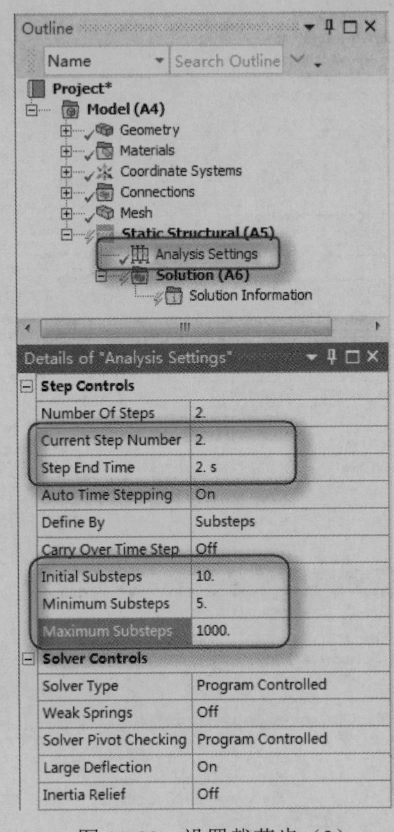

图 11-80　设置载荷步（2）

02 添加位移约束。单击工具栏内 Structural 区域中的 Fixed（固定约束）命令，如图 11-81 所示。然后单击工具栏中的“面选择”按钮，选择绘图区域中的内环面，单击属性窗格中的 Apply 按钮，如图 11-82 所示。

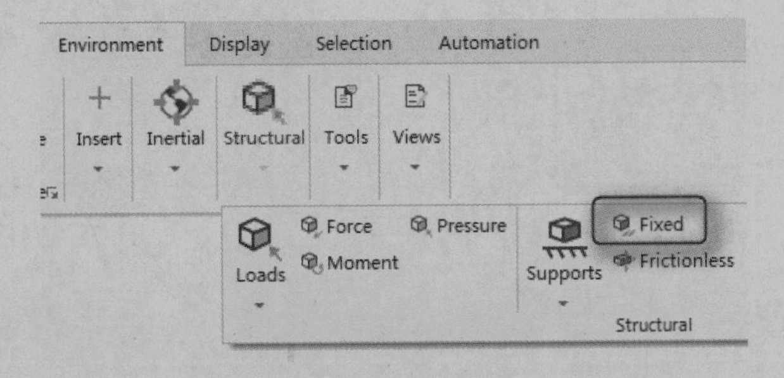

图 11-81　选择 Fixed

Note

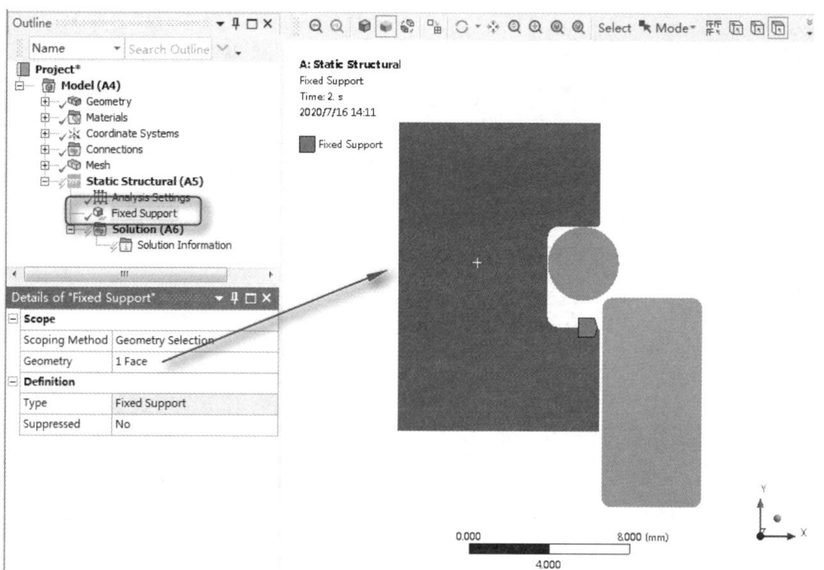

图 11-82　固定约束

03 添加位移约束。在 Environment 工具栏中单击 Structural 区域中的 Displacement 命令。然后单击工具栏中的“线选择”按钮，选择绘图区域中的外环面的最低端，单击属性窗格中的 Apply 按钮，更改 X 轴向位移约束为 0，然后选择 Y 向为 Tabular，如图 11-83 所示。在绘图区域的右下方更改 Tabular Data，在这里将第三行 Y 向更改为 5mm。这时在 Tabular Data 框的左边的图形将显示位移的矢量图，如图 11-84 所示。

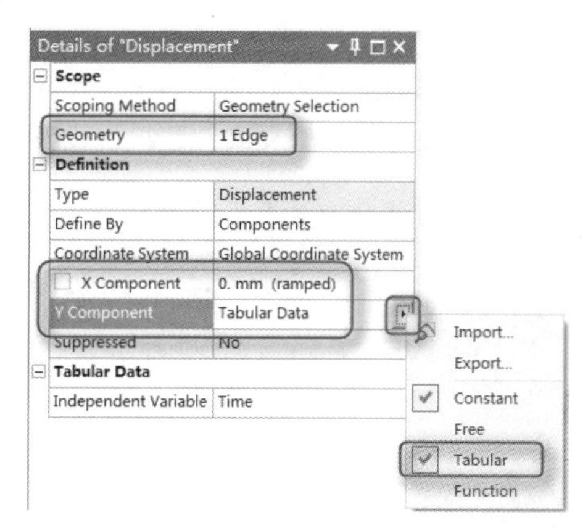

图 11-83　位移约束

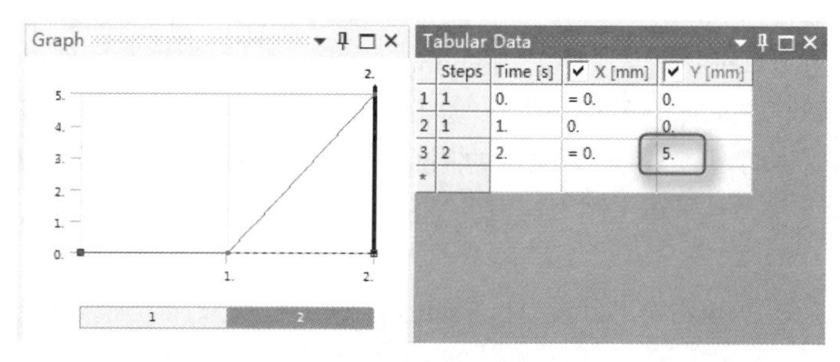

图 11-84　更改 Tabular Data

Note

11.5.10 求解

01 设置绘制总位移求解。单击树形目录中的 Solution(A6)分支，在单击 Solution 工具栏中的 Results→Deformation 按钮，选择下拉列表中的 Total 命令，如图 11-85 所示。添加总体位移求解。

02 设置绘制总应力求解。在 Environment 工具栏中单击 Results 区域中的 Stress 按钮，选择下拉列表中的 Equivalent(von-Mises)命令，如图 11-86 所示。添加总体应力求解。

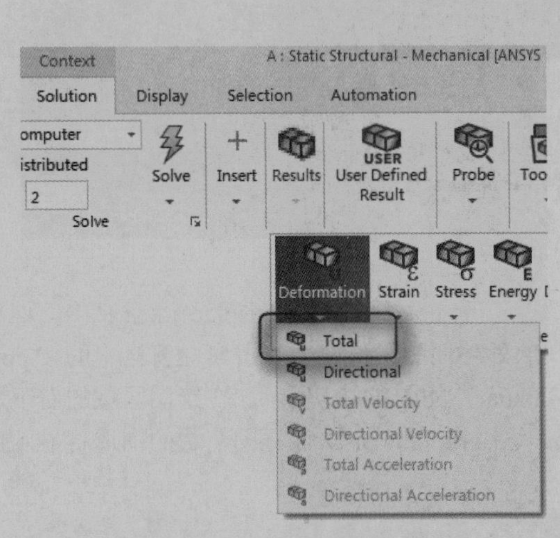

图 11-85 总体位移求解

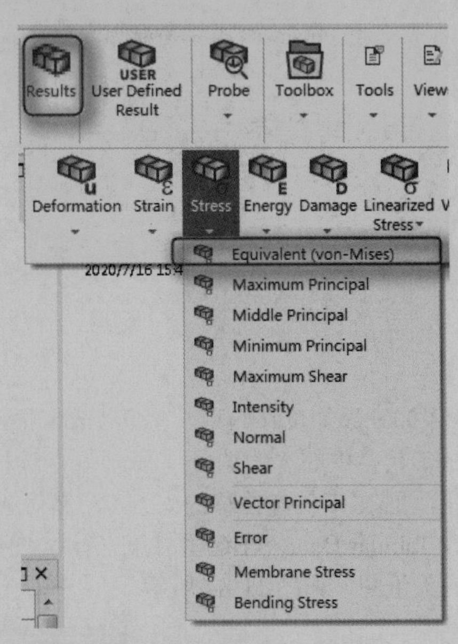

图 11-86 总体应力求解

03 求解模型，单击工具栏内 Solve 区域中的 Solve 按钮，如图 11-87 所示。对模型进行求解。

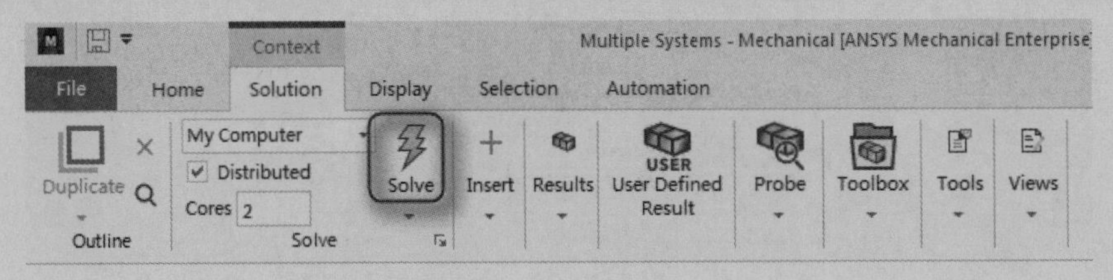

图 11-87 求解

11.5.11 查看求解结果

01 查看收敛力。单击树形目录中的 Solution Information，然后将属性工具窗格中的 Solution Output 更改为 Force Convergence。这时可以在绘图区域看到求解的收敛力，如图 11-88 所示。

02 查看总体变形图。单击树形目录中的 Total Deformation，可以在绘图区域查看总体变形图，也可以看到最大和最小的位移，单击图形区域的播放按钮，还可以查看动态显示的位移变形情况，如图 11-89 所示。

03 查看总体应变图。单击树形目录中的 Equivalent Stress，可以在绘图区域查看应力图，如图 11-90 所示。

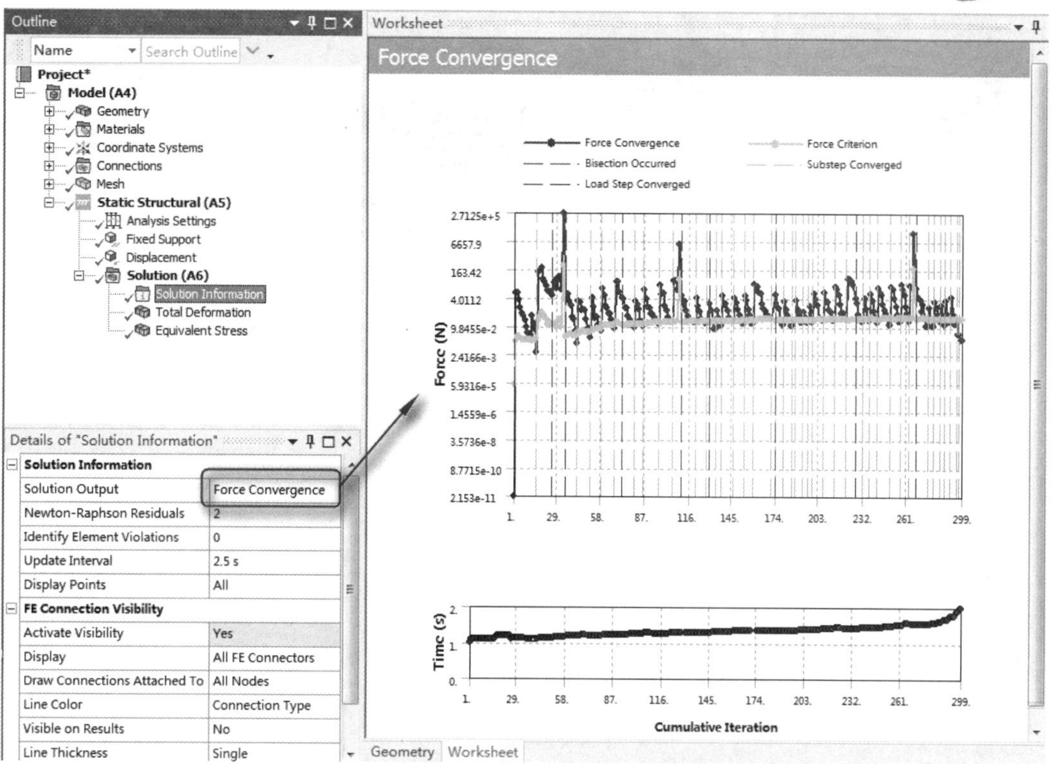

图 11-88　收敛力

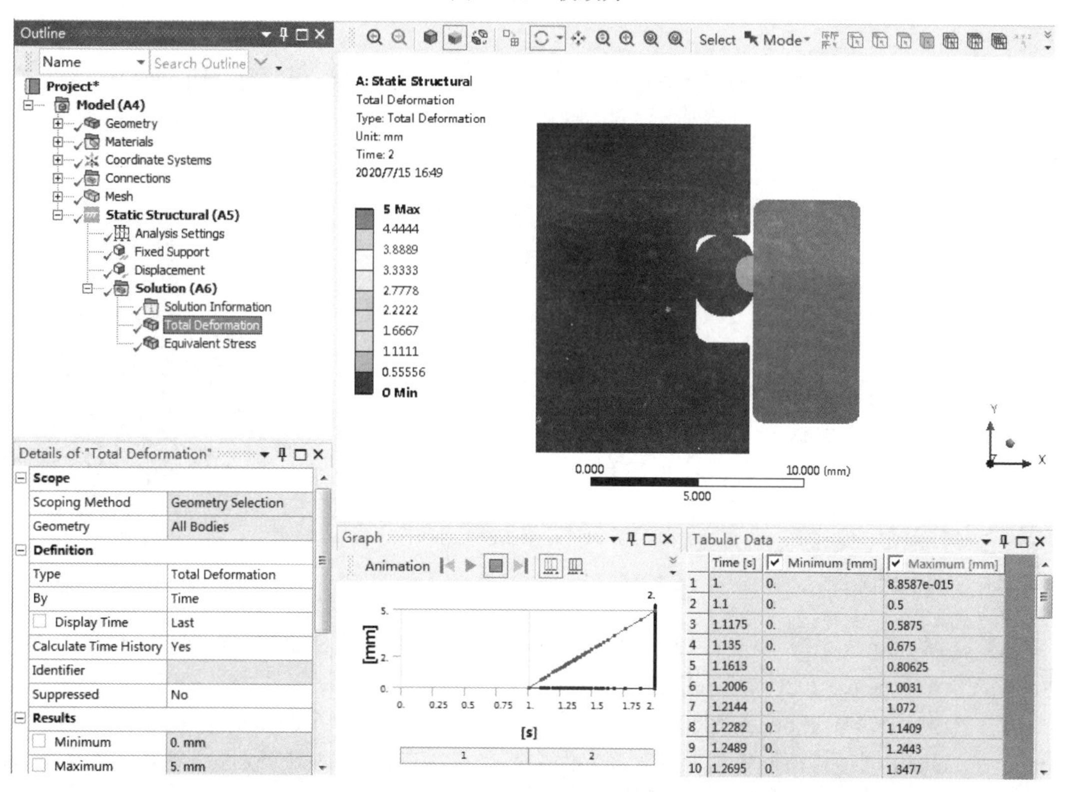

	Time [s]	Minimum [mm]	Maximum [mm]
1	1.	0.	8.8587e-015
2	1.1	0.	0.5
3	1.1175	0.	0.5875
4	1.135	0.	0.675
5	1.1613	0.	0.80625
6	1.2006	0.	1.0031
7	1.2144	0.	1.072
8	1.2282	0.	1.1409
9	1.2489	0.	1.2443
10	1.2695	0.	1.3477

图 11-89　变形结果

Note

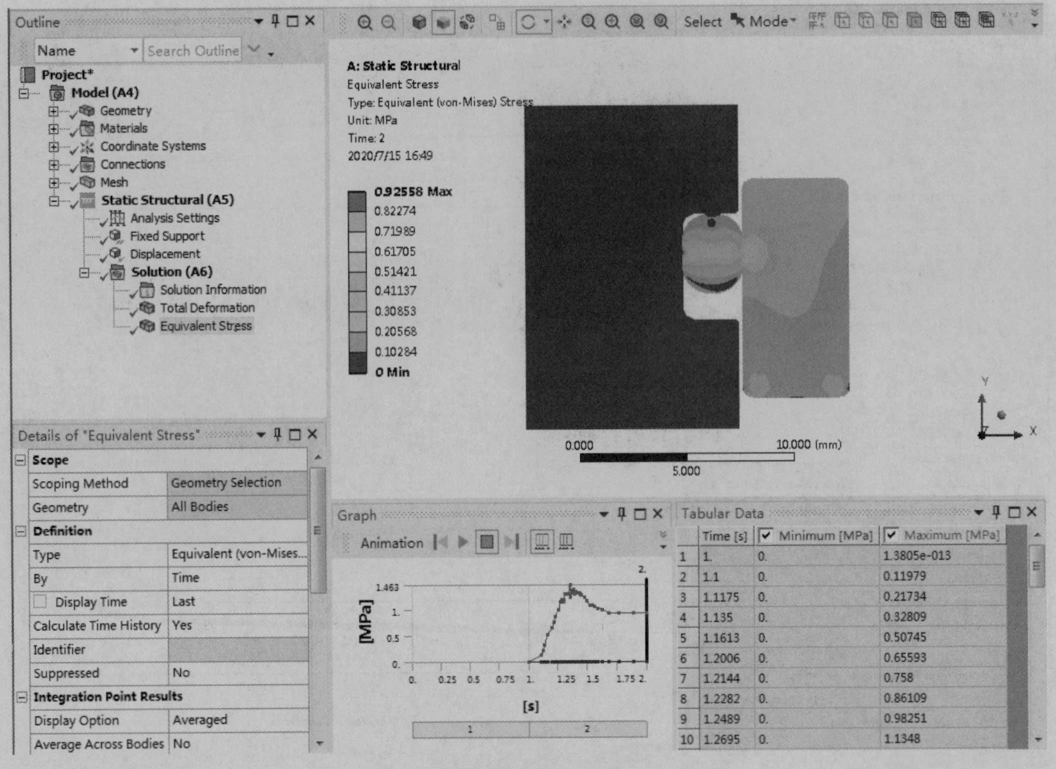

图 11-90　应力分布

视频讲解

11.6　结构非线性实例 3——橡胶密封件

橡胶密封结构是常见的密封结构，在此实例中的密封机构要求在杆可以摆动情况下得到密封的效果。本实例进行校核橡胶密封件的位移情况，以及变形后橡胶密封的压力结果。整个装配体的模型如图 11-91 所示。

图 11-91　橡胶密封装配

11.6.1　问题描述

通过本橡胶密封的例子可以了解几何非线性（大变形）、非线性材料行为（橡胶）和改变状态非线性（接触）的相关知识的应用。在分析时采用半对称形式。需要定义 3 个接触：一个是橡胶密封件与圆柱轴的接触；另外两个是橡胶密封件自己内外表面的接触。

11.6.2　项目概图

01 在 Windows 系统下执行“开始”→“所有程序”→ANSYS 2020→Workbench 2020 命令，启动 ANSYS Workbench 2020，进入主界面。

02 在 ANSYS Workbench 2020 主界面中展开左边工具箱中的 Analysis Systems 栏，将工具箱中的 Static Structural 选项直接拖曳到项目管理界面中或是直接在项目上双击载入，建立一个含有 Static Structural 的项目模块，结果如图 11-92 所示。

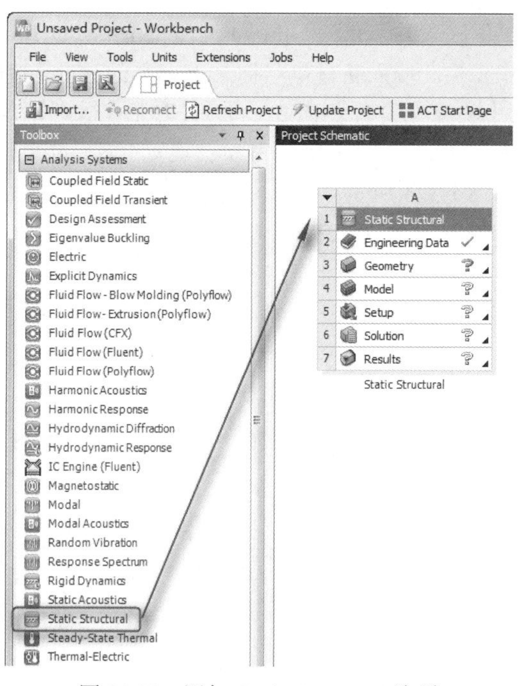

图 11-92　添加 Static Structural 选项

11.6.3　添加材料

01 双击 Static Structural 模块中的 A2 栏，进入材料模块中，如图 11-93 所示。

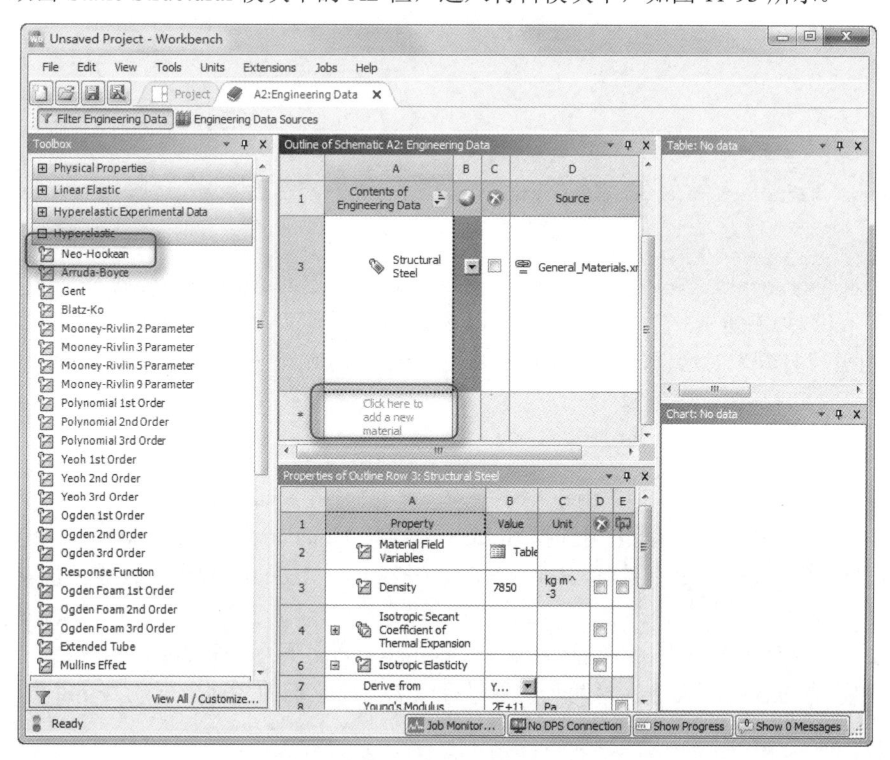

图 11-93　材料模块

Note

02 添加材料，单击工作区域左上角的 Outline of Schematic A2:Engineering Data 模块最下边的 Click here to add a new material 栏。输入新材料名称 Rubber Material，然后单击展开左边工具箱中的 Hyperelastic 栏，双击选择其中的第一项 Neo-Hookean。此时工作区左下角将出现 Neo-Hookean 目录，在这里设置 Initial Shear Modulus Mu 为 1.5，单位为 pa；设置 Incompressibility Parameter D1 为 0.026，单位为 pa^{-1}。添加后的各栏如图 11-94 所示。

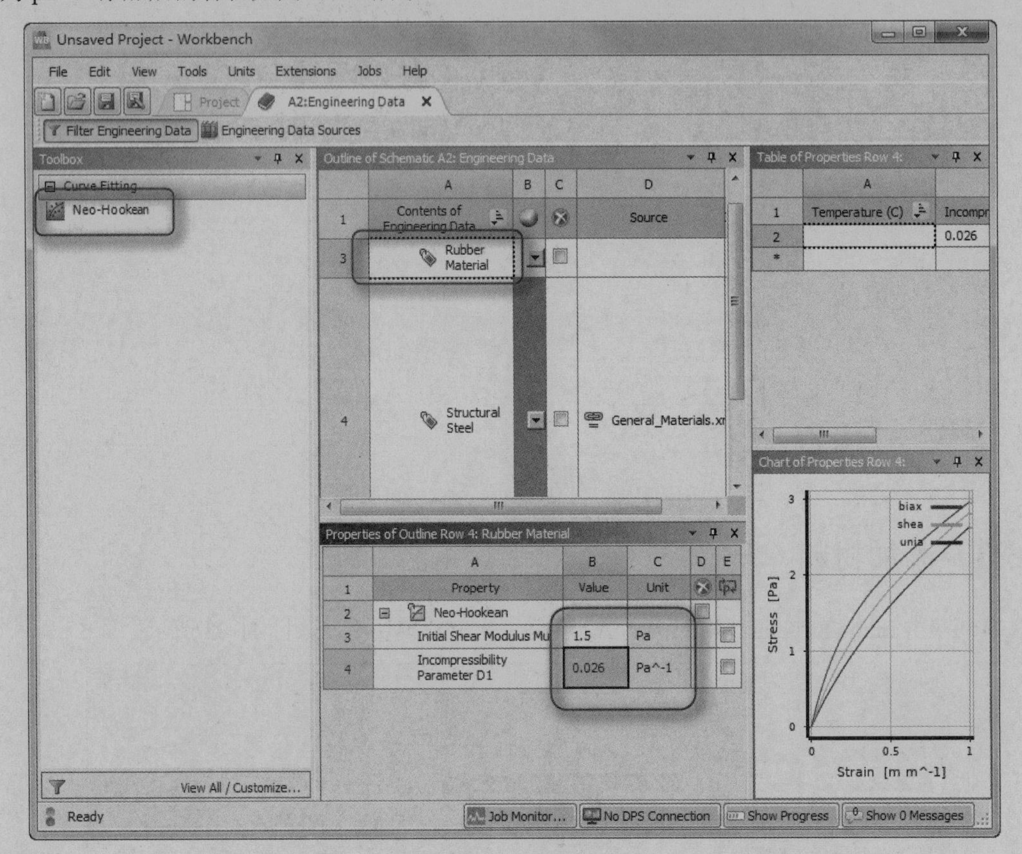

图 11-94 橡胶材料

03 返回 Workbench。关闭 A2:Engineering Data 标签，返回 Ansys Workbench 界面中。

04 导入模型。右击 A3 栏 3 Geometry ?，在弹出的快捷菜单中选择 Import Geometry→Browse 命令，然后打开“打开”对话框，打开源文件中的 Rubber.agdb。

11.6.4 定义模型

01 双击 Static Structural 模块中的 A4 栏 4 Model，打开 Mechanical 应用程序，如图 11-95 所示。

02 定义单元系统。在功能区中选择 Home→Tools→Units→Metric(mm, kg, N, s, mV, mA)命令，设置单位为公制毫米单位。然后选择 Home→Tools→Units→Radians 命令，设置弧度，如图 11-96 所示。

03 更改几何体名称。右击在树形目录中 Geometry 分支下的一个 Surface Body 分支，在弹出的快捷菜单中选择 Rename 命令，对两个模型进行改名，将它们的名称分别改为 rod 和 rubber，如图 11-97 所示。

Note

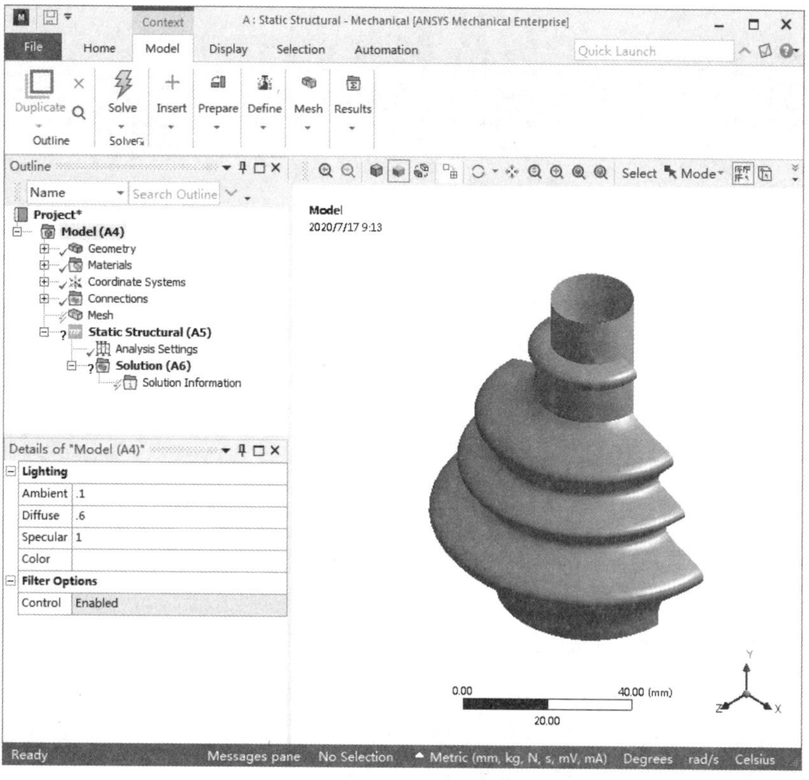

图 11-95　Mechanical 应用程序

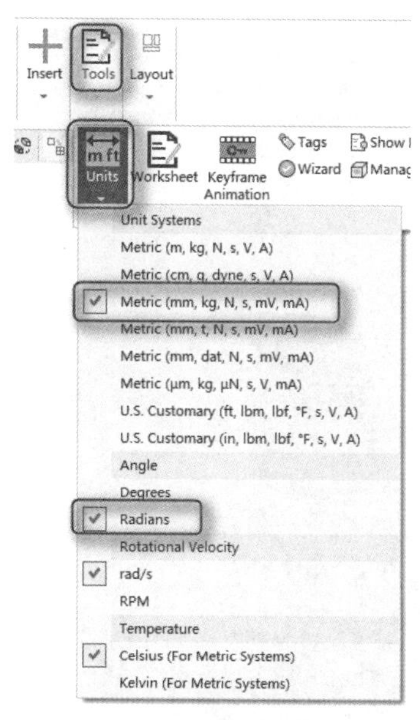

图 11-96　更改单位

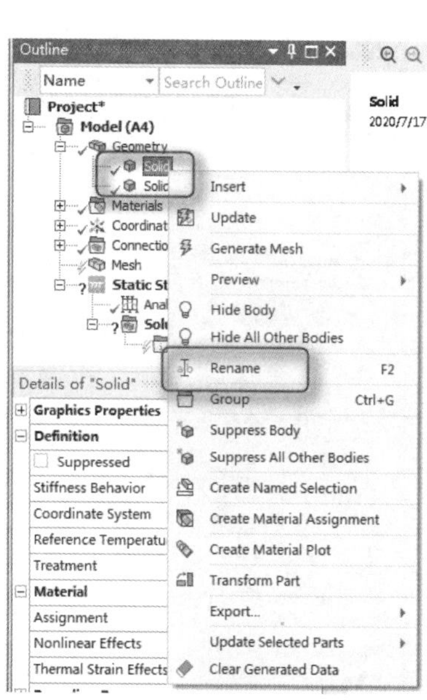

图 11-97　更改名称

04 更改橡胶密封件材料。在本实例中操作杆采用系统默认的结构钢，而橡胶密封件材料采用橡胶。选中橡胶密封件，在属性窗格中设置 Assignment 为 Rubber Material，如图 11-98 所示。

05 更改操作杆物理属性。选中操作杆，在属性窗格中设置 Stiffness Behavior 为 Rigid，如图 11-99 所示。

Note

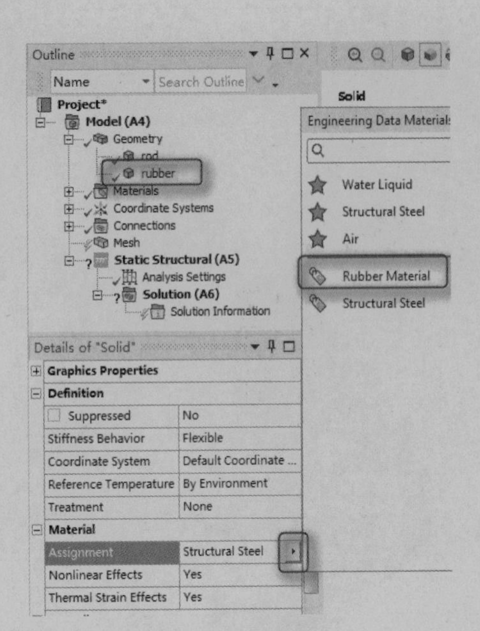

图 11-98　更改几何体材料

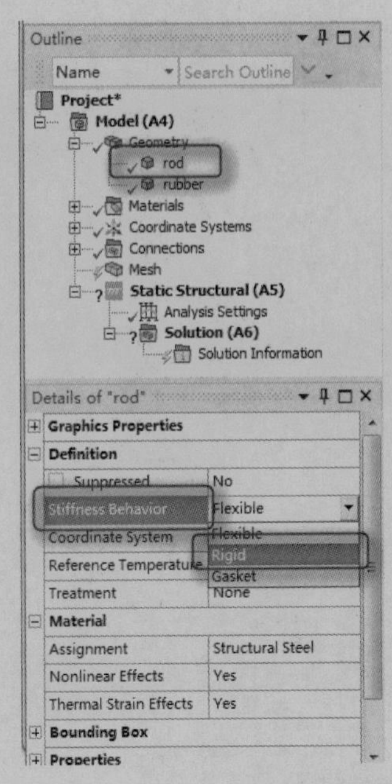

图 11-99　更改操作杆物理属性

06 设置坐标系。在树形目录中右击 Coordinate Systems 分支，在弹出的快捷菜单中选择 Insert→Coordinate Systems 命令，创建一个坐标系，此时在树形目录中的 Coordinate Systems 分支下，会多出一个名为 Coordinate System 的坐标系，如图 11-100 所示。

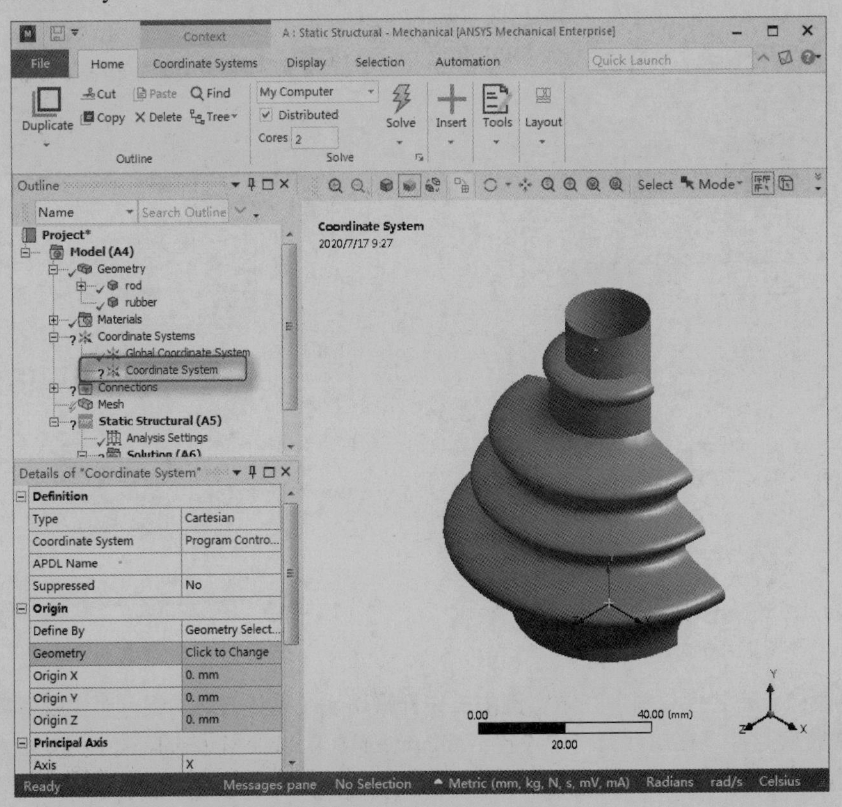

图 11-100　设置坐标系

Note

07 更改高级选项。选中此坐标系，首先设置坐标系类型，单击 Type，将其更改为 Cylindrical；单击 Coordinate System，将其更改为 Manual；展开 Origin 栏，单击更改 Define By 为 Global Coordinates；展开 Principal Axis 栏，单击 Axis，更改为 Z；单击更改 Define By 为 Global Y Axis；展开 Orientation About Principal Axis 栏，单击 Axis，更改为 X；单击更改 Define By 为 Global Z Axis。设置后的结果如图 11-101 所示。

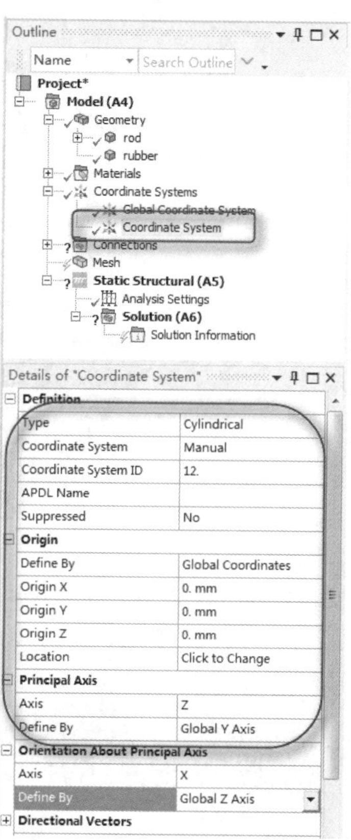

图 11-101　设置坐标系高级选项

08 插入远程点。在树形目录中右击 Model(A4)分支，在弹出的快捷菜单中选择 Insert→Remote Point 命令，插入远程点，如图 11-102 所示。

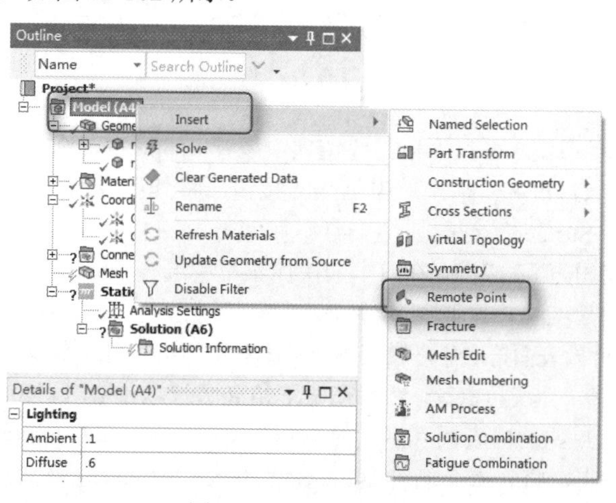

图 11-102　插入远程点

Note

09 更改远程点高级选项。选中刚创建的远程点，在右下角高级选项中展开 Scope 栏，选择 Geometry 栏，在绘图区域选择操作杆的表面，在 Geometry 栏中单击 Apply 按钮，将其更改为 1 Face；将 X Coordinate、Y Coordinate、Z Coordinate 均更改为 0mm；展开 Definition 栏，更改 Behavior 为 Rigid。设置后的结果如图 11-103 所示。

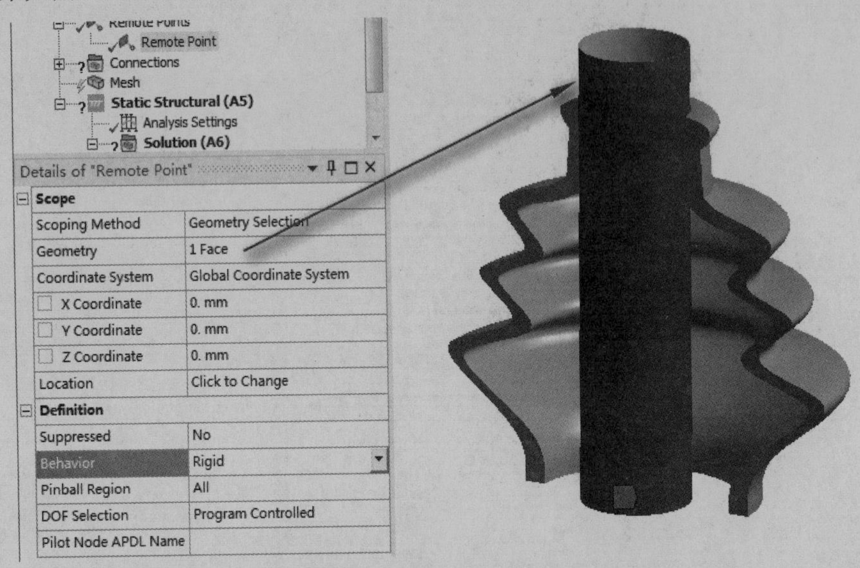

图 11-103　设置远程点高级选项

10 定义拾取集。在树形目录中右击 Model(A4)分支，在弹出的快捷菜单中选择 Insert→Named Selection 命令，定义拾取集，如图 11-104 所示。

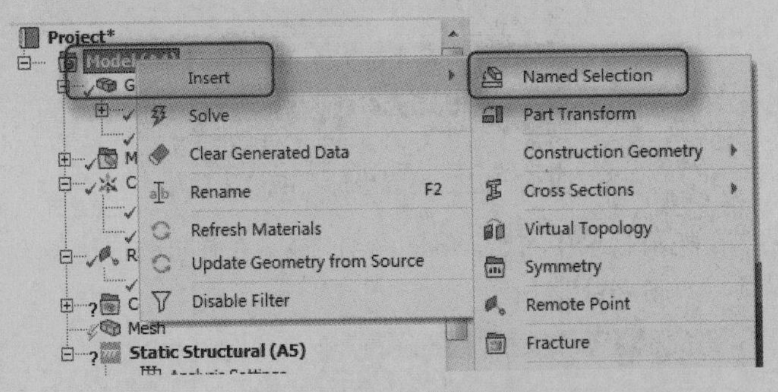

图 11-104　定义拾取集

11 选中刚创建的拾取集，在右下角高级选项中展开 Scope 栏，选择 Geometry 栏，在绘图区域中选择操作杆的表面，在 Geometry 栏中单击 Apply 按钮，将其更改为 1 Face；选择拾取集，右击，将它重命名为 Rod_Outer_Surface，结果如图 11-105 所示。

12 在树形目录中右击 Rod 模型，在弹出的快捷菜单中选择 Hide Body 命令，如图 11-106 所示。将操作杆进行隐藏，便于后续选择橡胶密封件。

13 定义橡胶密封件内表面拾取集。在树形目录中右击 Model(A4)分支，在弹出的快捷菜单中选择 Insert→Named Selection 命令，定义拾取集，然后在右下角高级选项中展开 Scope 栏，选择 Geometry 栏，在绘图区域中选择橡胶密封件的内表面（多选时需按住 Ctrl 键），在 Geometry 栏中单击 Apply 按钮；选择刚创建的拾取集，右击，将它重命名为 Boot_Seal_Inner_Surfaces，结果如图 11-107 所示。

Note

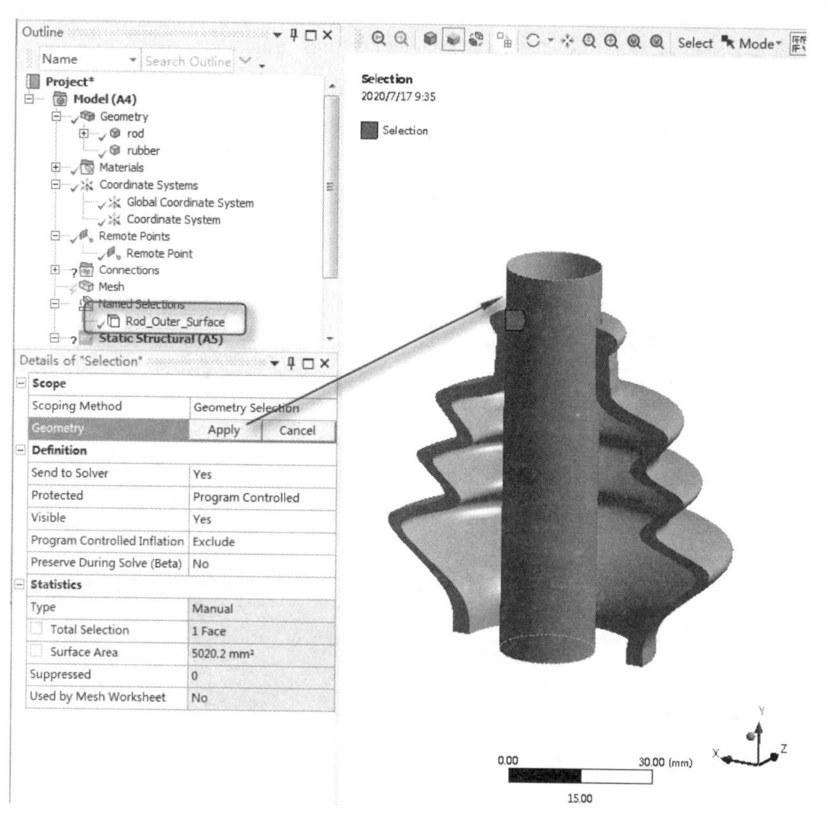

图 11-105 创建操作杆表面拾取集

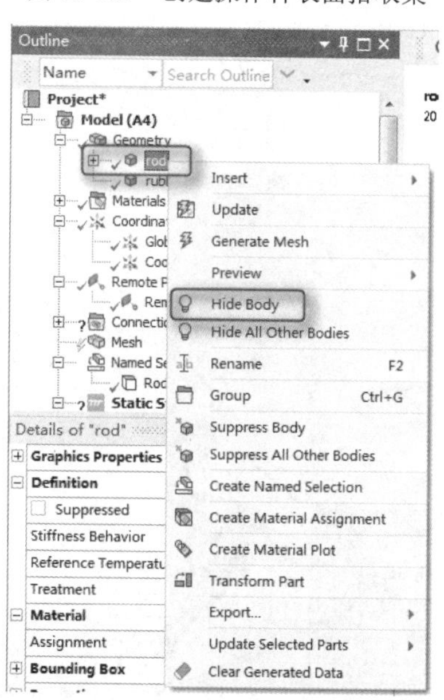

图 11-106 隐藏橡胶密封件

14 定义橡胶密封件外表面拾取集。在树形目录中右击 Model(A4)分支，在弹出的快捷菜单中选择 Insert→Named Selection 命令，定义拾取集，然后在右下角高级选项中展开 Scope 栏，选择 Geometry 栏，在绘图区域中选择橡胶密封件的外表面（多选时须按住 Ctrl 键），在 Geometry 栏中单击 Apply 按钮；

Note

选择刚创建的拾取集，右击，将它重命名为 Boot_Seal_Outer_Surfaces，结果如图 11-108 所示。

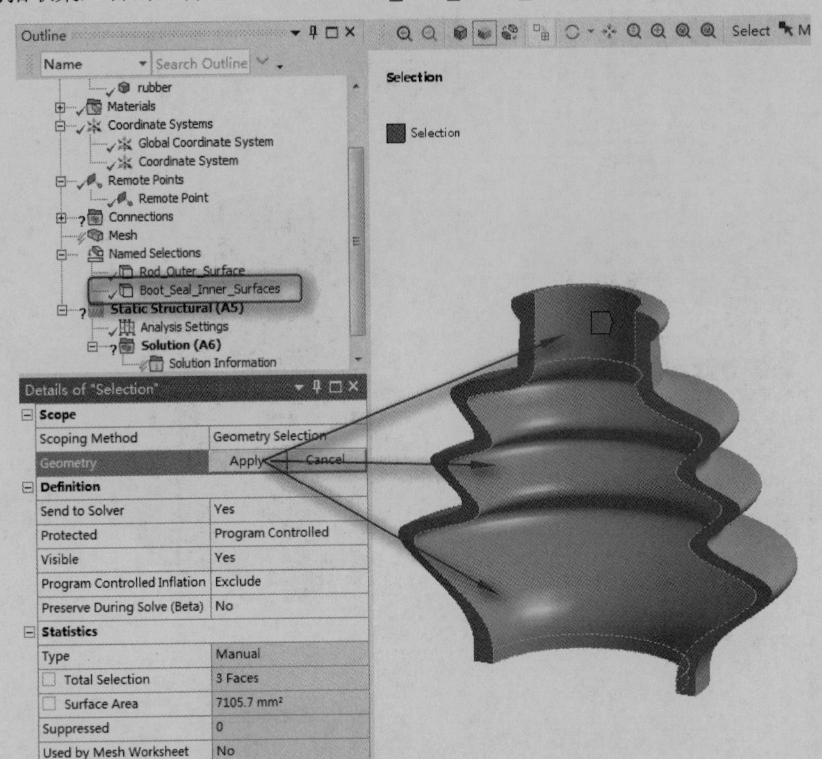

图 11-107　创建橡胶密封件内表面拾取集

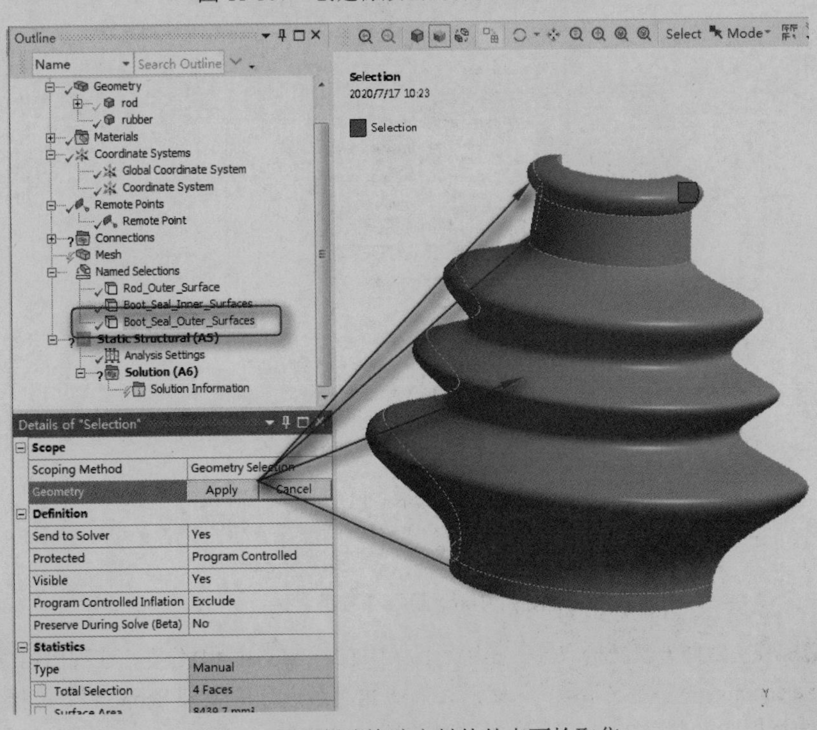

图 11-108　创建橡胶密封件外表面拾取集

11.6.5　添加接触

01 在树形目录中右击 Rod 模型，在弹出的快捷菜单中选择 Show Body 命令，如图 11-109 所示。将操作杆进行取消隐藏。

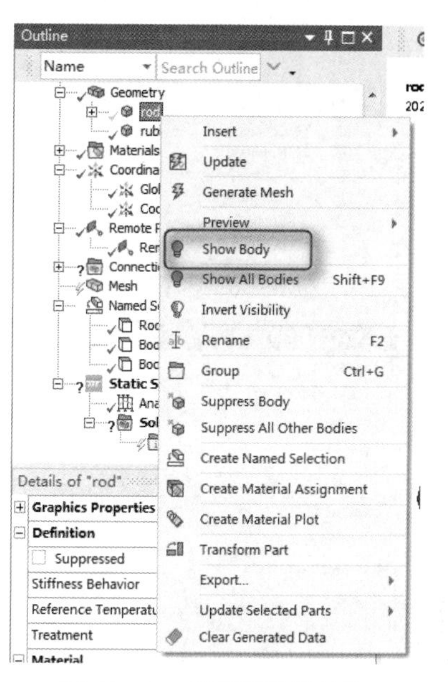

图 11-109　隐藏橡胶密封件

02 设定操作杆和橡胶密封件内表面之间的接触，类型为摩擦接触，摩擦系数为 0.2。展开树形目录中的 Connections 分支，可以看到系统会默认加上接触，如图 11-110 所示。需要重新定义操作杆和橡胶密封件之间的接触，首先选择属性窗格中的 Scoping Method，单击下拉列表，选择 Named Selection 选项，然后设置 Contact 为 Boot_Seal_Inner_Surfaces、Target 为 Rod_Outer_Surface；展开 Definition 栏，设置 Type 为 Frictional、Friction Coefficient 为 0.2、Behavior 为 Asymmetric；展开 Advanced 栏，设置 Detection Method 为 On Gauss Point；展开 Geometric Modification 栏，设置 Interface Treatment 为 Add Offset, Ramped Effects，定义操作杆和橡胶密封件内表面之间的接触。结果如图 11-111 所示。

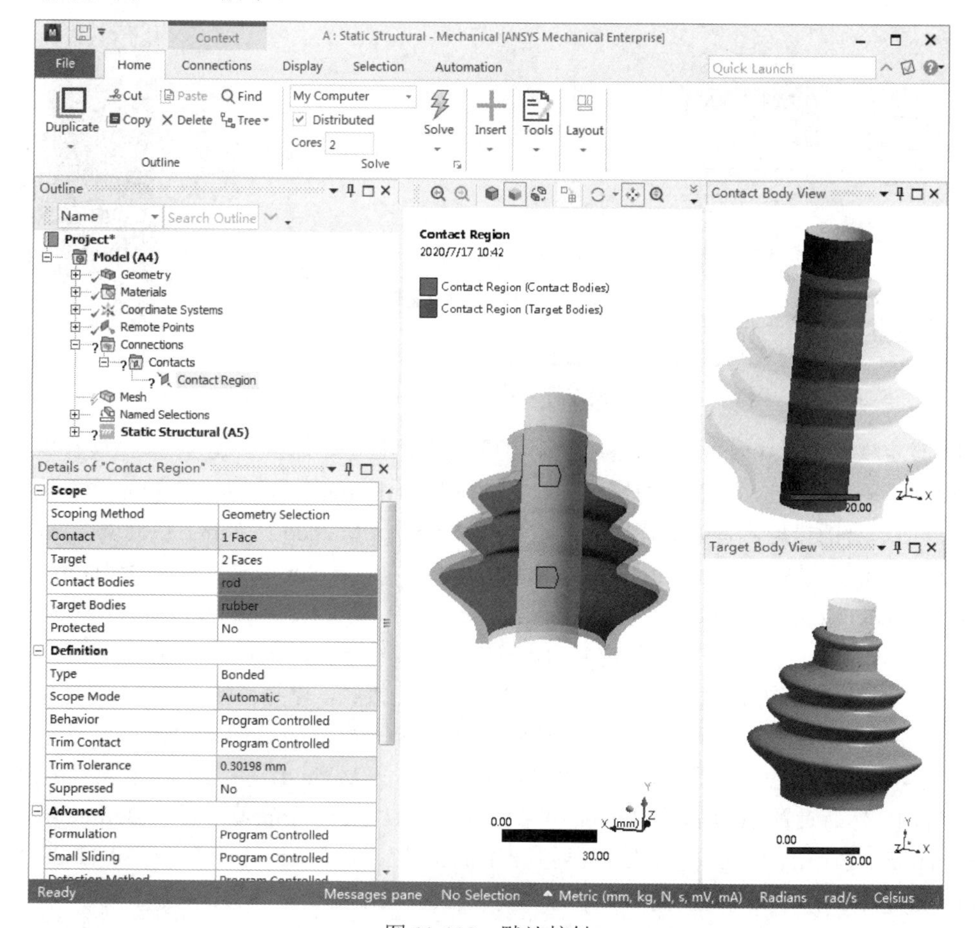

图 11-110　默认接触

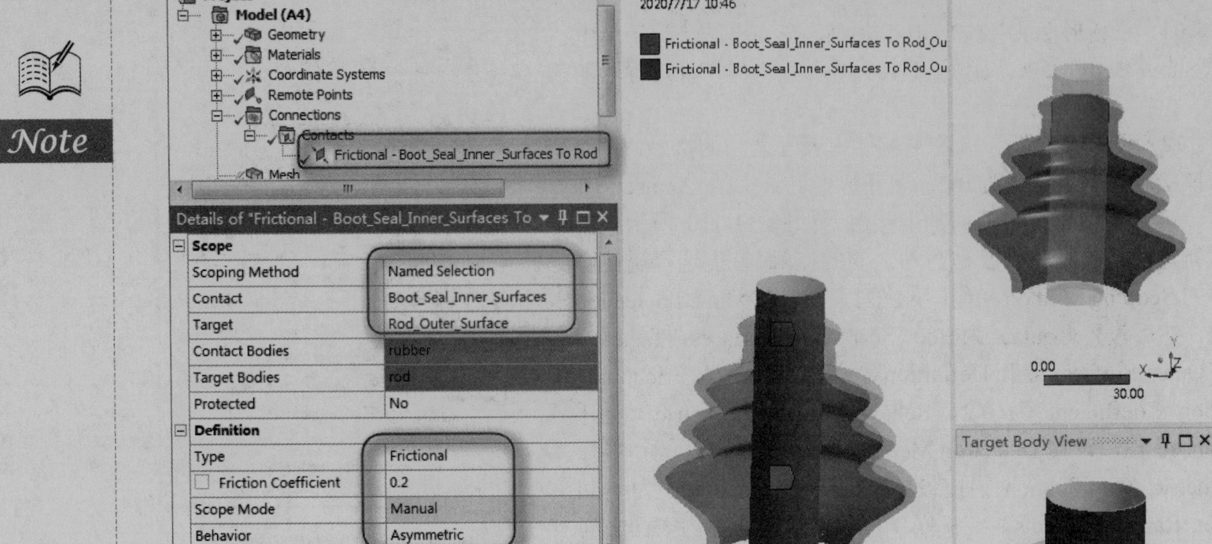

图 11-111　定义操作杆和橡胶密封件内表面之间的接触

03 设定橡胶密封件内表面本身的接触，类型为摩擦接触，摩擦系数为 0.2。展开树形目录中的 Connections 分支，右击，在弹出的快捷菜单中选择 Insert→Manual Contact Region 命令。定义橡胶密封件内表面本身的接触，首先选择属性窗格中的 Scoping Method，单击下拉列表，选择 Named Selection 选项，然后设置 Contact 和 Target 均为 Boot_Seal_Inner_Surfaces；展开 Definition 栏，设置 Type 为 Frictional、Friction Coefficient 为 0.2；展开 Advanced 栏，设置 Detection Method 为 Nodal-Projected Normal From Contact，定义橡胶密封件内表面本身的接触。结果如图 11-112 所示。

04 设定橡胶密封件外表面本身的接触，类型为摩擦接触，摩擦系数为 0.2。展开树形目录中的 Connections 分支，右击，在弹出的快捷菜单中选择 Insert→Manual Contact Region 命令。定义橡胶密封件外表面本身的接触，首先选择属性窗格中的 Scoping Method，单击下拉列表，选择 Named Selection 选项，然后设置 Contact 和 Target 均为 Boot_Seal_Outer_Surfaces；展开 Definition 栏，设置 Type 为 Frictional、Friction Coefficient 为 0.2；展开 Advanced 栏，设置 Detection Method 为 Nodal-Projected Normal From Contact，定义橡胶密封件外表面本身的接触。结果如图 11-113 所示。

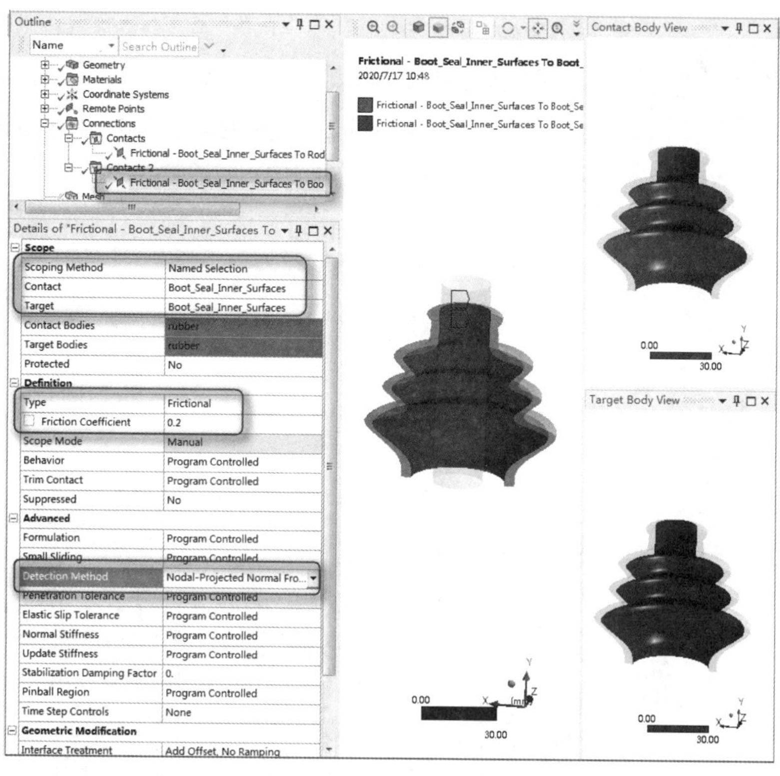

图 11-112　定义橡胶密封件内表面本身的接触

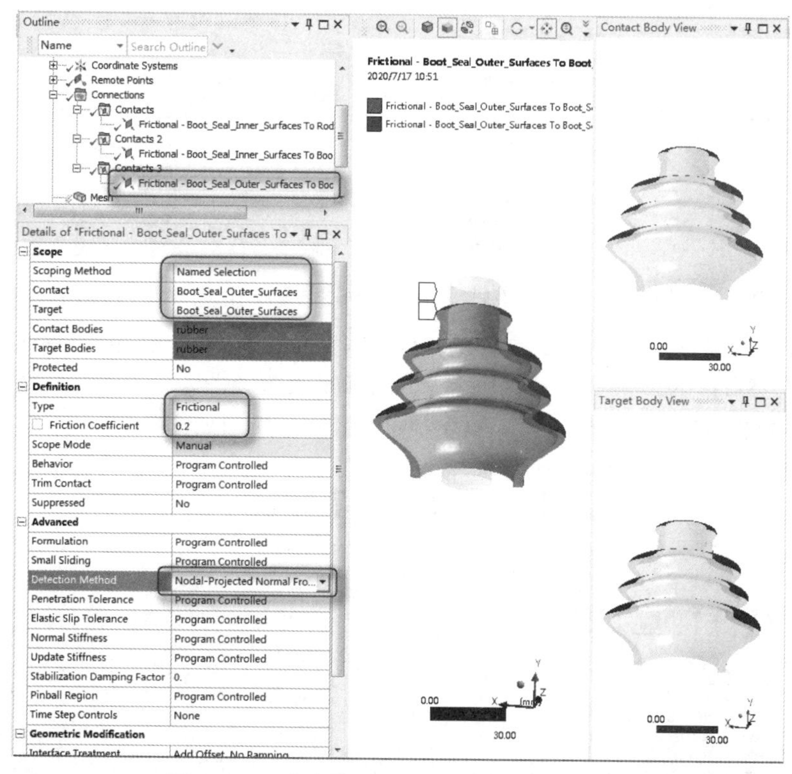

图 11-113　定义橡胶密封件外表面本身的接触

11.6.6 分析设置

01 设置载荷步。单击树形目录中的 Analysis Settings，首先将属性窗格中的 Number Of Steps 设置为 3，其他参数根据图 11-114 进行设置，然后设置 Current Step Number 为 2，对第二个载荷步进行如图 11-115 所示的设置；再设置 Current Step Number 为 3，对第三个载荷步进行如图 11-116 所示的设置。

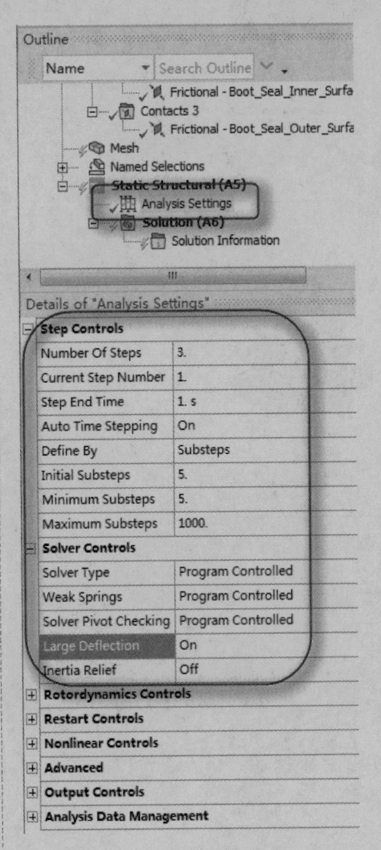

图 11-114 设置载荷步（1）

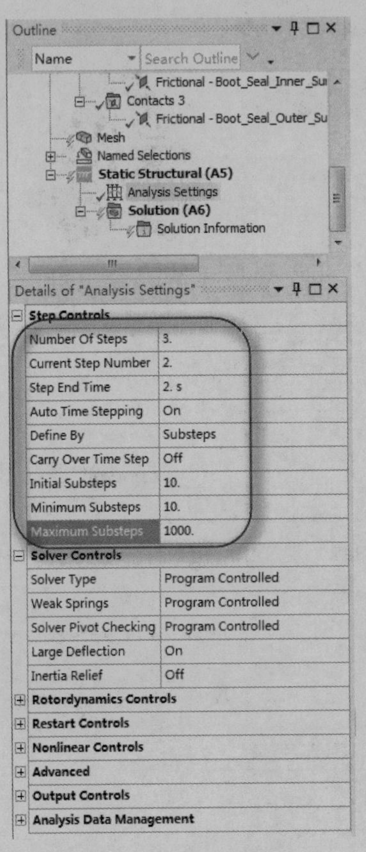

图 11-115 设置载荷步（2）

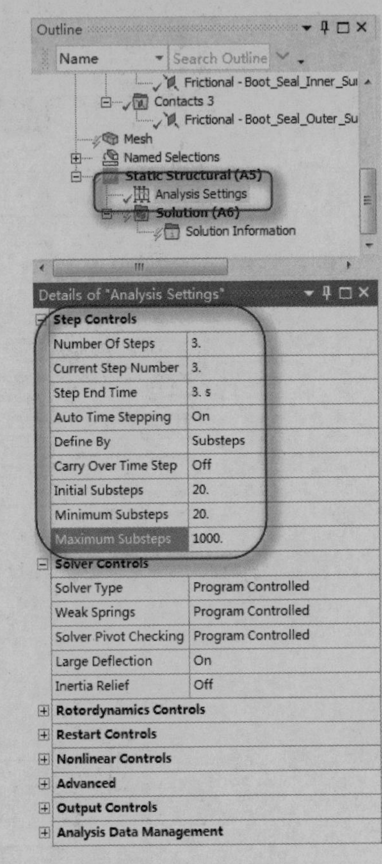

图 11-116 设置载荷步（3）

02 添加位移约束 1。在 Environment 工具栏中选择 Structural 区域中的 Displacement 命令，如图 11-117 所示。然后单击工具栏中的“面选择”按钮，选择绘图区域中橡胶密封件的侧面，单击属性窗格中的 Apply 按钮。更改坐标系统 Coordinate System 为上面步骤中创建的 Coordinate System 坐标，更改 Y 轴向位移约束为 0，如图 11-118 所示。

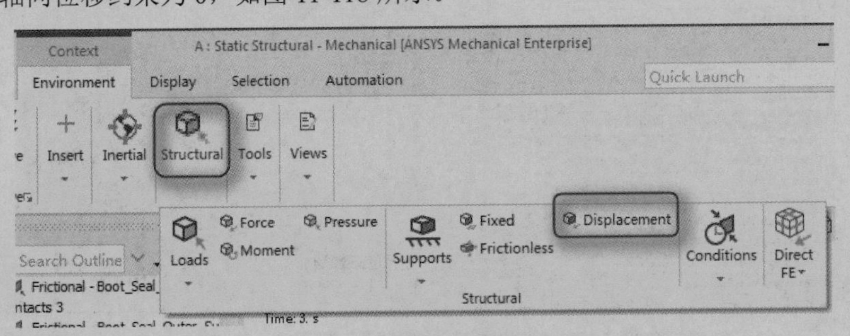

图 11-117 添加位移约束

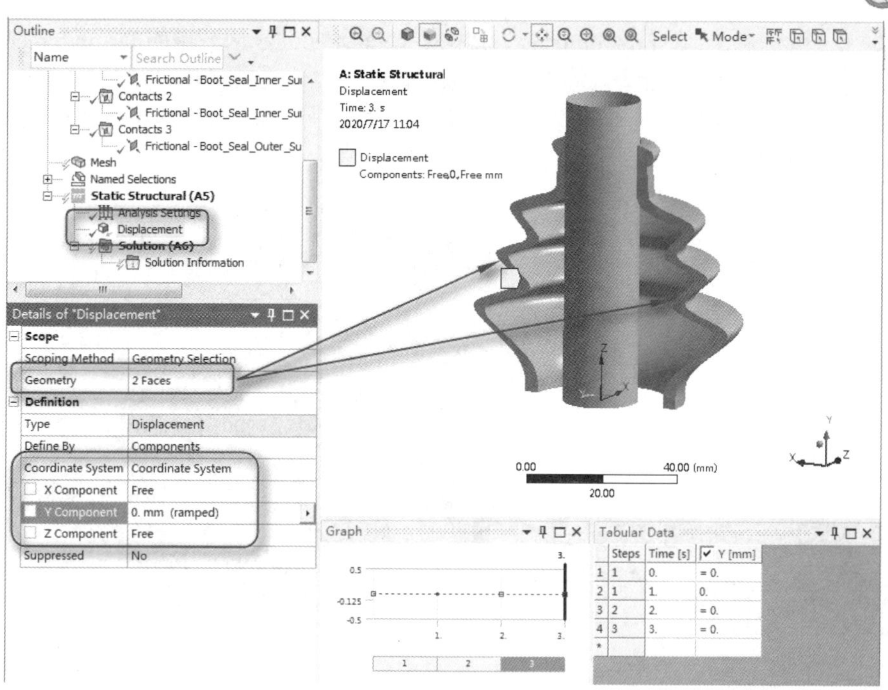

图 11-118　设置位移约束（1）

03 添加位移约束 2。在 Environment 工具栏中选择 Structural 区域中的 Displacement 命令。然后单击工具栏中的“面选择”按钮，选择绘图区域中橡胶密封件的底面，单击属性窗格中的 Apply 按钮。采取默认的坐标系统 Coordinate System 为上面步骤中所创建的 Coordinate System 坐标，更改 Y 轴向位移约束为 0，如图 11-119 所示。

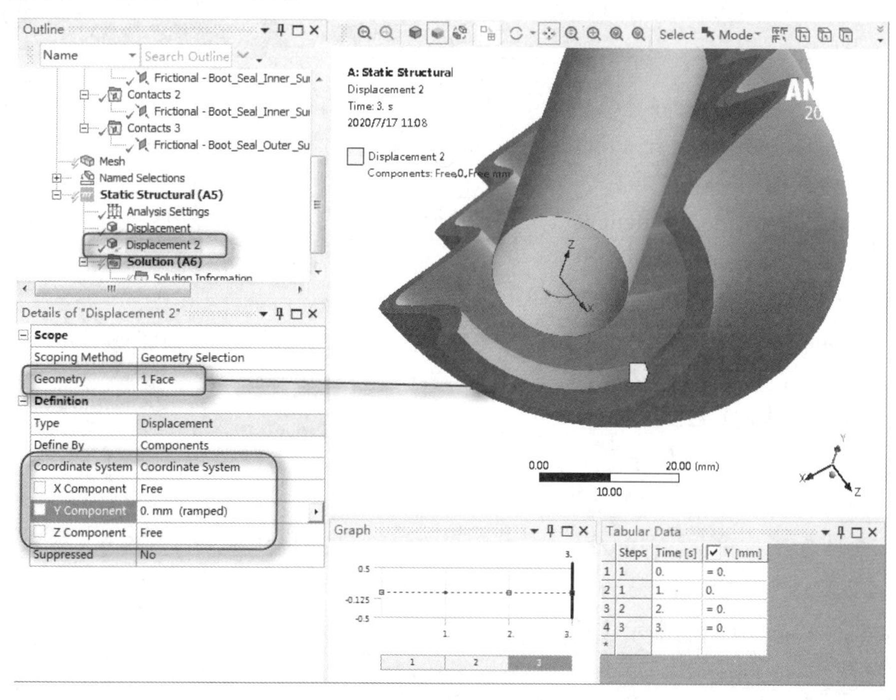

图 11-119　设置位移约束（2）

04 添加位移约束 3。在 Environment 工具栏中选择 Structural 区域中的 Displacement 命令。然后单击工具栏中的“面选择”按钮，选择绘图区域中橡胶密封件的底侧面，单击属性窗格中的 Apply 按钮。更改坐标系统 Coordinate System 为上面步骤中所创建的 Coordinate System 坐标，更改 X 轴向位移约束为 0，如图 11-120 所示。

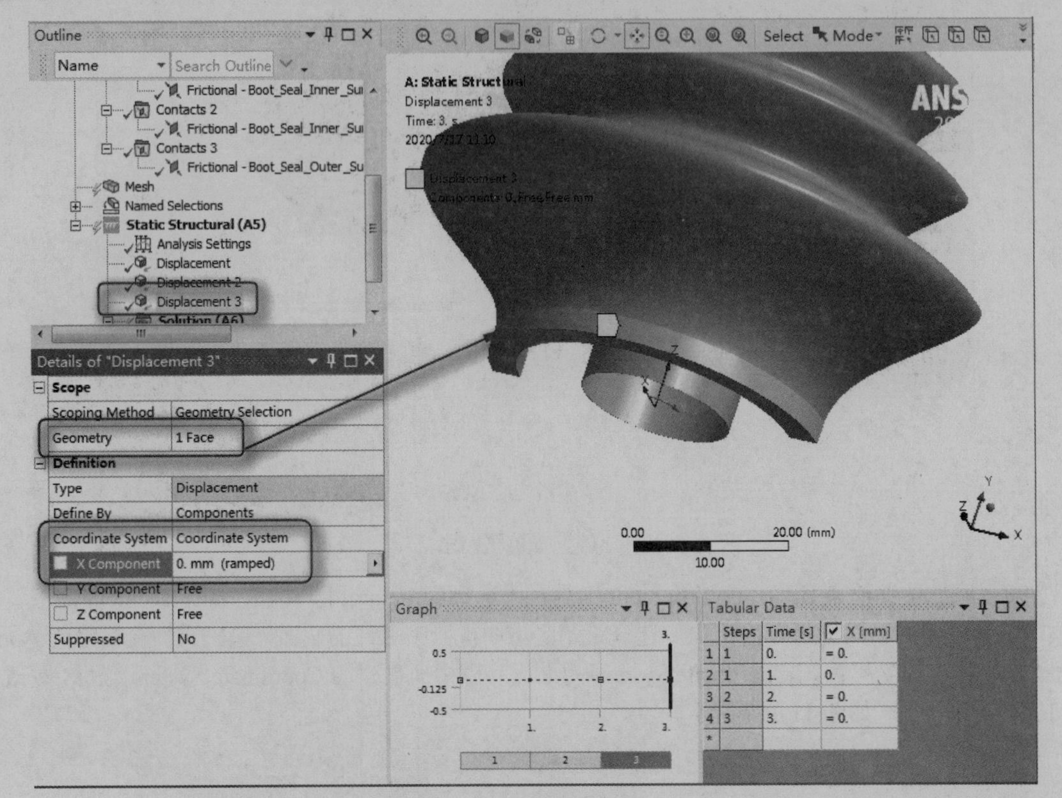

图 11-120　设置位移约束（3）

05 添加远距位移约束。在 Environment 工具栏中选择 Structural 区域中的 Supports→Remote Displacement 命令，如图 11-121 所示。更改指定范围 Scoping Method 为 Remote Point，更改远距离点 Remote Points 为上面步骤中创建的 Remote Point，更改 X Component、Y Component、Z Component、Rotation X、Rotation Y 和 Rotation Z 属性均为 Tabular Data，如图 11-122 所示。

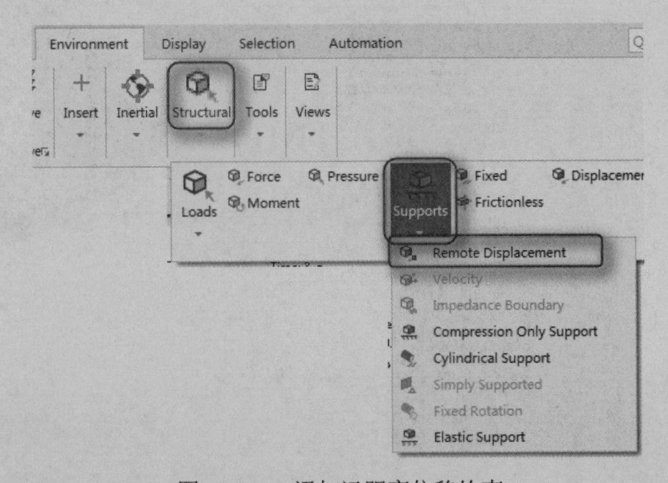

图 11-121　添加远距离位移约束

06 在绘图区域的右下方更改 Tabular Data，在这里将第三行 Y 向更改为-10mm，将第四行 Y 向更改为-10mm，将第三行 RZ 向更改为 0.55rad。这时在 Tabular Data 框的左边的图形将显示位移的矢量图，如图 11-123 所示。

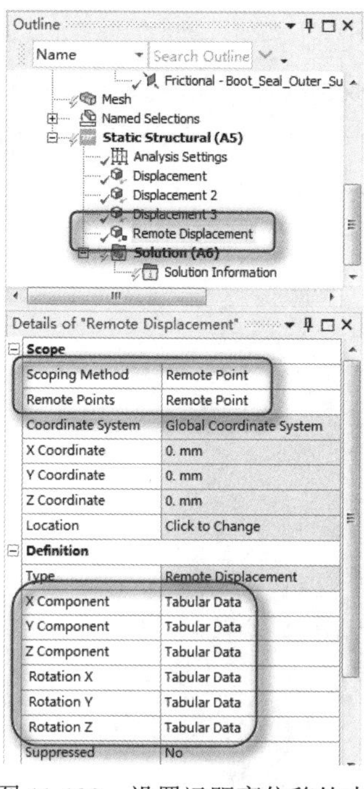

图 11-122　设置远距离位移约束

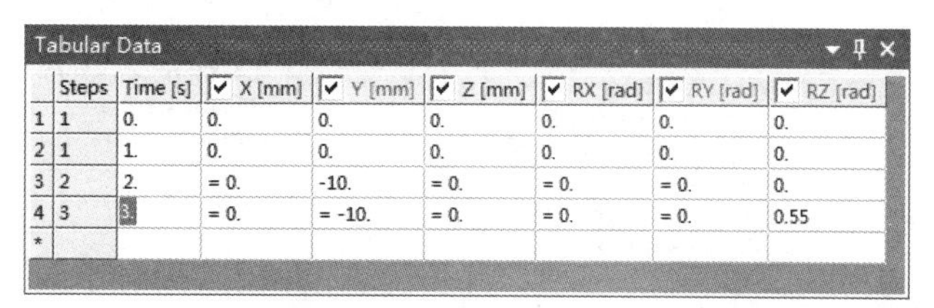

Tabular Data

	Steps	Time [s]	X [mm]	Y [mm]	Z [mm]	RX [rad]	RY [rad]	RZ [rad]
1	1	0.	0.	0.	0.	0.	0.	0.
2	1	1.	0.	0.	0.	0.	0.	0.
3	2	2.	= 0.	-10.	= 0.	= 0.	= 0.	0.
4	3	3.	= 0.	= -10.	= 0.	= 0.	= 0.	0.55
*								

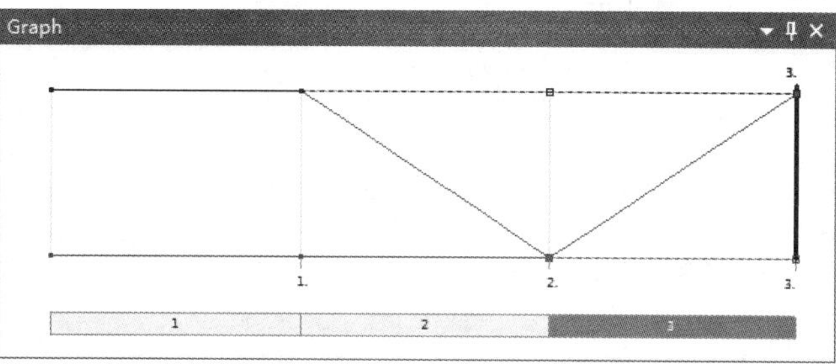

图 11-123　更改 Tabular Data

11.6.7　求解

01 设置绘制总位移求解。单击树形目录中的 Solution(A6)分支，单击 Solution 工具栏中的 Results→Deformation 按钮，选择下拉列表中的 Total 命令，添加总体位移求解。指定 Geometry 为橡胶密封件，保持 Definition 栏中 By 属性为 Time、Display Time 属性为 Last，如图 11-124 所示。

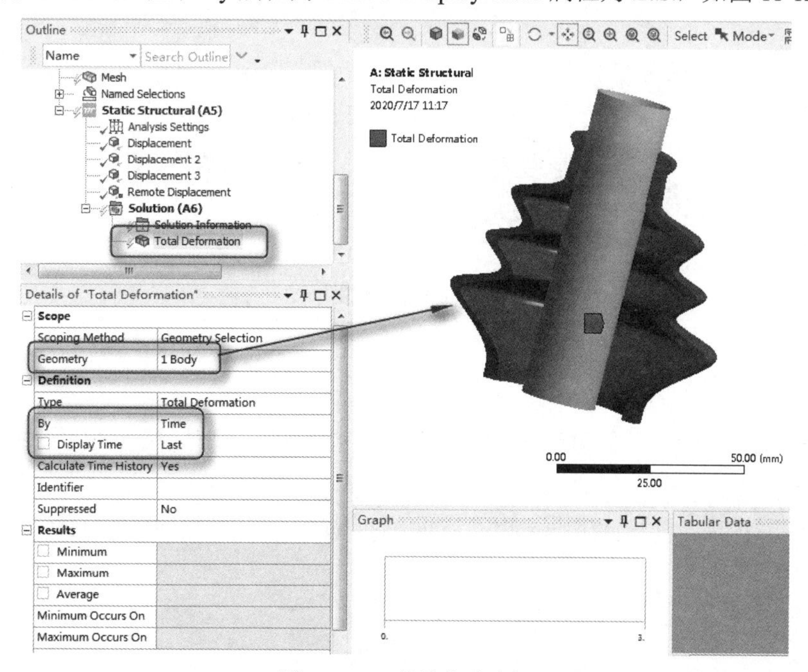

图 11-124　总体位移求解

Note

02 设置绘制总应力求解。选择 Solution 工具栏中的 Results→Stress 按钮，选择下拉列表中的 Equivalent (von-Mises)命令，添加总体应力求解。指定 Geometry 为橡胶密封件，保持 Definition 栏中 By 属性为 Time、Display Time 属性为 Last，如图 11-125 所示。

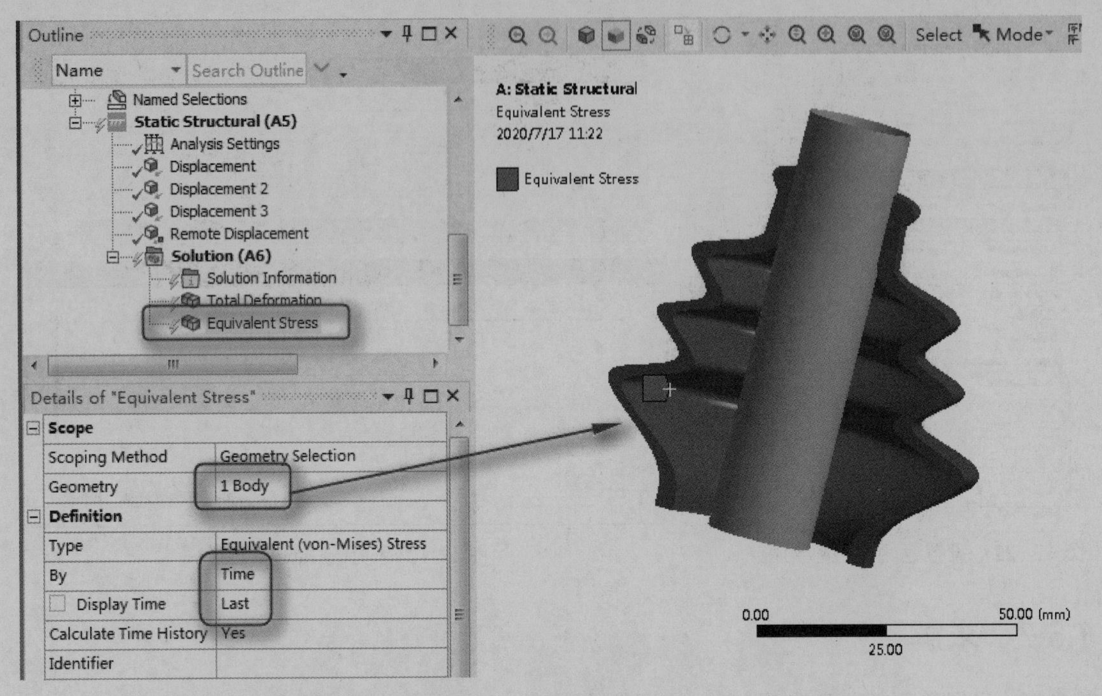

图 11-125 总体应力求解

03 求解模型，单击工具栏内 Solve 区域中的 Solve 按钮，如图 11-126 所示。对模型进行求解。

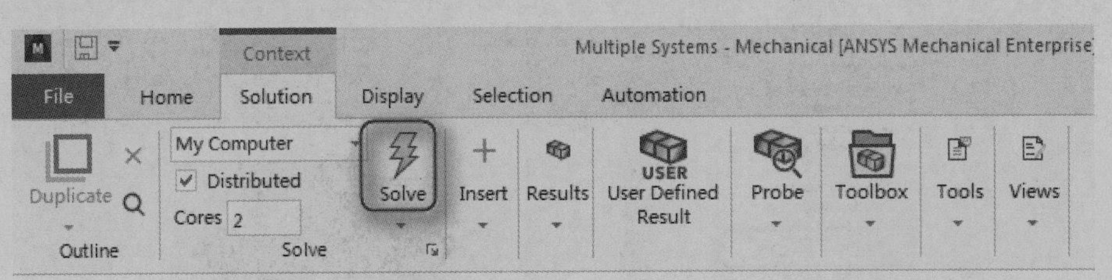

图 11-126 求解

11.6.8 查看求解结果

01 查看总体变形图。单击树形目录中的 Total Deformation，可以在绘图区域查看总体变形图，如图 11-127 所示。

02 查看总体应变图。单击树形目录中的 Equivalent Stress，可以在绘图区域查看应力图，如图 11-128 所示。

Note

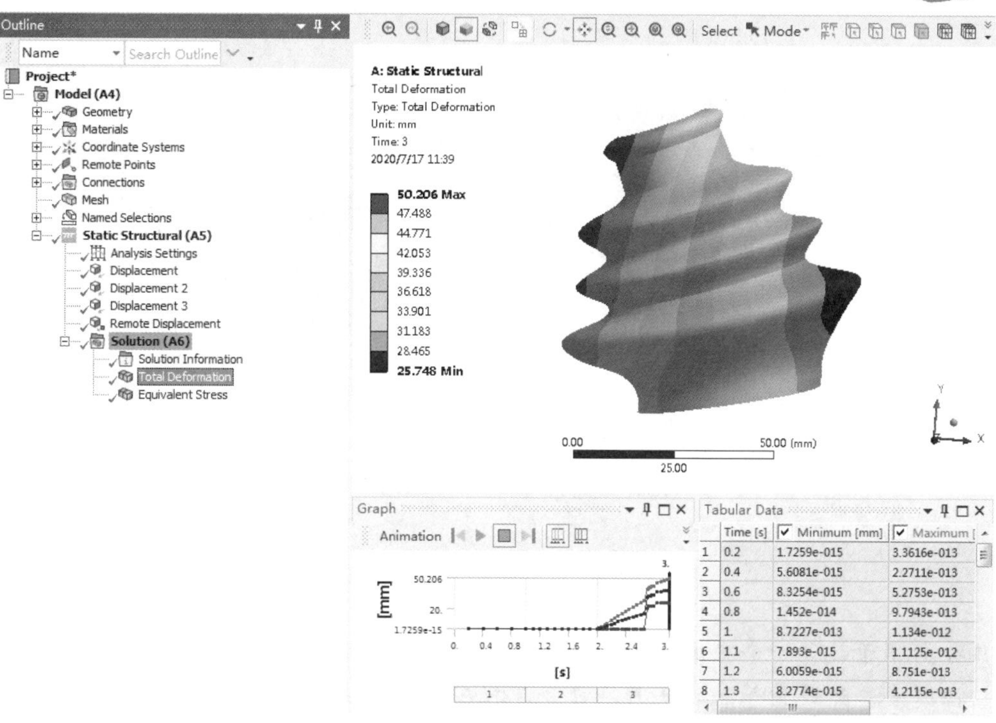

图 11-127　变形结果

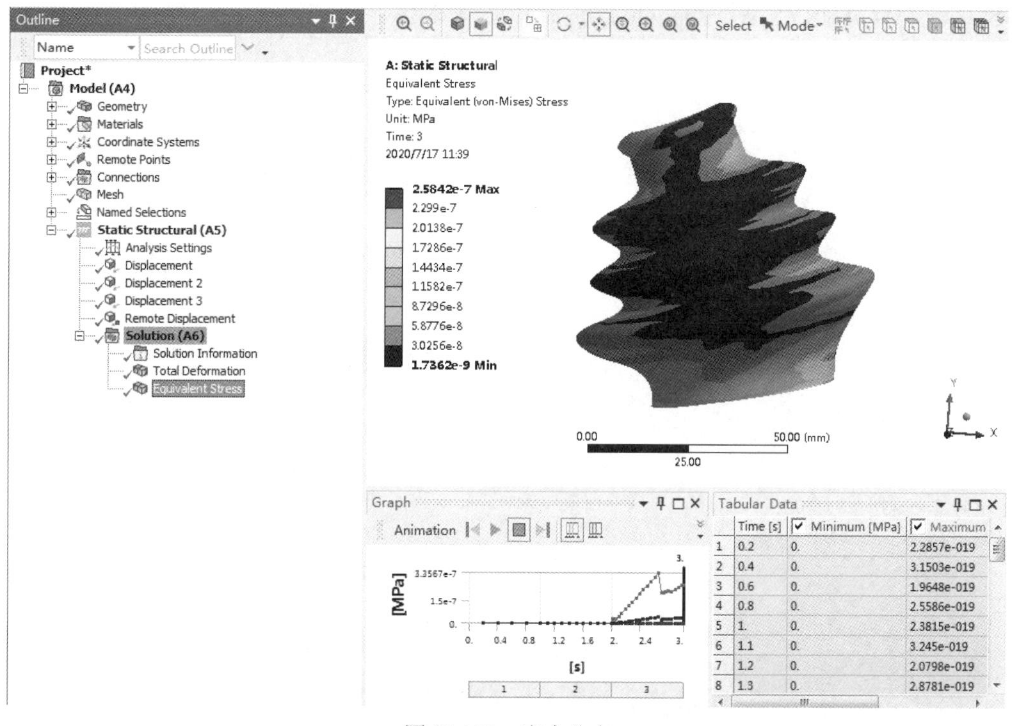

图 11-128　应力分布

第12章

热分析

热分析用于计算一个系统或不可见的温度分布及其他热物理参数，例如热量的获得与损失、热梯度、热通量等。热分析在许多工程应用中扮演重要角色，如内燃机、涡轮机、换热器、管路系统、电子元件等。

本章将介绍 ANSYS Workbench 热分析的基本方法和技巧。

Note

12.1　热分析基础

在 ANSYS Workbench 的 Mechanical 应用程序中热分析模型与其他模型也有所不同。

在热分析中，对于一个稳态热分析的模拟，温度矩阵{T}通过下面的矩阵方程解得：

$$[K(T)]\{T\}=\{Q(T)\}$$

式中：假设在稳态分析中不考虑瞬态影响，[K]可以是一个常量或是温度的函数；{Q}可以是一个常量或是温度的函数。

上述方程基于傅立叶定律：固体内部的热流（Fourier's Law）是[K]的基础；热通量、热流率以及对流{Q}为边界条件；对流被处理成边界条件，虽然对流换热系数可能与温度相关。

在 ANSYS 中热分析主要分为两大类：稳态传热（系统的温度场不随时间变化）和瞬态传热（系统的温度场随时间明显变化）。

12.2　热传递的方式

☑　传导：两个良好接触的物体之间的能量交换或一个物体内由于温度梯度引起的内部能量交换。

☑　对流：在物体和周围介质之间发生的热交换。

☑　辐射：一个物体或两个物体之间通过电磁波进行的能量交换。

在绝大多数情况下，我们分析的热传导问题都带有对流和/或辐射边界条件。

1. 热传导

热传导可以定义为完全接触的两个物体之间或一个物体的不同部分之间，由于温度梯度而引起的内能的交换。热传导遵循傅立叶定律：

$$q^{*}=-K_{nn}\frac{\partial T}{\partial n}$$

其中，q^{*}为热流密度（W/m^2）；K_{nn}为导热系数（W/m·℃）；$\frac{\partial T}{\partial n}$为沿向的温度梯度；负号表示热量流向温度降低的方向，如图 12-1 所示。

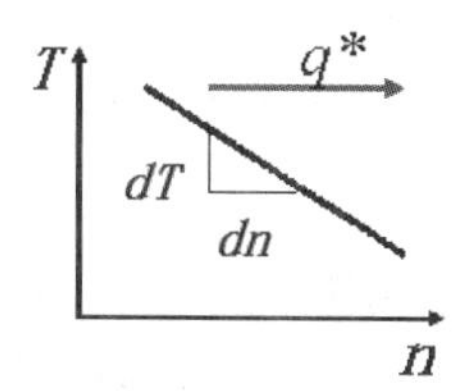

图 12-1　热传导示意图

2. 热对流

热对流是指固体的表面与它周围接触的流体之间，由于温差的存在引起的热量的交换。热对流可以分为两类：自然对流和强制对流。对流一般作为面边界条件施加。热对流用牛顿冷却方程来描述：

$$q^{*}=h_{f}(T_{S}-T_{B})$$

Note

其中，h_f 为对流换热系数（或称膜传热系数、给热系数、膜系数等）；T_S 为固体表面的温度；T_B 为周围流体的温度，如图 12-2 所示。

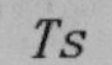

图 12-2　热对流示意图

3. 热辐射

热辐射指物体发射电磁能，并被其他物体吸收转变为热的热量交换过程。物体温度越高，单位时间辐射的热量越多。热传导和热对流都需要有传热介质，而热辐射无须任何介质。实质上，在真空中的热辐射效率最高。

在工程中通常考虑两个或两个以上物体之间的辐射，系统中每个物体同时辐射并吸收热量。它们之间的净热量传递可以用斯蒂芬-玻尔兹曼方程来计算：

$$Q=\varepsilon\sigma A_1F_{12}(T_1^4-T_2^4)$$

其中，Q 为热流率；ε 为吸射率（黑度）；σ 为斯蒂芬-玻尔兹曼常数，约为 $0.119\times12\text{-}10\text{BTU/h}\cdot\text{in}^2\cdot\text{K}^4$；$A_1$ 为辐射面 1 的面积；F_{12} 为由辐射面 1 到辐射面 2 的形状系数；T_1 为辐射面 1 的绝对温度；T_2 为辐射面 2 的绝对温度。由上式可以看出，包含热辐射的热分析是高度非线性的。在 ANSYS 中将辐射按平面现象处理（体都假设为是不透明的），如图 12-3 所示。

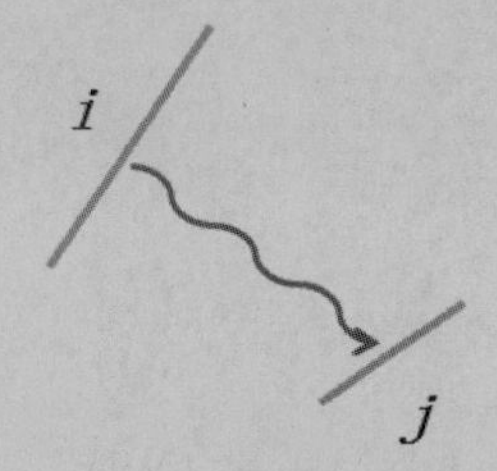

图 12-3　热辐射示意图

12.3　热分析流程

在 Workbench 主界面中，展开左边工具箱中的 Analysis Systems 栏，将工具箱中的 Steady-State Thermal 选项直接拖曳到项目管理界面中或是直接在项目上双击载入，即可建立一个含有 Steady-State Thermal 的项目模块，结果如图 12-4 所示。

ANSYS Workbench 求热分析也是由 Mechanical 模块来求解的，进入 Mechanical 后，选中分析树中的 Analysis Settings，即可进行分析参数的设置，如图 12-5 所示。

进入热分析的装配体中要考虑组件间的热传导、导热率和接触的方式等。

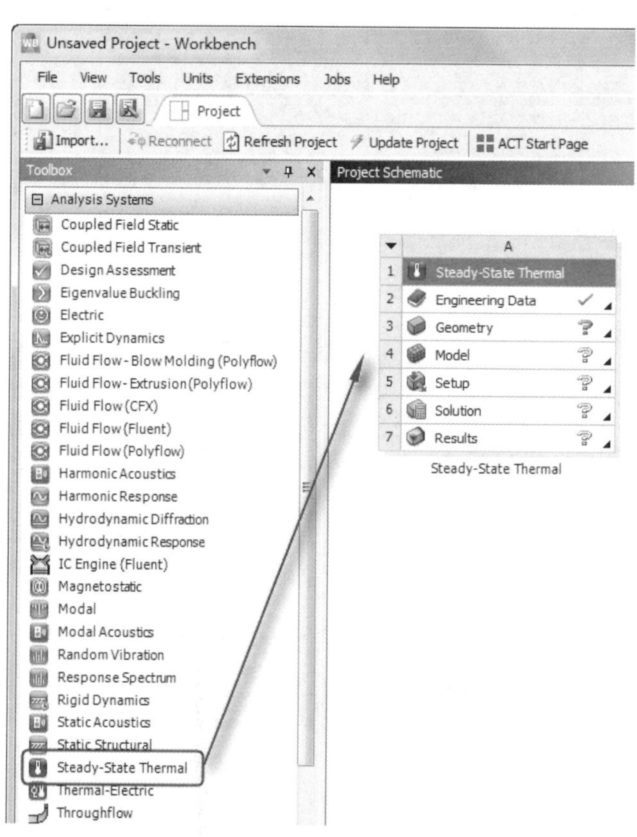

图 12-4　添加 Steady-State Thermal 选项

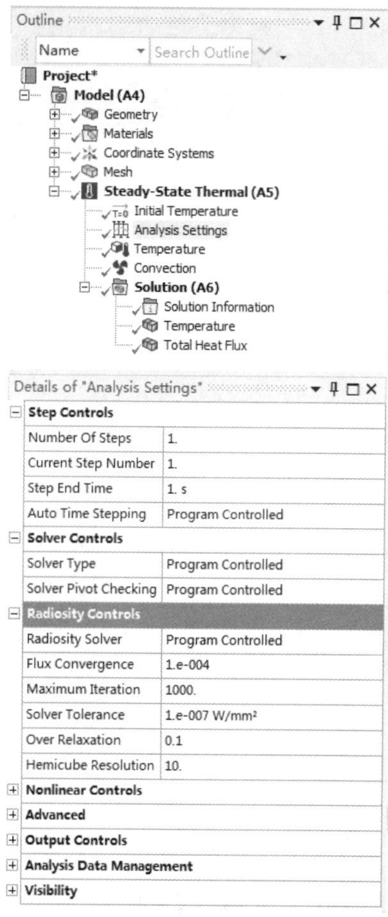

图 12-5　热分析参数设置

12.3.1　几何模型

在热分析中，所有的实体类都被约束，包括体、面、线。对于线实体的截面和轴向在 DesignModeler 中定义，热分析中不可以使用点质量（Point Mass）的特性。

关于壳体和线体的假设如下。

☑　壳体：没有厚度方向上的温度梯度。

☑　线体：没有厚度变化，假设在截面上是一个常温，但在线实体的轴向上仍有温度变化。

12.3.2　材料属性

在稳态热分析中唯一需要的材料属性是导热性（Thermal Conductivity），即需定义导热系数。材料属性如图 12-6 所示，另外还需注意以下方面。

☑　导热性是在 Engineering Data 中输入的。

☑　温度相关的导热性以表格形式输入。

若存在任何与温度相关的材料属性，就将导致非线性求解。

Note

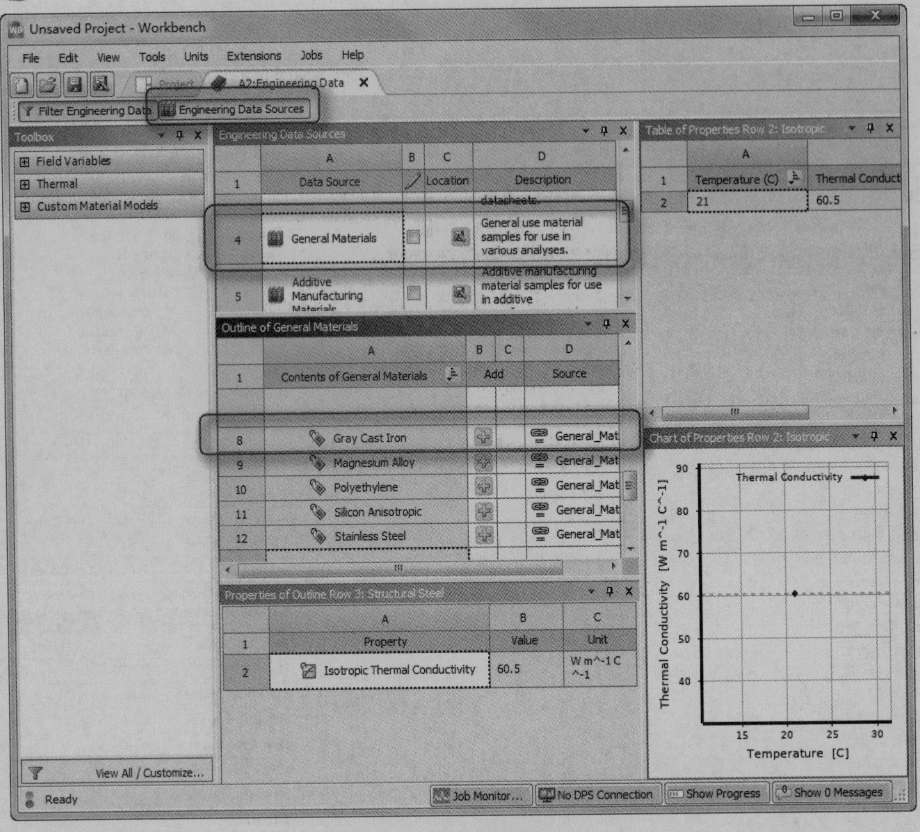

图 12-6　材料属性

12.3.3　实体接触

对于结构分析，接触域是自动生成的，用于激活各部件间的热传导。

在装配体中需要实体接触，此时为确保部件间的热传递，实体间的接触区将被自动创建，如图 12-7 所示。当然不同的接触类型，将会决定热量是否会在接触面和目标面间传递，总结如表 12-1 所示。

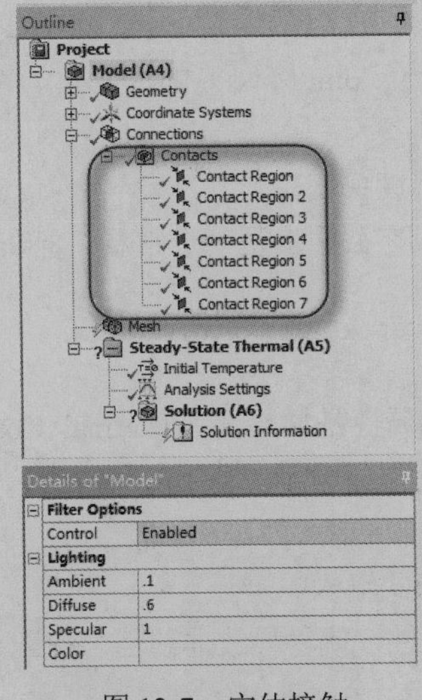

图 12-7　实体接触

表 12-1 实体接触

接触类型	接触区内部件间的热传递		
	起始接触	Pinball 区内	Pinball 区外
绑定	√	√	×
不分离	√	√	×
粗糙	√	×	×
无摩擦	√	×	×
有摩擦	√	×	×

如果部件间初始就已经接触，那么就会出现热传导；如果部件间初始就没有接触，那么就不会发生热传导。

热分析中 Pinball 区域决定了何时发生接触，且是自动定义的，同时还给了一个相对较小的值来适应模型中的小间距。

如果接触是 Bonded（绑定）的或 No Separation（无分离）的，那么当面出现在 Pinball 半径内时就会发生热传导（此时会出现绿色实线箭头）。

12.3.4 导热率

默认情况下，假设部件间是完美的热接触传导，意味着界面上不会发生温度降低，实际情况下，有些条件削弱了完美的热接触传导，这些条件包括表面光滑度、表面粗糙度、氧化物、包埋液、接触压力、表面温度及使用导电脂等。

实际上，穿过接触界面的热流速，由接触热通量 q 决定：

$$q = TCC \cdot (T_{target} - T_{contact})$$

式中：$T_{contact}$ 是一个接触节点上的温度；T_{target} 是对应目标节点上的温度。

默认情况下，基于模型中定义的最大材料导热性 *KXX* 和整个几何边界框的对角线 *ASMDIAG*，*TCC* 被赋以一个相对较大的值，即

$$TCC=KXX \cdot 10000/ASMDIAG$$

这实质上为部件间提供了一个完美接触传导。

在 ANSYS Professional 或更高版本，用户可以为函数和增广拉格朗日方程定义一个有限热接触传导（*TCC*）。在细节窗口，为每个接触域指定 *TCC* 输入值，如果已知接触热阻，那么它的相反数除以接触面积就可得到 *TCC* 值。

12.3.5 施加热载荷

在 ANSYS Workbench 中添加热载荷是通过工具栏中的命令进行添加的。热环境的工具栏如图 12-8 所示。

热载荷包括热流量、热通量及热生成等。

1. 热流量：Heat Flow

☑ 热流速可以施加在点、边或面上。它分布在多个选择域上。

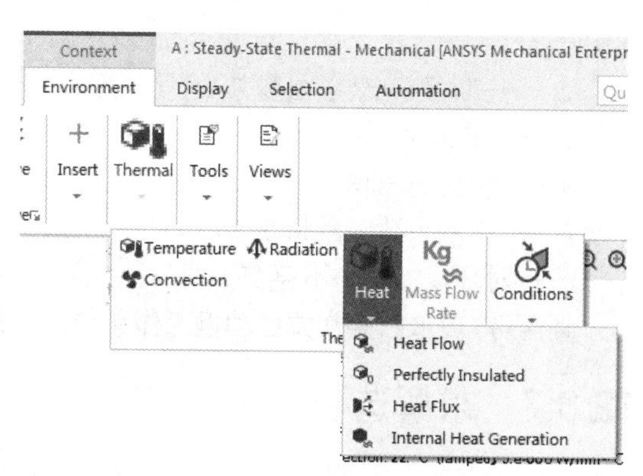

图 12-8 热环境工具栏

☑ 它的单位是能量比上时间（energy/time）。

2. 完全绝热（热流量为 0）：Perfectly Insulated

可以删除原来面上施加的边界条件。

Note

3. 热通量：Heat Flux

☑ 热通量只能施加在面上（二维情况时只能施加在边上）。

☑ 它的单位是能量比上时间再除以面积（energy/time/area）。

4. 热生成：Internal Heat Generation

☑ 内部热生成只能施加在实体上。

☑ 它的单位是能量比上时间再除以体积（energy/time/volume）。

正的热载荷会增加系统的能量。

12.3.6 热边界条件

在 Mechanical 中有 3 种形式的热边界条件，包括温度、对流和辐射。在分析时至少应存在一种类型的热边界条件；否则，如果热量将源源不断地输入系统中，稳态时的温度将会达到无穷大。

另外，分析时给定的温度或对流载荷不能施加到已施加了某种热载荷或热边界条件的表面上。

1. 给定温度：Temperature

☑ 给点、边、面或体上指定一个温度。

☑ 温度是需要求解的自由度。

2. 对流：Convection

☑ 只能施加在面上（二维分析时只能施加在边上）。

☑ 对流 q 由导热膜系数 h、面积 A，以及表面温度 $T_{surface}$ 与环境温度 $T_{ambient}$ 的差值来定义，得到

$$q = hA(T_{surface} - T_{ambient})$$

☑ h 和 $T_{ambient}$ 是用户指定的值。

☑ 导热膜系数 h 可以是常量或是温度的函数。

3. 辐射：Radiation

施加在面上（二维分析施加在边上），有

$$Q_R = \sigma\varepsilon FA(T_{surface}^4 - T_{ambient}^4)$$

式中：

σ——斯蒂芬-玻尔兹曼常数；

ε——放射率；

A——辐射面面积；

F——形状系数（默认是 1）。

只针对环境辐射，不存在于面与面之间（形状系数假设为 1）。

斯蒂芬-玻尔兹曼常数自动以工作单位制系统确定。

12.3.7 求解选项

从 Workbench 工具箱插入 Steady-State Thermal，将在项目概图中建立一个 Steady-State Thermal

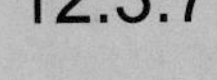

（Steady-State 热分析），如图 12-9 所示。

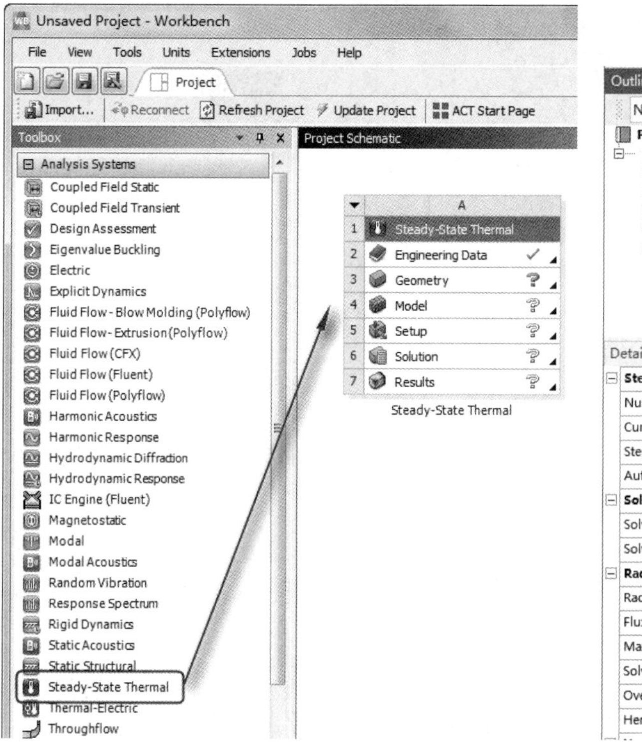

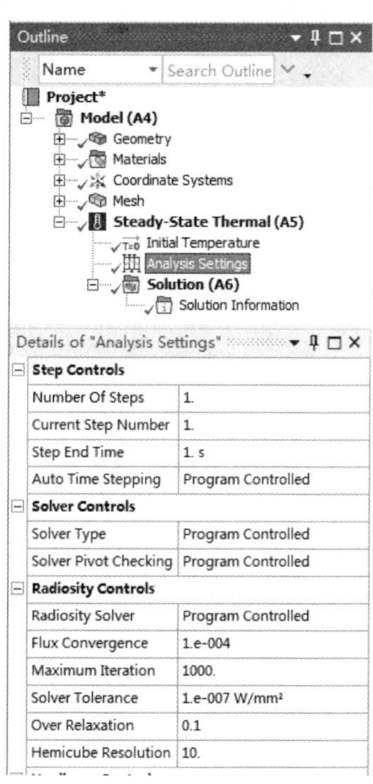

图 12-9　求解选项

在 Mechanical 中，可以使用 Analysis Settings 为热分析设置求解选项。

为了实现热应力求解，需要在求解时把结构分析关联到热模型上。在 Static Structural(B5)分支中插入了一个 Imported Load(A6)分支，并同时导入了施加的结构载荷和约束，如图 12-10 所示。

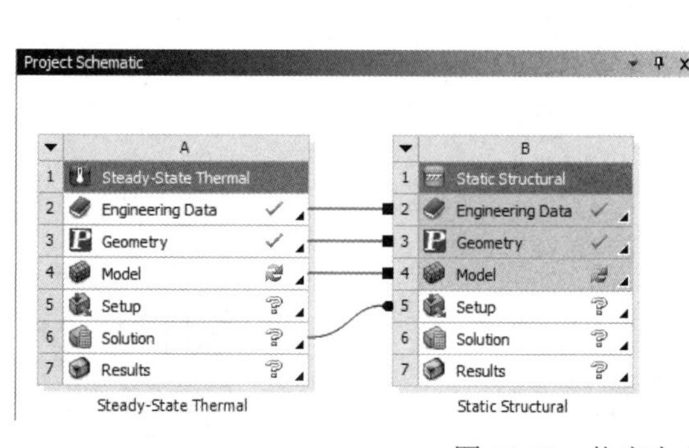

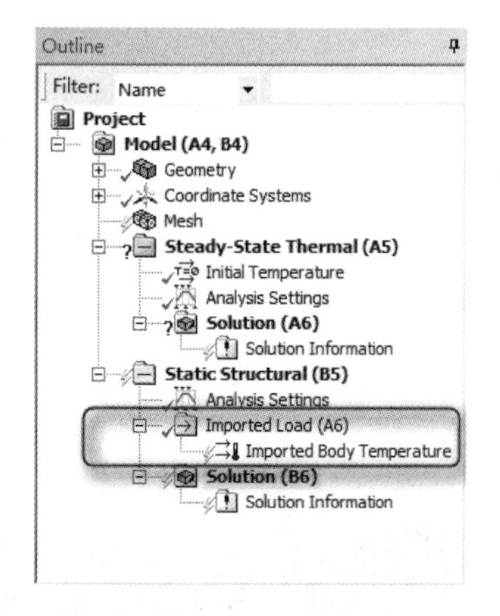

图 12-10　热应力求解

12.3.8　结果和后处理

后处理可以处理各种结果，包括温度、热通量、反作用的热流速和用户自定义结果，如图 12-11 所示。

Note

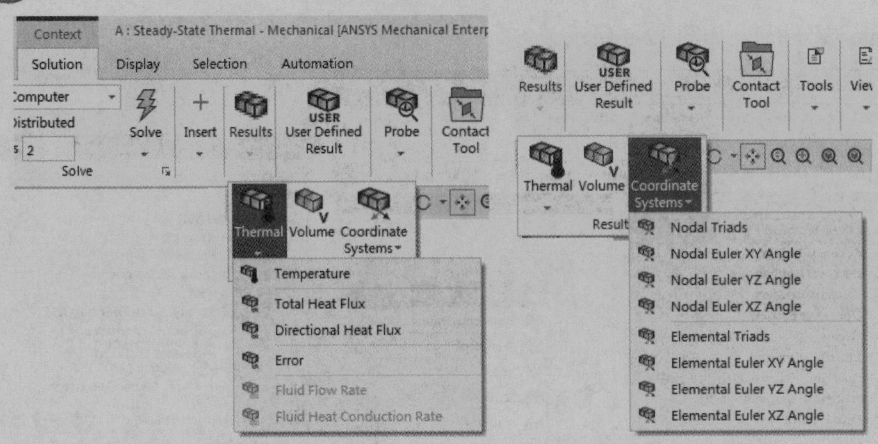

图 12-11　热后处理结果

模拟时，结果通常是在求解前指定，但也可以在求解结束后指定。搜索模型求解结果不需要再进行一次模型的求解。

1. 温度

在热分析中，温度是求解的自由度，是标量，没有方向，但可以显示温度场的云图，如图 12-12 所示。

2. 热通量

可以得到热通量的等高线或矢量图，如图 12-13 所示。热通量 q 定义为

$$q = -KXX \cdot \nabla T$$

可以指定 Total Heat Flux（整体热通量）和 Directional Heat Flux（方向热通量），激活矢量显示模式显示热通量的大小和方向。

图 12-12　温度云图

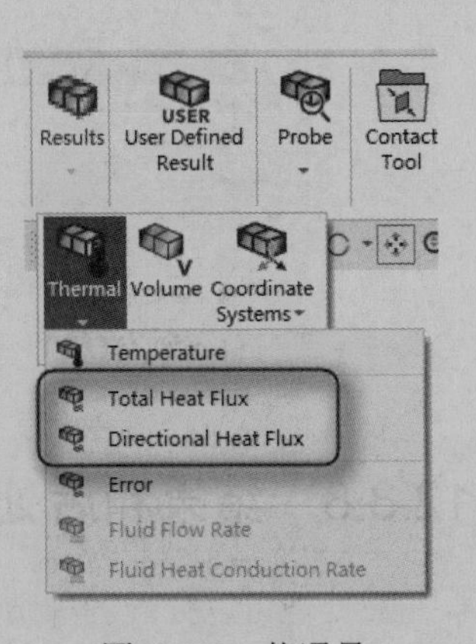

图 12-13　热通量

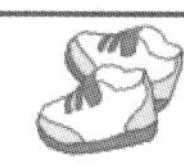

3. 响应热流速

对给定的温度、对流或辐射边界条件可以得到响应的热流量，通过插入 probe 指定响应热流量，或用户可以交替地把一个边界条件拖曳到 Solution 上后搜索响应。

12.4 热分析实例 1——传动装配体基座

传动装配体基座传热对其性能有重要影响。降低传热量则会增加零件的热应力，导致润滑油性能的恶化。因此，研究基座内传热显得非常重要。本实例将分析一个如图 12-14 所示的传动装配体基座的热传导特性。

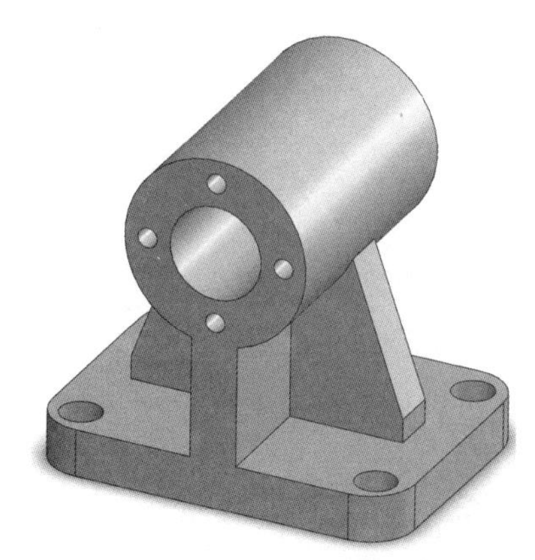

图 12-14 传动装配体基座

12.4.1 问题描述

本实例中，假设环境温度为 22℃，传动装配体内部温度为 90℃。而传动装配体基座外表面的传热方式为静态空气对流换热。

12.4.2 项目概图

01 在 Windows 系统下执行“开始”→“所有程序”→ANSYS 2020→Workbench 2020 命令，启动 ANSYS Workbench 2020，进入主界面。

02 在 ANSYS Workbench 2020 主界面中展开左边工具箱中的 Analysis Systems 栏，将工具箱中的 Steady-State Thermal 选项直接拖曳到项目管理界面中或是直接在项目上双击载入，建立一个含有 Steady-State Thermal 的项目模块，结果如图 12-15 所示。

03 设置项目单位，选择菜单栏中的 Units→Metric(kg, m, s, ℃, A, N, V)命令，然后选择 Display Values in Project Units 命令，如图 12-16 所示。

04 导入模型。右击 A3 栏 3 Geometry ? ，在弹出的快捷菜单中选择 Import Geometry→Browse 命令，然后打开“打开”对话框，打开源文件中的 transmission.igs。

05 双击 A4 栏 4 Model ，启动 Mechanical 应用程序，如图 12-17 所示。

Note

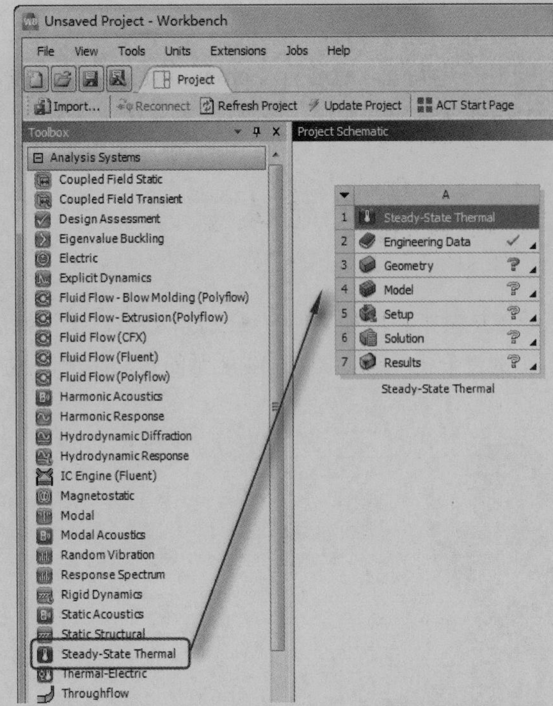

图 12-15　添加 Steady-State Thermal 选项

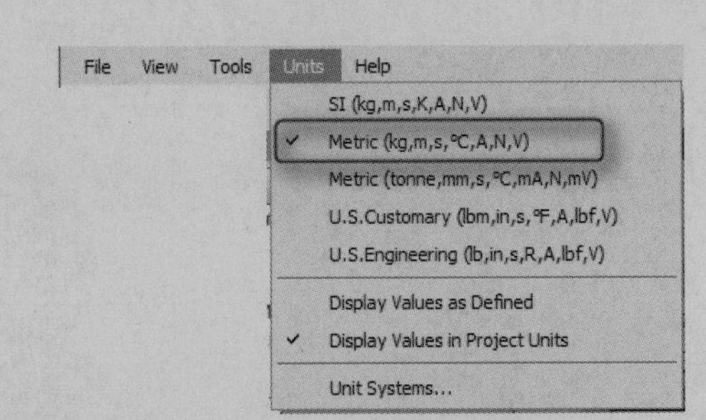

图 12-16　设置项目单位

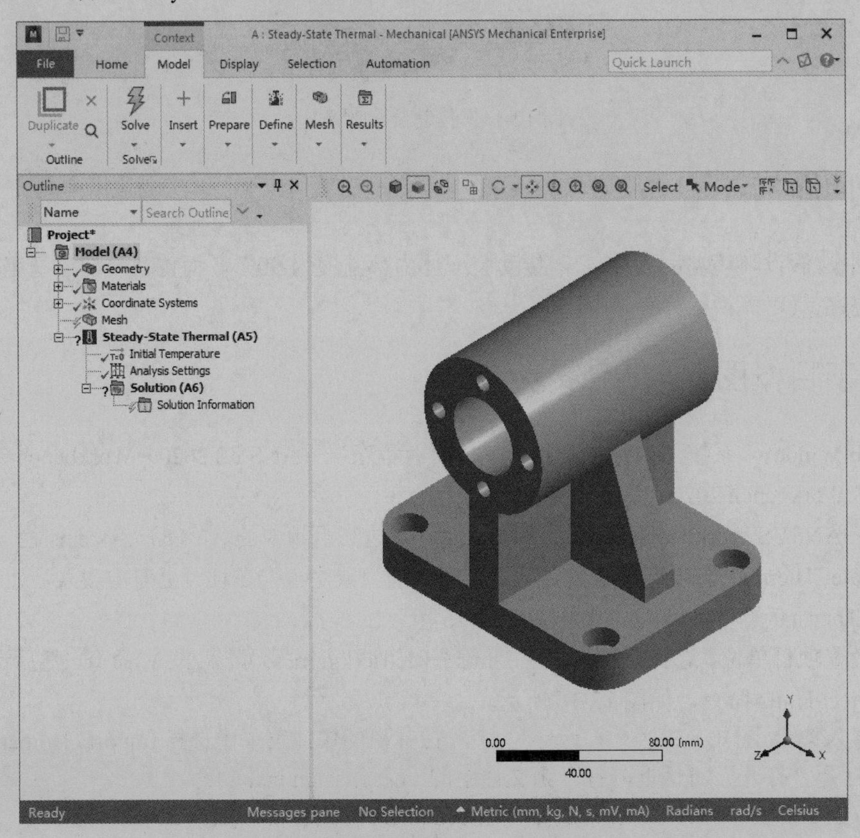

图 12-17　Mechanical 应用程序

Note

12.4.3 前处理

01 设置单位系统，在功能区中选择 Home→Tools→Units→Metric(mm, kg, N, s, mV, mA)命令，设置单位为公制毫米单位。

02 为部件选择一种合适的材料，返回 Project Schematic 窗口中，并双击 A2 栏 2 Engineering Data ✓ ，得到它的材料特性。

03 在打开的材料特性应用中，单击工具栏中的 Engineering Data Sources 按钮，如图 12-18 所示。打开左上角的 Engineering Data Sources 窗格，单击其中的 General Materials 使之点亮。

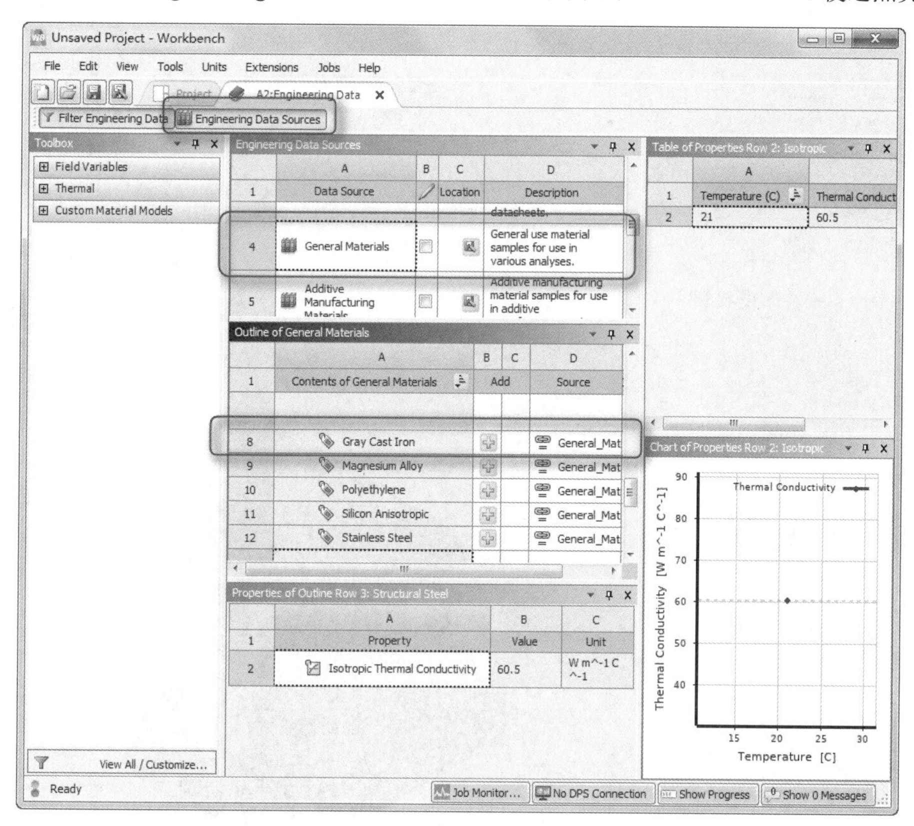

图 12-18　材料特性

04 在 General Materials 点亮的同时单击 Outline of General Materials 窗格中的 Gray Cast Iron 旁边的+，将这两种材料添加到当前项目中。

05 单击关闭 A2: Engineering Data 标签中的关闭按钮✖，返回 Project（项目）中。这时 Model 模块指出需要进行一次刷新。

06 在 Model 栏中右击，在弹出的快捷菜单中选择 Refresh 命令，刷新 Model 栏。

07 返回 Mechanical 窗格中，在树形目录中选择 Geometry 分支下的基座，并选择 Material→Assignment，将材料改为灰铸铁，如图 12-19 所示。

08 网格划分。在树形目录中右击 Mesh 分支，在弹出的快捷菜单中选择 Insert→Sizing 命令，如图 12-20 所示。然后在属性窗格中单击 Geometry，在绘图区域中选择整个基体，然后在属性窗格中

Note

设置 Element Size 为 5mm，如图 12-21 所示。

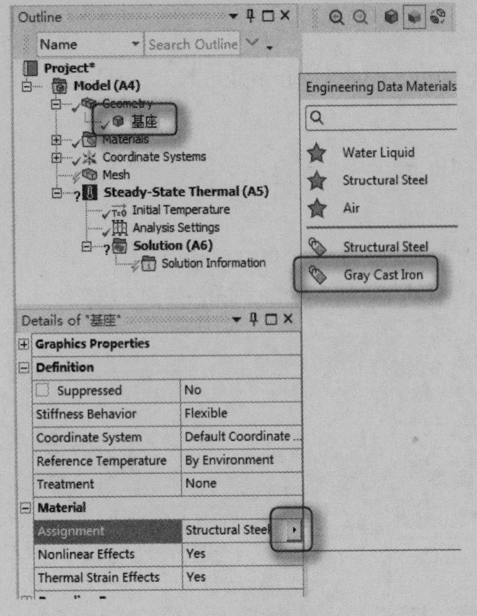

图 12-19　改变材料

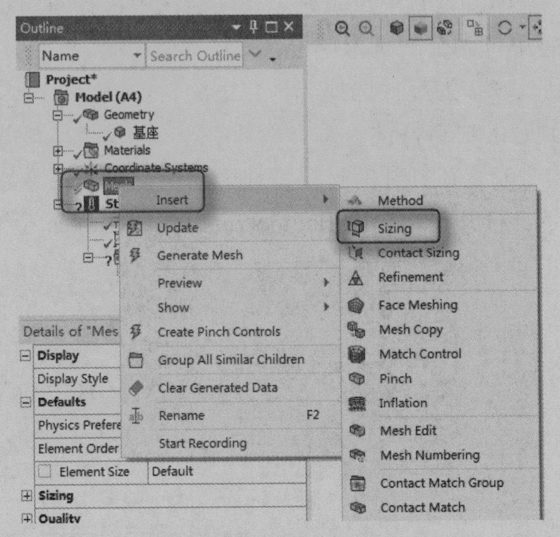

图 12-20　网格划分

图 12-21　属性窗格

09 施加温度载荷。在树形目录中单击 Steady-State Thermal(A5)分支。此时 Context 工具栏显示为 Environment 工具栏，单击其中的 Thermal→Temperature 按钮。

10 选择面。单击工具栏中的“面选择”按钮，然后选择如图 12-22 所示的基座内表面。

11 选择内表面后单击属性窗格的 Geometry 中的 Apply 按钮。此时 Geometry 栏显示为 2 Faces。然后更改 Magnitude 为 90℃。

12 施加对流载荷。在工具栏中单击 Thermal→Convection 按钮，然后选择如图 12-23 所示的基座外表面。

Note

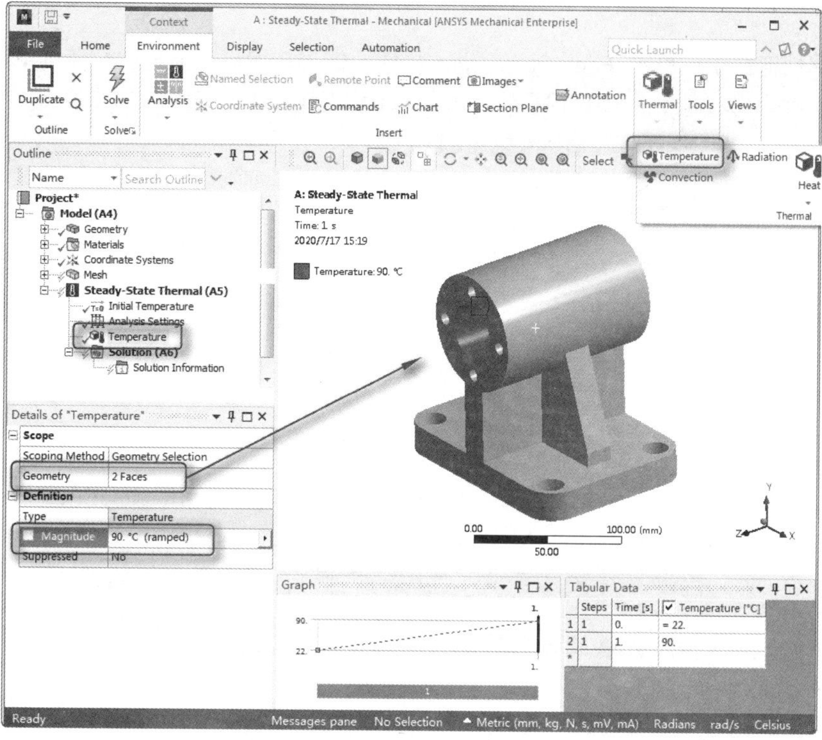

图 12-22　施加内表面温度

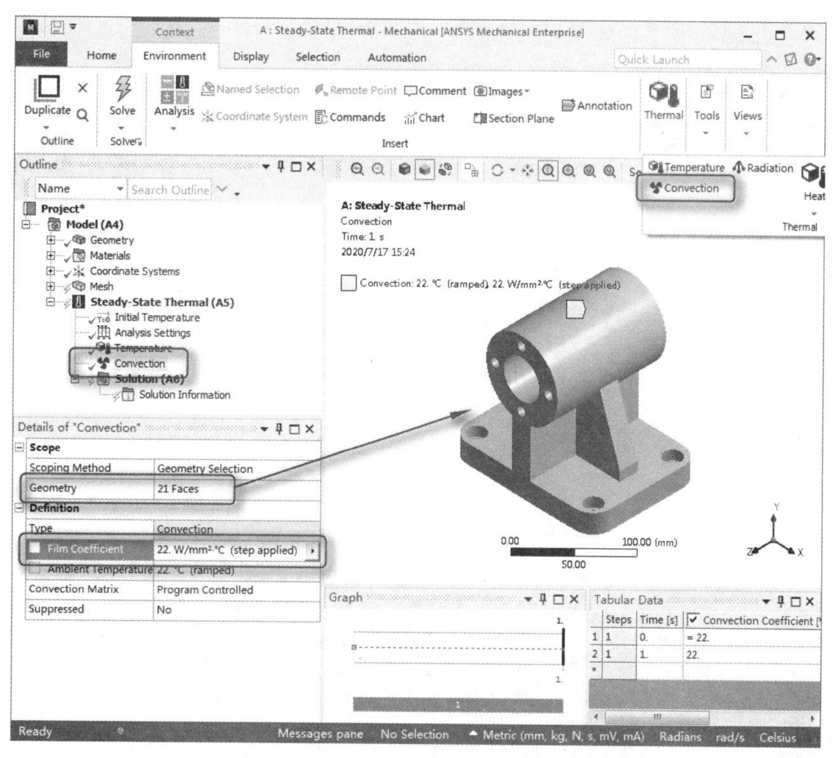

图 12-23　施加对流载荷

13 选择基座外表面后单击属性窗格的 Geometry 栏中的 Apply 按钮。此时 Geometry 栏中显示

为 21 Faces。

14 在属性窗格中，单击 Film Coefficient 栏中的箭头，然后在弹出的快捷菜单中选择 Import Temperature Dependent...命令（见图 12-24），弹出 Import Convection Data 对话框。

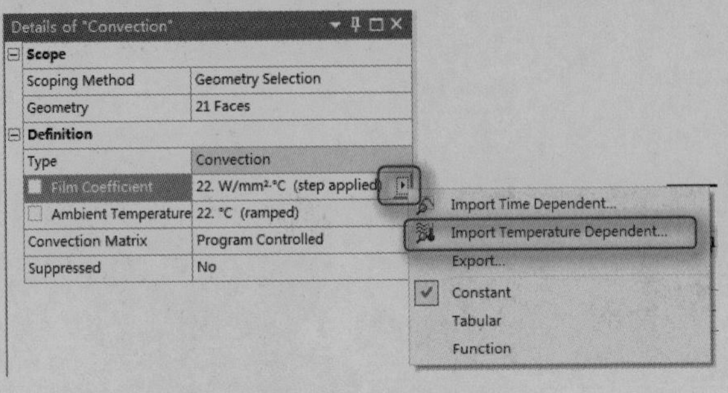

图 12-24　属性窗格

15 在 Import Convection Data 对话框的列表框中选中 Stagnant Air-Simplified Case 单选按钮，如图 12-25 所示。然后单击 OK 按钮，关闭对话框。

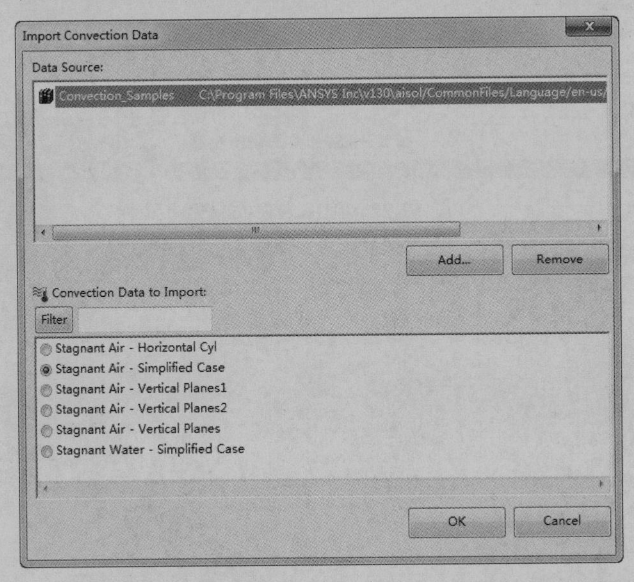

图 12-25　Import Convection Data 对话框

12.4.4　求解

求解模型。单击工具栏内 Solve 区域中的 Solve 按钮，如图 12-26 所示。对模型进行求解。

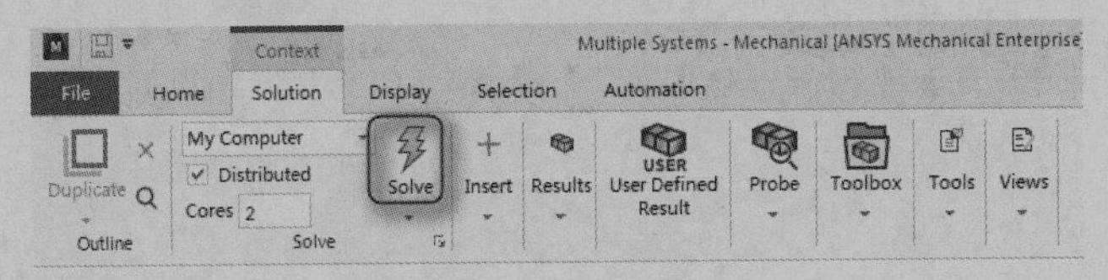

图 12-26　求解

12.4.5　结果

01 查看热分析的结果，单击树形目录中的 Solution(A6)分支，此时 Context 工具栏显示为

Note

Solution 工具栏。单击其中的 Thermal 按钮，在下拉列表中分别选择 Temperature 和 Total Heat Flux 命令，如图 12-27 所示。

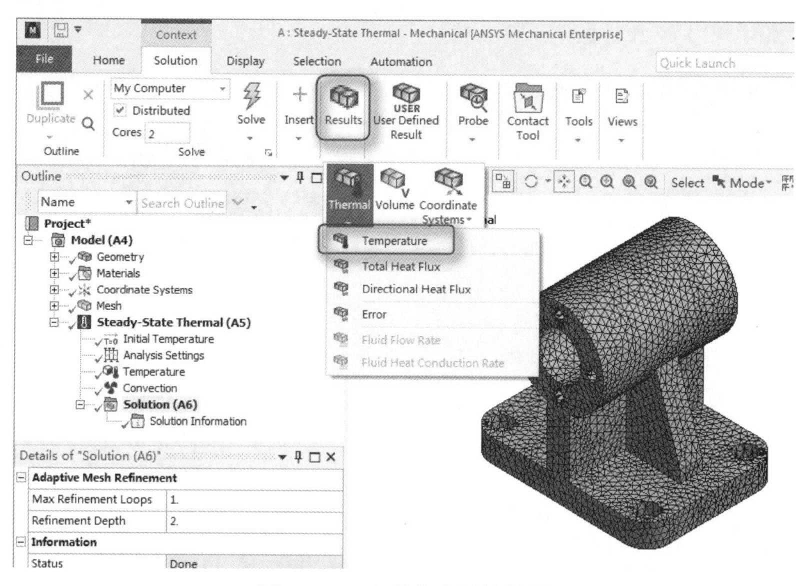

图 12-27 查看热分析的结果

02 单击工具栏内 Solve 区域中的 Solve 按钮，对模型进行计算。图 12-28 和图 12-29 分别为温度和总热通量的云图的显示。

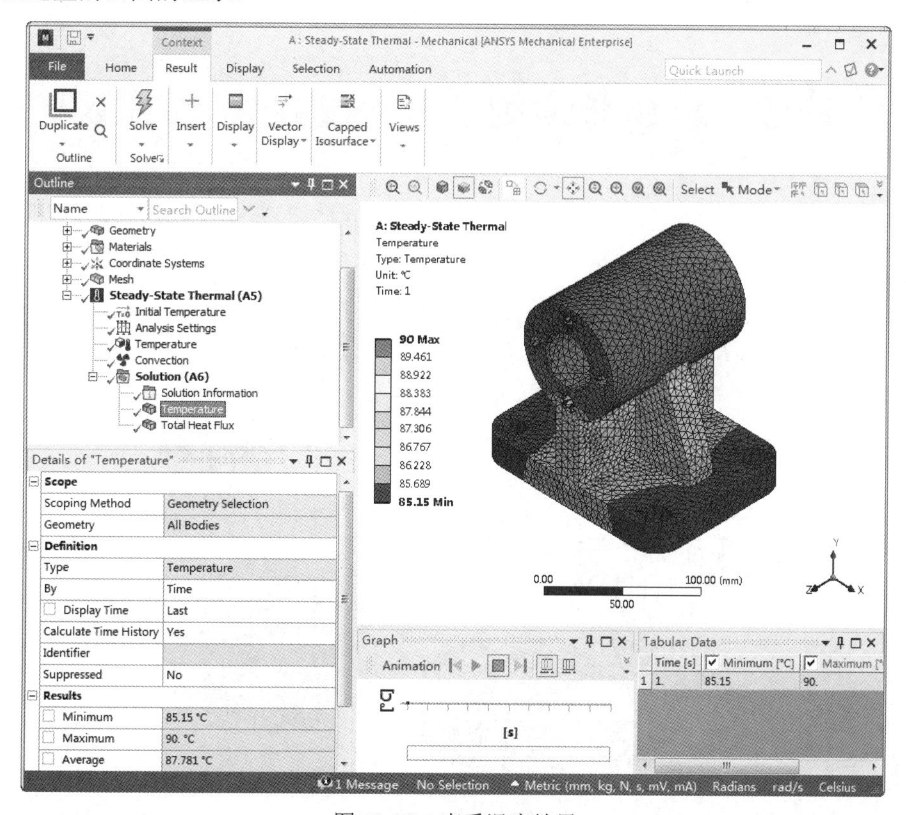

图 12-28 查看温度结果

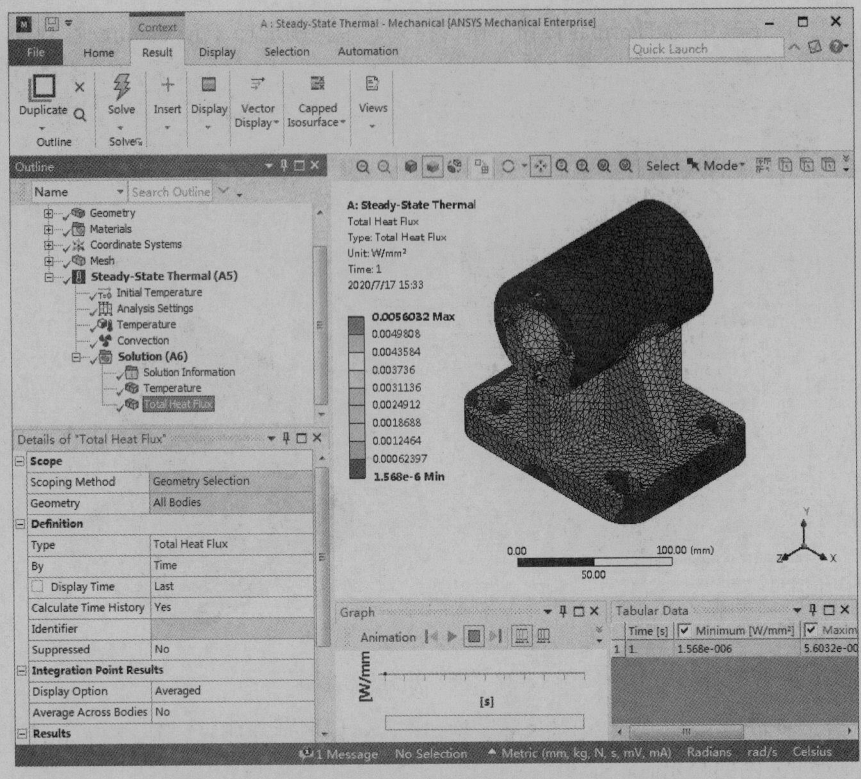

图 12-29　查看总热通量结果

视 频 讲 解

12.5　热分析实例 2——变速箱上箱盖

变速箱箱盖是一个典型的箱体类零件，是变速箱的关键组成部分，用于保护箱体内的零件。本实例将分析一个如图 12-30 所示的变速箱上箱盖的热传导特性。

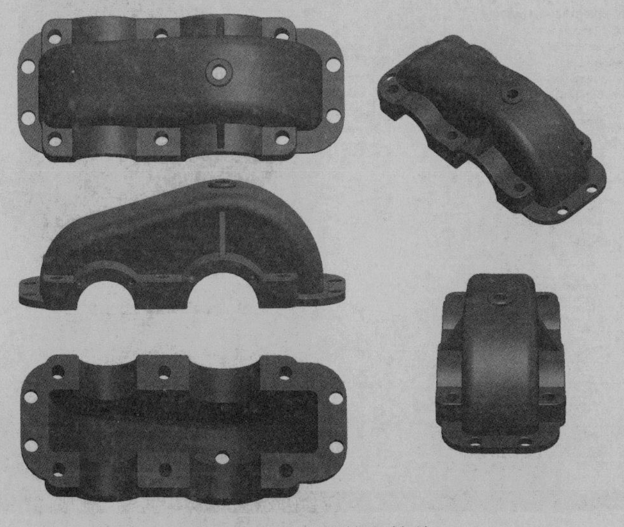

图 12-30　变速箱上箱盖

12.5.1 问题描述

在本实例中进行的是变速箱上箱盖的热分析。假设箱体材料为灰铸铁（Gray Cast Iron）。箱体的接触区域温度为 60℃。箱体的内表面温度承受为 90℃的流体。而箱体的外表面则用一个对流关系简化停滞空气模拟，温度为 20℃。

Note

12.5.2 项目概图

01 在 Windows 系统下执行“开始”→“所有程序”→ANSYS 2020→Workbench 2020 命令，启动 ANSYS Workbench 2020，进入主界面。

02 在 ANSYS Workbench 2020 主界面中展开左边工具箱中的 Analysis Systems 节点，将工具箱中的 Steady-State Thermal 选项直接拖曳到项目管理界面中或是直接在项目上双击载入，建立一个含有 Steady-State Thermal 的项目模块，结果如图 12-31 所示。

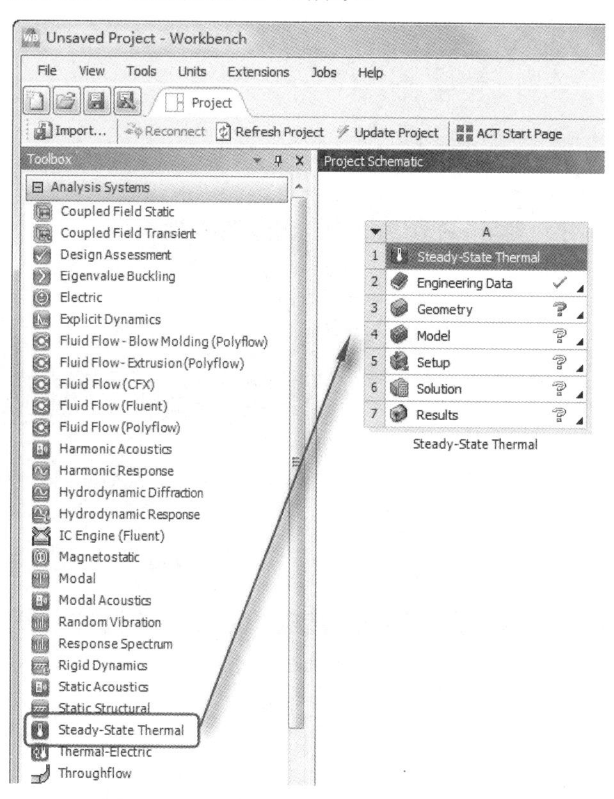

图 12-31 添加 Steady-State Thermal 选项

03 设置项目单位，选择菜单栏中的 Units→Metric(kg, m, s, ℃, A, N, V)命令，然后选择 Display Values in Project Units 命令，如图 12-32 所示。

04 导入模型。右击 A3 栏 3 Geometry ?，在弹出的快捷菜单中选择 Import Geometry→Browse 命令，然后打开“打开”对话框，打开源文件中的 gear case.igs。

05 双击 A4 栏 4 Model，启动 Mechanical 应用程序，如图 12-33 所示。

Note

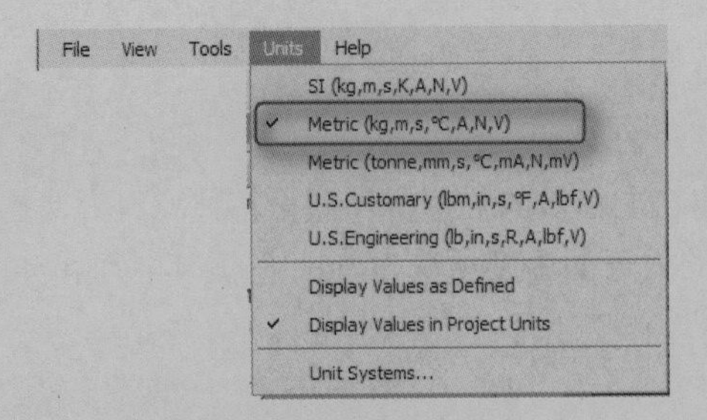

图 12-32 设置项目单位

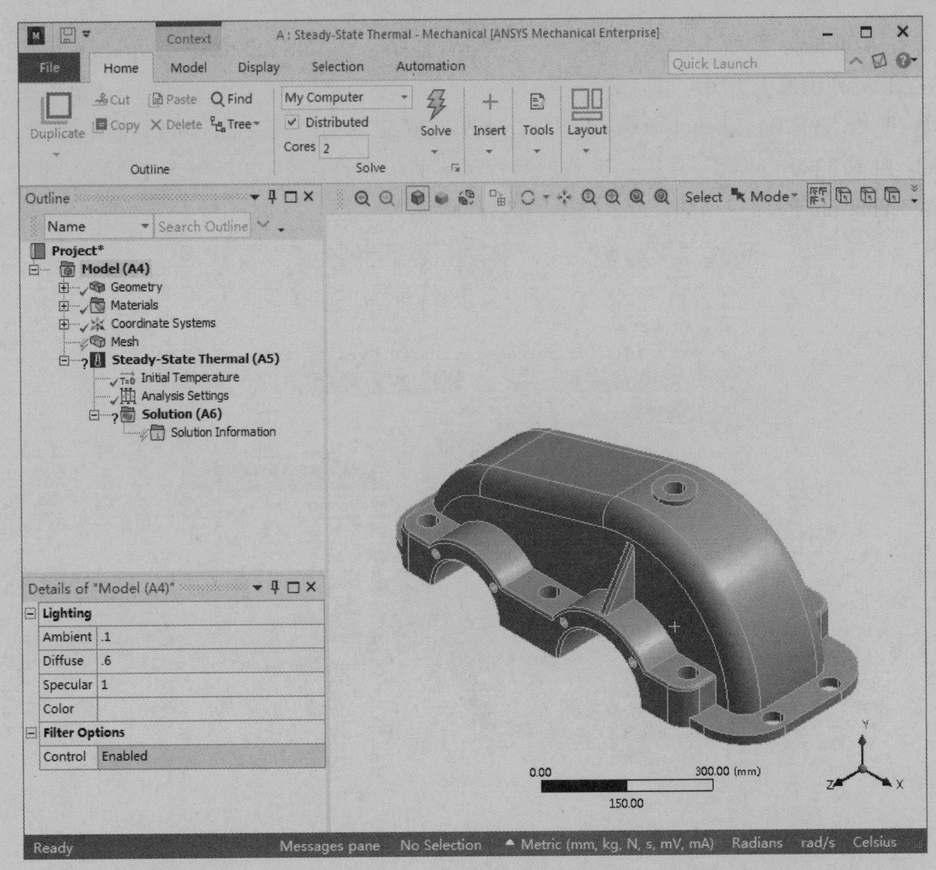

图 12-33 Mechanical 应用程序

12.5.3 前处理

01 设置单位系统。在功能区中选择 Home→Tools→Units→Metric(mm, kg, N, s, mV, mA)命令，设置单位为公制毫米单位。

02 为部件选择一种合适的材料，返回 Project Schematic 窗口中，并双击 A2 栏 2 Engineering Data ✓ ，得到它的材料特性。

03 在打开的材料特性应用中，单击工具栏中的 Engineering Data Sources 按钮，如图 12-34 所示。打开左上角的 Engineering Data Sources 窗格，单击其中的 General Materials 使之点亮。

04 在 General Materials 点亮的同时单击 Outline of General Materials 窗格中的 Gray Cast Iron 旁边的+，将这两种材料添加到当前项目中。

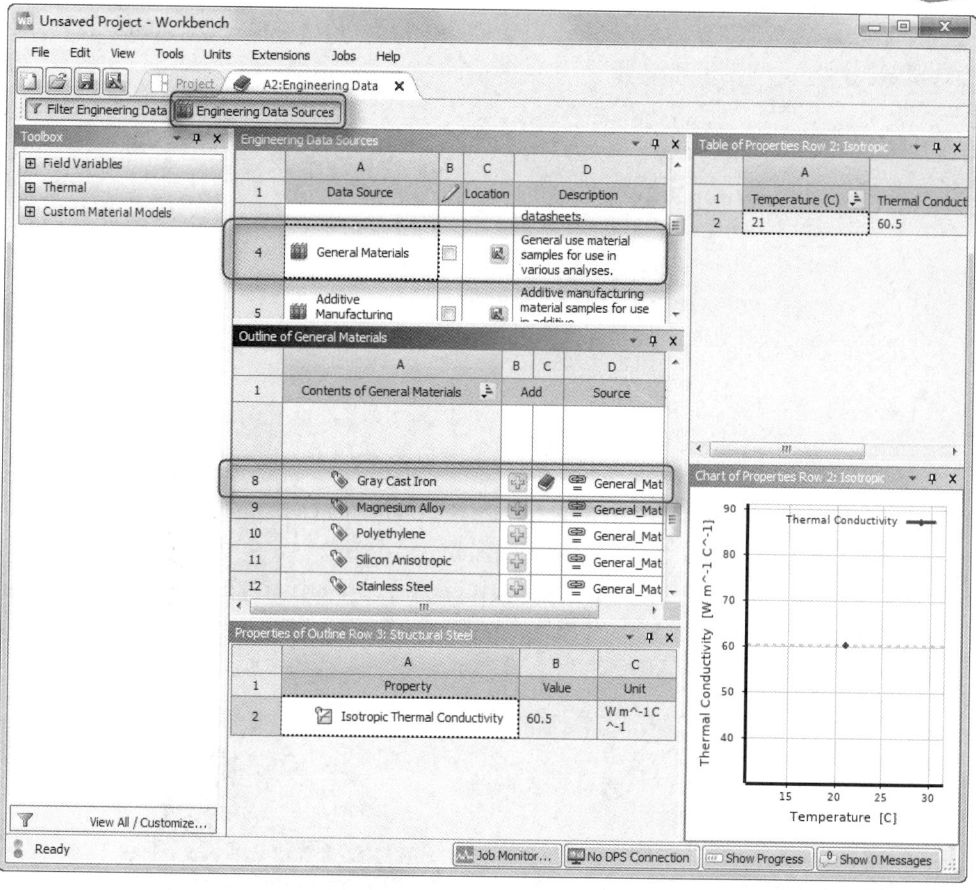

图 12-34　材料特性

05 单击 A2:Engineering Data 标签中的关闭按钮✖，将其关闭，返回 Project（项目）中。这时 Model 模块指出需要进行一次刷新。

06 在 Model 栏中右击，在弹出的快捷菜单中选择 Refresh 命令，刷新 Model 栏，如图 12-35 所示。

07 返回 Mechanical 窗格中，在树形目录中选择 Geometry 分支下的 gear case-FreeParts，并选择 Material→Assignment，将材料改为灰铸铁，如图 12-36 所示。

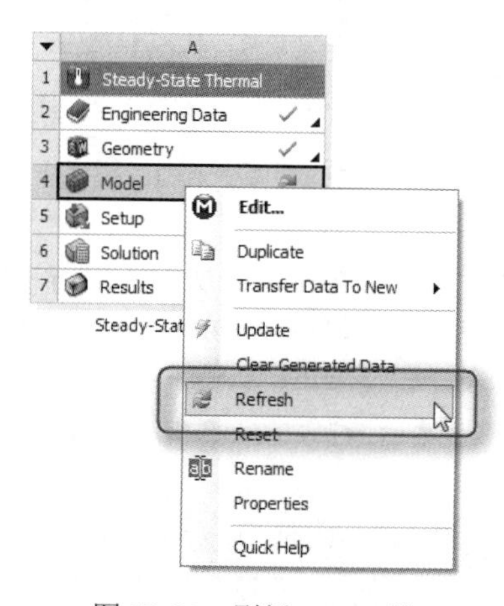

图 12-35　刷新 Model 栏

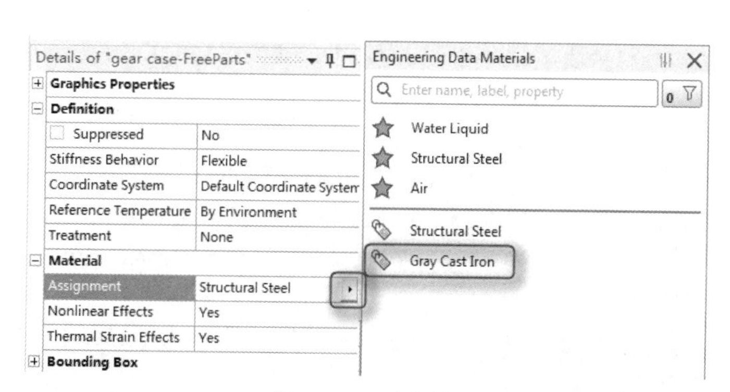

图 12-36　改变材料

Note

08 网格划分。在树形目录中单击 Mesh 分支，然后在属性窗格中将 Element Size 设置为 Default，如图 12-37 所示。

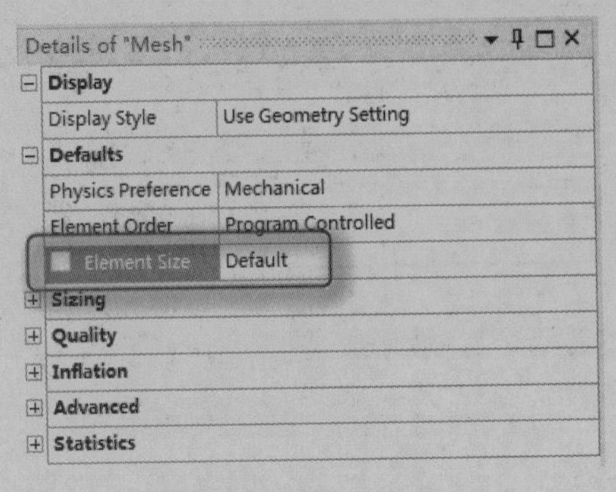

图 12-37　网格划分

09 施加温度载荷。在树形目录中单击 Steady-State Thermal(A5)分支，此时 Context 工具栏显示为 Environment 工具栏。单击其中的 Thermal→Temperature 按钮。

10 选择面。单击工具栏中的“面选择”按钮，然后选择如图 12-38 所示的上盖内表面（此时可首先选择一个面，然后单击工具栏中的 Extend to Limits 按钮）。

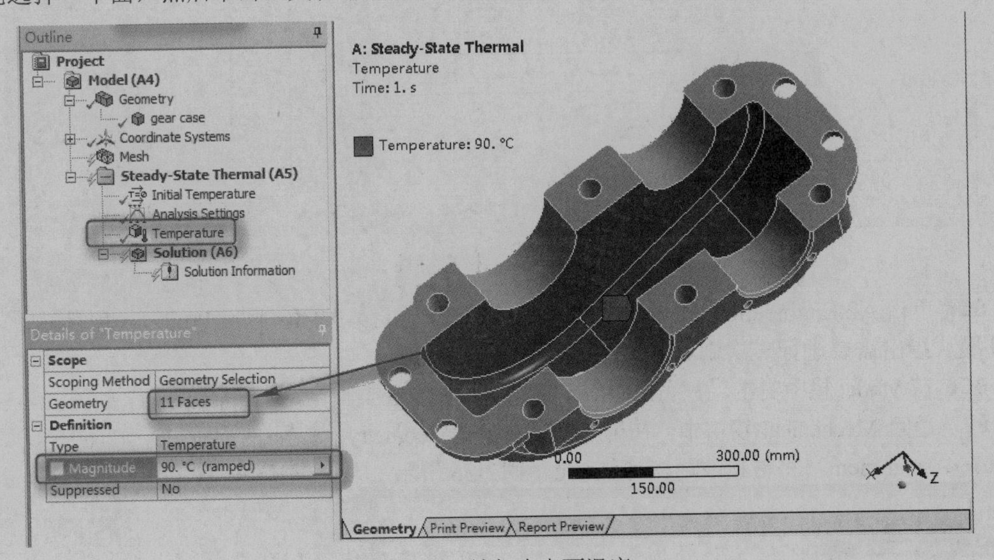

图 12-38　施加内表面温度

11 选择上盖内表面后，单击属性窗格的 Geometry 栏中的 Apply 按钮。此时 Geometry 栏显示为 11 Faces。然后更改 Magnitude 为 90℃。

12 施加温度载荷，再次单击 Thermal→Temperature 按钮。然后选择如图 12-39 所示的上盖接触面。选择上盖接触表面后单击属性窗格的 Geometry 栏中的 Apply 按钮。此时 Geometry 栏显示为 8 Faces。然后更改 Magnitude 为 60℃，如图 12-39 所示。

13 施加对流载荷，在工具栏中单击 Thermal→Convection 按钮，然后选择如图 12-40 所示的上盖外表面。

14 选择上盖外表面后单击属性窗格的 Geometry 栏中的 Apply 按钮。此时 Geometry 栏显示为 71 Faces。

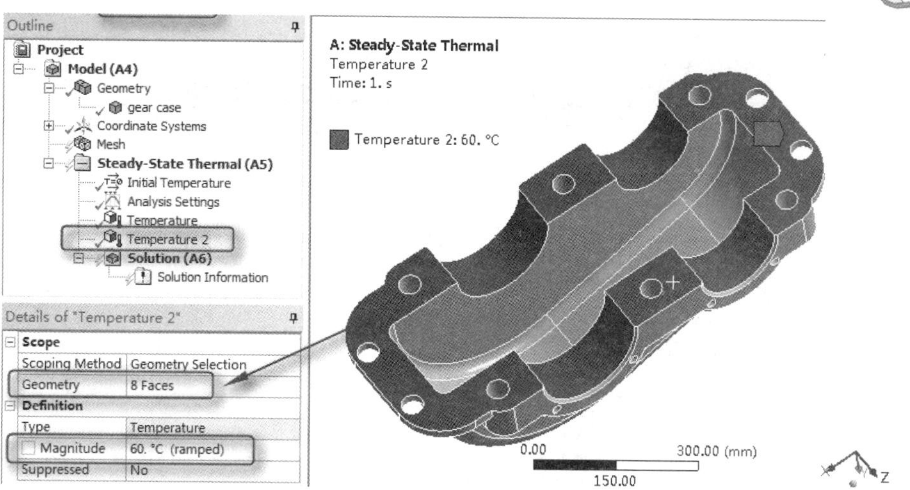

图 12-39 施加接触表面温度

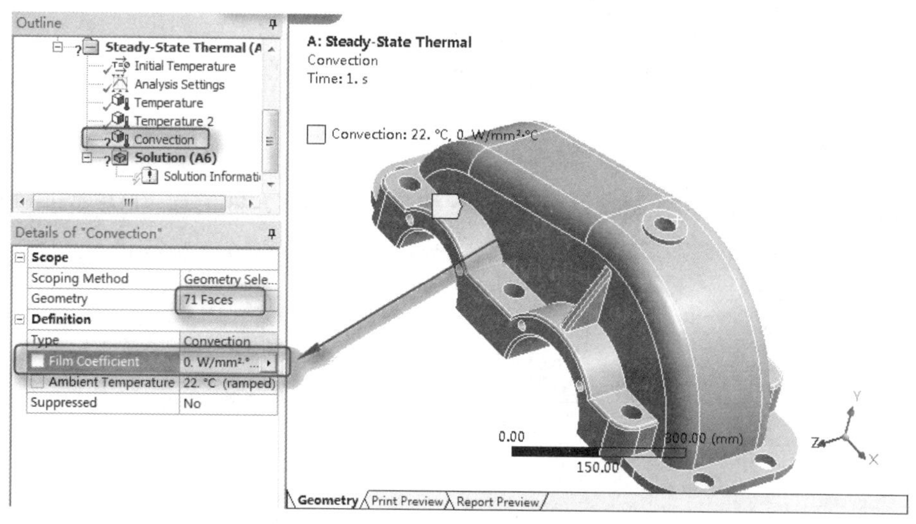

图 12-40 施加对流载荷

15 在属性窗格中，单击 Film Coefficient 栏中的箭头，然后在弹出的快捷菜单中选择 Import 命令（见图 12-41），弹出 Import Convection Data 对话框。

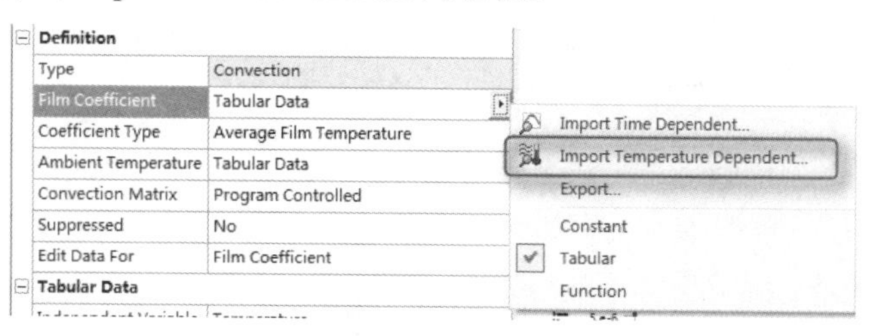

图 12-41 属性窗格

16 在 Import Convection Data 对话框的列表框中选中 Stagnant Air-Simplified Case 单选按钮，如图 12-42 所示。然后单击 OK 按钮，关闭对话框。返回属性窗格中，将 Ambient Temperature 更改为 20℃。

Note

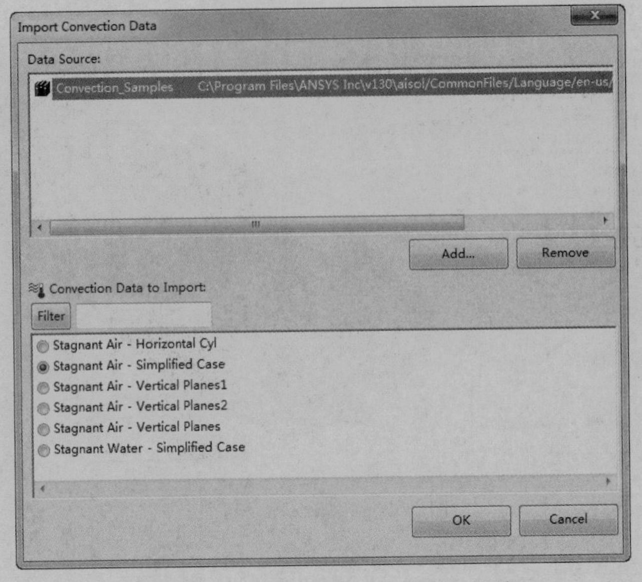

图 12-42　Import Convection Data 对话框

12.5.4　求解

求解模型，单击工具栏内 Solve 区域中的 Solve 按钮，如图 12-43 所示。对模型进行求解。

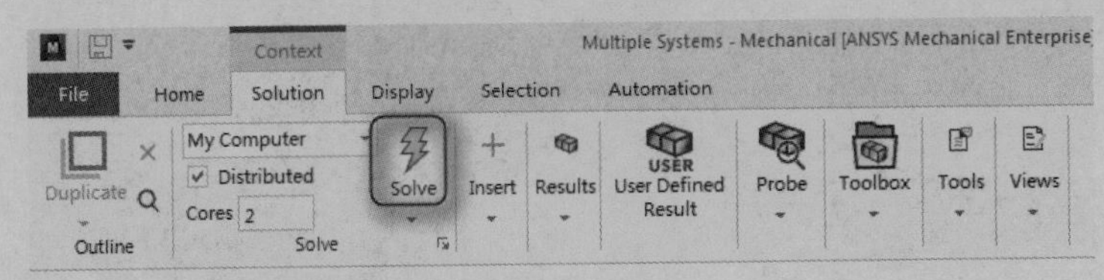

图 12-43　求解

12.5.5　结果

01 查看热分析的结果，单击树形目录中的 Solution(A6)分支，此时 Context 工具栏显示为 Solution 工具栏。单击工具栏中的 Results→Thermal 按钮，在下拉列表中分别选择 Temperature 和 Total Heat Flux 命令，如图 12-44 所示。

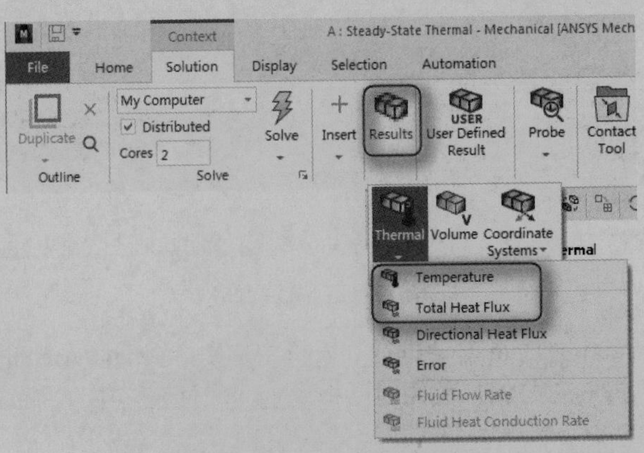

图 12-44　查看热分析的结果

02 单击工具栏内 Solve 区域中的 Solve 按钮，对模型进行计算。图 12-45 和图 12-46 分别为温度和总热通量的云图的显示。

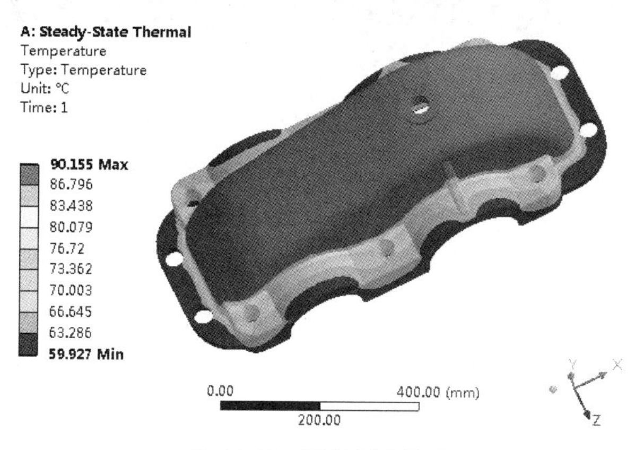

图 12-45 查看温度结果

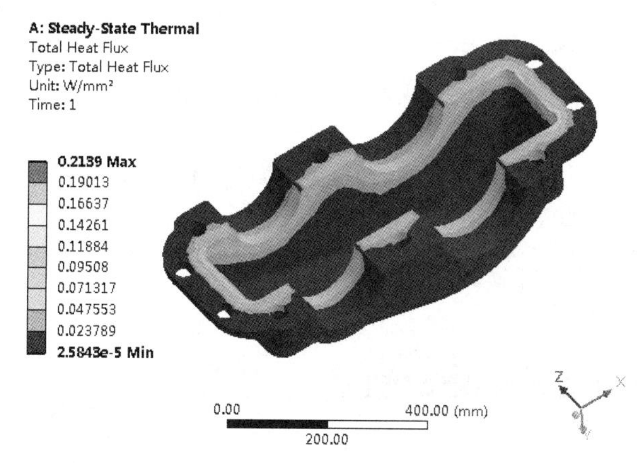

图 12-46 查看总热通量结果

03 查看矢量图，保持树形目录中的 Total Heat Flux 为选择状态，此时 Context 工具栏显示为 Vector Display 工具栏。单击工具栏中的“矢量显示”按钮，可以以矢量图的方式来查看结果。也可以通过拖曳滑块来调节矢量箭头的长短，矢量图如图 12-47 所示。

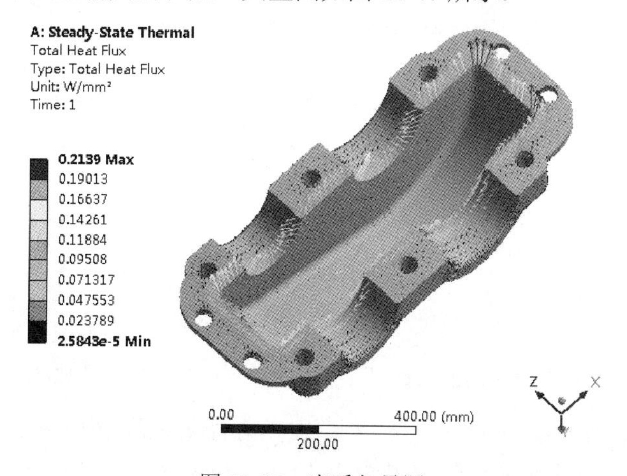

图 12-47 查看矢量图

视频讲解

Note

12.6 热分析实例 3——齿轮泵基座

齿轮泵基座传热对其性能有重要影响。降低传热量则会增加零件的热应力，导致润滑油性能的恶化。因此，研究基座内传热显得非常重要。本实例将分析一个如图 12-48 所示的齿轮泵基座的热传导特性。

图 12-48 齿轮泵基座

12.6.1 问题描述

本实例中，假设环境温度为 22℃，齿轮泵内部温度为 90℃。而齿轮泵基座外表面的传热方式为静态空气对流换热。

12.6.2 项目概图

01 打开 Workbench 程序，展开左边工具箱中的 Analysis Systems 栏，将工具箱中的 Steady-State Thermal 选项直接拖曳到项目管理界面中或是直接在项目上双击载入，建立一个含有 Steady-State Thermal 的项目模块，结果如图 12-49 所示。

02 设置项目单位。选择菜单栏中的 Units→Metric(kg, m, s, ℃, A, N, V)命令，然后选择 Display Values in Project Units 命令，如图 12-50 所示。

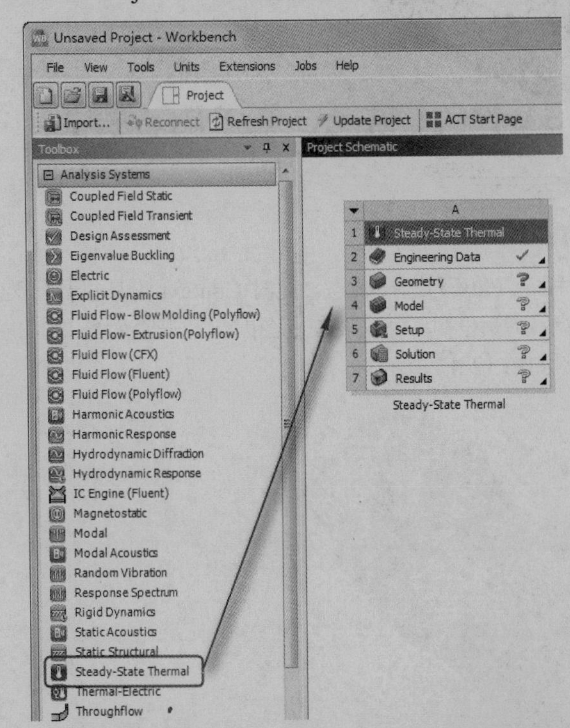

图 12-49 添加 Steady-State Thermal 选项

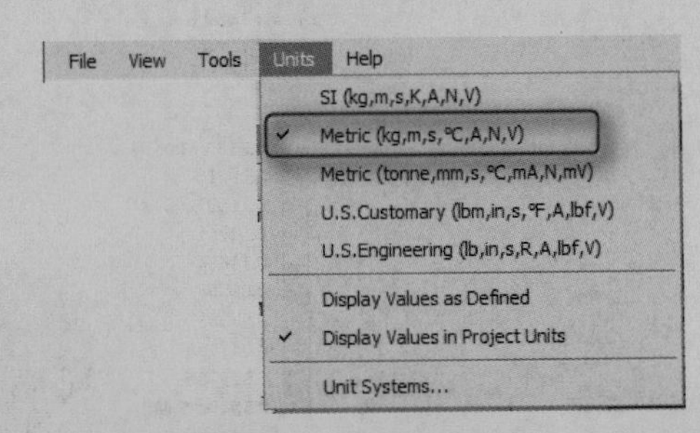

图 12-50 设置项目单位

03 导入模型。右击 A3 栏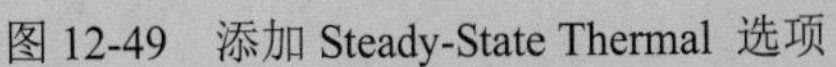，在弹出的快捷菜单中选择 Import Geometry→Browse 命令，然后打开“打开”对话框，打开源文件中的 gear_pump.igs。

04 双击 A4 栏 4 Model，启动 Mechanical 应用程序，如图 12-51 所示。

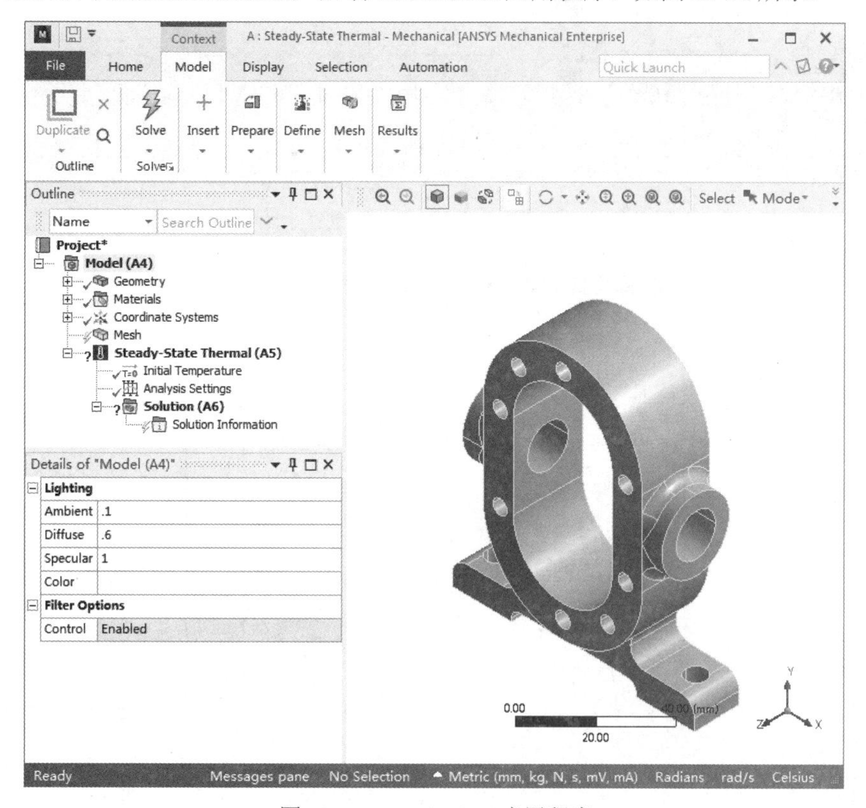

图 12-51 Mechanical 应用程序

12.6.3 前处理

01 设置单位系统。在功能区中选择 Home→Tools→Units→Metric(mm, kg, N, s, mV, mA)命令，设置单位为毫米。

02 为部件选择一种合适的材料，返回 Project Schematic 窗口中，并双击 A2 栏 2 Engineering Data，得到它的材料特性。

03 在打开的材料特性应用中，单击工具栏中的 Engineering Data Sources 按钮，如图 12-52 所示。打开左上角的 Engineering Data Sources 窗格。单击其中的 General Materials 使之点亮。

04 在 General Materials 点亮的同时单击 Outline of General Materials 窗格中的 Gray Cast Iron 旁边的+，将这两种材料添加到当前项目中。

05 单击 A2: Engineering Data 标签中的关闭按钮，将其关闭，返回 Project（项目）中。这时 Model 模块指出需要进行一次刷新。

06 在 Model 栏中右击，在弹出的快捷菜单中选择 Refresh 命令，刷新 Model 栏。

07 返回 Mechanical 窗格中，在树形目录中选择 Geometry 分支下的 gear case-FreeParts，并选择 Material→Assignment，将材料改为灰铸铁，如图 12-53 所示。

08 网格划分。在树形目录中右击 Mesh 分支，在弹出的快捷菜单中选择 Insert→Sizing 命令，如图 12-54 所示。在属性窗格中单击 Geometry，在绘图区域中选择整个基体，然后在属性窗格中设置 Element Size 为 3mm，如图 12-55 所示。

Note

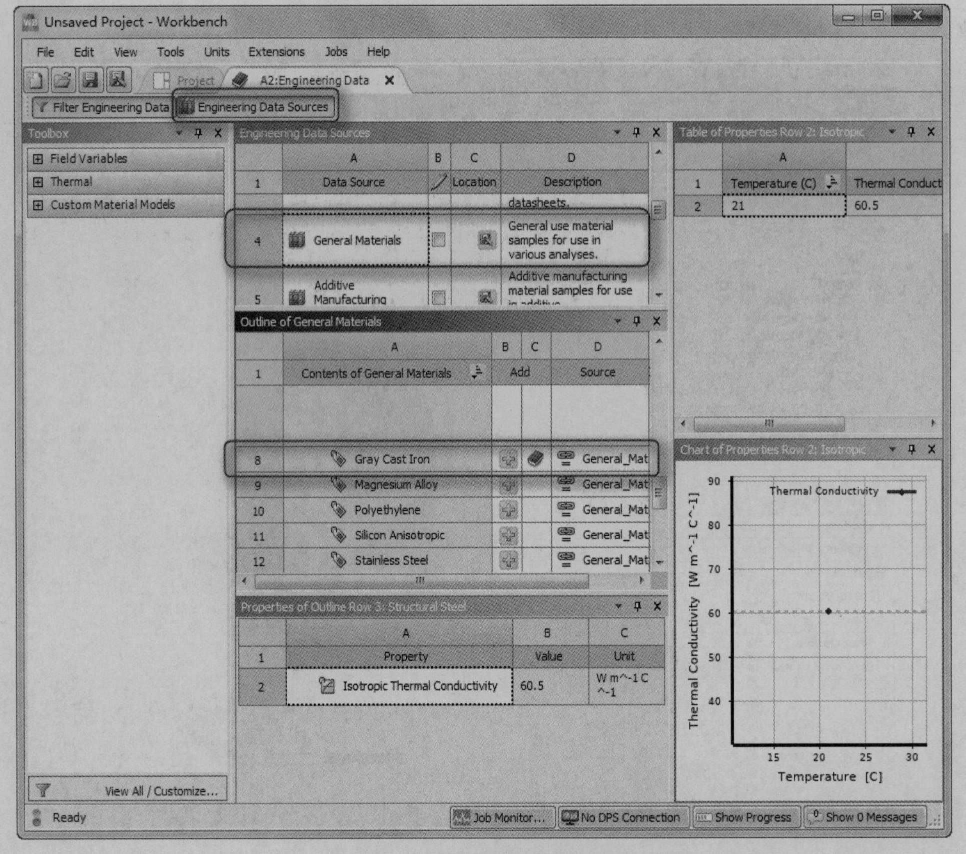

图 12-52　材料特性

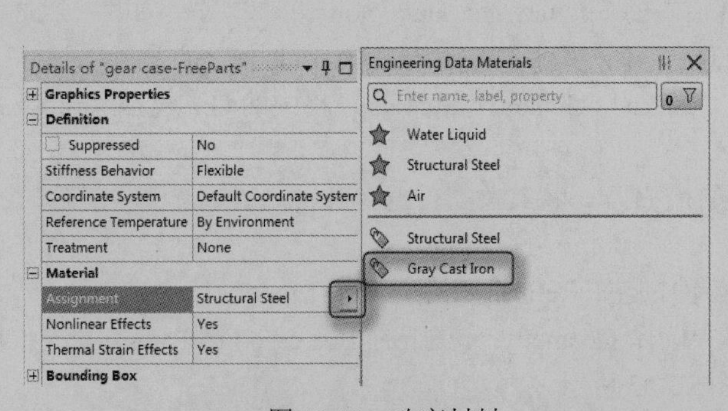

图 12-53　改变材料

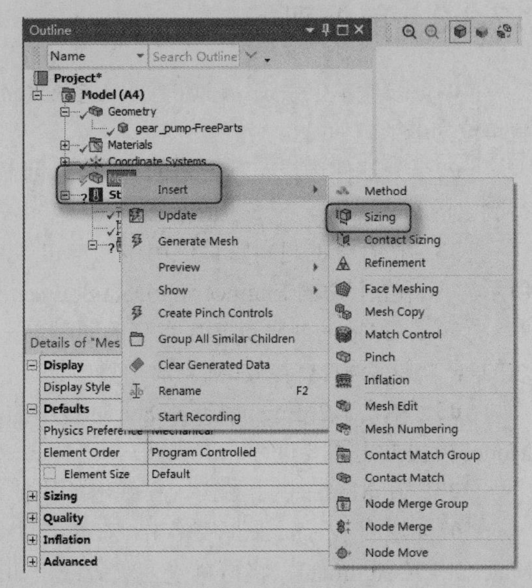

图 12-54　网格划分

09 施加温度载荷。在树形目录中单击 Steady-State Thermal(A5)分支，此时 Context 工具栏显示为 Environment 工具栏。单击工具栏中的 Thermal→Temperature 按钮。

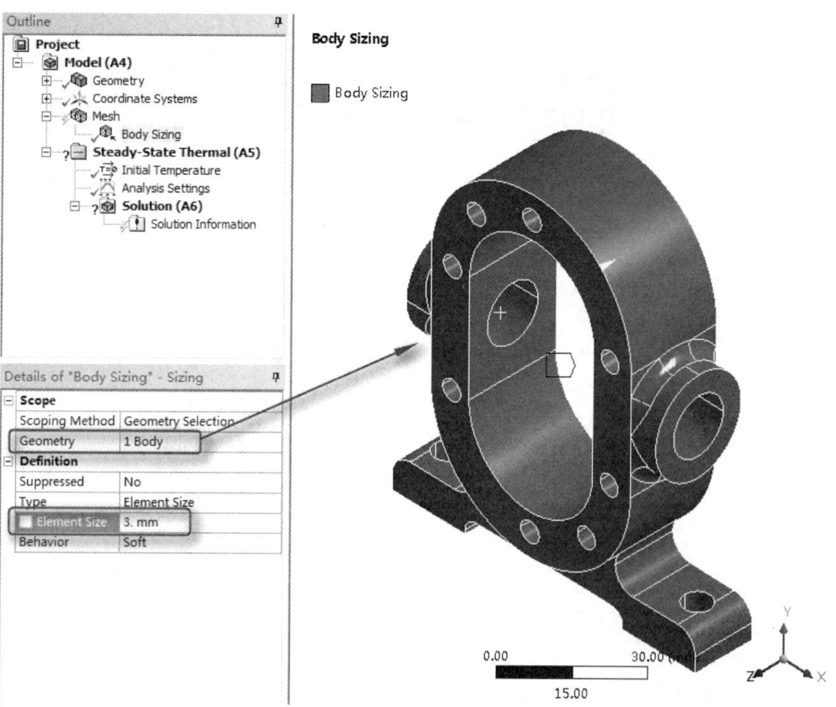

图 12-55　属性窗格

10 选择面。单击工具栏中的"面选择"按钮，然后选择如图 12-56 所示的基座内表面（此时可首先选择一个面，然后单击工具栏中的 Extend to Limits 按钮）。

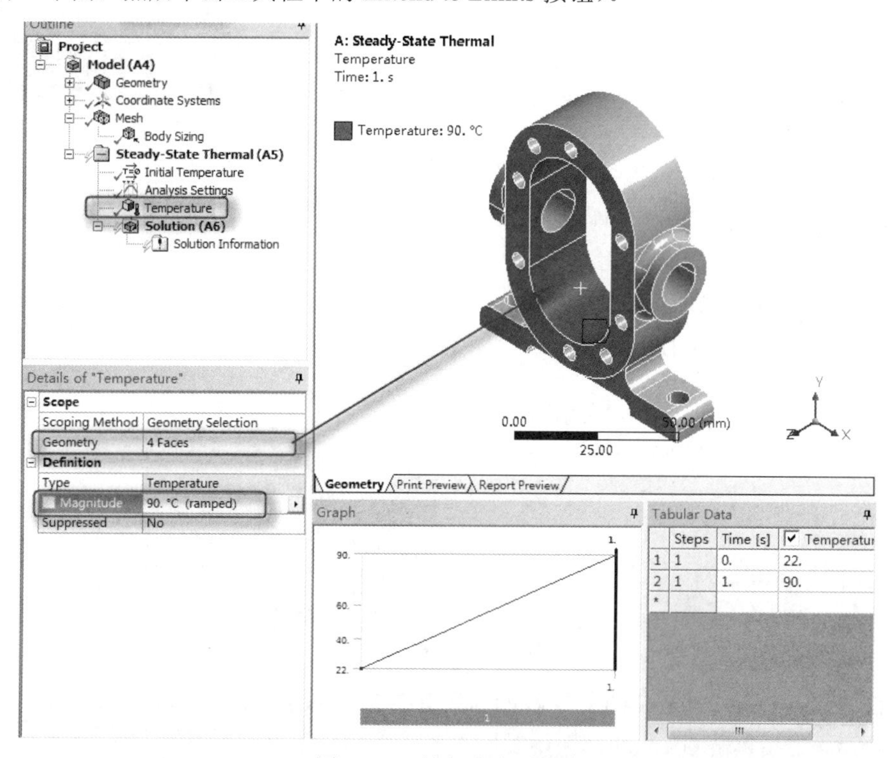

图 12-56　施加内表面温度

Note

11 选择上盖内表面后单击属性窗格的 Geometry 栏中的 Apply 按钮。此时 Geometry 栏中显示为 4 Faces。然后更改 Magnitude 为 90℃。

12 施加对流载荷。在工具栏中单击 Thermal→Convection 按钮，然后选择如图 12-57 所示的基座外表面。

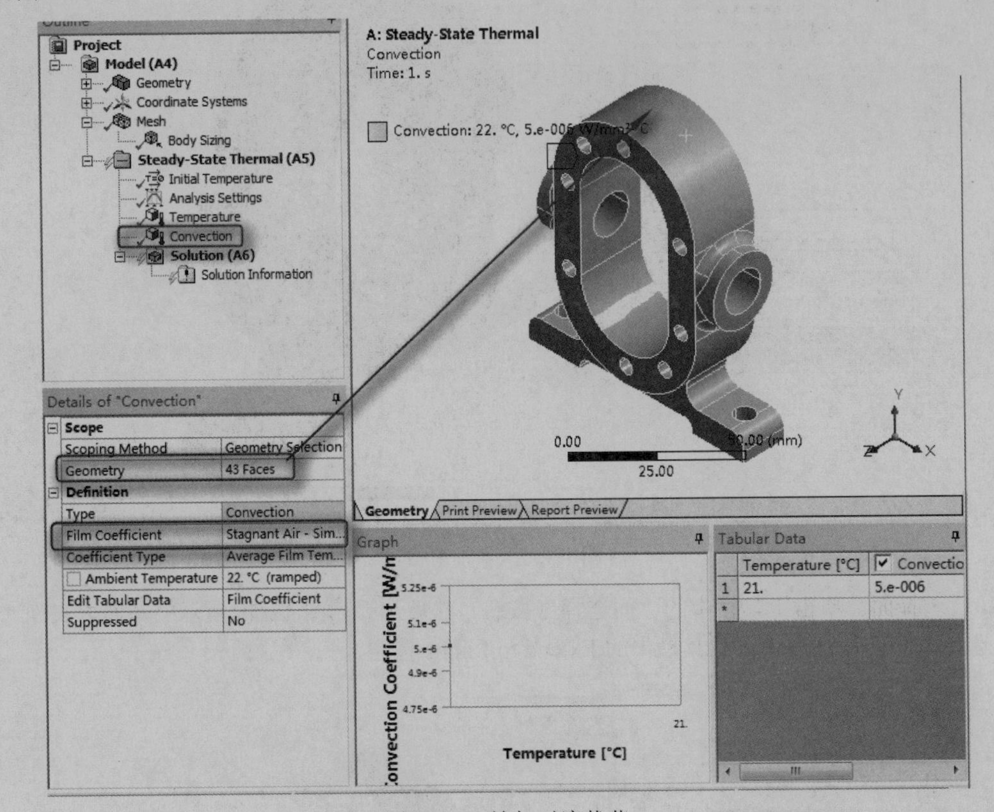

图 12-57　施加对流载荷

13 选择基座外表面后单击属性窗格的 Geometry 栏中的 Apply 按钮。此时 Geometry 栏中显示为 43 Faces。

14 在属性窗格中，单击 Film Coefficient 栏中的箭头，然后在弹出的下拉菜单中选择 Import 命令，弹出 Import Convection Data 对话框，如图 12-58 所示。

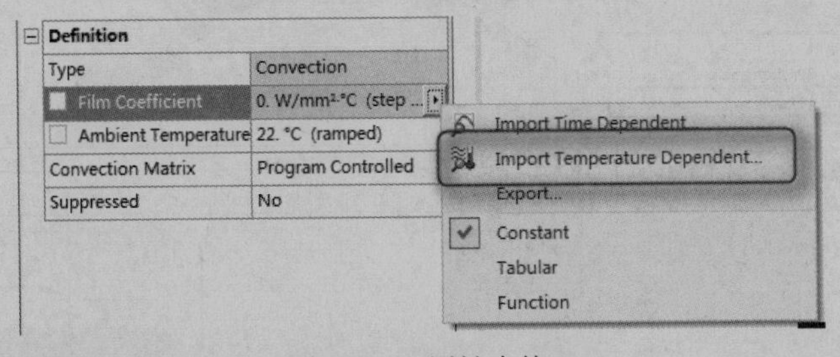

图 12-58　属性窗格

15 在 Import Convection Data 对话框的列表框中选中 Stagnant Air-Simplified Case 单选按钮，如图 12-59 所示。然后单击 OK 按钮，关闭对话框。

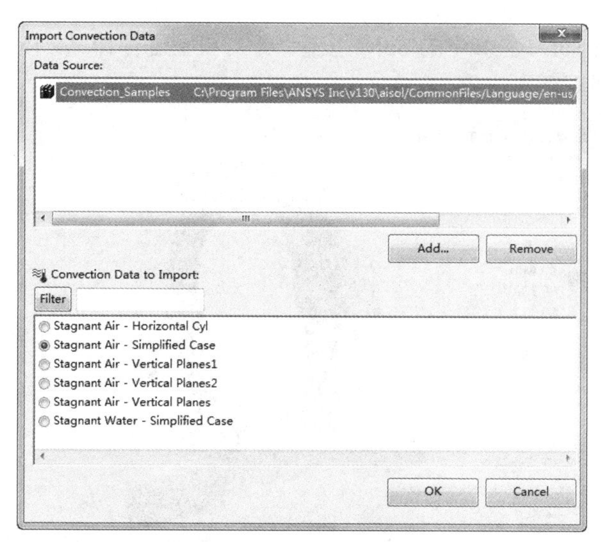

图 12-59 Import Convection Data 对话框

12.6.4 求解

求解模型，单击工具栏内 Solve 区域中的 Solve 按钮，如图 12-60 所示。对模型进行求解。

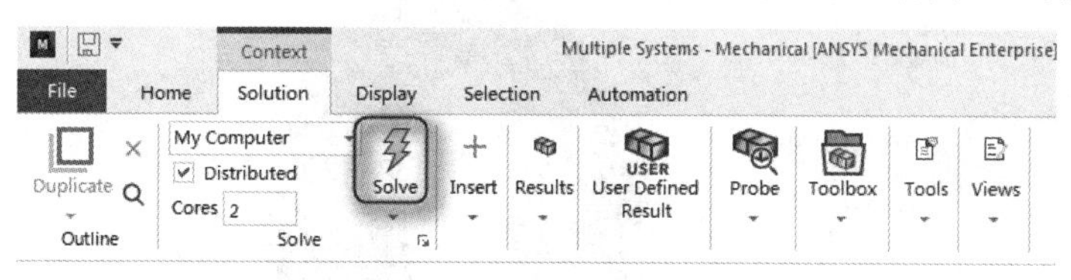

图 12-60 求解

12.6.5 结果

01 查看热分析的结果，单击树形目录中的 Solution(A6)分支，此时 Context 工具栏显示为 Solution 工具栏。单击工具栏中的 Results→Thermal 按钮，在下拉列表中分别选择 Temperature 和 Total Heat Flux 命令，如图 12-61 所示。

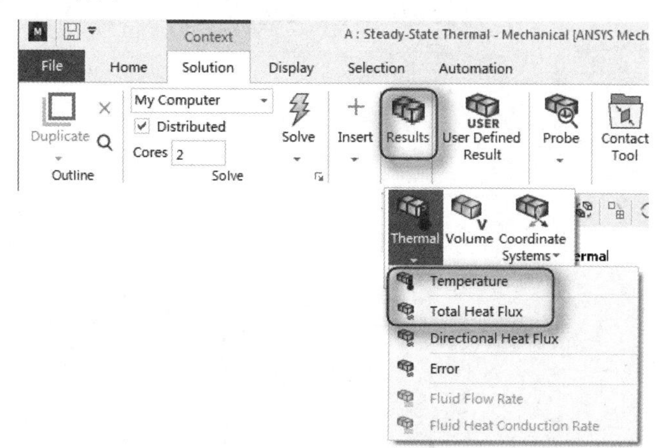

图 12-61 查看热分析的结果

02 单击工具栏内 Solve 区域中的 Solve 按钮，对模型进行计算。图 12-62 和图 12-63 分别为温度和总热通量的云图的显示。

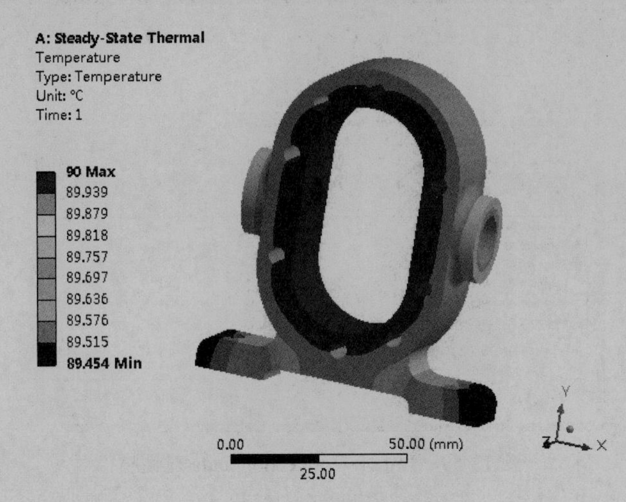

图 12-62　查看温度结果

图 12-63　查看总热通量结果

第13章

优化设计

优化设计是一种寻找确定最优设计方案的技术。本章介绍了 ANSYS 优化设计的全流程步骤，详细讲解了其中各种参数的设置方法与功能，最后通过拓扑优化设计实例对 ANSYS Workbench 优化设计功能进行了具体演示。

通过本章的学习，可以完整深入地掌握 ANSYS Workbench 优化设计的各种功能和应用方法。

13.1 优化设计概论

Note

优化设计目前已广泛应用于工程设计的每个角落，所谓“最优设计”，指的是一种方案可以满足所有的设计要求，而且所需的支出（如重量、面积、体积、应力、费用等）最小。即最优设计方案也可理解为一个最有效率的方案。

设计方案的任何方面都是可以优化的，例如尺寸（如厚度）、形状（如过渡圆角的大小）、支撑位置、制造费用、自然频率、材料特性等。实际上，所有可以参数化的 ANSYS 选项均可做优化设计。

在 Workbench 中，可以通过 Design Explorer 来实现产品性能的快速优化，本章首先介绍 Design Explorer 的使用，然后逐步深入具体的应用案例中。

13.1.1 ANSYS 优化方法

ANSYS 提供了两种优化的方法，这两种方法可以处理绝大多数的优化问题。零阶方法是一个很完善的处理方法，可以很有效地处理大多数的工程问题；一阶方法基于目标函数对设计变量的敏感程度，因此更加适合于精确的优化分析。

对于这两种方法，ANSYS 提供了一系列的分析-评估-修正的循环过程。就是对于初始设计进行分析，对分析结果就设计要求进行评估，然后修正设计。这一循环过程重复进行直到所有的设计要求都满足为止。除了这两种优化方法，ANSYS 还提供了一系列的优化工具以提高优化过程的效率。例如，随机优化分析的迭代次数是可以指定的。随机计算结果的初始值可以作为优化过程的起点数值。

在 ANSYS 的优化设计中包括的基本定义有设计变量、状态变量、目标函数、合理和不合理的设计、分析文件、迭代、循环、设计序列等。

可以参阅以下这个典型的优化设计问题。

在以下的约束条件下找出如图 13-1 所示的矩形截面梁的最小重量。

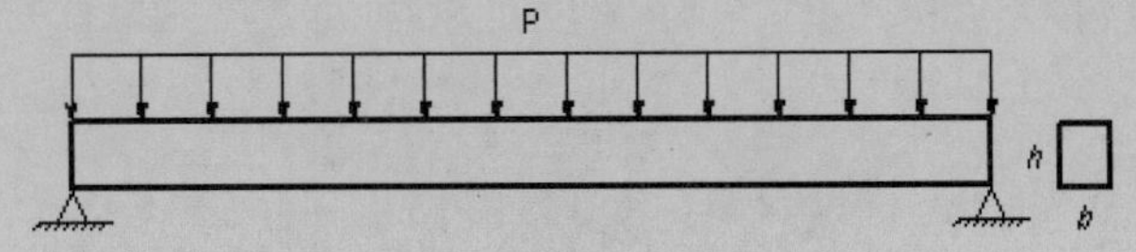

图 13-1 梁的优化设计示例

☑ 总应力σ不超过σ_{max}[$\sigma \leqslant \sigma_{max}$]。

☑ 梁的变形δ不超过δ_{max}[$\delta \leqslant \delta_{max}$]。

☑ 梁的高度 h 不超过 h_{max}[$h \leqslant h_{max}$]。

13.1.2 Design Exploration 优化特点

在使用 Workbench 对模型进行优化设计时，Design Explorer 作为快速优化的工具，它本身具有很多的特点，主要如下。

☑ 可以对各种类型的分析进行研究，如线性、非线性、模态、热、流体、多物理场等进行优化设计。

☑ 可以方便地进行六西格玛设计，还支持从 APDL 语言中定义的参数。

☑ 支持同一计算机上的不同 CAD 系统中的参数，这对熟悉在其他 CAD 软件中进行参数化建模的设计时提供了便利性。

☑ 利用目标驱动优化（GDO）技术就能创建一组最佳的设计点，还能观察响应曲线和响应曲面的关系。

☑ 支持 Mechanical 中的参数，Workbench 中的仿真大多是在 Mechanical 中进行的，而 Design Exploration 可以直接调用 Mechanical 中的参数。

13.1.3 Design Exploration 优化类型

Design Exploration 作为快速优化工具，实际上是通过设计点（可以增加）的参数来研究输出或导出参数的，由于设计点是有限的，因此也可以通过有限的设计点拟合成响应曲面（或线）来进行研究。图 13-2 显示了在 ANSYS Workbench 中的 Design Exploration 的优化工具，分别介绍如下。

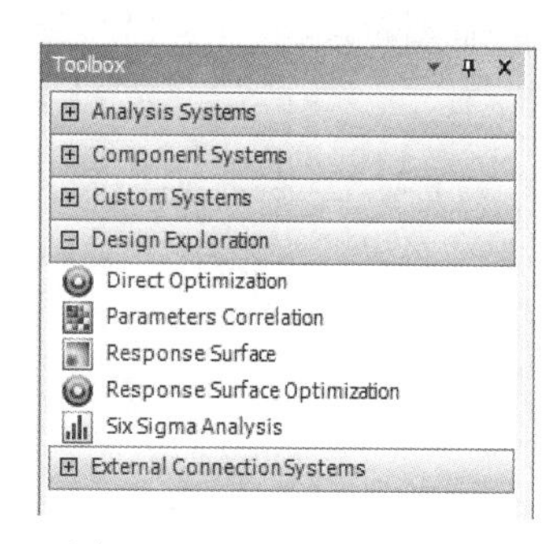

图 13-2 Design Exploration 快速优化工具

☑ 相关参数（Parameters Correlation）：用于得到输入参数的敏感性，也就是说可以得出某一输入参数对相应曲面的影响究竟是大还是小。

☑ 响应曲面（Response Surface）：主要用于能直观地观察到输入参数的影响，图表形式能动态地显示输入与输出参数间的关系。

☑ 目标驱动优化（Goal-Driven Optimization，GDO）：在 Design Exploration 中分为两部分，分别是 Direct Optimization 和 Response Surface Optimization。实际上它是一种多目标优化技术，是从给出的一组样本中来得到一个“最佳”的结果。其一系列的设计目标都可用于优化设计。

☑ 六西格玛设计（Six Sigma Analysis）：主要用于评估产品的可靠性概率，其技术上是基于 6 个标准误差理论。例如假设材料属性、几何尺寸、载荷等不确定性输入变量的概率分布（Gaussian、Weibull 分布等）对产品性能的影响，判断产品是否符合达到六西格玛标准。

13.1.4 参数定义

在 ANSYS Workbench 中 Design Exploration 主要帮助工程设计人员在产品设计和使用之前确定其他因素对产品的影响。根据设置的定义参数来进行计算，以确定如何才能最好地提高产品的可靠性。在优化设计中所使用的参数是 Design Exploration 的基本要素，而各类参数可来自 Mechanical、DesignModeler 和其他应用程序中。Design Exploration 共有 3 类参数，分别介绍如下。

☑ 输入参数（Input Parameters）：输入参数可以从几何体、载荷或材料的属性中设定。如可以在 CAD 系统或 DesignModeler 中定义厚度、长度等作为 Design Explorer 中输入参数，也可以在 Mechanical 中定义压力、力或材料的属性作为输入参数。

☑ 输出参数（Output Parameters）：典型的输出参数有体积、质量、频率、应力、热流、临界屈曲值、速度和质量流等输出值。

☑ 导出参数（Derived Parameters）：导出参数是指不能直接得到的参数，所以导出参数可以是输入和输出参数的组合值，也可以是各种函数表达式等。

13.2 优化设计界面

13.2.1 用户界面

进行优化设计时，需要自 ANSYS Workbench 中进入 Design Exploration 的优化设计模块中，在

Note

Workbench 界面下，Design Exploration 栏位于图形界面的左边区域，包含优化设计的 5 类优化工具，即 Direct Optimization、Parameters Correlation、Response Surface、Response Surface Optimization 和 Six Sigma Analysis，如图 13-3 所示。

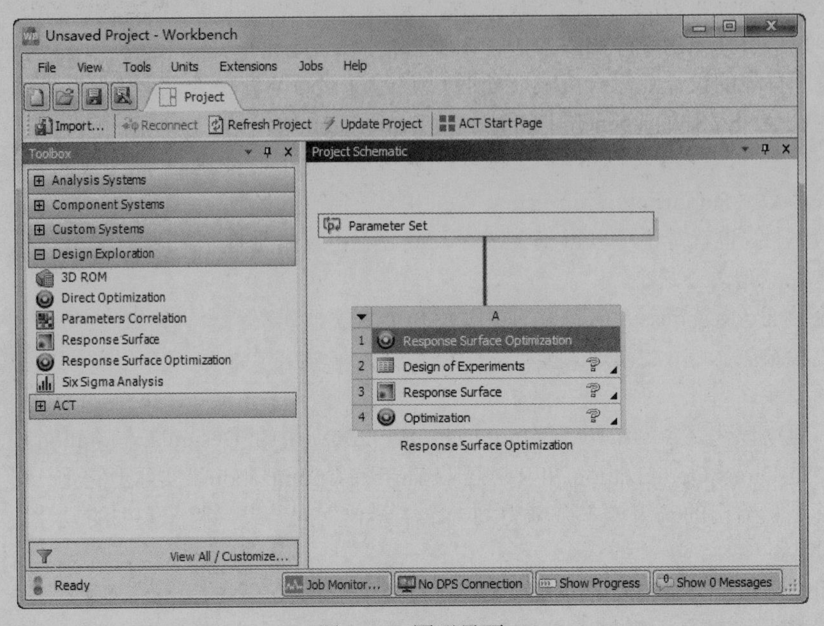

图 13-3 图形界面

13.2.2 Design Exploration 数据参数界面

在 Design Exploration 数据参数界面中，用户能见到 Outline（提纲）、Properties（特征）和 Table（表格）等显示设置命令，如图 13-4 所示。

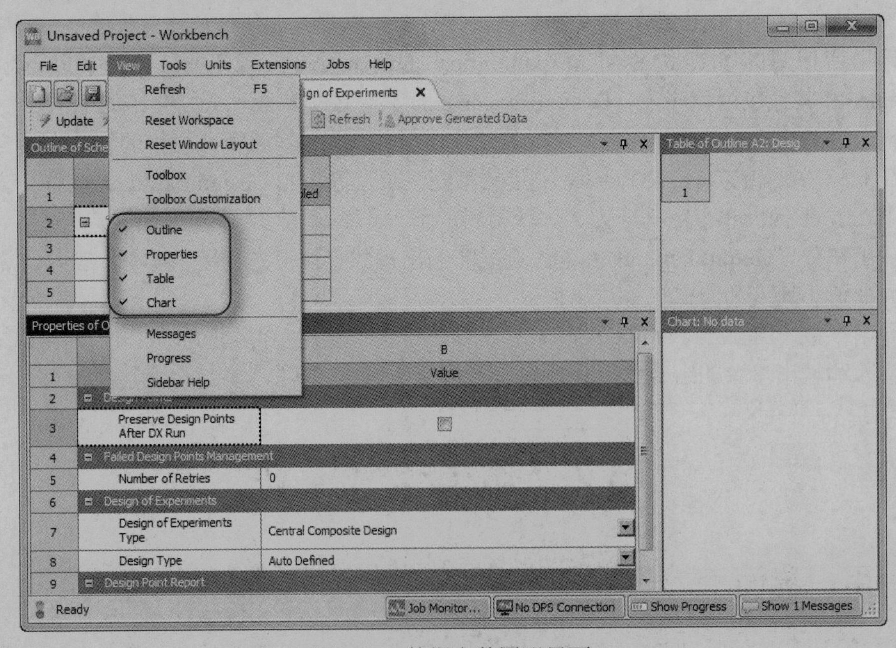

图 13-4 数据参数图形界面

13.2.3　读入 APDL 文件

Note

ANSYS APDL 是 ANSYS 参数化设计语言（ANSYS Parametric Design Language）的简称。Design Explorer 可以引用 APDL。在 ANSYS Workbench 中要读入 APDL 文件，先要打开 Mechanical APDL，然后读入 APDL 文件后再进行 Design Exploration 分析，如图 13-5 所示。

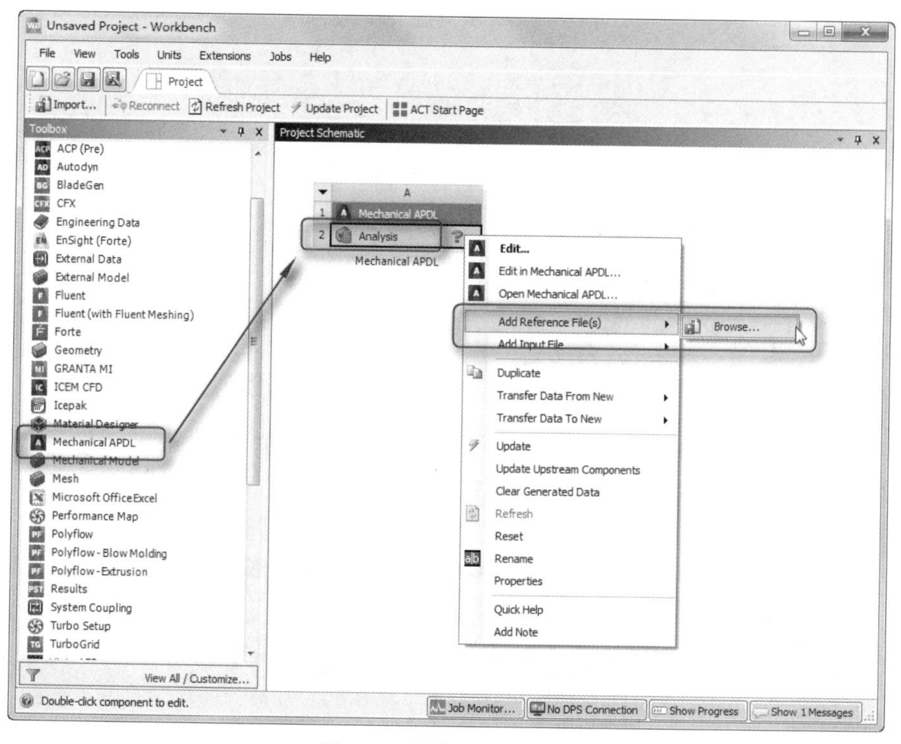

图 13-5　读入 APDL 文件

13.3　Design Exploration 优化设计使用基础

在使用 Design Exploration 进行优化设计之前，首先需要掌握设计的各类参数的使用方法，下面首先来介绍参数的设置规则以及相关含义，然后介绍 Design Exploration 的优化设计方法。

13.3.1　参数的设置

在使用 Workbench 进行优化设计时，参数的设置贯穿于整个流程中，Design Exploration 可以从本地的 CAD 软件中提取相关参数，也可以从本地计算机上的 CAD 软件中提取数据，但是在使用前需要进行相应的设置，下面介绍设置的方法。

首先在 Workbench 主界面下选择菜单栏中的 Tools→Options 命令，如图 13-6 所示。打开 Options 对话框。

在打开的 Options 对话框左侧列表中选择其中的 Geometry Import 选项，然后在 Parameters 下拉列表框中选择 All 选项，如图 13-7 所示。单击 OK 按钮，完成选项的设置。此时 Design Exploration 即可识别 CAD 中的参数。

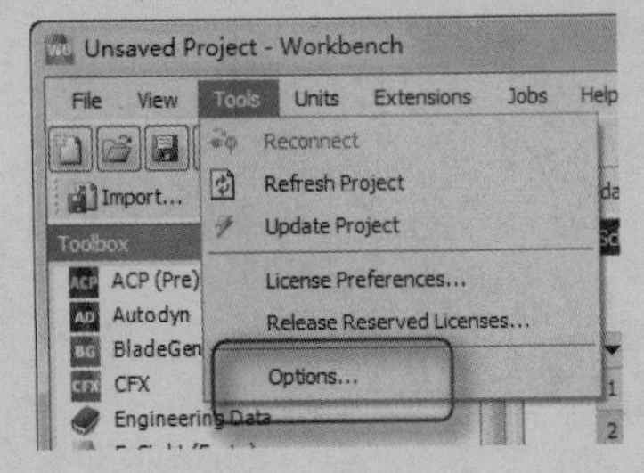

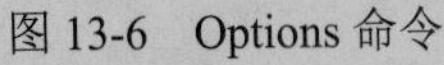

图 13-6 Options 命令

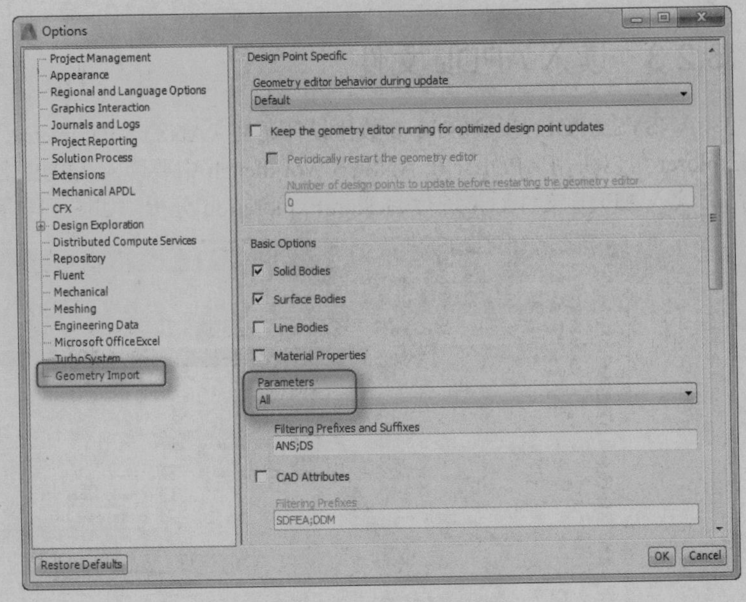

图 13-7 Options 对话框

设置完参数选项后，需要定义优化的参数。定义完成后，只要在 Workbench 主界面的项目概图中双击如图 13-8 所示的 Parameter Set 选项，即可建立参数优化研究。图 13-9 为进行参数优化设计的表格窗口。

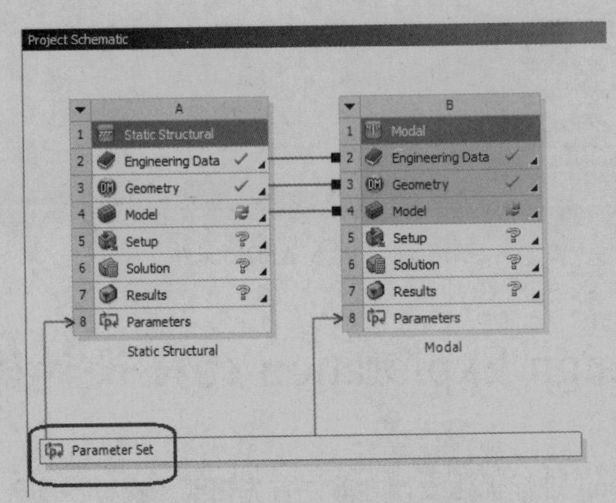

图 13-8 Parameter Set 选项

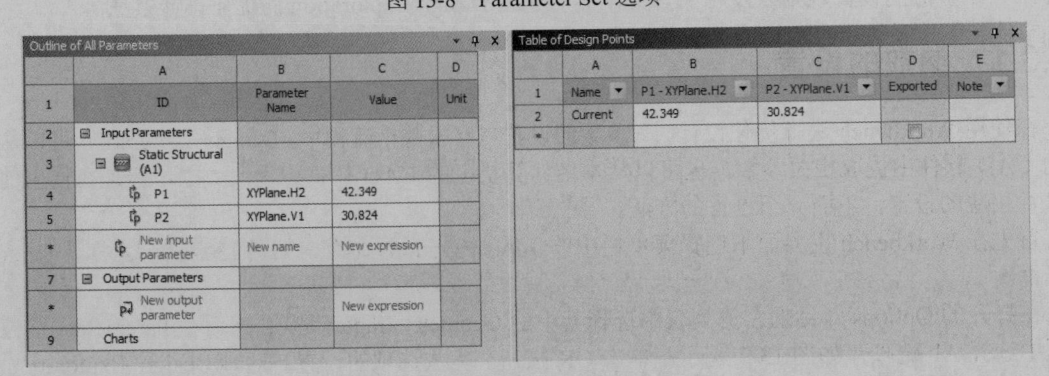

Outline of All Parameters

	A	B	C	D
1	ID	Parameter Name	Value	Unit
2	Input Parameters			
3	Static Structural (A1)			
4	P1	XYPlane.H2	42.349	
5	P2	XYPlane.V1	30.824	
*	New input parameter	New name	New expression	
7	Output Parameters			
*	New output parameter		New expression	
9	Charts			

Table of Design Points

	A	B	C	D	E
1	Name	P1 - XYPlane.H2	P2 - XYPlane.V1	Exported	Note
2	Current	42.349	30.824		
*					

图 13-9 参数优化设计的表格窗口

另外还可以通过在 Table of Design Points 列表中选择某一个设计点，然后右击，在弹出的快捷菜单中选择 Update Selected Design Points 命令，即可进行优化设计的分析，如图 13-10 所示。图 13-11 显示了输入/输出参数的相互关系。

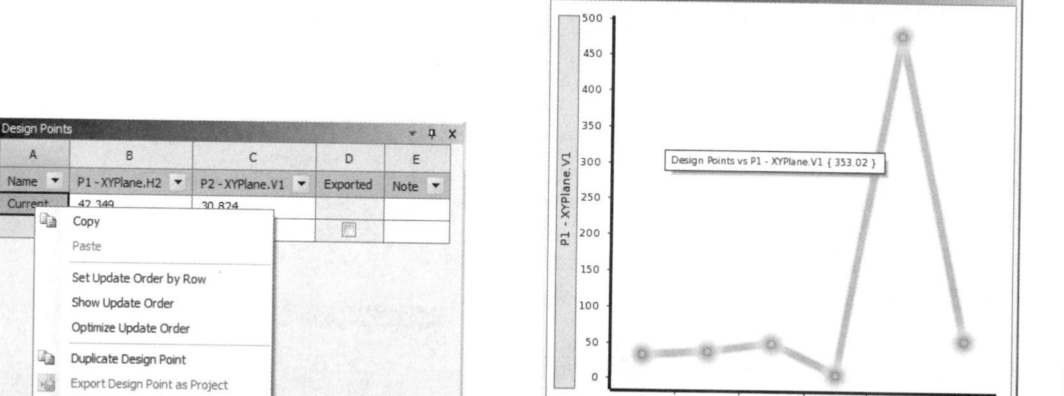

图 13-10　选择 Update Selected Design Points 命令

图 13-11　输入/输出参数的相互关系

13.3.2 目标驱动优化

在 Design Exploration 中，可以对产品进行 GDO 设计，在 Workbench 主界面中，双击左侧 Toolbox 工具箱中的 Direct Optimization 选项，即可将 Direct Optimization 项目模块添加到项目概图中，如图 13-12 所示。

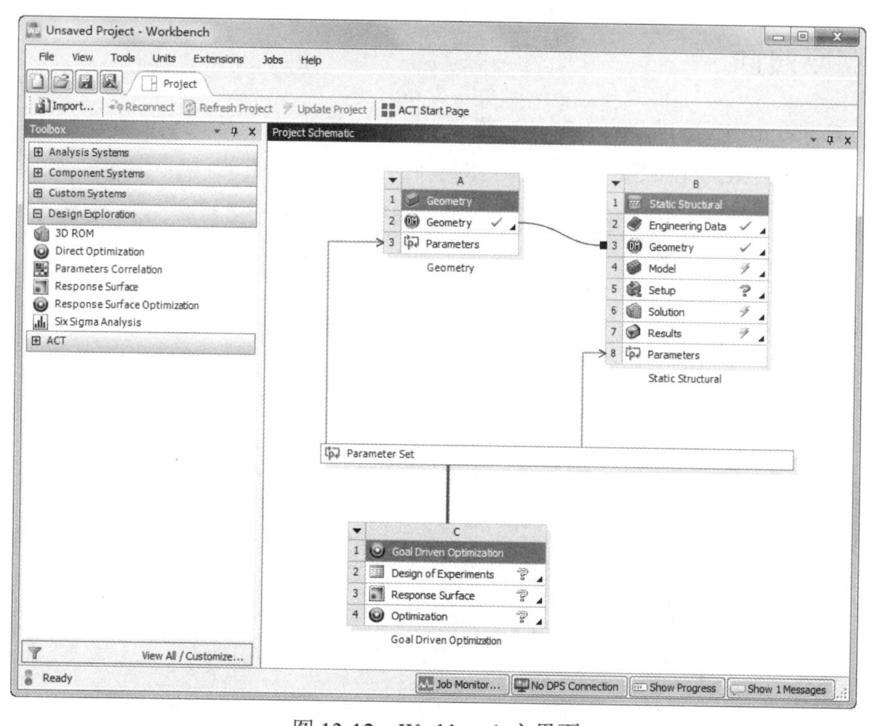

图 13-12　Workbench 主界面

双击 Direct Optimization 项目模块中的 C3 栏，此时会出现参数优化设置界面，双击 Direct Optimization 项目模块中的 C4 栏，设置 Optimization Method 参数，其界面如图 13-13 所示。

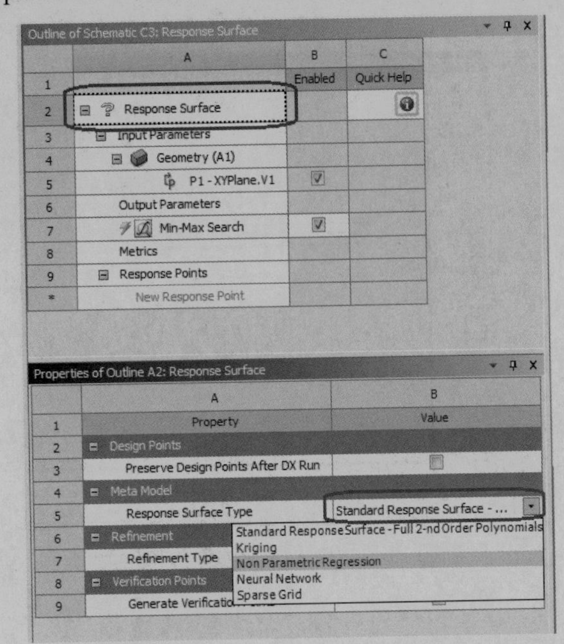

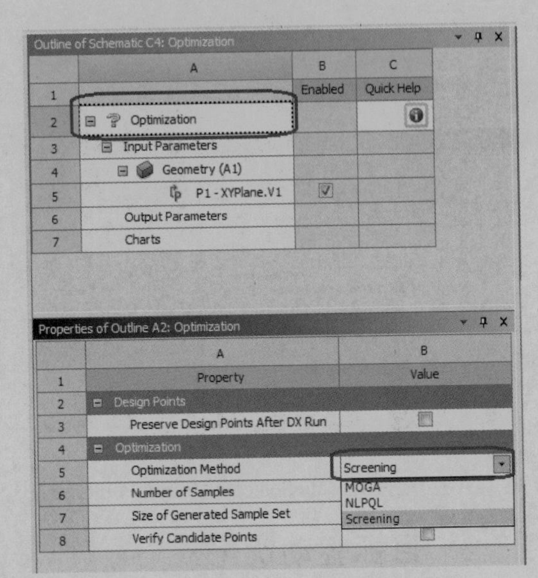

图 13-13　GDO 设计的界面

设定好参数后，单击工具栏中的 Update All Design Points 按钮，程序即可自动生成一组最佳的候选设计点，最佳设计点为 1000 个样本。

13.3.3　响应曲面

在 Design Explorer 中，可以观察到输入参数的影响，这是通过图表形式来显示输入与输出参数间的关系，即响应曲面（Response Surface）。典型的响应界面设定如图 13-14 所示。

Outline of Schematic C3: Response Surface

	A	B	C
1		Enabled	Quick Help
2	⊟ Response Surface		
3	⊟ Input Parameters		
4	⊟ Geometry (A1)		
5	P1 - ZXPlane.H1	☑	
6	P2 - ZXPlane.V2	☑	
7	Output Parameters		
8	Min-Max Search	☐	
9	Metrics		
10	⊟ Response Points		
11	⊟ 3		
12	✓ Response		
13	Local Sensitivity Curves		
14	Local Sensitivity		
15	✓ Spider		
*	New Response Point		

图 13-14　响应界面

如果在 Properties of Outline A18:Response 窗格中设置 Mode 为 2D，则在 Response Chart for P4-Total Deformation Maximum 窗格中显示相应的设计点与整体变形的曲线关系，如图 13-15 所示。

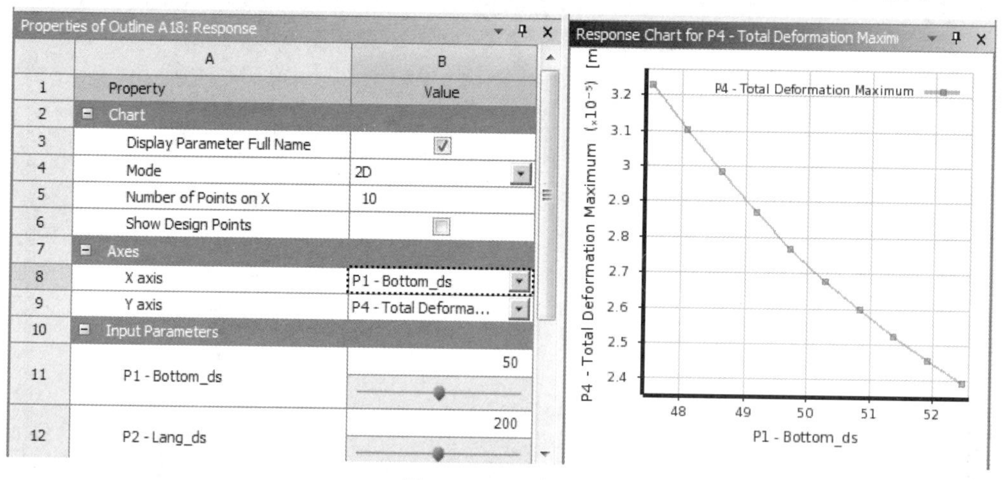

图 13-15　二维显示

如果在 Properties of Outline A18:Response 窗格中设置 Mode 为 3D，则在 Response Chart for P4-Total Deformation Maximum 窗格中显示相应的设计点与整体变形的曲面关系，如图 13-16 所示。

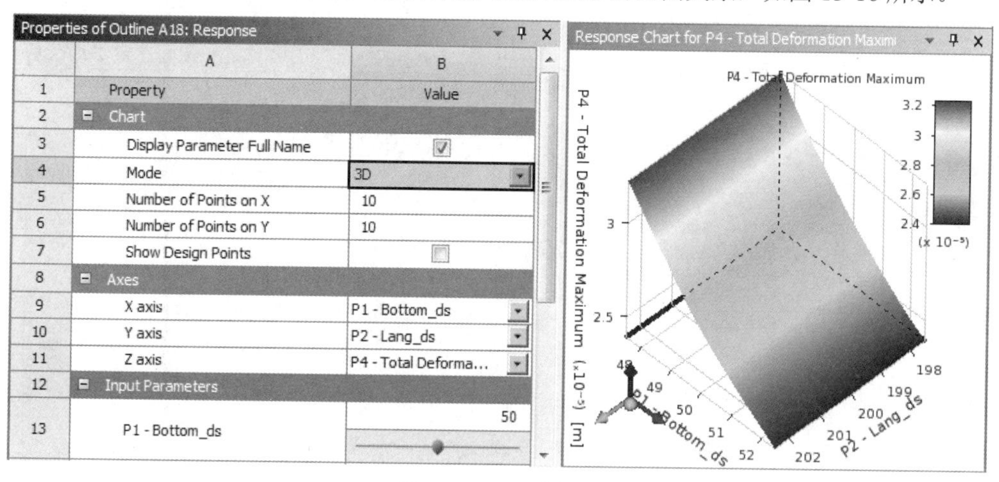

图 13-16　三维显示

13.3.4　六西格玛设计

六西格玛设计（Design For Six Sigma，DFSS）提供了一种离散的输入参数影响系统响应（可靠性）的机制。

进行六西格玛分析时，首先要进行 DOE 分析，这主要是为了进行 DFSS 时需要响应面，如图 13-17 所示。

双击分析项目中的 C4 栏 Six Sigma Analysis，即可进入六西格玛分析界面中，选择相应的分析参数后界面如图 13-18 所示。随后可设置参数的分布函数、名义尺寸、偏差等内容，由于篇幅所限，这里不再赘述。

Note

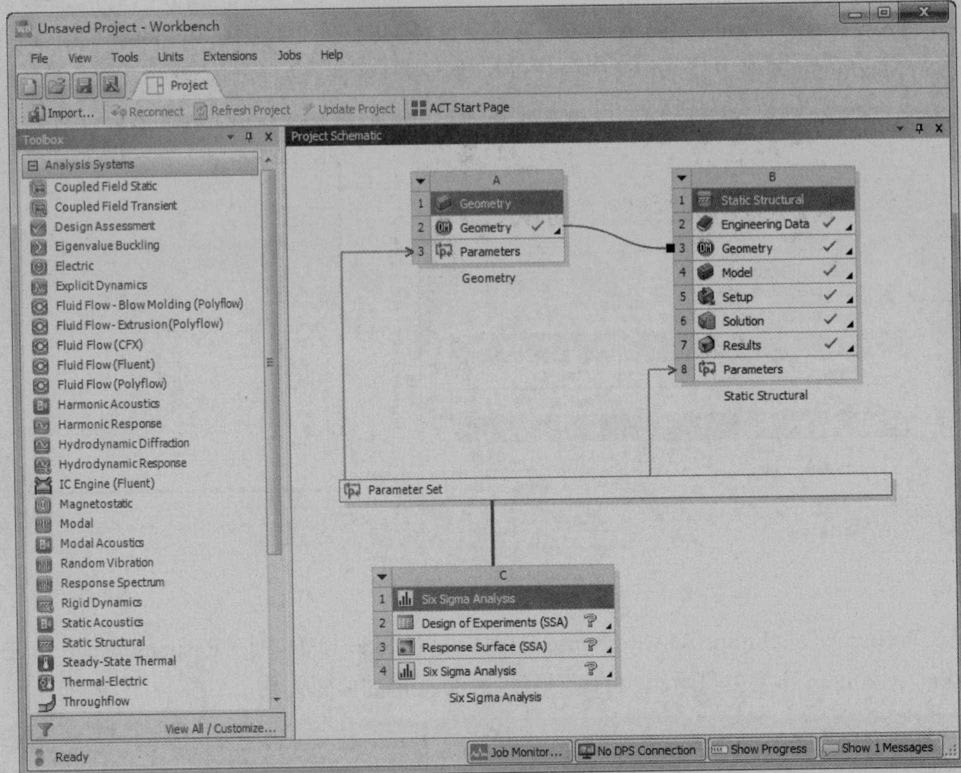

图 13-17　六西格玛分析

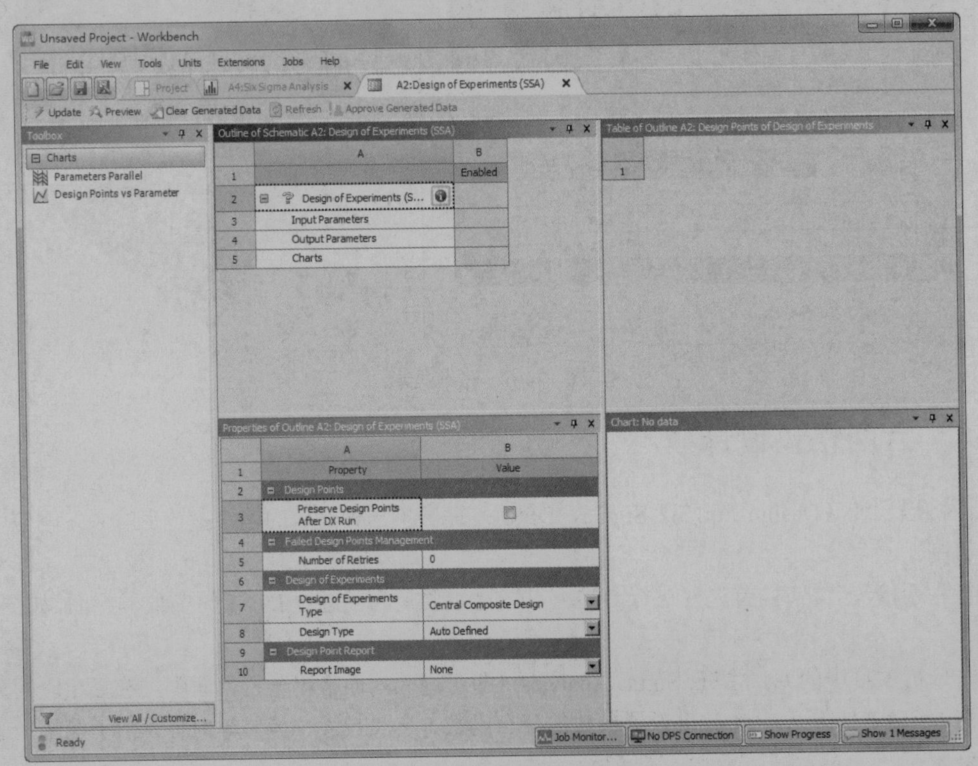

图 13-18　六西格玛分析界面

视频讲解

Note

13.4　优化设计实例——连杆六西格玛优化设计

六西格玛设计主要用于评估产品的可靠性概率，其技术上是基于 6 个标准误差理论，如假设材料属性、几何尺寸、载荷等不确定性输入变量的概率分布对产品性能（如应力、变形等）的影响。判断产品是否符合达到六西格玛标准是指在 1000000 件产品中仅有三、四件失效的概率。

13.4.1　问题描述

在本实例中对模型进行六西格玛优化设计，连杆模型如图 13-19 所示。目的是检查工作期间连杆的安全因子是否大于 6，并且决定满足这个条件的重要因素有哪些。因在工作中有人为的误差因素会影响到连杆的结构性能，希望通过设计来确定六西格玛性能。

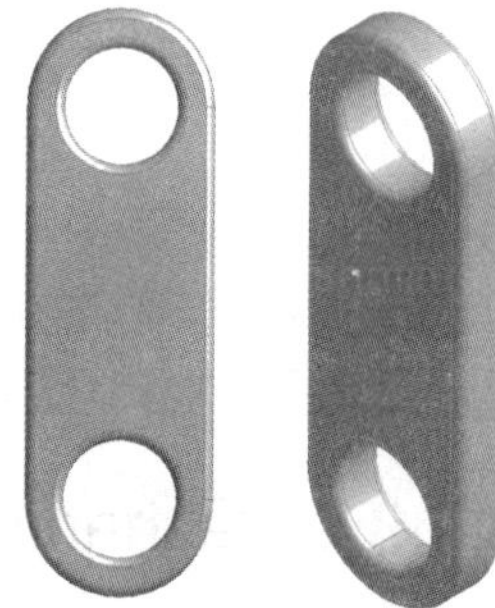

图 13-19　连杆模型

13.4.2　项目概图

01 打开 Workbench 程序，展开左边工具箱中的 Analysis Systems 栏，将工具箱中的 Static Structural 选项直接拖曳到项目管理界面中或是直接在项目上双击载入，建立一个含有 Static Structural 的项目模块，结果如图 13-20 所示。

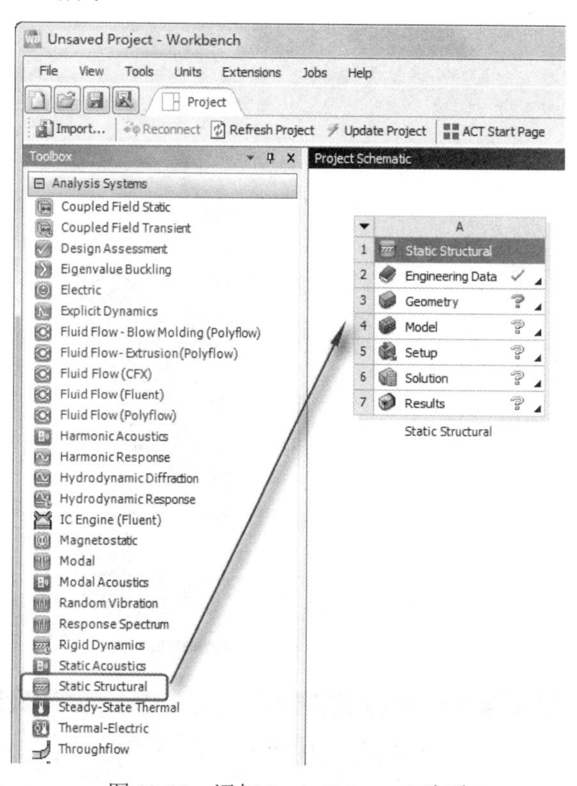

图 13-20　添加 Static Structural 选项

Note

02 设置项目单位，选择菜单栏中的 Units→Metric(kg, m, s, ℃, A, N, V)命令，然后选择 Display Values in Project Units 命令，如图 13-21 所示。

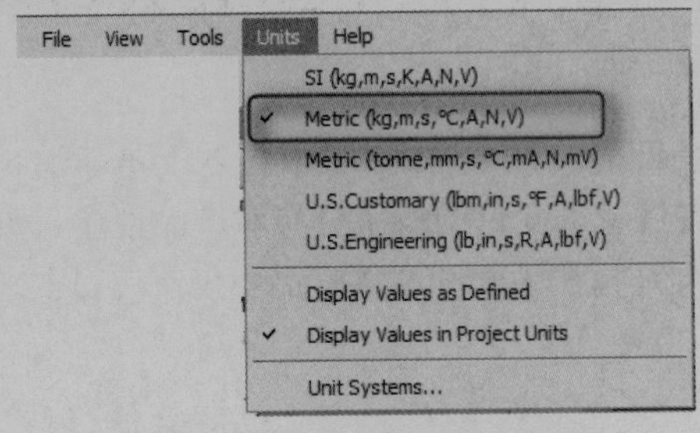

图 13-21　设置项目单位

03 导入模型。右击 A3 栏 3 Geometry，在弹出的快捷菜单中选择 Import Geometry→Browse 命令，然后打开“打开”对话框，打开源文件中的 con_rod.agdb。

13.4.3　Mechanical 前处理

01 进入 Mechanical 中。双击 ANSYS Workbench 中项目概图的 A4 栏 4 Model，打开 Mechanical 应用程序，如图 13-22 所示。

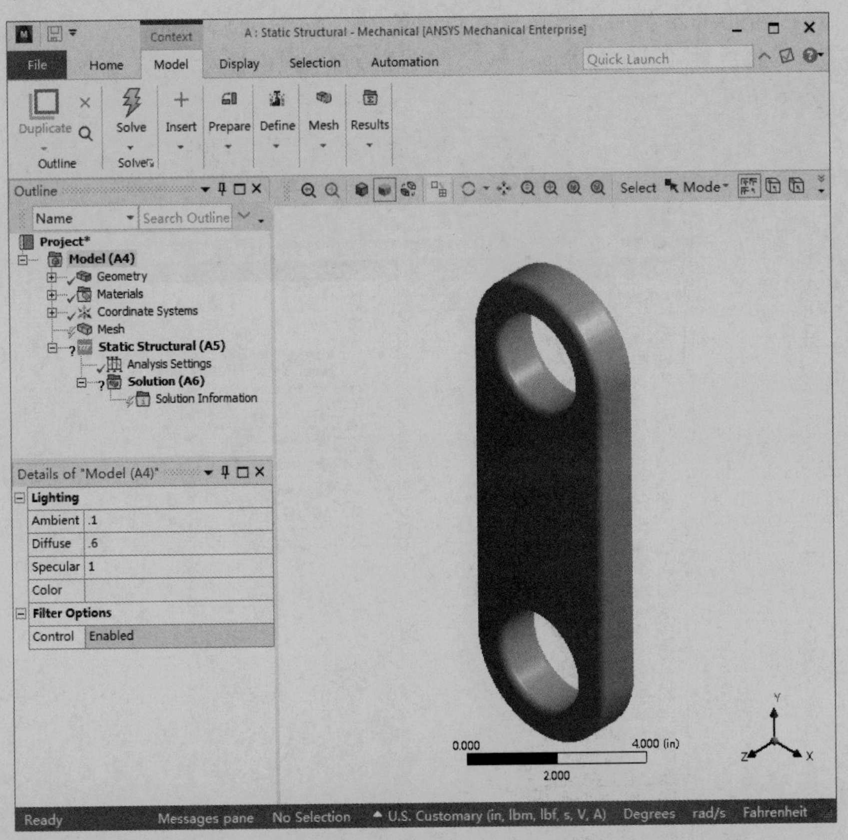

图 13-22　Mechanical 应用程序

02 设置单位系统。在功能区中选择 Home→Tools→Units→Metric(mm, kg, N, s, mV, mA)命令，

设置单位为毫米。

03 网格划分。单击树形目录中的 Mesh 分支，在属性管理器中将 Element Size 更改为 10.0mm，如图 13-23 所示。

04 网格划分。在树形目录中右击 Mesh 分支，在弹出的快捷菜单中选择 Generate Mesh 命令进行网格的划分。划分完成后的结果如图 13-24 所示。

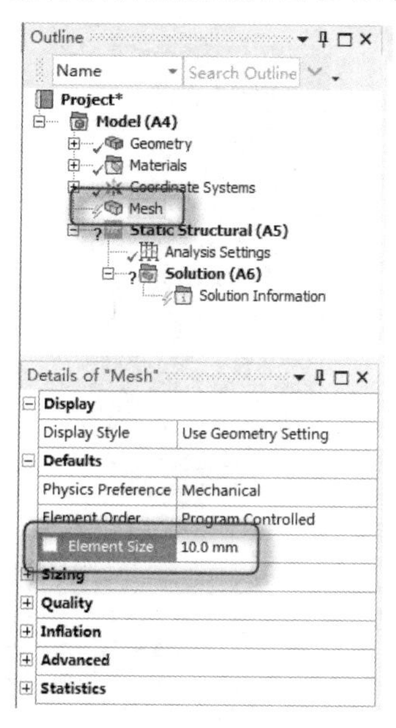

图 13-23　网格划分尺寸

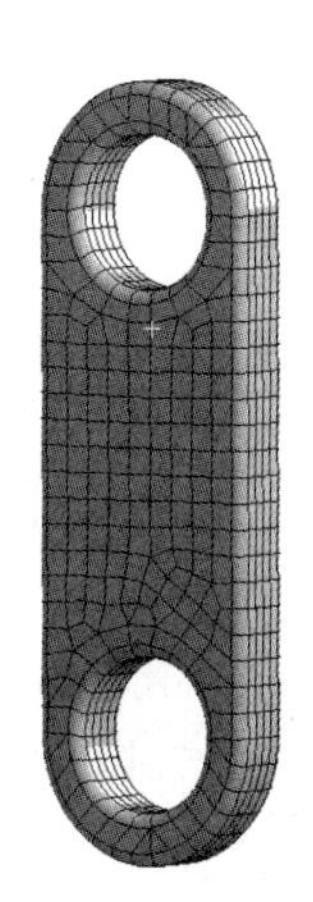

图 13-24　网格划分

05 施加固定约束。在树形目录中选择 Static Structural(A5)分支，然后单击工具栏内 Structural 区域中的 Fixed（固定约束）命令，在树形目录中插入一个 Fixed Support 分支。然后指定固定面为上端圆孔的上顶面，如图 13-25 所示。

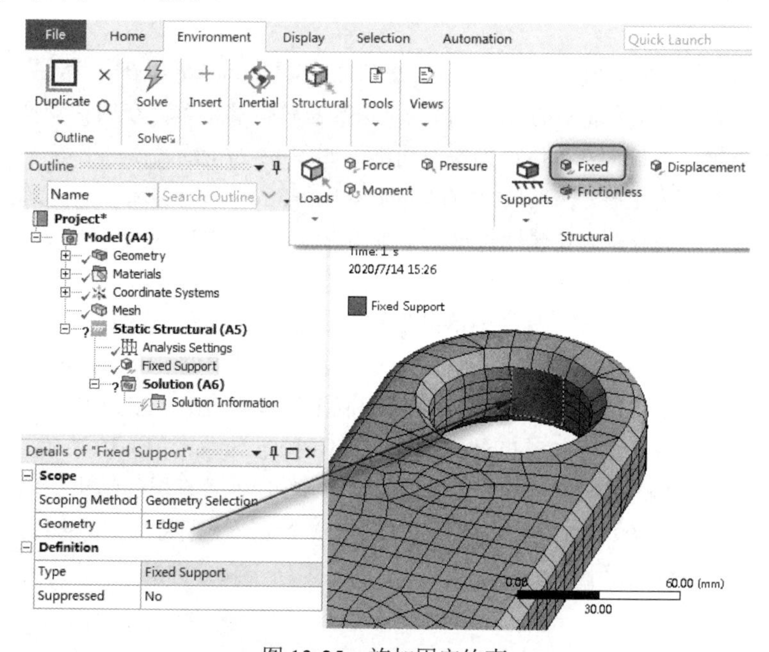

图 13-25　施加固定约束

06 施加载荷约束，实体最大负载为 10000N，作用于下圆孔垂直向下。单击工具栏内 Structural 区域中的 Force 命令，插入一个 Force。在树形目录中将出现一个 Force 选项。

07 选择参考受力面，并指定受力位置为下圆孔的下底面，设置 Define By 为 Components，将 Y Component 设置为-10000N，其中负号表示方向沿 Y 轴负方向，大小为 10000N，如图 13-26 所示。

Note

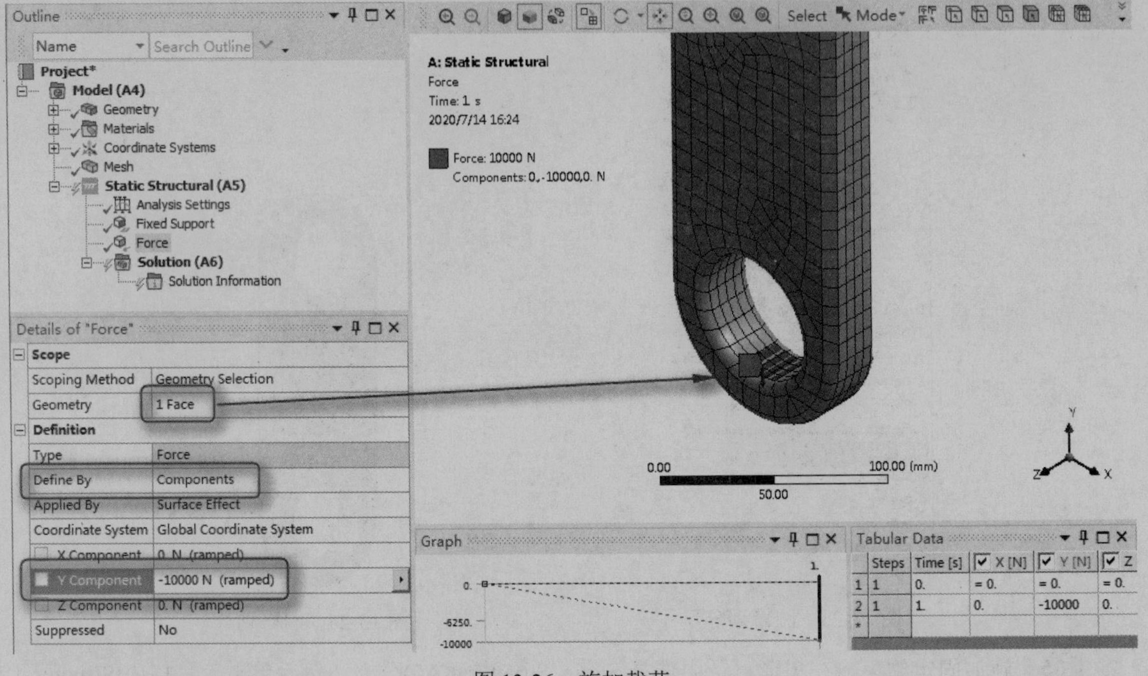

图 13-26 施加载荷

13.4.4 设置求解

01 设置绘制总位移求解。单击树形目录中的 Solution(A6)，在工具栏中单击 Results→Deformation 按钮，选择下拉列表中的 Total 命令，添加总体位移求解。在属性管理器中单击 Results 组内 Maximum 前方框，使最大变形值作为参数输出，如图 13-27 所示。

02 设置绘制总应力求解。在工具栏中单击 Results→Stress 按钮，选择下拉列表中的 Equivalent Stress 命令，添加总体应力求解。在属性管理器中单击 Results 组内 Maximum 前方框，使最大变形值作为参数输出，如图 13-28 所示。

03 设置应力工具求解。在工具栏中单击 Toolbox 按钮，选择下拉列表中的 Stress Tool 命令，添加应力工具求解。展开树形目录中的 Stress Tool 分支，单击其中的 Safety Factor，然后在属性管理器中单击 Results 组内 Minimum 前方框，使最小变形值作为参数输出，如图 13-29 所示。

04 求解模型，单击工具栏内 Solve 区域中的 Solve 按钮，如图 13-30 所示。对模型进行求解。

05 查看最小安全因子。求解结束后可以查看结果，在属性管理器的结果组内有最小安全因子，可以看到求解的结果为 5.8769，如图 13-31 所示。因为这个接近于期待的 6.0 的目标，在计算中包含了人为的不确定性，因此将应用 Design Exploration 的六西格玛来分析。

Note

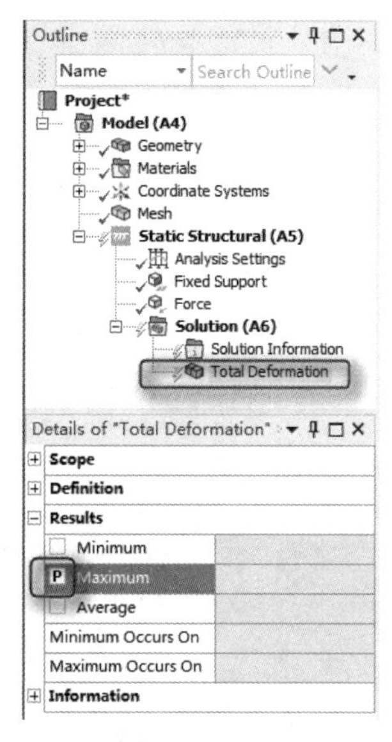

图 13-27　总体位移求解

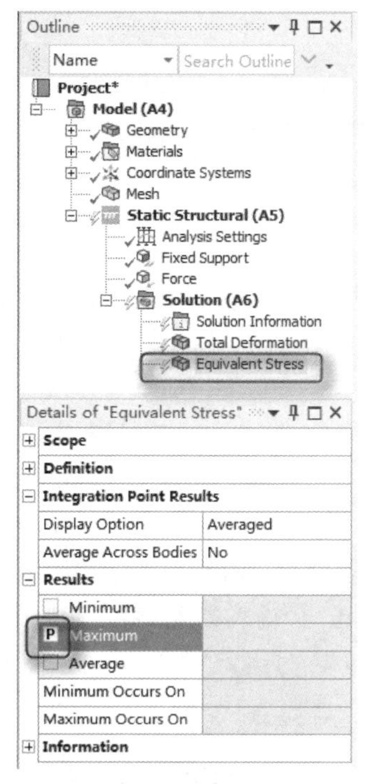

图 13-28　总体应力求解

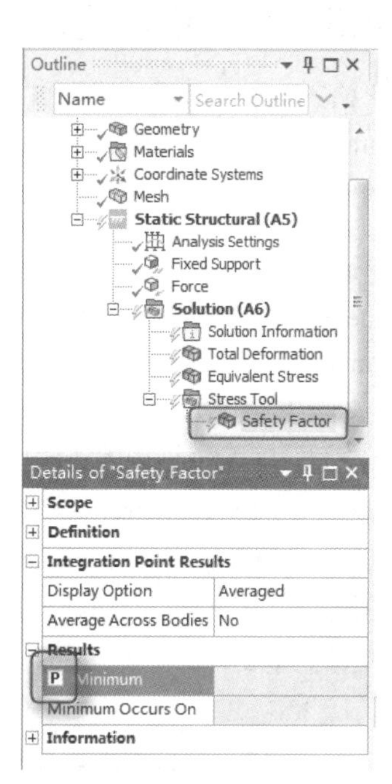

图 13-29　定向位移求解

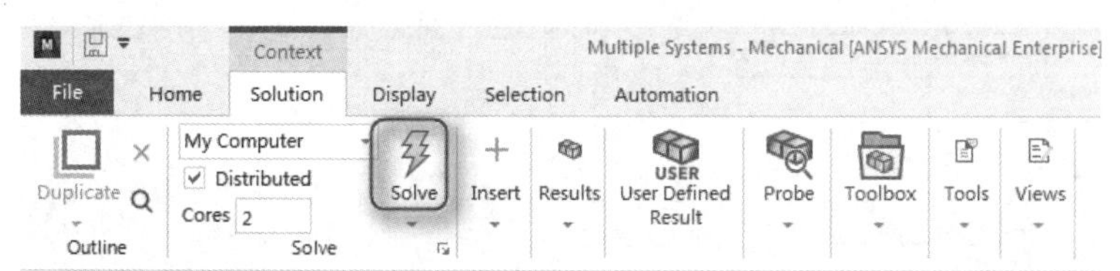

图 13-30　求解

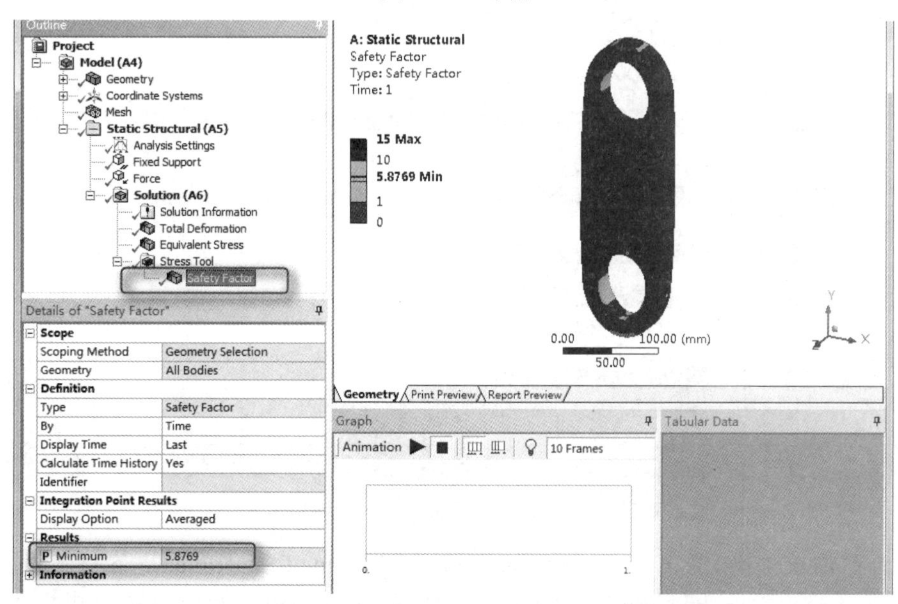

图 13-31　设置优化参数

Note

13.4.5 六西格玛设计

01 返回 Workbench 界面，展开左边工具箱中的 Design Exploration 栏，将工具箱中的 Six Sigma Analysis 选项直接在项目上双击载入，建立一个含有 Six Sigma Analysis 的项目模块，结果如图 13-32 所示。

02 进入 B2: Design of Experiments(SSA)中。双击 ANSYS Workbench 中项目概图的 B2 栏 2 Design of Experiments (SSA)，打开 Design of Experiments(SSA)模块，如图 13-33 所示。

03 更改输入参数。单击 Outline of Schematic B2:Design of Experiments(SSA)窗格中的第 5 栏中的 P1-Bottom_ds，在 Properties of Schematic B2: Experiments(SSA)窗格中，将标准差 Standard Deviation 更改为 0.8，可看到数据的分布形式为正态分布，如图 13-34 所示。采用同样的方式更改 P2-Lang_ds 和 P3-Depth_ds 输入参数，将它们的标准差均更改为 0.8。

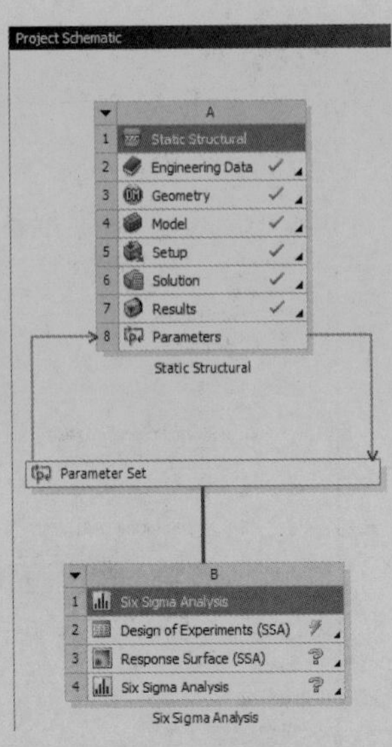

图 13-32 添加六西格玛设计

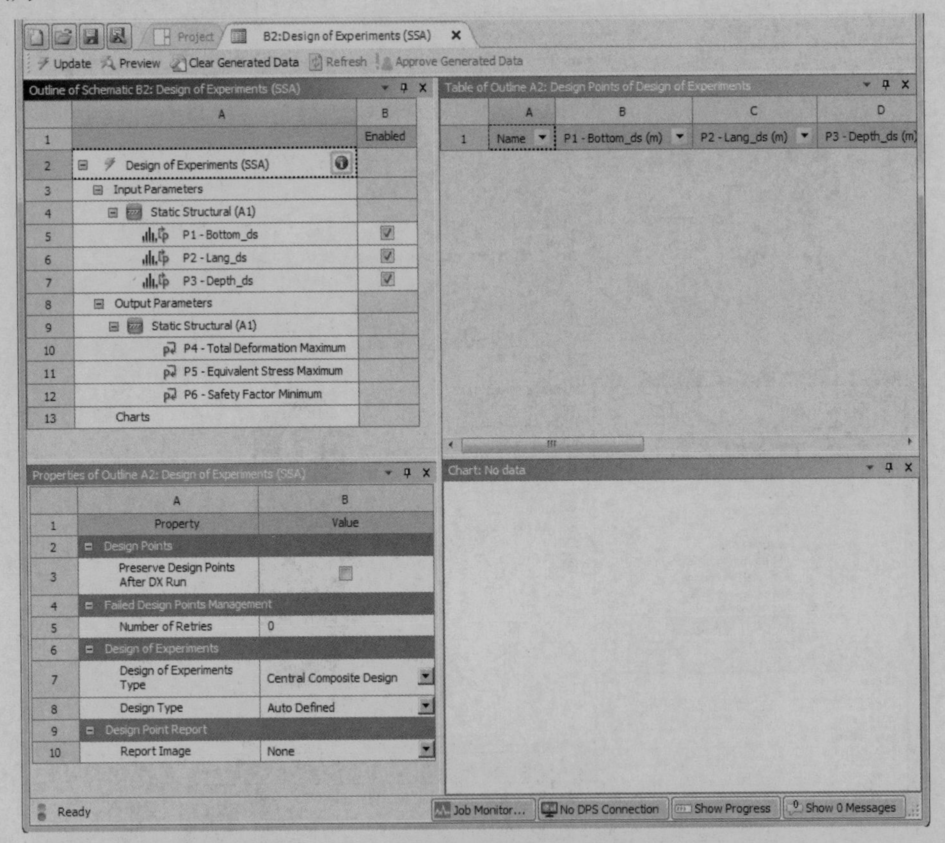

图 13-33 Design of Experiments(SSA)模块

04 查看 DOE 类型。单击 Outline of Schematic B2:Design of Experiments(SSA)窗格中的 Design of Experiments(SSA)栏，在 Properties of Outline A2: Design of Experiments(SSA)窗格中，查看 DOE 类型和设计类型。确保与图 13-35 中的参数相同。

Note

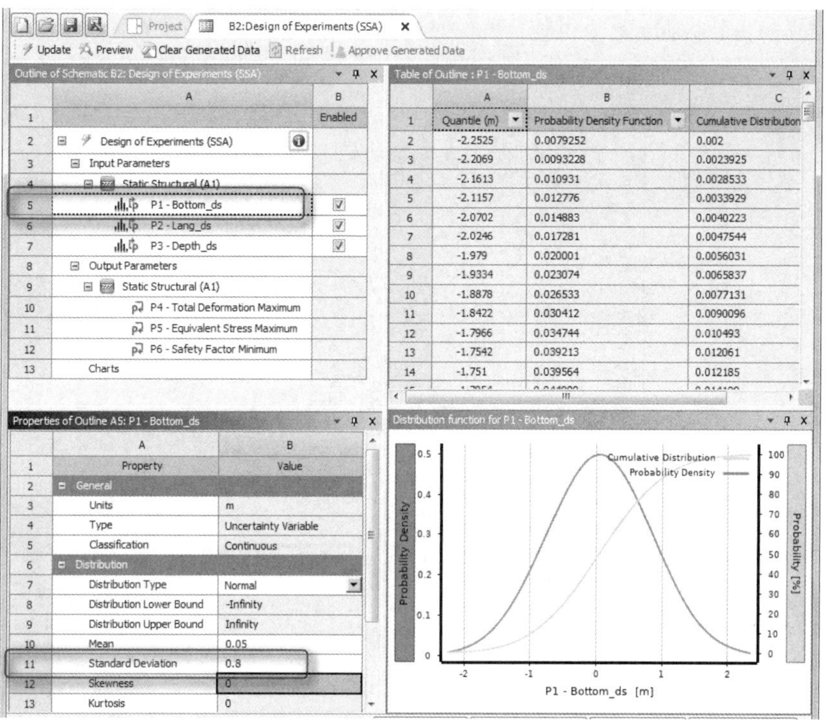

图 13-34 更改输入参数

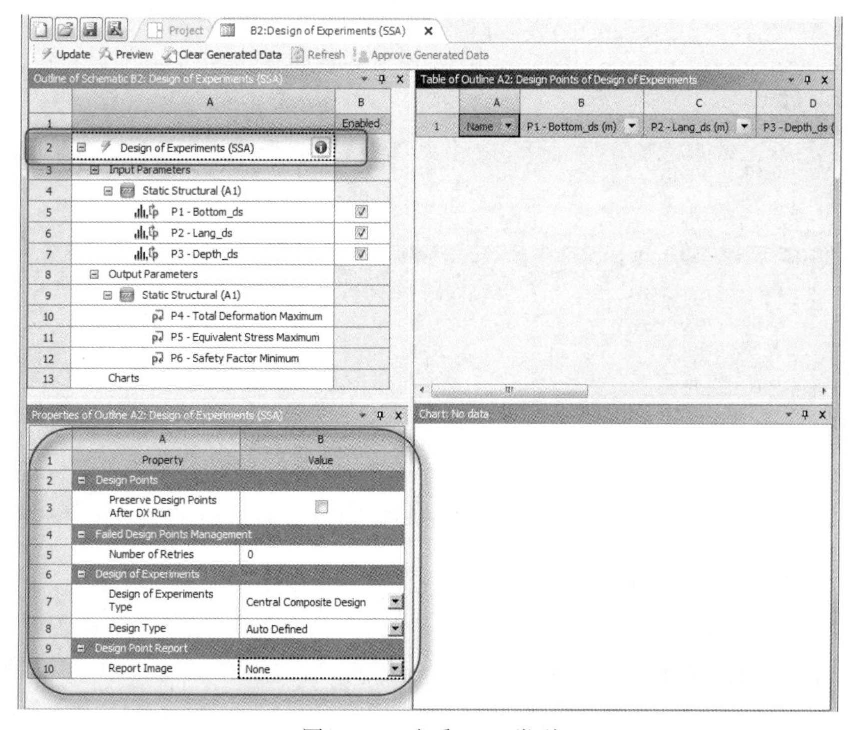

图 13-35 查看 DOE 类型

05 查看和更新 DOE(SSA)。单击工具栏中的 Preview 按钮，查看预览效果。查看 Table of Schematic B2:Design of Experiments(SSA)窗格中列举的 3 个输入参数。如果无误可以单击 Update 按钮

Note

Update Six Sigma Analysis 更新数据。这个过程需要的时间比较长，表中列举的 16 行数据都要进行计算，结果如图 13-36 所示。

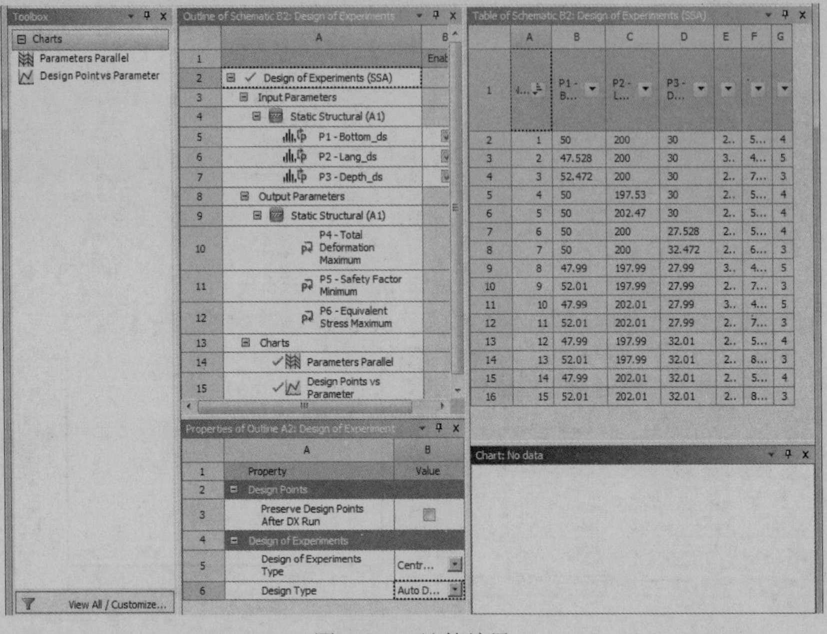

图 13-36　计算结果

06 计算完成后，单击 Return to Project 按钮，返回 Workbench 界面中。

07 双击 ANSYS Workbench 中项目概图的 B3 栏 3 Response Surface (SSA)，打开响应面模块，如图 13-37 所示。

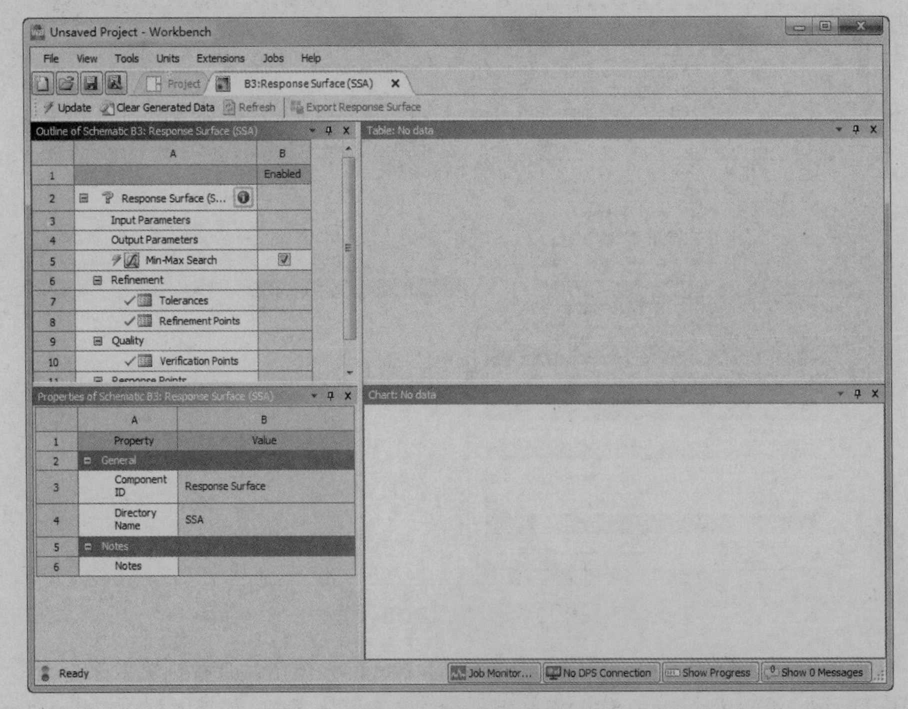

图 13-37　响应面模块

08 设置响应面类型。单击 Outline of Schematic B3:Response Surface(SSA)窗格中的 Response Surface(SSA)栏，在 Properties of Outline A2:Response Surface 窗格中，查看响应面类型，确保它为完全二次多项式，如图 13-38 所示。

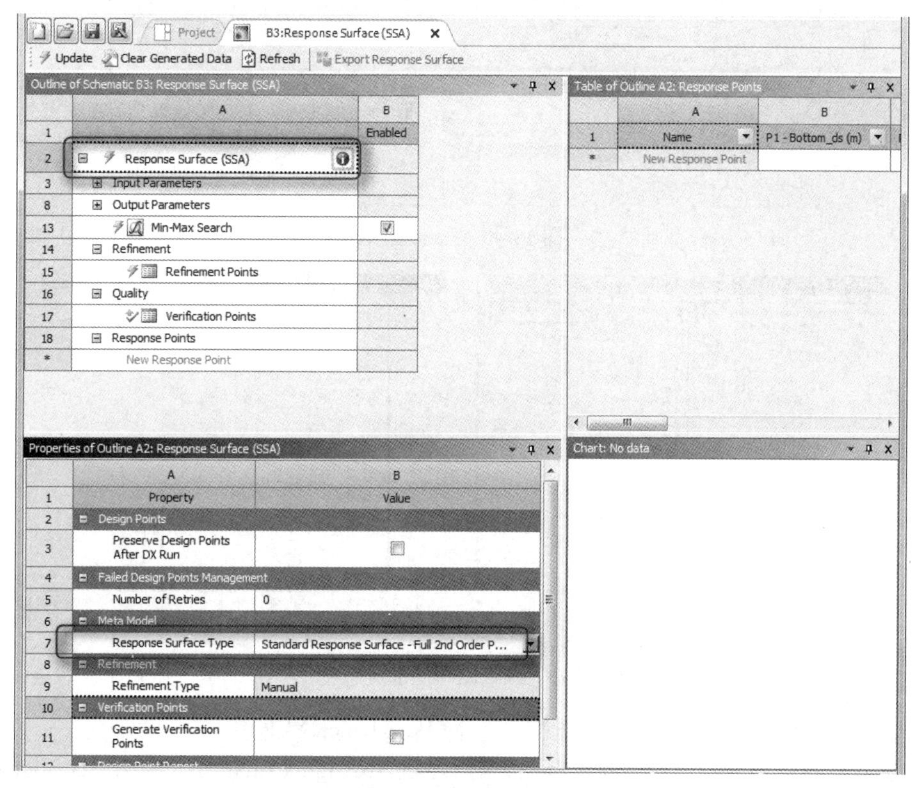

图 13-38 查看响应面类型

09 更新响应面。单击工具栏中的 Update 按钮 Update Six Sigma Analysis，进行响应面的更新。

10 查看图形模式。响应面更新后可以进行图示的查看，在 Outline of Schematic B3:Response Surface(SSA)窗格中单击第 21 栏，默认为二维模式查看 Response Chart for P4-Total Deformation Maximum，如图 13-39 所示。还可以通过更改查看方式来查看三维显示的方式，如图 13-40 所示。

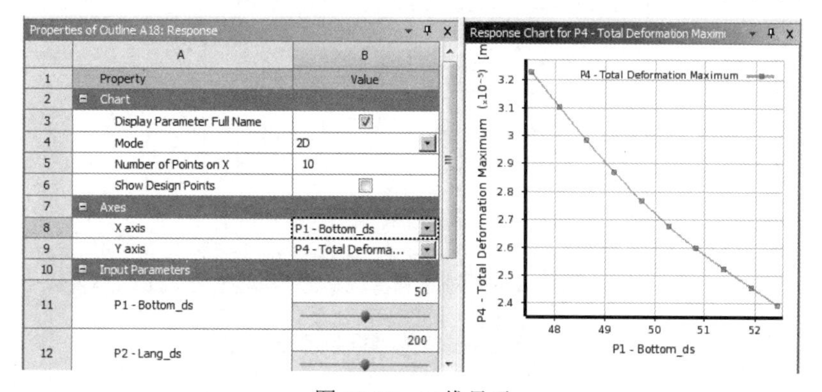

图 13-39 二维显示

11 查看蛛状图。在 Outline of Schematic B3:Response Surface(SSA)窗格中单击第 24 栏，可以查看蛛状图。另外可以通过单击 Local Sensitivity 得到局部灵敏度图，如图 13-41 所示。

Note

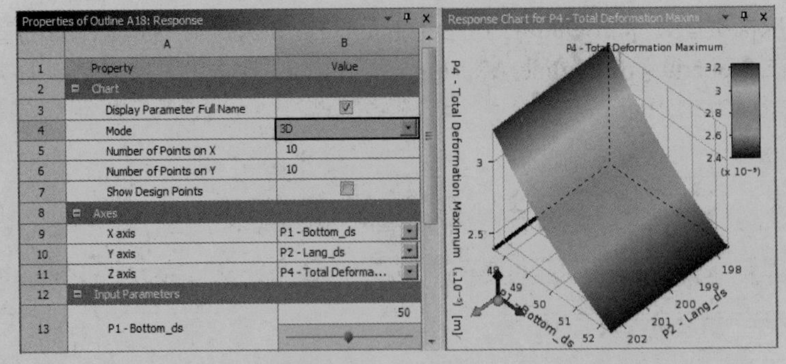

图 13-40 三维显示

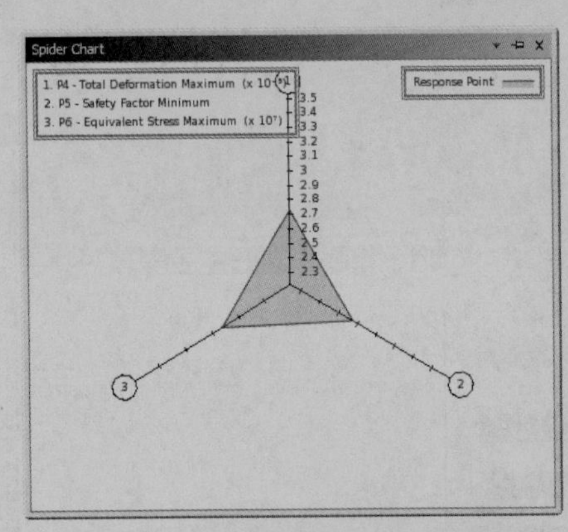

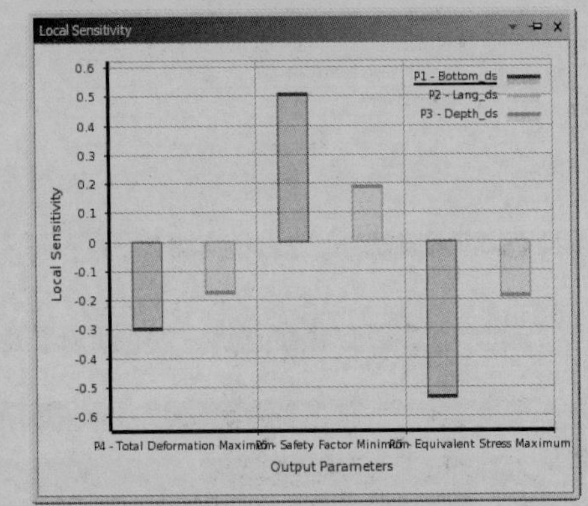

图 13-41 蛛状图和局部灵敏度图

12 完成后，单击 Retun to Project 按钮，返回 Workbench 界面中。

13 进入六西格玛分析。双击项目概图中的 B4 栏 Six Sigma Analysis，打开 Six Sigma Analysis 模块，如图 13-42 所示。

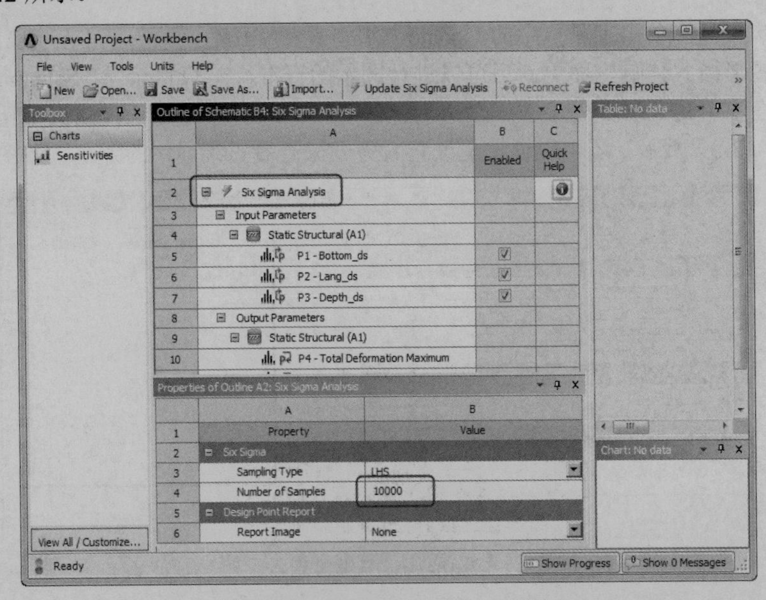

图 13-42 Six Sigma Analysis 模块

14 更改样本数。单击 Outline of Schematic B4:Six Sigma Analysis 窗格中的 Six Sigma Analysis，

在 Properties of Outline A2:Six Sigma Analysis 窗格中，将 Number of Samples 更改为 10000。然后单击 Update 按钮 Update Six Sigma Analysis 更新数据。

15 查看结果，单击 Outline of Schematic B4:Six Sigma Analysis 窗格中的参数 P6-Safety Factor Minimum，查看柱状图和累积分布函数信息和，如图 13-43 所示。

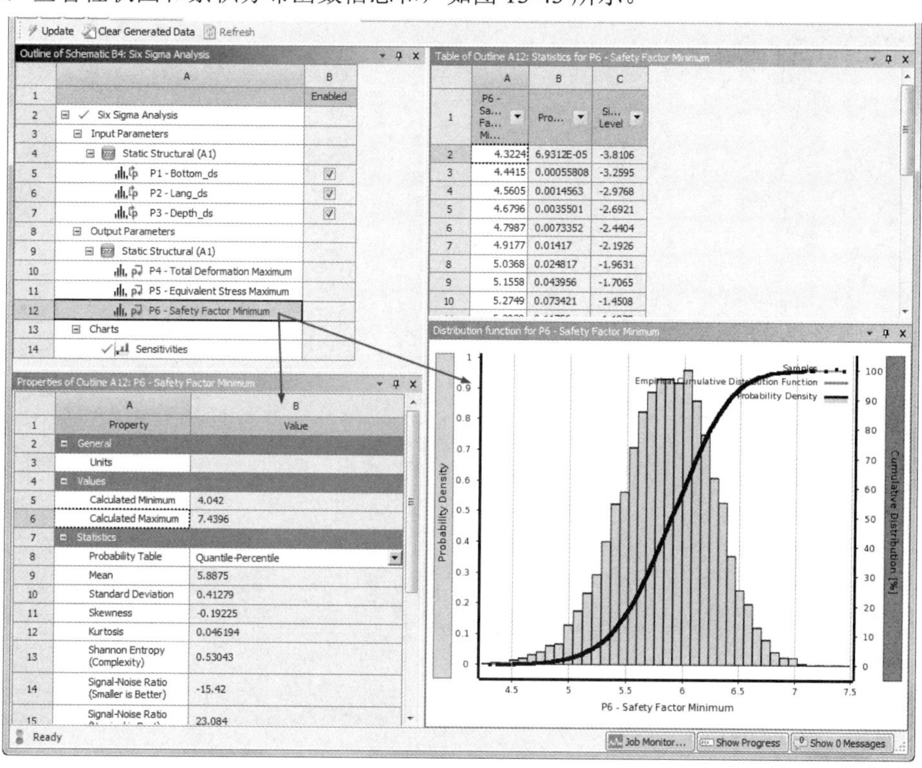

图 13-43　柱状图和累积分布函数信息和

16 查看六西格玛计算结果。在 Table of Outline A12:P6-Safety Factor 窗格中，在最后一栏新建单元格中输入“6.0”，确定连杆的安全因子等于 6.0，如图 13-44 所示。输入完成后可以看到，本例中统计信息显示了安全因子低于目标 6 的可能性大约是 53%。

Table of Outline A12: P6 - Safety Factor I

	A	B	C
1	P6 - Sa... Fa... M...	Probability	Sigma Level
2	4.8056	0.0069075	-2.462
3	4.9901	0.042329	-1.7243
4	5.1746	0.11184	-1.2168
5	5.3591	0.20729	-0.81585
6	5.5436	0.30245	-0.51737
7	5.7281	0.44193	-0.14608
8	5.9126	0.52682	0.067278
9	6	0.5347	0.087094
10	6.0971	0.59807	0.24834
11	6.2816	0.72	0.58284
12	6.4661	0.79418	0.82101
13	6.6506	0.83676	0.98124
14	6.8352	0.85142	1.0425
15	7.0197	0.89163	1.2352
16	7.2042	0.92867	1.4659
17	7.3887	0.95699	1.7168
18	7.5732	0.96297	1.7863
19	7.7577	0.99309	2.462
*			

图 13-44　查看结果

书目推荐（一）

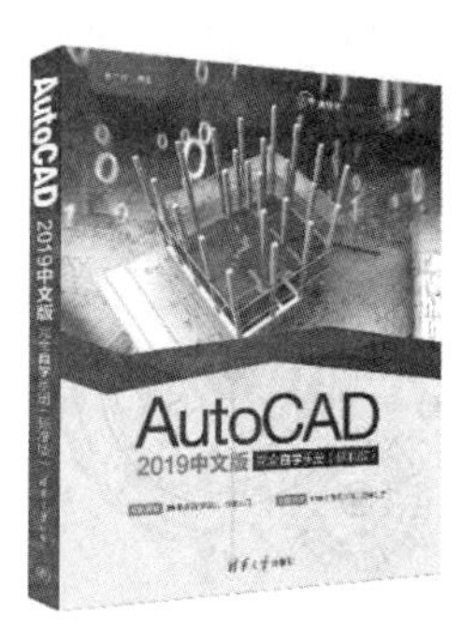

◎ 面向初学者，分为标准版、电子电气设计、CAXA、UG 等不同方向。

◎ 提供 AutoCAD、CAXA、UG 命令合集，工程师案头常备的工具书。根据功能用途分类，即时查询，快速方便。

◎ 资深 3D 打印工程师工作经验总结，产品造型与 3D 打印实操手册。

◎ 选材+建模+打印+处理，快速掌握 3D 打印全过程。

◎ 涵盖小家电、电子、电器、机械装备、航空器材等各类综合案例。

书 目 推 荐（二）

◎ 高清微课+常用图块集+工程案例+1200 项 CAD 学习资源。

◎ Autodesk 认证考试速练。256 项习题精选，快速掌握考试题型和答题思路。

◎ AutoCAD 命令+快捷键+工具按钮速查手册，CAD 制图标准。

◎ 98 个 AutoCAD 应用技巧，178 个 AutoCAD 疑难问题解答。